LA CHAUSSÉE D'ANTIN

Bibliothèque Albin Michel
Idées

François Perrier

LA CHAUSSÉE D'ANTIN

Œuvre psychanalytique, II

Nouvelle édition
revue et augmentée par Jacques Sédat

Albin Michel

Collection « Bibliothèque Albin Michel Idées »

Avertissement

Ce second volume de l'œuvre psychanalytique de François Perrier rassemble l'essentiel de ses articles, parmi lesquels figurent certains textes inédits qu'il nous paraît intéressant de porter à la connaissance du public.

Les articles ont été regroupés selon les questions ou thèmes abordés, et ils sont présentés dans leur ordre chronologique et dans la diversité de leur transcription graphique, d'une période à l'autre. Ce qui permettra au lecteur de suivre le parcours et l'évolution de la pensée de François Perrier.

Cet ensemble de textes théoriques ou cliniques très divers donne une idée de l'approche que François Perrier savait adopter pour exposer sa pensée, faite de rigueur, de capacité au questionnement, d'humour et d'un souci constant de respecter comme sujet le patient qui lui permettait d'avancer dans sa propre pratique et son élaboration psychanalytique.

Nous publions également la correspondance avec Jacques Lacan entre 1965 et 1968. François Perrier me l'avait confiée en vue d'une édition posthume, car elle témoignait, à ses yeux, de leur relation malgré et au-delà des différends qu'ils purent avoir sur le fonctionnement de l'École freudienne de Paris et sur leurs conceptions respectives de la psychanalyse.

Nous avons souhaité encadrer ce volume par les témoignages des deux autres membres de « la Troïka », avec le texte de Wladimir Granoff, « François Perrier : le praticien », et celui de Serge Leclaire, « Demeures de l'ailleurs ». Ces textes ont paru en 1993, dans un numéro hors série de Topique, *consacré à un hommage à François Perrier.*

Jacques Sédat

Wladimir Granoff

François Perrier : le praticien*

> « ... *Bear with me.*
> *My heart is in the coffin there with Coesar*
> *And I must pause till it come back to me.* »

Vous avez bien sûr reconnu quelques vers essentiels du monologue d'Antoine dans *Jules César* de Shakespeare. Je vous les traduis librement : « Supportez ma peine. Mon cœur est là, dans le cercueil, avec César et je dois attendre qu'il me revienne. »

Et puis ces vers aussi, plus haut, dans le début du monologue :

> « *I come to bury Coesar not to praise him.*
> *The evil that men do lives after them,*
> *The god is oft interred with their bones...* »

Je traduis encore : « Je viens pour enterrer César, pas pour faire son éloge. Le mal que les hommes font leur survit. Le bien est souvent enterré avec leurs os. »

Et je pourrai m'en tenir là.

Ces vers de Shakespeare, c'est à l'enterrement de François Perrier que je les ai dits une première fois. C'est donc la seconde. Je vous prierai aussi de m'excuser, car lorsque je suis amené à parler de François Perrier, me viennent souvent les larmes. Et s'il devait en être ainsi une fois encore, ici, ne m'en veuillez pas.

---

* Texte établi d'après l'enregistrement de la conférence prononcée lors de l'hommage à François Perrier en 1992. Dans la version première avec l'accord de l'auteur. Publié avec l'autorisation des Éditions Gallimard.

Il m'est donc très difficile d'en parler sur ce mode commémoratif, car je ne puis l'enterrer sans m'enterrer moi-même.

Quant à le commémorer, il ne m'est – à moi – pas nécessaire que surgissent des occasions de cette sorte. Il y a quelques mois, je faisais à Bruxelles un exposé dont on me dit après coup : « Vous savez ce que vous nous avez dit à propos de cette correspondance Freud-Ferenczi, à propos de Ferenczi bien sûr, nous a beaucoup intéressés. Mais ce qui nous a le plus ému, c'est la part que vous en avez consacrée à François Perrier. »

J'en suis donc toujours là.

Les superpositions, les confluences entre nous sont telles que mon vœu a été, si faire se pouvait, de ne pas prendre part à cette réunion. Car les circonstances font que, parmi vous, si peu de visages me sont connus que, vu la seule manière dont il m'est possible de parler, je crois que cela ne m'est possible qu'en me soutenant du regard de tel ou tel que je connais, comme Jean-Paul Valabrega que je remercie de me rendre par sa présence un peu moins difficile de faire ce que j'ai à faire aujourd'hui. Ou, au contraire, plus difficile peut-être, car le peu que j'ai à dire aujourd'hui, il l'a dit déjà et de façon tellement plus claire, plus condensée, plus convaincante que je ne pourrai le faire.

Je tenterai de n'offenser personne ici et cependant je vais inévitablement être amené à le faire. D'emblée, je dirai, en campant François Perrier, que je crois que nous sommes tous – je ne parle que des médecins bien sûr, que les autres m'en excusent –, nous sommes tous des *défroqués de la psychiatrie*, des *psychiatres défroqués*.

Et lui, justement, ne l'était pas. Je dirais qu'il était probablement avec un autre que je vais nommer tout de suite, le seul à n'être pas un *psychiatre défroqué*. Sa filiation était prise précisément dans cette lignée Clairambault, Lacan, Perrier. C'est-à-dire prise dans ce que la psychiatrie française a eu de plus beau. Je ne veux pas dire que la psychiatrie ait à être belle, ni que la psychiatrie française fut plus belle que d'autres, je n'en sais rien franchement. Mais il y a eu dans la psychiatrie française un épanouissement, une maturité dans son propre art qui était admirable et dont François Perrier a été le dernier porteur.

Ce que son écrit sur l'hypocondrie a de superbe, qui fait de cet écrit, à ma connaissance, peut-être le plus beau texte psychanalytique ou psychiatrique français, je crois que c'est dû au talent de psychiatre de François Perrier, talent non récusé. Vous savez, il suffit d'ouvrir ce qui s'écrivait au même moment, soit dans des revues de psychanalyse, soit dans l'*Évolution psychiatrique*, pour mesurer l'écart. Je parle là de deux langues distinctes, c'est-à-dire la psychiatrique et la psychanalytique. Elles peuvent se mélanger, mais elles restent distinctes comme les positions restent distinctes. Et comme cette distinction était toujours très vivante chez lui – je parle de François « praticien », dans les souvenirs, même les premiers souvenirs, dans le service de Delay, où il était à ce moment-là, je crois, interne, et où j'avais des consultations, lui était au service hommes, et moi j'étais au service femmes – alors qu'un chef de clinique, ou peut-être un assistant, insistait pour qu'il prenne en charge une psychothérapie d'un patient, je me souviendrai toujours de François lui disant : « Écoute, je suis ici à l'hôpital Sainte-Anne, je suis psychiatre et je suis par ailleurs en psychanalyse, alors, je t'en prie, fous-moi la paix avec tes questions de psychothérapie et de psychanalyse ; ici, je suis interne en psychiatrie. »

Et plus tard, bien des années plus tard, il me téléphone à propos d'une patiente, un cas grave, je crois que c'est moi qui la lui avais envoyée, et il me dit : « Écoute, voilà, c'est le week-end qui approche ; alors tu comprends, il y a quand même du danger... écoute, on est quand même psychiatres tous les deux, alors tu vois ce que je veux dire... » Je voyais très bien ce qu'il voulait dire.

François était français désespérément. Il était désespérément français, ça le désespérait lui-même. Il était français et polyglotte, parce qu'il parlait, je vous le rappelle, le psychanalytique, le psychiatrique, le politique et le musical. Et il parlait ces quatre langues tout le temps et tous les jours. Et le fait qu'il était français dans cette position-là, il était de tous les psychiatres et de tous les psychanalystes français le plus exotique. Il était plus exotique que ce Pakistanais illustre, Masud Khan, dans la psychanalyse anglaise. Il était fantastiquement exotique, François Perrier, et c'est probablement cela qui a tissé entre nous des liens un peu particuliers. On était, l'un et l'autre, d'une certaine manière, étrangers au milieu. Bien sûr, je n'oublie pas le penchant de François pour l'étranger ; il ne parlait pas l'allemand, il le baragouinait un petit peu. Il ne parlait pas vraiment non plus l'anglais – enfin il pouvait lire l'un et l'autre – mais je me souviens de cartes postales que je recevais de lui, elles étaient écrites en russe (il ne parlait évidemment pas très bien russe non plus !).

Alors, nos liens, je ne sais comment les définir. Mais je dirai que si, pour évoquer cette *troïka* dont l'existence *est historiquement avérée* et dont les restes, si je puis dire, sont là aujourd'hui, avec ça, nous avions, Serge Leclaire et moi, une sorte de tissu familial lâche, pas serré, mais enfin de cet ordre-là : notre enfance dans la même ville, dans le même lycée, etc. Dans cette sorte-là, dirai-je, de familiarité. Avec François, rien de tel, nous étions totalement étrangers l'un à l'autre, totalement. Il y avait ces fils-là qui passaient ailleurs et qui passaient plus loin et plus profondément que probablement à l'époque je ne le savais moi-même. Dans *La Chaussée d'Antin*, à un certain moment, il dit quelque chose que je n'ai trouvé que sous la plume de Freud parlant de Ferenczi. Ce n'est pas que nos positions étaient à comparer à celles de Freud et de Ferenczi, mais la phrase est la même. Freud, à un moment, dit : « Et telle chose, je ne sais pas si elle est de lui ou si elle est de moi », François le dit aussi : « Je ne sais pas si c'est de lui ou si c'est de moi. » En l'occurrence, c'était de moi.

Mais il y a autre chose, j'en parlais hier au téléphone à un proche et je disais : « Je vais le dire demain. » Alors je ne sais pas si je peux le dire ou pas, parce que d'une part, vous ne me connaissez pas, et je ne vous connais guère, et que d'autre part je me dis que tout de même, il y a entre François et moi cette double signature d'un article paru à l'époque dans *La Psychanalyse*, que Major a fait reparaître sous un titre : *Le Désir et le Féminin*, et qui a été réédité chez Aubier. Cet article a eu son importance, il a joué son rôle, dont on a dit qu'une génération de psychanalystes s'y sont formés pour ce qui est du féminin. Il y avait à propos de cet article en moi un certain malaise, je vais vous dire pourquoi. C'était un article de commande, je l'ai dit, on nous l'avait commandé pour une raison que j'ai racontée dans la réédition. C'était pour le congrès sur la sexualité féminine à Amsterdam, et quinze jours, trois semaines avant ce congrès, François me dit : « Écoute, il faut qu'on le fasse cet article, le congrès c'est bientôt ! » Je lui dis : « Mais enfin, François, cet article, non seulement il est fait depuis longtemps, mais sa traduction est faite et supervisée, c'est fini, c'est bouclé ! » Il dit : « Mais alors, qu'est-ce que je vais faire ? » Je lui dis : « Tu le présenteras à ce congrès. » Dans les textes qui existent aujourd'hui, sont parfaitement reconnaissables la partie due à François, stylistiquement reconnaissable, et le corps de cet article, dont le manuscrit est chez moi, dans mes archives. Et alors je me disais : « Oui, mais enfin quand même, c'est toujours le problème de cette double signature. » Eh bien, voyez-vous, il m'a fallu tout ce temps, tout ce temps jusqu'à ces temps-ci pour que je réalise à quel point cet article, dont je me demandais finalement : « Est-ce tellement juste qu'il ait été cosigné de nous deux ? », à quel point cet article, nous l'avions vraiment fait tous les deux ! C'est vraiment notre article à deux, je ne le savais pas. Je ne savais pas à quel point ça l'était ! C'est maintenant que je le sais ! Et maintenant que je le sais, lorsque je retrouve dans ma parole ou sous ma plume ce qui est non pas de lui, mais ce qui est à l'un et à l'autre et qui venait de la même source, et je ne pense pas que c'était Lacan, ça venait je ne sais pas d'où, mais ça venait à l'un et à l'autre, et cet article, oui, il est juste qu'il soit signé de tous les deux.

Les rapports du français et du psychanalytique, vous disais-je, sont malaisés ; ils sont malaisés parce que lorsqu'ils deviennent aisés (enfin, pour parler encore du malaise de ces rapports, il faut évoquer ce que Freud en disait, ce qu'il en écrivait même, c'est-à-dire qu'à l'époque où son œuvre était reçue, où elle était même déjà traduite, en Russie par exemple, paradoxe, en France, elle ne rencontrait que quolibets, refus, critiques), lorsqu'ils deviennent aisés, disais-je, les rapports du français et du psychanalytique, il se produit ce qui justement ne s'est jamais produit sous la plume de François : ils deviennent plats, ils deviennent ces clones parodiques du psychanalytisme professionnel post-freudien, germano-anglais, ou d'autres encore. Des clones de la littérature dont l'aspect le plus typique est l'œuvre de la *troïka* structuraliste américaine, Hartmann, Kris et Loewenstein. Et ce ne sont pas des auteurs que je cite avec condescendance. Ils ont eu leur importance, leur mérite, leur valeur. Je dis que ce qu'ils ont laissé a fait qu'ailleurs c'est devenu ce que j'appelle comme ça, des clefs. Et cela arrive, sauf s'il y a miracle. Et le miracle, c'est évidemment le miracle du talent. De cette possibilité miraculeuse il y a probablement une sorte de signe avant-coureur. Quelqu'un qui peut-être n'en avait pas la stature – en tout cas qui est mort trop tôt pour qu'on ait pu vraiment savoir ce qui se serait passé s'il avait vécu – je parle de Pichon.

Le miracle est arrivé après. Je repense à la *troïka*, Serge, il ne faut pas m'en vouloir de ce que je vais dire, ce n'est pas une critique, ni de toi ni de moi, c'est une manière de poser les choses. Tu as fait, toi, quelque chose que dans une métaphore, j'appellerais des « déjeuners de travail », très intéressants, des déjeuners de travail philosophico-littéraires et moi j'ai fait des thés, des stimulants et des récréatifs pour la lecture des textes talmudiques dans la *Yeshiva*.

Seulement voilà, Lacan et Perrier, c'était autre chose. C'est-à-dire de jour ou de nuit, c'était le feu d'artifice, c'était autre chose... Et franchement, qui, sauf eux, je vous le demande, qui sauf eux a su faire ce feu d'artifice ? Qui restera inoubliable comme ça ? Sauf peut-être un autre bilingue, un autre non-défroqué de la médecine, de la pédiatrie, à savoir Winnicott, lui aussi restera probablement inoubliable, comme ça. Inoubliable au sens où – certains ici la connaissent – ma femme me disait : « Tu sais, je regrette vraiment beaucoup de ne pas pouvoir venir ce matin à cette commémoration », et moi, avec cet égocentrisme des hommes, je lui dis : « C'est vraiment très gentil, je suis vraiment très touché, etc. » ; elle me regarde avec des yeux ronds et me dit : « Pas du tout, Wladimir, il ne s'agit pas de toi ! Je suis gênée, je suis confuse, je suis presque en larmes de ne pas être là, ce matin, parce que celui que l'on commémore, c'est un homme qui a énormément apporté dans ma vie. » Elle n'a jamais été sur son divan, elle n'a jamais été contrôlée par lui, elle ne l'a jamais approché, pas plus que Lacan, elle n'a fait qu'assister à son séminaire, mais dans la trajectoire de l'analyste qu'elle est, c'est un homme qui a joué un rôle capital.

Alors, avoir été psychiatre, c'est l'un des affluents qui a fait de lui un auteur si original, qui lui a fait trouver à de vieilles questions, à des questions vieilles pour l'analyse, des réponses que je ne dirais pas nouvelles, mais différentes, c'est-à-dire des réponses passant par d'autres voies. Tout le monde connaît la question, la problématique polémique appelée « le conflit Freud-Jones ». On le connaît sous ce nom, et Lacan lui-même nous la proposait encore sous ce nom, faute, dirai-je, de sources documentaires qui nous manquaient à tous, à l'époque.

Ce n'est peut-être pas tellement ni la question Freud-Jones, ni comme cela a été appelé ailleurs, et même encore tout à fait récemment, la querelle entre ceux de Londres et ceux de Vienne. Ça a été peut-être une tout autre affaire, mais qu'importe. C'est une affaire qui revient toujours, plutôt qui reste toujours à la surface des débats, des engagements que l'on peut dire idéologiques et dans la pratique et dans la théorisation. Et à cette question-là, François trouvait un autre mode d'abord. Qui ne lui faisait, je dirai, rien trouver, rien inventer de nouveau, sauf la voie. Et le mode d'abord, c'était de passer par la souffrance, par la douleur, par quelque chose d'initial à ce niveau-là, du féminin. C'est-à-dire que François avait un savoir en plus. Et un savoir en plus qu'il pouvait mettre en œuvre. Il avait un savoir en plus d'une infirmité de départ, qui lui permettait de passer derrière l'écran. Derrière le paravent des complexes cardinaux de la psychanalyse. C'est-à-dire derrière le traitement classique des complexes cardinaux de la psychanalyse. Il passait derrière, au sens pourrait-on dire littéral du terme, en allant en arrière, c'est-à-dire en renvoyant à la génération précédente, et à la scène primitive de la génération précédente. À ce qu'il appelle la scène primitive de la mère. Et c'est pour cela qu'il a pu être (bien sûr il n'était pas le seul, chacun a sa façon de l'être et ses possibilités de l'être), qu'il a pu être ce thérapeute-là, des cas difficiles.

Naturellement, être thérapeute des cas difficiles implique aussi quelque chose à quoi il a donné une grande extension dans son œuvre écrite et parlée et dans sa pratique. J'ai vécu, ces jours-ci, une expérience très *unheimlich* parce que *La Chaussée d'Antin*, je ne l'avais – je dirais peut-être – jamais lue, j'avais assisté au séminaire. Mais je dirais que je ne l'avais jamais lue de la même manière que François, je crois, n'a jamais lu ce qui de moi a abouti à une forme publiée. C'est bête à dire, on n'en avait nul besoin. Donc je n'avais pas lu, ou en tout cas je ne l'avais pas lu suffisamment pour avoir remarqué quelque chose qui est à la source de l'expérience vraiment très étrange que j'ai vécue, il y a trois jours. J'ai fait d'ailleurs, dans un cycle de conférences, chez Roger Dorey – qui est là-bas, dans le fond –, un exposé où j'ai fait une part très large au rapport de la pratique et du savoir et à la nécessité de pouvoir tenir d'une certaine façon le savoir en lisière. J'avais cru avoir, sur cette question, dit des choses fortement senties et bien amenées. Alors, quand j'ai lu *La Chaussée d'Antin*, ça a été vraiment pour moi une curieuse expérience parce que tout ça est dans *La Chaussée d'Antin*, et, à mon avis, dit tellement mieux que je ne l'ai fait jeudi soir. Parce que je ne sais pas qui, comme François Perrier, a su parler de ce qu'il en est de la collusion entre le savoir et le projet de l'analyste. Et le savoir et le projet de l'analysant. C'est tout à fait important parce que la demande d'analyse, comme il le formule avec une concision, une précision admirables...

Je fais une parenthèse sur la question de la demande d'analyse. Je pense être très original en disant que les notions, les considérations concernant l'indication de la psychanalyse (savoir si c'est un traitement indiqué ou pas), c'est une sorte de défaite, de déconfiture, de quelque chose dans la pensée des analystes, une sorte de déportation perverse et flasque, d'un horizon médical.

Il n'y a pas d'indication, de contre-indication de la psychanalyse. Il y a une autre question. Chaque fois que quelqu'un fait une demande d'analyse, la seule question qui se pose à l'analyste, c'est de savoir jusqu'où il pense pouvoir être prêt à aller avec ce patient-là, qu'est-ce qu'il croit qu'il va, lui, être en état de tirer de lui-même. Et si le sentiment est qu'il ne va pas pouvoir tirer grand-chose, évidemment il vaut mieux qu'il l'envoie à quelqu'un d'autre. Et non pas de dire que l'analyse n'est pas indiquée. Cela entraîne naturellement aussi la considération sur l'indication de l'analyse par rapport à ce qu'on a appelé « les cas-limites », dérive d'une nomenclature anglo-saxonne. Comme si Freud avait commencé par d'autres cas que ces cas-limites, comme si c'est avec d'autres patients que des cas-limites qu'il s'était fait analyste ! Alors, François disait les choses autrement, la demande de l'analyse, elle peut être la demande de la découverte de l'amour comme anti-savoir, ou le désir de savoir comme anti-vérité, comme mode d'échapper à l'amour. Et vous savez à quel point, cliniquement, c'est vrai ! Je pense à un de mes plus intelligents, je dirais d'une certaine façon plus agréables, plus considérables si j'ose ainsi m'exprimer, analysants d'aujourd'hui, qui est véritablement sur le divan pour trouver le savoir qui va le faire échapper à quoi ? À ce avec quoi il est aux prises. Et il est aux prises avec quoi ? Avec le drame de l'amour ! Avec ces drames qui se succèdent dans son existence, qui ont une stature et un intérêt à quoi ne manque, dirais-je, que la reconnaissance qu'il pourrait leur apporter ou leur trouver s'il en était capable. Mais il y a que, pour le moment, il se sert de son analyse pour le but qu'il s'est proposé, c'est-à-dire de trouver un savoir, et comme il est intelligent et manœuvrier intellectuellement, il a bon espoir d'y parvenir. Un savoir qui lui permettra de classer tout cela sous la rubrique de la pathologie, du malheur, du malentendu après quoi pourra, devant lui, s'ouvrir une vie agréable, « peinarde », plate naturellement... Alors, il y a concomitamment l'originalité de la position de François Perrier dans sa position par rapport à la perversion. Je vous cite cette phrase qui paraît excellente – enfin pour moi –, c'est : « Le recours à la sexualité pour régler un mythe de naissance incomplet ou un fantasme lacunaire. » On a produit sur la question de la perversion des choses admirables. Beaucoup d'entre nous y ont coopéré, je ne m'exclus pas du nombre, mais, franchement, ça, ça ouvre sur une perspective à mon avis plus large que les vues rigoureuses sur ce point de Freud ou de Lacan.

Ça ouvre, grâce à eux, évidemment, Freud et Lacan. Mais ça ouvre rhétoriquement de façon très puissante. C'est-à-dire comme la remarque du fait que l'enfant au devenir pervers trouvera le signe qui le causera à son désir dans un champ d'extra-territorialité à son histoire œdipienne. Alors, il aurait fallu que je fasse une petite parenthèse pour situer le contraste entre ce que Perrier a pu apporter sous ce rapport avec ce que, précisément, les cas-limites ont suscité comme glose. C'est un débat un peu partout, de nos jours. L'évocation de François praticien n'était pas inutile dans le Quatrième Groupe aussi.

Je ne vois pas pourquoi il serait épargné de ce débat sur les cas-limites.

Que je vous donne tout de suite ce qui reste de ma position sous ce rapport. Je pense que la question des cas-limites a eu pour résultat principal de secréter une glose, principalement celles de Kohut et Kernberg sur les états dits narcissiques avec les amendements de la psychanalyse auxquels cela a donné lieu, avec le congédiement du primat de la sexualité, de la différence de sexes, cette espèce de maternage parodique.

Finalement, qu'est-ce que cette théorie a tenté de mettre en forme ? On essaie de faire une analyse, on essaie de donner des interprétations, ça ne marche pas, ça aggrave même, alors qu'est-ce qu'on va faire ? On va rester tranquille, on va rester silencieux. Alors, qui est-ce qui comme ça reste tranquille et silencieux à côté du patient ou à côté d'un lit, évidemment, c'est maman, surtout quand l'enfant est malade. C'est ce qu'elle peut faire de mieux d'ailleurs, alors.

– Je crois que, ça, on vous demandera d'en parler... *(intervention dans la salle).*

Donc, compte tenu de cela, il faut bien théoriser quelque chose. Alors voilà, ces auteurs-là ont théorisé, il faut donc attendre en « pou-poutant » le Moi pour qu'il acquière la surface et la force nécessaires, de manière à ce qu'après une psychanalyse réelle puisse être appliquée. Il va être trapu, il va être musclé. On pourra y aller... Je ne me moque ni de Kohut ni de Kernberg, ce sont des gens charmants ! Et si vous le permettez, pour Kohut, je vais vous raconter une anecdote : c'était, je ne sais plus, en 1965, à Amsterdam, après la réussite de l'affiliation de la société à laquelle nous sommes ici, certains d'entre nous, ou à Copenhague, deux ans après. Je suis à un cocktail chez le regretté Van der Leuw qui était alors président de l'Internationale. Je suis avec Kohut en train de bavarder, et je lui dis, sans que ce soit un reflet de quelque chose qui serait chez moi comme ça une nécessité de cuistrerie innée, je lui dis : « Wo es war soll Ich werden » quelque chose d'aussi confidentiel que ça, et il me dit avec son charmant accent hungaro-germano-anglais : « What is that ? » Je lui dis : « Ça, vous savez, c'est dans une des *Nouvelles Conférences* » ; il dit : « Oh ! Oh ! very interesting ! Je vais noter tout de suite ! » et je reçois une carte postale à quelques temps de là : « Pour la prochaine réunion de l'Internationale, je vais potasser mon Freud. » François, non. Lui, il passait derrière lesdits ratés et restaurés, non pas sur le mode de cette pitrerie anti-analytique, mais en passant derrière une génération. Reprenons cette phrase qui est de celles qu'à la suite d'une rencontre comme celle d'aujourd'hui, il faudrait que nous gardions en mémoire. Il n'est pas l'auteur de cette phrase, il est l'auteur de sa reprise : « Je n'ai pas pu faire entrer l'homme dans la chambre où ma mère m'a conçu. » C'est une phrase de toute première importance. C'est pour cela aussi que le travail sur l'hypocondrie est un travail superbe. J'ai dit un des affluents du talent, c'est l'être psychiatre de François. Le travail sur l'hypocondrie est comme il est, comme chaque fois qu'un être d'exception fait un aveu. Faire des aveux n'a pas de mérite particulier parce que les aveux peuvent être des micro-aveux, de rien du tout : « J'ai crevé les pneus du monsieur qui m'a empêché de trouver ma place de parking. » Mais quand l'aveu est important et qu'il est fait par un être d'exception, alors c'est autre chose. Et là il y a un aveu : l'hypocondrie est une mauvaise solution, mais la seule qui reste à certains sujets qui ne sont pas faits pour être fous. Et ce qui caractérise justement cette hypocondrie, c'est sa stabilité. François le croyait encore en 1959. Il se trompait hélas... L'analyse avec Lacan l'a prouvé.

Bien sûr, il n'est pas devenu fou puisqu'il a retrouvé Martial, son père, mais là, on entre dans un domaine où je n'ai pas le droit de pénétrer, au sens où je peux parler de François-praticien. Je n'ai pas arrêté de faire cela depuis que vous m'entendez ce matin. Je peux parler de François-praticien dans le champ professionnel et social, mais évidemment je n'ai aucun droit de parler de François dans un champ plus restreint, plus intime et plus privé. Bien que la difficulté où je suis devant vous tient au fait que je suis quand même dans la position, presque dans la position, de quelques-uns ou de quelques-unes qui peuvent être ici et qui ne peuvent pas être interrogés sur François Perrier.

Cela nous mène à la question que pouvait poser son regard. Son regard, je pense que certains d'entre vous ici n'ont pas connu son regard, parce qu'ils ne l'ont pas connu. Il avait ceci de particulier que celui qui était regardé, était regardé d'un regard dont il avait en même temps, en tout cas, moi, je l'avais, le sentiment que ce regard était tout autant tourné vers soi-même, à l'intérieur.

Je pense que c'est à cela que tenait (« être psychiatre » a pu y contribuer aussi) qu'il pouvait ne pas être aveuglé, c'est-à-dire ne pas cesser d'être psychanalyste quand il regardait. Même lorsque manquait la protection de l'abolition du regard.

Vous savez que la pratique, et jusqu'à un certain point je dirais, la théorisation, si l'on réussit à suivre cela au niveau où cela s'est réellement engendré, dépend assez étroitement de la position respective fauteuil-divan. Vous savez que le fauteuil de Freud était placé de telle manière que, de son divan, lui ne voyait vraiment rien de son analysant. Et puis d'autres naturellement l'ont vu bien davantage, quant aux kleiniens, qui s'asseyaient à côté, ils le voyaient de telle manière qu'il est, à mon avis, strictement coextensif de cela que Melanie Klein ait pris par rapport à la question du contre-transfert la position qu'elle avait. C'est-à-dire sa position par rapport au contre-transfert lorsque, en supervision, quelqu'un le lui amenait. C'était comme vous le savez : « Si vous êtes embêté par la question du contre-transfert, prenez de l'aspirine ! » Elle ne voulait rien en savoir. Alors, cette façon-là de n'être pas aveuglé, de pouvoir rester ouvert à l'inconscient devant quelqu'un, faisait aussi que la psychanalyse pour François était vraiment un mode de vie. Là encore j'insiste, je dis *un mode de vie...*

Je ne sais pas ce qu'il en était là où je n'ai pas le droit de pénétrer, mais c'était un mode de vie au sens où quelqu'un dans une autre réunion, dans un congrès, il y a un certain temps, a posé la question de savoir, en me citant en l'occurrence, qui est-ce qui considère, qui est-ce qui pense, qui est-ce qui sent, pour qui l'analyse est-elle encore un mode de vie ? Mode de vie, c'est une expression qu'il m'empruntait. Et, en effet, nous vivons depuis très longtemps sur le mode, autour de nous, des deux casquettes ou de la veste retournée.

Ordinairement, ces deux casquettes, ou ces deux vestes, c'est la pratique clinique et l'institution. C'est un thème connu. Ou la pratique clinique et les relations sociales. Les relations sociales, où l'on dira : « Oh ! comme il est différent de ce que je pensais qu'il était !... » Et bien François, justement non !

Il n'était absolument pas différent dans toutes ces circonstances. Il n'était absolument pas différent parce qu'il était différent au départ. Il était déjà complètement différent. Pour finir, je dirais un mot de François praticien en tant que praticien ferenczien. Je pense n'être pas en trop mauvaise position pour le dire dans la mesure où je crois que lui et moi avons été, jadis, je ne sais pas ce qu'il en est aujourd'hui, les seuls ferencziens décents. Décents, en quel sens j'entends cela ? Précisément, dans un axe qui prolonge l'œuvre de Ferenczi, non pas du sens du contre-transfert mis en œuvre dans le processus des libertés et des privautés, enfin tout cela... non. Dans l'axe qui prolonge, grâce à la mise en place de la question de l'amour comme tel. Avec cette aptitude sans cesse visée par Ferenczi, mais jamais clairement énoncée chez lui, ce n'est pas qu'il n'en a pas parlé, mais il ne l'a pas énoncée comme François. La perspective de l'analyse comme possibilité de retour à l'enfance, c'est-à-dire à la liberté créatrice qui donne ses sources à la poésie, à l'art et à l'érotisme. Et grâce à l'évitement évident pour lui d'une mystagogie d'un non-savoir, si parisienne, si élégante, si tentante, mais grâce au rappel de la position du savoir comme meurtrier de l'enfance.

De la nécessité de faire en sorte que l'analyse soit aussi une opération anti-savoir, de voir la régression comme une progression vers l'enfance. De l'immaturité comme conquête d'un bien retrouvé, comme réalisation et promesse d'une aptitude au transfert et à l'amour dans l'ambiguïté même, dans l'ambiguïté critique du transfert et de l'amour...

Je vous remercie de m'avoir écouté.

I

DIDACTIQUE ET FORMATION

Sur la psychanalyse didactique*

I. Le didacticien et la sélection

Lorsqu'un psychanalyste en vient, après d'autres, à vouloir écrire sur la psychanalyse didactique, il a d'abord devoir de ne pas méconnaître, à partir des questions que son projet soulève, celles qui le renvoient logiquement à lui-même.

Il peut constater alors, que, quelque distance souhaitable qu'il ait pu prendre d'avec sa propre formation, et d'avec les idéologies, éléments de doctrine et processus transférentiels qui l'ont en son temps particularisée, il ne pourrait repérer la place, seconde ou tierce, d'où il veut parler – dans un souci et à partir d'un principe d'objectivité – qu'à condition de se séparer aussi des positions subjectives actuelles qui inspirent son propos, au moment même où il veut en soutenir le développement.

À supposer qu'il réussisse un parfait clivage d'avec tout ce qui le concerne dans le thème qu'il vise, pourrait-il encore le traiter ? – Sans doute pas. Cette opération ne saurait l'assigner qu'à une place de silence, seul lieu de recoupement possible de toutes les configurations bavardes, complémentaires ou contradictoires, qui confluent vers la question toujours reprise : « Qu'est-ce donc qu'une analyse didactique ? »

À partir de cette interrogation que se renvoient, de génération en génération, les psychanalystes, trois sortes d'assertions résument à peu

* Ce texte, publié dans *Topique* 1 et 2, a été rédigé par F. P. à la suite de sa démission de l'École freudienne le 20 janvier 1969.

près les positions qui sont soutenues : « C'est une analyse tout court, c'est la psychanalyse pure, ce n'est pas encore une analyse ou ça ne tarde pas à ne plus l'être… »

On sait donc qu'à vouloir apporter une réponse, au moins partielle, à cette interrogation, on devra s'accepter d'abord partial en la responsabilité d'un témoignage.

En une telle occurrence l'analyste n'a-t-il pas alors que devoir de se taire ? Il a charge de candidat, il est un des syndics de la copropriété freudienne ; il doit rester un frère selon la loi du milieu ; il est agent de change à la bourse des leurres transférentiels… Doit-il se taire, ou doit-il savoir parler d'autre chose que de ce dont il s'agit ? Pour que chacun, collègue ou élève, détracteur ou allié, garde l'assurance de pouvoir viser à côté dès qu'il prétendra lire, comprendre, interpréter, voire répondre.

Et pourtant, l'analyse didactique a-t-elle un secret ou des secrets qui lui soient propres ? Nous ne le pensons pas pour notre part. Mais, parce qu'il y a des analyses en cours, tout propos sur ce thème venant de quelqu'un qui a, lui-même, des candidats en charge, peut infléchir éventuellement (ou faire progresser ou mettre dans l'impasse) telle relation en cours de développement. S'exposer à aiguiser une vérité (ou à se tromper) n'est rien de grave si les autres savent ne pas s'engluer au piège du révélé (ou de l'erreur), dans le moment où un auteur s'engage lui-même. Mais dès que la diffusion d'un texte atteint des sujets, avides de prendre pour eux ce qu'on n'écrit, en fait, pour personne en particulier, on ne peut être insouciant de l'action produite par une lecture qui aidera des fixations, des fuites ou des adhésions, d'autant plus difficiles à analyser qu'on en sera soi-même l'élément inducteur.

On connaît, en particulier, l'inconditionnelle fidélité de certains disciples qui s'arriment à des concepts et des formules parce que tel analyste-leur les a privilégiés, ou que tel autre, se poussant toujours plus avant dans les vicissitudes de son destin de vérité, s'invente sa propre langue de par le principe d'une transgression de tous modes de pensées reçues.

Si ce n'était là que l'effet momentané des effusions transférentielles avant émancipation des esprits, le danger ne serait pas bien grand. Mais l'expérience prouve qu'une analyse didactique, menée dans certaines conditions, marque trop le postulant, en quête de références radicales, des sigles de son maître ou de son école, pour qu'il ne se fasse pas des signes particuliers du discours de l'autre, le plus spécifique de sa carte d'identité freudienne.

Le phénomène est bien connu de tous les habitués du milieu psychanalytique. Il peut s'en déduire une consigne implicite de fadeur discrète et de mentalité tiède pour les officiels didacticiens qui cultivent leur standing international. Ils ne tiendront propos théorique que conforme, et position magistrale que pasteurisée. Après quoi, leurs élèves seront quand même reconnaissables au style de conformisme et au mode de pasteurisation qui leur seront devenus seconde nature.

De là à la position contraire, il ne faut qu'un renversement dialectique. Certains relèvent le défi. Ils s'assument comme « didacticiens » non pas dans leur silence mais dans l'invention impérieuse et altière de leur discours. Les auditeurs suivent, comme l'intendance, et le bilan est toujours différé jusqu'à nouvelle conquête, après nouveau *suspense* conceptuel…

C'est là une démarche radicalement inverse, évidemment, de celle qu'on attend d'un analyste « didacticien ». Peut-être est-elle soutenable pour certains, mais à la condition alors d'un total remaniement de la méthodologie freudienne de la théorie et de la pratique de la cure. Elle n'est en tout cas pas imitable.

Sans doute ne s'en rendent-ils pas compte ceux qui font de la transgression et de la théorie en marche non pas l'irrépressible mouvement d'une logique subjective, mais plutôt la recette payante d'un esthétisme intellectuel. Violer les tabous, pourquoi pas ; mais pas avec un livre d'algèbre sexuelle à la main. Le vrai viol est intuition et célébration d'une jouissance inconnue ou perdue. Quand il devient message moïque de la frigidité pour un concept de la jouissance, la vérité n'est pas plus nue que le cadavre embaumé d'une lecon d'anatomie freudienne.

Revenons-en au problème d'une définition de l'analyse didactique, non pas pour la donner mais pour commencer à en cerner la difficulté.

On remarquera que ce qui pourrait s'ébaucher d'une théorie minimale de la question s'appuie sur des prémisses fort différentes selon le moment de l'histoire du mouvement analytique que l'on choisit pour aborder le problème. Comment comparer, en effet, la démarche préconisée par les premiers cercles freudiens (celle qui consistait à proposer *secondairement* le passage sur le divan à celui qui, étudiant Freud, trouvait ainsi possibilité de vérifier *ad usum proprium* le bien-fondé des concepts de la psychanalyse), avec la règle édictée plus tard d'une cure préliminaire à toute étude ? Que l'engagement dans la cure constitue la voie inaugurale et obligatoire d'un accès au champ freudien – ce qu'aucun groupe analytique, actuellement en place, ne remet vraiment en question – dévoile une idéologie de la formation qui renverse la méthode initiale, en ses principes acceptés par Freud. À l'origine, quand la clinique et la théorie parlaient encore à livre ouvert, sinon lisible, le savoir n'était pas encore interdit comme mode de défense. Car il était provocant et rendait vulnérable. *L'étudiant devenait analysable*, c'est-à-dire apte à interroger ses dispositions personnelles à la surdité, à la méconnaissance, au refoulement, au rejet, au préjugé, etc., à partir d'une découverte toute neuve.

Aujourd'hui, l'analyse didactique apparaît de plus en plus comme une expérience exigible, totalitaire et exhaustive. Ceci explique, sans doute, la difficulté qu'il y a d'en parler. Se décider à traiter de ce sujet, sous le régime actuel des idéologies en vigueur, peut donner d'abord le sentiment de quelque inconséquence ou quelque naïveté.

Car les positions sont prises et solidement établies pour faire recette. Là, sous prétexte d'un accès plus efficace au savoir stabilisé, on en réserve les avenues pour conditionner des « moi » analytiques. Il suffit pour cela d'une certaine conception et d'un certain maniement du transfert.

Ailleurs, le savoir s'offre à qui le veut, mais comme insaisissable. Il ne s'appréhende qu'au prix d'un remaniement des positions subjectives de l'être ; celles qui font la vérité alternante et indicible de la cure entre deux interminables partenaires.

Là et ailleurs, la découverte freudienne n'étant plus toute neuve, il faut qu'elle soit toujours renouvelable pour que *« l'analysable » devienne étudiant.*

Cette prime dernière, qu'elle soit formulée en termes de renforcement du moi ou de subversion du sujet, est assez initialement fascinante pour que les alliances nouées sous de tels auspices ne risquent pas un dénouement prématuré.

Du coup, il n'est pas question de partir du début de l'analyse didactique pour en ébaucher la théorie. Il serait, en revanche, dans une tradition plus freudienne de prendre les choses par la fin ; de faire le bilan des formations achevées dans les résultats disparates qu'on en connaît, et d'en déduire, par démarche rétrograde, les configurations significatives initiales et les prémisses inductrices. Après quoi, s'éclairerait peut-être ce qui permet, après coup, de dire : telle analyse a été didactique ou pas ; ou telle didactique a été quand même une analyse.

Mais dès lors une nouvelle difficulté se présente. Les critères qu'on peut choisir, pour une telle étude critique, ne trouvent leur place et leur valeur opérationnelle qu'à l'intérieur même des idéologies post-freudiennes qui régissent la formation des analystes. On aura donc à choisir entre des partis pris notionnels qui illustrent telle conception de l'analyste, et un éclectisme tiède qui, parlant à tous, ne parlera de rien et de personne à quiconque.

De deux maux il faut choisir le moindre et, de ce fait, rejeter d'abord l'éclectisme.

Le moment est venu de constater qu'en fait, *c'est l'analyste que questionne la problématique de l'analyse didactique*, et non pas le postulant. On en prendra d'une certaine façon conscience en évoquant la rencontre entre un praticien représentant du savoir freudien et celui qui vient rendre hommage à ce savoir présumé pour l'obtenir au prix des positions subjectives nouvelles que cela implique, et qui sont, logiquement, celles du psychanalyste présent.

Du côté de la rencontre, se profilent alors toutes les questions qui tournent autour du problème de la sélection ; celle-ci est à la fois soutenue par l'analyste, représentant d'une fin de parcours aux yeux de l'autre, et personnifiée par le postulant ouvrant la question du tracé virtuel d'un *cursus ;* ce qui renvoie l'analyste à la problématique de son aboutissement. Un enjeu est ainsi tacitement introduit entre les deux interlocuteurs. C'est, dans une formulation courante : *l'aptitude à psychanalyser*, aptitude officiellement acquise pour l'un ; mais aussi aptitude virtuelle à lire en filigrane dans les dispositions psychiques du candidat, au moment même où celui-ci justifie son recours à l'analyse en faisant état de son manque d'ouverture à l'inconscient des autres... Car chaque postulant, d'une façon générale, n'oublie pas de témoigner de ses embarras cliniciens, de ses difficultés de contact, de sa crainte de mal entendre et de mal répondre, etc.

Cette aptitude à psychanalyser, nous l'appellerons d'abord *épistémè psychanalytique*, pour aborder dès lors les rapports qu'elle interroge de la psychanalyse à la science – ceci avant d'en revenir au thème de la sélection qui devrait logiquement se chercher, en ses critères, à partir d'une définition de cette *épistémè*.

L'*épistémè* peut-elle être l'objet d'une épistémologie ? Plus qu'ailleurs, en analyse, la réponse s'impose, négative, pour libérer la démarche psychanalytique de tous les modèles théoriques et expérimentaux que lui proposent les sciences déjà établies, et en même temps, pour l'exiler, à notre sens, hors tout statut scientifique possible.

Le champ d'expérience et de théorisation psychanalytique étant le sujet lui-même, comme assujetti au désir, excentré par l'inconscient, et causé par les structures signifiantes de langage, ce sujet n'est fait objet, au sens scientifique, que pour un autre sujet, lui-même soumis aux mêmes définitions et aux mêmes concepts. Comment un objet serait-il définissable alors par lui-même en un autre ? Et par un autre en lui-même ?

Bien sûr, il y a la *différence*. C'est là justement un concept qui devient nécessaire pour annuler toute *suture* désubjectivante, c'est-à-dire indiquer qu'il n'est de sujet que différent d'un autre et qu'il ne saurait y en avoir un s'il n'y en a d'abord deux.

Du coup, il faut que chacun de ces deux soit apte à une position tierce pour que la différence soit le commun concept de référence ; mais celui-ci n'est alors déduit *alternativement* pour chacun que d'une aptitude à n'être pas l'autre, tout en n'étant pas soi seulement, puisqu'il y a l'inconscient...

On ne se trouve plus ici dans les conditions exigibles pour l'établissement d'une science et le dégagement d'une logique des formations discursives de cette science. Toute tentative d'axiomatisation de l'analyse visant à une écriture désingularisée de la *psychische Realität* freudienne est négation du spécifique de l'analyse. Nous dirons qu'il y a là, plus exactement, *Verleugnung* (si l'on traduit ce terme sans correspondant en français par *démenti de soi donné à soi-même)*[1]. Cette *Verleugnung* scientiste est la défense paradoxale de l'analyste suffisamment à l'abri du désir pour fonctionner aux fins d'appréhender en l'autre le réel de la structure psychique, en déniant l'altérité qui le cause *hic et nunc* comme sujet.

Mettre en situation méthodologiquement articulable deux têtes chercheuses n'est possible que si l'une s'objective comme telle au moment où l'autre advient comme telle. L'asymétrie n'est ici que projection imaginaire si on ne tient pas compte de sa reduplication constante en deux singularités extemporanément structurantes l'une de l'autre. La différence ne ressemble-t-elle pas, alors, à deux dunlop de tennis pour deux partenaires dont chacun jouerait à la balle au

1. C'est la position subjective du pervers qui fait l'objet de son déni et non la castration de l'autre.

mur en croyant à un seul projectile pour deux, comme preuve de la réalité d'un match ?

Pour rester dans la balistique, notons que toute démarche axiomatisante provoque, si elle se prend pour une *praxis* de la théorie, des effets de *boomerang*. Elle devient tôt ou tard réductrice et virtuellement mortifère pour son auteur. La pulsion épistémophilique, scansion répétitive, rejoint Thanatos épuré de tout Éros ; nouvelle forme peut-être de désintrication pulsionnelle avec ses versions obsessionnelles, perverses ou rigidement passionnelles.

Là est l'impasse structuraliste actuelle. Elle est nécessaire sans doute comme mise à l'épreuve de toute discipline questionnée par la découverte freudienne ; mais, à l'inverse, appliquée à la psychanalyse, elle ne montre que l'irréductibilité de celle-ci à toute objectivation. On peut bien placer la psychanalyse (en exclusion interne) dans un cercle d'épistémologie. On n'obtiendra là que version modernisée et renforcée de la résistance à ce qui, depuis Freud, est renouveau du scandaleux de l'Éros comme inobjectivable.

L'analyste n'est pas un logicien ni un archéologue du savoir, permanent à lui-même comme invariant d'intégration des énoncés discursifs appréhendés dans le disparate et l'hétéroclite de leur discontinuité. Voudrait-il l'être qu'il ne s'identifierait qu'à l'espace où, non pas se dispersent, mais s'agglutinent transférentiellement, les événements discursifs des cures dont il assume la charge et qui se réfèrent et se dédient à son écoute.

Cette identification à l'espace de discontinuité des discours, irréprochable pour un épistémologue, ne saurait être pour un analyste qu'alibi plus subtil qu'un autre pour réserver et mieux voiler l'espace subjectif des bases secrètes de son épistémophilie et de son aptitude à une certaine mémoire.

Venons-en tout de suite à ce dernier point. Il est connu que l'analyste n'apprend pas par cœur ce qu'on lui dit. Il sait ne pas prendre de notes et faire la différence entre écouter et entendre.

Ce qui lui arrive, c'est d'être sujet à des réminiscences. Au besoin, il les espère comme on cherche la rime. Un rêve raconté au début d'une cure lui revient à l'esprit inopinément à l'occasion d'un discours d'aujourd'hui. Il devient partie prenante dans le champ du désir de l'autre dès qu'il propose un rapprochement entre ce qu'il entend et ce qu'il découvre avoir enregistré bien avant, sans l'avoir tout à fait voulu et en l'ayant tout à fait oublié, avant que ça ne lui revienne.

Autrement dit, ce n'est pas le savoir qui fonctionne ici à partir du moi de l'analyste ; c'est bien l'analyste, comme sujet, qui advient comme mémoire du désir inconscient de l'autre. Est-ce du côté de son préconscient ou de son inconscient qu'il faut situer cette aptitude à la réminiscence ? On peut dire au moins que, lorsqu'elle se produit, elle n'identifie pas l'analyste au code perceptif préconscient dont lui-même, en tant que sujet de la connaissance et non sujet à son inconscient, peut chercher le maniement pour en rendre compte, au besoin en une démonstration théorisante : *en différé*.

Notons ici que le différé de toute communication scientifique en matière analytique encourage l'identification dédouanante du praticien à un système conceptuel et idéologique dont il veut assumer la représentation et la cohérence. Mais rien de ce qui se passe, *in statu nascendi*, dans une relation analytique, ne trouve en cet exercice autre chose que complaisance sécurisante à la naturalisation de l'analyse en une patrie scientiste. Cette naturalisation est aussi celle qui empaille l'inconscient pour mieux en pointer la réalité littérale.

C'est dans cette perspective qui tend à faire fonctionner les structures freudiennes hors le champ propre qui fait leurs conditions d'apparition, qu'on en vient, *par extrapolation*, à parler par exemple de « l'inconscient de la chose dite » ou du refoulement de tout discours par un discours. Ceci permet aux démarches épistémologiques de laisser hors du champ de leurs opérations cela même qui est en question dans Freud, c'est-à-dire les sujets en présence, ou plus exactement la présentification des sujets aux structures signifiantes qui les causent et les assignent constamment, *dans la cure*, à l'alternative refoulement-rejet ou défoulement-assomption *(wo Es war, soll Ich werden)*.

Pour en revenir à cette question de la mémoire de l'analyste en situation, nous préférerions plutôt à « l'inconscient de la chose dite », le dire de l'inconscient sur la « chose » *(das Ding)*.

La chose ici (freudienne et non heideggérienne) connote l'objet partiel et l'économie pulsionnelle. Elle n'émerge comme telle que lorsque deux sujets, asymétriquement contraints par la règle analytique, sont successivement, contradictoirement, concurrentiellement, jumellement, concernés et frustrés par le désir qui circule comme enjeu dans le champ freudien dessiné par la méthodologie de la cure.

Ce n'est pas là question d'intersubjectivité ni de réciprocité imaginaire. Si l'asymétrie fait le contrat léonin de la relation analytique, c'est pour l'émergence d'Éros, au prix du langage perdu de la raison en ses états moïques.

Cela ne veut pas dire qu'il y a là matière à réduire la relation analytique à un protocole sado-masochiste avec l'un comme agent instituant et l'autre comme objet en menace de naissance, de mort ou de jouissance. Il y a toujours en fait deux sujets en présence dont aucun n'est à lui seul l'organisateur du champ relationnel. Car chacun ne peut tenir sa position et sa consigne que si l'autre ne se dérobe pas à ce qui le concerne d'une *combinatoire bisubjective*. Cela en passe par la parole et par elle seule idéalement ; celle que deux sujets ne peuvent jamais prendre en même temps, mais tour à tour ; parce que parler, c'est toujours viser le désir de l'autre – pour l'éveiller ou l'endormir.

L'expérience clinique confirme cette notation. On connaît de ces patients qui, itérativement, ne parlent que pour ne pas dire le dernier mot de leur phrase ; celui qui donnerait signification rétroactive à un début d'articulation et éveillerait l'autre sujet à l'effet de sens produit. Ce suspens malthusien, qui prévient tout avènement du vrai, fige à dessein toute circulation du désir. La relation est statique comme un ciel d'orage plombé de menace, sans éclair et sans foudre.

Cette dernière notation nous permettrait de résumer la visée de ce préambule : la théorie, toujours à faire, de la psychanalyse didactique n'est actuellement insistante que comme question, fantasme ou symptôme du didacticien. Autrement dit, ce n'est pas le « vouloir devenir analyste » qui fonde le problème ; c'est plutôt le « être devenu analyste » qui le crée rétroactivement. Statut subjectif de clivage, savoir, discipline de suspens, permanence à sa fonction, ouverture à l'inconscient, liberté d'écoute et maîtrise désérotisée, etc., sont d'abord les questions du représentant de Freud de par celui qui le questionne au nom du principe de plaisir sous couvert de principe de réalité et qui le renvoie à l'économie de son désir à lui en sa structure singulière.

C'est pourquoi, si quelqu'un nous reprochait de parler maintenant de sélection alors que nous avons annoncé notre projet de parcourir, de la fin jusqu'au début, le problème de la formation des analystes, c'est qu'il aurait oublié qu'après Freud l'analyse ne s'origine virtuellement en l'un que parce que l'autre est censé détenir le mot de la fin. En quelque sorte, tout analyste sollicité par une demande de didactique est déjà le père *in effigie* d'une scène primitive à venir pour l'autre, mais repérée pour lui comme deuil d'une naissance de lui-même à la position analytique, inconnaissable sinon à partir de ses après-coups.

*

* *

Pour parler de la sélection, nous allons choisir de renverser les termes traditionnels de la question, ceux que le souci de préserver l'orthodoxie du message freudien et le devoir de labelliser les psychanalystes pour la meilleure guérison de leurs patients édictent habituellement au sein des sociétés d'analystes.

À titre de rappel, on notera que, depuis un certain nombre d'années, le milieu psychanalytique français joue, sur le thème de la sélection initiale, des variations fugueuses et contrapontiques dont la rigueur n'est pas prouvée. Tant du côté des instituts que des écoles indépendantes, une même tendance à reporter toujours plus tard le moment de la sélection se fait jour, sans que l'embarras soit dissipé du principe conservé de la chose.

Schématiquement, deux formules se proposent alors, apparemment différentes mais toutes deux, à notre sens, liées par le dénominateur commun de l'habilitation à faire sanctionner par un organisme adéquat. Que la signature d'un contrat analytique à visée didactique virtuelle ne soit affaire qu'entre un freudien et un demandeur, ou qu'il en passe par la référence à une commission d'experts (seulement tenue à un non-refus qui ne compromet aucun des membres d'une commission et moins encore la société qui les commet à cette fonction), la sélection est toujours apparemment éludée ou différée. Ceci ne l'empêche pas d'exister, voire d'exister de façon plus arbitraire qu'autrefois.

Qu'elle se diffère impersonnellement dans la réponse anonyme d'un organisme en place qui attend ses futurs élèves aux talents qu'ils sauront manifester d'une adaptation au style analytique du club qui les tente – et ce de par les bienfaits du passage sur le divan qu'ils ont choisi, qu'elle se diffère de par les séductions du suspens dont un analyste sait jouer comme personnellement responsable du temps qu'il concède à un espoir possible de son entreprise théorique à lui, la sélection implicite imprime toujours des futurs labels de qualité sur les papiers encore blancs de la relation transférentielle.

Sans doute est-il inévitable qu'un analyste débutant ait à faire, en son temps, la preuve de sa compétence auprès de tiers collègues. Ceci, « qu'il s'autorise de lui-même » (ce qui ne veut dire qu'une chose, c'est qu'il a à passer du désir à la décision et donc à « assumer la castration ») ou qu'il en passe par les épreuves examinales codifiées par le groupe.

Mais en tout état de cause, cette compétence se mesure avec les étalons de valeur et s'apprécie avec les idéologies et les concepts qui définissent la théorie de son analyste ou du groupe auquel il appartient.

Dès lors la question de la sélection peut se dénoncer, d'une part comme impératif d'obédience aux critères d'habilitation des jurés, mais d'autre part se renverser de façon telle qu'elle interroge le candidat sur ses options initiales et sur les raisons qui l'ont amené à s'adresser à tel plutôt qu'à tel autre.

En notre aujourd'hui où la culture freudienne s'extrait à ciel ouvert, et où le groupe et les hommes sont toujours un peu connus dans leurs positions doctrinales, leurs travaux ou leurs traits particuliers, la question la plus importante n'est-elle pas : « En quoi le candidat ne choisit-il pas le psychanalyste qui le choisira ? – Du fait de cette collusion première, quel sera le reste inanalysable de la cure ? »

S'il nous fallait ici apporter un soutien inattendu au principe des listes de didacticiens et à la coutume d'une élection des membres des comités de triage, nous pourrions dire que l'analyste, commis comme représentant d'un groupe et délégué à un pouvoir, peut se dispenser de se demander pourquoi c'est à sa porte qu'on sonne, et pas à celle d'un confrère ; puisque c'est lui qui est sur la liste… Les institutions garantissent ainsi la pudeur de son narcissisme. Parce qu'il n'a plus alors à se poser trop de questions sur lui-même, peut-il sans doute paisiblement s'aliéner dans le personnage dessiné par les lois du groupe auquel il sait appartenir.

Si cependant l'idée lui venait alors de chercher ce qu'on cherche à travers lui en venant le visiter, peut-être pourrait-il découvrir qu'il est avant tout dépositaire, comme plate-forme ou barreau d'une échelle de valeur, d'un système que lui-même a entériné en y faisant carrière. Ce système est forcément (et schématiquement) un agrégat de freudisme codifié, planifié et stabilisé pour la sécurité des transactions scientistes à la bourse internationale des échanges psychanalytiques. Le savoir présumé du sélectionneur bat ici le tambour sur les tréteaux de la notoriété. Derrière le rideau, pour ceux qui veulent miser à la loterie promise, il y a l'objet commun, unique et toujours partageable, le fruit de l'arbre freudien de la science. On le consommera en temps voulu à condition d'en passer par les rites d'initiation d'un *curriculum*. L'introjection de ce bon objet, après transes régressives et renarcissisation identificatoire, garantira la stabilité moïque du clinicien face à la clinique. L'aptitude à ramener la poésie des psychonévroses au bercail d'un freudisme normalisé permettra d'apprivoiser, en les conditionnant psychosocialement, les francs-tireurs de la nosographie et les *desperados* du désir.

À l'autre extrême, les indépendants progressistes nient la sélection collective pour prendre, disent-ils, solitairement leur responsabilité. Pour eux, Freud est toujours assez riche de virtualités signifiantes pour que sa signature posthume donne un passeport à tous les aventureux de la théorie en marche. Ceux-là ne seront pas enclins à dépersonnaliser les coups de sonnette. Parce qu'ils sont de l'opposition et connus comme tels, ils seront tout de suite curieux de savoir par quels chemins, quel intermédiaire éclairé, quelles lectures ou quelle intuition on s'adresse à eux plutôt qu'à un autre. Une fois éliminées les contre-indications majeures à l'analyse (et encore, elles sont bien souvent tentantes), comment tel théoricien d'avant-garde récuserait-il la demande de celui qui sait lui parler de lui ?

Entre ces deux extrêmes qui peuvent successivement évoquer les écoles de futurs chefs et quelques chefs d'école, il y a tous les intermédiaires possibles, selon des hiérarchies et des particularismes qui font, à leur façon, clientèle.

En quelque sorte, la patrie freudienne a réalisé la régionalisation. Aujourd'hui chaque candidat au savoir peut, dans les succursales rivales de la culture, et chez quelques artisans, choisir en libre service les éléments et les ingrédients d'une version de Freud, personnalisée à son gré comme véhicule de son désir, grâce à la multiplicité des chaînes de montage et des systèmes de crédit qui lui sont offerts.

On peut lire ainsi « l'histoire assassinée » du freudisme dans la coexistence des formations discursives, d'âge différent et de style millésimé, qui, pour les candidats, se proposent à l'étal d'un vaste marché dit freudien. Pour un philosophe, soucieux de la rigueur des énoncés et de la liberté des points de choix, une visite studieuse de tous les stands hétéroclites du post-freudisme ne saurait que libérer de la tentation de se faire analyser. Pour ceux que cette tentation ne quitte pas, et qui, amoureusement, préfèrent la poésie du marché aux puces à la poussière des bibliothèques et au rocailleux de l'archéologie, la foire aux paris analytiques, ouverte à tous les goûts, sinon à toutes les bourses, offre en fait la demi-mesure ou le prêt-à-porter pour toutes les complémentarités psychopathologiques et socio-psychologiques souhaitables.

Version obsessionnelle de l'analyse, version hystérique, version perverse, version passionnelle, etc., tout est offert à l'heure actuelle à qui veut se donner la peine d'une exploration ou d'un circuit d'information. Il y en a aussi pour les conservateurs, les fonctionnaires, les artistes, les intellectuels de gauche ou de droite, les ouverts et les colmatés, les idéalistes et les réalistes, les structuralistes et les humanistes, etc.

Ces réflexions peut-être trop désinvoltes aux yeux de certains ne viennent pas ici pour le plaisir éventuel pris à un exercice satirique. Que nous en reprochent le procédé ceux pour qui l'analyse n'est plus que métier, ou ceux pour qui les moments de rupture ou de dérèglement dans les causalités circulaires de la culture incitent par exemple à inventer le terme de « contestationnaire » pour se conforter dans la bonne conscience de leur savoir respectable.

En fait, nous faisons hommage de notre dire à la psychanalyse tout court, telle qu'elle resurgit toujours nue comme une naissance et une co-naissance, dès lors qu'un disciple de Freud et qu'un postulant à cette discipline s'osent à ne pas savoir ce qu'ils cherchent ; ensemble et chacun de leur côté. Mais il fallait, à notre sens, en passer par les traits caricaturés des modes et modèles d'aujourd'hui pour accéder à nouveau aux questions de notre début.

Peut-être maintenant apparaîtra-t-il plus clairement que rien de l'analyse didactique ne concerne le demandeur qui ne vise d'abord le didacticien. Et, parce que aujourd'hui Freud appartient à tout le monde, et plus savamment qu'autrefois aux non-psychanalystes qui lisent et réfléchissent, la loi de l'offre et de la demande s'inverse pour une nouvelle économie de la vérité mise en situation analytique.

À ce propos, il faut aussi souligner la fréquente aptitude des étudiants d'aujourd'hui à une directe intelligence du plus difficile des apories détectées par Freud (celles justement dont les sociétaires des académies psychanalytiques ne tiennent compte que pour les refouler dans les ghettos du savoir morose) pour accepter que le temps ne soit plus des bons dépositaires et des bons quémandeurs ; et dès lors, en tirer leçon d'espoir.

« L'analyse se meurt, l'analyse est morte... », entend-on parfois de la bouche des anciens lorsqu'ils se retrouvent par hasard entre eux, sans galons et sans uniforme. Ce qui est sans doute mort, c'est un certain mythe du savoir de l'analyste comme pouvoir mobilisant le désir dans le transfert. L'époque est à l'effeuillage initial des illusions et à la démystification des leurres de la consommation.

Du coup, l'accès au savoir n'est plus le terrain et l'étayage d'occasion d'une transgression structurante des interdits ; et du fait même que ce savoir s'offre plus, en son inflation selon les procédés de la publicité et de la propagande, qu'il ne se réserve comme équivalent du phallus voilé, il se situe, de moins en moins, comme métonymie de l'objet du désir.

Ce sont les psychanalystes qui sont alors déconcertés. Leur manteau de prestige, neutre comme un Noé sobre, n'est plus que couverture désuète pour le regard nu des enfants des corridors de l'université et des corridas de la vie. Les fils de la désillusion originaire, terroristes comme un manque rageur d'espoir en l'autre, ne veulent plus apprendre ni comprendre.

En un sens, ce sont eux qui, freudiennement, sont dans le vrai. *Ils n'en veulent rien savoir*, du savoir offert et négociable ; parce que leur désir est de consumation et non de consommation.

C'est ainsi l'analyste qui est aujourd'hui mis à la question de sa propre exigence de vérité par ceux-là mêmes qui l'incarnent plus juvénilement que lui ; même si les cadets ne savent pas quelle est l'arme signifiante qu'ils décochent à leurs aînés, au mépris même du savoir dont ceux-ci se prévalent, ils ne sont plus les mêmes demandeurs qu'autrefois et c'est l'analyste qui apparaît comme le sujet désirant.

Il n'est pas sûr aujourd'hui qu'une demande de didactique puisse encore se traduire en termes d'identification : « Je voudrais être qui vous êtes à mes yeux, comme représentant de la psychanalyse. » Tout au moins ne serait-elle pas surprise par la réponse adéquate : « En tant que psychanalyste ne suis-je que qui je ne suis pas. » La démarche, si on sait la percevoir, est bien plus libérée qu'elle ne le montre des rituels d'une demande à prendre au mot. La politesse des postulants n'est le plus souvent que stratégie diplomatique faite pour négocier, à la mesure de l'interlocuteur, le droit à une analyse dont les enjeux ne se superposent pas à ce que le savoir du didacticien est présumé en appréhender.

Alors que ce dernier, tout imprégné qu'il est de sa propre histoire et des habituelles aventures déficitaires de sa personnelle expérience didactique, en est encore à souhaiter à l'autre un meilleur accès à Freud que celui dont il a eu la possibilité, l'autre en question en est à situer un pion, un cavalier, une dame ou un fou sur l'échiquier différent d'une autre partie à jouer. À la limite, ce n'est plus l'analyste qui est le maître du leurre pour maniement du transfert au profit d'une vérité seconde. Le candidat initialement se sait leurre de par l'existence de l'imago d'un maître, si quelque analyste a la candeur d'en soutenir l'effigie.

La perception d'un saut, d'une mutation qui relie plus véridiquement les vieux jeunes d'aujourd'hui à Freud que les jeunes vieux d'hier n'ont pu l'être, devrait permettre aux analystes en fonction de se libérer, mieux qu'ils ne le font en collectivité, de leurs ambitions savantes, et de rappeler qu'il n'est d'autre *épistémè* analytique que celle qui vise Éros comme l'inobjectivable du manque à être et à avoir auquel il faut accéder, au-delà de la prise de parole, pour supporter le plaisir du désir, de l'amour et de l'angoisse.

Mais l'ambition de l'analyste n'est pas un problème aisément réductible ; sûrement pas au narcissime et non plus à la banalité des clichés sur l'instinct de puissance à départ urétral ou sur la volonté de pouvoir comme non-déclin de l'Œdipe. Le moteur des duels politiques ou conceptuels entre freudiens provient sans doute d'une énergie plus ordinairement silencieuse. Des pulsions de conservation du moi à l'automatisme de répétition, de cet automatisme à l'aporie de l'instinct de mort, on retrouve un même message, tenté par Freud en ses tâtonnements et ses approches du plus réel de l'homme. Peut-être n'est-il d'autre métonymie de la mort que le réel ; mais cette métonymie, comme déplacement, appelle le mouvement épistémophilique, scansion vitale de Thanatos, meurtre du bon et beau, itération de la coupure pour l'agonie répétitive du sujet naissant à l'être. L'impossible deuil de la mort première de soi comme zéro initial fait de l'homme l'agresseur en l'autre de son propre mystère. L'instinct de mort, vecteur du manque, fait la trajectoire nihilisante de son propre destin. Tuer la seconde mort au nom inconnu de la première est dès lors un pari qui peut être passionnellement tenu. Sous la devise d'une finalité de la cause perdue, alors que certains analystes s'attardent à négocier le confort désabusé de leur être au monde, d'autres, plus irréductiblement joueurs, cherchent à perdre leurs objets partiels (écrits ou élèves) dès lors qu'ils les identifient au résidu obscène de l'impossible rien ou tout d'eux-mêmes.

Ce piège d'une épistémophilie dernière est plus menaçant pour l'analyste que pour tout autre, de par le destin qui lui a été donné d'une violation du berceau mythique de sa vérité et de par la loi qui lui est faite d'un absolu délibidinisé du désir. Après Freud, Œdipe est toujours Tirésias et le deuil de la beauté saigne de l'humeur blanche des yeux crevés.

Ainsi, la science devient dieu suprême, horreur dernière et fascinante, surmoi implacable du freudien pour une jouissance léthale qui est antilibido et assassinat d'Éros.

Tant que l'analyste n'est sollicité que par une demande névrotique de santé, de bien, de non-douleur, voire d'accès à plus de bonheur ou d'amour (ça arrive encore), il reste au service du principe de plaisir de l'autre, et mesure son action d'abord à la dimension de la demande qui lui est adressée. Même s'il se sait non-thérapeute et si la guérison n'est pour lui que « bénéfice de surcroît » (ce qui veut dire qu'il n'investit pas la formation symptomatique mais la structure conflictuelle qui la sous-tend et la conditionne) il ne saurait être indifférent à ce qui se dénoue et se modifie pour le patient, puisqu'il règle son silence ou son intervention en fonction d'une dynamique de principe de la cure en tenant compte de ses objectifs. Il est ainsi convié, par la demande et le désir de l'analysé, à participer de sa place (et bien sûr au prix d'un clivage) à un projet à prévalence libidinale en sa modestie apparente.

C'est là sans doute qu'intervient sur un premier mode ce que Lacan a introduit comme notion du « désir de l'analyste ». Aussi structuralement qu'on cherche le graphe de ce désir en le dépouillant des oripeaux fantasmatiques de l'imaginaire érotique, et en quelque suspicion qu'on tienne le terme d'empathie, il n'empêche que l'analyste, invité à servir la cause limitée d'un désir repéré à ses coordonnées narcissiques et naïves peut, en étant simple praticien, se reposer dans les jardins de l'analyse du transfert. Il fait une pause de réconciliation avec l'espoir, entre les sommets pointus et les profondeurs abyssales de ses missions dernières. Il endort un moment sa vocation de l'ultime. Il est en permission de militance extrémiste.

Mais dès qu'il est sollicité par une demande à visée didactique, le désir en lui est un autre état d'alerte, car cette demande le met implicitement à la question de son propre être psychanalyste.

Le danger pour lui est alors qu'il ne sache plus ne plus l'être, hors les heures ou il a à soutenir sa discipline. À moins qu'il ne se soit prudemment, et avec une fade suffisance, installé une fois pour toutes dans le fauteuil fonctionnel et fonctionnarisé de l'ego-psychologie post-freudienne, tout analyste prend quotidiennement le risque d'une auto-incarcération dans le champ où il s'exile disciplinairement.

Il n'est jamais sûr d'en ressortir… s'il n'a pas trouvé ses recettes à lui, en fonction de sa structure psychique initiale, et au prix d'une démystification de l'auto ou l'allo-analyse exhaustive.

Si, à l'extrême, à travers les enjeux singuliers qui questionnent la psychanalyse, cette psychanalyse devenait, pour tel sujet, l'enjeu singulièrement unique de son désir, et dès lors, l'objet radical, ultime ou primaire, excluant tout contre-investissement et toute métonymisation possible, ce sujet démontrerait la vérité du message freudien comme expropriation psychotique de lui-même. Il n'y aurait plus de différence entre théorie de l'appareil psychique et délire systématisé.

L'analyste n'est sûrement pas à l'abri de la psychose, mais les défis renouvelés que lui décoche la clinique, en ses autres patients que ceux qu'il aime, le vouent plutôt aux bouffées délirantes passagères qu'à l'aliénation définitive.

À moins qu'il n'ait irrésistiblement envie, de par une forclusion anté-analytique du procès de sa vérité d'homme, de s'interner à vie dans une catatonie intellectuelle ou une paraphrénie bavarde et soliloquante, il est en général capable de rester au bord du puits ; ou, s'il s'y sent tomber, d'avoir le temps de s'accrocher à des secours et recours extra-analytiques.

Ces extrêmes sont l'exception. Ils font parfois le génie d'un analyste, parfois la défaite des trop fragiles.

Il peut s'en déduire qu'un analyste ne saurait se soutenir à sa vocation de l'impossible s'il n'est pas apte, selon ses modes personnels, à l'organisation de ce qui s'appelle des « mécanismes de défense du moi ». Nous pourrions décrire ceux-ci en fonction des catégories nosographiques connues, pour que quelques-uns reconnaissent quelques autres (plutôt qu'eux-mêmes)…

En fait, le seul point qui nous semble intéressant, pour terminer cette première partie de notre propos et amorcer la suite, est une interrogation des futurs analystes en leur choix.

Sont-ils sûrs, ceux qui viennent demander une analyse, de ne pas élire d'abord les représentants de Freud qu'ils sollicitent, en fonction de ce que ceux-ci ont donné à connaître de leurs personnels mécanismes de défense, à l'endroit de tel aspect de la théorie freudienne et d'eux-mêmes qu'ils supportent mal ou pas du tout ?

À cette question, il ne saurait être évidemment d'autre réponse que celle dont l'analyse elle-même se fait projet. Mais là se dessine notre tentative de non-méconnaissance (elle nous concerne tout autant qu'elle concerne tous les autres). Est-il vraie analyse qui, n'ayant pas peur des affinités électives, puisse déboucher sur autre chose que la dénonciation dénarcissisante de celles-ci ? Adressée aux candidats, cette interrogation trouvera son vrai destinataire si, renvoyée au didacticien de service, elle atteint celui-ci, et lui pose à son tour une interrogation sur les raisons inconscientes et structuralement définies de ses élections cliniciennes.

Dire tout de suite que le concept de transfert et la notion assez approximative de contre-transfert n'épuisent pas ici l'arrière-fond de la question posée, c'est annoncer qu'il sera traité une prochaine fois de la cure analytique elle-même, lorsque baptisée didactique, ou polarisée par cette visée, elle se prend à une finalité.

Parce que ce qui n'est pas « liquidable » donne raison d'émergence à la dimension de l'éthique, nous aurons, au-delà de la problématique du transfert, à nous interroger sur ce point, dans la saisie des après-coups de l'analyse didactique, une fois qu'elle rassemble les freudiens dans leurs propres sociétés.

II. Le didacticien et l'institution

Dans la première partie de cette étude nous avons choisi d'interroger d'abord l'analyste didacticien. Ce faisant, nous avons sans doute entériné le principe de la fonction qui lui revient ; mais était-ce pour confirmer la nécessité d'isoler une « catégorie » d'analystes promus au soutien d'une responsabilité particulière ? C'est la suite de ce texte qui permettra de dégager une réponse.

Constatons que le didacticien apparaît, de droit ou de fait, comme une des figures de notre temps. Il s'ensuit que tout analyste qui ne récuse pas un tel titre, pour lui ou pour d'autres, devrait pouvoir rendre compte des données historiques, théoriques, personnelles et institutionnelles qui fondent et justifient son existence. Pour les mêmes raisons, tout analyste qui dénonce les usages établis, depuis Freud et après lui, devrait pouvoir rendre compte de ce qui, l'autorisant à une condamnation, dénote une capacité à aller plus loin et dans d'autres directions que les autres – et ce, pour une meilleure articulation du scientifique et de l'institutionnel.

Nous n'avons lu jusqu'alors, en ce domaine, que des développements partiels assortis de procès d'intention et infiltrés d'attitudes réactionnelles à des querelles non liquidées. C'est pourquoi à vouloir démêler, dans les quelques études actuellement en circulation, les principes premiers à travers la reconduction des habitudes de pensée, les vieilles idées à travers les nouvelles idéologies et les retours de l'histoire sous la modernisation des concepts, on s'aperçoit qu'on s'engage en une démarche tous azimuts où se rencontreront constamment des notions disparates et d'âge différent.

Il faut l'accepter ainsi ; savoir en outre qu'on ne peut témoigner que de son propre mode d'intégration des données accessibles, et ne dédier finalement qu'une contribution provisoire à tous ceux qui voudront, à leur tour, donner la leur.

1. Du temps de Freud

Le principe requis de la psychanalyse de l'analyste, de quelques diverses façons qu'on puisse l'entendre aujourd'hui, renvoie sans doute aux premières dates de la fondation freudienne ; mais tout en même temps à une des dernières œuvres de Freud (1937)[1] ; laquelle montre la prudence que le maître a toujours gardée au regard du problème de la formation.

« Cette analyse didactique destinée à le préparer à son futur métier… reste forcément courte et incomplète. Son but principal est de permettre à l'analyste enseignant de juger si le candidat est apte à poursuivre ses études. Le résultat est atteint quand l'analyste a pu convaincre, de façon certaine, l'aspirant de l'existence de l'inconscient, lui a permis d'acquérir sur lui-même, grâce au retour du refoulé, des notions qui sans l'analyse resteraient incroyables, et lui a appris, par cet *échantillon d'analyse*[2], une technique qu'elle seule est capable d'enseigner. L'instruction analytique due à une analyse didactique serait insuffisante si l'on ne comptait sur *l'effet* qu'elle continue à produire *même après son interruption.* »

On peut retrouver, à travers un tel texte, le reflet de l'expérience originelle de Freud lui-même, soutenu et questionné en sa démarche d'auto-analyse par les rencontres cliniques qui devaient contribuer à l'édification de la théorie.

Mais il faut relativer ce terme d'auto-analyse à ce qu'il a dû à la relation Freud-Fliess. On pourra se reporter ici au récent travail d'O. Mannoni[3]. Soulignons avec cet auteur qu'on ne saurait méconnaître la différence entre le savoir au sens traditionnel du terme et « cette seconde forme de savoir, celle qui est fondée sur les avatars du désir inconscient, *[et]* ne se développe que quand on l'attend d'un autre qui ne le donne pas, soit que par exemple il n'en possède pas le premier mot, soit pour d'autres raisons ».

1. S. Freud, « Analyse terminée et analyse interminable ».
2. Souligné par nous.
3. O. Mannoni, « L'analyse originelle », *Les Temps modernes*, juin 1967.

Que la psychanalyse « ait pour objet propre le rapport que le savoir entretient avec l'inconscient », n'est, à notre sens, qu'une définition partielle, mais c'est ce que Freud, bien placé pour en savoir quelque chose, offrait à la vérification de ses premiers disciples. De là devrait naître l'analyse didactique.

Mais qu'on ne s'y trompe pas : en proposant à d'autres, dans le face-à-face, les promenades amicales ou la discipline du divan, de faire, avec son aide, ce que lui, Freud, avait fait seul (ou avec Fliess, mais à l'insu de celui-ci qui ne se *savait* pas « l'analyste » de Freud), le maître ne proposait encore qu'une ouverture sur un domaine inconnu à ceux qui prétendaient s'y intéresser. C'est le bien-fondé même de la psychanalyse, la vérification de son droit à l'existence qui était la visée du dialogue. C'est bien alors qu'on pouvait dire qu'entre Freud et les postulants freudiens, la « guérison » (ou la modification d'une organisation névrotique) par le dialogue à visée didactique n'était que « bénéfice de surcroît ». Les premières didactiques rendaient Freud redevable de leur bonne volonté, envers ceux qui voulaient bien faire aveu de leur histoire personnelle et dédier leurs valeurs subjectives à celui qui s'en servirait pour leur démontrer la véracité de sa découverte.

Il devait suffire qu'un petit groupe s'organisât entre disciples, déjà ralliés à l'essentiel de la découverte, pour que le principe même de cette vérification sur mesure en vînt à se chercher en une systématisation de la méthodologie. On sait que les initiés sont souvent plus exigeants et zélés que l'initiateur, et ce d'autant plus que leur initiation a été partielle. Parce que l'accès à l'analyse est d'autant plus frustrant qu'il touche à la vérité toujours à approfondir du sujet concerné par son inconscient, il est spécifiquement source et cause de formations réactionnelles, voire passionnelles…

Ainsi, dès le moment où Freud n'était plus tout à fait seul, une mission se dessinait pour les freudiens : non plus seulement développer et diffuser la découverte freudienne, mais tout en même temps et très vite, la préserver des interprétations, déviations et révisions qu'elle suscitait pour le renforcement de sa méconnaissance. On assistait ainsi à la naissance d'une orthodoxie, d'abord toujours liée bien sûr à une relation personnelle à Freud, mais déjà référée à l'architecture souhaitable d'une science, libérée des supports subjectifs qui lui avaient permis de naître. Or, paradoxalement, cette science ne pouvait survivre qu'en se réoriginant en d'autres sujets.

La mission des freudiens, en passant donc désormais par un souci d'orthodoxie, *l'analyse de l'analyste* était vouée à devenir le champ surinvesti : – non plus « échantillon » mais *cure* de plus en plus approfondie.

Il devrait s'ensuivre un dilemme dont rien ne permet de penser qu'il est aujourd'hui dépassé, et que nous formulerons provisoirement de la façon suivante : sur le terrain de l'expérience personnelle de la cure, comment définir et respecter la concurrence entre les enjeux libidinaux et l'enjeu du savoir ? – Y a-t-il homologie possible entre un processus de « dénévrotisation » *ad usum proprium* et une démarche d'initiation pour une ouverture épistémologique et une *praxis* ?

Sans doute oui, tant que l'on s'en tient aux premières expériences freudiennes et aux premières formulations de principe – irrécusables. Un futur analyste ne saurait, par exemple, donner leur plein sens aux concepts de résistance et de refoulement s'il n'en a pas décelé en lui l'action. Son accès au déchiffrage de l'inconscient des autres est donc lié à l'analyse de ses modes spécifiques et singuliers de surdité. *Mais jusques à quand une analyse peut-elle se poursuivre sous le signe d'une alliance de principe entre ses objectifs scientifiques et ses objectifs personnels ?* Nous verrons, tout au long de cet exposé, que la question n'appelle pas les mêmes réponses selon qu'on se réfère à Freud vivant, comme premier et seul didacticien, ou qu'on se refère aux freudiens dits orthodoxes : alliance et discorde...

Il n'est pas dans notre propos de développer les données historiques qui illustrent l'évolution de la psychanalyse à partir de son extension et des conquêtes et ralliements qu'elle a réalisés ; pas plus que de décrire les avatars de la pensée freudienne et de la théorie, une fois que d'autres la reprennent à leur compte pour concourir à la précarité de son destin[1]. Bornons-nous à quelques notations sur Freud lui-même, pour autant qu'elles peuvent servir à illustrer le mouvement de notre travail.

Freud apparaît (et comment s'en étonner) comme le premier responsable, sinon le seul, des difficultés que connaîtra, avec lui et après lui, le mouvement psychanalytique. Il est soumis sans doute à une double tentation : ne tenir que de sa propre expérience l'élaboration et les progrès de la théorie, en restant fidèle à ses intuitions et constatations premières ; mais tout en même temps, à partir du désir de transmission de ce qu'il a découvert comme vrai, attendre l'assenti-

1. On se référera, pour cet historique, à l'article de Nathalie Perrier, « Histoire critique des institutions psychanalytiques », *Topique*, n° 2.

ment, la contribution, l'aide et les trouvailles de ses disciples. Comment assurer la survie d'une découverte qui est à ce point liée à une structure psychique singulière ?

L'étude de la correspondance du maître le montre : la position est toujours oscillante entre la tolérance qu'il suggère aux zélateurs de l'orthodoxie – vite prêts à condamner et à exclure – et la colère de celui qui se sait seul juge, en son solitaire privilège et sa cruelle lucidité. Freud, qui savait vite repérer les siens virtuels (sinon déceler à temps les mauvaises recrues à partir de ses engouements), ne faisait confiance à aucun de ses meilleurs disciples pour juger et conclure à sa place.

Il n'empêche que l'expansion même de sa découverte devait le mener jusqu'à l'inéluctable tournant que représente, pour la psychanalyse, la fondation de l'Association internationale.

À relire l'histoire de tout ce qui s'est joué, tramé, discuté entre Freud et les freudiens (et plus spécialement entre Freud et Ferenczi), on peut voir se dessiner le portrait d'un *second Freud* : celui qui conçoit et même qui encourage l'existence et l'évolution du mouvement psychanalytique, comme celles d'un processus qui, tirant ses lois de la théorie d'un seul, développe son autonomie dans un registre hétérogène à celui de la découverte première.

Entre l'étude sur le *Président Schreber*, laquelle annonce la théorie du narcissisme, et la fondation de la deuxième topique, entre l'avant-guerre et l'après-guerre, se situe, semble-t-il, une mutation partielle des positions de Freud au regard de sa création. Dans *Ma vie et la psychanalyse*, le Maître marque le moment où n'étant plus seul, il considère qu'il ne parlera plus désormais que de *sa contribution* à la psychanalyse. Tout se passe comme si Freud, premier questionneur et entendeur de l'inconscient, du « ça parle » du désir, dédiait le deuxième sous-ensemble de son structuralisme de l'appareil psychique aux autres psychanalystes, *comme ce qui ne parle pas*. Le mythe de Narcisse, notions-nous ailleurs, rend bien compte à notre sens de cet envers du logos qu'est pour l'homme son aptitude libidinale au silence fasciné par le formel ; et ce formel, c'est tout aussi bien la deuxième topique que les institutions de l'Association internationale. Avec cette topique est introduit un structuralisme dont il semble que Freud l'ait conçu comme l'instrument de survie de la psychanalyse après sa propre mort. Lui disparu, il restera l'armature d'une possibilité de la psychanalyse comme schéma structural, se passant du sujet.

Nous avons déjà écrit que la théorie psychanalytique, comme totalité, est l'homologue d'une organisation psychotique, si l'*Autre* n'est pas là pour l'état toujours naissant du sujet de l'énonciation[1]. Freud, en laissant sa théorie ouverte et inachevée, n'en a pas moins fourni des formalisations structurales à ceux qui devaient s'en servir et la perfectionner. Mais une fois qu'il s'agit de psychanalyse, la preuve ne se fait-elle pas de l'intransmissibilité de tout appareil théorique, une fois qu'est méconnu le fait que cet appareil même est l'homologue du *processus de subjectivation ?* Et qu'il n'est qu'une machine à aliéner, s'il n'est pas ce qui se réinvente, chaque fois et à tout moment, pour tout analyste envers tout analysable, de par le dialogue ?

Qu'il s'agisse donc du structuralisme de la deuxième topique ou de l'organisation du mouvement international, il nous semble que le schéma est le même, parce que issu d'une même visée freudienne.

Les conséquences de ce que nous appelions l'inéluctable tournant ne seront pas des moindres. Elles joueront sur des décennies, et elles nous concernent toujours aussi vivement, chaque fois qu'il s'agit d'aborder la théorie de la didactique.

Qu'on nous permette ici une incidente.

Il n'est pas d'époque plus propice que la nôtre pour démontrer la possibilité de confusion entre la psychanalyse et le discours sur la psychanalyse ; et ce dernier, bien sûr, se veut toujours aussi cohérent et rigoureux que possible. À partir de quoi, on confond souvent l'heuristique freudienne dans la cure, avec le savoir psychanalytique comme lieu de recoupement entre la science et le sujet, comme charnière entre le collectif et le singulier, voire entre la psychanalyse et les psychanalystes. Science du sujet ou sujet de la science, le retournement est facile, mais il donne idée de ce qu'est l'actuelle et constante tentative d'inclusion du concept de « réalité psychique » dans le champ de la réalité scientifique. Ceci pour rendre compte, plus qu'on ne croit, de l'actuel malaise dans notre civilisation. Tout ce qui du côté de la socio-psychologie et des idéologies « métapsychanalytiques » de groupe, cherche son statut scientifique, montre l'impossibilité d'un refus de Freud, mais tout autant l'inefficacité d'une recette d'extrapolation de la psychanalyse en d'autres domaines que le sien propre. Cela tient peut-être à l'insuffisance de ce que Freud n'a qu'amorcé du côté de la *Massen-Psychologie* ; nous ne ferons ici que nous borner à cette notation, comme amorce d'une étude ultérieure dont nous avons le projet.

1. F. Perrier, « La psychanalyse entre le psychotique et son thérapeute », voir *infra*, p. 429.

Pour en revenir à notre sujet, concédons que le legs, par Freud, de la psychanalyse aux freudiens, mettait difficilement ceux-ci à l'abri d'une tentation : faire d'un message, inachevé et ouvert, un ensemble fini, c'est-à-dire une doctrine, et transmettre ce corpus dans l'expérience même de la didactique, ou à partir d'elle.

Dès que s'instaure une collusion entre le respect du spécifique de la chose freudienne et l'appareil idéologique et institutionnel mis en place comme gardien de l'orthodoxie, il est une différence difficile à préserver comme telle : au niveau de chaque entreprise didactique particulière, comment toujours distinguer entre la *résistance au nouveau* que rencontre toute découverte vraie qui agresse les préjugés et le narcissisme de l'homme, et la *résistance à une idéologie* déjà constituée qui, en elle-même, ne peut s'imposer sans effets d'aliénation ?

2. *Après Freud*

Quelles que soient donc les excellentes raisons d'être de l'analyse-de-l'analyste au départ, dès que le principe est collectivement accepté et légalisé de l'analyse obligatoire, celle-ci devient virtuellement instrument de pouvoir et de répression du nouveau éventuel ; elle est système totalitaire au service des sociétés légataires de Freud.

La question devrait se poser dès lors pour tout individu psychanalyste, acceptant la responsabilité de la formation d'autres analystes, de savoir comment il se situe, comme freudien, entre des règles méthodologiques et des règles institutionnelles. Mais la question (qu'il la pose ou pas) lui est posée, tout à la fois, à deux étages de son expérience : le premier concerne le fait que lui-même a été formé, c'est-à-dire soumis conditionnellement aux règles méthodologiques et institutionnelles dont il devient, pour un autre, le représentant chargé de mission. À cet autre étage, en quoi peut-il rester libre de cette situation de « titulaire » qu'il assume ? En d'autres termes, où en est-il de l'analyse de sa relation au tiers, entendu ici comme collègue, maître, institution légalisée, constitution non écrite ou théorie ?

Si l'on n'élude pas cette question, il s'ensuit que la définition, la promotion, voire la titularisation de l'analyste didacticien devraient être liées à *l'aptitude d'un freudien à avoir fait suffisamment la théorie ou au moins l'analyse critique de sa propre formation* pour être libre de transmettre, non pas ce qui l'a conditionné et formé, mais l'inévitable et nécessaire *écart* qui existe entre tout savoir acquis et toute vérité à l'état naissant. Cet écart définit l'aptitude à une certaine « virginité épistémique » par-delà les valeurs établies d'une compétence. Autrement dit, le didacticien ne peut trouver la spécificité de sa position que dans une liberté de droit et de fait envers les lois, règles, us et coutumes, mais aussi les particularités et conjonctures interpersonnelles, qui ont marqué son propre accès et sa propre habilitation à l'analyse. Car que peut valoir une position de maîtrise didactique, si ce qui est à transmettre reste infiltré d'un inanalysé ?

Il est donc inscrit, dans cette problématique, *la constante concurrence entre une déontologie et une subversion*. À l'époque où les assemblées et les instituts psychanalytiques clament leur étonnement devant la stérilisation de la recherche (à l'ouest de Freud, rien de nouveau), il semble qu'une recherche sur cette nécessaire concurrence et sur les conditions mêmes de sa possibilité n'ait jamais été tentée.

L'histoire nous apprend seulement que de temps à autre, des circonstances particulières, une conjoncture exceptionnelle instaurent empiriquement un étayage *boiteux* entre l'institué et l'instituant. C'est ainsi qu'on a pu voir en France toute une saison de fertilisation de l'analyse, au temps où c'était à l'intérieur des structures traditionnelles (réglementaires et fort peu originales) de la Société française de psychanalyse que Jacques Lacan réinventait à son tour la révolution freudienne, pour la sortir de ses impasses posthumes. C'est l'antagonisme et l'inadéquation, assumés comme tels, des systèmes et des hommes qui ouvraient l'écart nécessaire à l'émergence du plus vrai. Le conflictuel se confirmait comme principe même de fertilité des esprits.

On pourrait en conclure que l'analyse n'est possible que lorsqu'un système n'est qu'une mécanique un peu boiteuse et qu'à l'inverse, dès qu'une doctrine se met à fonctionner trop bien sous couvert de sa cohérence, il n'y a plus d'émergence possible du spécifique *in statu nascendi* de l'aventure freudienne. Notons encore qu'un *système* n'a pas besoin d'être scientifiquement vérifié dans ses concepts opérationnels pour fonctionner, voire pour fonctionner impitoyablement, comme une machine aveugle et meurtrière des âmes. L'histoire des peuples nous le montre.

C'est lorsque, à notre sens, le mouvement lacanien a trouvé le terrain de sa systématisation, lorsqu'il s'est homogénéisé pour fonder ses propres institutions, qu'il s'est pris au piège de ce qu'il ne savait dénoncer que chez les autres ; et dès lors, pour certains, parce que la petite différence entre lacaniens et lacanistes devenait, du fait des zélateurs (encouragés), vouée à l'effacement, une nouvelle coupure s'avérait nécessaire : celle dont le message de Lacan a lui-même besoin, pour échapper à toute circularité et à toute suture.

Il y aurait sans doute bien d'autres commentaires à développer sur les possibilités et conditions de l'analyse proprement dite en fonction des rapports qu'entretient le didacticien avec l'institué et l'instituant de sa discipline. Nous trouverons, en cours de route, l'occasion de notations supplémentaires.

III. Prémisses et objectifs de la cure

Il ne nous vient maintenant d'autre moyen de poursuivre notre propos que de nous résoudre à la construction de modèles provisoires. Il convient en effet d'aborder la problématique de l'analyse didactique elle-même comme relation. Or, ceci ne saurait déboucher sur une théorie de la « cure ».

Passe encore qu'on tente d'extraire de l'expérience les ressorts et enjeux spécifiques qui se dégagent de la rencontre entre l'analyse et certaines configurations cliniques. On peut ainsi privilégier des formules et formulations qui s'ajouteront, pour les analystes, à d'autres grilles de déchiffrage déjà connues.

Du côté de la didactique, il pourrait en être évidemment de même en ce sens que tout postulant à l'expérience du divan y amène, en même temps que la singularité de son inconscient, le dessin d'une certaine structure clinique inscrite dans la dialectique œdipienne de son histoire, et instaurée comme organisation élective pour l'économie conflictuelle de son désir. Mais ceci n'autorise pas à cerner au crayon ce que serait un nouveau département nosographique dont l'unité serait définie par le « syndrome du candidat analyste ».

Que le désir d'être analyste puisse être entendu non seulement comme demande, mais aussi comme symptôme, cela va de soi : et ce, sans doute, parce que toute demande de ce genre sous-entend des surdéterminations inconscientes. (Mais aussi parce que l'analyste, s'il n'a pas perdu tout sens de l'humour, et s'il se rappelle les paroles de Freud sur « la peste », peut se demander ce qui pousse un candidat, dans sa demi-ignorance même, à une ascèse aussi austère.)

Quoi qu'il en soit, plutôt qu'une mythique théorie de la didactique, peut-on étudier les points de butée et les impasses qui se présentent lorsque, dans une analyse, les deux partenaires en viennent à s'attendre l'un l'autre sur le terrain d'une « authentification » du désir.

Nous allons supposer deux types de candidat pour mettre au jour l'articulation entre une demande et les prémisses qui la font naître ; pour dessiner d'autre part son advenir en fonction de l'interprétation, qui vient tôt ou tard en réponse.

1. Le cas X

Celui-ci, de par ses goûts et couleurs ou ses devoirs professionnels ou son épistémophilie, s'intéresse d'abord à la psychanalyse, et s'y intéresse suffisamment pour ne pas craindre de s'y éprouver personnellement. Il est plus ou moins névrotique, insatisfait, siège de conflits, narcissique, anxieux ou bien-dans-sa-peau ; mais de toute façon, le voyage qu'il désire le passionne plus que les courbatures et blessures qui l'affligeront peut-être en route. Autrement dit, il est, plus que la moyenne et avec plus de simplicité qu'un autre, prêt à s'exposer, chaque fois que la théorie ou la clinique freudienne l'amèneront à se mettre en question dans ses défenses et résistances, dans ses partis pris, dans ses conforts, ses croyances ou ses amours.

Un tel schéma correspond assez bien à Freud lui-même ou à ceux de ses élèves pour lesquels il pouvait dire que la didactique est forcément incomplète. En fait, elle ne se veut pas exhaustive, car on ne peut analyser que ce qui s'actualise. Mais le processus étant engagé, on peut compter sur « l'effet qu'il continue à produire même après son interruption[1] ».

Ce que cela sous-entend, c'est que *l'exercice de l'analyse n'est pas initialement marqué par un interdit.* De ce fait, il n'est pas mis en place comme objet métonymique d'un désir et, en même temps, comme terrain d'un monopole dont l'analyste lui-même serait le représentant. La remise en question du sujet se poursuit concurremment sur deux plans. Son inconscient est questionné de par le fait qu'il a un analyste, mais aussi parce qu'il *s'expose* à ce qui le questionne de l'inconscient et du désir des autres, dans ses démarches cliniques.

Nous sommes ici hors tout perfectionnisme pédagogico-thérapeutique ; et dès lors une certaine honnêteté peut inaugurer la relation à

1. Pour reprendre ici la fin de la citation du texte de Freud.

la psychanalyse. La duplicité inévitable de l'élève qui ne négocie l'intimité de ses secrets que pour avoir le droit de monter au mât de cocagne n'a logiquement pas lieu d'être. Mais ceci implique que « le cas X » rencontre un analyste assez libre de ses propres appartenances et du goût de l'autorité ou de tout « fascisme » intellectuel, pour respecter l'autre en ses singularités, tolérer le transfert sans en jouer, ne pas craindre les jugements des autres et relativer assez les filiations pour ne pas prétendre imposer sa marque en tant que fabricateur de disciples.

La psychanalyse est-elle autre que ce qui, déduit d'une méthodologie, se produit une fois que deux sujets s'acceptent comme interlocuteurs et comme protagonistes d'une partie inconnue qui s'instaurera comme processus sous la seule condition d'un respect initial des hypothèses et des concepts proposés par Freud ? L'analyse apparaît ici comme ce qui se crée, lorsque deux sujets instaurent entre eux les règles qui la rendent possible. *Elle n'existe qu'en tant qu'elle survient.*

Ce qui l'empêche d'être, ou plutôt d'advenir entre deux protagonistes, c'est bien souvent le préjugé et le savoir des interlocuteurs. S'ils adhèrent à l'idée selon laquelle l'un et l'autre prennent position dans une situation, scientifique et standard, dont d'autres sont déjà les citoyens ; qu'ils ont à prendre les leviers d'un appareil existant et déjà au point, dont la marche dépend du permis de conduire de l'un, il leur est presque impossible de se libérer complètement de ce fantasme de l'appareil qui existerait avant qu'on apprenne à s'en servir, et qui, seul, rendrait un sujet « capable d'inconscient ».

Ceci nous renverra, plus loin, à la description de l'*homo psychanalyticus* ; initié et « bien-pensant » de l'analyse. – Pour l'instant, la didactique peut encore porter son nom car, restant préparation à une discipline théorico-pratique, elle se fonde et se développe hors toute idéologie prophylactique et hors toute visée d'embrigadement du *moi* pour une orthodoxie.

Dans cette perspective, la didactique est *processus probatoire* pour la psychanalyse elle-même, pour ses représentants, pour le postulant à son intelligence et à son expérience. Elle interroge un sujet – doublement *provoqué* par la présence d'un tiers freudien et par des demandes cliniques – sur son aptitude à percevoir le registre spécifique de la résistance et du refoulement, en lui et en les autres.

– « Sensibilisation » du sujet à l'INCHOATIF de la vérité aliénée de l'inconscient…

La didactique se propose alors comme le seul appareil possible de la *sélection* (entendue ici comme transposition freudienne, sur son terrain propre, de l'idéologie darwinienne de la « sélection naturelle »). – Et ceci peut renvoyer les instituts à l'inanité de leurs exercices de discrimination entre les candidatures. – Disons seulement que leurs critères de sélection, parce qu'extra-analytiques, méconnaissent le fait suivant : un futur analyste est celui qui se montre apte à perdurer comme non-identique-à-soi, pour une « activité pratico-poïétique[1] », à partir de ce qu'elle doit à la concurrence possible, et répétitive en lui, de la position de l'analysé et de la position de l'analysant. Le *sujet désirant* comme analyste a à se trouver dans cette *Spaltung* qui est son aptitude à situer et à entendre autrement lui-même et l'autre concurrentiellement. – Pour l'analyste et en lui-même, il n'y a pas de victoire dernière possible entre l'allo- et l'auto-analyse.

– Sur l'auto-analyse

Une remarque : on notera le double sens de cette formule, selon qu'elle réfère à un mode d'introspection qui permettrait à un sujet donné de se connaître et de se modifier par réflexion, en se passant de psychanalyste, ou selon qu'elle réfère à la discipline du praticien analysé ; lequel au-delà de sa didactique est requis de continuer tout seul le travail commencé avec un autre – et ceci pour autovérification du bien-fondé de sa pratique. Il y aurait beaucoup à dire sur cette différence, car elle se perd habituellement dans le lot des idées négociées doctement entre freudiens.

Le travail d'auto-analyse du praticien est classiquement référé à son aptitude au contre-transfert ; terme dont on peut dire qu'il reste un des concepts les plus approximatifs du post-freudisme. Mais quelle que soit la définition proposée par tel ou tel, une vérité s'inscrit virtuellement sans être jamais exploitée systématiquement : si le contre-transfert existe, c'est que la façon dont un analyste est successivement et diversement concerné, à la fois par un sujet et des structures cliniques, c'est-à-dire ses patients, met au jour des organisations défensives – surtout névrotiques mais pas toujours – qui, pour être sans doute spécifiques de la structure psychique singulière de tel analyste, comme mode de permanence de lui-même à ce qui le sollicite toujours différemment et nouvellement, n'en sont pas moins fonction et conséquence de ce qu'une autre structure psychique singulière détermine en l'analyste en le prenant pour tel.

1. Cornelius Castoriadis, *L'Inconscient*, n° 8, P.U.F., 1969.

Si le sujet est « causé par le signifiant » (celui qui représente le sujet pour un autre signifiant ; Lacan) on peut dire aussi que selon que c'est un hystérique, un obsessionnel, un pervers ou un psychotique qui adresse son discours au psychanalyste, celui-ci n'est pas sollicité de la même façon et n'est pas, en quelque sorte, assigné à une même position subjective[1].

Autrement dit, le principe d'auto-analyse du praticien sous-entend l'idée qu'il n'est pas d'analyste formé, mais seulement d'analyste préparé à ne pas empêcher l'analyse comme processus.

Il n'empêche que le terme d'auto-analyse réfère beaucoup plus les freudiens de service à l'idée d'un petit ménage à refaire quotidiennement pour remettre en ordre l'intérieur du *bien-analysé* : « Celui qui a introjecté un surmoi analytique souple et tolérant et dont le moi fort (car irrigué des bons courants pulsionnels réhabilités) supporte frustration et régression. » L'auto-analyse ainsi conçue contient en filigrane une idéologie de normalité psychique, une mythologie du moi et tout en même temps un culte du père idéal ; chacun de ces trois termes concourant à la création d'une maladie professionnelle de structure typiquement obsessionnelle. Ainsi est méconnue la vraie dimension de l'auto-analyse comme discipline du clinicien, à savoir qu'elle ne saurait se passer et être effective sans que soit reconnue à l'autre, c'est-à-dire à l'analysé, la *fonction d'instance inductrice de subjectivation.* L'auto-analyse pour l'autre (qui n'a rien à voir avec le fantasme de l'autothérapie du non-analysé introverti et s'introspectant) est toujours l'auto-analyse à cause de l'autre. Chacun de ses patients est le Fliess de son analyste[2].

De ce qui précède se dégage et se confirme l'accent que nous voulions porter sur l'*analyste comme sujet causé et « mis en analyse » par la situation analytique.* La double maîtrise qu'on attend de lui, à notre sens, c'est de se soutenir comme référant à travers et par-delà la com-

1. Nous avions proposé, dans un rapport sur la clinique psychanalytique (Congrès de l'E.F.P., 1966), la formule suivante : avec le psychotique, l'analyste est en position névrotique ; avec le névrotique, il est mis en position homologue de la position psychotique. Ceci réclamerait une étude que nous ne pouvons développer ici.

2. Sous le terme d'*analytique freudienne de l'écoute* nous avons amorcé une étude sur cette *praxis* de l'analyste qui lui fait loi de se constamment désolidariser de ce qu'il sait et comprend ou dit, pour référer ses formes d'entendement à ce qu'elles doivent à la *Verneinung*, la *Verdrängung*, la *Verleugnung*, voire la *Verwerfung* (les quatre « Ver »).

binatoire bisubjective de la cure, en étant dans la *Spaltung* qui lui permet, *sachant* ce qu'il a *entendu*, de *co-naître* à ce qu'il ne sait pas[1].

– Alliance et discorde

Le « cas X » a été doté par nos soins, et pour les besoins de la démonstration, d'un solide caractère, aux fins d'ouverture de certaines questions. Il n'empêche que nous n'avons pas privé ce disciple mythique de Freud d'une relation analytique personnelle à un didacticien ; et aussi relativée à la partialité d'une demande et d'un désir que s'avère ce type de cure (celle qui met l'analysé et l'analyste, d'abord et avant tout, au service de la chose freudienne elle-même) la question est de savoir ce qu'il en sera de ce processus-là dans sa dynamique, ses ressorts, ses enjeux libidinaux, ses mouvements transférentiels, sa durée, ses après-coups et ses séquelles.

L'histoire des relations de Freud et de Ferenczi pourrait peut-être nous servir de référence exemplaire si la censure posthume n'avait pas encore force de loi sur tant des aspects de la relation de ces deux hommes. Nous n'avons pas assez de documents pour prendre, avec rigueur, appui sur cette histoire déterminante pour le destin de la psychanalyse[2]. Mais sa simple évocation peut faire mesurer en quoi deux analystes, dont l'un a analysé l'autre, peuvent rester ineffaçablement marqués par ce qui s'est créé entre eux, l'un par l'autre, l'un avec l'autre, l'un contre l'autre, l'un malgré l'autre, et l'un sans l'autre.

Impossible de démêler systématiquement la complexité des enjeux. La fonction même de cette oscillation constante pour tout homme de caractère, entre ce que son être lui apprendra du monde et ce que le monde lui apprendra de son être, n'est pas dénonçable comme duplicité de défense. La conscience de soi, la conscience scientifique, et la conscience morale peuvent bien ici rivaliser ; la question n'est pas là, mais elle est du miroir qui fait le réfléchi moïque, technique, idéologique ou conceptuel du signifiant conscience.

La relation analytique comme telle, si l'on ne réduit pas le transfert au plan imaginaire qui en soutient la structure, peut en venir à fêler, voire à briser ce miroir pour une anti-phénoménologie du désir – si,

1. « Une définition de la trans-subjectalité » (1977).

2. Cf. l'article de W. Granoff, « Ferenczi, faux problème ou vrai malentendu », *La Psychanalyse*, t. VI, P.U.F., 1961.

au-delà des enjeux narcissiques de l'amour et du savoir, deux analystes en viennent à se renvoyer l'un l'autre la question d'un même objet de désir, à savoir *le désir lui-même* dans sa dimension d'altérité radicale.

C'est cela que nous évoquions dans un texte déjà ancien dont nous fournirons les derniers termes plutôt que de le paraphraser :

> « On en vient à ces cas où le mouvement même de la libido devient passion du seul réel : où l'Éros est au seul service de Thanatos. C'est ainsi qu'on parle cliniquement de pulsion de mort pour fixer peut-être pour l'observateur que nous sommes, l'insaisissable de la question qui, dans la négation et la répétition, témoigne d'un manque que ne masque aucune métonymie. Le vide, lorsqu'il ne renvoie pas à l'objet signifiant, ne renvoie à rien d'autre qu'à lui-même, c'est-à-dire à ce même indéterminé qui est celui de l'être et celui du néant. Mais, pour qui y a-t-il "pulsion" de mort ? Pour le sujet, ou pour l'analyste ? Nous pensons que c'est de la place où est ce dernier, et par rapport au désir qui est sien des signifiants de l'autre, que peut se percevoir par sa relativation même, le mouvement d'invagination de la béance. C'est dans l'angoisse de son impuissance que le thérapeute assiste à cet évanouissement des mirages du désir, comme il verrait se creuser le gouffre insondable d'un tourbillon s'aspirant lui-même en son propre centre. La "force" de la pulsion de mort, n'est-ce pas seulement, en vérité, l'appel de cette déhiscence pour notre désir qui s'y perd et s'y épuise ? La pulsion de mort n'existe-t-elle pas que pour l'autre[1] ? »

Nous ajouterions volontiers maintenant qu'entre deux analystes dont l'un analyse l'autre, une réciprocité ultime crée *l'alternance répétitive d'un questionnement sans fin de l'altérité.*

On remarquera que ces considérations rejoignent d'une certaine façon ce que J. Lacan a récemment écrit sur le « désêtre[2] ». En fait, nous ne contestons pas la cohérence logique du développement qui mène Lacan à ce terme, comme aboutissant de son mode de théorisation. Notre désaccord porte sur le glissement que représente l'institutionnalisation administrative, la « dramatisation » de la théorie prise à son mot, pour établissement de nouvelles conventions protocolaires, qui tentent, pour la dégradation de l'expérience, la soudure entre une écriture et une conjecture relationnelle.

---

1. F. Perrier, « Les pulsions et l'inconscient », in *L'Inconscient*, VIe Colloque de Bonneval, Desclée de Brouwer, 1966.
2. J. Lacan, « Proposition du 9 octobre 1967 », in *Scilicet*, n° 1, Le Seuil, 1968.

Ce glissement est-il évitable ? Pour nous, c'est à lui qu'il faut toujours, en psychanalyse, tenter de parer. Ce n'est pas facile, mais il convient au moins que le glissement ne soit pas voulu, comme une complaisance, pour l'instauration de nouveaux procédés de méconnaissance ; lesquels, on le sait, favorisent le développement de processus incontrôlables, assortis d'effets de dégradation, voire de dérision.

La réciprocité ultime, dont nous parlions plus haut, n'est en fait jamais assumable comme telle. Il reste une asymétrie entre ex-maître et ex-élève ; au moins un décalage dans le temps quant au savoir. Le plus jeune renoncera difficilement au recours à une idéalisation de son aîné ; mais là n'est pas le plus difficile à démystifier. Les tiers se chargent habituellement de rappeler à un analyste que, de quelque façon qu'il vieillisse, depuis le temps, il sera toujours implicitement jugé en ses positions, paroles et écrits, par l'intermédiaire d'un code de déchiffrage transférentiel.

On parlera beaucoup moins souvent des après-coups de l'analyse pour le didacticien. Et pourtant, une fois qu'une relation analytique est arrêtée ou terminée, il n'est pas facile pour l'analyste de *faire connaissance* avec celui qu'il a analysé et qui est son collègue. Dès lors, les au-delà du contre-transfert peuvent curieusement jouer pour lui. La tentation est grande de résumer telle personnalité en advenir à ce qu'on a eu possibilité et désir de déchiffrer en elle, au nom de la règle fondamentale. Celle-ci paradoxalement ne permet qu'un savoir partiel : savoir sur l'inconscient et non sur l'homme.

La relation post-analytique peut être ainsi, pour le didacticien, parce que son désir à lui a été aussi secrètement mis en cause, l'occasion d'une revanche subjective par-delà la bienveillance tolérante qu'il avait mission de soutenir pendant tout le temps de la cure. Amour ou haine, ce ne sont là que l'un et l'autre versant d'une non-liquidation du « contre-transfert », celle qui pourrait se définir ainsi : ne pas renoncer à vouloir apparaître *comme celui qui en sait plus sur l'autre que lui-même*.

2. Le cas Y

Sous ce titre, nous allons tenter de dessiner le portrait du « bien-analysé », c'est à dire, en quelque sorte, de l'*homo psychanalyticus*.

Il s'agit d'un personnage bien plus identifiable que le premier ; car il a comme particularité d'être produit et reproduit, avec certificat d'origine, par les idéologies officielles du post-freudisme. Pour comprendre la genèse d'une telle imago, il faut en revenir à ce moment de l'histoire du mouvement analytique où, sous l'impulsion de Ferenczi, on va tenter de remédier au paradoxe qui ferait que les analystes seraient moins bien analysés que leurs patients[1] ; d'où, entre autres, leurs difficultés de coexistence. Trouver un remède pousse alors les freudiens dans la direction d'un approfondissement et d'une durée toujours plus longue de l'analyse didactique. Mais comme, par ailleurs, les institutions internationales sont sollicitées de répondre à la question surgissante du « diplôme de psychanalyse » – lequel mettrait les postulants à la cure à l'abri des charlatans, dissidents et hétérodoxes – l'accès à la pratique de l'analyse devient *réservé* et mis sous condition. Dès lors se dessine, à partir d'un interdit, l'objet de convoitise dont nous parlions plus haut ; en même temps que s'instaure une idéologie qui fait de la didactique, comme mesure prophylactique, une sorte de super-thérapeutique préalable, nécessaire aux apôtres de la santé psychanalytique, sinon mentale.

On assiste donc à un *déplacement des objectifs* : « Soyez bien analysé et aussi analysé que possible pour être psychanalyste. »

C'est sous cette condition que, dans l'esprit de beaucoup, peut être évoqué et promis le possible et dès lors *naturel* accès à l'orthodoxie freudienne. L'aptitude à la pratique de l'analyse sera le corollaire direct d'une « guérison » de tel sujet donné. Ceci implique évidemment que celui qui édicte cette loi soit lui-même parvenu à l'idéalité de la position psy (sans qu'on sache cependant de quoi il a pu se guérir pour en arriver là).

Bien sûr, dans le progrès de la didactique, il est décrit ce moment édifiant et révélateur où l'élève découvre que son maître est un homme comme les autres et non une pâtisserie sulpicienne pour consommation transférentielle. Mais il est tout aussi certain que le maître restera moi idéal, puisqu'il est, du premier jour ou du second, confirmé comme psychanalyste. On lui accorde par principe une virtuosité dans l'auto-analyse, une objectivité inaltérable et une maîtrise de soi dans la clairvoyance tolérante. Ce sont ces traits spécifiques qui restaureront au bon moment un portrait qu'on n'aura abîmé un peu que pour le mieux réencadrer (galerie des tableaux de famille) aux fins de lui ressembler. D'où l'idéologie de l'identification comme terme de la didactique.

1. Cf. l'étude de Nathalie Perrier.

Dans cette perspective, l'analyse préparatoire devient une entreprise totalitaire au nom d'un *nouveau souverain bien*. Mesure-t-on, à notre époque, les conséquences qui s'ensuivent et qui demeurent ? *C'est le recrutement des futurs analystes qui est modifié*, de par la prévalence de cette idéologie. La didactique ne saurait souvent attirer que ceux qui ont besoin de masquer ou de surdéterminer leur projet d'une cure – alibi d'une demande de savoir et d'efficience altruiste pour la meilleure conscience d'une démarche à visée narcissique.

Ainsi peut s'ouvrir l'histoire du « cas Y » : l'analysable deviendra étudiant à partir du zèle qu'il montrera sur le divan. On conçoit dès lors que soient perplexes tous les analystes officiellement titrés qui cherchent à s'accorder entre eux sur les critères d'une sélection initiale : les données qui sont leurs sont faussées à l'origine par le principe de l'analyse obligatoire, comme cure préliminaire à l'accès à Freud.

Ce principe s'est tellement bien imposé dans tous les milieux scientifiques et professionnels (que la théorie freudienne de la Psyché concerne à un titre ou à un autre), qu'on voit couramment des praticiens se faire gloire auprès de l'analyste qu'ils consultent de n'avoir rien lu et rien appris pendant des années, pour réserver l'authenticité de l'expérience qu'ils feraient sur un divan, un jour ou l'autre. Cette rationalisation est évidemment renforcée par les interdits que les instituts freudiens font régner classiquement sur l'enseignement[1].

En définitive, avec le « cas Y », une cure va s'engager à partir d'une adhésion au principe suivant : « Faites votre analyse *pour vous*, référez d'abord votre curiosité, votre désir de savoir, votre désir de comprendre à des motivations suspectes car inconscientes. *Soyez capable d'inconscient*, mais pour cela, renoncez, jusqu'au moment d'un feu vert, à vous intéresser à ce qui vous intéresse, en dehors de l'ombilication de votre narcissisme. »

Le didacticien, dans son souci même qu'une analyse didactique s'inscrive dans ce qu'il connaît et conceptualise d'une analyse tout court (et peut-être, « d'une cure type »), ne se rend pas toujours complètement compte qu'il accepte ainsi implicitement d'être le représentant d'un pouvoir et de se montrer, en même temps, comme *s'étant trouvé bien de s'y être lui-même assujetti*. Car, à lui aussi antérieurement, on a donné le feu vert... et, d'une certaine façon, accès à la complétude narcissique. Qui niera que, dans ses étapes hiérarchi-

1. En 1977, ce n'est plus vrai. C'est le contraire, mais cela revient au même.

ques, sa carrière a été secrètement conditionnée par une identification, toujours plus fidèle, aux imagos occultes qui donnent cohérence au groupe analytique auquel il appartient ? – en confirmant la structure narcissique de la science, comme mythe, chez les analystes.

La psychanalyse comme « praxis de la théorie » *dans le relationnel de la cure* doit sans doute être acceptée comme *artifice* ; autrement dit comme un *appareil* greffé sur le donné empirique des rapports interhumains pour en mieux détecter les mécanismes aux fins d'en tirer des effets nouveaux. Or, l'idéologie de la cure, que nous mettons ici au jour, s'appuie sur une négation de ce fait. Elle confond le niveau imaginaire du processus transférentiel avec le terrain d'une relation dite objectale. D'où le projet de cultiver le transfert pour que son « vécu » soit exportable dans la réalité extérieure.

L'issue du duel qui s'entretient, dans l'imaginaire, ne trouve alors son débouché que dans le recours au tiers institutionnalisé.

On peut mesurer les conséquences d'un tel infléchissement de la démarche freudienne, lorsqu'on en vient à étudier la théorie et la technique du « feu vert » à partir du projet codifié, et bien connu, d'une relativation systématique du « vouloir être analyste », par un code de déchiffrage qui, en passant par quelque définition de l'inconscient qu'on voudra, questionne *tendancieusement* toute complexualité singulière.

IV. Le recours au tiers

Que le recours au tiers soit scientifiquement ou empiriquement soutenu, il ouvre la problématique de l'analyse didactique à un autre registre que celui de la cure à visée *libératoire* (pour ne pas dire thérapeutique).

Il est généralement admis entre freudiens que l'accès au contrôle, par exemple, soit lié aux progrès de la cure. Rien ici qui ne se réfère donc d'abord à ce principe de prise de conscience du relief des concepts freudiens, à partir d'une analyse des résistances à leur intelligence et à leur maniement. Mais un tel processus est inséparable de la visée de toute cure, didactique ou pas, à savoir l'assomption du désir inconscient, à partir de l'interprétation de ses modes d'émergence dans les symptômes et dans le transfert.

On en vient ainsi à une idéologie tacite d'authentification du désir, non pas pour l'advenir indéterminé de son destin, à partir de la non-directivité de l'analyse, *mais pour son utilisation convenue sur un terrain défini* : celui-là même que le didacticien occupe dans sa pratique. Ainsi, il s'inscrit, de l'accord virtuel des deux partenaires, que quelque chose se nouera ou se dénouera de la problématique subjective de l'analysé, en un ailleurs que représente d'abord le renvoi au tiers.

Si celui-ci n'était défini que comme autre analyste acceptant, comme superviseur, d'être co-écouteur d'une pratique débutante, pour la meilleure détection des modes de surdité du candidat à l'inconscient des autres, on pourrait voir se respecter la conjecture ouverte par la relation analytique ; problématique des rapports du vouloir et du désir, à partir de la demande.

Mais le tiers, avant d'être analyste dit contrôleur, se présente généralement comme un expert commis d'abord à une tâche de sélection secondaire, au nom du groupe dont il soutient la doctrine en ce qui concerne la formation. Ainsi donc, alors que l'intervention du didacticien, comme réponse à une demande, est déjà transgression d'une règle de neutralité, avec pour conséquence la création de points d'adhérence entre le plan transférentiel et un plan extratransférentiel, le renvoi au tiers vient *refermer* autrement la situation, en légiférant sur elle.

– Feu rouge et feu vert

La question reste posée d'abord de la signification que prendra pour l'analysé le moment d'intervention choisi par l'analyste.

– Il est un moyen d'éviter cela, c'est de ne référer le passage au contrôle qu'à un temps standard d'heures d'analyse. C'est évidemment une solution de démission qui réduit l'intervention à un acte administratif.

– La plupart du temps, le feu vert signale un moment particulier de la cure. Mais n'oublions pas qu'un interdit a été initialement formulé… Le candidat peut dès lors s'interroger sur le sens de la gratification qui lui est offerte. Il est ainsi renvoyé à une contradiction : ou bien son désir d'être analyste devient son désir tout court, parce que sont venues au jour les configurations inconscientes qui le sous-tendaient et qui dès lors le surdéterminent moins ; ou bien son désir analysé, c'est-à-dire référé à ce qu'il ne disait pas, se dévoile comme ne passant ailleurs que par le fantasme d'être analyste. La gratification alors implique que l'accès à la pratique deviendra opération antidésir ou nouveau refoulement réussi.

Dans les deux cas, *la question est d'une homologie de structure entre le fantasme de fonction analytique et le fantasme fondamental du sujet.* Autrement dit, la question se pose d'une désérotisation d'une complexualité libidinale singulière, mais en même temps d'une référence à ce qui en l'autre, et, au-delà, en l'analyste idéal, est structure pulsionnelle *normale* du « désir de l'analyste ».

On retrouve à ce niveau la nécessité d'une définition du « bien-analysé ». Mais *c'est le principe même d'un critère qui est ici en question.*

Car ce critère, qu'il soit établi sur mesure pour un sujet donné, ou référé à une théorie générale de l'*homo analyticus*, renvoie obligatoirement le candidat analyste, à la fois, à une doctrine et à une situation extra-analytique plus ou moins institutionnalisée où il devra *exporter* son discours et sa problématique personnelle.

Il est de tradition de demander à un élève d'aller parler de sa demande, et plus ou moins de son analyse en cours, à d'autres analystes que le sien. L'entrée en contrôle dépendra des résultats de cette démarche. Comme les prémisses de la cure sont parties d'une mise en condition et d'une « sous-condition », l'analysé est mis dans une position paradoxale : sacrifier son désir à sa réalisation en oblitérant sa signifiance ; ou récuser la réalisation pour rester fidèle à l'enjeu même de l'analyse en cours, c'est-à-dire l'assomption de la signifiance du désir hors toute objectivation réductrice.

En quelque sorte, on lui demande de faire du plus inaliénable de lui-même une « unité de valeur » et un instrument de négociation.

Certes, l'analyse n'est pas alors terminée ; il est toujours possible de penser que le dilemme sera dépassable. Mais une situation de fait est créée dans la réalité. Parce que les contrôleurs, experts et sélectionneurs veulent eux-mêmes accepter l'ambiguïté d'une position à la fois analytique et extra-analytique (autrement dit qu'ils écoutent *analytiquement* le candidat, au nom des intérêts de l'*institution* qui représente l'analyse comme science et *praxis)*, il se crée pour le candidat un « qu'en-dira-t-on » psychanalytique dont la structure *paranoïaque* est à assumer comme telle à des fins d'adaptation au groupe.

C'est cette situation même qui constitue l'armature secrète des sociétés psychanalytiques.

On peut en voir les conséquences : la formation didactique qui s'appuie sur une névrose de transfert en vient à promouvoir la transposition de cette névrose de transfert sur la psychanalyse elle-même comme institutionnalisée.

Que le postulat de critères objectifs de qualification polarise le processus psychanalytique, la question se pose alors de savoir dans quels défilés va s'engager le projet de « parler de son analyse » et ce qu'il pourra ressortir d'une telle démarche, tant pour le candidat que pour ses examinateurs.

– Parler de son analyse

C'est une constatation clinique que chaque analyste peut faire : lorsqu'un sujet en analyse entend parler par d'autres, *in vitro*, de ce qu'il tente *in vivo* dans sa propre analyse, il ne peut échapper à un premier mouvement d'agressivité et de rejet de ce qu'il entend. L'objectivation de l'expérience en des discours qui renvoient l'image expropriée, circulante et transmissible des enjeux subjectifs de la cure, est ressentie comme un vol, car ce qui est désir devient savoir.

La réaction secrète est alors de penser : « Oui mais... mon analyse à moi, c'est autre chose. Et quoi qu'on en dise, on n'en rendra pas compte. » Il faut, en fait, donner raison à ce mouvement de réappropriation, qu'il vienne naïvement dans un mouvement transférentiel ou qu'il se soutienne par des considérations théoriques. L'être du désir étant là en question, il y a mouvement de sauvegarde d'un inaliénable.

La détermination du sujet à lutter pour son identité, à préserver la permanence du singulier comme invariant d'intégration irréductible à tout savoir sur cet invariant, l'amène en même temps à préserver l'autre de la relation c'est-à-dire l'analyste. Celui-ci est *mis à l'abri du savoir*, pour qu'il puisse rester cible de l'interrogation transférentielle.

En d'autres termes, ce que le sujet en analyse perçoit intuitivement et sans le formuler clairement, c'est que l'analyste ne peut assumer la fonction de l'autre sujet qu'en étant voilé par et pour le transfert. On souhaite secrètement qu'il ne soit pas le savoir qu'il possède, qu'il ne soit pas la stratégie qu'il soutient, qu'il ne soit pas le particulier des anecdotes de sa vie, qu'il ne soit pas l'horloge du temps qu'il donne – qu'il soit sans doute tout cela à condition que soit préservée l'existence d'un + x virtuel et jamais réductible à un savoir objectivant.

Le psychanalyste comme sujet, c'est au niveau de ce « plus x » qu'on le trouve. À notre sens, ce x peut se rapprocher asymptotiquement de l'objet *a*[1], mais il ne peut l'être. Il faut qu'on puisse toujours écrire x = et/ou *a*.

Il en est de même, évidemment, pour l'analysé.

1. L'objet *a* renvoie ici au mode de théorisation de Jacques Lacan.

Or, c'est, à notre avis, cela qu'on demande au sujet de méconnaître et dont on lui demande de faire bon marché en inscrivant au programme : « qu'il aura à parler de son analyse » à un tiers représentant la psychanalyse-science. Il s'ensuit que seuls les « candidats » qui n'ont même pas commencé à être vraiment en analyse peuvent se livrer à cet exercice. Ils raconteront d'autant plus facilement leur histoire, agrémentée d'allusions théoriques à l'Œdipe, la castration ou l'inconscient, que leur problématique œdipienne, leur angoisse de castration et les formations de leur inconscient resteront à l'abri du protocole qui les célèbre ; pour leur mieux permettre d'échapper à l'analyse. On sait bien que le désir d'être analyste est d'abord à articuler au fantasme du sujet, mais réfère moins à la formule du fantasme qu'à sa fonction pour tel sujet dans une structure clinique donnée. Cette fonction, c'est un mode particulier d'évitement de la castration.

Vouloir être analyste, c'est bien souvent se situer imaginairement à la place de celui qui se voue à la quête du désir de l'autre, mais n'en prétend être l'objet que dans le leurre qui le mettra à l'abri de l'autre. De cette « place » pour autant qu'elle n'est nulle part, le sujet peut prétendre impunément prolonger le culte de son fantasme secret, sans avoir à assumer pour lui-même son désir « au prix de la castration ».

La question est donc moins d'un désir qui voudrait dire autre chose que ce qu'il énonce, que de l'alibi qu'il crée subtilement au sujet au nom d'une cause légitime.

D'autant plus légitime qu'il en réfère à celui-là même qui en représente le bien-fondé.

À quoi a-t-il accédé, celui-là, pour que son désir d'être analyste soit devenu désir assumé, non comme symptôme mais comme sublimation ?

Question gênante, s'il en est une, surtout au cœur du transfert. Que l'analyste voie alors projetée sur lui non l'image du père ou de la mère, mais l'image de l'analyste, il lui est plus difficile qu'en aucune autre circonstance de ne pas se prendre au jeu duel...

S'il est vrai qu'un entendeur est toujours ailleurs qu'au lieu imaginaire où s'adresse à lui le discours du sujet, cet ailleurs de l'analyste pris pour l'analyste, où est-il ?

S'il est dans le tiers comme « représentant-représentatif » du groupe, de sa doctrine et de ses lois, on conçoit que le terme de l'analyse d'un candidat débouche sur une renarcissisation qui s'appuie non plus sur les structures signifiantes d'une histoire singulière, mais sur la théorie analytique qui en a rendu compte, en une « technique ».

Le candidat a désir de savoir et investit la science dont son analyste est singulièrement dépositaire à ses yeux, comme cliché de son désir ; sans doute ce désir de savoir est-il le bénéfice dont se réclame officiellement une démarche didactique. L'élève veut donc savoir, au prix d'une expérience subjective à laquelle il prétend consentir. Mais en même temps, en cette expérience subjective, il cherche en quoi la stratégie de l'autre y est pour quelque chose. En quelque sorte, il désire *le savoir de cette stratégie qui le concerne* ; et sa vigilance sur ce point ne se dément jamais. La conséquence en sera que le style de l'un deviendra parfois *corpus* technique de la pratique de l'élève.

Parce qu'il est quelque chose de la réorigination transférentielle des minutes de vérité du freudien qui ne saurait se réduire, en didactique, à la théorie commune de la liquidation du transfert en thérapeutique, il restera toujours, pour l'ex-analysé devenu analyste, des points de fixation conceptuels qui le marqueront ; de son désir même et de son aveu.

Faisons bien ici la différence entre le rôle de l'interprétation dans l'analyse dite thérapeutique, et la fonction de la parole de l'analyste en didactique. Dans le premier cas, le sujet pourra ne pas savoir, ou ne plus savoir, pourquoi telle intervention (dont il a plus ou moins oublié ou transformé la teneur) est peut-être pour quelque chose dans ce qui s'est modifié pour lui de ses symptômes ou de son économie libidinale. – En ce sens, le névrosé en progrès est justement celui *qui ne pourra pas parler de son analyse.* (Son analyste, lui, sait au contraire, en principe, faire la théorie de l'efficacité de son interprétation, dans l'aperception de ses après coups.)

Dans l'autre cas, de par ce que nous appelions désir d'un savoir de la stratégie, c'est implicitement la théorie même de l'interprétation qui est interrogée par delà son énonciation. On voit, par exemple, très bien, un élève s'exprimer ainsi : « C'est la relance de tel signifiant, par mon analyste, dans le champ des configurations significatives de mon histoire, sans doute actualisées dans le *hic et nunc* de notre relation, qui m'a fait saisir pour la première fois le relief de tel concept, la réalité de l'existence du surmoi ou la dialectique de la castration. »

Il suffit alors que le didacticien se soit produit, dans un enseignement ou un texte comme spécialiste d'un concept, réformateur d'un point de théorie ou promoteur d'un approfondissement doctrinal, pour que tel terme ou tel ensemble de notions deviennent à la deuxième puissance les chevilles ouvrières, les charnières ou les clés de voûte d'un processus d'identification. À partir d'un mouvement de véracité dans la cure, la fétichisation d'un concept peut signaler le mémorial dressé pour la célébration de ce moment.

C'est pourquoi on vérifie si constamment à quel point les analystes signalent leur filiation dans un vœu de fidélité à des slogans, des formules ou des éléments de théorie qui leur viennent de leur maître. Dès qu'ils se trouvent « en société », c'est-à-dire habilités, on conçoit la solidité des motivations qui les amènent à se ranger sous tel drapeau pour le bon combat. Même si leur didacticien a démystifié le piège des rivalités ambitieuses entre vieux frères savants, les disciples ne se sentent pas tenus à un tel renoncement. *C'est à la génération suivante* que s'exacerbent, entre les analystes, les conflits doctrinaux que leurs aînés n'avaient pas su articuler correctement et encore moins résoudre entre eux.

De la situation singulière, toujours originale et originante qu'est en principe l'analyse didactique, se dégagent donc un certain nombre d'effets dont nous allons résumer les causes avant d'en aborder les conséquences sur le plan collectif et institutionnel.

Nous avons d'abord montré que les prémisses de l'analyse didactique, inséparables, dans leur évolution, de l'histoire du mouvement analytique, pendant et après Freud, instituaient une situation dont les objectifs et la finalité étaient en contradiction d'avec les principes de la cure.

Nous avons ensuite évoqué comment l'institutionnalisation de la référence au tiers, à des fins d'habilitation de l'analyste à sa pratique, pervertissait selon des modes divers la conjecture analytique, pour ne pas aller au-delà du dilemme. « L'analyse au service du désir, le désir au service de l'analyse. » Expropriation institutionnalisée et danger d'aliénation des enjeux subjectifs ont été à ce propos soulignés.

Nous venons enfin d'ébaucher l'étude de la théorie comme objet du désir, pour voir les conflits qu'elle inscrit dans le destin des sociétés analytiques.

Des recettes et remèdes se sont proposés à partir de l'affrontement entre les standards officiels de l'I.P.A. et le mouvement lacanien, en ces dernières décennies. Abordons-en l'étude.

– La « passe »

Il est une façon de renouveler le problème de la formation et d'éviter ses impasses connues, c'est de modifier les prémisses de la cure et, par ailleurs, de réduire la fonction du tiers, comme représentant d'un système à la fois périmé et impossible.

On peut relire sous ce jour les séminaires et les écrits de Lacan, pour reconnaître que la démarche de cet auteur est constamment sous-tendue par le projet d'apporter un remède aux maladies chroniques de l'analyse. Ce qui se dessine et s'épure au long des années, c'est sans doute une théorie post-cartésienne du sujet, non pas seulement pour des extrapolations philosophiques, mais bien plutôt pour la formation elle-même. Nous dirons très schématiquement : la théorie même de l'inconscient est dialectiquement renversée par la démarche lacanienne. Alors qu'en terme de deuxième topique, la plupart des analystes *mobilisent les formations de l'inconscient* (en terme d'économie pulsionnelle, de structure linguistique ou de réalité littérale) pour qu'elles viennent au secours du moi ou restructurent le sujet, manifestement Lacan appelle le *sujet à advenir*, de par l'autre, au regard des signifiants inconscients. Dès lors, toute la théorie du moi étant relativée, les catégories de l'imaginaire, du symbolique et du réel étant définies, et le désir assignant le sujet à sa place de manque-à-être, une nouvelle stratégie se dessine qui fait, du « désir de l'analyste », l'instance organisatrice et ordonnatrice de la relation psy. Concurremment l'idéologie de l'acte analytique se renforce sous couvert d'axiomatisation réductrice des corrélats subjectifs qui la soutiennent. Mais elle va se prendre au piège de ses propres modèles lorsque le duel, dénoncé comme tension et collusion imaginaire, confondant des *je* et des *moi*, affrontera des *je* et des *je*, ou mieux S à A

L'utilisation de ces développements fondamentaux dans la « Proposition du 9 octobre 1967 » est assez instructive. Tout se passe comme si, après avoir noté lui-même que si les sociétés d'analyse étaient telles qu'elles sont, c'est bien parce que Freud l'avait voulu ainsi – pour mettre la psychanalyse à l'abri d'une extinction de « l'expérience » – Jacques Lacan n'échappait pas lui-même au piège de dispositions à prévoir pour la préservation de sa doctrine.

Il nous faut ici aborder cette théorie de la *passe* et du *passeur*, telle qu'elle se développe en un texte désormais édité[1].

Sans doute est-elle cohérente dans certains de ses termes avec ce qui est en mouvement d'un enseignement fondateur et toujours heuristique, encore que recueilli comme corps de doctrine par les disci-

1. J. Lacan, « Proposition du 9 octobre 1967 » et textes suivants, in *Scilicet, op. cit.*

ples. Mais il y a, en quelque sorte, prise au mot administratif, mise en application de la théorie même que Lacan a faite du sujet, du désir et du transfert. Et dès lors la conséquence d'un tel texte est un infléchissement qui va vers l'impasse des systématisations suturantes.

On voit bien la tentative du maître de relativer à l'extrême, voire de *limoger* cette instance du tiers référentiel qui, dans les sociétés, fait les représentants de l'institutionnel psychanalytique, pour des conséquences que nous avons précédemment évoquées. Une seule concession est faite au système traditionnel, sous la forme du « jury d'agrément ». Mais celui-ci n'aura à juger que par procuration celui qui s'adresse à lui ; et encore il ne le fera qu'en référence à l'idéologie de « l'analyste de l'école ». Celui-ci n'est pas réductible à son habilitation à la pratique de l'analyse. On joue sur le double sens du titre qui peut lui être conféré pour l'attendre à son aptitude à être « analyste de l'expérience de l'école... ».

Rien qu'à ce niveau-là, on passe de la pointe extrême de la « psychanalyse pure » à un exercice de psychanalyse appliquée prenant pour objet la fondation lacanienne...

Mais en outre, ce qui est dit de la passe et du passeur semble faire bon marché d'une confusion de registres. Le passage du « psychanalysant » au psychanalyste peut, en effet, donner lieu à l'assomption d'une position dépressive (pour laquelle Melanie Klein n'est pas récusée). Repris au profit de la théorie du sujet, l'accès à la position dépressive peut (pourquoi pas ?) se formaliser en terme de $, de désir et d'objet *a*. Dans l'instant où l'analyste est le *a*, pour le désir de l'autre, le passage à sa position divise le psychanalysant comme sujet, à partir de ce reste qui le cause comme destitué, pour avoir destitué l'analyste de la place qu'il avait dans son fantasme au regard de l'instance du « sujet supposé savoir ». Après quoi le « être-analyste » ne se soutiendra que d'une restauration de « l'*agalma*[1] » à viser alors du côté d'un autre analysant... et ainsi de suite.

En fait, ce moment de « passe » ne saurait être isolé *sinon en une écriture*. Tout analyste, quelque formulation qu'il donne et quelque système de références qu'il utilise pour évoquer l'extrémisme toujours évanescent et toujours renaissant de son ascèse relationnelle, sait bien que sa position de clivage l'expose itérativement à une *infinité de moments de passage*.

---

1. Cf. *Le Banquet* de Platon et l'utilisation de ce terme par J. Lacan pour sa théorie du transfert (Séminaire sur le transfert 1960-1961).

En termes référant à l'Œdipe, il y avait déjà le constant balancement entre manque à être et manque à avoir. En termes de castration, à assumer à chacun des temps significatifs d'une cure, on avait depuis bien longtemps déjà noté ce mouvement propre à l'analyste en situation : « défausse » des atouts du savoir pour la dynamique même du procès de la cure et désolidarisation d'avec les insignes imaginaires de pouvoir (projetés sur l'analyste par son patient) pour la détection des structures transférentielles. Enfin, en termes de coupure épistémologique, pour autant que sa possibilité renvoie à l'aptitude de l'opérateur à un nouveau regard sur le savoir acquis et à une transgression des habitudes de comprendre, le même schéma se dessinait. Mais tout clinicien fera vite la différence entre ce que l'analyste a à soutenir constamment comme scansion, division, rupture, deuil, désérotisation, stratégie de *défausse*, et l'état subjectif de quelqu'un en position de dépression de par l'accès au « désêtre » du désir. Or, on en vient, dans « la proposition » de Lacan, à la description d'une *Erlebnis* !

Qu'on ne nous objecte pas alors que l'instant ponctiforme de la destitution du sujet n'est que mise en parole métaphorique d'un algorithme, à partir de la réduplication en miroir d'un être-pour-l'analyse entre analysant et analyste. Car, dans la « Proposition du 9 octobre », l'*Erlebnis* en question doit durer suffisamment (c'est-à-dire devenir la phase d'un syndrome clinique) pour que le sujet, dans la passe, trouve son passeur ; lequel, bien sûr, y est lui-même. Non seulement il y est, *mais il le sait* puisque l'analyste le choisit comme passeur. À la limite, comment s'entretenir dans la passe suffisamment longtemps, « et sans s'en donner artificiellement l'air », pour que le profit s'en dégage ?

Car le profit est inscrit au programme : il faut qu'un désêtre rencontre un autre désêtre pour que le témoignage qui s'ensuivra nourrisse les travaux du jury d'agrément et donne aliment à son appétit de théorisation ; sans oublier quand même la récompense du courageux : une nomination…

Terminons ces réflexions en montrant un paradoxe parmi d'autres : la destitution subjective et le désêtre du désir deviennent, une fois programmés, alibi narcissique secret pour le *gradus ad scholam*. Avec une telle « ordonnance magistrale », la convalescence et le rétablissement doivent être rapides ! Après quelques repos, on pourra se réunir entre Anciens de la Destitution. Mais, dans l'intervalle, on voit mal (ou trop bien) le style des relations possibles entre candidats... Comment dîner ou travailler ensemble alors que la passe, ses aubes grises et ses tirages au sort sont peut-être pour demain ?

En bref, ce schéma *supprime toute coexistence possible entre analystes* ; ce qui est une façon radicale de régler le problème de leurs difficultés de relations ; et la « Proposition » nous semble en régression manifeste par rapport à ce que Lacan a tant de fois dénoncé de la relation duelle. Une fois que psychanalyste et psychanalysant sont « les deux partenaires (qu'on aperçoit) jouer comme les deux pales d'un écran tournant » et si « le transfert n'a jamais été que le pivot de cette alternance même[1] », il ne suffit pas de donner son Agathon à chaque Alcibiade de service pour qu'on puisse se compter trois avec le Socrate en fonction[2].

Il n'y a jamais deux analystes en même temps, mais l'extrapolation fonctionnelle d'une logique de la non-intersubjectivité n'est ici qu'illusion formalisatrice. Elle ne traite que du « désir de l'analyste » comme organisateur d'un champ relationnel binaire. Et c'est là un champ de clôture, avec un seul désir et un seul *agalma* pour deux. Tout se joue entre le « être » (la passe) et le « être dans » (la passe). N'est-ce pas là une démonstration de ce que pourrait être, dans un autre champ, processus de *Verwerfung* ? Ce qui serait, dans d'autres conditions, une expérience psychotique n'est évité ici que par le toujours renaître du « sujet de l'énonciation » ; énonciation répartie entre les trois termes du champ clôturé : l'analyste, l'analysant, le passeur.

Celui qui frapperait à la porte de ce système fermé, comme « un-en-plus », introduirait dans le champ clos la menace virtuelle de « un-en-trop[3] ».

Dans ce système, on ne peut donc pas compter jusqu'à quatre sans que l'instance du réel dessine une virtuelle condamnation à mort. D'où la solidarité impérative qui lie « l'analysant » à son analyste et l'analyste à son analysant. À la limite, aucun ne sait qui, par sa présence, empêche l'autre de mourir. Une mission d'abnégation s'ins-

1. *Op. cit.*
2. Référence au séminaire de J. Lacan sur le transfert.
3. Il y a là, dans le « un-en-plus », la promotion du persécuteur malgré lui. Si ce tiers (quatrième) s'identifiait au « un-en-trop » ne serait-il pas en position *homologue* de ce qui, chez le mélancolique, justifie le processus d'auto-accusation : un cri de plus et de trop sur terre, et voilà l'arbitraire, le *surnuméraire* qui vient troubler l'ordre du monde. Sa mort rétablirait le *statu quo ante* en symbolisant son être comme absence réalisée et originante.

taure, toujours à soutenir, dans la solidarité entre passeur et passant ; ombre à double face, pour une seule énonciation évanescente à la fois, qui ne prendra poids tolérable de discours qu'ailleurs, par procuration, en différé.

Lorsqu'un mécanisme aussi implacable est mis en mouvement, la structure passionnelle (qui n'a rien à voir avec le narcissisme de l'amour) impose sa loi et s'instaure comme état d'urgence permanent, plus encore que comme raison d'état. Les uns et les autres se relaient pour faire durer, interminablement, le pré-catastrophique. Car, la dimension du passionnel réfère au désespéré de la cause : « Celle qui clame la vocation de l'impossible comme durée quand même, au regard de l'intuition de l'inévitable d'une défaite finale[1]. » Lorsque le passionnel, en ses vocations, missions et militances, s'impose ainsi, on sait bien que la parole venant d'ailleurs est provocation inutile. Elle n'entamera pas le roc des positions prises. Elle ne fera qu'exacerber la haine et l'agression réactionnelle à ce qui n'est perçu que comme attaque.

Il faut donc respecter la clôture ; et dès lors on a le choix entre une position d'exclusion interne, qui est à proprement parler une position obsessionnelle (du côté de l'attente de la mort du maître, selon une expression de Lacan) ou une sortie...

La question, lorsqu'on s'en va, est alors de savoir si l'on demande asile en un autre royaume fermé, pour changer de nationalité, ou si l'on reste libre et itinérant, sans rien trahir de ce qui était vrai et possible avant que des frontières ne se referment. C'est là une autre topologie du dedans et du dehors qui, peut-être, peut permettre la non totale extinction de l'expérience et du désir.

– Problème du secret dans les mœurs psychanalytiques

De ce qui précède, se dégage donc un constat : que ce soit du côté des Instituts ou du côté de l'École de Lacan, le renvoi au tiers reste principe intangible des analyses à visée didactique.

La nécessité de critères d'habilitation pour la meilleure précision du statut scientifique et socio-professionnel de l'analyste justifie sans doute ce schéma ; mais, en quelque sorte, pour des raisons extra-psychanalytiques qui ne trouveraient leur valeur qu'à être définies comme telles, sans mélanger les plans.

1. Voir « L'érotomanie », in *Le Désir et la Perversion*, Le Seuil, 1967.

Or, dans les modèles dont nous avons étudié la théorie et le fonctionnement, une confusion demeure entre les registres, et semble vouloir être soutenue comme telle.

Pour reprendre brièvement ce que nous avons déjà développé plus haut, il est indéniable que l'approfondissement de toute didactique pose la question de l'alliance ou de la discorde entre les enjeux subjectifs de la cure et ses objectifs d'initiation. Dès que s'instaure le recours au tiers, un principe *d'exportation* de la problématique subjective est implicitement encouragé ; il pourra revenir comme effet second pour le candidat, sous le signe d'une *expropriation* de lui-même, pour les raisons d'état de la psychanalyse.

Selon les structures cliniques, la situation peut être alors vécue très différemment. Certains développeront une paranoïa sensitive au regard du « qu'en-dira-t-on » psychanalytique, et lutteront contre des effets d'aliénation par l'autocensure et l'inhibition. D'autres auront recours à des mécanismes obsessionnels pour renforcer une position de maîtrise qui s'appuiera sur la « désintrication » pulsionnelle, sur l'isolation, et sur l'annulation de l'autre, comme intrus ou séducteur, troublant le perfectionnisme des constructions scientistes. D'autres ne seront que trop enclins à exhiber hystéroïdement leurs singularités dans la sincérité des mouvements du cœur. D'autres enfin trouveront une satisfaction plus ou moins perverse à jouer et négocier le savoir sur les ressorts secrets du désir de l'autre, dans des « parties » scientifiques convenues à plusieurs.

Plus que la référence au tiers, poker nouveau dont l'importance se mesure à la « mise » dont le candidat décide seul d'abord (avant que cela ne l'entraîne souvent plus loin qu'il ne le souhaitait), c'est le fait d'une délibération secondaire entre jurés, et ce, en *l'absence du postulant,* qui représente, à nos yeux, l'aspect le plus aberrant des systèmes en vigueur[1].

Si un élève n'était interrogé que sur ses connaissances, comme en toute épreuve examinale, les conséquences d'une telle coutume ne seraient autres que ce qu'elles sont en toute discipline d'enseignement. Mais on sait très bien que le candidat est implicitement ou

1. Le « processus probatoire d'habilitation », tel qu'il est dessiné par le Quatrième Groupe, propose selon nous, le plus important de ce qu'il innove, dans la clause suivante : « Le futur analyste sera, tout au long de ses études, *dépositaire* des jugements qu'il recueillera au cours de ses démarches successives auprès des analystes intervenant dans sa formation, et *chargé* d'en transmettre, en temps opportun, les conclusions. » *Topique,* n° 1, p. 150.

explicitement sollicité de recouper sa demande et son témoignage, par un auto-jugement sur sa complexualité personnelle. Les « experts », se sachant examinateurs, se veulent en même temps analystes.

De ce fait, quelque chose qui touche au plus singulier de l'économie d'Éros en chacun va devenir objet de discussion, hors la présence du sujet. On objectivera ainsi, de son gré, le postulant comme troisième personne du singulier (-sien). Si en outre, le didacticien assiste, de droit ou de fait, aux palabres – et quelque devoir qu'il se fasse du silence à partir des secrets à taire – les après-coups de la cérémonie n'en seront que plus pervertissants pour l'analyse en cours. *Un savoir sur le sujet désirant circulera désormais sans lui*[1].

On peut difficilement concevoir situation plus classiquement pathogène. Celle-ci n'en constitue pas moins l'infrastructure, admise comme telle, de toute société de psychanalystes. Les conséquences en sont bien connues : nous parlons de ces symptômes propres aux groupes freudiens ; symptômes qui sont, en quelque sorte, acceptés comme inévitables, et faisant partie de la règle du milieu. Que les plus forts s'en arrangent et en tirent profit, la bonne adaptation se faisant toujours sur le dos des plus faibles.

L'institution du sujet *désirant comme tiers exclu* concerne en fait chaque analyste. Lequel, à un moment ou à un autre de sa carrière, n'a-t-il pas connu ce sentiment d'être « rejeté », tenu à l'écart d'une relation scientifique ou politique, qui se fomenterait entre d'autres ?

« Cela s'analyse », dit-on. Ainsi renvoie-t-on, confraternellement, le collègue, et son sentiment d'exil, à une gymnastique auto-analytique de renforcement du moi. En fait, il ne s'agit pas ici *d'analyse* mais d'exercice de maîtrise ; pour des surcompensations, dans leurs divers styles : les uns se terrent et se taisent, d'autres se tannent le cuir ; d'autres ou les mêmes fabriquent des intrigues pour être sûrs d'en être... et « d'intriguer ». De toute façon, ils aiguisent leurs ambitions pour avoir leur siège dans les comités du pouvoir. Ils font en sorte qu'on ne puisse pas ne pas compter avec eux.

En définitive, la loi du milieu inscrit ses impératifs : il faut ne pas violer certains tabous concernant la libido et le temps, considérés de la place obsidionale qu'on occupe dans le fauteuil. On accepte au

1. 1977. En fait, sept ans après cette proposition nôtre, il s'est avéré, pour notre expérience, que les candidats adorent qu'un savoir sur eux, comme sujets désirants, circule à leur *insu*. Tout leur reste ainsi permis quant à l'angoisse de castration...

contraire, fort bien, une rivalité réaliste comme grand jeu post-analytique entre titulaires du freudisme ; d'où une compétition entre tacticiens de l'intelligence des autres, comme au jeu d'échecs. Presque tous les coups sont permis ; non pas au nom de sentiments (on n'en a plus) qui seraient mauvais comme d'autres sont bons, mais au nom d'un esthétisme de la duplicité pour l'art et l'efficace des bottes secrètes.

Il existe entre analystes une fétichisation de l'objet de savoir comme secret, qui ne fonde que des complicités agressives (toujours deux contre un troisième) ou des silences stratégiques entre collègues. Le plus fort sera celui dont on pensera que son pouvoir de diagnostiquer, deviner et prévoir est plus grand que celui des autres. Celui-là saura montrer que, de quoi qu'on lui fasse confidence, il le savait déjà… – ce qui implique qu'il a toujours un secret savoir en réserve.

Qu'on se rassure ! les secrets, qui circulent alors de bouche à oreille ou qui se réservent, ne sont pas ceux de la cure. À moins qu'il ne soit irrépressiblement bavard (ce qui est fort mal vu), l'analyste sait en général ne rien dire des analyses dont il a la charge. Le pourrait-il d'ailleurs, s'il le voulait ou ne pouvait s'en empêcher ?

Il faut dire ici que la discipline du secret en analyse donne son vrai relief à tout ce qui ressortit à la fonction du secret professionnel. Ce *secret-là* n'est pas divulgable comme le serait une confidence égarée dans les réseaux de l'indiscrétion. Les confidences, en analyse, sont seulement les *étais* d'une autre question en jeu : parce qu'il y a l'inconscient comme langage structurant le sujet pour l'émergence de son advenir envers l'autre, la jouissance et la mort.

Autrement dit, le secret, sans poids, de chaque analyse, est sans dépositaire ; car il ne saurait y en avoir un s'il n'y en a deux : l'analyste et l'analysé – asymétriquement liés pour la recherche d'une vérité inconsciente.

Le principe du secret transcende ici les modèles traditionnels, et par exemple ceux de la médecine. Il est à référer en psychanalyse, de façon structuralement articulable, à sa fonction essentielle de *non-aliénation du sujet par le savoir*. Il est respect et éthique de l'altérité.

Cette dimension radicale, qui s'éclaire bien à partir de la théorie lacanienne du sujet (césure du trait unaire entre tel signifiant et tel autre), est, la plupart du temps, méconnue.

Les analystes n'en sont pas encore venus à se passer du mythe du tiers médiateur ; figure du surmoi collectif, dépositaire du savoir-quifait-loi. De ce mythe, ils ont besoin pour la bonne conscience de leur ambition, laquelle, à la limite, identifierait le plus savant des dépositaires à cet Agresseur du désir.

Comme le furet, ce tiers se déplace toujours. Il n'est évidemment personne. Mais les analystes en célèbrent tacitement le culte et il s'en déduit une structure relationnelle, à la fois fascinante et persécutive, pour les candidats analystes.

Que, pour le maintien de la dynamique du transfert, un démenti ne soit pas, trop tôt et trop explicitement, donné au patient qui fait de l'autre le lieu d'un secret savoir, pour entretenir narcissiquement son désir d'une « révélation », cela n'est pas ici mis en question.

Nous prétendons signaler seulement les méfaits d'une transposition de cette stratégie hors le champ méthodologique de la cure. Le plan, extra-analytique, de la politique interne et externe des associations freudiennes apparaît toujours plus ou moins infiltré d'une « métapsychanalyse » des relations entre collègues. Dans l'esprit de chacun se reforme constamment l'image des coalitions d'initiés ; et cela entretient ce climat de paranoïa collective latente qui s'installe si fréquemment dans les groupes d'analystes. Le sentiment d'une mise en exclusion favorise le fantasme, et donc la recherche d'un cadastre des camps adversaires. Être de l'un, ou passer à l'autre... voilà une question qui peut nourrir l'imaginaire des exercices politiques, chez le jeune analyste ou le plus vieux.

Le désir, mis hors jeu, semble n'avoir d'autre recours, pour faire sa rentrée, que de se muer en pouvoir. Il s'en déduit généralement une gymnastique quotidienne de la duplicité, pour musculation efficace et assouplissement intellectuel ; en vue d'un judo confraternel.

V. Les axes de la psychanalyse

De quelque façon qu'on pose ou qu'on traite les concepts psychanalytiques, on postule, en les maniant, un accord sur leur définition entre freudiens ; alors que l'expérience montre que ces concepts sont souvent des idiolectes[1] sans équivalence d'un groupe à l'autre.

1. Terme emprunté à la linguistique générale. Cf. par exemple, A. Martinet.

C'est pourquoi il faut inlassablement reprendre les notions de base, surtout celles qui se placent sous le signe d'un *consensus*, pour réinterroger l'acquis de l'expérience en ses formulations.

Il a déjà été écrit que le *psychanalyste est l'axe de la psychanalyse*[1]. Voilà une assertion qui fait écho pour tout freudien, quelles que soient ses obédiences doctrinales. On voit se profiler ici la question du transfert, et avec elle, la problématique des ressorts de la cure pour ses péripéties, son destin, son terme et ses après-coups.

Or, il suffit de connaître, dans leur cohérence même, les divers systèmes doctrinaux qui se réclament de Freud, pour se rendre compte que, d'un psychanalyste à l'autre, une telle formule renvoie à des modèles de référence fort différents et insuperposables.

Selon la définition qu'on choisit pour rendre compte, par exemple, *du point de vue économique* au regard de la topique et de la dynamique du transfert, on peut décrire plusieurs conceptions de la cure, de sa conduite et de ses visées.

On ne pourra donc réinterroger correctement cette notion d'axe qu'en revenant d'abord sur les théories.

– Le transfert et sa « liquidation »

Ce que nous avons dit précédemment du problème que pose le recours au tiers, en didactique, trouvera un nouveau relief s'il est référé aux différences de conception qui coexistent (et s'ignorent), une fois qu'on traite du transfert.

Une certaine idéologie de l'analyse s'appuie sur la prévalence accordée aux métaphores du point de vue économique. On peut vérifier qu'à donner son adhésion à ce qui se démontre comme loi-cadre d'une psychologie post-freudienne, on ne peut dès lors que tomber d'accord avec les us et coutumes de l'I.P.A. (laquelle, s'appuyant sur une doctrine, en a fait une politique). Les « standards » officiels de formation de l'I.P.A. ne pourront donc être soumis à une critique efficace, si l'on ne remet pas d'abord en lumière les modèles scientifiques dont ils sont déduits.

Ce qui est sous-entendu par les règlements, c'est que le transfert doit être *possible, utilisable, repérable* et *liquidable*. Dès lors, il faut initialement le respecter, après l'avoir induit.

Conséquence : les termes connus de transfert latéral et d'*acting out* se présentent, dans cette perspective, comme des dangers pour le pro-

1. Cf. *L'Annuaire de l'E.F.P.*, Fonctionnement et administration.

grès de la cure. Il est dans la règle de les dénoncer, voire de les interdire. Mais leur interprétation, en termes de mécanismes de défense du *moi*, instaure l'équivalent d'un appareil de dissuasion pour la prévention des « éclats » et des phénomènes de *fuite*.

La notion de fuite est importante. Qu'elle évoque des mouvements d'évasion ou de dérobade, cela va sans dire ; mais, dans une idéologie de la cure où prévaut le point économique, elle donne lieu à des consignes dont on pourrait donner un crayon caricatural : l'investissement de la « technique » de la psychanalyse ressemble à l'apologie du point de vue d'un plombier sur la circulation libidinale et les canalisations pulsionnelles. Une fois que les métaphores énergétiques, choisies par Freud comme étayage de son élaboration, sont prises au mot, un analyste peut se considérer comme fondé à mettre la psychanalyse en circuit fermé. Pour le progrès et l'efficacité du transfert, *il ramènera tout à lui ;* et la règle d'abstinence s'édictera tendancieusement (un peu dans le style d'un technicien de la stratégie bancaire) comme projet d'un contrôle et d'une thésaurisation des capitaux de l'analyse. Le didacticien, qui ne récuse pas un tel modèle, devient, en toute bonne foi, « fondé de pouvoir » pour la défense et l'illustration d'un monopole.

L'axe de la psychanalyse est, ici, économique.

L'attitude des sélectionneurs, examinateurs et contrôleurs s'en déduit. On connaît en particulier l'embarras de tout analyste, lorsque, comme membre d'une commission ou comme contrôleur, il tente de juger analytiquement un candidat, tout en se gardant de créer des interférences intempestives dans le processus analytique (ailleurs en cours). À la limite (et l'on en revient au « parler de son analyse »), des analystes tiers s'obligent à ramener les rencontres réglementaires à un simple cérémonial conventionnel – où on ne parlera véridiquement de rien. De même dans les contrôles, ils évitent toute analyse trop directe du « contre-transfert », pour renvoyer, plus ou moins allusivement, leur élève au divan qu'il occupe chez un collègue. Scrupule, principe déontologique ou prudence symptomatique, cette attitude fait honneur, certes, aux analystes qui en respectent les raisons parce que celles-ci leur semblent inhérentes à la discipline qu'ils soutiennent. Mais, pour chacun, à partir de quand la rigueur méthodologique se fait-elle prison confortable ?

Combien de contrôles sont ainsi stérilisés et réduits à un fastidieux exercice scolaire, sous le regard d'un surveillant (silencieux) des rapports qu'entretient l'élève, encore en analyse, avec les traits spécifiques de sa personnalité, les mouvements de son progrès analytique et les codifications techniques de la cure type ?...

En un tel système, la problématique de l'issue de l'analyse, une fois qu'elle est questionnée par une visée didactique, se voue forcément au projet d'un *modèle de dénouement* (lequel devra être exemplairement cohérent). La légende d'une telle peinture académique recourt alors à des termes trop habilement engrenés pour que leur collusion n'apparaisse pas fomentée pour l'opportunisme des démonstrations *pro domo*.

Il y a, d'une part, l'identification à l'analyste (notion passe-partout qui condense en un « slogan » une question de théorie freudienne qui appellerait le recoupement de plusieurs itinéraires de recherche, pour une articulation logique) et, en même temps, le désinvestissement de l'analyste comme « objet » au profit de relations non fantasmatiques, dont on rend bien compte en s'appuyant sur le modèle d'un stade génital de la libido, trouvé ou retrouvé après la régression souhaitable (ou méthodologiquement exigible) du temps de la cure.

On peut ainsi construire la maquette métaphyschologique d'un *happy end* didactique. Qu'on sache qu'il ne restera, comme trace de l'ex-présence du didacticien, chez l'analyste bien analysé, que « l'introjection d'un surmoi assoupli », pour des investissements *rentables* sur une bonne réalité extérieure.

Ce résumé ne fait que reprendre succinctement des critiques souvent et longuement développées par l'École de Lacan. Nous n'y sommes revenu que pour rappeler que le terme de « liquidation du transfert » n'a de sens qu'à l'intérieur d'un certain modèle de cure type. Il nous apparaît comme inapplicable à la formation de l'analyste.

Dans une analyse de névrose, motivée comme telle par une demande sans visée didactique, il vient sans doute un moment où *l'analyse n'est plus d'actualité* ; où ce qui se déplaçait dans la relation analytique peut se placer et s'organiser ailleurs et autrement. Il n'en reste pas moins que la fonction de référant qu'a à assumer l'analyste restera inscrite, au-delà de la disparition des horaires de séance, comme un temps majeur de l'histoire du sujet et du processus de restructuration de son désir. Qu'on se revoie, alors, de loin en loin, ou plus du tout, importe peu. Les après-coups de l'analyse s'inscriront comme pouvant être ignorés de l'ex-analyste, et ne nécessitant plus son savoir présumé. C'est tout ce qu'on peut en dire.

Il est évident qu'en didactique, l'analyse, au contraire, est *toujours d'actualité*. Donc, le terme de liquidation masque justement l'essentiel. Lorsque c'est le « psychanalyser » qui définit un des objectifs de la cure, il y a forcément adéquation entre le transfert et, disons, un certain réel. La structure transférentielle comme découverte freudienne et création *ex nihilo* devient ce qui doit se transmettre, voire être mis en partage, sans avoir à disparaître, sinon en son registre de leurre. Ce qui sera à dénouer, ce ne sera pas le transfert, mais le *contrat* qui en fondait la possibilité, l'évolution et l'analyse, pour que se dévoile la possibilité d'accéder à la structure elle-même.

Cette dernière ne peut s'appréhender qu'à partir de la soutenance d'une question qui se pose, à partir de Freud, autrement qu'en toute autre discipline scientifique établie : que sont les *concepts spécifiques* de la psychanalyse une fois qu'on sait qu'ils dépendent de leur *spécification subjective* dans chaque relation singulière, pour les avatars et le destin de la psychanalyse ?

Ce qu'il en sera, dès lors, des *après-coups* de ce qui fut longtemps référé au seul registre transférentiel dépendra beaucoup plus de la théorie du didacticien et de la relation qu'il a à la théorie, que d'un remaniement des investissements dits objectaux ; à moins d'inclure ici l'investissement de la théorie comme objet partiel ayant le didacticien comme dépositaire.

Rappelons maintenant quelques-unes des formulations qu'on doit, quant au transfert, à l'École lacanienne.

L'actualisation du désir se dégage d'une analyse de la structure de la demande. On peut isoler les phénomènes projectifs comme ce qui s'appuie, en ce processus, sur le registre imaginaire du fantasme. Le « temps pour comprendre » donne mesure de ce qui est message *répétitif* du non-entendu, du non-déchiffré de l'histoire d'un sujet ; et l'analyste qui sait entendre assume en quelque sorte une fonction de vicariance. Les configurations signifiantes impliquent l'analyste à la place où il ne peut véridiquement être ; mais on met ainsi au jour les enjeux conflictuels qui se déplacent dans la relation analytique pour une réactivation des conjectures œdipiennes de « l'être et de l'avoir ».

L'analyste est ainsi à définir dans sa triple fonction d'invariant de référence, d'interprète du discours (y compris celui de l'*acting out)* et de représentant de la répétition[1].

L'axe est ici de désir pour les structures de subjectivation.

– Mais le principe reste exigible d'un seul analyste pour un seul.

1. F. Perrier, « Sur la clinique, le transfert et le temps », voir *infra*, p. 205.

Pour qu'un sujet advienne à la diversité des configurations signifiantes qui le concernent, rétrospectivement et actuellement, il faut, en effet, que la permanence de lui-même soit garantie par la permanence de l'autre à ses modes de subjectivation.

Cet invariant d'intégration qu'est l'analyste comme autre sujet, pour l'instauration, l'analyse et la résolution de la « névrose de transfert », ne dépend pas encore du fait que celui qu'il cherche à entendre, à travers son mode d'écoute, se nomme patient ou élève. Mais vient un moment où la question d'une différence se pose – et nous prétendons qu'à vouloir n'en demander le repérage et l'articulation qu'à celui qui est sur le divan, le didacticien ne ferait que se dérober a sa propre problématique. En effet, tant qu'il n'est attendu qu'à ses interprétations pour un progrès sur le chemin du désir, à partir de la levée des résistances et des refoulements, l'analyste peut-il s'en tenir à cette règle valable pour toute interprétation freudienne : *qu'elle ne s'énonce pas en première personne*[1], et qu'ainsi le transfert, comme structure, ne soit pas méconnu dans la spécificité de son registre ?

Mais dès que c'est la *praxis* analytique qui devient véridiquement visée, au-delà des équivoques et des leurres du désir, le « je » de l'analyste ne doit-il pas advenir pour fonder une *intervention* qui n'est plus une *interprétation* ?

Ce « je » n'est plus celui du dépositaire d'un enjeu subjectif pour le maintien d'un axe transférentiel. Il est celui d'un interlocuteur qui sait différencier l'être analyste et l'être de l'analyste. Ce « je » ne destitue pas le sujet, pas plus qu'il ne le particularise pour des confidences fraternisantes ; mais il prive le candidat analyste des insignes dont celui-ci parait son maître pour cultiver narcissiquement le mythe d'un passage à une dignité. Dès lors il s'en déduit *une nouvelle division de l'analyste*, à soutenir comme telle, un temps encore indéterminé, pour que rien ne vienne répondre, à la place du postulant, à son propre désir d'un *dernier mot* de l'analyse. Partagé reste son didacticien ; partagé restera-t-il lui-même entre deux exigences inter-

1. Le « je » est (logiquement plus encore que techniquement) haïssable en toute interprétation. Que cela soit entendu par ceux qui voudraient renvoyer notre souci de définir l'analyste comme sujet causé par le discours de l'autre, à quelque projet d'activisme « inter-subjectif » (lequel a pour fonction connue de court-circuiter psychothérapeutiquement le bisubjectivable de la césure qui scande l'émergence de l'inconscient).

minables : rester sujet au désir ; s'assumer pour les autres comme *suppôt* du désir qui n'est pas sien.

Ainsi surgit le principe d'une réorigination de l'analyse entre deux sujets, sans bon dépositaire ; et tout en même temps, le projet d'une « désorigination » du sujet par rapport à son mythe personnel : *pour qu'il ait accès, en tant qu'analyste, à d'autres structures que la sienne.*

Pour préciser concrètement ce que nous voulons dire par là, prenons appui sur un exemple.

Il est un moment de malaise chez le jeune analyste : celui où il se surprend à ne pas faire à un autre... ce qu'on ne lui a pas fait. Pour l'impétrant, prendre un premier patient, c'est pactiser avec cet autre qui a été silencieux, frustrant, interprétant, exigeant financièrement, etc. C'est en quelque sorte se résoudre à une identification... à l'agresseur du « mythe personnel du névrosé ». – Il s'ensuit que l'acte analytique que l'élève assume peut prendre sens de dévalorisation de l'« ancien soi », de répudiation, voire de trahison de celui qu'était l'analysé, au temps où le sentiment d'une bonne cause narcissique soutenait sa démarche et son espoir.

D'où l'assimilation de la pratique à une agression dont on devient l'agent au prix de sa propre désorigination et d'un nouvel excentrement du sentiment de soi.

La mesure de défense qui s'instaure généralement alors renforce le moi selon les procédés d'un surinvestissement du savoir théorique ou d'un activisme thérapeutique réactionnel. Longtemps la question reste ouverte : « Faire comme son analyste, ou faire le contraire. » Mais, au-delà de cette alternative, qui fait les apprentis dépositaires du savoir et du pouvoir, il reste une démarche qui définit peut être *l'éthique de l'analyste.*

Celui-ci, dit-on, doit en passer par une « dénarcissisation », et il a à « assumer la castration symbolique ». Mais il est, pour lui, à notre sens, une étape supplémentaire : celle qui l'engage sur le chemin d'un travail de deuil.

Nous en repasserons, pour donner accès à ce qui est ici avancé, par la question de l'Œdipe.

– L'Œdipe et le deuil de l'idéal du moi

Une contradiction entre deux visées s'inscrit, disions-nous, dans toute analyse didactique. D'une part, cette analyse, comme entreprise personnelle, travaille à l'advenue du sujet désirant au regard des configurations signifiantes qui le causent ; d'autre part et à l'opposé, l'accès à la position analytique exige le clivage d'avec les structures imaginaires du désir.

Mais il n'empêche que pendant tout le temps d'une analyse le sujet va transporter et actualiser *sa problématique œdipienne* dans le transfert – en y impliquant son analyste. Selon la structure clinique du demandeur et les particularités de son histoire, l'inarticulé, le non-assumé de l'itinéraire œdipien va dessiner en filigrane le chemin à parcourir jusqu'au carrefour ; celui où la vérité et la mort se rencontrent en chaque homme pour son déchirement, mais aussi parfois pour le *new beginning* du désir.

Ce que nous voudrions souligner, c'est, en deçà de cette aventure, la *possible complicité* entre analystes et postulants pour faire passer l'accès à la position analytique *par le défilé* œdipien, comme référence et modèle partagés.

Autrement dit, il ne s'agit pas du transfert (inévitable) d'une configuration œdipienne dans la relation analytique mais de la caution qu'elle peut obtenir de l'analyste, s'il est de lui-même toujours arrimé à la triangulation de sa scène primitive pour une *ontologie* et une *étiologie* de l'être-analyste.

Peut-être faut-il, ici et maintenant, dénoncer à l'avance la confusion qui pourrait, pour certains, s'établir entre la problématique du « désir de l'analyste » et ce qui pourrait s'entendre, comme « désir phallique » ou aptitude phallique au désir, pour rendre compte de l'*épistémè* de l'analyste.

On ne prendra jamais trop de temps à dénoncer cette méprise ; car elle se renforce constamment du soutien que lui apporte l'utilisation du mythe œdipien pour une idéologie de la *transgression*.

Nous pensons qu'assimiler l'assomption de l'acte *analytique* à l'exploit d'une transgression réussie n'est que fantasme obsessionnel venant de l'analyste. À se prendre à ce jeu, le didacticien peut très bien se mettre à la place du père, se réserver le droit d'ouvrir le livre interdit, devenir le représentant des initiés de la jouissance, etc.

Dès lors, le feu vert donné au candidat peut ressembler – qu'on nous permette cette comparaison – à la démarche d'un mari complaisant, signant à son jeune homme de fils une sorte d'autorisation à l'inceste. Ici, une procuration qui donne pouvoir de désir et accès au « Secret ».

Rapprochons de ce qui vient là, comme image, une remarque clinique.

Lorsque l'accès à la clinique (autorisé ou encouragé) *anticipe* sur l'analyse de l'Œdipe d'un sujet, alors que celui-ci s'en tient à une version névrotique du désir et de l'interdit, on peut voir surgir un mode d'inquiétude qui préfigure ce que serait, chez un psychotique, un *syndrome d'influence*. Le candidat ne vient pas à bout d'une interrogation : « Suis-je, ou non, *téléguidé* par le désir de mon analyste ? » Dans l'angoisse qui surgit lorsque les portes qu'on ne veut pas enfoncer sont déjà ouvertes, il reste toujours la possibilité d'un accident psychosomatique ou d'une régression, pour que la castration ne perde pas son droit de préemption sur l'homme.

Ici, l'organisation obsessionnelle d'une certaine idéologie œdipienne de la transmission de l'analyse permet peut-être au didacticien de vivre par procuration son fantasme d'une transgression réussie, mais au prix de quel meurtre parfait du petit-fils ou de la petite-fille d'après le divan ?

Il est une autre conjoncture qui peut se dessiner à partir, cette fois, de l'idéologie du sujet comme promoteur de l'acte. Ici la référence devient sadienne. L'instituant de l'analyse, c'est le désir de l'analyste, au niveau où désir = loi. *Il n'est plus de souverain bien*. À la « volonté » kantienne se substituant le Désir, est exclu tout principe supérieur capable de le fonder. Cette institution devient un « mouvement particulier qui fait dégénérer les lois, parce que se pensant supérieur à elles[1] ». En prenant appui sur ce mode de lecture, on peut privilégier, dans une certaine conception actuelle de la psychanalyse, un dessin logique qui permet de parler d'homologie structurale. Fonction de réitération et principe de démonstration dans l'œuvre de Sade ne peuvent ils se comparer à ce qui scande, pour sa répétition réglée, l'acte analytique ? – lequel, par ailleurs, se démontre dans une axiomatisation visant à la réduction du corrélat subjectif. L'autre pôle de la relation amène alors à mettre l'accent sur la fonction du contrat… Mais pour qui est-il donc signe de position masochiste ?

C'est la remise en question de la notion d'axe qui nous a amené à tracer certains modèles limites de cure, en surchargeant, à dessein, les traits qui peuvent les apparenter à des constructions obsessionnelles ou « para-sadiennes ». La question est alors de savoir si la notion du

1. Ces lignes s'inspirent de Gilles Deleuze. Cf. son livre *Présentation de Sacher-Masoch*, Éd. de Minuit, 1967.

« pluri-référentiel » constitue un progrès. Elle a été traitée dans d'autres textes[1] ; et, de ce fait, nous ne la développerons pas.

Insistons simplement sur ce qui, en didactique, débouche sur une psychanalyse « désaxée ». Pour que la problématique libidinale d'un sujet en analyse ne se trouve pas court-circuitée par le thème du « passage à l'analyste » comme étape dernière, faut-il que le didacticien sache dépasser la tentation de devoir continuer à en savoir plus que son élève et que ses collègues. Après quoi il reste possible (que chacun des protagonistes soit un peu, beaucoup ou passionnément analyste) de ne pas clore le dialogue du désir et de son destin chez les analystes ; cependant que la démarche épistémologique du freudien se fertilise de la diversité des rencontres et des références.

Que la *praxis* de la théorie soit toujours liée au questionnement du praticien par la clinique, il s'en dégage, pour nous, que l'analyse se trouve non en ses dépositaires, mais entre eux. Il y a là quelque chose qui va au-delà du thème de la castration ; c'est-à-dire ce qui ramène toujours le psychanalyste et le psychanalysé à la dialectique œdipienne.

La séparation, terme surtout utilisé, au-delà de la dialectique de l'objet anal, pour rendre compte de quelque chose de spécifique du côté de la sexualité féminine, peut ici donner peut-être meilleur appui à notre réflexion. Elle évoque ce qui reste comme creux se creusant toujours plus chez le dépositaire qui se dépossède de son dépôt ; c'est-à-dire aussi bien son mythe narcissique, que sa théorie de l'analyse.

Si le deuil est mobilisation de tous les signifiants d'une histoire, voire de l'ensemble du système signifiant, à partir du trou réel que fore la mort d'un sujet, le être-analyste (en situation) peut-il concerner quiconque n'est pas apte à s'assumer comme « organe creux », comme appareil (au sens où on parle d'« écouteur », en nommant le récepteur téléphonique qui permet à un tiers d'entendre ce qui se dit entre deux autres).

C'est à notre avis dans ce *topos* évidé, de par la défausse des atouts du savoir, que l'analyste a à accueillir l'ensemble du système signifiant dont l'autre discoureur lui fait dépôt. Il ne s'agit pas ici de soutenir le modèle déjà avancé d'une position masochiste identifiant l'analyste à quelque objet « a » visé par la flagelle du désir de l'autre. Il s'agit

1. Cf. l'article de J.-P. Valabrega, « Les voies de la formation psychanalytique », et les documents du Quatrième Groupe, in *Topique*, n° 1, P.U.F., 1969.

d'assumer, dans l'écoute, un certain vide pour l'accueil d'une vérité à rendre actuelle.

On ne manquera pas de remarquer que ce dernier développement prend appui sur des métaphores qui renvoient implicitement à l'aporie du « femelle » comme *réel* « cerné par le signifiant[1] », mais non subsumé par aucun, sinon le signifiant du manque de signifiant.

Ce n'est là encore qu'un étayage parmi d'autres, pour approcher du non-articulable. En même temps, l'effet de contraste est voulu par rapport à tous les modèles phallocentriques qui supportent habituellement les fantasmes de savoir sur le désir, et de maîtrise de son interprétation. N'oublions pas que la Pythie, dans son antre, était femme. N'oublions pas non plus que l'article de Freud[2] débouche sur le *pénis-neid* et le *refus de féminité*, pour renvoyer « le roc » de l'inanalysable à l'arrimage de l'homme à sa biologie. La dernière résistance concerne toujours la différence des sexes et ce, sans doute, parce que la bisexualité de l'humain, freudiennement définie, n'est pas plus controuvable que définitivement assumable. Il n'empêche que c'est peut-être par l'évocation des mécanismes de deuil qu'il faut en passer pour approcher asymptotiquement de l'inassumable dernier. La grammaire du masculin et du féminin n'est pas inscrite comme telle dans l'inconscient. La castration symbolique n'est pas castration réelle. Elle est même le contraire, puisqu'elle est condition du désir, chez l'homme bien sûr, mais autant chez la femme qui n'est pas moins phalliquement marquée que son partenaire.

Cette dimension, très explorée à partir de l'enseignement freudien de J. Lacan, ne saurait trouver son statut et son relief qu'à se voir toujours et systématiquement opposée à une autre problématique : celle du « femelle » et du deuil.

On peut prendre appui sur des *Erlebnis* à condition de ne pas s'y engluer. Cette précaution notée, choisissons la métaphore de la mort de l'enfant pour confronter, différencier et allier partiellement, les après-coups du deuil, chez l'homme et chez la femme. À quelles structures, différentes et communes, allons-nous être renvoyé !

Nous ne cherchons, pour maintenant, qu'un effet de provocation, un aiguillon de l'intuition, pour une recherche qui reste à faire du

1. Granoff et Perrier, « Le problème de la perversion chez la femme et les idéaux féminins », *La Psychanalyse*, vol. 7, 1964.

2. « Analyse finie et analyse infinie ».

côté où théorie et clinique se dévoilent dans leur plus grande pauvreté.

Cette indication ne servira ici, pour cette fois, qu'à justifier d'un certain renversement de la dialectique œdipienne qui doit spécialement concerner les analystes.

Que le savoir crève les yeux d'Œdipe, fils et roi, cela nous le savons. Mais renversons cet impact de la vérité sur l'homme. Son message fait alors retour sur les géniteurs pour leur faire rétroactivement la loi. – De même pour nous, le freudien se déduit toujours comme antérieur du futur que son non-savoir fait naître. Là se trouve à la fois son désir et son deuil. L'histoire, s'écrivant à l'envers, c'est le didacticien que concerne l'analyse didactique, une fois qu'elle s'avère telle.

Dès lors, le problème n'est plus seulement d'une formation et d'une transmission. Ce ne sont pas les plus jeunes qu'il faut charger de mission, pour mieux étudier leur rencontre comme « frères-en-désêtre ».

Nous retournons délibérément la question pour la renvoyer aux psychanalystes dits qualifiés. – En quoi sont-ils encore aptes, entre eux, à la rencontre ? Pourquoi ne pas mettre en avant la difficulté, pour eux, du deuil des filiations ? Pour être analyste, peut-on n'avoir eu qu'un seul psychanalyste ? – même si l'on n'a connu qu'un seul divan ?

Une éthique des analystes, comme règle de coexistence possible et de travail partagé, pourrait-elle alors en passer ailleurs que par une démythification d'eux-mêmes comme bons dépositaires de la science freudienne ?

Cette interrogation signale la tentation de réalité scientifique chez le freudien. Le danger peut se préciser d'une coagulation entre Éros et Épistémè, c'est-à-dire de ce processus même de *Verleugnung* déjà évoqué auparavant. Il est un accommodement secret et non dicible vis-à-vis de soi-même qui consiste, à partir d'un culte du réel, à s'assumer comme *garant d'une non-vérité*. Ici, l'idéal du moi est du côté du père mort, depuis toujours, et le savoir absolu ne porte que sur ce point.

Discipline de travail, rigueur de pensée et interrogation des concepts pour un « plus vrai » sont sans doute des termes qui rappellent que les psychanalystes n'ont pas inventé l'interrogation de l'homme sur l'homme ; même si Freud est venu à son heure pour gagner un point de plus sur l'*impensé*. Il s'ensuit que les psychanalystes n'ont pas à s'excuser du pari éprouvant qu'ils soutiennent, à vouloir être freudiens. Il nous semble qu'ils ne peuvent *tenir* (et chacun à sa manière) qu'à partir d'un travail de deuil qui, dépouillant le moi idéal de ses parures fétichées, ne réduit pas l'instance de l'idéal du moi aux mythes qui masquent « l'impossibilité du réel ».

La psychanalyse est didactique, selon nous, lorsqu'elle devient *désaxée*. C'est peut-être aux « élèves » de le démontrer, en ne résumant pas leur analyse à ce qu'elle a dû à un transfert. Mais cela peut-il leur être possible si les didacticiens qu'ils ont élus ne sont pas eux-mêmes capables de s'assumer comme logiquement inadéquats, et solidairement insuffisants à leur mission ?

Juin-septembre 1969

Sur l'effet didactique*

1. Le processus probatoire d'habilitation et « l'effet didactique »

Il s'est confirmé que la notion de *processus* soutenait, mieux que d'autres termes, ce qui permet de saisir et de spécifier l'*effet didactique* dans le développement et le progrès d'une formation psychanalytique.

On s'accorde généralement sur le fait que l'analyste, dans l'*hic et nunc* de sa pratique, a à n'être pas donneur de son savoir. Dans ce qui se nomme encore trop souvent contrôle ou supervision, on convient aussi (mais pas partout clairement) que le tiers n'est pas un examinateur, un conseiller technique ou un enseignant. Qu'il soit analyste semble exigible. Mais s'il a à l'être dans son écoute, quel est le principe qui régit son intervention ou sa non-intervention à partir de la fonction qu'on lui reconnaît ?

Il a été souligné, au Quatrième Groupe, que ce tiers analyste est en position quatrième : par rapport au discours d'un patient, par rapport au discours du « reporteur[1] », et par rapport à l'autre, analyste de ce dernier. C'est en cela qu'il a à *intervenir* et non pas à *interpréter*, pour promouvoir ou maintenir la fonction de la coupure ; et ce, chaque fois qu'un triangle engendre un cercle, à partir de ses trois pôles : « l'élève », son patient et son analyste. (Ces trois pôles peuvent aussi se nommer idéologie, contre-transfert et

---

* Extraits de l'exposé de F. Perrier, président pour l'exercice 1970, *Topique*, n° 6.

1. ... plutôt que rapporteur (cf. Littré).

identification, pour une autre géométrie des collusions et des sutures.)

Il s'est donc dégagé que la discipline de l'analyse quatrième à partir du principe du pluri-référentiel peut définir l'accès à la situation qui rend possible L'EFFET DIDACTIQUE. Cette situation ne se réduit pas à quelque dispositif réglementaire pour l'expérimental, le scolaire ou l'initiatique. Elle illustre, pour la possibilité du processus, ce qui se définit comme une *topique*.

Participer comme analyste (celui qu'on nomme habituellement didacticien ou contrôleur) à une telle situation, c'est avoir à soutenir une position dans cette autre topique. Devenir analyste, c'est accéder à ce tétra-dimensionnel de la problématique de la formation freudienne comme processus.

Pour le candidat, c'est sans doute le probatoire et l'habilitant du *processus* qui motivent d'abord sa démarche. Les analystes auxquels il s'adresse ont à tenir compte de ce désir-de-faire-ses-preuves qui anime tout postulant : à la fois parce que ce désir est respectable, mais aussi parce qu'il est perturbant pour son écoute analytique. On sait qu'en même temps ils doivent ne pas se faire complices d'une démonstration de maîtrise et de savoir à visée narcissique. Et ceci évoque dès maintenant la possibilité de l'objection et du refus, en renvoyant ainsi aux critères de valeur d'une habilitation.

Il est également à remarquer que, probatoire et « préhabilitant » qu'il soit pour le candidat, le processus est « posthabilitant » pour les analystes qui acceptent de s'y impliquer. Car eux-mêmes ne peuvent y participer que s'ils acceptent, *en vérité*, la discipline du pluri-référentiel ; et c'est là ce qui donne, dans le Quatrième Groupe, relief à la notion de « session inter-analytique ».

Ainsi, le moment est peut-être venu, à partir de la répétition des conflits, de poser autrement la question des associations psychanalytiques. Notre organisation interroge *la raison d'être d'un appareil analytique*.

Ceci définit, pour l'instant, la fonction de critique et de recherche du secrétariat psychanalytique, à partir du recours qu'il offre aux membres de l'O.P.L.F.[1].

« Il n'est pas d'analyste qui n'ait au moins un patient et un collègue... » Autrement dit tout freudien a besoin d'un tiers de référence pour se soutenir dans sa discipline. C'est pourquoi, à partir du prin-

1. Organisation psychanalytique de langue française.

cipe du processus et de l'étude de ses modalités, une question a pu, lors des sessions instituantes, émerger et se soutenir : comment devenir analyste, sans doute ; mais comment le redevenir singulièrement chaque fois qu'une psychanalyse trouve ses conditions de possibilité ?

Entre le préhabilitant et le posthabilitant, entre le principe de la coupure et la nécessité d'en raviver les bords, il est apparu nécessaire et possible de situer des « lieux communs ». (Non pas « local »... ni rhétorique, mais topique freudienne.)

En bref, *l'effet didactique n'est jamais conséquence directe de la transmission d'un savoir.* Il réfère à l'expression : « Tirer enseignement de... » c'est-à-dire, dans le champ freudien, trouver ou retrouver la faille (sinon la défaillance) qui, seule, permet l'émergence ou la réémergence de l'inconscient (ce, *par un autre*, et non dans le fantasme de l'auto-analyse solitaire, grâce au patient de service).

2. Terminologie ; appellations ; désignations

Le choix des termes « titulaire » et « adhérent » répondait au souci d'articuler un règlement intérieur aux dispositions prévues par les associations définies juridiquement par la loi de 1901. Or, ces termes étant ceux-là mêmes qui connotent l'organisation hiérarchisée des sociétés psychanalytiques, il s'en est suivi, pour certains, une source de confusion – renforcée, de l'extérieur, par ces procédés critiques qui visent à réduire le nouveau à ce que les habitudes de pensée peuvent en digérer.

En outre, dans les analyses en cours, ces termes se sont avérés parfois efficaces... comme suppôt de la résistance, au sens freudien du terme.

N'est-il pas possible d'échapper au piège des mots, alors que ce piège, comme agent de méconnaissance et comme inducteur d'inconscient, est l'affaire même de la psychanalyse ?

En réponse à cette question – point sensible entre tous – les termes de « cotisant » et de « contribuant » sont venus, dans les sessions, pour désamorcer quelques malentendus et, en même temps, rendre mieux compte de ce qui anime le projet du Quatrième Groupe. Il a semblé opportun de donner leur chance à ces termes, pour le temps de leur efficacité.

Ce qui se dégage, pour l'instant, c'est que le cotisant verse une *quote-part* pour le soutien et l'entretien d'un appareil dont il a structuralement besoin pour se maintenir dans sa discipline.

Est-ce un *titre* que celui de membre cotisant ?

On rappellera ici quelques différences. L'expression : « Il n'est pas sans titre à... », ne recouvre pas le : « Il *a* un titre », pas plus que le : « Il *est* en titre. » On remarquera qu'exercer une charge ou une fonction n'implique pas qu'on en soit titulaire. C'est souvent le suppléant qui fait le travail sous le garant d'un titre dont un autre est dépositaire ; et ceci est plus vrai en analyse qu'en tout autre champ[1].

Pour poursuivre l'examen des difficultés rencontrées, il faut noter que les problèmes de terminologie évoqués renvoient aussi à la fonction critique des *demandes*, envers les textes, modèles, formules, et modes de réponse dégagés en un premier temps.

Qu'il s'agisse de s'agréger à l'O.P.L.F., d'y mettre un pied, de chercher raison de n'y point venir, d'y trouver un lieu de travail, de rencontre... ou d'asile, les demandes ont renvoyé répétitivement les membres du Quatrième Groupe à leur souci de ne pas retomber dans le piège des comités de sélection, sans verser dans quelque complaisance néolibérale ou réformiste ; et non plus dans l'irresponsabilité collective.

Une fois qu'on n'a plus la couverture d'une commission d'experts, une fois qu'on ne prétend pas s'en remettre au discernement d'un seul, ou à « l'expérience » des plus vieux, comment réserver l'avenir d'une démarche sans la prendre au mot ? Sans non plus, la rejeter, lorsqu'elle ne « colle » pas bien avec les modes d'entendement des membres du groupe ? À l'opposé, comment décourager des initiatives, inconséquentes à l'évidence ?

Il n'y a pas, pour ces difficultés, de recette miraculeuse. Mais les dispositions prévues jusqu'à maintenant sont-elles suffisantes pour que se distinguent, en leur temps, les aptitudes à la fonction analytique et que, par ailleurs, l'O.P.L.F. ne soit pas une référence de couverture pour quelques-uns de ces isolés autodidactes qui pratiquent déjà intensivement ce qu'ils baptisent, de leur seul chef, psychanalyse... ?

Ceci revient à poser concrètement la question suivante : qu'en est-il de ceux qui pratiquent sans « cotiser » ?

1. C'est pourquoi, à partir de Freud (pour ce qu'on mythifie de lui, à partir de ce qu'il a su démythifier de la mort), quoi de plus sombrement humoristique que le terme de titulaire ?... sinon, peut-être le remplacement du mot par celui d'analyste (Lui-même). Si « le signifiant représente le sujet pour un autre signifiant », le signifiant « analyste » venant subsumer le signifiant « analyste » ne peut qu'épingler le sujet à l'être (après quoi, il faut sans doute inventer le « désêtre » pour faire sauter un « point de capiton » en trop).

Il peut s'agir d'*invités.*

Les uns sont des collègues qui, ne récusant pas leurs appartenances et leur mode de formation, ne renoncent pas pour autant à voir ce qui se passe ailleurs. Deviendront-ils cotisants ou pas ? Il n'y a pas ici d'instance capable d'en décider. Que chacun se réfère au processus et au principe de la session inter-analytique. Soutenir la discipline du pluri-référentiel ne dépend pas du savoir, de la doctrine ou de la notoriété. C'est un mode d'ouverture, une discipline, et non une stratégie ou un exploit. On joue parfois à qui perd gagne ; mais personne n'a à donner de leçon aux autres.

Aux antipodes, pourquoi ne pas évoquer les « auditeurs libres », ceux qui viennent écouter anonymement, avant, au début ou en cours d'analyse, en souhaitant, d'abord, ou ensuite, qu'on ne leur demande *rien*, qu'on ne les intègre pas, qu'on ne les prenne pas au mot de leur spécialité, de leur savoir, de leurs intérêts, de leur curiosité, ou de leur ambition ?

L'absence de « participation », de quelque façon que s'en accuse lui-même un postulant à Freud, peut être, pour l'autre, signe de foi dans le vrai de la conjecture freudienne, et non dans le savoir psychanalytique, comme déjà constitué. Il y a toujours une phase où celui qui est sur un divan sent le besoin de se tenir à distance des discours *sur* la psychanalyse.

Dans l'intervalle, pourquoi pas un compromis, par le biais d'une affaire de trésorerie ?

Cotiser c'est, pour les habilités, outre un versement régulier, le risque d'un chèque en blanc symbolique signé pour le processus. Pour ceux qui sont en analyse, il serait regrettable que cela vînt trop tôt, trop tard ou trop réglementairement. Donc pourquoi pas des *membres non cotisants* mais « *contribuants* » ; sans assurance socio-professionnelle, sans idéologie d'accueil, et sans menace de dette impayable ?

La trésorerie, en une association 1901, est vertueusement pour le non-bénéfice. Il suffit de s'appuyer sur la loi… Il faut bien des prévisions budgétaires : que les cotisants s'occupent du fond de roulement, de la masse de manœuvre ou du volant de sécurité.

Pour le reste, et non pas pour une caisse de prévoyance, mais après coup, il y aura des factures à payer, à partir des frais de gestion engagés.

Être concerné par la mise en recouvrement desdits frais, ce peut être façon de n'être ni invité, ni cotisant.

N'est-ce pas là une position cohérente pour le candidat lui-même, au regard de l'appareil analytique qu'il interroge et qui l'interroge à chacune des étapes de son chemin ?

On nous objectera que la différence entre « cotisation » et « contribution », pour significative qu'elle apparaisse, n'est qu'un procédé de *déplacement* du problème des critères d'habilitation, et laisse entière la question des moments de passage d'une situation à une autre.

Et si le procédé était voulu ? Pour lever le voile qui couvre en général, dans les associations psychanalytiques, un autre déplacement (non étudié à notre connaissance) : celui qui rattache implicitement un barème de cotisation à une échelle hiérarchique et qui, en outre, joue aussitôt que possible sur une confusion entre honoraires d'analyse et engagement financier envers un organisme ; pour surdéterminer cet engagement.

Il peut s'ensuivre une idéologie de capitalisation collective et d'appartenance ; laquelle favorise plus l'opulence des groupes que la richesse des travaux.

... En bref, il s'agit de rester une association pauvre.

La question de l'impossibilité d'un calendrier standard pour une habilitation a été suffisamment soulignée par la définition du processus, pour qu'il y ait à y revenir ici.

On peut seulement ajouter que dépenses objectivables et mises en frais subjectives ne fondent pas une même arithmétique du crédit et du débit. À quel moment tel trésorier et tel invité se croiseront-ils pour se rencontrer ou ne pas se voir ? – C'est le processus lui-même qui est chargé de la réponse et non pas quelqu'un nominalement désigné.

À quel moment un invité découvrira-t-il qu'à se sentir un parasite, il ne se trompe peut-être plus ? C'est la convergence des indices recueillis par lui, grâce à tous les autres avec qui il travaille, qui lui permettra de faire la différence entre une paranoïa sensitive et une aptitude à l'autodiscernement du clinicien.

Après quoi, le budget du Quatrième Groupe sera toujours un peu boiteux !

3. La fonction d'un appareil analytique

Ce qui précède peut illustrer la nécessité où se trouve un groupe psychanalytique de se réclamer, pour le respect de sa propre conjecture, d'un *principe de non-prévoyance.*

Parce qu'il s'agit du « champ » freudien, comme espace ouvert, il est exigible qu'aucune réponse ne survienne, d'un homme, ou d'un texte, qui procède à l'établissement d'une clôture.

Le recours dernier à l'article du code, au jugement du sage ou à la jurisprudence, ne saurait être, dans une discipline psychanalytique, que démission : c'est-à-dire adhésion à la formule hybride du tout prévu et du « tout compris ».

Il s'agit pourtant là d'un fantasme qui a la vie dure, et qui soutient la perplexité de beaucoup de ceux qui ont bien voulu interroger l'O.P.L.F.

Le *tout prévu* renvoie à la question : comment préserver le groupe, des indésirables, pour sa bonne réputation ? – Réponse : Tout analyste qui se soucie d'abord de sa réputation (cet amalgame de versions contradictoires, tendancieuses et variables comme la météorologie du transfert) n'est plus apte à entendre ce qu'on lui dit. Il convient de même qu'un groupe d'analystes reste insensible aux images et caricatures qu'on pourrait lui renvoyer de l'extérieur, en privilégiant tendancieusement tel cas particulier et momentané.

Le *tout compris* évoque le « forfait » (touristique ou professionnel). Il traduit la mauvaise conscience latente du freudien quant aux séductions de l'analyse, et son embarras jamais liquidé quant aux sorcelleries du transfert. S'inquiéter de la part qu'on pourrait prendre dans l'encouragement des fausses vocations, pour le temps et l'argent que cela coûtera au demandeur, c'est avouer qu'on croit moins à l'analyse tout court qu'à ses bénéfices professionnels : du fait même qu'on ne les refuse pas soi-même. Le tout compris est, dès lors, fantasme rétroactif du didacticien quant à l'idéale formation qu'il n'a pas reçue. Cette question doit renvoyer chaque praticien à l'histoire de son analyse personnelle, dès lors que, pour lui, le désir d'être analyste s'est un jour confondu avec une « réalisation ».

1970

Le psychanalyste didactisé

On trouvera dans cette section, regroupés dans l'ordre chronologique, des textes de François Perrier qui jalonnent son parcours institutionnel : ses réactions personnelles au congrès de Rome en septembre 1953, son texte de 1964 sur la crise de la Société française de psychanalyse (S.F.P.) qui précède la fondation de l'École freudienne, son intervention aux journées de l'École freudienne de novembre 1966 sur le psychanalyste exposé à la clinique et son adresse aux analystes de l'École (A. E.) de mars 1967 qui a précédé de quelques mois la proposition du 9 octobre 1967 de Jacques Lacan.

Jacques Sédat

Voyage à Rome*

Pour ceux qui furent à Rome en cet automne 1953, les documents de cet ouvrage ne resteront pas seulement comme les écrits dont parle le proverbe, car ils résonnent encore comme l'écho du jaillissement des discours, et demeurent éloquents comme le souvenir de ce moment, de ce lieu où les paroles prirent, une fois pour toutes, leur relief, leur valeur et leur portée.

Non, ce n'était pas une conférence comme les autres.

L'air romain était encore lourd de soleil et de sirocco, mais il était aussi, dans sa vibrance, léger d'enthousiasme et de véhémence allègre. Un congrès scientifique, chacun le sait, c'est surtout en général l'alibi candide des vacances prolongées et des joies du tourisme, sous le couvert des vocations austères et des causeries d'intérêt public. En fait, si l'on imprime ces dernières, c'est peut-être qu'elles n'ont pas toujours fait impression.

Pour nous, si les textes d'aujourd'hui ne sont pas les prétextes d'alors, c'est que, parmi tous les chemins qui mènent à Rome, celui de notre voyage se frayait dans l'urgence fertile des sincérités conquérantes et du gay sçavoir. C'est que nous nous hâtions pour qu'à l'heure opportune s'exprime un message au lieu qui lui était destiné.

« Qui langue a… à Rome va », dit un autre proverbe. Pour le comprendre, il faut s'exposer sans réticence aux charmes de cette ville éternelle qui, magiquement, fait du touriste un pèlerin, de l'étranger un ami, du visiteur un familier, de l'hôte un parent. Il faut avoir noué

* Sur le Congrès de Rome, septembre 1953, in *La Psychanalyse*, t. I, P.U.F., 1956, p. 258.

conversation avec ces mille fontaines, intarissables comme la Sphynge généreuse de la Villa d'Este, ces mille fontaines qui célèbrent le mariage de l'eau et de la pierre, de la vie et du passé, dans la prodigalité lumineuse, riante et bavarde de la communauté romaine. Tout était vivant et vrai. Vivant comme la rencontre de nos amis italiens, dont l'accueil et l'audience donnaient sa légitimité à notre présence et sa valeur à notre témoignage. Vivant comme la soirée chaleureuse en cet accueillant palazzo de la Piazza Campitelli, centre d'une culture dont nous étions pour un soir les autres ambassadeurs. Et comment oublier ici notre attaché culturel et Mme Vieillefond qui ne furent pas de peu pour faire de cette grâce d'état un état de grâce. Tout était vrai comme la Cité Antique, comme la présence mystérieuse du Forum immobile, tel que nous le vîmes ce soir-là. Ce soir-là, la cadence bonhomme des fiacres rythmait à travers Rome un monôme de psychanalystes français… et ceux qui les voyaient passer devaient sûrement dire (en mettant les i sous les points) : « Voilà les Psychanalystes de Langue Romaine. »

1953

Sur l'échec de la S.F.P.

La matière même des problèmes qui justifient la réunion du 29 juin, et l'opportunité de leur maturation rapide, exclut le recours aux seuls procédés de l'exposé oral et de la discussion improvisée.

S'il est souhaitable que nous maîtrisions, les uns et les autres, les effets de la crise actuelle, on ne saurait le faire qu'en situant avec autant de rigueur que possible les vrais ressorts des conflits, pour éviter à la fois la confusion des débats et la dégradation des thèmes à l'étude, de même que les temporisations de la prudence ou de l'indécision.

D'où ce document de travail destiné à situer des niveaux de discussion, en rappelant quelques problèmes clés qu'on ne saurait éluder plus longtemps.

Sur la crise actuelle et à titre de préambule

Cette crise démontre l'échec de la S.F.P. dans ses prétentions premières. Au cœur même de ce qui s'interprète, pour certains, comme efflorescence renouvelée d'intrigues, de jalousies, d'ambitions et d'intolérances personnelles, il apparaît, pour qui veut le voir, que le conflit actuel a ses bases profondes dans des oppositions doctrinales qui affrontent depuis plusieurs décennies les organisateurs post-freudiens d'une psychanalyse figée dans le corporatisme aux explorateurs de la conjecture freudienne. Qu'on le sache ou veuille l'ignorer, c'est toujours de cela qu'il a été question dans les mouvements du monde analytique. En ce qui concerne la S.F.P., on se bornera à constater que, onze ans après sa fondation, le projet d'une théorisation, de la formation des analystes et d'une meilleure spécification des originalités et contradictions internes qui sont le propre de la discipline de l'analyse didactique, demeure éludé. On ne saurait en rejeter la responsabilité sur aucun en particulier quand on mesure le rapport des forces en présence et l'aptitude à la méconnaissance de quelques-uns de ceux qui ont jeté, il y a onze ans, les cartes de la sincérité et de l'intolérance sur la table d'un poker engagé bien avant leur arrivée, avec de fort grosses mises.

Dans une autre optique, c'est quand même à partir du thème rebattu des ambitions personnelles et des « questions de personnes » que l'on pourrait trouver illustration des règles d'une partie obscure.

Cet argument qui circule naïvement dans tout groupe analytique, dès qu'un conflit surgit, en démontre plus qu'il n'en dit. Il exprime le culte implicite des servants de l'analyse à un Janus directement issu d'un fantasme obsessionnel : d'une part l'effigie niaise de l'analyste dépersonnalisé, pétri de neutralité bienveillante et castré de toute ambition ; d'autre part la figure inexpressive de l'initié, voire de l'affranchi ; et, ce à partir du sans-visage traditionnel du psychanalyste à l'écoute. L'utilisation de ce principe technique permet à certains, dans des situations qui ne sont pas le champ de la cure, de ne jamais perdre la face puisqu'ils savent la laisser au vestiaire.

Connaissent les règles de la partie obscure ceux qui savent que, pour s'organiser professionnellement dans un monde d'abord hostile puis trop avide des quelques vérités circulantes, les héritiers de la pensée freudienne ont dû, sous le titre d'écoles, créer des appareils à conditionner des « moi » analytiques solides, à partir d'un portrait-robot inexpressif qui sert d'icône ou d'alter ego, soit à ceux qui ont besoin de sécurité, soit à ceux qui, prétendant entrer dans un club fermé, en adoptent d'abord les bonnes manières.

Ce préambule n'a d'autre but, en dessinant quelques-unes des images de notre temps, que de pointer l'idéologie analytique internationale avant d'en venir à ses disciplines codifiées et nécessaires : les critères ipséistes de la formation des analystes.

C'est sous forme de « recommandations » que ces critères ont été proposés, puis imposés, à notre demande de reconnaissance. Nous étions trop à prétendre savoir ce que nous voulions faire reconnaître, pour que les propositions d'une politique S.F.P. aient fondé, comme dénominateur commun entre nous, plus que les lettres mêmes du mot reconnaissance.

C'est ainsi qu'à partir des stratégies de nos censeurs ipséistes, les divers registres d'ambitions qui s'étaient fondus momentanément lors du baptême de la S.F.P. ont retrouvé, à la faveur des harcèlements, leur sens d'origine.

Le bilan actuel permet d'identifier comme vainqueurs d'une première manche ceux qui de l'intérieur pactisaient dès l'origine avec les principes de l'I.P.A., ceux qui s'y sont ralliés par inquiétude ou fermeture d'esprit, ceux qui les ont choisis par arrivisme ou scepticisme dernier.

Restons-en au scepticisme...

Concerne-t-il la valeur intrinsèque de l'œuvre de Lacan ? Nous ne le croyons pas. Depuis dix ans que se poursuit un enseignement dont l'envergure, la rigueur, la profondeur et l'efficacité – théorique et clinique – se démontrent au niveau de la pratique, et dans la méditation de ceux qui ont bien voulu entendre et lire, rien ne permet de penser que les détracteurs ou les ingrats sont moins marqués que les autres par ce que Lacan a trouvé et trouve pour aiguiser la recherche, la sienne et celle des autres.

L'importance du mouvement de pensée qu'il a créé est irréversible et tous le savent. Alors ? Faut-il mettre au compte d'une suprême liberté, au compte des paradoxes de l'intelligence, ou au compte des passions, certaines prises de position ?

Nous ne nous permettrons pas de répondre à ces questions. Le dialogue étant interrompu entre deux parties de la Société – et nous n'avons rien fait pour cela –, il faut se résoudre à ne faire circuler la question qu'entre ceux qui n'ont pas pris parti de silence systématique. S'il s'avère dans le futur que les silencieux avaient gardé pour eux un Sésame à nous inaccessible, leur vérité nous reviendra bien, en ricochet, pour dévaloriser peut-être rétroactivement nos positions, mais non point le principe de risque auquel nous nous tenons.

Errare...

Sur la Commission des études

Si Lacan a prétendu, dès le début de son enseignement, et à lui tout seul, remettre en question ce solide appareil de pensée, bien fermé à tout progrès que constitue l'ego-psychologie, il n'en reste pas moins que rien de révolutionnaire n'est inscrit dans les statuts, règlements et traditions de la S.F.P., alors que sa création même ne se justifiait que d'une crise profonde dans les problèmes de training.

Conçue ainsi selon un modèle fort usuel, et très tôt inquiète de démontrer « l'orthodoxie » de ses structures, notre association, sans doute souple dans ses premiers règlements, ne s'est en fait jamais donné les organismes adéquats et les appareils aptes à intégrer des données nouvelles. La Commission des études qui, à partir de ses divisions internes s'est constamment récusée quant au travail qui lui aurait donné sa vraie raison d'être, s'est finalement trouvée tiraillée entre les habitudes de pensée des uns et les velléités d'originalité des autres. Les visées politiques de la Société l'ayant amenée à formaliser progressivement ses fonctions, elle a permis à ceux que ça intéressait d'expérimenter dans leur travail quelques-unes des contradictions internes qui caractérisent les problèmes de formation dans ses rapports à la didactique.

Première constatation.

Dès que des analystes, au nom des exigences d'une sélection et d'un « apprentissage », s'organisent comme promoteurs et censeurs pour fixer les conditions, les formes, les étapes et le *calendrier* d'un curriculum, ils mettent l'analyse au service de l'enseignement et non plus l'enseignement au service de l'analyse.

Qu'ils se veuillent examinateurs n'est pas en soi ambigu, s'il est fondé d'articuler la formation analytique – à ses étapes dernières –, aux disciplines, voire aux règles qui soutiennent tout enseignement supérieur dans ses exigences et ses traditions mêmes.

Ce qui est ambigu, c'est que ces mêmes personnes prétendent garder simultanément position de juges et d'analystes vis-à-vis de ceux qu'il leur est donné de suivre, depuis la veille de leur didactique jusqu'au terme de leurs études.

Au niveau de la sélection[1], par exemple, et quelles que soient les précautions destinées à atténuer les effets de cette ambiguïté première, aucun candidat ne peut ignorer la situation équivoque à laquelle il va collaborer.

Car enfin, le sélectionneur qui lui demande les titres et les raisons qu'il peut avancer pour étayer sa candidature, ne renonce pas (au nom de critères fort mal établis) à être indiscret ; et ceci, sous le prétexte d'un diagnostic clinique et d'une recherche d'aptitude à l'expérience analytique personnelle. Alors que l'examinateur n'est pas en situation de pouvoir en juger vraiment.

1. On lira, pour être édifié, dans les comptes rendus du congrès d'Édimbourg (1961), in *Rev. fr. de psy.*, 1964, n° 1, l'affligeant travail d'un de nos censeurs du Comité consultatif sur la sélection.

Par quelle oreille toute confidence sera-t-elle enregistrée ? Celle du sélectionneur au service des intérêts professionnels du groupe, ou celle de l'analyste au service d'une demande à élucider dans ses structures inconscientes ?

Refus, non-refus, ou réponse différée, la réponse, finalement, qui ne sera celle de personne, sera celle d'un organisme fondé au moins autant pour la défense du club analytique et de ses lois, que pour le service de la science analytique.

Tout cela n'est pas totalement ignoré : le compromis le plus courant consiste pour tout candidat instruit à donner à son questionneur les apaisements souhaités : il a assez de névrose pour alimenter une cure et assez de santé mentale pour être un futur compagnon supportable ; en bref, ce qu'il faut pour fortifier un moi analytique après exercices de style.

Quand le postulant manque assez de tact et d'altruisme pour réclamer une véritable cure, ou au contraire, ne pas cacher qu'il ne se sent pas mal dans sa peau, les choses deviennent plus inconfortables pour la Commission. Le terme d'analyse personnelle traduit bien alors, dans les réponses collectives, anonymes et irresponsables de la Commission, l'embarras où celle-ci se trouve de reconnaître, sans reconnaître, tout en reconnaissant, qu'il existe une demande.

C'est un cas exemplaire : l'opacité de la demande n'a pu être réduite ou traduite par l'intelligence des sélectionneurs : ils ne peuvent renvoyer le sujet qu'à l'ANALYSE. Mais il y a quand même réponse d'une *institution* à une question posée à des analystes. C'est donc de la part de l'institution prétention à exister à la place où elle ne peut avoir fonction non équivoque quant à la problématique analytique.

Dans ce cas, mais surtout dans les didactiques reconnues comme telles, c'est dès lors l'appartenance de l'analyste à l'institution qui l'a nommé et commis dans des fonctions qui fait et va faire question.

Si l'analyse s'engage – et quels que soient les habiletés ou artifices de procédure qu'on peut introduire pour masquer l'équivoque à l'origine –, le tiers institutionnel, institué et instituant ne pourra plus se trouver inexistant dans la cure, tant pour l'un que pour l'autre des interlocuteurs.

Et l'on oscillera ainsi, de l'alibi de la thérapeutique en didactique à l'alibi de la didactique en thérapeutique, jusqu'au jour du transfert.

Nous allons en parler, mais auparavant notons encore quelques points.

Qu'un pouvoir tiers s'établisse qui introduise dans le champ analytique désormais ouvert – outre l'équivoque première – un calendrier, diverses mesures de temps et des exigences de scolarité – pour réclamer un même vœu d'obéissance à l'analysé et à son propre analyste – voilà, je pense, suffisamment d'éléments pour falsifier le travail analytique.

À quel recours peut-on parfois pousser l'analyste, soucieux de l'authenticité du dialogue, qu'à un principe de transgression, lorsque le pouvoir se fait impératif, explicite et officiel : que ce soit dans des coutumes, ou pire, des « recommandations » ?

Prenons une coutume apparemment bénigne : accès à l'enseignement, après 150 à 180 séances d'analyse quadri-hebdomadaires. Quelle peut donc être la valeur de cette intrusion de la Commission des études dans le déroulement de la cure ? On le mesurera en songeant à deux traditions poussiéreuses :

a) ne lisez pas avant autorisation de l'analyste ;

b) n'assistez pas à ses cours.

La première recommandation postule que les candidats (et par exemple, des psychiatres cultivés) doivent en rester ou en revenir, de par les menaces de « l'intellectualisation », au degré de fraîcheur naïve des premiers patients de Freud avant circulation de la culture analytique.

Un interdit de ce genre donne, en général, les résultats suivants : l'interdit situant l'objet du désir, la permission secondaire qui ne manque pas de venir, court-circuite le désir au niveau même de la demande exaucée.

C'est toujours après une telle permission que l'élève cesse de lire...

L'enseignement obligatoire avec jetons de présence trouve alors, bien sûr, sa justification...

Quant aux cours de l'analyste, pour autant qu'il convient d'y renoncer, ils nous réfèrent à la question du transfert, pour en illustrer la conception la plus simpliste, celle que nous évoquerons plus loin.

Sur le transfert en didactique

À travers les avatars de la science analytique, il reste sans doute vrai pour chacun que toute cure vise au dévoilement de l'inconscient, et ce, à partir-dans-au-delà-malgré-à-la-faveur du *transfert*.

Ce principe est évidemment exigible dans la didactique. Il doit l'être d'autant plus que, si tout concourt actuellement (comme nous l'avons partiellement illustré) à faire de la didactique une convention, cette convention risque de ne pas être sans effets fâcheux pour celui qui aurait prostitué ambitieusement ou inconséquemment sa question d'origine dans les avenues aliénantes des curricula imposés.

Les effets paranoïaques, dépressifs, hypocondriaques, pervers ou psychosomatiques de certaines fausses didactiques, forment le gros livre de la petite histoire des analystes. Combien paient ainsi très cher leur réussite, leur zèle et les honneurs premiers…

Finalement, tout cela en revient toujours au transfert, bien ou mal analysé. Mais ceux qui en parlent ne se rendent pas toujours compte qu'ils n'évoquent précisément la question que pour mieux éluder le problème que ça pose ; ceci selon un mécanisme obsessionnel bien connu.

À la réflexion, les sociétés d'analyse peuvent apparaître construites comme organisation de défense contre l'insidieuse question du transfert en didactique et contre ses répercussions ultérieures.

Songeons en effet qu'il s'agit de cette curieuse et seule forme de société scientifique dont les membres s'engendrent les uns les autres, dans le principe exigible de réoriginer la découverte analytique en chacun ; et, ce, à partir d'une initiation personnelle qui, d'abord, met à la place de l'autre (qui manquait à Freud) le maître, représentant et détenteur d'une science déjà fondée.

Cette embarrassante question du transfert et de sa liquidation a trouvé, semble-t-il, solution, grâce aux bons offices théoriques de la relation d'objet, des mécanismes de défense de l'ego et de l'analyse desdites défenses.

À ce niveau, simple actualisation, à partir du principe de répétition de sentiments positifs et négatifs, n'ayant de sens qu'historique et d'interprétation que pré-génitale, le transfert, grâce à l'abréaction favorisée par les astuces techniques de l'analyste, est là pour aider au renforcement du moi – ceci à partir des défoulements de quantités libidinales sur celui qu'on prend, avec sa complicité, pour celui qu'il n'est pas ; mais qui prétendra en bonne conscience ne le faire savoir qu'en temps opportun.

Dans l'intervalle, l'interprétation des défenses apprendra au sujet discipliné (qui sait que tout ce qu'il dit doit se référer à la personne de l'analyste) que s'il aime son maître, c'est pour cacher sa haine… et vice versa.

À la fin, la relation enfin oblative, après identification assumée et introjection gourmande du bon objet (partiel ou non), permettra à l'un et l'autre des protagonistes du scénario de se retrouver dans le face-à-face des « moi » analytiques, conscients de la solidité de leur aliénation bien-pensante et réciproquement reconnaissante.

C'est très exactement à ce genre de conditionnement professionnel qu'il convient de ne pas manquer de respect, si l'on veut – sans autocritique – entrer dans le saint des saints.

Nous avons tant appris sur les vraies dimensions du transfert et sur sa problématique depuis dix ans, qu'il faudrait un ouvrage pour ne rien trahir ou oublier des problèmes qu'il illustre quant à la demande, au désir et à l'amour.

Disons sommairement qu'une fois l'analyste mis par le patient à la place du sujet-supposé-savoir, une fois l'Autre situé (à partir même du désir de l'analyste) comme lieu de silence de la Demande radicale, surgit cette mise en acte de l'inconscient qu'est le transfert.

Et cela réfère dès lors à la réalité psychique, topos insituable des recoupements de l'érogène corporel et du signifiant…

Et cela réfère à la collusion de deux manques non superposables : celui de l'analyste dans son désir constituant, celui de l'analysé dans son désir inconscient, mobilisé enfin à partir de sa demande leurrée et leurrante.

De cette situation va surgir la question d'un déchiffrage : *favorisé* par ce qui est dans le transfert, message actualisé du désir inconscient ; mais aussi *rejeté* dans son énoncé interprétatif, par ce qui est, dans le transfert, demande d'amour ; c'est-à-dire surdité narcissique au message de l'autre dans l'aveuglement du vouloir-être-aimé.

Ceci à titre de simple rappel avant de poser la question. Qu'en est-il du transfert et de sa résolution lorsque le désir de l'analyste peut, à l'occasion de ce qu'il cherche du fantasme inconscient de l'autre, rencontrer le désir d'être analyste comme expression « légitimable » de ce fantasme ?

C'est bien de l'affrontement entre le *désir de l'analyste* et le *désir d'être analyste* que naît l'originalité du problème.

Nous ne pouvons en un tel domaine qu'énoncer maintenant une suite de propositions :

– Le désir d'être analyste s'il est à articuler au fantasme fondamental du sujet réfère moins, finalement, à la formule de ce fantasme et à l'interprétation de ses contenus, qu'à la fonction qu'il a pour tel sujet dans une structure clinique donnée. Cette fonction, pensons-nous, c'est essentiellement un mode particulier d'évitement de la castration. Vouloir être analyste, c'est bien souvent se situer imaginairement à la place de celui qui se voue à la quête du désir de l'autre, mais n'en prétend être l'objet que dans le leurre qui le mettra à l'abri de l'autre.

De cette « place » pour autant qu'elle n'est nulle part, le sujet peut prétendre impunément prolonger le culte de son fantasme secret, sans avoir à assumer pour lui-même son désir au prix de la castration.

La question est donc moins d'un désir qui voudrait dire autre chose que ce qu'il énonce que de l'alibi qu'il crée subtilement au sujet au nom d'une cause légitime.

D'autant plus légitime qu'il en réfère à celui-là même qui en représente le bien-fondé.

– À quoi a-t-il accédé celui-là pour que son désir d'être analyste soit devenu désir d'analyste assumé non comme symptôme mais comme sublimation ?

– Question gênante, s'il en est une, surtout au cœur du transfert. Que l'analyste voie alors projeté sur lui non l'image du père ou de la mère, mais l'image de l'Analyste, il lui est plus difficile qu'en aucune autre circonstance de ne pas se prendre au jeu duel...

S'il est vrai qu'un entendeur est toujours ailleurs qu'au lieu imaginaire où s'adresse à lui le discours du sujet, cet ailleurs de l'analyste pris pour l'Analyste, où est-il ?

Est-il du côté de Freud ? Oui, sans doute, mais en précisant bien que celui-ci n'avait point d'analyste.

Ceci ne pose point Freud comme mythe, mais rappelle bien le mythe nécessaire à Freud pour la construction de son œuvre : mythe du père primitif, mythe du meurtre originel.

Qu'ainsi l'au-delà de tout analyste ne le réfère qu'au manque du Tiers, qu'ainsi apparaisse sa structurale solitude comme privilège, comme devoir et comme donnée exigible pour la topologie analytique et le rapport à la castration, n'est ici que rappel de notions fondamentales.

Ce rappel, en un temps troublé, servira peut-être de réponse à celui de nous qui, prenant l'I.P.A. pour un tiers, et se trouvant ainsi orphelin, disait :

« Nous ne pouvons quand même pas nous en créer un nous-mêmes, pour ne manquer non plus de rien... »

La liquidation du transfert en didactique, c'est peut-être ainsi l'assomption de la Solitude ? Mais pour accéder à celle-là, il n'est point besoin de tuer les vivants....

23 juin 1964

Aux journées de l'École freudienne de Paris, après un difficultueux rapport sur la clinique que je ne voulais pas reporter parce que j'étais le rapporteur à ce congrès de la rue de Varenne (30-31 octobre-1er novembre 1966), j'ai fourni un résumé destiné aux comptes rendus polycopiés des travaux de l'École. Il suit :

« Ferenczi ou n'en rien faire ? », voilà ce que j'entendis, après prolongation d'une mesure de temps d'élocution. Était-ce une repartie, une ponctuation ou un p.p.c. (pour prendre congé), ou une discipline de minutage ?

Il eût fallu un modérateur, ce fut un autre qui l'obtint…

Depuis on parle toujours de clinique et de théorie.

J'aime faire la différence entre ce qui de la clinique va vers le clinicien et ce qui du praticien va vers la pratique ; avec ou sans Vincennes.

En jazz (ce réveille-matin), une jam-session ne s'improvise entre plusieurs qu'à partir des vieilles lois du blues. Il faut un thème et des harmonies de base. Il me souvient de l'un d'entre eux : « The man I Loew[1] ».

1977

1. Clin d'œil à J. Lacan qui, dans ses lettres à Rudolph Loewenstein (son analyste), commençait par : « Mon cher Loew ».

Le psychanalyste exposé à la clinique*

Qu'est-ce qu'une clinique ? Lieu d'une chaire d'enseignement, c'est aussi l'espace même où l'investigateur confronte des modèles nosologiques et la singularité du morbide en un sujet ; ceci à l'occasion d'une rupture de silence : la santé apparente. À partir de quoi, en viennent à parler ensemble deux savoirs inégaux et hétérogènes : celui de la science, au niveau où elle est, en un dépositaire, du perfectionnement (et des insuffisances) de ses prémisses et modes de lecture ; celui du « mal », en un sujet soumis à un processus (organique ou pas), en présentant les signes ou symptômes, en témoignant à sa manière.

Toute clinique, de par son rapport premier au champ de la médecine, est ainsi un *signifiant* qui renvoie *a minima* à deux autres : la « santé », comme téléologie, et le « mal » comme désordre organique, psychique ou éthique[1].

Cette remarque amène une question pivot. De par l'idéologie médicale inhérente au concept de clinique, ne devrait-on pas parler de psychanalyse de la clinique plutôt que de clinique psychanalytique ? (Même si la géographie nosologique sur laquelle s'appuie un clinicien se réclame partiellement ou exclusivement des concepts de la théorie freudienne.) Il peut être une psychiatrie psychanalytique fort souhaitable à un certain niveau ; elle laissera hors de son plan ce qui spécifie, et rend insuperposable à toute autre, la praxis freudienne comme telle.

* Conférence aux Journées 1965 de l'École : « Le psychanalyste exposé à la clinique ».

1. Cf. la conférence de février 1966 à Sainte-Anne : « Clinique des perversions », in *Le Désir et la Perversion*, Le Seuil, 1966.

Qu'est-ce qu'un psychanalyste ? C'est sans doute, comme tout homme de science, celui qui a étoffe et aptitude cultivée pour la mise en acte d'une méthodologie ; ce qui exige un égal souci, une égale vigilance disciplinaire envers la prégnance des modèles du savoir et les pièges de l'expérience phénoménologique du champ d'altérité à questionner.

Mais c'est en outre, et exigiblement, celui qui ne pourra accéder à sa position et à la praxis qui lui correspond, qu'au prix de l'expérience de l'analyse didactique, laquelle conditionne, sait-on, l'intelligence même du savoir à acquérir par ailleurs. Pourquoi ceci ? À notre avis, la réponse n'est pas seulement au niveau de ce qui circule couramment à ce sujet (mettre au jour des « agressivités » inconscientes ; dénoncer des motivations aberrantes ; vérifier, de par l'analyse du problème personnel, le bien-fondé des instances et concepts freudiens ; expérimenter le transfert avant de le contrôler chez les autres, etc...). La réponse doit aller beaucoup plus loin ; et nous ne prétendrons en évoquer ici la problématique que par l'exemple forgé d'un cas limite.

Il est vraisemblable qu'à être analysé, un praticien doit acquérir meilleure capacité qu'un autre à ne pas « projeter » ; à n'être pas narcissiquement sourd à ce qui lui est familièrement étranger ; à tolérer d'autres systèmes de valeurs que le sien ; à moins refouler (contre-transfert) ce qui des signifiants du désir circule dans le transfert ; à n'être plus prisonnier des habitudes de pensées et des niveaux de lecture (interprétation) qui le caractérisent ; à rester ouvert à d'autres complexualités que la sienne ; à demeurer ailleurs qu'à l'endroit où le transfert le questionne... etc. – Mais qu'en serait-il du possible de sa position subjective au jour où la demande d'analyse viendrait d'un imprévisivible frère jumeau ? Si nous entendons par là, à titre d'hypothèse, l'expérience de l'analyse du *semblable à soi* ?

Aussi forcé que soit notre exemple, il peut être utile s'il aide à souligner l'impératif d'une certaine modalité dernière de l'*Ichspaltung*, pour l'analyste. Dans le cas limite que nous inventons, se rejoignent pour se superposer deux ensembles structuralement définissables : la *« réalité psychique »* tout entière de l'autre, comme homologue au structuralisme freudien, la réalité narcissique, comme écriture décryptée mais suturante d'un métalangage exhaustif de soi. Ces deux ensembles viennent se confondre ici comme objet « a » pour le désir de l'analyste ($ ◊ *a), et son impossibilité alors.* (Qu'un tel cas puisse se produire, on verrait là s'instaurer, d'un instant à l'autre, l'*Unheimlich* comme psychose expérimentale du psychanalyste.) Pour revenir en deçà de cet extrémisme pensable, sinon actualisable, proposons simplement une formule : être entendeur, pour l'analyste, c'est être *apte à ne pas s'y voir, ou à ne plus s'y voir* dans ce qui se passe entre les deux protagonistes de la cure. Pour ce qu'elle vaut, ou pas, cette formule peut à notre sens servir aux débats sur la théorie de la didactique et de ses visées[1].

Mais c'est le moment d'évoquer le profit que nous avions tiré d'un an de séminaire consacré au narcissisme[2] pour le projet d'une théorie des rapports de la praxis freudienne et de la clinique. N'extrayons ici que quelques notations condensées.

L'œuvre freudienne ne se passe pas du mythe[3]. L'Œdipe est, très tôt, l'amorce du structuralisme psychanalytique. *Totem et tabou* le confirme en créant le mythe du meurtre du père primitif, et la horde sauvage. Le mythe de Narcisse est introduit à un tournant capital de l'élaboration doctrinale, parce que Freud interroge la psychose, c'est-à-dire l'absence ou l'inaccessibilité du sujet désirant.

Cette promulgation d'une autre structure par le mythe (et toute la deuxième topique est déjà dans *Zur Einführung des Narzissmus*) est aussi contemporaine d'un des successifs changements de position de Freud vis-à-vis de sa découverte et de son champ. Dans *Ma vie et la psychanalyse*, le Maître marque le moment où, n'étant plus seul, il considère qu'il ne parlera plus désormais que de sa *contribution* à la psychanalyse. Tout se passe comme si Freud, premier questionneur et entendeur de l'inconscient, du « ça parle » du désir, dédiait le deuxième sous-ensemble de son structuralisme de l'appareil psychique aux autres psychanalystes comme ce qui ne parle pas. Le mythe de Narcisse rend bien compte à un catalyseur de cet envers du logos qu'est pour l'homme son aptitude libidinale au silence fasciné par le formel et sa résistance hors le temps à ce qui, de l'autre, le met à la question de la castration et de la mort[4] (de la mort à venir, alors qu'il aspire à la mort initiale, dans

1. C'est quelque chose de l'ordre de l'*Ichspaltung* pour l'analyste que nous avions en vue dans notre étude sur la clinique en parlant d'une position septième par rapport « au complexe structural bipolaire dans sa ternarité redoublée » que fonde la cure.

2. Séminaire 1964-65 (non enregistré).

3. Nos travaux ont rencontré là ceux de J.-P. Valabrega.

4. Cf. « La psychanalyse entre le psychotique et son thérapeute », conférence à l'Évolution psychiatrique, novembre 1965. Voir *infra*, p. 429.

l'insularité de l'être où *tout se lie* pour l'ipséité : mort végétale de Narcisse).

Nous avons écrit ailleurs que la théorie psychanalytique comme totalité est l'homologue d'une organisation psychotique si l'Autre n'est pas là pour l'état toujours naissant du sujet de l'énonciation. Freud en laissant sa théorie ouverte et inachevée n'a pu faire autrement que d'en fournir les formalisations structurales à ceux qui devaient s'en servir et la perfectionner. Mais une fois qu'il s'agit de psychanalyse, la preuve ne se fait-elle pas de l'intransmissibilité de tout appareil théorique une fois qu'est méconnu le fait que cet appareil même est l'homologue du procès de subjectivation ? Et qu'il n'est qu'une machine à aliéner, s'il n'est pas ce qui se réinvente exhaustivement, chaque fois et à tout moment, pour tout analyste envers tout analysant, de par le dialogue ?

Dès qu'on oublie cela, la théorie psychanalytique est un appareil narcissisant pour l'impossibilité de la transmission scientifique et l'évitement du vrai au nom du savoir.

Il n'est de théorie analytique que d'un seul homme, *chaque analyste,* ainsi contraint à l'extrême de son aptitude à assumer exhaustivement cette théorie comme inachevable. Que le Désir de l'analyste ait à identifier objet *a, réalité psychique* et *théorie psychanalytique* (comme structure de l'absence de cet objet en A) indique à quelle exigence de refente il est soumis pour se soutenir comme $\cancel{S}$.

De ces remarques se déduisent quelques réponses sur ce qu'est la praxis freudienne par rapport à la discipline du clinicien, et à la psychothérapie.

Si la cure n'est pas une thérapeutique, c'est parce que toute psychothérapie, non dégagée de l'idéologie médicale, s'instaure tôt ou tard comme collusion entre deux narcissismes et se fait ainsi rempart contre les déchirements du plus vrai ; contre la castration, la subjectivation du désir et son agent, la pulsion épistémophilique ou pulsion de mort. Entre le symptôme et le psychanalyste, il y a d'abord, malgré et à l'insu du demandeur, alliance secrète. L'analyste doit soutenir ce paradoxe.

Si, de la cure et de cette diachronie de l'écoute analytique, pour laquelle j'ai proposé le nom de diagnose[1], ne naît pas une clinique au sens traditionnel du terme, c'est parce que le dialogue expérimental entre les deux sujets, asymétriquement placés quant à la demande et

1. « Clinique des perversions », in *Le Désir et la Perversion, op. cit.*

au désir, est *création irréversible* et non protocole scientiste vérifiable dans la répétition de l'enquête, reprise par un autre envers le même objet. Il ne peut donc en naître une nosologie, au sens psychiatrique du terme, pas plus que les recettes d'une technique.

Cela ne dévalorise pas les structures et entités cliniques de la psychopathologie. Tout analyste a à les connaître et à savoir les repérer. Installer les règles de l'investigation analytique en un champ non diagnostiqué au nom des magies de la virginité d'écoute est en général l'alibi de l'ignorance ou la preuve d'une conception surannée ou aberrante du transfert.

Toute nosologie de la psyché, dans ses repères, ses concepts et ses étapes, est illustration des points de butée, de silence, entre le discours d'une anthropologie et le discours du « malade » – l'un éduquant l'autre et vice versa. Toute nosographie, présentifiée par un diagnostic, est ainsi document historique. Elle a donc sa valeur pour une analyse, à la fois comme matériel anamnestique signifiant et comme mode de repérage des obstacles spécifiques entre deux configurations de langage.

Au-delà de ce qui se présente ainsi fixé et évocateur d'une limite d'intelligibilité, promue par ceux-là mêmes qui vouent la science à l'idéologie du discours commun, se pose la question de l'analyste affronté à la réalité psychique d'un autre, pour un au-delà des énoncés.

Du diagnostic à la diagnose, il *y* a tout le bilan spécifiquement analytique à faire, entre les lignes du destin, les pointillés du devenir et la problématique de l'advenir par les chemins de l'analyse éventuelle. Comme analyste, nous partons en cette situation d'un postulat : en l'absence de signes et de preuve de détérioration ou dysgénésie neurobiologique, un appareil psychique, quelle que soit l'organisation symptomatique qui défie notre entendement, pose la question du statut d'un sujet et de son rapport au désir, à l'objet et à l'autre.

Où en sommes nous de notre assomption de la théorie et de l'éthique de la position de l'analyste, une fois que c'est tel syndrome plutôt que tel autre qui est offert à notre enquête ? À chacun de répondre bien sûr, pour son compte et le compte de la psychanalyse.

Pour nous borner à quelques remarques, rappelons que ce qui nous est actuellement accessible de la logique du signifiant, et du formalisme topologique de la réalité psychique, c'est-à-dire de l'enseignement de J. Lacan, ne justifie plus entièrement cette « prudence » qui ferait, des indications de l'analyse, un exercice de sélection des patients aptes à inscrire et à résumer leur question à ce que tout le monde sait maintenant du divan, du fauteuil et du transfert.

Quant au transfert, il est certain qu'il reste à pousser plus loin la réflexion sur les concepts qui arriment encore sa théorie à ce qu'elle doit d'abord aux premières hystériques de Freud, et, secondairement, à la névrose obsessionnelle analytique qui organise les institutions et la « technique ».

Notre interrogation de la clinique s'est fortifiée de ce projet.

Où et comment circule la pulsion du pervers, entre le dialogue, le transfert, l'idéologie d'amour et l'*acting out* érotique ? Comment être, dans l'*Ichspaltung* de l'analyste, un nouvel autre au regard de cet art du clivage qu'est la perversion[1] ?

Dans quel topos structural, situer l'autre comme *partie prenante* (mais non identique à la présence d'un thérapeute impliqué par la clinique), une fois que la question du psychotique comme non-sujet-désirant ne se lit qu'en filigrane à travers l'écran de la forclusion[2] ?

Comment assumer jusqu'à son terme la responsabilité d'une analyse d'érotomane, s'il s'agit de faire advenir une patiente, seulement soutenue par sa passion totalitaire, à la reconnaissance de l'analyste comme initié de la castration, du non-savoir et de l'impossibilité du réel[3] ?

On ne confondra pas ici, à partir de cette formule : « être partie prenante » (qui nous fut un jour proposée par Lacan), le souci d'une formalisation des positions, possibles ou impossibles, de l'analyste, au regard du champ psychopathologique, avec quelque forme que ce soit d'un activisme thérapeutique : optimisme narcissique comme agression masquée, et piège classique pour le freudien.

C'est encore l'indication, donnée ci-dessus sous le terme d'*Ichspaltung* de l'analyste, qui peut servir ici de point de repère ; au moins pour rendre caduc le cliché indigent et réglementaire de la « neutralité bienveillante », mais aussi pour introduire à la différence souhaitable entre *questionneur* et *entendeur*[4] ; différence qui, à être située, permet à l'analyste d'assumer son clivage, c'est-à-dire sa fonction.

1. « Clinique des perversions », et réponses à Rosolato et Clavreul lors des exposés et débats de cette année, in *Le Désir et la Perversion*, *op. cit.*

2. Conférence à l'Évolution psychiatrique. Cf. n. 4, p. 109.

3. « L'érotomanie », in *Le Désir et la Perversion*, *op. cit.*

4. Conférence au groupe de Strasbourg, « La cause narcissique », mai 1965, *infra*, p. 261.

Cette différence est, pour nous, celle même qu'on propose entre *psychanalyse appliquée* et *psychanalyse pure*. Nous pensons qu'elle est essentielle ; non pas seulement par rapport à deux types de syndromes, ceux qui autoriseraient la praxis analytique et ceux qui l'interdiraient ; mais aussi par rapport à deux moments exemplaires de toute relation d'un sujet à l'analyste.

La psychanalyse est appliquée tant que c'est en son nom qu'on interroge un patient en un syndrome clinique. Il y a psychanalyse proprement dite au jour où un sujet, enfin advenu au fait de l'existence et de l'articulable d'une question inconsciente en lui, interroge à son tour la psychanalyse, en celui qui est le dépositaire. Ceci ouvre alors le praticien à la possibilité de sa praxis et rend soutenable sa position, s'il n'a pas tout fait lui-même pour la rendre non instaurable ou ne pas en réserver la possibilité. Que la psychanalyse questionne la clinique, c'est souvent le premier temps nécessaire (parfois fort long) d'une relation entre analyste et demandeur, qu'il soit névrotique, peu ou beaucoup pervers, psychiatriquement ou asymptomatiquement psychotique. Il n'y a analyse (et il n'y en aura parfois jamais) que lorsque c'est le psychanalyste qui devient questionné par l'autre, et la psychanalyse interrogée à travers les avenues du transfert, quels qu'en soient la structure et le destin.

C'est dans cette perspective qu'il convient de ne pas chercher à concilier ou réconcilier ce qu'est le désir de l'analyste comme moteur de son éthique – voire son ambition de l'insoutenable – et le désir de tel sujet... qui est analyste ou veut le devenir.

1966

Adresse aux analystes de l'École

Le terme d'École, écrit Lacan[1], « est à prendre au sens où dans les temps antiques, il voulait dire certains lieux de refuge, voire bases d'opération contre ce qui déjà pouvait s'appeler malaise dans la civilisation ».

Il eût été souhaitable que, depuis sa fondation, l'E.F.P. échappât elle-même au malaise qu'elle dénonçait en prouvant son aptitude à rénover cette forme de civilisation psychanalytique dont nous avions pâti. On ne saurait méconnaître que les presque trois ans écoulés ne peuvent rendre très optimistes ceux à qui l'ancienneté donne au moins le privilège d'avoir connu la scission de 1953 et la disparition de la S.F.P.

Chacun des collègues d'expérience auxquels je décide de m'adresser aujourd'hui a sûrement, autant que moi, « son idée là-dessus »... et son mode d'interprétation des difficultés spécifiques ou non spécifiques de l'École. Mon initiative, dès lors, même si elle répond, dans son principe, aux vœux émis par Lacan dans son discours d'Assemblée générale, peut sans doute réveiller chez l'un ou l'autre réserve, lassitude ou méfiance. La sagesse ne commande-t-elle pas le silence de l'attentisme ?

... Je me le suis bien demandé moi-même, et le parti que je prends, c'est mon exposé tout entier qui prétend le justifier ; ce, à partir de la logique qui nous a été enseignée « du moment de conclure » au-delà « du temps pour comprendre[2] ».

Qu'on sache seulement encore, pour en finir avec ce préambule, que j'avais démissionné du Directoire, dès le 1er décembre 1966, avant que

1. Acte de fondation de l'E.F.P. in *Autres écrits*, Le Seuil, 2001, p. 229-241.
2. *Écrits*, Le Seuil, p. 197 et suivantes.

ne fût conçue et proposée la nouvelle organisation dont l'Assemblée générale de janvier a été informée. On ne pourrait donc objecter à la liberté d'expression que je me donne une appartenance mienne impliquant le devoir d'une position de solidarité envers une équipe.

Pour amorcer la suite, le plus simple est d'ailleurs d'extraire de ma lettre de démission à Lacan ce qui suit :

« ... cette décision, dont je sais ce qu'elle doit à un mien souci d'intelligence du discours de votre théorie, favorisera, je pense, ma contribution à l'étude toujours plus exigible de certains points d'achoppement ; notamment ceux qui ont trait aux critères de formation et de qualification de l'analyste, et à la problématique de leur maniement, entre analystes. »

De la réponse de Lacan, acceptant ma démission, en date du 2 décembre, j'extrais ceci :

« Il est très souhaitable qu'un organisme différencié puisse répondre à ce que vous cernez si pertinemment de votre intérêt premier. »

À la suite de cette correspondance, je devais rencontrer Lacan courant décembre, et au terme d'un long et amical échange de vues, me réjouir de voir que l'essentiel des termes de mon analyse de la situation n'amenait pas mon interlocuteur à la contestation.

À cette date de ma réflexion, j'en venais à un triple constat :

1. À partir du souci de respecter l'originalité de la fondation, et de ne faire de l'École ni une société, ni un institut, le premier Directoire dans ses travaux n'avait pas toujours échappé à une réaction de refus des problèmes inéludables que pose la coexistence, en un même groupe, d'analystes désireux de confronter collégialement leurs recherches à d'autres, et d'élèves soucieux d'abord de parfaire leur formation, d'en témoigner et d'en préciser les repères.

2. Tiraillés entre le préalable d'une théorie de la formation toujours à faire, et l'inflation des cas particuliers à examiner (sous le sceau du secret exigible pour les « questions de personnes »), les membres de la section I ne faisaient fonctionner ni leurs cartels, ni leurs jurys.

3. Quant aux travaux des membres de l'École, on ne pouvait ignorer la discordance entre l'abondance et la qualité des élaborations, et cette sorte d'étouffement des productions, dans l'économie fermée des réunions et des modes de publications internes.

*

* *

Pour trouver les causes de ces difficultés, il convenait de ne pas reculer d'abord devant une question grave : l'entreprise voulue et fondée par Lacan était-elle irréalisable ? Et dans ce cas, ne fallait-il pas mieux tout de suite en convenir ?

On a trop glosé sur le rôle de la structure dite pyramidale pour le blocage du fonctionnement de l'École, pour que je fasse plus qu'évoquer cet inéludable. On ne voit pas comment une École au vrai sens du terme pourrait se passer d'une direction effective et d'une orientation doctrinale.

Si d'ailleurs nous sommes réunis (et bien d'autres pourraient être ici ce soir si je n'avais pas tenu à réserver le confidentiel de ce colloque à ceux qui ont notoirement confirmé leur position d'analyste), c'est parce que nous avons tous accepté ce principe.

À relire encore et de nouveau les textes de fondation, je n'ai retrouvé, du projet qui s'y dessine et du savoir qui l'inspire, rien à quoi j'aie personnellement à objecter.

En revanche, de l'expérience acquise jusqu'en décembre 1966, de par ma participation aux travaux du Directoire, j'ai tiré un certain nombre de conclusions que je développe maintenant.

Elles touchent moins à ce que proposait l'acte de fondation (qui sur bien des points est devenu effectif) qu'à ce qu'il ne prévoyait pas (peut-être à dessein) et qui s'est formulé par la suite empiriquement, sous la pression des événements, et de l'inspiration de l'un ou de l'autre.

« Tout irait bien en l'E.F.P., me disait quelqu'un, s'il n'y avait ni psychanalystes ni élèves pour empêcher le travail !... »

Je me trouve assez d'accord avec cette boutade, car alors que Lacan appelait des travailleurs, ceux qui sont venus ont appelé l'École à être, outre ce à quoi la vouait Lacan, la société et l'institut dont ils se sentaient, peu ou prou, le besoin.

En bref, à la demande du fondateur, est venue répondre une autre demande, double, intérieure et extérieure, hétérogène au projet. Son insistance n'a cessé de croître.

Sans doute parce que les conflits de la S.F.P. avec elle-même et l'I.P.A. laissaient des blessures trop ouvertes, ou rouvraient autrement celles de 1953, le Directoire n'a fait face aux réalisations que dans un climat de tension qui favorisait plus les formations réactionnelles que la rigueur des élaborations.

Dès qu'il s'est agi, par exemple, de mettre noir sur blanc le fonctionnel et l'administratif, dès qu'il a fallu tenir la promesse d'un annuaire, les problèmes non prévus se sont avérés des plus embarrassants.

Tenus que nous étions de ne pas récuser de justes accusations sur les comités scolarisants, les « cléricatures », les institutions, à l'heure même advenue des actes rénovateurs, il nous fallait trouver *mieux et vite* : parce qu'un groupe réel était là, avec de multiples sollicitations.

Il fallait concilier l'idéologie de travail en une école et la discipline de suspens d'une formation freudienne.

Il fallait distinguer les conditions d'adhésion des « travailleurs » non analystes et les conditions d'accueil des élèves en formation ; d'où plusieurs registres, formes et modes de « contrats ».

Adhésion, accueil, agrément, agrégation... Ces termes de l'annuaire témoignent encore sûrement du désir émanant du Directoire de respecter le projet de Lacan, tout en répondant aux situations concrètes qui s'imposaient à des analystes... Et parmi elles, par exemple, la question de tous ceux qui, ayant commencé leur analyse avant 1964, avaient toutes raisons de ne plus rien y comprendre.

Ces termes, à la relecture, ne suscitent pas l'enthousiasme. C'est, à mon sens, au moment de la rédaction de l'annuaire que le mauvais virage a été pris et que certains pièges n'ont pu être évités. On peut en rendre compte de deux façons :

– soit en montrant comment les modèles d'organisation des groupes analytiques se sont réintroduits comme un cheval de Troie, en l'École assiégée par son succès auprès des futurs analystes ;

– soit en reconnaissant que face à la réémergence des questions de structure propres aux groupes freudiens, on s'est rangé à une solution ambiguë : que l'École inclue « le nécessaire » d'une société et d'un institut, mais selon la recette des organismes qui phagocytent des corps étrangers pour les mieux neutraliser.

Il me semble que chaque fois qu'on en vient à réaliser « le tout en un », pour que les problèmes s'annulent éventuellement les uns les autres, on crée un hybride dont les gènes létaux deviennent tôt ou tard dominants[1].

En ce qui concerne cette école qui accueille des membres analystes et non analystes, bien sûr fallait-il un repérage possible pour que les nouveaux sachent qui était qui, dans le répertoire des noms et des

1. Naissant des conflits de la rue Saint-Jacques, la S.F.P. avait voulu renoncer à la distinction entre institut et société en choisissant la formule « groupe d'études et de recherches ».

On sait ce qu'il en est advenu et comment les organismes dirigeants et l'analytique, devenant indiscernables, se sont faits les artisans malheureux (ou heureux) du sabordage de leur galère.

travaux ; bien sûr fallait-il que les « jeunes » – sans doute analystes notoires aux yeux de leurs patients – ne voient pas l'anticipation diffusée de leur compétence, coiffée du titre d'élève stagiaire.

Sans doute aussi fallait-il pointer ce que représente dans une didactique l'accès à l'analyse supervisée, et le contrôle qu'elle permet de la qualité et de l'effectif d'une formation.

... Il s'est finalement démontré plus facile de supprimer que de créer.

Alors qu'on s'était trouvé fort bien de renoncer au comité de sélection initiale, et de dire pourquoi, alors que la disparition de la « liste des didacticiens », se justifiant d'un problème de fond, s'avérait décision conséquente et honnête, ce qui devait naître par ailleurs d'une inventivité sur commande n'allait pas se révéler de même qualité.

A.P., A.M.E., A.E.[1], jurys d'accueil et d'agrément, ces termes et ces appareils n'apportent aucun progrès notable. Ils témoignent plus d'une allergie aux vocables anciens et d'un besoin de changement à tout prix que d'un véritable renouvellement des perspectives.

En deux ans, ils ont d'ailleurs été graduellement désinvestis, et parfois, avec eux, une certaine discipline de contrôle et de discernement analytique qui aurait dû se développer ou tout simplement se maintenir au sein des quelques appareils créés[2].

Mais le procès des termes nouveaux n'a pas même importance à tous les niveaux. Il ne vient ici que comme introduction à une question plus radicale.

Tant que des didactiques et des contrôles se poursuivent et que la question reste ouverte par chacun d'un chemin personnel à mener

1. A.P. : analyste praticien ; A.M.E. : analyste membre de l'École ; A.E. : analyste de l'École.

2. En fait, si le jury d'accueil constitué en 1965 et non renouvelé depuis, n'a jamais fonctionné en séance de travail, c'est parce qu'il s'est avéré que, là encore, tout cérémonial de présentation était d'efficacité nulle pour l'appréciation des candidatures. Actuellement, ce qui prévaut, d'un accord plus ou moins articulé, c'est d'attendre les élèves aux preuves de leur travail de contrôle et non à quelque soutenance formelle d'une demande (fût-elle étape hautement symbolique...). Ceci est à inscrire à l'actif des responsables. Je suggérerais même volontiers au présent directoire qu'on supprime tout jury d'accueil annuellement nommé ; en revanche, que se constituent, à la demande des candidats, et après un temps suffisant de travail clinique sous contrôle, des jurys « sur mesure », c'est-à-dire constitués par les quelques « tuteurs » qui suivent effectivement un élève et le connaissent dans son aptitude à la praxis freudienne. Cela améliorerait peut-être la qualité des délibérations, en justifiant un secrétariat spécial pour colliger le confidentiel du travail et ses conséquences scientifiques.

plus loin, les mots (jurys d'accueil, A.P. ou A.M.E. ou membre tout court...) n'ont pas de fonction suturante. Ils peuvent même stimuler les moins passifs, de par la pointe d'humour et d'impertinence qui entre dans leur composition et qui ne les rend pas strictement superposables aux grades habituels : stagiaires et membres associés.

En ce qui concerne les A.E., la formule du jury d'agrément et le principe d'agrégation, il en va tout autrement ; et je tiens à insister sur ce qui me paraît ici assez grave.

L'homologie me semble indéniable entre le titre d'Analyste de l'École et le titulariat traditionnel des sociétés et instituts psychanalytiques. Ceci sans aucun humour. Or le principe même d'accession à ce titre, quand on étudie les textes de l'École, apparaît inadéquat à ce qui est analytiquement pensable, tant au nom de l'expérience de *x* générations d'analystes dans le monde, qu'au nom de la théorie de la formation dans son état actuel.

Expliquons-nous.

Dans la tradition de tout groupe freudien, le titulariat s'est toujours défini comme accès à un siège entre pairs au nom d'une expérience et d'une maîtrise de la praxis dont le candidat prétend soutenir la gageure à partir du probant qu'il fait connaître de ses travaux.

Il est ainsi candidat à une *élection au secret*, qui l'agrégera éventuellement à un *collège* sans qu'aucun des électeurs ne puisse se prévaloir d'une voix privilégiée, d'un pouvoir ou d'un savoir qui fausserait le protocole électoral.

La différence entre le « être élu par un collège » et le « être nommé par des experts » n'a pas été inventée par les Sociétés de psychanalystes. Elle existe partout ; mais elle prend en celles-ci un relief particulier. Elle signifie, en effet, que par-delà le temps d'un curriculum puis du *revoilement* du dossier subjectif, par-delà la pratique de la cure comme étape d'une formation, par-delà les structures de transfert, voire de transfert de travail qui ont joué (et compte tenu du reste inanalysable de tout transfert en didactique), l'analyste en est à une étape de son ascèse où il ne peut plus dépendre de personne en particulier pour la position à la responsabilité de laquelle il prétend.

Toute démarche de titularisation est ainsi une *transgression*. Elle ne peut s'accommoder d'aucune autorisation de tuteurs, pas plus que d'un dossier de formation encore ouvert.

Ce que je propose là ne trouverait son plein relief qu'à se référer à un chapitre maintenant détaillé sur la théorie de la formation. Ce ne serait que la mienne, soutenue de ce que j'ai assimilé de celle de Lacan, et l'objectif précis de ce texte s'en trouverait modifié.

Pour en rester aux problèmes, à mon sens urgents, que posent le style et les modèles d'organisation qui ont actuellement cours dans l'École, constatons à l'appui de mes remarques qu'aucun de ceux qui se sont retrouvés, tôt ou tard, épinglés par le signifiant A.E. ne doit son titre aux prétentions confusionnelles d'un impossible jury d'agrément.

Mais qu'en adviendra-t-il au jour, peut-être proche, où un plus jeune, dont l'habilitation patente ne sera pas aussi évidente que celle des précédents, prétendra prendre les textes au mot pour un label ou une appellation contrôlée ?

C'est à ce moment-là que, pour n'avoir pas distingué à temps les registres, on fera peut-être le procès global de la structure « pyramidale », faute d'avoir pointé la seule situation où elle est théoriquement et pratiquement inadéquate.

*

* *

La suite de mon exposé se devine sans doute : il faut à l'École un plan de recoupement de l'espace pyramidal, autrement dit un *collège des Analystes* comme organisme différencié, complémentaire et indispensable à l'économie spécifiquement freudienne de l'École.

Eh bien, non.

Jusqu'en décembre dernier (et depuis 1964) j'avais, parmi d'autres collègues, investi ce schéma pour en dédier au Maître, *moderato cantabile* ou *allegro con fuoco*, le thème et les variations.

Depuis le discours de Lacan à l'Assemblée générale, un autre aspect des choses s'est rappelé à moi comme prioritaire.

Il suffit de relire que le texte de fondation s'affirme acte d'un seul, pour éviter la tentation de « se croire chez soi » en ce lieu fondé, pour ne pas faire non plus d'une collaboration volontaire à une entreprise, précisément définie par son auteur comme sienne, l'exhaustif des positions d'analystes patents et lacaniens que nous sommes. Même si l'École est un « refuge »...

Elle est aussi « base d'opérations » ; et les exemples se multiplient d'initiatives personnelles extra-E.F.P. qui confirment en divers domaines la maturité, l'efficience et l'inventivité de nombre de nos estimés collègues. Mais que certains d'entre nous aient été contraints de prouver que les plus fertiles entreprises sont, quant à l'École, toujours centrifuges, que toute activité notoire de l'un ou l'autre ne manque jamais de se situer d'abord en référence à une topique : *le dehors et le dedans* quant à l'E.F.P., cela doit nous inciter peut-être à réfléchir aussi tous ensemble, et non seulement chacun pour soi.

D'où la réunion restreinte dont je prends l'initiative, en me réclamant non pas de l'École comme autorité, mais du problème que me pose le titre qu'elle confère à tous ceux que j'invite à une discussion.

En ce sens, j'illustre à ma façon cette topique de l'intra- et de l'extra-E.F.P. Mais on voit que la situation particulière que je suscite n'est pas faite pour laisser la question sous-entendue, mais pour la mettre en évidence.

Ce thème du dehors et du dedans, je le prends comme le *symptôme* même, répétitif et insistant, de ce qui est à analyser en notre groupe, c'est-à-dire à rapporter à ses vraies causes.

Le dehors, ce peut être « partout ailleurs » qu'en l'École. Chacun est libre et personne n'a signé avec Lacan un contrat d'exclusivité. Mais si jamais, ce pouvait être aussi, et entre autres, un lieu-dit, c'est-à-dire un organisme *autonome* qui ait ses propres lois de fonctionnement au service d'un des dénominateurs de notre discipline commune, ce ne serait, à mon avis, pas plus mal.

J'entends tout de suite les allergiques : « Alors, vous voulez fonder une société !... activité fractionnelle et scissionniste, etc... »

Ne réduisons pas les problèmes actuels aux répétitions de l'histoire et repartons du « Je fonde » de Lacan.

Ce qui m'est apparu, à partir du thème vingt fois repris d'un collège des A.E., c'est qu'au sein de la structure originale dont l'École est l'exemple, il est contradictoire de demander au Maître, seul, la *permission* d'un acte qui n'est pas le sien, et qui ne peut être celui d'aucun de nous en particulier, mais de tous.

À supposer que Lacan, cédant à l'insistance d'une demande majoritaire, crée un collège dans son École, on éditerait ainsi au niveau collectif le même type d'opération suturante que celle que prévoit le jury d'agrément au niveau individuel.

C'est bien là qu'une cléricature se constituerait, pour donner au futur analyste comme miroir de ses ambitions dernières l'image répulsive des vieux doctes infirmes de la transgression. Quant au terme d'École, il se dégraderait pour se réduire dans un de ses aspects à l'assemblée des instituteurs et du maître d'école, pour le jeu des pairs et des impairs....

Pouvons-nous nous accorder sur le principe et l'opportunité d'un « fonder tous ensemble » ? La réunion de mercredi est faite pour que chacun donne son avis, après avoir soumis le déroulement de mon exposé à une étude critique.

*
* *

Je pourrais m'arrêter maintenant si je n'avais souci, puisque j'introduis un projet, d'en proposer une première esquisse à ceux qui s'accorderaient avec mon analyse de la situation.

Pour éviter le double écueil d'une simple élaboration fantasmatique ou d'une mécanique déjà dessinée dans ses moindres engrenages – puisqu'il s'agit de discuter collégialement d'un organisme à créer – je développerai brièvement quelques propositions qui situent ma façon de voir.

I. Objectifs

L'École, assumant, parmi ses missions, la tâche de former des analystes, le collège qui lui reconnaît cette compétence, et dont les membres peuvent être en fonction dans l'École, se donne la clinique comme vocation et visée.

Il répond ainsi à ce besoin qui existe chez tout analyste patent, quels que soient son talent, son savoir et sa participation aux élaborations théoriques en cours, de s'éprouver de loin en loin à la discipline de la communication clinique.

Rendre compte d'un cas ou d'une structure clinique, des ressorts d'une cure et des principes de sa conduite est un exercice dont les élèves en contrôle ne sauraient être les seuls bénéficiaires. Se faire entendre, interrogeant sa praxis, et rester ouvert à ce que d'autres peuvent nous apprendre ou nous rappeler est moyen irremplaçable pour éviter stérilisation, routine et sclérose.

Il est à peine besoin de rappeler en outre que :

– la vérification clinique est le vrai test du progrès théorique ;

– la réarticulation des entités cliniques, dans leurs divers départements par le déchiffrage freudien, laisse encore devant nous un immense travail.

II. Organisation du collège

On pourrait en être titulaire ou correspondant.

– Les titulaires seraient élus après un ou plusieurs rapports cliniques.

– Les correspondants, accueillis par accord avec l'École à une étape suffisamment avancée de leur formation, sauraient qu'ils n'ont cet accès que pour un temps limité (5 ans par exemple). Ceci pour éviter ces interminables associations qui entraînent dans le sillage des groupes analytiques d'éternels vieux élèves, et leur servent d'alibi suffisamment confortable pour le non-progrès de leur pratique.

III. Administration

Je la verrais réduite au minimum.

– Un secrétariat composé de trois membres ; renouvelable annuellement par tiers pour la continuité du travail.

– Une trésorerie à la seule mesure du prix des circulaires et des timbres.

– Des présidents de séance, nommés, appelés ou tirés au sort pour l'organisation des débats – et ceci sans intention honorifique.

IV. Relations avec l'École

On ne saurait actuellement en développer les thèmes avant l'avis de Lacan et des membres du Directoire sur le projet.

V. Activités

Des séances scientifiques pas plus d'une fois par mois, mais peut-être moins, pour ne pas tomber dans un nouveau formalisme dans la corvée des travaux sur commande.

On pourrait envisager un droit du conférencier à choisir comme auditoire, soit titulaires et correspondants, soit titulaires seuls, selon la matière qu'il se propose de traiter.

VI. Statuts

À faire rédiger par un spécialiste après accord sur les objectifs.

31 mars 1967

La réunion des A.E. eut lieu à mon domicile en avril 1967. Personne n'y ouvrit la bouche à l'exception de Jean-Paul Valabrega et de Xavier Audouard, lequel confirma nos bonnes relations d'amitié. Après quoi, Jacques Lacan nous informa que j'avais, à mon insu, choisi la date de son anniversaire pour cette invitation.

Nous sablâmes le champagne avant de nous séparer. Six mois plus tard, nous entendions la proposition du 9 octobre 1967.

Le psychanalyste entre savoir et connaissance

Dans cette section, la première conférence de François Perrier, inédite à ce jour, et signalée dans la bibliographie complète de son œuvre, à la fin de La Chaussée d'Antin *(t. II, Albin Michel, 2008, p. 549) est importante à plus d'un titre.*

François Perrier répondait à l'invitation du Dr Albert Destombes à prononcer une conférence publique devant une assistance de psychiatres et de psychanalystes, à Lille, en janvier 1969. C'était la première conférence publique d'un analyste à Lille et, selon Albert Destombes, elle a marqué un tournant pour le démarrage du groupe lillois de psychanalystes.

Cette conférence a été prononcée au moment où François Perrier se séparait de Jacques Lacan, le 20 janvier 1969, quittant l'École freudienne de Paris pour fonder le Quatrième Groupe ; le différend portait sur la formation du psychanalyste et l'introduction de la procédure de la passe. Or, chose remarquable, dans ce temps où les conflits institutionnels peuvent occulter les apports voire les dettes théoriques, dans cette conférence de portée générale sur la place de la psychanalyse par rapport à la médecine et la psychiatrie, il ne renie rien de l'apport de Lacan dans sa présentation de la « psychanalyste structurale » qui l'aide à différencier la psychose et la névrose.

Enfin, les remarques sur la médecine et surtout sur la psychiatrie ont un caractère prémonitoire par rapport à la psychiatrie biologique et aux différents diagnostics prétendus scientifiques, du type DSM 3, importés en psychiatrie.

François Perrier reprendra de façon succincte les derniers éléments de sa conférence dans un article « Savoir freudien et clinique psychiatrique » paru dans L'Information psychiatrique *(n° 6, 1970).*

J'ai établi le texte de cette conférence à partir d'une version magnétophonée qui circulait à Lille, et avec deux enregistrements de cette conférence que je dois au Dr Albert Destombes et au Dr Henri Agneray.

Je les remercie tous deux de m'avoir ainsi facilité la tâche, ainsi que de leur accueil lorsque je les ai rencontrés à Lille en novembre 1994.

Jacques Sédat

Savoir freudien et praxis analytique

Mesdames, Mesdemoiselles, Messieurs,

L'argument qui vous a été proposé comme développement condensé de l'intitulé de cette conférence peut vous apparaître à la fois ambitieux et austère.

Pourquoi, par exemple, avoir opposé savoir et praxis, plutôt que théorie et pratique ? En fait, c'est bien parce qu'il s'agit de psychanalyse qu'un tel souci du vocabulaire employé trouve sa justification. C'est le déroulement même de cet exposé qui permettra, je l'espère, d'en donner raison.

Beaucoup d'entre vous sont, sans doute comme moi, des cliniciens qui, à partir de leur formation médicale, ont choisi d'interroger les énigmes toujours reculées de la maladie mentale, pour venir en aide aux patients, à la mesure de leur connaissance et de l'état de la science ; ceux-ci, qu'ils soient affligés des symptômes de la névrose ou qu'ils soient aliénés dans l'exil de la psychose, peuvent d'abord en effet nous apparaître comme des malades, en leur souffrance, voire comme des infirmes de la vie et de la relation inter-humaine.

Combien reposante serait la certitude, à nous donnée par la neurobiologie, que tout désordre psychique n'est que conséquence et épiphénomène d'un processus morbide du système nerveux central ou d'un dysmétabolisme héréditairement conditionné ! Nous pourrions avoir foi dans les progrès de la chimie et de la physique, et attendre comme Freud l'écrivait – mais y croyait-il ? – que la découverte de « nouvelles substances » vienne rendre inutiles les démarches de la psychanalyse.

À supposer que des thérapeutiques étiologiques existent, quels que soient notre attention, notre sympathie, notre souci de tact psychologique pour *les retentissements subjectifs et toujours singuliers*, différents pour chacun, de la maladie sur la personnalité de l'homme, nous saurions que telle médication, non inventée par un seul, mais valable étiologiquement pour toute une série d'entre eux, viendrait lutter plus efficacement que nos paroles, pour des retrouvailles avec la santé.

Hélas, rien de probant n'est venu encore pour faire coïncider étiologie neurobiologique et causalité psychique et plus on avance dans le progrès scientifique, plus on s'aperçoit qu'un élément reste irréductible et hétérogène à toute psycho-physico-chimie.

Le concept même de santé mentale, si séduisant qu'il soit pour l'humanisme et la science du médecin, se révèle métaphore qui n'est pas forcément sans dangers paradoxaux ; car cette notion reste toujours inséparable des critères normatifs qu'implique une anthropologie, critères qui amènent à la notion d'adaptation du sujet à des normes culturelles : celles de son milieu. Ceci peut ainsi mener à des techniques de conditionnement qui risquent, à la limite, d'aliéner l'homme, de par les impératifs des idéologies sous-jacentes au concept de santé mentale.

Ce concept pourrait ainsi être forme de méconnaissance paradoxale de quelque chose qui touche au registre de la vérité et de la liberté de l'homme. Dès que l'homme, objet de savoir (objet des sciences humaines, comme on dit maintenant), risque d'être réduit au produit conceptuel de ce savoir, il risque d'être méconnu dans sa propre question, en tant que sujet singulier, irréductible à tout autre.

Ce problème n'est pas le propos du psychiatre ni du psychanalyste ; nous pouvons le trouver à tous les niveaux de ce qui découle de la médecine, ou de ce qui s'articule à l'art et à la discipline médicale.

Tout médecin praticien sait bien, explicitement ou intuitivement, que la demande de *santé physique* de chaque malade est une demande double. La demande s'adresse au savoir biologique du médecin, mais elle s'adresse aussi à l'homme. La preuve est facile à faire. Ce que demande le malade, c'est de recouvrer la santé, c'est-à-dire d'oublier son corps biologique, d'oublier sa « carcasse ». Au-delà de la demande de *restitutio ad integrum* (demande que soit reculée la menace de mort éventuelle ou la menace de l'infirmité ou de la dégradation de lui-même), le malade demande, au-delà de la thérapeutique, à toucher une prime hédonique à la loterie des récompenses : ce quelque chose qui lui permettra d'oublier justement son corps biologique, pour retrouver ce bien propre et inaliénable qu'est l'image narcissique de lui-même, image qu'il a de son corps, celui-ci n'ayant alors que peu à voir avec l'anatomie et avec la physiologie réelles.

On a beaucoup insisté, ces temps derniers, sur ce « double corps ». On pourrait parler, d'une part, du « *corpus medicum* » et d'autre part du « *corpus libidinosum* », c'est-à-dire ce corps pour le plaisir de vivre, pour le bien-être. La demande adressée au médecin est une demande qui s'adresse non pas seulement à l'homme de science, mais au médecin, en quelque sorte *comme administrateur de biens*, bon gérant d'une psychosomatique qui permettra de retrouver le goût de vivre et le désir, quelle que soit l'adversité qui se présente à l'homme.

Curieusement, pour les psychiatres, la question que tout médecin sent intuitivement dans sa pratique – qu'il se doit de ne pas réduire son patient à une simple machinerie biologique, et que le colloque singulier médecin-malade a toute son importance – est infiniment plus difficile. Ils ont affaire eux aussi à une demande ; celle qui vient, soit du malade névrosé, soit de la société, une fois que c'est la psychose qui se fait interner de par les troubles de conduite ou les troubles de la raison par lesquels elle s'est manifestée.

Séparons ces deux plans, névrose et psychose, pour poser différemment la question du *désir qui sous-tend la demande*. Le névrosé vient bien demander quelque chose, mais le psychiatre n'est pas dans la même position que le médecin, car du côté de la névrose, il y a justement crainte du désir et crainte d'accession à la possibilité du plaisir, ressenti comme une menace.

Quand je dis plaisir et désir, qu'entends-je par là ? À réduire les choses au réel du désir sexuel ou du plaisir sexuel, on ne rend pas compte forcément du registre de ce dont il s'agit en vérité. Le désir sous-tend aussi la possibilité pour l'homme, dans divers domaines plus ou moins sublimés, désérotisés, transposés, déplacés, de se retrouver en quête d'un objet de satisfaction (voire de satisfaction intellectuelle, ou artistique, ou esthétique) qui lui permettra de penser que l'univers n'est pas clos et qu'il y a un advenir pour son propre espoir. Or, la névrose est justement, en ses organisations défensives, crainte de ce désir. La demande du névrotique ne peut donc pas être entendue comme une demande de « santé mentale », dans le sens où le malade somatique peut demander une santé physique, même s'il la demande pour autre chose.

Cette crainte du désir, dans la névrose, est bien connue de la plupart d'entre vous. Crainte du désir, par exemple, chez l'obsessionnel :

il est connu que chez celui-ci, la satisfaction, l'accomplissement du désir vont prendre le sens d'une transgression, amenant la crainte de la mort et en particulier de la mort de l'autre. Chez l'hystérique, la subjectivation du désir représente une autre menace, car il y a insuffisance de structuration de l'image du corps et difficulté d'assomption de la différence des sexes, pour ce qu'elle implique d'un franchissement d'une certaine angoisse de castration.

La demande de « guérison » du névrosé est donc ambiguë. Il souhaite plus être mis à l'abri du désir inconscient que d'y avoir accès.

Que se passe-t-il dans la psychose ? Le problème est encore plus complexe, car où est le désir ? Quel est le désir ? Y a-t-il encore désir ? Est-ce le désir de santé mentale ? Le psychotique peut être justement celui qui, ne critiquant pas son délire, demande un certificat de santé mentale ! Le paranoïaque demande ainsi qu'on renforce sa certitude délirante. À l'inverse, le schizophrène se singularise dans son négativisme. *Il ne demande rien.* Il s'exhibe souvent comme question de la possibilité du langage comme communication avec l'autre, car il postule que le « savoir des mots » risque de résumer son être à une chosification. Mais y a-t-il désir ? Le psychotique est-il encore un sujet désirant, c'est-à-dire pouvant s'adresser à un autre ? Toute expérimentation clinique nous montre que, justement, il ne parvient pas à cela.

Le concept de santé mentale est ainsi bien plus difficile à préciser que le concept de santé tout court. Il est certain, en outre, qu'il ne saurait avoir le même sens pour le demandeur et pour le psychiatre. Dès qu'on aborde le champ propre de la psychose, il n'y a plus de communauté de sens possible entre le concept de santé pour le psychiatre et la santé pour le malade. Il y a hiatus, déchirure de ce contrat qui permet, entre sujets, de s'accorder sur un projet commun : la distinction du vrai d'avec le faux ; chacun supportant, en quelque sorte, d'être *apte à l'erreur*. Ceci, le psychotique ne le supporte plus. Il est tout entier attaché, dans le délire, à la restauration d'un statut de lui-même qui doit être *savoir sans faille* pour que l'effondrement du moment fécond de la psychose ne se reproduise plus. Le système de lois, de concepts que le psychotique s'invente ainsi, *ad usum proprium*, est un système *totalitaire et fermé*, dans son aberrance même. Mais l'aberrance n'est que pour l'autre, le psychiatre, qui devient seul dépositaire des lois communes à tous les hommes, au regard de cette singularité de la folie qui s'exhibe et qui défie justement la communication, voire l'entendement. Autrement dit, le savoir délirant – si l'on considère que la psychose est justement un mode de savoir particulier ou plus exactement un système de savoir plus totalitaire et plus exhaustif qu'un autre – est là pour récuser le discours de la science.

C'est le moment d'évoquer un terme que j'ai introduit dans mon argument et qui servira de premier pivot à cet exposé : « *La réalité psychique* » ; le deuxième pivot étant constitué par les termes de sujet et de subjectivation. Rappelons la différence établie par Freud entre la réalité extérieure matérielle – la réalité au sens commun du terme – telle que nous pouvons tous l'entendre intuitivement, et d'autre part, la réalité psychique. Traiter exhaustivement de ce qu'est la réalité psychique, au sens freudien du terme, ce serait reprendre l'œuvre entière de Freud et toute sa conception de l'appareil psychique.

Je voudrais simplement me borner à quelques notations qui peuvent être utiles pour le déroulement de cet exposé et qui seront, probablement, un simple rappel de ce que vous savez déjà. Par réalité psychique, Freud entend définir ce qui, dans le psychisme du sujet, présente une cohérence, une *résistance* comparables à celles de la réalité matérielle. Cette résistance, cette cohérence, justement, on peut les percevoir immédiatement en face d'un délirant : en cette conviction qui résiste en effet à toute argumentation.

Ce que dit Freud de cette réalité psychique, ce qu'il montre, c'est qu'il s'agit essentiellement de la problématique du désir inconscient et du fantasme qui donne la structure imaginaire de ce désir.

En fait, ce n'est pas à partir de la psychose que Freud parle d'abord de la réalité psychique : on trouve cette expression à la fin de *L'Interprétation des rêves* (dans la dernière page même) : « Une fois les désirs inconscients ramenés à leur expression dernière, et la plus vraie, on peut dire que la réalité psychique est une forme d'existence particulière qu'il ne faut pas confondre avec la réalité matérielle. » C'est aussi dans les *Études sur l'hystérie* qu'on voit se dessiner ce que Freud va interroger dans toute son œuvre ; cette réalité psychique, cette *autre scène* qui doit se définir d'une certaine façon que nous allons continuer à rappeler.

Vous le savez, dans les *Études sur l'hystérie*, Freud part de la *théorie du trauma* : en effet, les hystériques qu'il interroge et qu'il écoute lui racontent, en bon nombre, les souvenirs qui, leur revenant, évoquent électivement des scènes de viol, de séduction sexuelle, datant de l'enfance ou de l'adolescence. La première théorie de Freud se réfère donc à l'existence d'un trauma pathogène qui expliquerait la névrose hystérique. Secondairement, Freud renoncera à sa théorie du trauma, pour avoir découvert qu'il ne s'agissait pas là d'événements historiques *réels*, mais bien de fantasmes ; cela posant la question du « capital » fantasmatique commun à toute une série de sujets. Au sujet des fantasmes typiques, renvoyant à ce qu'on peut appeler « les fantasmes originaires », je citerai, en particulier, un travail de Laplanche et Pontalis, paru dans *Les Temps modernes*, qui fait, d'une façon tout à fait remarquable, le point sur la question.

Ce que Freud retrouve, de façon constante, ce sont trois sortes de fantasmes : des fantasmes de scène primitive, des fantasmes de séduction et des fantasmes de castration.

Vous voyez que ces trois sortes de fantasmes interrogent toujours l'*origine* de quelque chose : origine du sujet dans la scène primitive (l'accouplement parental) ; origine de la sexualité comme induite par la séduction ; origine de la différence des sexes, signalée par la possibilité de la castration (comme signe, image et symbole de la différence anatomique entre les sexes). C'est de cette interrogation sur la raison d'être de ces fantasmes que va surgir toute la théorie du complexe d'Œdipe, comme illustrant en quelque sorte l'universalité d'une structure, d'abord dessinable au niveau du *mythe*. C'est toujours à travers une fantasmagorie de viol par le père, par exemple, que s'inscrit la question de l'hystérique pour mieux justifier ses défenses. Donc, à partir de cette question (événement traumatique ou configuration imaginaire qui finalement est une structure signifiante), s'édifie la question de l'organisation même de l'appareil psychique. Ça va amener d'une part – c'était déjà commencé – la théorie des formations de l'inconscient, et par ailleurs, la métapsychologie, avec l'étude des pulsions, l'étude des stades pulsionnels, etc. Si je rappelle tout cela, c'est parce que justement, c'est la *réalité psychique* qui apparaît finalement comme l'objet de cette métapsychologie. La réalité psychique est toujours signalée par Freud comme fermée au monde extérieur. Le choix de la comparaison de l'amibe en rend bien compte : « Supposons, écrit Freud (en substance), que cet organisme élémentaire soit soumis à une excitation extérieure et à une excitation intérieure – l'excitation extérieure étant, par exemple, le trauma, et l'excitation intérieure étant l'équivalent de ce que sera chez l'homme une pulsion. Si le mouvement de fuite supprime l'excitation, c'est que l'excitation ne venait pas de l'intérieur ; en revanche, si la fuite ne supprime pas l'excitation, c'est que celle-ci vient de l'intérieur. Autrement dit, la différenciation entre l'extérieur et l'intérieur ne se fait que par le test de la fuite, comme possibilité de faire ou non cesser l'excitation. »

Voilà donc Freud en train d'essayer de construire cet appareil dont il dessine petit à petit la structure en plusieurs modèles (économique, topique, dynamique) pour une théorie de l'inconscient et des pulsions. Cet appareil psychique n'a qu'un rapport *médiat* à la réalité extérieure. La réalité psychique, comme système clos, est renvoyée au monde extérieur par la médiation, bien sûr, de la perception, mais en fait *représentation.*

Je ne vais pas vous développer tout ce que dit Freud, par exemple, de la relation de l'enfant à l'objet, du premier contre-investissement (fondant le refoulement primaire à partir de la formation substitutive), puis du refoulement secondaire. Ce qui est à souligner, par exemple, c'est que lorsqu'il parle de pulsion, il ne parle pas du tout d'un instinct qui trouverait son objet *adéquat* dans la réalité extérieure, selon le mode animal, mais bien d'un mouvement qui ne peut se saisir qu'à partir de la notion de « représentant-représentatif » ; élément qui sera justement la forme de représentation, à *l'intérieur* de la réalité psychique, donc sur une autre scène, de ce qui est à atteindre dans la réalité extérieure, sans qu'il y ait communication directe ou adéquation de ce monde de la réalité psychique d'un côté, avec ce qu'on appelle la réalité tout court de l'autre.

Il est évident que je ne vous donne là qu'un rappel extrêmement sommaire et incomplet. Avons-nous progressé depuis les formulations fondamentales de Freud ? Vous n'ignorez pas l'importance que prend actuellement le courant dit structuraliste, et plus particulièrement le courant structuraliste en analyse, sous l'impulsion première de Jacques Lacan. Lacan a tenté d'appliquer à la psychanalyse la démarche structuraliste, laquelle du côté de la linguistique, du côté de l'ethnologie et d'autres sciences, était déjà mouvement, lui-même occasionné par la découverte freudienne – car l'œuvre de Freud était structuraliste avant la lettre. Toute une partie de l'œuvre de Freud, surtout la dernière, montre en quelque sorte un structuralisme freudien qui ne dit pas son nom, pour autant que le vocabulaire et les concepts utilisés par Freud n'étaient pas encore susceptibles de dégager ce qu'après coup les structuralistes ont pu formaliser.

Nous avons donc à aborder cette question du structuralisme en psychanalyse. Cela amènera à réinterroger autrement le terme de réalité en repassant par les travaux sur le langage. On a pu montrer en effet que la Science des rêves (comme on l'appelle en français), la *Traumdeutung*, et la théorie freudienne de l'Inconscient étaient construites comme une théorie linguistique avant l'heure, c'est-à-dire pouvaient parfaitement se recouper avec ce qui s'est fondé comme linguistique moderne à partir de l'œuvre de Ferdinand de Saussure. Là encore, des notations partielles, bien sûr. Ce qui est à souligner, par rapport à ce que j'évoquais de l'influence du monde extérieur comme inducteur, en me référant d'abord au trauma, c'est que ce qui vient en effet de l'extérieur, c'est bien le *langage*.

L'enfant qui naît est « parachuté » dans un bain de langage pour être exposé à ce qui, du langage, va le structurer.

Toute étude du langage doit commencer par une distinction entre le signifiant et le signifié. Au plus simple, je dis le mot « mer » ; vous ne savez pas si je l'écris MER, MÈRE, MAIRE, etc. L'ensemble des phonèmes qui constituent le monème [mer] constitue un signifiant. Le mot mer (MÈRE), le mot maire (MAIRE) sont-ils des signifiés ?

En fait, dans la démarche structuraliste lacanienne, on en arrive à parler fort peu du signifié, car le signifié serait un « point terminus », un point de suture « cousant » le *fait de sens* à l'effet de sens. Ce dernier ne peut renvoyer un signifiant qu'à un autre signifiant, pour le maintien d'une ouverture à l'impact de véridicité virtuelle du savoir. Donc système jamais stabilisé ni clôturé par le signifié.

Voici sur cette table un signifiant, et j'appelle cela « bouteille ». Dans une première démarche, j'inscrirai le dessin d'une bouteille en haut et le mot bouteille en dessous, et je proposerai signifiant et signifié avec un trait de fraction entre les deux termes. Cela peut s'arrêter là... Or, si tout signifiant renvoie à un autre signifiant, quand je dis « mer » comme matériel sonore, le signifiant ne renvoie encore à aucune signification particulière et *différentielle*. Mais dès que je dis mer, en précisant M È R E, il est évident que ce mot ne se suffit pas à lui-même (il faut penser à : mère de qui ; bonne mère ou mauvaise mère ; femme du père ; ou fille-mère ; etc.). En isolant le concept de mère, je l'articule forcément à d'autres concepts, pour qu'il ait un sens dans une phrase ; ce qui fait que ce mot mère (qui signifie par exemple qu'il s'agit d'une maman) devient lui-même signifiant de quelque chose qui va renvoyer à d'autres significations, lesquelles sont portées par des signifiants (inscrits, par exemple, dans une phrase avec une syntaxe). *Que le signifiant renvoie toujours à un autre signifiant*, s'en déduit que l'ensemble du langage est constitué comme une chaîne, *ouverte*, de signifiants.

C'est de cela dont on doit partir si l'on veut rapidement évoquer ce qu'il en est actuellement d'une théorie qui a des conséquences extrêmement importantes, tant en psychanalyse qu'en psychiatrie, qu'en sciences humaines ou qu'en science tout court : la théorie du sujet structural, du sujet et de la subjectivation.

Je vais vous dire où l'on peut en arriver – je donne déjà le mot de la fin : à renverser une proposition philosophique classique. On part, en général, du *sujet de la connaissance* pour dire que ce sujet est la *cause* et que ce qui se structure est *l'effet*. Dans une perspective de néo-freudisme structuraliste, il s'agit de renverser cela, et de montrer que c'est la structure qui cause le sujet et non pas le sujet qui cause la structure (entendez ici la structure signifiante).

Essayons de serrer de près ce dont il s'agit. Si nous prenons le petit enfant comme exemple, nous allons pouvoir constater, à titre d'observateur, que l'enfant ne se contente pas d'apprendre les mots pour *nommer* les choses, c'est-à-dire pour trouver un instrument de négociation plus pratique, plus efficace pour obtenir son biberon, ou tout autre chose. Il est référé au langage de telle sorte qu'il se sent, parce qu'on lui parle, *concerné* par ce langage et *provoqué* à s'en rendre maître lui-même. L'enfant entend initialement une langue, le français par exemple, comme moi j'entends le basque ; en tant que je ne le comprends pas si je suis privé d'interprète bilingue, de lexique ou tout simplement d'interlocuteur visant à me transmettre le sens de sa langue, je pourrai sélectionner un certain nombre de séquences sonores, plus ou moins arbitrairement.

Prenons un exemple : un enfant entend grand-père dire : « J'ai des rhumatismes, les ans en sont la cause. » Il entend ça plusieurs fois : « Tu souffres grand-père ? » « Oui, les ans en sont la cause »... Il en déduit que les « zanzans » sont des bêtes malfaisantes qui font du mal au grand-père. Six mois plus tard, il fait une phobie, et dit à sa mère qui l'interroge sur ce qui lui fait peur : « C'est les Zanzans ! »

Voilà donc comment l'enfant accède au signifiant, en toute naïveté poétique. Il en joue à son insu, mais il apprend aussi à en jouer volontairement. Et il est tout à fait exemplaire de voir un enfant « blaguer », c'est-à-dire énoncer par exemple : « Le chat fait ouah ouah, et le chien fait miaou-miaou » ! pour voir, sur sa mère, l'effet que ça va faire : « Mais non, pas du tout ! » lui répond-on, et il rit ; il s'est bien amusé, il a montré en quelque sorte que, quelle que soit la souhaitable adéquation des mots et des choses, lui-même en reste, en quelque sorte, indépendant.

Cet exemple simple peut servir à pointer quelque chose de fondamental quant à la théorie structuraliste du sujet. Qu'un chien soit ludiquement un miaou, sans cesser d'être ce qu'il est, constitue une démonstration qui peut s'appliquer à l'identité du *sujet de l'énonciation*, en l'occurrence notre indépendant de petit garçon. Lui-même n'est pas ainsi irréversiblement épinglé par les signifiants qui le représentent pour sa mère. Il n'est pas *identique* au mot qui le nomme ou qui le définit ; il peut se désolidariser et, en même temps, se rendre maître du langage, en jouant avec les mots, en montrant son pouvoir sur les mots, donc en devenant lui-même un poète. C'est de ce côté-là, et je n'en donne là qu'un petit aperçu, qu'on peut voir se profiler ce qui est justement la théorie de la subjectivation. C'est un problème de la plus haute importance pour ceux qui, dans une certaine avancée post-freudienne, essaient de rendre compte du phénomène de la psychose.

Ce problème de l'identité, prenons-le à partir d'un exemple tout personnel : « Qui suis-je ? » – « Perrier. » C'est, en effet, mon nom propre, mais c'est aussi le signifiant d'une bouteille d'eau minérale. À supposer que je puisse énumérer tous les discours qui peuvent me concerner et contribuer à la fondation de mon identité de sujet singulier – fils de mes géniteurs, vertébré, docteur en médecine, porteur de lunettes, né à telle date, mari de ma femme, etc. – toutes ces définitions concourront à me repérer. Elles seront peut-être irrécusables, mais toujours partielles et *asymptotiques à l'axe de l'Être*. Aucune définition ne me résumera en tant que sujet. Si je dis : « Je pense, donc je suis », je serai en effet dans l'assertion, mais *ailleurs aussi* dans l'acte de l'énonciation. Dans la diachronie, dans la durée même de la phrase, serai-je dans le je pense au moment où je le suis, ou serai-je dans le je suis au moment où je le pense ? De toute façon, quels que soient les signifiants plus ou moins privilégiés qui cherchent à m'épingler, à me river, comme des *points de capiton*, pour faire que je sois identique à ma définition, je suis aussi comme *non identique*... Je suis, en tant que point dans le sens de ponctuation, le lieu de recoupement de toutes ces chaînes de langage qui me définissent ; ce qui fait qu'aucune ne me définit. Sujet de l'énonciation, je ne peux donner de moi qu'une définition négative. Étant au point de recoupement de tous les signifiants, je suis, en fait, l'indice d'un *signifiant manquant*, et manquant radicalement, manquant justement pour que la chaîne signifiante fonctionne.

Le sujet, dans cette ligne de recherche, reste ainsi « barré », c'est-à-dire toujours comparable à un point virtuel, à un point zéro. Voilà, en bref, ce qui peut articuler la théorie des structures signifiantes et la théorie du sujet.

Parlons du signifiant manquant. Je vous donne un exemple : est-ce que vous savez jouer au solitaire ? C'est un jeu qui inscrit dans un hexagone des petits trous avec des chevilles bouche-trous. Pour pouvoir jouer à ce jeu, c'est-à-dire pour pouvoir éliminer une cheville par une autre – par saute-mouton, comme on fait au jeu de dames – aux fins de débarrasser le plan du plus grand nombre possible de ces chevilles, il faut d'abord *qu'il en manque une*. Si c'est complet, ça ne peut pas fonctionner.

J'ai moi-même essayé de soutenir, à partir d'exemples cliniques, que la psychose, c'était l'impossible jeu du solitaire, l'impossible « je » du fou. Si la subjectivité du psychotique n'est pas le signifiant manquant mais la cheville ouvrière qui bouche le premier trou, nécessaire à la mise en marche de l'opération, rien ne peut fonctionner.

Quelque chose de l'identité manque chez le psychotique, pour autant qu'il lui manque un manque : ce trou non occupé qui permettrait au système de démarrer est, métaphoriquement, ce qui fonde quelqu'un à se sentir *dans la permanence de lui-même* comme indépendant envers quelque signifiant que ce soit.

Ceci ne peut être bien compris que si l'on considère que le signifiant, c'est *l'autre* qui en est dépositaire. Il est évident que, lorsque je parle, je parle à d'autres, et que ma phrase elle-même se définit de telle sorte qu'elle n'a de sens que si elle s'adresse à quelqu'un qui peut lui-même me renvoyer le sens de ce que j'ai dit, en se posant lui-même comme sujet, et en me faisant *autre*. C'est donc à travers *les lois de l'interlocution* qu'on peut évidemment étudier le langage, pour autant qu'il n'existerait pas sans interlocution et sans autre. Donc cette question de la structure signifiante nous amène à la problématique, non seulement du sujet et de la fondation de l'identité du sujet au niveau structural, mais à la *relation du sujet avec l'autre*.

Pour aborder la question de l'autre, et de l'altérité, nous allons prendre appui sur la structure œdipienne : primitivement, pour l'enfant, la mère est le personnage tout-puissant, omnipotent, etc., c'est l'autre à partir du sein, comme source de satisfaction sans médiation symbolique. Ainsi s'inscrit la phase orale du développement de l'enfant. Le surgissement du complexe d'Œdipe est lié à l'intrusion, l'intervention d'un tiers qui vient relativiser la position de la mère et qui vient relativiser la position de l'enfant : parution, dans le monde de l'enfant, de l'instance paternelle. L'enfant pouvait se prendre pour le centre du monde-de-la-mère ; dès qu'on compte jusqu'à trois, ça n'est plus possible. La mère est privée de sa toute-puissance, l'enfant est excentré de son univers narcissique premier, et le langage lui-même, ou la parole, est relativisé. Car le sens qu'a tel mot dans la bouche de sa maman, n'étant pas entendu par papa de la même façon, on peut dire que le sens est recoupé par une éventuelle façon autre de l'entendre ou de le dire. Quand l'enfant est appelé par son nom et par sa mère, dès qu'un autre personnage surgit pour l'appeler à son tour, s'inscrit virtuellement pour lui la question d'une double filiation – et non pas d'une filiation parthénogénétique. « Je suis le fils de mes parents », ça veut à la fois dire : « Je suis le fils de ma mère et je suis le fils de mon père » ; je procède de deux désirs, je procède de deux filiations et aucune de ces filiations ne peut me résumer. C'est toujours le même schéma, quelles que soient les métaphores utilisées. L'enfant est pris dans des chaînes, des réseaux de langage, des structures signifiantes qui, petit à petit, l'amènent d'une part à assumer lui-même une fonction de parole, et d'autre part à se situer par rapport à cet ensemble des significations pour ne se déduire que comme indépendant envers toute signification donnée.

Se déduire… En fait, il n'est pas mathématicien ni philosophe, et tout en cherchant à se *déduire*, il a tout autant envie de *se trouver*. Mais ça, c'est un autre niveau d'identification qui est l'*identification* narcissique. Elle concerne le mouvement d'adhésion à un processus de globalisation, de totalisation de soi dans les images qui sont matrices du « moi », comme structuré imaginaire, et leurre érotisable. L'enfant se cherche et se trouve comme étant bien lui dans le miroir. Il a donc ainsi tendance à s'*unifier* et à se *re-connaître*.

Ce que je viens de dire, d'une part de cette identification structurée par la signifiance du langage en ses recoupements, et d'autre part de la tendance de l'enfant à investir un imaginaire (qui lui permet de se reconnaître ou de reconnaître les autres dans la représentation de lui et dans la représentation de ses objets d'amour ou de haine), définit trop sommairement l'articulation entre deux registres qu'on retrouvera constamment en *concurrence* : le registre de la symbolisation du sujet par la structure signifiante, et d'autre part le registre de l'imaginaire qui sera, en même temps, le plan de la libido narcissique du moi.

Ceci est intéressant par rapport à ce concept de réalité psychique dont je vous parlais précédemment, et pour une différenciation, désormais, entre la *réalité* et le *réel*. C'est important au point de vue clinique, car cette précision conceptuelle peut aider à mieux rendre compte de ce qu'est une psychose.

Je disais, ce sujet comme manque, comme zéro, comme point virtuel ou comme lieu de recoupement, est lui-même celui qui *produit*, qui a des productions imaginaires. Il se fonde un imaginaire qui va venir en quelque sorte, comme leurre du désir, colmater toutes les brèches que le manque de signifiant dernier vient ouvrir, pour donner au sujet – comme une projection d'abord hallucinatoire puis articulée avec la réalité extérieure – représentation de ce qu'il peut désirer, c'est-à-dire structure fantasmatique.

Vous voyez là que le réel de l'objet n'est pas atteint. Cette bouteille est ici sans doute une bouteille dans la réalité (pour autant que nous pouvons recouper notre expérience à chacun en touchant cette bouteille ou en buvant). Mais qu'est-ce que le réel de cette bouteille ? Je vois cette bouteille, je la connais en tant que je la *re*connais (comme ayant déjà vu une bouteille, sachant déjà ce que c'est que de l'eau, ayant déjà vu le mot Vittel, etc., plus toutes les associations d'idées que je pourrais faire encore). Autrement dit, le réel à l'état pur de cette bouteille, *le réel comme « non-sens »* est impossible pour moi : je ne peux pas voir un objet sans immédiatement lui conférer une signification possible. Prenez un sauvage, à qui on parachute une bicyclette en pièces détachées alors qu'il n'en a jamais vu, il est certain que sa première tentative sera d'imputer ce parachutage aux dieux de sa tribu, d'inventer un « fonctionnement poétique » qui permettra d'en faire l'équivalent d'un moulin à café ou ce que vous voudrez d'autre. Ce que le sauvage ne supporterait pas, c'est la totale absence de sens de la chose.

C'est en fait ce qui explique *le problème de l'angoisse.* Supposez que débarque, tout à l'heure sur notre bonne Terre, un martien. Dans l'instant où nous sommes ici, le martien est concevable mais hors toute représentation. Ne ressemblant encore à quoi que ce soit de comparable à un objet connu, il reste à inventer. C'est ce à quoi s'emploie la science-fiction avec plus ou moins de talent imaginatif. Si je veux inventer pour vous ce martien, je vais être obligé de construire un inconnu avec les matériaux dont je dispose, c'est-à-dire des mots et des images déjà connus.

Quel que soit le cocktail nouveau que je chercherai à créer pour provoquer un effet d'étrangeté et de jamais vu (lui donner par exemple trois yeux, deux cornes, six bras, etc.), je mettrai des significations sur ce réel supposé pour en rendre compte. Le réel totalement inconcevable de ce martien, je suis obligé de le négocier avec des concepts, et de l'anthropomorphiser, en quelque sorte. C'est en tant que l'homme ne peut échapper à l'opération signifiante qu'il y a, pour lui, *impossibilité du réel.*

L'approche du réel, sinon son atteinte, c'est *l'angoisse* qui en rend compte.

Supposons maintenant en effet que le martien a débarqué. Je me sens *vu* car il n'a pas d'œil. Je ne sais donc pas de quoi j'ai l'air pour lui ; je ne sais pas, autrement dit, si je suis ou non inscrit au menu ou inscriptible au menu de son éventuel appétit. Je me sens donc concerné par un *désir totalement inconnu* et inarticulable pour moi ; et je deviens moi-même, non pas sujet que je suis, mais bien objet défini par cet autre, et éventuellement objet de consommation.

Je ne sais pas.

À ce moment-là surgit l'angoisse, c'est-à-dire ce processus qui me fait objet réel comme autre inconnu.

C'est de cette situation exemplaire et impossible qu'il faut partir pour comprendre la fonction structurante de la phobie et la fonction de restauration défensive du délire.

La phobie surgit chez l'enfant lorsqu'il accède à la triangulation œdipienne : c'est-à-dire lorsque surgit pour lui la fonction du tiers, au regard de la relation mère-enfant qui jusque-là structurait son monde. Si la loi et le désir du père sont suffisamment repérables pour l'enfant, parce que assumés par l'homme, l'enfant a simplement peur de son papa et accède ainsi à la problématique de la différence des sexes, fantasmée d'abord sur le mode de la menace de castration. Mais si le père est absent, insuffisant ou en carence à sa fonction, le tiers comme instance symbolique n'est plus repérable. Pour colmater cette brèche qui ouvre son monde narcissique à une dimension inconnue, l'enfant va mobiliser son imaginaire et son langage, pour que l'inconnu puisse être réduit au connaissable. Pour ne pas être l'objet réel du désir d'un autre totalement inconnu, le petit garçon substituera à l'inimaginable et à l'innommable *l'objet photogène.* La tierce dimension du désir inconnu se déplacera – et se réduira, pour le petit Hans, sur le cheval qui pourrait le mordre. Un autre enfant mettra un voleur sous son lit ou situera un fantôme derrière les volets de sa chambre. Cette interrogation sur l'être, au regard d'un désir inconnu, qui est moment structurant de l'Œdipe, pourra ainsi se négocier avec des valeurs langagières déjà en circulation ; et du coup, les stratégies défensives de la fuite et de l'évitement pourront être instaurées.

Le psychotique est peut-être celui qui n'arrive pas, ou qui n'est pas parvenu dans sa phase œdipienne, à structurer une phobie. Il apparaît donc comme autrement vulnérable à l'angoisse primaire. Pour des raisons variables, la dimension même du désir n'a pu être symbolisée ou symbolisable. En quelque sorte, le psychotique est celui qui s'est trouvé, à un moment crucial, plus menacé par le réel que le névrosé. C'est pourquoi, à la place de l'horreur d'une béance qui connote le réel insymbolisable et qui fait éclater le moi narcissique, celui qui a vécu le moment fécond de la psychose en vient à construire un délire.

Ce délire s'organise, en sa fonction, comme un savoir systématique et totalitaire sur l'être du sujet. Le schizophrène est en quelque sorte persécuté par le langage ; le paranoïaque se fait persécuter par le structuré imaginaire du « qu'en dira-t-on ? ».

Phobie ou délire, il est moins angoissant de connaître une menace que d'en ignorer la nature.

Si nous avons pris du temps pour confronter syndrome psychotique et symptôme névrotique, au regard du processus de subjectivation, c'est pour mieux situer maintenant la problématique du psychiatre et la problématique de l'analyste par rapport au statut scientifique de leur savoir. Nous abordons là l'extrême des conséquences de la découverte freudienne, une fois qu'il peut s'en déduire une théorie structurale du sujet qui révolutionne à la fois la science et la philosophie. Il serait souhaitable que soit aussi révolutionnée la relation de l'homme à ce qui l'interroge d'une « clinique de la psyché ».

Notons ici un paradoxe : épurer une science de ce qu'elle doit à l'approximation, au disparate et au discontinu empirique des discours sur le savoir, c'est la rapprocher toujours plus d'une écriture, d'une formalisation, d'une axiomatisation. Dans cette perspective, la démarche tend à *réduire* les sujets des discours sur le savoir à l'impact d'une ponctualité. Le réel de la Science est lié à *l'abolition des sujets désirants*. On peut donc dire que toute science, et toute épistémologie des sciences, tend à exclure le désir du champ qui lui est propre, pour mieux déterminer son objet.

Il s'ensuit pour la psychanalyse une double vocation contradictoire : d'une part, fournir aux sciences une démarche épistémologique nouvelle qui ferait, à la limite de la psychanalyse, la science de la science ; d'autre part, ne pouvoir s'identifier elle-même à cette démarche scientifique sans récuser son propre objet, puisque cet objet c'est le désir inconscient du sujet.

On retrouve la preuve de cette constante et permanente contradiction dans la concurrence qui persiste entre la théorisation psychanalytique et l'empirique de sa pratique. D'un côté, la psychanalyse peut tendre à une écriture désubjectivée, dont la rigueur logique donnerait à la découverte freudienne ses lettres de noblesse au royaume de la science. Mais d'autre part, la psychanalyse est mise en acte méthodologique d'un processus relationnel qui tend à *réinventer chaque fois*, toujours singulièrement, la découverte freudienne, entre deux sujets qui cherchent à la « retrouver » pour la résolution d'une organisation conflictuelle et névrotique.

La tentation de la psychanalyse, en ses tenants, c'est de se prétendre une science, alors que l'objet même de la démarche freudienne en son champ propre, c'est justement le désir et le sujet, c'est-à-dire ce que tend à exclure toute démarche scientifique, aux fins de se plus rigoureusement scientifiser.

Une psychanalyse n'est pas réductible à une pratique appliquant, en une technique, un savoir fixe et stabilisé, déjà programmé pour la combinatoire des réponses possibles d'un ordinateur aux questions qui l'induisent à fonctionner. La psychanalyse, comme praxis, est mise en acte d'une théorie qui se réinvente chaque fois, sans possibilité de recours aux critères de répétition et de comparaison qui sont propres à l'expérience scientifique, et selon la loi d'une *autre répétition* qui est celle qu'instaure un sujet analyste, en proposant à un autre sujet les règles méthodologiques de l'analyse.

C'est là une situation unique en son genre, dans l'histoire des sciences conjecturales de l'homme. Il n'y a pas un sujet et un objet en son champ propre, il y a deux sujets ; c'est-à-dire deux réalités psychiques se soumettant l'une envers l'autre une série de règles pour une re-spécification singulière des concepts d'un savoir métaphorique toujours caduc. Il y a toujours, en psychanalyse, multiplicité des modèles et des grilles de décodage et de déchiffrage. Il y a, en psychanalyse, deux savoirs toujours mis en question pour la vérité d'un seul, à partir du contrat noué entre deux sujets, asymétriquement liés par les règles opératoires qu'ils se sont données comme prise en considération des concepts et hypothèses de la découverte freudienne.

Que la psychanalyse n'existe qu'en tant qu'elle se crée, une fois qu'elle survient entre deux sujets qui n'en récusent pas la possibilité, parce qu'ils en respectent les propositions et les hypothèses de départ (celles de Freud), cela donne lieu, en quelque sorte, à une subversion de la discipline clinique, à partir de sa tradition même.

J'ai déjà développé ce thème dans un article, « Sur la clinique, le transfert et le temps » : je ne m'étendrai donc pas. Ce rappel a simplement, ce soir, comme fonction, d'introduire une question : « Qu'en déduire pour la psychiatrie ? »

La situation pour la psychiatrie est plus difficilement définissable que celle de toute autre discipline. Et ce en un temps où le freudisme, pour n'être plus récusable, apparaît comme toujours exporté ou exportable dans d'autres champs que le sien propre. En situant la psychanalyse par rapport aux sciences, nous avons implicitement dénoncé l'extrapolation de la découverte freudienne dans des départements où elle ne trouve pas les *conditions de son effectivité*. La psychanalyse n'est pas situable dans le même registre que celui où parlent le savoir et les discours sur la psychanalyse.

La psychiatrie est et sera sans doute toujours « entre deux chaises », sans choix possible. Elle se situe entre la médecine qui cherche à guérir et la psychanalyse qui cherche à entendre. Mais entre ces deux éventualités, la question même de la maladie et de la guérison se dérobe toujours pour le psychiatre, en ses références, ses modèles et ses critères, traditionnellement établis à partir de la concurrence entre la médecine et la « gnose »[1].

Pour reprendre des notations qui viennent en partie de Lacan, on peut dire que si la guérison est *restitutio ad integrum*, l'idéologie sous-jacente à cette formule est inapplicable à la discipline psychiatrique. Si l'on s'accorde sur l'hypothèse qu'en psychiatrie, la question n'est pas de *réparer* mais de *promouvoir* – et ce parce qu'il s'agit de la problématique du sujet désirant en son identité et son économie libidinale – on peut en venir à énoncer que toute « guérison », au sens médical du terme, serait l'homologue d'une régression, pour des fixations sur des positions de repli.

De ce fait, si le psychiatre a, d'une certaine façon, à être médecin – parce qu'il y a des maladies organiques qui ont un retentissement psychique – il n'empêche qu'il est sollicité, en tant que psychiatre, pour étudier non pas la maladie organique, mais bien les retentissements de l'hypothétique maladie sur l'économie subjective du sujet dans sa relation à l'autre et au monde.

La psychiatrie est donc fondamentalement liée au savoir médical, mais en tant qu'elle doit en tenir compte pour en déduire son objet propre. Car elle inverse d'une certaine façon les modes de lecture de la clinique, en remettant en question leur visée, conçue dans une idéologie médicale.

En *médecine*, le sujet malade est invoqué en son langage comme adjoint d'une démarche clinique qui interroge la biologie en sa réalité. Ce langage du malade est bien sûr à traduire, car il est métaphore d'une souffrance organique possible qui vient, en paroles, dans des témoignages naïfs sur l'image que l'homme se fait de son propre corps et du fonctionnement d'icelui.

En *psychiatrie*, c'est le savoir ou l'hypothèse biologiques qui sont invoqués comme référence, comme adjoint d'une démarche clinique,

1. « Sur la clinique, le transfert et le temps », in *L'Inconscient* n° 6, Paris, P.U.F., 1968, *infra*, p. 205.

laquelle interroge en fait des positions subjectives, en leur langage et leur vérité virtuelle. Un psychiatre doit savoir faire un examen neurologique, pour se garder de ce qui est en lui aptitude à l'interprétation psychologisante, masquant l'ouverture sur un diagnostic de processus organique. Il doit donc être médecin pour savoir ne plus l'être, au-delà de la discipline du diagnostic différentiel.

Le différentiel du diagnostic, en ce champ psychiatrique, est sans doute à référer au principe même de toute exploration clinique : mais il touche autrement le psychiatre que la clinique médicale ne touche le médecin ; et ce, pour autant que la concurrence qui s'établit ici n'est pas celle jouant entre deux départements possibles d'une nosographie à repérer, mais concurrence entre la problématique du soma par rapport à la problématique de la psyché.

En notre temps – qu'il soit de révolutionnisme ou de réformisme – la psychiatrie est interrogée, questionnée, ou mieux, mise à la question, plus que toute autre discipline qui concerne ce qu'on appelle les sciences humaines. Ceci parce que c'est en son champ propre qu'affluent et convergent à la fois les questions de vie ou de mort dont le médecin est le répondant ; mais aussi les questions de savoir et de vérité qui concernent le destin de tout sujet désirant, en sa référence à son économie libidinale et aux structures de l'inconscient.

Dans les années actuelles, la psychiatrie en devenir se garde de l'infiniment complexe de la question qui se pose à elle, en se réfugiant habituellement dans l'éclectisme. À partir de quoi, elle ne trouve évidemment pas son statut.

Est-ce le psychiatre ou la psychiatrie qui doit prendre parti ?

La psychiatrie n'est évidemment que le champ où se déposent, en des strates régulières, bouleversées ou bouleversantes, certains des savoirs sur l'homme, et ce par rapport à ses idéaux et aux divers mythes de la démarche anthropologique.

Le psychiatre, lui, se voit constamment poser la question d'une prise de parti qui ne concerne pas seulement son savoir, mais bien plus, et plus secrètement, ses positions subjectives et son rapport à la vérité et… à l'Autre. Nous n'en sommes plus tout à fait au temps où l'aliéniste s'aliénait dans l'univers concentrationnaire de la folie pour mieux se garder de la question que lui posait sa propre fonction. Tous les mois de mai ne sont pas saison fertile pour les semailles humanistes ; mais chaque mois de mai réel ou virtuel bouscule le psychiatre dans sa propre discipline. « Tronc commun ou filière unique »… La question n'est pas là, ou si elle est là, c'est en tant que métaphore dangereuse pour « l'entre-deux-chaises » structural de la position du psychiatre.

Disons que, quant à nous, parce que nous n'évitons pas de prendre parti, la psychiatrie dessine son champ propre à partir d'un projet de repérage et de déchiffrage des modes singuliers de subjectivation ou de désubjectivation d'un *autre*.

Les structures de subjectivation, appréhendées à partir des sémiologies de l'interlocution et de l'observation clinique, réfèrent le praticien :

– d'une part aux processus de la neurobiologie, normale et pathologique ;

– d'autre part à tous les déterminismes socioculturels, historiques, génétiques, relationnels, pulsionnels, etc., conscients et inconscients qui, conditionnant l'homme, peuvent tout autant le perturber ou l'aliéner en son devenir.

La discipline psychiatrique implique donc une double ouverture parce que :

– elle procède de la fonction médicale chaque fois qu'il est justifié d'opposer à des agressions réelles – internes ou externes à un organisme ou à une organisation subjective – une action : thérapeutique, adjuvante ou prophylactique ;

– elle se fonde comme entreprise critique, dialectique et conjecturale, chaque fois qu'il est justifié de provoquer un sujet en sa liberté et sa vérité virtuelles, par-delà les bénéfices, conscients ou inconscients, de son statut de dépendance ou d'aliénation.

La praxis psychiatrique est donc balancement constant et exigible entre soigner et provoquer.

À partir de la prise de parti qui est nôtre, nous voyons s'organiser un triple tiraillement : le psychiatre référé à la médecine, à la psychiatrie comme telle, et à la psychanalyse comme subversion virtuelle de toute science établie et définitivement inscriptible.

Prenons le problème que pose le psychiatre qui est, en même temps, psychanalyste. Fonctionne-t-il de la même façon, d'une situation à l'autre ?

La question n'est pas ici de l'aptitude à la fonction diagnostique, pas plus que du problème des indications thérapeutiques. Ce que nous voulons pointer, c'est le problème implicite, méconnu ou assumé, qui se pose au psychiatre, une fois qu'une demande clinique l'interroge dans ses positions subjectives, et dans le rapport que ces positions subjectives entretiennent avec l'institution, la fonction, le savoir, la science, la vérité, l'autre, et le narcissisme du sujet psychiatre.

Dans cette perspective, il est tout autant question de savoir ne pas faire de psychanalyse que de savoir instaurer au bon moment une relation analytique. Comment mettre en question, non pas le traitement, mais l'idéologie qui sous-tend son application, ou sa non-application ?

Le plus difficile de l'alternative qui se pose constamment au psychiatre-psychanalyste pourrait s'exprimer en cette interrogation : thérapie ou analyse ?

Quelle que soit la réponse, dans les deux cas, il s'agit d'une certaine façon (et c'est là le paradoxe propre au psychiatre) de respecter l'altérité de l'autre, comme sujet, alors que cet autre – s'il est psychotique – est celui qui n'a pas ou plus accès à la concurrence entre la subjectivation, le désir et le sentiment (narcissique) de soi.

La demande qui est ainsi adressée au psychiatre est celle qui le concerne comme partie prenante de l'impossible question *d'un sujet qui se dénie comme tel*, faute de pouvoir s'assumer dans le registre du désir. Le psychiatre a à se supporter de n'être pas sujet de la connaissance et dépositaire de la vérité du savoir pour l'autre. Au regard du savoir de la science et de l'institution, comment peut-il rester un *autre*, lui-même, comme excentré par son inconscient et assujetti à la structure signifiante dont il interroge en son patient les singularités, à partir de sa propre réalité psychique ?

Comment, pour le psychiatre, choisir entre la position du sujet et celle du fonctionnaire : au regard du principe d'un « non-identique à soi » (manque à être et manque à avoir) qui le laisse ouvert, vulnérable, réceptif à la dimension du désir, comme *encore* inconnaissable ?

Savoir freudien et praxis analytique…, nous retrouvons là notre intitulé initial. Il ne s'en déduit, pour le psychiatre, que des points d'interrogation qui le laissent tiraillé entre sa fonction médico-sociale (en notre organisation culturelle) et sa *vocation* soutenue comme présence à l'appel de la parole encore indéchiffrée de l'autre, en sa vérité censurée ou forclose…

Pourquoi ne pas nous renvoyer disciplinairement, et en boomerang, l'inscriptible du point d'interrogation comme trace et dessin, du non-sens ?

Soutenir « le-pas-de-sens », comme *pas* sur le chemin de l'impossible vérité de l'Autre, n'est-ce pas la devise du psychiatre comme tel une fois qu'il ne s'identifie ni à son désir ni à son destin ?

Ruer des quatre « *ver* »
ou
Les fonctions de méconnaissance du sujet

Est-il plus facile de psychanalyser les morts que les vivants, ou les vivants que les morts ? La psychanalyse elle-même est-elle une *praxis* faite pour l'autre de tout *hic et nunc* ? Ou bien est-elle mise à jour d'un texte qu'on saura découvrir dans l'ingéniosité d'une recherche pour l'édification d'une science qui se cherche elle-même à travers le sujet qui en parle ?

Dans la question que j'amène ainsi se retrouve peut-être le problème des saigneurs, des saignants et des saignées de l'enseignement, tel qu'il se présentifie aujourd'hui après ce qu'on appelle les événements de 1968.

L'enseignant a-t-il fonction de faire saigner ou d'être hémostatique ? La question est mal posée, car elle évoque l'action de celui qui enseigne, comme prise en elle-même dans sa visée, sa fonction et sa manière de faire, sans la confronter à ce qui peut la susciter, la fomenter ou la justifier : je parle de la demande de celui qui veut recevoir un enseignement soit en son nom soit au nom d'une tradition, d'une culture, d'un devoir, d'un surmoi familial ou d'un besoin.

Opposons, si vous le voulez, deux phrases : « Je veux savoir » et « Il ne veut rien en savoir ».

Ce n'est pas sans intention que l'une est à la première personne et l'autre à la troisième personne. En effet, non seulement le « Je veux savoir » est le désir de tout homme, mais il vient également comme une demande et plus encore comme une revendication. Nous pourrions dès à présent faire la différence entre demande, désir et revendication. La revendication, pour partir d'elle, est cette forme d'exigence qui s'invente des réponses répressives pour en déduire le désir qu'elle ne peut assumer directement. La demande suggère une réponse, le désir une absence de réponse ; quant à la revendication, elle appelle une fin de non-recevoir.

Désir de savoir, demande de savoir ou revendication de savoir, l'économie de l'interlocution sera chaque fois différente, et si on méconnaît ces premières distinctions, il est évident qu'on ne saura pas en quoi on est fondé à répondre, à dire ou à se taire.

Quelles que soient les situations dans lesquelles la *cupido sciendi* interroge un autre supposé savoir, par rapport à cette épistémophilie présente aussi bien chez le petit enfant en train de négocier son accès au monde au travers d'une maîtrise des objets partiels, face à celle ou celui dont il guette déjà l'assentiment ou la réprobation, que dans le désir du malade qui veut savoir s'il va ou non mourir, ou encore celui de l'étudiant ou du religieux prétendument à la recherche, auprès d'un autre, de la clé du mystère qui lui résiste, la psychanalyse se trouve toujours dans une situation très particulière.

Il faut se rappeler en effet que Freud a d'abord écouté ceux qui voulaient ce quelque chose qui préserverait en tant que savoir la fonction de méconnaissance même de leur état morbide. À l'origine, donc, Freud, qui n'était pas encore psychanalyste mais neurologue et non psychiatre, recevait ceux qui s'adressaient à lui comme à un autre, il était alors en position, non pas de répondre à une demande de savoir, mais de percevoir ce qui, dans cette demande, était tentative de méconnaissance d'une vérité subjective. Parce qu'il n'était pas encore psychanalyste, il avait beau jeu d'instaurer cette maïeutique qui permettait de confondre le demandeur ou la demandeuse à partir des répliques et des interrogations qu'on savait lui renvoyer. En outre, à partir de son postulat d'un déterminisme psychique, il pouvait apparaître comme le dépositaire d'une science ou d'un savoir mystérieux qui l'auréolait du prestige de l'initié. C'est pourquoi la découverte de la vérité du sujet qui se laissait interroger ou accoucher par lui n'amenait encore qu'une confusion : l'être confondu du sujet qui s'aperçoit que, dans sa mauvaise foi inconsciente, il n'avait posé une question que pour obtenir une fausse réponse.

Cette fausse réponse n'est-elle pas toujours le dénominateur commun de toute demande de savoir, lorsque, plus de soixante ans après la découverte freudienne, des gens viennent interroger le psychanalyste ?

S'agit-il d'être confondu ou d'être reconnu lorsqu'on s'adresse à un psychanalyste ou à la psychanalyse ? Il est aujourd'hui difficile de répondre. Chez tous ceux qui interrogent la découverte freudienne se mêlent un désir de maîtrise, qui est une forme de méconnaissance de l'analyse, et une vague aspiration plus ou moins angoissée à ce quelque chose qui viendrait pour chacun confondre sa bonne conscience ou son système de méconnaissance.

Freud, néanmoins, à partir de son désir originel de répondre à ce qui n'était pas entendu jusqu'alors par les autres, parce qu'ils ne savaient pas déchiffrer la demande des névrosés, a été amené à faire l'inventaire progressif de toutes les fonctions de méconnaissance du sujet postulant à un savoir. C'est ainsi qu'il a découvert la résistance, mais aussi le transfert, le refoulement, la dénégation dans sa fonction même, le rejet et le désaveu. Ces termes qui s'expriment en allemand à partir du préfixe *ver, Verdrängung, Verneinung, Verwerfung, Verleugnung*, doivent être mis en avant dès qu'on parle de transmission d'un savoir.

L'œuvre freudienne, dans son ensemble, ne saurait en effet apparaître autrement que comme une tentative d'évaluer les forces de résistance, les oppositions à l'entendement de la parole de l'autre, quand celle-ci vient comme message de vérité. Nous devons distinguer ici différents registres. La résistance, dans les premières métaphores freudiennes du déterminisme et de la thermo-dynamique de l'inconscient, n'est pas du même registre que la notion de refoulement. Cette notion a permis l'élaboration d'une métapsychologie qui fonde l'inconscient par rapport à la pulsion, à l'objet perdu et au contre-investissement. Il faudrait reprendre la question de l'investissement primaire, du contre-investissement, des rejetons de l'inconscient, du premier objet perdu, du refoulé comme ayant fait irruption, déjà reconnu et rejeté par rapport au non-connu d'un inconscient annonciateur du ça. Et ceci pour autant que sera distingué le signifiant qui, après avoir sonné, s'est vu ouvrir la porte et identifier sans être reçu, et, par opposition, le signifiant qui sonne sans être jamais reçu ; ce qui fait qu'on ignore qui a sonné. Dans la métapsychologie, on retrouve ces deux formes de refoulement : ou bien on a ouvert la porte ou bien on ne l'a pas ouverte.

En ce qui concerne le rejet, la *Verwerfung*, dans le texte de « L'homme aux loups », il existe une autre forme de refoulement ou de rejet qui ne vient pas de la même façon : c'est le sujet qui n'a rien voulu savoir de quelque chose, pour autant que ce quelque chose n'était référable à aucune expérience déjà existante ou qui se serait inscrite autrement et aurait permis un processus de refoulement ; autrement dit, dans ce mode de refoulé, la sonnerie à la porte ne provoque pas son ouverture, ça rentre par la fenêtre du réel.

Tout autre est le dénié qui vient dans l'exemple classique : « J'ai couché avec une femme, ce n'est pas ma mère. » Suit alors l'affirmation de savoir, qui admet la fonction du processus de dénégation comme processus de refoulement, sans pour autant laisser penser que le sujet a accepté subjectivement la vérité de sa dénégation ; la fonction du savoir se place là par rapport à la méconnaissance ou à la répression de l'affect inconscient.

Du côté de la *Verleugnung*, c'est-à-dire du désaveu, de quoi s'agit-il ? Cette notion, après la *Verneinung*, la *Verdrängung* et la *Verwerfung*, apparaît tout à la fin de l'œuvre freudienne pour signaler le *splitting* de l'ego ou la *Ichspaltung*.

Il s'agit là d'un autre registre de méconnaissance ou d'organisation de méconnaissance quant au sujet et au moi. L'exemple classique est celui du jeune pervers, qui négocie son apprentissage de la castration de telle sorte qu'il peut préserver son principe de plaisir au prix d'une méconnaissance de la réalité sexuelle, et également entretenir une phobie qui lui permet de rester sous menace d'une castration dans sa structure symbolique. On considère aujourd'hui que cette *Verleugnung*, pour autant qu'elle amène à l'*Ichspaltung*, représente la structure même du sujet dans sa refente. Il ne s'agit pas d'un processus identique à celui du refoulement au sens métapsychologique ou du rejet au sens d'une non-symbolisation, ou encore de la dénégation au sens d'une méconnaissance d'une vérité qui ne peut être assumée qu'intellectuellement, mais plutôt de la position subjective du « sujet qui se dément ». Cette position subjective du démenti que l'on se donne dans une expérience qui prouve le savoir sur la chose, n'est pas du même registre que la dénégation, qu'on oppose à une vérité interdite ou autrement inacceptable. Tout autre également est l'expérience qui consiste à vivre dans la méconnaissance à partir d'un processus de refoulement, de quelque chose qui attend le retour du refoulé pour s'éclairer, sans que le sujet ait autre chose à faire qu'à déplorer les effets de la censure qui l'amènent à s'empêcher de savoir, de comprendre ou d'entendre ce qu'il cherche, malgré tout, à savoir.

Autrement dit, en jouant sur la phonématique de la *Verwerfung, Verdrängung, Verneinung* et *Verleugnung*, on pourrait dire que le sujet, en tant qu'autre dans une interlocution, est celui qui rue des quatre « *ver* ».

Ruer des quatre « *ver* », c'est s'adonner à ces formes de non-savoir inhérentes à l'homme dans le désir épistémophilique et pulsionnel qui est le sien, d'accéder moins à une vérité qu'à une maîtrise du savoir de l'autre. « Que sais-tu sur moi que je ne sais pas ? »

Comment organiser, mettre en place structuralement, métapsychologiquement, freudiennement, l'étude de ces divers procédés d'inconscient, de refoulement, d'ignorance, de méconnaissance et de non-connaissance qui sont le propre de l'homme et qui constituent finalement l'histoire de toutes les démarches de la science et de la vérité, dans leurs soubresauts, leurs coupures, leur continuité et leur discontinuité ?

Si l'on relit Freud et si l'on interroge l'expérience de l'analyse comme cure, telle qu'elle existe depuis des décennies, on s'aperçoit que c'est toujours du côté de l'économie libidinale que se reconnaît le moteur même de ce qui barre la démarche épistémophilique de l'homme.

Ceci est vrai et faux à la fois, car il existe une démarche épistémophilique, celle du pervers en particulier, qui, parce qu'elle est une forme de savoir scientifique ou de démarche scientifique, est aussi une méconnaissance ou un rejet d'un certain registre ou d'une certaine ouverture à quelque chose qui est une forme de non-savoir. Ainsi le savoir, en tant qu'alibi du non-savoir, est également une des formes à mettre en place pour établir l'économie même de l'ouverture de l'homme à sa propre vérité.

11 novembre 1968

« Et Adam connut Ève »

Savoir et connaissance en psychanalyse

« Et Adam connut Ève. » Dans la tradition française de la Genèse, c'est ainsi que le mot connaître vient évoquer l'acte sexuel. Je vous ferai remarquer qu'aucun traducteur ne proproserait : « Et Adam sut quelque chose d'Ève. »

Savoir et connaissance… Allons-nous nous engager dans la longue historicité de ces termes au regard de la philosophie, de l'histoire et des sciences ? Toute recherche s'inscrivant à l'envers depuis l'actualité d'un désir et l'éventuelle immédiateté d'un objet de connaissance ou de savoir, je partirai du texte le plus récent[1] de Michel Foucault, quitte à vous montrer par là que je cherche à en tirer ce que je n'avais pas lu de ses écrits précédents. Il ne s'agit ni d'une affirmation ni d'un manifeste, mais d'une réponse au Cercle d'épistémologie qui, vous le savez, ne se prend pas pour n'importe qui.

Des questions graves ont été posées à Michel Foucault, auxquelles il répond avec autant de sérieux, mais dans son style, celui d'un véritable écrivain. À la page 32 de cette réponse est abordée l'étude des formations discursives dans la clinique. Que sont ces formations discursives, ces événements discursifs ? Ce sont ces énoncés qui constituent pour l'historien toute une série d'événements disparates, hétéroclites. Autrement dit, toute une série d'objets que l'on peut réunir à condition d'en faire la théorie et qui adviennent à l'œil des lecteurs comme une incitation à former des ensembles nouveaux avec éventuellement des zones de connexion entre deux cercles. Ces

1. Réponse de Michel Foucault au Cercle d'épistémologie de l'École normale supérieure, parue in *Cahiers pour l'analyse*, n° 9, Le Seuil, Paris, 1968, p. 9 à 40.

ensembles constitueront la population disparate des événements discursifs, c'est-à-dire des faits de discours une fois qu'ils adviennent à l'œil et à l'entendement des lecteurs, non plus en fonction d'un projet de continuité d'étude par rapport à la continuité de l'histoire mais, au contraire, comme le surgissement de ce qui ne peut se réunir en un ensemble, sauf à être justement celui du disparate.

Il y a ainsi non pas une positivité des énoncés, mais une positivité des coupures, des disparates, des hétérogènes entre divers énoncés. Tout philosophe la cherche où il le peut. Derrière cette positivité se trouve la réponse de Michel Foucault à ceux qui l'interrogent en tant que sujet sur sa lecture différente des discontinuités de l'histoire à travers et au-delà des projets de liaison qui inscriraient le mouvement de l'humanité dans une intentionnalité, une téléologie ou une herméneutique rassurante. Là se trouve sa réponse comme ce qui va donner prise à une nouvelle interrogation du Cercle d'épistémologie. Où se situe donc Foucault par rapport à Freud et à Nietzsche ? Car, comme le signale le Cercle d'épistémologie, une fois que la positivité de la discontinuité de l'hétéroclite et du disparate des énoncés discursifs a permis une théorie des ensembles qui forment des populations d'événements discursifs avec ou sans l'intercession d'un lecteur, où est-il ce lecteur ? Et qui est-il quand lui-même se sert du langage comme événement discursif pour fonder une nouvelle lecture de l'histoire apparemment plus structuraliste et meilleure que les autres ?

Grâce à ces événements discursifs, en effet, et à la façon d'investir les coupures, les ruptures, les disparates, l'hétéroclite et l'hétérogène, on en vient à nier tous les sujets qui auraient joué quelque rôle dans les événements discursifs de l'histoire et à rechercher, au travers de cette superposition, de cette mosaïque non formalisée d'événements discursifs, ce qui ouvrirait à une axiomatique de l'absence du sujet au profit d'une réalité de l'histoire posée comme science.

Il ne saurait y avoir bien sûr de science sans sujet. Plus le sujet tente de s'effacer, plus il est obligé d'en dire. En d'autres termes, il n'est pas étonnant que le Cercle d'épistémologie, aussi lacanien qu'il soit, ne manque pas d'interroger Foucault sur sa référence à Freud et à Nietzsche. Parlons de sa référence à Freud. « Mais que faites-vous, cher monsieur Foucault, de cette loi freudienne qui fait qu'un discours n'a pas forcément fonction d'événement discursif, mais a surtout fonction de refouler un autre discours qui devient l'inconscient du discours ? » À cette question du Cercle d'épistémologie, Michel Foucault promet une réponse dans un prochain numéro des *Cahiers pour l'analyse.*

Il faut bien prendre parti avant cette réponse. Moi, je prends le sien, quand je lis cette question qui surgit comme une contestation, comme une façon de rétorquer au discours qu'il tient dans les *Cahiers pour l'analyse*, à savoir : « Mais que faites-vous donc du refoulement du discours par un autre discours ? »

Ce que je dénonce là, en effet, en étant pour Michel Foucault et non pour le Cercle d'épistémologie, c'est cette référence à Freud, qui fait du refoulement du discours un phénomène qui viendrait dans une sorte de réalité objective, appelée champ de langage pour une réalité psychique collective, alors que Freud ne l'a décrit que pour un sujet donné dans une situation d'interlocution particulière et singulière, chaque fois renouvelée et réinventée.

Pourquoi ne pas parler du refoulement de l'imagination par les forces de répression au pouvoir ? Cela n'est jamais qu'une métaphore, et finalement la plus banale. Et puisque ces métaphores-là sont, depuis de nombreuses années, totalement infiltrées de freudisme, il faut en dégager ce freudisme utilisé dans les courants actuels de la culture, de la politique ou de la philosophie, pour rétablir la véritable question à poser, qu'il s'agisse ou non d'enseigner quelque chose qui a trait à l'analyse ou d'enseigner l'analyse en soi.

Reprenons Michel Foucault. Il fait à un moment de son exposé une différence entre savoir et connaissance, qui mérite ici d'être reprise pour l'usage que nous pourrons en faire, usage dont je dis tout de suite qu'il sera tendancieux.

Nous ne le paraphraserons pas. Voici le texte.

À propos de la clinique, Michel Foucault écrit : « La clinique ne constitue ni une vraie science, ni une fausse science, bien qu'au nom de nos critères contemporains, nous puissions nous donner le droit de reconnaître comme vrais certains de ces énoncés et faux certains autres. Elle est un ensemble énonciatif à la fois théorique et pratique, descriptif et institutionnel, analytique et réglementaire, composé aussi bien d'inférences que de décisions, d'affirmations que de décrets. »

Les formations discursives ne sont donc ni des sciences actuelles en voie de gestation, ni des sciences autrefois reconnues comme telles, puis tombées en désuétude et abandonnées au nom des exigences nouvelles de nos critères. Ce sont des unités d'une nature et d'un niveau différents de ce qu'on appelle aujourd'hui une science. Pour les caractériser, la distinction du scientifique et du non-scientifique n'est pas pertinente ; elles sont épistémologiquement neutres.

Il poursuit : « La distinction du rationnel et de son contraire n'est pas pertinente pour les décrire [ces unités] : car ce ne sont pas des lois d'intelligibilité, ce sont les lois de formation de tout un ensemble d'objets, de types de formulation, de concepts, d'options théoriques, qui sont investis dans des institutions, dans des techniques, dans des conduites individuelles ou collectives, dans des opérations politiques, dans des activités scientifiques, dans des fictions littéraires, dans des spéculations théoriques. L'ensemble ainsi formé à partir du système de positivité (des événements discursifs et de leur hétéroclisme) est manifesté dans l'unité d'une formation discursive, c'est ce qu'on pourrait appeler un savoir. » Et voilà où je veux en venir : « Le savoir n'est pas une somme de connaissances, car de celles-ci on doit toujours pouvoir dire si elles sont vraies ou fausses, exactes ou non, approchées ou définies, contradictoires ou cohérentes ; aucune de ces distinctions n'est pertinente pour décrire le savoir, qui est l'ensemble des éléments (objets, types de formulations, concepts et choix théorique), formés à partir d'une seule et même positivité dans le champ d'une formation discursive unitaire. »

Reprenons autrement cette distinction qui s'établit entre les connaissances, voire la connaissance, et le savoir. Ce que nous pouvons y lire en tant que freudiens, c'est justement la présence du sujet au regard de la fonction de savoir qu'il manifeste et en référence à la connaissance qu'il interroge.

Je reprends mon exemple du début. Adam connut Ève, mais il ne sut rien de ce qu'était une femme. Voilà où nous pouvons montrer que le texte de Foucault n'est qu'un tremplin pour parler de tout autre chose, car il parle non pas en tant que psychanalyste, mais en tant que philosophe.

Ce détour par la philosophie et la genèse peut sembler scabreux. Il est motivé en fait par ce slogan qui court les cercles de l'intelligentsia psycho-quelque chose de notre époque : « Une analyse pour une demande de savoir ou un désir de savoir avec un supposé savoir. » C'est parce que ce terme de savoir est abusif que je réintroduis ici celui de connaissance, afin non pas de réinterroger le sujet du savoir ou le sujet de la connaissance au sens philosophique du terme, mais de restituer la visée freudienne fondamentale que nous avons à exhumer quand, entre les dandys de l'intelligence qui font de la philosophie avec Freud et les freudiens qui cherchent les lois d'intelligibilité, l'analyse perd ses droits propres.

Connaître une femme au sens biblique et savoir quelque chose d'une femme, c'est tout à fait différent. Mais prenons le rejeton de ce coït premier et biblique qui amènerait le Caïn du moment à interroger la scène primitive d'Adam et Ève. Interrogerait-il la connaissance d'Adam ou son savoir ? L'œil était dans la tombe et regardait Caïn ; il s'agit évidemment de l'œil du savoir, et du savoir sur Caïn, du fait qu'il avait tué Abel. Mais où est donc la connaissance en pareil cas ? À la limite nous l'appellerons gnosie, comme on dit somatognosie. Mais ce terme n'est pas encore le bon et peut-être ne trouverons-nous pas finalement le concept qui convient pour en parler.

Nous en sommes au point où le petit Caïn interroge Adam pour savoir comment il a connu Ève. Il me faut maintenant annoncer ma couleur. Or je n'en ai pas une, j'en ai deux. Entre nous et sans nous étendre, disons que le salut aux couleurs peut m'amener du côté du savoir ou du côté de la connaissance, moi sujet, sujet désirant, sujet parmi d'autres, c'est-à-dire anthropoïde supérieur, ou dit tel, du côté des classements anthropologiques de la chose.

Supposons qu'Adam ait répondu au petit Caïn : « En effet, j'ai connu ta mère. » Il est bien évident que Caïn entendrait : « C'est ma maman qu'il a connue. » Du coup, il aurait pour sa maman le regard d'un petit garçon, fratricide certes, mais petit garçon quand même, et sa maman serait l'Ève de toujours, celle que nous aimons tous et que diverses religions transforment, selon l'étymologie de la prunelle, en quelques icônes que nous révérons et que nous avons raison de révérer.

Le jeune Caïn aura ainsi, à partir de l'énonciation paternelle, un savoir dont il pourra faire un énoncé et qui sera : « En effet, mon petit, j'ai connu ta mère. »

Le petit Caïn, s'il avait eu de l'esprit, aurait répondu à l'époque : « Moi, ça me fait une belle jambe, et alors qu'est-ce que je fais ? » Et le père, s'il avait su ce qu'étaient la castration symbolique et l'éducation prônée par les freudiens, surtout après la scène primitive des freudiens entre eux, aurait répondu : « Eh bien, débrouille-t'en, tu trouveras tout seul. »

Vous voyez ici une première distinction entre savoir et connaissance. Mais poursuivons avec un exemple clinique.

Un bon prêtre qui, de par les désirs inconscients de sa mère, a été voué à Dieu, cherche depuis quelques années dans les hétaïres du faubourg Saint-Denis, une façon d'introduire la dimension pulsionnelle dans le mythe premier de son immaculée conception. Son sacerdoce n'est jamais que désir mâlement renouvelé du désir de sa mère d'échapper au viol et à l'empreinte de l'homme en tant que frigide qu'elle était.

Seulement, après trois ans d'analyse et quelques interventions de ma part, il en vient à découvrir qu'un de ses rêves pourrait vouloir dire autre chose que ce dont il témoigne depuis son entrée en analyse, à savoir qu'il est prêt à se vouer à toutes les turpitudes du freudisme à condition de garder en lui la vocation de son sacerdoce, afin de rester secrètement le petit garçon fidèle d'une maman irréprochable et immaculée.

Ce jour-là, en séance, il m'amène un rêve apparemment innocent. Il se trouve qu'il embrasse sa mère, mais qu'elle a en même temps le nez mutin de cette cousine par alliance qu'il avait désirée à l'âge de 17 ans, pour autant que son cousin germain l'avait épousée. Cette cousine par alliance est la femme de l'autre et du cousin germain d'une libido qu'il ne connaissait pas encore en lui. Suivant les commandements de l'Église, il avait bien décidé de toute façon de renoncer à cette tentation qui lui venait et de ne pas convoiter la femme de son prochain. La question ainsi entendue, il est amusant de voir la superposition de deux photographies : le visage immaculé de la Vierge Marie en sa mère, plus le nez mutin de la cousine par alliance dans un rêve où il vient donner le baiser, qui prend ici son sens dynamique en fonction de ces associations pour un aveu qui transférentiellement doit nous atteindre ou ne pas nous atteindre.

Cet homme n'était pas sans savoir et sans savoir sur l'Œdipe, sur la scène primitive, sur la différence entre Joseph, l'Annonciation et la Visitation. Or, à la suite de ce rêve, il avait connu une femme sur un mode différent de ce qu'il avait réussi à appréhender de l'érotisme précédemment.

En effet, rejoignant l'objet de son désir dans un lit qui n'était pas n'importe lequel, il découvrit brusquement à partir du désir qu'il lui manifestait qu'elle poussait un cri rauque comme l'anthropoïde femelle d'une autre planète, et lui-même, cédant au rituel des ablutions au-delà du plaisir, voyait, dans un regard nouveau sur son sexe, un objet standard qui ressemblait, dans l'énoncé de son regard, à tout ce que l'anatomie médicale décrit comme dénominateur commun du sexe de l'homme quand l'anatomie devient destin.

Penchant ainsi son regard sur son destin anatomique, devenu l'agent d'une jouissance ignorée de lui en l'autre, qui était cette femme inconnue de lui malgré son savoir, il eut une brusque intuition : celle d'un autre regard. Et ce dont il nous parlait en séance, c'est de l'autre regard qu'il avait eu pour son propre sexe à partir du cri de cette femme. « Moi aussi », disait-il, ce qui signifiait : mon sexe est un sexe comme tous les autres, cette femme a joui d'une jouissance universelle, ce n'est pas moi, ce n'est pas elle, nous ne sommes pas privilégiés par Dieu ; cette jouissance nous amène ailleurs que dans le mythe religieux ou familial ou amoureux de notre entente réciproque.

À partir de cet exemple, je ferai la différence entre savoir et connaissance. Il y a eu en effet co-naissance de quelque chose d'autre, le *das Ding* heideggerien.

Il était l'enfant de Dieu. C'est ainsi que devenu jaloux, rivalisant et compétitif, il se mit, dans la carrière qu'il avait choisie, le commerce, à relativer cette sorte d'idéologie de l'amour et du désir pour la femme comme lieu de sa vérité, afin de se chercher ailleurs dans un désinvestissement partiel de cet objet d'amour premier, qui lui semblait la source même de son inconscient.

La partie était belle, car, tenu par des engagements religieux, la sexualité avait toujours été pour lui la zone d'interdiction fondamentale. Il était donc mieux placé qu'un autre pour faire la différence entre le savoir et la connaissance.

Mais certains ne sont pas aussi privilégiés. Je le dirai autrement : pour d'autres, la différence entre le savoir et la connaissance ne passe pas par une vraie transgression.

Ce terme de transgression nous servira désormais de pivot pour nous situer entre la connaissance et le savoir, entre le savoir et la connaissance.

Faisons ici à la fois de la politique et de l'analyse, afin de noter ce qui est nécessaire pour la suite.

Partons de l'analyse. Je la définirai ainsi : c'est parce que l'analyse introduit le transfert que cet objet de savoir qu'est la théorie freudienne devient objet de connaissance interdit. Une remarque à ce propos : dans les universités, au mois de mai, toutes les commissions ont fonctionné ; sauf une seule : celle de psychanalyse. Pourquoi ? Parce que ceux qui étaient liés par un contrat analytique et une possibilité de transfert ne voulaient pas troquer le désir d'une connaissance contre un désir de savoir, qui viendrait d'un autre en dehors du transfert et de la relation analytique. C'est ainsi que la commission de psychanalyse s'est sabordée, et pour cause.

Curieusement, on pourrait définir actuellement l'analyse comme cette méthode qui permet de séparer savoir et connaissance en réintroduisant d'une façon artificieuse mais parfaitement véridique la fonction de transgression de toute connaissance par rapport à tout savoir.

Il est en effet des notations cliniques qu'on peut faire au long des années, sur des générations d'analysés ou d'analystes ; par exemple, tel sujet doué pour l'étude, la lecture et la compréhension des choses, cesse de lire, d'apprendre, de comprendre ou d'écouter pendant le temps qu'il est en analyse. Pourquoi ? Parce que le savoir devient pour lui l'objet qu'a l'autre. Ce savoir est en effet défini comme tel, pour autant que la connaissance qui pourrait y substituer un autre registre est le tabou fondamental de l'analyse.

Et c'est précisément le tabou fondamental qu'a découvert Freud en mettant à jour la dialectique du mythe œdipien. Ce mythe, ne nous y trompons pas, n'est pas celui du savoir, mais celui de la connaissance, car la prédiction avait annoncé : cet enfant aux pieds enflés, cet enfant séparé de sa famille pour échapper au savoir de la prédiction ne pouvait stagner, en tant que sujet désirant en son propre chemin et en son propre destin. Il devait un jour se trouver à un carrefour et, sans le savoir, tuer son père et épouser sa mère. Le mythe s'arrête-t-il là ? Bien sûr que non, car la prédiction est là et Tirésias reste celui qui est interrogé pour qu'au-delà de la fornication et du passage à l'acte vienne quelque chose qui ouvrira les yeux d'Œdipe, après quoi il se les crèvera ; mais lesquels, ceux du savoir ou ceux de la connaissance ?

Le savoir peut être une question de regard et, la clinique médicale nous le montre, la connaissance n'est pas de l'ordre du regard. Ou alors, c'est le contraire. Œdipe devient-il aveugle à son savoir ou à sa connaissance ? Et si les yeux qui le regardent, lorsqu'il s'est arraché les siens propres, l'interrogent dans son aveuglement, est ce au nom d'avoir connu la femme ou d'avoir su d'elle ce que son père en savait ?

Le savoir est ici un écran par rapport à toute connaissance, pour autant que toute connaissance est transgression du savoir. Et cette transgression met en jeu toutes les instances libidinales les plus profondes de l'inconscient.

Tentons de faire ici la différence artificielle et artificieuse entre savoir comme objet et connaissance comme résultante d'un désir accompli. Si nous nous référons ainsi à l'Œdipe, le jeune Caïn pourra certes interroger son père sur son savoir de la femme ou le savoir qu'il a d'une certaine connaissance de la vérité de ce qu'il a vécu, mais il prétendra ne pas connaître sa mère avec le même œil que celui qu'il prête à son père ou qu'il ignore comme étant le regard du père pour la mère. Or ce regard du père pour la mère n'est que le regard de l'homme pour la femme, c'est le regard du désir ; et c'est ce regard-là que le fils ne peut pas avoir pour la mère. Le savoir sera donc l'écran qui permettra d'assumer la structure symbolique de la scène primitive en dehors d'une connaissance interdite.

C'est exactement ce qu'on retrouve en psychanalyse chaque fois que la question se pose pour quelqu'un non pas de lire Freud, mais d'en tirer profit au point d'être lui-même apte à entendre la vérité d'un autre en analyse.

Cela ne touche pas à la castration du sujet qui n'oserait pas en quelque sorte expérimenter son propre savoir dans la situation d'interlocution où il écouterait un autre, mais à la castration de l'autre, pour autant que l'analyste ne peut être lui-même que celui qui se restitue subjectivement comme sujet désirant, pour être capable d'entendre un autre, c'est-à-dire d'en connaître quelque chose à partir de son entendement analytique. Ce qui est du registre de l'interdit n'est pas ici du registre du savoir, mais le savoir sert d'écran par rapport à la connaissance. C'est ainsi que tout élève en analyse cherche un savoir pour éviter d'avoir la connaissance de l'inconscient du sujet qui lui viendra.

Cette connaissance, qu'en est-il ? Elle ne fonde pas ici le sujet de la connaissance au sens philosophique du terme. Elle fonde le sujet de l'inconscient comme apte à une restitution subjective de son désir, lorsque la chaîne signifiante du discours de l'autre vient frapper en lui quelque chose qui l'implique et le fait partie prenante d'une question qui n'était pas sienne et dont il cherchait à se détacher dans sa neutralité bienveillante.

Cette restitution subjective de l'analyste à sa propre parole, à son propre entendement ou à sa propre intervention, c'est la restitution du désir dans l'évanescence même des moments où quelque chose se pointera pour un entendement sien, dont il voudra faire un savoir de peur d'en faire une connaissance, au sens d'Adam et Ève tout à l'heure.

C'est ainsi que la transgression, qui est le ressort même de tout avènement libidinal d'un sujet à lui-même au cours d'une analyse, est toujours ce qui est reculé indéfiniment par le thème du désir de savoir ou l'investissement du savoir comme tel en analyse.

En analyse, cela donne des choses curieuses. Aujourd'hui, par exemple, sous prétexte que l'accès au structuralisme de la subjectivation permet d'alimenter l'épistémologie scientifique, en montrant comment le sujet inconnu ou méconnu joue dans la science qu'il fomente, qu'il perçoit ou qu'il découvre, la psychanalyse se voit à l'inverse gratifiée de tous les dons qu'elle a faits à la science par les scientifiques eux-mêmes, qui viennent l'investir pour la puritaniser autrement, c'est-à-dire d'une façon plus savante.

De tous temps la découverte freudienne a été scandaleuse et scabreuse, de tous temps les penseurs se sont efforcés d'échapper à la pulsion libidinale au profit de l'épistémologie de la pulsion de mort. Depuis que l'œuvre freudienne est interrogée, l'épistémologie sur la pulsion de mort s'érotise au point de servir d'alibi pour éluder la question de l'éros, telle qu'elle se pose à partir du principe du plaisir auquel Freud n'a pas renoncé, même si, au décours de sa vie, il a insisté sur le structuralisme de la pulsion de mort.

C'est ainsi que l'andropause analytique se drape vertueusement dans les plis et le drapeau de la science pour éviter la vérité insoutenable de l'analyse, à savoir qu'elle ne peut pas être collectivisée. Elle est toujours expérience singulière entre deux sujets, non pas dans l'intersubjectivité, car il n'y a pas de réciprocité, mais dans une alternative de désir, qui restitue l'un après l'autre chacun des deux sujets au plus insoutenable de sa condition humaine au regard de l'amour, de la vérité et de la mort.

Ce que je viens de dire peut avoir des conséquences curieuses ou presque amusantes, si on essaie de comprendre ce qui se passe entre des étudiants enragés et des professeurs dans un mouvement contemporain mais pas uniquement français.

Il me semble que la différence entre savoir et connaissance peut servir de point de repère pour saisir au moins partiellement ce qui se passe.

Une fois référée au structuralisme du mythe œdipien, exhumé par Freud pour sa découverte de la réalité psychique, la tragédie du savoir en Œdipe, qui se crève finalement les yeux, on s'aperçoit que l'enjeu du savoir, pris comme objet, est ce qui devient stratégie de démission.

On n'a peut-être pas compris pourquoi, il y a quinze jours, j'ai associé l'histoire du parti communiste et la clinique de la jalousie en un même exemple. J'opposais à ce moment-là deux formules. Du côté de l'étudiant : « Il n'en veut rien savoir », et de l'autre : « N'avouez jamais. » Dans l'un et l'autre cas, qu'il s'agisse d'un homme politique questionné par l'histoire et brusquement décidé pour une raison ou une autre à la sincérité, ou de l'un des conjoints d'un couple brusquement prêt à l'aveu ou au faux aveu sur une question trop insistante, le problème pour moi était de faire sentir en quoi quelque chose, dans ce double questionnement, venait comme objet de savoir à ne pas concéder.

La concession de l'objet de savoir, qui peut devenir éventuellement une concession à perpétuité, si la loi d'orientation déballonne tous les enseignants du capital qu'ils prétendaient représenter, cette concession à celui qui le revendique est en fait la source d'un engagement définitif qui ne saurait avoir de cesse si on ne comprend pas la théorie.

Pour cela, il faut interroger la position de l'enseignant. Ou bien l'enseignant est celui qui clame ce qu'il trouve parce qu'il cherche, ou il est celui qui dit ce qu'il sait. Traditionnellement dépositaire d'un savoir et supposé savoir, s'il s'identifie à cette fonction du savoir, l'enseignant en vient éventuellement à concéder ou non cet objet qui prend métonymiquement la valeur d'un déplacement de la connaissance, autrement dit de l'interdit œdipien. Jusqu'alors il y avait une barrière, celle de l'examen. Celui qui prétendait revendiquer, désirer ou demander le savoir savait qu'on pourrait lui interdire la bonne note qui cautionnerait sa propre aptitude à la connaissance. Ainsi l'interdit œdipien était-il respecté à l'intérieur même des réseaux et des traditions de l'enseignement. Mais parce qu'il a été justement dénoncé que ce savoir comme capital n'était jamais qu'une attribution par des enseignants d'un autre capital qui leur venait de plus loin et dont ils profitaient par héritage ou mandarinat, les enseignants eux-mêmes se sont déballonnés : ils ont prétendu non pas valoriser leur savoir, au besoin en refuser la caution, mais bien au contraire le négocier comme un bien commun entre deux générations.

C'est ainsi que la situation s'est renversée. Le savoir de la violence, le savoir de la structure est venu interroger les enseignants de telle sorte qu'ils sont devenus eux-mêmes les fils castrés d'une puissance inconnue qui les interrogeait ailleurs que dans leur position subjective première.

Y a-t-il tellement de différence entre une identification à l'enseigneur et une position fasciste ? Être enseigneur, c'est-à-dire ne pas sortir de l'école mais prendre la place du maître, est-ce autre chose, si on n'a pas fait la théorie de l'enseignement, qu'en venir à inverser les positions qui ont été celles de l'Œdipe de l'ancien enseignant ?

Paradoxalement, il s'ensuit que les étudiants, à partir de la preuve qui leur a été donnée qu'une recette de violence, de contestation, de négation et de revendication démantelait les forteresses du savoir, sont devenus les questionneurs de l'enseignant. La castration a ainsi changé de bord, mais la structure reste là et le mythe aussi...

Curieusement, les étudiants sont désormais les exploiteurs du système. Ils sont les capitalistes d'une expérience de l'acte qui leur sert de rempart contre la castration, et ce qu'ils ne pardonnent pas, c'est ce qui, chez les enseignants, est débandade, déballonnage ou déboutonnage, révélateur justement d'un descellement de la position du connaisseur, qui fait que les enseigneurs ne sont plus que de faux savants.

Il n'y a point à cela de recette ni de solution facile, car le père castré qui se reprend n'est plus qu'un fantoche pour un guignol où les gendarmes se distribueront en fonction des actes de violence.

Ce que nous disions du « Il n'en veut rien savoir » qui touchait l'enragé de mai n'était pas une notation politique ; elle était notation d'un structuralisme psychanalytique, dont aucun des faits actuels ne nous donne à penser qu'il est désuet ou caduc.

Le clinicien peut alors revenir sur la scène, pour montrer que le plus profond désespoir de l'homme vient lorsque, frappant à la porte en croyant y trouver une résistance, il tombe en avant parce que la porte est ouverte et qu'il n'y a personne derrière. Notre « N'avouez jamais » est caduc ; les enseignants se sont avoués eux-mêmes enseignants de carton. Un autre décor s'édifiera sans doute, il commencera bien sûr par peindre les coulisses, les réseaux, les armatures, les structures, le praticable. Mais est-ce pour crever le décor du théâtralisme de l'imposture au nom d'une plus grande vérité ou, dans un mouvement contraire, cet acte, amorcé depuis les coulisses, crèvera-t-il l'envers du décor pour trouver la rampe, le trou du souffleur, la salle et, au-delà, les auditeurs d'une pièce qui n'a pas su être jouée ?

1968

La psychanalyse : femme ou in-fâme

Pour une éthique du pouvoir et de la séduction*

Les mots ne manquent pas, nous manquons quelquefois aux mots, et l'hommage que je vous rends à tous, et d'abord à Michel Laxenaire, c'est de ne pas savoir tout de suite ce que je vais dire. Autrement dit, je me sens interrogé, exactement comme un analyste doit l'être. Il est censé savoir. J'ai un tas de documents, des livres, un porte-documents, une aptitude à l'élocution, plus ou moins bonne, mais, quoi qu'il en soit, si je parle en analyste, c'est en tant que celui qui ne sait pas encore ; ce n'est pas qu'il ne veut pas savoir, il ne sait pas tout de suite, il a besoin de risquer de ne pas savoir. En d'autres termes, je ne sais pas forcément comment va s'ordonner le discours que je vous dois, puisque vous avez bien voulu venir ici à partir de l'invitation qui m'a été faite.

Il me faut d'abord m'expliquer sur le titre que j'ai proposé. Il ressemble, c'est vrai, à un beau titre accrocheur, comme ces affiches qui favorisent la vente de certains journaux, du genre « Le drame de Farah Diba » ou je ne sais quoi. « La psychanalyse femme ou in-fâme, pour une éthique post-freudienne du pouvoir et de la séduction », faut le faire... Mieux vaut partir de là pour en venir à des questions rigoureuses, du moins je le souhaite, que de partir d'un pseudo-sérieux pour en arriver à je ne sais quoi à la fin. Je vous annonce donc que je me propose d'être de plus en plus sérieux au fur et à mesure

* Le professeur Michel Laxenaire avait invité François Perrier à prononcer cette conférence à Nancy, le 30 janvier 1974.

que je tenterai de vous exposer aujourd'hui le point où j'en suis de la question que j'ai amenée sous ce titre.

La question, c'est quoi ? C'est que la psychanalyse, depuis qu'elle est interrogée, renvoie à une interrogation sur le psychanalyste : c'est lui qui est interrogé. Mais quel psychanalyste ? Le psychanalyste avec des majuscules, avec des minuscules, celui-là plutôt que tel autre ? La psychanalyse d'aujourd'hui garde, par rapport aux sciences humaines, aux sciences de l'homme, aux sciences conjecturales, à la science tout court, à l'art, la culture, la sociologie, la psychiatrie, la médecine, un statut difficile et précaire, voire, comme on dit, un statut d'extraterritorialité. D'une certaine façon, cependant, elle est devenue une sorte de dame bien-pensante, ou bien-pensant – participe présent qui entretiendrait un vieux scandale sous une voilette à l'époque où « les fiacres ne vont plus trottinant ».

« La psychanalyse femme ou in-fâme. » La psychanalyse femme, ainsi se présente un livre intitulé *Le Pitre*[1], dont l'objet est une mise en question du psychanalyste. Il m'est arrivé parfois, passant par la deuxième chaîne couleur de la télévision, d'entendre, lors d'un colloque télévisé, quelqu'un dire : « Il est évident qu'on sait très bien de quel analyste il s'agit, c'est... » Bien ! Enfin, je sais que ce n'était pas moi ce soir-là... Cette mise en question du psychanalyste, à la fois pour lui rendre hommage, déposer un immense espoir en lui et en même temps le tester, l'agresser, est du même ordre que le petit gosse qui a besoin de tuer papa, maman, faire « pan, pan, pan, pan... t'es mort ». Vous êtes sûr qu'ils sauront ce que c'est que la maman ou la fonction paternelle. Il faut savoir se laisser tuer et savoir ne pas en mourir, car sinon le gosse se tape la tête contre les murs et fait une angoisse verbale ou préverbale, œdipienne ou préœdipienne. On sent qu'une instance doit jouer là, à savoir se laisser tuer, n'en pas mourir et répondre sur le mode : « Allez, va dormir maintenant » ou « À la prochaine. À demain matin ». On pourrait aussi dire : « À mardi » en psychanalyse. Il ne s'agit en fait que du familialisme dénoncé par M. Castel ou MM. Deleuze et Guattari dans la reprise idéologique et politique. Mais que demande la psychanalyse aujourd'hui à travers quelques éditions, quelques best-sellers ?

La question que je pose ne concerne pas ce côté désuet du familialisme freudien, lisez les bandes dessinées consacrées aux aventures de Sigmund ; on lui a mis la barbe dès le début, même nourrisson il a

1. F. Weyergans, *Le Pitre*, Gallimard, Paris, 1973.

déjà sa barbe. C'est une merveilleuse bande dessinée – j'espère qu'elle aura une suite –, pleine d'humour, et d'humour juif, ce qui est nécessaire pour comprendre ce que c'est que la psychanalyse, car elle est née de Sigmund Freud. Pourquoi la psychanalyse femme ? C'est qu'après tout, que vous preniez cette bande dessinée ou la bande qui présente *Le Pitre*, ou l'histoire d'Anna O..., Bertha Pappenheim, avec M. Breuer, ou l'histoire des premières hystériques viennoises, dans le contexte socio-politico-culturel-géographique et ethnique de Freud, il est bien certain, je n'invente rien, d'autres l'ont dit avant moi, que la découverte de l'inconscient, comme celle du transfert, est le cadeau que les hystériques viennoises ont fait à Freud pour avoir montré plus de courage, d'impavidité, de témérité ou une autre forme d'esprit, d'écoute, d'entente, de projet, de morale, d'éthique ou d'angoisse ou d'épistémologie, que M. Breuer, mal remis, c'est connu, de la grossesse nerveuse d'Anna O. Or, Freud n'a pas abordé cette question en termes d'obstétrique, ce qui ne l'a pas empêché pourtant d'en venir à une autre forme d'accouchement, la maïeutique, au-delà de la « *talking-cure* » de Breuer, au-delà du ramonage de cheminée, déjà forme d'avortement. Il en a parlé différemment après avoir affronté autrement la question. C'est ça mon premier titre, la psychanalyse femme.

Je ne vais pas m'étendre sur le fait qu'exégètes, épistémologues, idéologues, philosophes, philologues, linguistes s'exercent à une lecture qui recouperait Freud ; tentative de récupération qui définit très exactement ce que les psychanalystes souhaitent préserver, c'est-à-dire une position d'extraterritorialité. Reste l'étranger, pas forcément celui de Camus, mais peut-être celui dont parlaient Aristide et Socrate. Un autre étranger qui nous vient de fort loin et dont l'analyste a à soutenir la position, en un temps d'inflation des lectures, des écritures, des psychothérapies, de la médicalisation de la psychanalyse et de la psychanalysation de la médecine à travers cette interrogation que pose toujours la psychiatrie. Chacun y trouve son compte, mais au crédit ou au débit, on ne le sait pas, et, d'une certaine façon, ça continue de nous poser question, voire de soulever notre inquiétude et même notre angoisse à chacun ou à tous, dans la morosité, le suicide parfois ou, au contraire, dans la surcompensation des choses ; rions-en... et gardons de l'humour !

Ceux qui ne sont pas psychanalystes, je les ai appelés dans un séminaire, il y a deux ou trois ans, des Éfnarques – c'est-à-dire des Épistémologues Freudiens non Analystes –, ceux en somme qui parlent le mieux de Freud parce qu'ils peuvent l'articuler à Marx, Nietzsche,

Socrate, etc. Rien à voir avec la discipline clinique de l'analyste qui travaille en secteur, en dispensaire ou dans son cabinet sur le plan et dans le champ de la tradition libérale de la médecine du temps de Freud. Rien à voir avec les questions qui se posent aux psychanalystes *in situ, hic et nunc*, à chaque séance, à partir d'un contrat qui définit la méthodologie freudienne, telle que Freud l'a inventée, et non pas telle que nous allons la réinventer ; on ne peut jamais réinventer. Freud l'ayant élaborée, trouvée, expérimentée, écrite, décrite, soutenue à sa façon, et à sa seule façon (voir la bande dessinée pleine d'humour dont je parlais tout à l'heure, qui souffle un peu d'air frais dans le mauvais freudisme orthodoxe), il ne s'agit pas de réinventer la psychanalyse, mais de savoir que la tâche du psychanalyste, après Freud, est de supporter d'être chaque fois réinventé par tel ou tel sujet, telle ou telle demande, tel homme, telle femme, telle névrose, telle perversion, telle psychose. Autrement dit, lui qui a pu lire les livres, avoir une formation analytique, une analyse dite didactique, lui qui a pu se servir de son analyse didactique pour éventuellement régler ou ne pas régler les problèmes économiques de sa libido, comment va-t-il se faire réinventer comme analyste par la demande qui viendra l'interroger, le concerner, voire le cerner au niveau de son non-savoir ?

J'ai dit dans mon titre : psychanalyse femme ou in-fâme. Du côté de la femme, que puis-je ajouter ? Au-delà des hystériques viennoises ? D'une certaine façon, et prenez ça comme cela me vient à moi..., l'inconscient n'est bien sûr pas plus femelle que mâle, mais il va toujours se jouer, depuis Freud, entre l'historicité et, pardonnez-moi ce mauvais néologisme, l'hystéricité et non pas l'hystérie, tirée de son étymologie, l'utérus. Or, dans toute analyse, combien peut-on compter d'utérus lorsqu'on les cherche ? Pour simplifier les choses, avec ou sans tableau noir, prenons un psychanalyste homme avec une psychanalysée femme, autrement dit la situation initiale, quels que soient les rapports entre Freud et Fliess. Quelle que soit, d'ailleurs, la ternarité de la question, car, bien que je vous parle des hommes et des femmes, je tiens néanmoins d'abord compte du postulat et de la découverte du constat freudien de la bisexualité propre à tout homme et à toute femme. Je ne suis pas en train de faire une ségrégation entre les hommes et les femmes, ça ne m'empêche pas de croire à la différence des sexes... J'interroge la psychanalyse actuelle à travers son idéologisation, sa politisation, sa sociologisation... Combien d'utérus ? Prenons une patiente, il y a le sien, mais également celui de sa mère. Elle est née d'un utérus. Le psychanalyste et l'analyste de l'analyste sont nés aussi d'un utérus, de même que la mère de la mère de la patiente. Alors… est-ce un lieu de parole ou un lieu de silence ?

Nous allons recouper cette première proposition, qui met au moins cinq utérus sur le tableau noir, si j'ose dire, par l'apologue du biologiste et du biologisant, du spermatozoïde frétillant souterrainement à la recherche d'un ovule en marche agressive par rapport au fluide, sinon au flux de la nature, pour une scène primitive qui est de l'ordre de la conception, et non pas du vu et de l'entendu des ressorts du sommier, quand le petit garçon ou la petite fille regardent par le trou de la serrure ce qu'il en est du côté de papa et de maman… « Qu'est-ce qu'ils font ? »… Ça, c'est historique !

Mais, dans mon apologue biologisant, si l'utérus, comme la grotte de la Pythie, est à la fois cavité naturelle et lieu de la parole, celle-ci n'est parole qu'en tant que quelqu'un l'entend. Or, on le sait bien, il suffit d'aller à Delphes aujourd'hui encore, la parole de la Pythie n'avait d'autre sens que de susciter une interprétation, voire une prédiction… elle a annoncé ainsi des naufrages, des guerres, un tas d'événements sous un aspect toujours sacrificiel : il fallait y sacrifier je ne sais quelle volaille pour avoir enfin les dieux avec soi ; ça, ce n'était ni la Pythie ni les intérêts.

Dans ce passage du côté de Delphes, reprenez la grotte de la Pythie en tant qu'utérus, vous verrez que ce n'est pas du tout un lieu de silence, ni non plus d'obscurantisme, c'est un lieu de parole, à condition que quelqu'un l'entende et l'interprète. Mais c'est toujours mauvais signe, l'interprète va se gourer, ce qui est quand même le propre de toute paternité par rapport à la maternité.

Une fois posé que l'inconscient est structuré comme un langage et qu'il est le discours de l'Autre, ce que je ne récuse pas, il faut bien penser que c'est quasiment de la stéréophonie, avec des baffles ou des baffes, je ne sais pas, ça dépend… Certaine parole de la femme n'est pas langage et certain langage de l'homme n'est pas parole ; aucune possibilité enfin d'homologie ni de symétrie entre un ovule et un spermatozoïde, même pas dans la temporalité de la chose, car, secrètement ou pas, la femme sait toujours un peu avant ce qu'il en est de sa possible maternité par rapport au géniteur, quel que soit le géniteur. Aucun géniteur, à moins qu'il ne soit le roi d'une île déserte dont les nourritures vierges sont purement fantasmatiques, tel un Robinson Crusoé, pour être sûr de faire de la biologie, au nom du symbolique, de l'imaginaire et du réel, aucun homme ne saura jamais à quel moment il est devenu père, à quel moment il a lancé en avant, comme le « Je sème à tout vent » du Petit Larousse, le spermatozoïde flagellé et flagellant qui s'en est allé prendre son temps à lui ; par rapport à celui de l'ovulation, ce n'est pas le même axe de temporalité.

Alors de quel côté est l'inconscient ? Du côté du langage de la femme lorsqu'il n'est pas parole ? Du côté de la parole de l'homme lorsqu'elle ne fait pas langage ? Dans la concurrence des deux à travers deux axes de temporalité qui induisent un différé de la chose pour l'homme par rapport à la femme et la nécessité, pour lui, de se fier à la mémoire biologique utérine ou à la mémoire du cœur, de l'âme et de l'esprit d'une femme pour savoir s'il est le géniteur et, pour une femme, la question : « Mais quel est donc celui qui a donné le vrai spermatozoïde ? À quoi va ressembler mon enfant une fois qu'il sera né ? » On peut se demander, dès lors, au regard de cette historicité impossible de l'hystéricité étymologique de l'utérus, si tout utérus est l'inconscient, non pas dans un sens anatomique, mais comme une sorte de « *topos* » des rapports du langage et de la parole, de la femme et de l'homme, du masculin et du féminin, du temps de la femme, de l'homme, de l'arbre, du savoir de la Genèse, de l'interdit de l'inceste bien sûr, relisez la Bible, etc.

Voilà ce que je voulais dire sur la psychanalyse femme. Que ce soit une femme psychanalyste ou un homme psychanalyste qui interroge la chose, d'une certaine façon c'est pareil, parce qu'il y a toujours deux grand-mères, la maternelle et la paternelle ! Et chaque utérus des deux grand-mères est le lieu, le siège, le « *topos* » d'un manuscrit, comment dirais-je, de la mère morte en ajoutant un « e » à mer. Autrement dit, le hiéroglyphe qui a besoin d'un traducteur, donc d'un trahisseur, pour se réanimer à partir du message de ce qui, dans l'inconscient, est de l'ordre de l'histoire, des archives, de l'autrefois, de l'oublié, voire du document qui n'a jamais existé. Et ça, ce document qui n'a jamais existé, c'est la forclusion de la psychose.

Dans la « psychanalyse in-fâme », il y a bien sûr le « *fama* » de la renommée, autrement dit sage-femme. On sait à quel point la psychanalyse est à la fois nommée par Freud en tant que telle et renommée par chacun, exactement comme tout jeune homme frétillant et amoureux viendrait renommer les manuscrits de la mère morte dans l'ancien utérus de la grand-mère d'une fille ravissante au moment où ils font l'amour et s'imaginent que la jouissance, l'amour, la vérité, l'identité de l'être, de l'âme et du cœur ne font qu'un dans une effusion qui n'est finalement que la fusion entre le spermatozoïde et l'ovule, en différé, avec deux axes de temporalité différents et deux calendriers superposables. Voilà, si vous voulez, un propos à mon sens clinicien, car si vous prenez en tant que psychiatre ou psychologue clinicien ce qu'il en est des cycles, par exemple de la maniaco-dépressive ou du rapport aux calendriers, aux dates, aux anniversaires, aux fêtes à célébrer, vous verrez que curieusement, l'homme a tendance à n'avoir pas la même mémoire que la femme, c'est-à-dire au besoin à n'avoir justement pas de mémoire là, alors que la femme en a une à cet endroit et a envie à la fois de la conserver et de l'oublier.

Donc, si nous transposons, et j'espère que vous supportez mon discours, une fois ma parole biologisante, sexuelle et queutale suffisamment dessinée pour que vous sachiez de quoi je parle, vous constaterez que, depuis Freud, la question se pose de la même façon, quand il s'agit de la problématique de l'inconscient, pour l'analysé que pour l'analyste.

La renommée, c'est quoi ? La psychanalyse, une fois nommée par Freud, quelle est sa réputation ? Facile de jouer avec les mots. C'est simplement un effet de discours, c'est ce qu'on attend de moi ce soir, donc je vibre, on ne m'y prend pas, je suis en train de vous dire la vérité. Cette renommée, on peut l'entendre dans un autre registre, ainsi le procès fait à la psychanalyse, selon que l'on soit analyste de telle école par rapport à telle autre, ou que l'on soit sociologue, psychologue, épistémologue, philologue, etc., je l'ai déjà dit ! Ou qu'on pose à l'analyste la question : « Mais quel est donc votre pouvoir et comment pouvez-vous en répondre, politiquement parlant ? En quoi vous engagez-vous, lorsque vous prétendez le faire en prenant quelqu'un en analyse ? Y a-t-il une possibilité de superposition entre une répression sociale et le terme de refoulement chez Freud ? » L'inflation de discours et de questions sur ce point est telle que je ne vais pas en parler plus longtemps, c'est le temps de toutes les lectures que je fais directement ou en diagonale. Les questions se posent cependant avec tant d'insistance que nous n'avons pas le droit de les récuser.

Qu'est-ce qui est in-fâme dans l'analyse ? Mon sous-titre : pouvoir et séduction. Curieusement aujourd'hui, ce sont des mots qui, si nous posions des abscisses et des ordonnées, des valeurs positives et des valeurs négatives dans je ne sais quelle algèbre de l'interlocution, viendraient toujours du côté négatif, dans une péjoration de ces termes. Or, l'analyse étant devenue, et pour le dire à la façon de Mme Françoise Dolto, « allant devenant » avec la forme progressive en anglais, comme elle peut, à la fois dans son extraterritorialité et dans les autres champs où récupérée elle fonctionne à plein, ceci constaté et connu… (j'ai perdu le fil… il s'agissait de quoi ? – « Péjoration »). Il s'agissait de quoi ? Vous avez vu à quel moment j'ai eu mon acte manqué ? Pouvoir et séduction, mon sous-titre, autrement dit la charnière de cet exposé. Et je parlais justement, au moment où on me renvoie le mot « péjoration », comme une bouée de sauvetage à quelqu'un qui, bon nageur, ignorait qu'il allait tomber à l'eau à cause des vagues de l'acte manqué, alors que la météorologie était incertaine… Il est clair qu'il faut d'abord parler de l'hypocrisie.

Prenez, par exemple, la dernière livraison de la *Nouvelle Revue de psychanalyse*, la N.R.P., intitulée *Pouvoirs*[1]. Vous y verrez un article de Masud Khan qui s'appelle « L'alliance perverse » ; très accessible à la lecture, c'est un bon exercice d'honnêteté freudienne pour un analyste. À quel moment, s'interroge l'analyste (je ne reprends pas le cas clinique, ce serait trop long, il suffit de lire le texte dont vous avez la référence), à quel moment serai-je hypocrite à me soutenir de la méthodologie des règles et de la déontologie de ma position analytique par rapport à la question qui m'interroge à partir de la patiente qui vient me voir ? La patiente mariée et mère de famille se trouve être en même temps séduite par un grand pervers qui, entre la séduction active qu'il exerce sur elle et la séduction passive qui est sienne, – Masud Khan parle plutôt de volonté que de séduction –, amène Masud Khan à se demander à quel moment, lorsqu'elle sollicite simplement un conseil : « Est-ce que je change ? Ou est-ce que je change d'amant ? Ou qu'est-ce que je fais ? », à quel moment ne pas répondre ? Ne s'agit-il pas finalement d'une hypocrisie méthodologique ? Autrement dit, à vouloir m'en tenir à une stricte orthodoxie analytique, est-ce que je ne favorise pas quelque chose qui est justement une alliance perverse ? Mais, à l'inverse, si je réponds : « Écoutez, ma chère amie, allez donc à la Samaritaine pour votre machine à laver… » (ça ne rentre absolument pas dans le contexte, bien entendu !), « Vous voulez un éléphant rose ? Toujours à la Samaritaine ! On voit ça à la publicité… Eh bien je vais vous donner un conseil : prenez donc le Pont Neuf par la rue Dauphine », c'est une transgression de la règle analytique et en même temps une interprétation de quoi ?

Interprétation de l'hypocrisie de l'analyste. Il est supposé maintenir une méthodologie pour l'hypocrisie comme forme du pouvoir d'une analysante séductrice, qui cherche à imposer le sien à celui qui, en ayant un autre, se demande lequel garder ou abandonner pour

1. Masud Khan, « L'alliance perverse », in *Pouvoirs, Nouvelle Revue de psychanalyse*, n° 8, 1973, p. 195-206.

découvrir celui qui se joue par rapport à l'autre. Donc double séduction et double pouvoir, ce qui désigne toute partie analytique. À travers quoi ? Non pas une partie de jambes en l'air, ça se passe d'une façon des plus correctes, pas d'érotisme, c'est-à-dire de passage à l'acte. Il s'agit de l'homologie de la chose transposée métaphoriquement dans la structure freudienne pour analyser ce qui est de l'ordre du transfert ou du contre-transfert par rapport au désir, à l'impulsion, à la libido, à l'amour, à la haine, mais aussi au texte de l'histoire de chacun, celle de l'analysante, celle de l'analyste, donc la formation de l'analyste, puisqu'il est passé sur un divan, et celle de la patiente, puisqu'elle est passée dans plusieurs plumards et qu'elle est sur un divan, d'autant plus que c'est une femme...

La psychanalyse femme ou in-fâme ? Et pour qui ? Qui sera infâme là-dedans ? Eh bien, manifestement, ajoute Khan dans cet article, c'est lui qui est l'infâme. Il est sans renommée, il a donné des conseils à sa patiente, mais, en même temps, a montré qu'il avait déjoué la double duplicité de cette partie et ainsi permis à quelqu'un d'émerger autrement de ce qui était officialisé et mis en système d'organisation sur un divan dit freudien après Freud. Et la question essentielle que je veux poser ce soir, c'est évidemment celle du savoir analytique, lorsqu'il est forcément partagé entre analystes et analysés ou analysants, quelle que soit leur secte, pour une double partie qui vient retester la découverte freudienne nommée et renommée femme ou infâme, entre le jeu du pouvoir et de la séduction de l'un et de l'autre.

Ce que je vous dirai ce soir, c'est que finalement tout est question de structure clinique... Prenez ce qu'on appelle les entretiens préliminaires. Un analyste, éventuellement titularisé, se prétendant ou s'interrogeant comme tel, voire s'autorisant lui-même, selon la formule, et ça ne date pas de 1969, reçoit une demande. Qu'il soit ou non médecin, il va bien sûr devoir être clinicien au sens où on l'entend en analyse, ce qui n'a rien à voir avec ce qu'on entend en médecine. Il va donc se demander en quoi il peut faire un diagnostic et en quoi il va être partie prenante d'une histoire, dans la mesure où la demande qui lui vient peut le séduire, en d'autres termes être un cas dit intéressant.

Prenons un exemple extrêmement simple : un premier cas de contrôle. Il semble qu'une névrose, phobique ou obsessionnelle, soit un beau cas de contrôle. Supposez que monsieur, mademoiselle ou madame Untel se cherche un premier beau cas de contrôle et le demande à ses maîtres ou à ses copains. On lui envoie quelqu'un en précisant : « Ça, c'est un beau cas de contrôle. » Elle va être séduite et le sera même, qui plus est, indirectement, puisque ce sera prémédité et qu'elle pensera : « Du moment qu'on me dit que c'est un beau cas de contrôle, c'est sûrement un beau cas de contrôle, c'est moi qui ne sais pas ! » Du coup, l'analysé va exercer, sans le savoir, un pouvoir sur l'analyste, que j'ai pris au tout début de sa carrière, comme on dit. Or ce pouvoir sera référé par l'analyste à un autre pouvoir qui serait l'autre analyste supposé savoir quelque chose sur un beau cas de contrôle, autrement dit sur quelqu'un d'analysable qui peut aller mieux ensuite, tout en titularisant l'analyste dans sa fonction.

Regardons, si vous le voulez, ce que je pourrais appeler, pour faire une tautologie, un exemple exemplaire à la fois d'une certain pouvoir et d'une certaine séduction ; il n'est pas du même côté que l'analyste, mais du même que l'analysé à partir de sa demande. Je pourrais en parler pendant des heures, ce que je ne vais pas faire. Mais reprenons les choses tantôt du côté de l'analyste, tantôt du côté de l'analysé.

Entre le jeune analyste à son premier cas de contrôle et le vieil analyste patenté, notoire, titularisé, une partie va se jouer depuis le supposé savoir de l'un par rapport à l'autre. Tout analysant en effet postule que l'analyste en sait plus sur ce qu'il ne sait pas lui-même, ce que tout analyste détecte ; il est là pour ne pas savoir, et peut-être terroristement, lui, il ne dira rien. Il ne dira rien, pourquoi ? Eh bien sans doute parce que aujourd'hui il connaît la méthodologie freudienne. Il a droit à ses séances, paye, peut dire l'heure ; ou doit être dans son fauteuil, écouter, entendre la manière agréable d'interpréter et, en plus, il peut toujours faire des *acting out* et des passages à l'acte, les dire ou ne pas les dire ; il a un pouvoir absolu et terroriste, comme il est, il peut toujours prouver à son analyste que l'analyste, ce qu'on ne lui a pas dit, il n'en saura rien.

Donc l'analyste supposé savoir est à une table d'écoute du *Canard enchaîné*, c'est lui qui est enchaîné dans son fauteuil et qui est le canard ou plus exactement le pigeon de la chose. Il faut quand même adopter ce point de vue là pour comprendre ce que c'est que de soutenir une position analytique, parce que aujourd'hui, tout le monde ayant entendu parler de l'analyse, c'est l'analyste qui est interrogé à travers l'idée qu'on peut se faire de l'analyse, qu'elle soit logicisée, politisée, scientificisée ou simplement réouverte comme une nouvelle invention. Une nouvelle invention de qui ? De l'analyste et pas de l'analyse. L'analyse, elle, est partout.

Or que fait l'analyste ? Il est seul maître à bord, capitaine du bateau, quelles que soient les circonstances météorologiques, c'est-à-dire la structure clinique qui lui fait demande ou pas et qui peut l'amener à dire : « Il y a une demande » ou « Il n'y a pas de demande », « Il y a un désir » ou « Il n'y a pas de désir », « C'est une psychose, une névrose, une perversion », « C'est pour tout de suite ou ça peut attendre trois ans ». Il fait quand même un diagnostic, cherche des points d'arrimage afin de se repérer. Il a bien le droit, il y est même partie prenante et, lui, il sait qu'à moins de cesser sa pratique et d'en mourir, il est là pour étaler la temporalité de l'inconscient ; en d'autres termes, il faut qu'il soit là à l'heure et au jour où on le voudra, c'est donc lui qui est enchaîné : le pouvoir et la séduction sont de l'autre côté. Alors qu'est-ce qu'il va faire ? Il va exercer un pouvoir d'exécution.

Le premier pouvoir, par exemple, est celui de la relance, à savoir : « Chère Madame, quand vous me dites ça, qu'est-ce que vous voulez dire ? » ; « Eh bien, cher Monsieur, je suis en train de vous dire que… » ; « Qu'est-ce que vous entendez par là ? » ; « Alors, brusquement, je m'aperçois que je ne sais pas ce que je veux dire lorsque je le dis, alors ? » ; « Vous m'avez quand même dit ceci, ceci et cela… » ; « Tiens ! Ça me fait penser à quelque chose d'autre… » ; « Ah oui, ah, en effet, et c'est maintenant seulement que vous m'apprenez que votre père n'était pas votre père et que votre mère avait perdu sa mère au moment où elle avait des anglaises. » C'est ce qu'on appelle une maïeutique. La maïeutique, c'est bien sûr un phénomène naturel, à condition cependant que quelqu'un soit dans la relance, au nom du pouvoir qu'il se donne de montrer à quelqu'un d'autre l'insu de son subconscient, sinon de son inconscient. Du coup, l'analysé se dira : « Mais, donc, j'ai un inconscient, je le savais depuis toujours, ça, mais je ne l'avais pas vu et je le vois autrement maintenant. Je pense que je pourrais peut-être encore voir des choses en vrai, manœuvrer à trouver l'identité de moi à la rencontre du spermatozoïde de mon père et de l'ovule de ma mère, au jour où je n'étais pas encore là, puisque je n'étais pas encore né ; "Où est-ce qu'ils étaient, les enfants, papa et maman, heu… avant qu'on soit né ? – Eh bien, dans la terre, dans les fleurs, dans les choux, etc." »

Tout analysé pose implicitement cette question-là à l'analyste. Or elle tire elle-même un pouvoir de cette relance qui constitue un moment de l'analyse, celui d'une mise en place des repères. Ce dialogue est tout simplement somatique, c'est une machine qui amènera des rêves, des associations libres, des réminiscences, des remémorations, des élaborations, du *Durcharbeiten*, des répétitions, de la pulsion de mort, du transfert négatif, positif, du contre-transfert, des séances interminables, des horaires, des honoraires, etc., depuis la première relance, cette forme de pouvoir que se donne l'analyste, bien qu'il prétende : « Moi, je m'en lave les mains, je ne veux rien savoir de vous », « C'est la règle freudienne qui fonctionne ici : je n'apprendrai que ce que vous me direz, car je ne pose aucune question et je ne veux pas savoir qui je suis, ni où j'en suis ». Ce n'est plus de la neutralité bienveillante, c'est de la neutralité tout court, au sens précis du terme ; ce n'est pas de la tolérance, mais vraiment du lavage de mains, à savoir qu'on n'est pas là pour ça. Ce n'est pas faux, on n'est jamais là pour ça, on est là pour le « ça » et d'autres choses ; c'est la deuxième topique, le « ça » ; et le « ça », ce n'est pas forcément l'inconscient. Mais je ne vais pas en parler ce soir.

Pour en revenir ou en rester à la question du pouvoir et de la séduction, lorsque quelqu'un vient vous causer à travers le su et l'insu de son propre dire, de la question de son inconscient, pour je ne sais quel désir de vérité, de bonheur, de jouissance, de puissance ou d'autre chose, selon les enjeux qui viennent dans l'interlocution, l'analyste est mis à la place de quelqu'un qui n'a pas tout à fait existé pour l'autre ou, s'il a existé, qui s'est trompé ou en est déjà mort. À la limite donc, il est à la place de ce que Lacan appelle le grand Autre, c'est-à-dire pas sa place à lui.

Qu'est-ce que c'est aujourd'hui qu'une névrose par rapport à une perversion ? Avec les psychoses, on sait que ça dure (ça dure toute la vie...), on les guérira, mais à condition de le faire au moins une fois tous les six mois par téléphone ; la psychose vient vérifier que vous n'en êtes pas mort, parce que vous êtes le dépositaire d'une structure d'identité que vous n'arriverez à soutenir que si vous vous arrangez pour vous déjouer vous-même et n'être jamais qui vous êtes. Donc voilà le *hic* de l'analyse dans son *nunc*, son *hic*, c'est d'être là, sans être ici, d'être là sans être ça, ou d'être dans le « pas ça », sinon dans l'impasse. Autrement dit, une fois que l'analyste est mis dans cette position redoutable, mais néanmoins privilégiée, de venir à la place de celui qui a manqué et qui lui a forcément manqué à lui aussi, qui a eu quelque père, quelque mère, quelque grand-père, quelque généreux mythe, roman ou légende de naissance, quelque roman familial, il est amené à être à la place de celui qui est l'homme à aimer, homme ou femme d'ailleurs. L'homme, c'est plus simple, c'est pourquoi tant de femmes disent : « Je ne veux me faire analyser que par un homme. » Avec les femmes, c'est plus compliqué, mais on ne peut pas en parler ce soir...

L'analyste est mis ainsi dans cette position privilégiée et impossible. Il se laisserait séduire par le Prométhée de service qui volerait le feu du ciel. Il se serait soumis au pouvoir de l'autre au nom du pouvoir qu'on lui aurait conféré, dans une partie qui s'appelle une quoi ? qui s'appelle… l'amour ! L'amour en tant qu'impossible. On sait très bien, en effet, que ce qu'on appelle un mauvais passage à l'acte ou un mauvais « acting out », au sens le plus banal du terme, c'est-à-dire un acte sexuel, supprimerait la dimension donnée à l'analyse et pour l'analysé et pour l'analyste, non pas pour des raisons morales, mais pour des raisons structurelles, car la question posée dans toute analyse, quel que soit le sexe d'un des deux analysants, l'analyste ou l'analysé, c'est toujours la réservation, la séparation entre les trois registres, que Lacan a appelés Symbolique, Imaginaire et Réel, mais c'est toujours une question d'amour, autrement dit de pouvoir et de séduction. Il n'y a aucune raison pour que l'analyste ait l'hypocrisie de se dire : « Moi, je n'ai aucun pouvoir, je suis dans la neutralité bienveillante. » C'est une forme absolument écœurante, c'est… enfin ! une mauvaise cuisine, cela ne veut rien dire, une neutralité qui serait en même temps bienveillante, n'est-ce pas ? On peut être tolérant, objectif, accueillant, intelligent, non passionnel, respectueux des autres… C'est la moindre des choses, c'est une déontologie, un exercice, une discipline, sans cela l'analyste n'entendrait rien. Il est bien obligé d'investir libidinalement ce qu'il écoute, que ce soit un beau cas de contrôle, ou ce qui, dans une demande, est encore insaisissable. Du côté de l'analyste, l'analyse est donc l'homologue d'un acte d'amour. Or, ce qui est le plus vrai dans l'amour, c'est de dire son impossibilité. Il faudrait parler de l'amour courtois pour avancer d'une façon plus pertinente et plus élaborée, je ne le ferai pas maintenant. Du côté de l'analysé, c'est pareil : c'est toujours étrenné par celui qui a manqué d'une certaine façon, que ce soit la mère, le père, l'amant, le frère, la sœur jumelle, la cousine, le grand-père, ou Dieu. Cette double partie d'un amour impossible se joue toujours à partir d'un transfert et d'un contre-transfert. La théorie de l'inconscient, lorsqu'on cause de la parole et du langage, se joue exactement à la manière des grandes amours du monde. Ça se termine parfois par la mort, ce sont les amours merveilleuses que l'on connaît depuis toujours.

Il y a du voile blanc sous du voile noir, c'est ça la fin d'une analyse : thérapeutique ou didactique ou analyse tout court ? La question est maintenant posée, je ne fais que l'ouvrir. Je dis simplement que ce qui est à soutenir, c'est ceci : du côté de l'analyste, quels que soient les pouvoirs de séduction qu'il a eus volontairement, par souci d'efficacité, faisant au mieux, ou, malgré lui, parce qu'on l'en a doté, ça ne doit amener qu'à un renoncement, et, plus au-delà, à un œil et une oreille.

On pourrait parler de la mélancolie de l'analyste, ce moment où il renonce, où il vit le deuil de celui qu'il n'a pas eu, de celui qu'il ne peut pas être pour l'autre, de celui qu'il n'aura pas, de celui qu'on ne peut pas aimer. Il en fait un deuil ou une mélancolie ; il faudrait développer ce thème de la mélancolie de l'analyste pour mieux comprendre ce que Lacan a essayé de promouvoir en instaurant la passe à l'École freudienne. La passe, ce n'est pas celle de l'analysant, du candidat, c'est celle de l'analyste qui doit faire le deuil de lui-même au prix d'une opération sur lui, pour rester dans son énonciation, vivant mais déjà au-delà de cet Achéron où il ne sera plus du côté de celui qui pourrait répondre à ce qu'on a attendu impossiblement de lui, mais de l'autre côté. Je terminerai ainsi : qu'est-ce qui reste, au-delà de ce qu'on appelle le transfert positif par rapport au transfert négatif ?

Il reste la possible transmutation de l'amour de transfert en rêve inexpiable, inexorable, inéluctable, définitif... Tout analysé sait que son analyste n'était pas celui qu'il attendait, qu'on attendait et il est en quelque sorte celui qui sera le pôle adverse d'un possible ressentiment. Dès lors, l'amour de transfert, en tant que mémoire de l'inconscient qu'on a récupérée grâce à l'analyse, fait que la haine n'est plus que mémoire de l'amour.

Y a-t-il une solution à cela ? Elle n'est pas écrite dans Freud, on la trouverait peut-être dans Nietzsche, du côté de « l'éternel retour », pour autant qu'il n'est pas le retour du même, mais d'une possibilité de devenir autre, ce qui, du côté de l'amour, permettrait de dire avec Ferenczi : « Au-delà de la confusion des langues, c'est à partir de la langue des adultes qu'on retrouve la langue de l'enfance. » Mais il faut, pour retrouver la langue de l'enfance, que l'interprétation de l'analyste ne soit pas l'injection d'un savoir sur l'inconscient, quelle que soit la formule qu'on donne à l'inconscient, du côté du signifiant de la lettre ou de l'écriture, de la trace mnésique ou de l'histoire.

La réponse de l'analyste doit être très exactement une réponse qui ne fasse jamais d'enfant à l'analysé, un enfant qui serait de son inconscient à lui. L'analyste doit être un faiseur d'anges, autrement dit non pas contraceptif mais abortivant de sa propre interprétation, qu'il se déjoue lui-même en sa pratique, et que quelqu'un qui est passé sur son divan puisse se dire : « Qu'est-ce que je pourrais dire de mon analyse ?... Rien... Je ne suis pas mon inconscient. L'homme qui m'a entendu, l'homme ou la femme, était simplement un être, la poïèsis de répartie, toujours ailleurs, toujours insaisissable, donnant relief à mon discours sans jamais l'encadrer, ou m'en faire une carte d'identité ; je sors de l'analyse non pas avec le bagage, le capital de mon inconscient, j'en sors plus nu qu'avant, jamais récupéré. »

Peut-être est-ce grâce à cela que l'on peut aller au-delà de ce qu'on appelle la non-liquidation du transfert négatif, à savoir la transformation de l'amour en haine. Mais elle ne peut se produire que si l'analyste sait montrer qu'il est au-delà de la position où on l'a mis et que, mourant à lui-même, il est, en tant qu'être vivant, celui qui reste éventuellement poète, capable de faire rire et danser, comme dirait Nietzsche, par-delà les philosophes.

30 janvier 1974

Sur Charles Fourier*

L'œuvre de Fourier ne peut être le terrain d'un exercice de psychanalyse appliquée. Et s'il n'est pas malséant, en une revue freudienne, d'interroger *aussi* le point de vue d'un psychanalyste, ce dernier ne saurait que passer à côté d'une telle pensée, à vouloir la soumettre à une interprétation.

L'idée vient plutôt, à partir du continent freudien, toutes frontières ouvertes, d'être accueillant aux effets de l'« opération Fourier », et de repérer « les têtes de pont » qui, à la lecture, se succèdent, à mesure que se développe, en ses foisonnantes ressources, le mouvement de l'invention fouriériste.

Le Nouveau Monde amoureux nous revient d'avant la découverte freudienne, avec la verdeur intacte et la verve d'un défi ; avec la rigueur d'une logique en expansion. Ce texte révolutionnaire rend-il caduque, dans l'après-coup de ses droits d'antériorité, la subversion freudienne et ses effets d'excentrement de l'homme ? Fourier ne va-t-il pas plus loin du côté de la démythification de la fonction du père et de l'interdit ? Mais, à l'inverse, saurait-on le lire aujourd'hui si Freud n'avait pas marqué le temps de sa propre découverte ?

Nous sommes confrontés à deux créations insuperposables ; deux interrogateurs de la civilisation en son malaise ou sa « démence » ; deux détecteurs du désir ordinateur – désir, pulsion, passion ou libido.

---

* Ce texte est paru dans *Topique* 4-5, octobre 1970, consacré à Charles Fourier, sous le titre « En guise d'extroduction », sous la direction de Simone Debout, éditeur des œuvres complètes de C. Fourier, en France.

Sans doute, au principe de l'*écart absolu*, peut-on comparer la distanciation subjective, le clivage disciplinaire du freudien d'avec tout savoir assujettissant. Mais la démarche de Fourier, aussi clinicienne qu'elle soit, s'affirme comme militante d'un ordre nouveau. Si elle prend à leur piège les discours et les lois de la civilisation, si elle confond la raison avec ses propres armes, elle esquisse une eschatologie ; elle propose l'*Harmonie*. Freud, quant à lui, écoute l'atemporel actualisé de l'inconscient comme message répétitif et symptomatique ; message non perçu et refoulé du sujet désirant. Il évalue les forces en présence dans la réalité psychique ; et il y décèle à la fin Thanatos comme raison et moteur du vivre de l'homme, entre la première et la deuxième mort.

La lucidité tolérante mais puritaine de Freud est pessimiste ; assez désespérée en son principe de non-violence. La non-violence de Fourier est aussi dépassement des égoïsmes et des répressions. Mais elle procède d'une autre structure subjective et d'une autre logique du désir.

Faudrait-il alors se référer à Sade pour en faire, paradoxalement, le médiateur posthume de l'interrogation qui vient ainsi ? La violence systématique est ici à l'œuvre, dans le fantasme et son écriture. Elle est exigence radicale pour démontrer la carcéralité du désir, l'incommunicabilité des âmes et réfuter la loi.

Démontrer et réfuter… peut-être est-ce là la passion dont Freud reste le plus libre ; Sade le moins… quant à Fourier, il y met une autre malice.

La tentation revient alors au psychanalyste de chercher sinon un diagnostic, du moins un repérage de l'économie subjective de l'auteur, comme apte à sa création. – Et, habitude ou nécessité méthodologique, c'est du côté de la structuration œdipienne et des modalités de l'histoire personnelle qu'on se sent conduit pour une interrogation. On en sait beaucoup sur l'Œdipe de Freud ; quelque peu sur celui de Sade. Celui de Fourier est à la fois transparent et énigmatique : mort du père quand l'enfant avait neuf ans ; refus du commerce et de sa loi ; saphisme et saphiénisme, musique et gastronomie… Avec le terme de *pivotal* et l'évocation de l'*angélicat*, on rassemble suffisamment d'éléments pour ébaucher les traits d'une certaine structure clinique.

Si Freud ressemble par moments à un obsessionnel un peu hypocondriaque, si Sade est pervers, encore qu'il le démontre trop pour l'être tout à fait, Fourier serait-il un hystérique inspiré, jouant duplicitairement de sa fixation à une phase proto-œdipienne pour rester, adulte, au service de l'enfant-phallus qui jouit de sa puissance à tirer sans danger les ficelles des personnages de son fantasme ? En fait, il évoque aussi les autodidactes constructeurs de systèmes ; les rêveurs lunaires ; les mégalomanes dans leur certitude narcissique. En outre, non comme poète mais comme créateur d'une langue, n'est-il pas un peu aussi dans la schize du psychotique, violenteur des mots et de la dictature du sens pour la naissance de l'être, dans la « déchirure du concept » ? Au-delà des bons sens et des noms propres et communs…

Toute réponse à ces interrogations serait réductrice, au regard de *l'invention*, à l'œuvre dans les textes. Il faut renoncer à embastiller Fourier dans les murs de quelque nosographie.

Mais, à partir des trois démarches de pensée ci-dessus évoquées, revenons à la problématique du père, du tiers plus exactement, et à la façon dont elle est abordée.

Si, comme le dit Pierre Klossowski, « la destruction de son objet est inséparable de l'émotion perverse », on peut rappeler sommairement que Sade fait la loi du désir au nom d'un tiers qui n'est plus Dieu, mais le souverain mal. Freud, quant à lui, ne trouve les lois du fantasme qu'en donnant sa place à la structure signifiante du mythe : le père primitif est mort depuis toujours, mais l'originaire de l'identité de l'homme en passe à la fois par son culte et son meurtre. Surmoi répressif ou idéal du moi pour la structure symbolique du singulier – regard, verbe ou trait de castration –, l'instance tierce est là pour la non-forclusion du désir.

La démarche de Fourier est plus déconcertante. Ce n'est pas tant le procès du père qui fait ici question, puisqu'il est explicite et qu'il étaye en outre un réquisitoire contre la raison, la philosophie et la civilisation. L'ouverture nouvelle concerne le principe de mobilisation des singularités, le dispositif d'accueil – toujours ouvert – que Fourier leur ménage dans son nouveau monde pour mener, poursuivre et renforcer, dans une rétroaction toujours plus efficace, la destitution du phallophore.

La conquête de l'Harmonie se redouble ainsi sourdement d'une guerre secrète, lutte jamais achevée contre le législateur.

Pourquoi Fourier ne s'en donnerait-il pas le droit puisque lui-même trouve sa rédemption et son rachat comme servant du saphisme ? Il n'en est pas moins, comme auteur, identifiable à ce Créateur qu'il relative. C'est sa cosmogonie non violente ; et sa façon de renverser le problème de la mort.

Seconde ou première, cette mort est contournée (ou transcendée) par l'opération Fourier. Tout dans son œuvre est évitement des pièges de l'ontologie. Mais c'est bien là que se pose un problème : non plus celui du refoulement au sens courant, comme fonction du surmoi (puisque avec la récusation du mariage exclusif, la libération des femmes, le thème des filiations et des parentés électives, la fonction répressive de la loi s'évanouit et qu'ainsi se démystifie l'interdit de l'inceste) mais celui du refoulement dit *primaire*, tel que la métapsychologie freudienne nous y donne accès et tel que le structuralisme d'aujourd'hui en pointe la fonction quant au sujet et à la subjectivation.

Là encore, l'invention fouriériste est assez géniale et ingénieuse pour ne pas masquer la question. – Elle l'articule au moins poétiquement. Sans doute la censure sur la sexualité, ses spectacles inducteurs et jusqu'à son langage, est-elle édictée par Fourier pour les enfants pré-pubertaires. Ainsi l'a bien souligné Simone Debout. Mais s'inscrit quand même curieusement le thème de la perversité polymorphe (freudienne) : dans l'utilisation des passions et compétences, dans la non-méconnaissance des pulsions partielles pour les « petites hordes ». Les baptêmes en ordre sociétaire, les hiérarchies en miniature, le système des « modèles réduits » instaurent, à leur façon, l'ordre du signifiant en ses batteries et panoplies symboliques.

La fonction du père est donc ainsi remplacée par l'action de la chaîne signifiante, et l'on voit là se dessiner empiriquement la logique structurale d'aujourd'hui. Fourier est-il, avant la lettre, le structuraliste d'une topique du sujet, des objets partiels et du désir ?

Il faut souligner qu'il ne remplace pas la fonction du père par la *ségrégation*[1], mais par *l'agrégation des singularités*, dans un mouvement qui additionne, multiplie ;... qui aussi divise pour mieux régner sur la mort en en déplacant toujours la béance dernière – guerre de mouvement avec Thanatos. La pulsion de mort n'a jamais beau jeu pour accomplir son œuvre. Sa scansion répétitive en l'homme est toujours reprise comme rythme et mélodie. La désintrication pulsionnelle, balancier monotone, couperet du charnel pour les nécropsies du cœur, dérègle ses itérations sous la loi de liberté et de diversification du *rubato* de l'amour. La fonction de connaissance elle-même « est directement dans le prolongement des passions dont elle est l'exercice[2] ». Ainsi elle s'oppose à la raison en ses méfaits.

1. Terme repris de Lacan à partir d'un propos sur la fonction du père (Strasbourg, 1968).

2. Cf. R. Schérer, *Charles Fourier*, coll. « Les philosophes de tous les temps », Seghers.

... Après tout, un enfant né dans le nouveau monde fouriériste ne serait pas forcément psychotique... La forclusion telle que Lacan en a introduit le concept ne nous semble pas en effet réductible à l'effet produit de quelque carence paternelle ou de quelque non-articulable du côté du nom du père. Il n'y a encore là que fantasme et idéologie. La forclusion est *absence de place*, inscrite, ou mieux, cernée comme vacuole, pour le « signifiant du manque de signifiant[1] ». À partir de quoi, rien ne permet d'identifier Fourier au président Schreber.

C'est peut-être du côté des femmes que le système fouriériste ne va pas de soi. La façon qu'ont les hommes de leur donner une liberté qu'elles ont su toujours prendre, au nom de Dieu et du phallus manquant, chaque fois que le cœur leur en a dit, peut faire du fantasme masculin de l'émancipation féminine une opération de méconnaissance, pour bonne conscience morale ou perverse.

La frigidité ne se résout jamais par la méthode expérimentale des travaux pratiques et sans doute pas mieux par des recettes « harmoniennes ». Si le fiasco d'un homme peut être du ressort des psychothérapies brèves et leurrantes, le rapport de la femme à la jouissance fait problème plus radical. Il mobilise l'Autre comme référence et *exigence* structurale, à partir des représentants et « tenant-lieu » de la phallicité du désir. Après quoi la fonction du « servant » des amours saphiques renvoie peut-être plus à l'écran imaginaire qui préserve l'homme de l'angoisse de castration qu'à l'utilité de la présence dévouée du porteur de pénis pour la célébration des bonheurs lesbiens.

Ce terme d'angoisse de castration ramène avec lui le problème de la perversion et de la sublimation.

Quant aux perversions, pourquoi ne pas saisir ici l'occasion de suivre Fourier dans sa discipline épistémologique de l'écart absolu ? Quoi que Freud ait dit de fondamental sur les origines de la perversion, son rapport à l'objet partiel et à la castration, combien d'études psychanalytiques restent implicitement organisées par un surmoi social et une idéologie de normalité. La méthodologie analytique, aussi rigoureuse qu'elle se veuille, n'échappe que rarement à la confusion toujours tentante entre mythe œdipien et ternarité du structuralisme de la réalité psychique. Si psychanalyser un pervers consiste à lui proposer implicitement une réforme de l'économie de son désir, nul étonnement à ce que la perversion reste classiquement

1. Cf. J. Lacan, *Écrits*, Le Seuil.

une non-indication de la cure analytique. Le terme même de structure perverse – qui sert maintenant couramment de monnaie d'échange pour négocier l'embarras diagnostique du psychanalyste quant à la place de tel fantasme ou acte pervers dans telle structure névrotique ou psychotique – mérite d'être mis alors en question.

En psychiatrie médico-légale, on connaît l'*œil* pâle, minéral, qui vernit l'amimie de certains animaux humains ; oligophrènes encagés dans la morale comme fauves abrutis : invalides de l'éthique, non-esthétiques de la relation à l'Autre. Rien à voir avec le *regard* – honteux, innocent, provocant, sans pudeur, ou clairement mystique – du pervers freudiennement repérable. Entre les deux, il y a aussi l'usager de l'Éros, c'est-à-dire un marginal de la société de consommation, habitué de la partouze ou du *swapping*, comme on peut l'être de la télévision. En fin de compte, que faire de cette mythique structure perverse, entité passe-partout de trop de serrures à secret, sinon l'un des discours de la raison post-freudienne en ses constructions défensives ?

La logique des comportements reconnus officiellement pervers, quelque structure psychique qu'ils animent, va bien ailleurs que du côté d'une interprétation qui s'appuie sur la découverte freudienne de la sexualité infantile pour promouvoir les concepts de fixation et de régression. Cette logique a sa rigueur ; elle est à suivre comme le fil rouge qui faufile le savoir et l'inconscient. Elle peut être fil d'Ariane pour celui qui, auditeur du « discours pervers » (ou pervertissant la méthodologie analytique – et Dieu sait s'il est alors éloquent et bavard !), reconnaît la pertinence virtuelle d'une démarche qui engage, en ses explorations assumées comme subversives ou éversives, certains orphelins de la vérité.

Les pervers… les uns butent tout de suite sur l'écran d'un fétichisme mineur ; d'autres réduisent leur identité à la franc-maçonnerie dont ils font partie ; certains aiguisent leur désir dans une approche de la douleur et de la mort ; d'autres enfin font de leur éclectisme le cœur innombrable des polymorphies de l'érogène. Mais n'y a-t-il pas toujours, à travers toutes ces démarches (et le fait qu'elles en passent par le corps, comme vocabulaire, objet et écriture), une *enquête*, irrespectueuse comme toute démarche scientifique ? Tout pervers n'est-il pas quelque peu pionnier, tiers inconnu qui défie, comme tout chercheur, le savoir acquis ? Ici, sur la problématique du père, du désir et de l'amour.

Nous retrouvons là Fourier, non pour le résumer, mais pour le suivre en une lecture toujours inépuisée. Structure dite perverse de la pensée ? Elle irait moins, pour nous, du côté du *dispositif d'accueil* pour une totalisation des singularités, que du côté de la céladonie, de la rédemption et de l'amour harmonien : – vers la gnose[1] ?

Est-ce la sublimité des enjeux entre Fakma, Isaum et Ganassa qui pourrait aider ici à une meilleure théorie freudienne de la sublimation ? Comme le note Simone Debout, l'amour désintéressé d'Isaum échappe à l'ordre du mercantile – équilibrage des intérêts. Il n'y a pas « négation ou extase inversée, mais affirmation plus haute de la vie pour un dépassement ». Au-delà de tout manichéisme, la « métamorphose des mouvements sauvages » respecte les qualités singulières et connote le pouvoir de création, la poésie, les arts – pour les jeunes et pour les vieux.

– Phrase admirable : « La morale ne doit pas être vieille d'une heure. » L'œuvre de Fourier transcende ainsi à sa façon la morale de mort du judéo-christianisme. Et d'une certaine façon, la formule de rédemption chez lui ouvre une nouvelle voie à l'impasse cathare écartelée dans sa dichotomie.

Tout ceci a-t-il à voir avec le concept de sublimation dans Freud ? Une fois éliminée l'habituelle colonisation du terme par des idéologies moralisantes, on peut constater que ce qui réfère habituellement l'économie pulsionnelle, dite sublimée, à une comptabilité du plaisir ou de la non-satisfaction, n'est qu'engagement dans une impasse. L'acte pervers, à partir de ses protocoles, et en y incluant la jouissance qu'il vise et obtient plus ou moins (sinon en le sujet, du moins dans l'autre), peut paradoxalement être pris comme modèle freudien de la sublimation.

Nous partons de l'hypothèse que la sublimation n'est pas explicable à partir du point de vue *économique*, mais qu'elle ne trouve, comme concept, sa pertinence que d'un point de vue *topique* : il y a sublimation lorsque les instances pulsionnelles fonctionnent *au nom du désir en l'Autre manquant* (l'autrefois du père ou de la mère). Le sujet se fait ainsi tenant d'une cause qui n'est créativité et jouissance possible qu'en tant qu'il occupe inconsciemment la place d'un absent, d'un parent ou d'un mort.

La sublimation renvoie le sujet à sa « refente » comme fêlure d'un impossible miroir. À ce titre, elle est pacte de fidélité envers la cause du désir manquant en l'Autre et en son nom, aptitude (boiteuse,

1. Cf. G. Rosolato, in *Le Désir et la Perversion*, Le Seuil, 1967.

talentueuse ou géniale) à l'« inconstance majeure » (pardon à Maurice Blanchot !).

Cette inconstance peut être irresponsabilité, empirisme velléitaire ou courage de l'épistémophilie. Dans les meilleurs cas, elle devient, à notre sens, ordre de mission pour les commandos de la démarche *analogique.*

Comme le dit René Schérer, « l'analogie a toujours le sens pratique d'un instrument qui ouvre la voie à une transformation du monde par le désir »... « Elle permet de déployer toutes les puissances du langage[1]. »

Nous voudrions, après cette citation, pointer la différence clinique entre la lecture analogique du monde parlé délirant (à la limite *mancie* du marc de café...) et l'écriture de l'inventeur qui démontre une autre vision possible aux routiniers professionnels du savoir. Dans le dernier cas, il faut sans doute un *granum salis* dans le style ou dans l'énonciation (c'est-à-dire l'accès aux deux modes de *splitting* que nécessitent l'ironie et l'humour) pour que la violence faite aux cloisons des départements spécialisés de la science n'apparaisse pas pur passage à l'acte, aveugle et passionnel. Les champs étant repérés géographiquement, la discipline de l'analogie nécessite une aptitude inventive à la transgression ; celle-ci étant non une fin mais un moyen qui inscrit des « diagonales ».

Peut-être y a-t-il là l'amorce d'une théorie de l'enseignement : à partir de *l'enseignant,* non pas comme séducteur mais comme poète, plus ou moins maudit, médit ou maldit. (À lui d'oser toujours se dédire des mauvais paris que lui propose la raison de l'ignorant, amoureux, frigide ou anorexique des savoirs supposés.)

Mais attention à la prégnance des modèles et au choix des instruments hypostasiant l'invention pour son message !

La musique et l'harmonie, pour être très indispensables, comme étayage, à l'invention fouriériste, ne manquent pas finalement d'être cliniquement suspectes. Il ne s'agit pas ici de faire le procès de ce qui peut dater de l'utilisation d'une gamme et d'un clavier parce qu'ils ne célèbrent pas encore les « messes du temps présent ». Que le clavecin soit *bien tempéré* ne prive pas Fourier de son tempérament. C'est plutôt du côté du résolutoire de l'accord harmonique que quelque chose vient comme menace de *suture.*

1. R. Schérer, *op. cit.*

La référence à l'accord parfait et au « pivotal » peut éveiller la vigilance critique de l'analyste qui n'oublie pas la théorie du narcissisme. Le « surpivotal », comme progression et transposition, n'ajoute rien ici au pivotal, de quelque indice qu'on affecte l'opération. On est tenté d'introduire la discordance (et non la note sensible), pour mieux contester le fantasme du recrutement des « ralliants » et la théorie de l'« engorgement » des passions. Sans doute le recours à la combinatoire et à la science des sons est-il lié à l'« émotion agréable » comme effet et visée de la musique. Mais celle-ci, science de l'ordre en toute chose, harmonie sensuelle préalable à l'intellection pour les anciens pythagoriciens, renvoie aussi à sa corruption par la civilisation.

L'harmonie, celle qui arrange, qui fait la *synarthrose* narcissisante, pourrait bien faire de Fourier, comme tenant de l'« unitéisme », célébrateur de l'ordre fini d'un cosmos libidinal et divin, un *harmoste* malgré lui.

Il reste que la musique, comme venant de la muse et comme combinatoire, donne accès à ce qui de l'amour est *hors la parole et hors le sens*. La musique ne fait pas des orateurs ; elle ne recrute que des paroliers, lesquels n'épuisent pas la non-signifiance des chansons de l'âme.

Les mongoliens sont musiciens, constate-t-on… Les psychanalystes ont réputation de l'être peu ou de ne l'être plus ; du moins avec l'oreille. Qu'ils écoutent ou qu'ils entendent, ils aiment tenir à la main des partitions, solfège pour la lecture de l'être et du désir.

Aujourd'hui la vraie musique nous revient des anciens esclaves que la civilisation a voulu éduquer. (Nous pensons ici aux doctes débats qui suivaient la projection télévisée d'un film de Jean Rouch.) La transe collective d'une négritude *in situ* était-elle réductible au savoir occidental sur la structure hystérique ? Les mélopées, les rythmes, les danses et les convulsions ne servaient pourtant pas, en ce film, quelque théorie qu'on voudra de l'identification unitive ou aliénante. Le tam-tam scandait autrement le Sambre-et-Meuse du colonialisme. L'harmonie de la marche militaire œdipienne se faisait jazz à l'état naissant. Le binaire du pas de l'oie devenait ironie de l'entrechat, dérision de la hampe et du manche, syncope dysrythmique du désir haletant. C'était là *recours* et non servitude à un ordre pour sa transfiguration dans le consumatoire. La barre de mesure était franchie. Le *comma* des différences non tempérables défiait la répétition, pour un coma des égoïsmes, pour un exorcisme du même et de l'identique.

On pourra nous objecter que ces considérations sont hors de propos. Nous ne tenons pas en effet de Fourier des symphonies concertantes, mais des textes. Il reste cependant, pour nous, à partir du recours proposé au modèle musical, sinon à la musique, le projet tentateur d'une hypothèse : référer l'un et l'autre (modèle musical et musique) à ce qui les fonde et les soutient : à savoir *l'instrumental.*

Le chant fonde la voix humaine comme organe ; et cet organe renvoie à toute matière qu'on peut transmuter en violant son silence de nature. Roseau creux, psaltérion et grandes orgues, le bois et le métal ont toujours été, sur des millénaires, par les hommes façonnés à l'envi. *La musique est vibration du réel,* en son instrumentation.

C'est par arrêté d'un ministère d'État que le *la* fut fixé à 870 vibrations. Mais ce *la* civilisé ne renvoie pas qu'à la possibilité de l'unisson et du pivotal comme piège irréalisable de l'amour. Il est aussi *là* comme un ailleurs transfini, garant d'un principe de discorde, sinon d'une discorde de principe.

Discordance ou dissonance ? Les textes de Fourier nous donnent l'impression d'un compromis sur ce plan, à travers même cette apologie du singulier pour le *jeu* et non le sérieux des combinatoires. La notion de l'instrumental peut nous rappeler que la Nature est femelle comme le silencieux mystère qu'elle recèle pour l'être humain, à quelque sexe qu'il appartienne. Le génie poétique de l'auteur du Nouveau Monde amoureux est de faire de Fakma, la sainte et la putain sacrée, la source de toutes les orchestrations, mais tout en même temps le *topos* charnel de tous les instruments pour tous les orchestres.

Mais *quelle femme serait-elle possible à elle-même,* à se croire et se savoir coïncidente avec l'imago et la topique que soutient et démontre le culte fouriériste de Sapho ?

Freud et Fourier ont peut-être (chacun à sa façon) raté une théorie de la sexualité féminine. Point de vue topique ou point de vue économique ? Le rapport de l'homme et de la femme à l'objet partiel et au réel n'est pas le même.

1970

L'interprétation, la *Deutung**

L'interprétation, la *Deutung* plus exactement, est un mode privilégié et spécifique d'intervention dans le champ de la maïeutique freudienne.

Le sujet horizontalisé et menacé d'aliénation par la règle fondamentale et le silence de l'autre attend secrètement une révélation fulgurante, le flash d'une vérité indicible dans son histoire et ses discours ; mais il redoute ce bouleversement libérateur qu'il désire. Au besoin, cette interprétation, il se l'administre et la donne à l'analyste pour mieux se garder d'avoir à la subir comme un viol. Dans le temps qui précède le verdict, il s'en tient souvent à une auto-politique du pire, tout en prenant conscience malheureuse de son indépassable duplicité.

Le sujet assis et supposé à l'écoute, voire à l'affût, sait qu'il doit prendre tout son temps pour se repérer et n'intervenir qu'à bon escient. Il dispose, pour que les séances restent vécues comme un dialogue et non comme un soliloque, de divers moyens, destinés aussi à enrichir son information et à relancer une investigation qui ne peut se faire qu'à deux. Ponctuations ; interjections ; curiosités discrètes ; encouragements sereins ; liberté d'intonations ; mouvement de baguette pour les scansions et rythmes ; point d'orgue à la place d'une réponse demandée dans l'insistance ; explication concédée sans réticence ; respect des pudeurs ; accueils courtois du scabreux, du scatologique, de l'obscène ; tolérance à la séduction et à l'agression ; indication de quelques bornes ; avis de non-complaisance ; voilà ce qui permet – chacun ayant son style en ses modulations pour la succession des cas singuliers – de baliser le champ méthodologique d'une cure.

---

* In *Comment l'interprétation vient au psychanalyste*, Aubier, 1977.

À partir de quoi, nous n'avons pas encore parlé de l'interprétation *stricto sensu*. Embarras, bien sûr, et pas forcément à l'espagnole, mais aussi souci d'illustration de ce qui peut suffire pour qu'une relation psychanalytique s'amorce, pour que le transfert se fonde et évolue, pour qu'émergent les formations de l'inconscient, pendant que se modifie le rapport entre résistance et défense.

Ce que l'analyste sait, dès qu'il prend du recul pour interroger sa pratique et ses résultats, c'est que le patient donne valeur et pouvoir d'interprétation à tout ce qu'il perçoit, entend ou dérobe du regard, comme venant de l'autre à qui il adresse son discours. Il n'a pas tort à sa façon, et sa *Deutarbeit* doit être respectée. Elle est révélatrice d'une structure subjective et de l'économie du désir inconscient, même dans les périodes où l'imaginaire des projections transférentielles se colore de paranoïa ou d'érotomanie, induites non par un « noyau » psychotique mais par l'appareil freudien lui-même, tel qu'il est mis en place pour déduire la vérité de l'inconscient des artifices de la méthodologie.

Le problème reste donc des rapports de l'analyste à la tentation, l'opportunité ou la nécessité de l'interprétation communiquée, au jour où la ponctuation ne suffit plus à entretenir l'évolution de la cure en son progrès.

Il nous semble que seul le machinique de l'automatisme de répétition justifie et impose, tôt ou tard, une intervention qui recoupe et modifie le processus en cours. Il ne s'agit pas alors de dessiner ce qui se répète et d'en communiquer, en paroles, l'image à l'analysant. Il s'agit de savoir que, pour celui-ci, la question n'est plus de ses symptômes, de ses fantasmes ni de son économie érotique, mais bien celle de son être et de son identité par-delà l'Œdipe et la castration.

Précédemment, une interprétation inexacte, comme produit du contre-transfert et de son alliance avec l'inconscient langagier et pulsionnel du praticien, pouvait très bien ne faire ni bien ni mal, ni chaud ni froid (à moins qu'elle n'effondre sauvagement les défenses du moi, avec surgissement d'une angoisse incoercible). En général, l'arme absolue n'est que sabre de papier à usage interfolklorique pour les protagonistes. On connaît aussi l'effet thérapeutique de l'interprétation inexacte. On sait enfin qu'une *Deutung* ne confirme son opportunité, quel qu'en soit le contenu, que dans ce qui vient tôt ou tard en retour, à condition qu'on sache l'entendre.

Lorsque la pulsion de mort se met à faire la loi dans une cure, c'est que le sujet n'est plus à interroger en ses choix d'objet partiel et ses investissements libidinaux, mais à interpeller.

Comme le dit René Major, l'interprétation fait signe au sujet. On peut en déduire qu'il est exigible alors de ne pas faire erreur sur la personne...

Or, c'est en général ce qui arrive, lorsque l'investissement de la théorie et le désir de sa transmission gouvernent la démarche de l'analyste qui n'est pas Freud.

La question est d'autant plus difficile à traiter entre freudiens qu'elle concerne chacun d'eux. De mon propre parcours, quant à la problématique des filiations et appartenances, je n'évoquerai que ceci : 1949-1953 : S.P.P. 1953-1963 : S.F.P. – (*in memoriam*). 1963-1969 : E.F.P. Cela ne me confère de titre autre que celui qui donne accès à des confrontations. Elles sont intra et intersystémiques ; elles définissent donc un rapport à l'extraterritorial, ce dont, peut-être, chacun de nous rêve sans trop y croire : l'échappée belle.

De par sa fonction et sa discipline, le psychanalyste est condamné à « souffrir de réminiscences ». Elles sont induites par les discours singuliers qui sont chaque jour à entendre, et dont on n'est jamais tout à fait indemne. Il convient même qu'on ne le soit pas, mais qu'on puisse garder distance d'avec la chose : exercice d'auto-analyse du contre-transfert.

La pratique de l'analyse, en fait, ne permet jamais au freudien de mettre aux archives le dossier de son propre inconscient. Son économie libidinale reste en liberté surveillée. Il n'a pas le droit de se reposer des mémoires de sa vie, pas plus que de ces anti-mémoires qu'on lui a proposés sous forme de constructions et d'interprétations quand il était sur un divan, lui-même, avec un double désir : celui de voir se mieux dessiner sa ligne de vie et sa ligne de cœur, mais aussi cette ligne de tête, sûrement, fermement tracée... chez les psychanalystes, ces futurs et enviés collègues.

Que l'un tende la main à l'autre, cela confirme un accord sur la cure à entreprendre. Que le didacticien n'avance que sa dextre vers deux mains tendues, cela prouve qu'il a été titularisé comme tel et que le candidat n'a pas été découragé par un comité de sélection.

Lorsque – réquisitoire prononcé contre les instituts – on propose, ailleurs, des formules telles que : « L'analysant peut autoriser son analyste comme didacticien », du fait même que « l'analyste ne s'autorise que de lui-même »..., on prétend sans doute faire une révolution. En vérité, il ne s'agit que d'un renversement dialectique autour d'un même axe.

C'est pourquoi j'ai proposé, il y a quelques années, le terme de « psychanalyse désaxée », pour tenter d'aller au-delà de l'impasse et de la « passe ».

En effet, à mon sens, les énoncés lacaniens rappelés ci-dessus ne prennent leur relief que si on les fait précéder d'une affirmation autrement redoutable : au regard des applications de la psychanalyse, l'analyse *pure*, c'est la didactique. Ce « pur » me semble assez terrifiant.

S'autoriser de soi-même, c'est sans doute se passer de permission, en sachant qu'elle a été effacée sur le programme ; cela n'indique donc que le moment subjectif de franchissement d'un seuil, temps de la décision dont les lacaniens n'ont ni le privilège ni l'exclusivité. Autoriser l'autre comme... ne réfère qu'à l'après-coup, celui qui donne titre, sinon droit d'auteur et d'acteur, à l'analyste qu'on a eu. – Pourquoi pas ? – En revanche, la psypure !...

Terminons-en avec la chiromancie. Faut-il que le sujet « refendu » fasse l'amour d'une main et de la psy avec l'autre, alors que les deux mains tendues du didacticien reconnaissant, car titularisé à terme, le fondent comme l'ambidextre didactisé qu'il devient ? De quoi se la couper dans le désêtre, au nom de l'Organe impair et médian.

À l'Institut ou à l'École, quel risque ose-t-on prendre ainsi, avec plus ou moins de passionnalité ou de prétention ?

Le risque est lié à *l'erreur sur la personne* dont nous parlions plus haut. Il y a en fait double erreur, celle qui vient du candidat qui cherche à travers son interlocuteur les noms de ses pères, celle de l'analyste, bien plus redoutable, dès qu'à s'adresser à l'analysant, il en vient à viser l'élève et non pas le sujet en ses constellations inconscientes singulières, pour son devenir libidinal.

Tôt ou tard, et c'est bien là l'impasse post-transférentielle de la didactique, le nouveau collègue se sentira, par effet d'après-coup, volé à son propre désir, voire, à l'extrême, à sa propre identité, par celui-là même en son fauteuil, qui a cru, se référant au « Désir de l'Analyste », ou à l'orthodoxie de son rapport au savoir institué-instituant, faire pacte de plaisir à partager avec un autre, au nom du travail freudien et/ou du renouveau de l'élaboration théorique.

Le malaise dans la civilisation psychanalytique est connu depuis longtemps. Il est généralement appréhendé au niveau des querelles doctrinales et des idéologies de groupe. Mais ceci ne recouvre peut-être qu'une addition des vicissitudes particulières qui émaillent le destin de chaque freudien. Si notre hypothèse est exacte, à savoir celle qui interroge le rôle de la pulsion de mort, qu'on sache que nous nous croyons autorisé, par les écrits de la 2e topique, par l'enseignement de Lacan, et par nos travaux sur la psychose, à sous-titrer Thanatos et l'automatisme de répétition en utilisant la notion de *pulsion de subjectivation.*

Le retour à la source pour la deuxième mort rejoint le lieu de la première, celui de la naissance du sujet.

La pulsion de subjectivation surgit lorsque le sujet est doublement épinglé par un seul, aux signifiants de son désir et de son savoir. Avec les psychotiques, des infirmes de l'identité, l'expérience montre que les tentatives thérapeutiques qui visent à leur proposer l'imaginaire et la symbolique des modes d'identification à eux-mêmes peuvent les amener à un acte suicidaire qui est désir d'une autre naissance. Cela s'explique si, en ne confondant pas l'unitif et le distinctif, on accepte la théorie lacanienne du sujet, celle qui efface le S, subsumé par les signifiants qui concernent son identité. Le sujet en sa permanence est indépendant de tout ce qui le fonderait comme identique à soi. C'est ainsi, à nos yeux, que la pulsion de mort, considérée comme pulsion de subjectivation, est tentative répétitive et machinique de meurtre du réel, pour le vrai à l'état naissant, mais en fait, mort-né.

Ce modèle, repris à l'usage des après-coups que subissent, sans en faire évidemment état, les analystes didactisés, peut rendre compte de ce que nous avons appelé récemment les maladies du freudien. Nous insisterons seulement ici sur les modes mineurs d'hypocondrie, les somatisations, les états de prépsychotisation labiles, les équivalents mélancoliques qu'expérimentent nombre de freudiens, sans trop connaître la cause de leur mal.

Ici revient la question des positions subjectives au regard d'Éros et de ses flèches. La didactisation du manque à avoir et du manque à être est un vaccin contre l'amour. « Dieu qui peut tout, disait saint Jérôme, ne peut relever une vierge de sa ruine. » On pourrait dire que le savoir intériorisé interdit au psychanalyste le droit à toute virginité, celle qui permet de croire à une réinvention itérative de la vie et du désir.

L'analyse pure, en sa rigueur logique, acheminerait, si elle était possible, le sujet vers la mort du fantasme et la mort tout court. Elle est conceptualisable, et Lacan s'en charge ; mais qu'elle ne devienne jamais lacanisme appliqué à la psychanalyse.

Celle-ci doit s'assumer comme inachevée – une symphonie de discordes et de dissonances dont la coda est une ouverture.

1977

L'éthique du psychanalyste*

Notre contribution d'aujourd'hui, à ce qui s'ouvre ainsi pour le temps de parole qui nous est réservé, viendra maintenant sous forme de questions et réponses – lesquelles se sont dégagées, en partie, d'un dialogue récent avec François Perrier.

1) Éthique de la psychanalyse ou du psychanalyste ?

La psychanalyse, à partir de la découverte freudienne, est interrogée et traitée soit comme théorie de l'homme (anthropologie, philosophie, etc.), soit comme science de la psyché, soit comme méthodologie permettant de rendre compte d'un protocole expérimental, soit comme art qui ajoute à la discipline d'une pratique relationnelle la part de créativité ou d'intuition qui vient de deux sujets : les psychanalysants. Il ne saurait donc y avoir d'éthique psychanalytique que par rapport à l'aptitude et au désir de réponse ou non-réponse pour chaque psychanalyste, une fois que la psychanalyse n'est plus l'affaire de Freud mais la nôtre à chacun, en notre référence au jugement d'appréciation.

* Cet entretien d'Irène Roublef avec François Perrier a été prononcé le 1er novembre 1974 au congrès de Rome de l'École freudienne en présence de Lacan. Je remercie Frédéric Perrier d'avoir autorisé la publication de cet entretien de François Perrier avec sa mère. J.S.

Dans le registre psychanalytique, le binôme bien-mal est concurrencé, et souvent fallacieusement, par le binôme vrai-faux.

Pour qui et à quel moment ? Voilà la question du psychanalyste.

Le statut de la psychanalyse, entre les diverses écoles, à partir de l'histoire et selon les destins qui lui sont réservés dans divers champs – idéologique, politique et socio-culturel d'aujourd'hui –, reste non défini. Il demeure que contradictoirement, entre les conjonctures, le conjoncturel de la psychanalyse est à soutenir comme tel, et toujours à l'état naissant. Pour chacun de nous, il faut une disponibilité permanente et indéfiniment renouvelée.

Il n'y a donc d'éthique, idéalement, que du psychanalyste ; mais comme tentative épistémologique paradoxale et non spécifiable, à partir de chaque opérateur, toujours nouvellement interrogé par le champ qu'il explore à partir des discours qui lui sont adressés pour le concerner, mais tout autant pour ne pas l'y impliquer au point qu'il s'y enferme ou qu'il s'y aliène. Il ne s'agit plus ici, comme éthique du psychanalyste, que de la tentative sienne de rester vigilant à tout ce qui l'identifiait, à partir de l'autre, soit au maître, soit à l'esclave.

En ce sens, l'analyste doit ne se réduire ni à lui-même ni aux autres qu'on projette en lui. Il se doit de déjouer et son goût du colonialisme psychique et l'instance impérialiste qui s'affirme chez l'analysant une fois qu'à se payer quelqu'un pour lui tout seul, il prétend, sans le savoir, acheter du désir et de la subjectivité. L'analyste vend son âme au diable, c'est-à-dire aux diableries de l'inconscient. On tente d'acheter cette diablerie de désir en lui en l'en faisant l'esclave de son savoir, de sa méthodologie, de sa présence, de ses horaires et… honoraires, de sa neutralité, de ses dons d'écoute et de déchiffrage. Mais en même temps on exige implicitement que le psychanalyste demeure dépositaire de la loi du temps, et ainsi dépositaire mobilisé et réserviste d'une tierce dimension dans la diachronie du dialogue, la temporalité du désir pour rien.

D'une certaine façon, c'est pour l'analyste que le processus freudien est et devient toujours plus aliénant et mortifère. Son éthique, et non sa discipline, c'est alors de continuer à vouloir rester au service de la cause de l'autre alors que celle-ci ne se soutient que du meurtre fantasmé du psychanalyste. On le postule comme l'Autre absolu et en même temps comme l'autre qui absout.

L'éthique première du psychanalyste, c'est ainsi de survivre à son propre meurtre, sans tuer pour autant l'autre qui l'agresse. Le champ freudien ou l'arène ? Pour quelle corrida et quelle mise à mort ?

2) Quand un psychanalyste a terminé son analyse, qu'est-il, non en tant qu'analyste mais en tant qu'être humain ?

Que serait l'être du non-humain et l'humain du non-être ? Chaque fois que quelque question de psychanalyste ou de psychanalyse viendra se ravitailler à la problématique de l'« Être » *(to be or not to be)*, on pourra dénoncer une tentative de récupération métaphysique de l'interrogation freudienne en sa métapsychologie. Heidegger nous dit que le temps lui apparaît comme « l'horizon de l'être ». Ce n'est nullement le temps qu'Aristote interprète comme une succession d'instants. « Nous habitons ainsi la demeure d'un présent au sein duquel se font écho les plus extrêmes lointains, ceux du passé et de l'avenir. » Passons de Heidegger qui récuse aussi bien le point de vue historique que le recours à l'éternel (dans *Sein und Zeit*, 1927) à Mallarmé pour penser dans toute son ampleur ce qu'il ose nommer un jour :

« Le vierge, le vivace et le bel aujourd'hui... »

3) Pourquoi le psychanalyste recherche-t-il ou est réputé chercher le pouvoir ?

En fait, il supporte le présumé pouvoir qui est le sien, une fois que l'autre ne peut faire son analyse qu'au nom du supposé pouvoir du supposé savoir. À partir de quoi, la discipline de l'analyste, pour la morale de l'affaire et non pour le moral des troupes ou la moralité de l'histoire, c'est ne pas confondre l'étude des sciences morales et l'éthique, car, en tant que telle, l'éthique n'est à personne sinon à Nicomaque. Elle réfère aux lieux communs aristotéliciens, mais tout autant à l'étymologie de l'εθος, la coutume et l'usage.

Autrement dit, l'éthique du psychanalyste, c'est simplement le déplacement qui lui permet une stratégie de dissuasion du malaise et du bien-aise de l'analyste en la culture ou civilisation dont il est le représentant représentatif, dépositaire ou législateur. Il doit se déshabituer, se désaccoutumer constamment de la façon dont il est coutumier de lui-même dans son usage des autres et vice versa.

L'originalité de la position freudienne en matière d'éthique, dit Lacan, c'est que « c'est un glissement, un changement d'habitude dans la question morale comme telle ».

La problématique de l'éthique du psychanalyste par rapport à la psychanalyse se pose aussi dans la mesure où il s'agit du désir de l'analyste. Désir de quoi ? Désir induit par quoi de qui ? Certains psychanalystes ne vivent et survivent à eux-mêmes que dans la mesure où d'autres, de vocation, de surcroît ou de bénéfice, s'identifient à leur désidentification comme agents et outils du surréel des machines célibataires[1]. Je cite :

> Si « *Wo Es War, soll Ich Werden* » est devise de la cure, le *Je* advient là où il peut s'assumer, *Nachträglich*, de par la parole du psychanalyste.
>
> Le névrosé n'est jamais pièce sur mesure pour achèvement du puzzle de la cartographie de la scène primitive. La pièce détachée est aberrante. Elle est un être inclassable dans le catalogue des aptitudes de l'homme aux productions usinées. Ce qui ne s'adapte à rien de totalement dessiné, ce qui n'a pas exhaustivement sa place préétablie dans une sphère dite narcissique, voilà ce qui garantit au névrotique le *Ich* permanent de son advenir érotique au sein des charpentes signifiantes d'un passé qui le fascine mais sans totalement l'emprisonner.
>
> Le psychotique, lui, ne se découvre inclassable dans le puzzle que trop tard. Le jour où la machine signifiante du destin fait vivre aux autres l'angoisse de castration, il ne peut, lui, faute d'une aptitude au « pas » de sens, se soutenir comme sujet. On ne peut jamais faire advenir un psychotique à son passé. Comment lui faire assumer, pour un autre advenir, le fait que son *Ich* n'a jamais eu place possible en son histoire, et que l'aujourd'hui de son délire est toujours le pseudo demain d'un hier impossible, sinon impensable. Sous la menace de la « machine célibataire » le délirant s'aliène dans le *on pense* pour faire du *je suis* le cancrelat kafkaïen d'un ultime recours au formel qui donne encore image à l'innommable, à l'inconceptuel du réel de la mort initiale... « on me pense, donc je suis ».

Pour certains psychanalystes, en fait des antipsychiatres de la psychose dont ils restent naufs, il n'est d'autre question de l'analyse que celle du non-pouvoir de l'autre. Mais cela, c'est l'anti-éthique de l'antipsychanalyste comme pseudo anti-Œdipe qui ne nie, en fait, que la différence – celle des sexes.

Dans une vraie analyse, si l'autre bouge, l'analyste se remet à avoir un inconscient à lui. Il redevient à l'état natif, il survit à sa fonction : il invente ce qu'on invente de lui en le prenant pour qui il n'est pas

1. Celles de Michel Carrouges, reprises par F. Perrier dans son article « L'érotomanie », in *Le Désir et la Perversion*, *op. cit.*

mais qui est son désir, c'est-à-dire son advenir de survie, son éthique quant à la fonction du bien et du mal, du vrai et du faux, du côté de la mise à mort. Sinon, où serait-il le psychanalyste ? Dans la mort, dans le « sans désir » ou dans le savoir ?

4) Récupéré ou récupérable, où peut en être l'analyste par rapport à la « société » marxiste ou capitaliste, selon les termes à la mode ?

On n'est analyste que pour l'autre ou les autres. La société des autres (en minuscules) a fonction de phagocyter quiconque se singularise au regard d'une économie culturelle ou d'une idéologie. L'analyste est toujours celui qui est devenant récupérable d'abord et dont la discipline est de ne l'être jamais. Il vit au lieu de l'écart et de la différence.

5) Qu'est-ce que ce pouvoir que chacun cherche, sans lequel chacun est impuissant, inhumain ?

Il faut ici démystifier le terme de pouvoir. Pouvoir appliquer les lois de la gravitation des astres ou les processus biologiques des cancers est, fondamentalement, vocation de l'homme par rapport à l'inconscience du chimpanzé irresponsable du zoo de Vincennes. Le pouvoir se réfère au fantasme d'efficience du désir, c'est-à-dire à la prise de l'objet toujours dérobé dans le réel. Une fois qu'un langage vient faire la loi à la nature des choses, tout sujet est aussi humain qu'un poème et tout aussi inhumain que le fonctionnement des centrales hydro-électriques par rapport aux chutes du Niagara. Le tout est de savoir quelle position subjective on définit et on assume, et par rapport à quel projet, qu'il soit de science ou de vérité, pour se chercher un pouvoir d'emprise, de consommation, de consumation ou de changement de l'autre.

Aucune centrale hydro-électrique n'a de vérité en elle-même sinon par son entrée dans le discours de l'autre comme mode de fonctionnement du signifiant. Le vrai est dimension de l'humain, ce qui n'empêche pas la centrale hydro-électrique de fonctionner, mais qui interroge toujours une fois qu'être homme, c'est être interrogé. La question est sienne des pouvoirs qu'il a d'humaniser ou de déshumaniser son intelligence des choses de la nature, c'est-à-dire sa façon de s'en servir et d'en être finalement toujours desservi.

6) Quelle est la direction collective de cette éthique, sa dimension politique et culturelle ?

Le terme de collectif ou de la collectivité n'est qu'une forme d'idéalisme extrapolé du côté du non-subjectif, pour autant que le pluriel fantasmé dans les pubertés de l'angoisse métaphysique évite la question du singulier et du sujet post-cartésien, au-delà de Leibniz, en référence au paradoxe du non-identique à soi comme principe de permanence du sujet au regard des signifiants qui le concernent[1].

7) Que peut-on faire avec la psychanalyse en psychiatrie ? À la fois dans l'institution et dans la société ? Comment ne pas avoir une situation non suspendue ?

Inversons : que peut faire la psychanalyse de la psychiatrie, sinon s'en servir comme phénomène historique, politique, scientifique et institutionnel, aux fins de réserver le singulier de toute question par rapport à l'unitivité des classes nosographiques ou à l'idéologie de la lutte des classes comme autre déplacement des taxinomies ?

Par rapport au pouvoir, la potence sera toujours le gibet du freudien pendu et suspendu comme balancier non horloger de l'intemporel de l'inconscient. Puissance, pouvoir et potence, c'est le même mot.

Le pendu comme frère, c'est toujours de ne pas être mau/dit (cf. Villon).

8) Si on répond à un type de question (à la famille d'un psychotique, par exemple, dans l'institution) par le silence… n'est-ce pas un silence, non d'analyste mais de muet ? Or, que répondre ?

Il ne saurait s'agir de réponse mais de renvoi. La réponse est surprise, repartie ou défi. Renvoyer l'écho signifiant de la question, telle est la fonction de la relance afin que l'autre que l'on est ne soit pas

1. Cf. J. Lacan, tout son enseignement, et J.A. Miller, *Cahiers pour l'analyse*, n° 1.

fonctionnaire d'une fonction de verrou pour la porte ouverte à la question posée.

9) Pourquoi le psychanalyste est-il en difficulté lorsqu'il est interrogé sur sa position dans la société ? Pourquoi ce malaise dans notre civilisation ?

Parce qu'il doit faire « le mort », même en parlant, et que cela rend les autres aptes à la pulsion meurtrière du travail de deuil.

> *« Frères humains qui après nous vivez*
> *N'ayez les cœurs contre nous endurcis. »*
> (F. Villon.)

Comme le disait Freud : « En dernière analyse, par-delà toute théorie, quand les choses ne sont plus à comprendre, lisez les poètes. »

> *« Honneur des Hommes, Saint LANGAGE,*
> *Discours prophétique et paré,*
> *Belles chaînes en qui s'engage*
> *Le dieu dans la chair égaré,*
> *Illumination, largesse !*
> *Voici parler une sagesse. »*
> (P. Valéry.)

Le psychanalyste, comme anti-dieu, est garé, par rapport au langage, de l'égarement charnel (retour du pulsionnel et du refoulé) dont il tente de donner dimension à son analysant de par sa seule parole, sa relance signifiante.

Mais l'analysant se gare aussi pour mieux se gérer. Fausse sagesse anti-poétique. Il n'est d'analyse que sans gérance ni gestionnaires. L'éthique du psychanalyste ce n'est pas l'intendance, ni les tendances mais :

L'EN-TENDANCE.

II

CLINIQUE

Sur la clinique, le transfert et le temps*

Nous introduirons ce propos, qui a pour objet l'étude du rapport qu'entretiennent les structures cliniques avec ce que la *praxis* psychanalytique promeut comme structures de transfert, par l'histoire d'une erreur de diagnostic.

Il s'agissait d'un moine psychotique que nous avions adressé à un de nos collègues analystes, pour une cure… mais à partir du diagnostic de névrose obsessionnelle. S'agissait-il seulement de notre part d'une faute liée à une lecture trop superficielle d'une séméiologie ? On sait qu'on peut faire entrer certaines obsessions dans le cadre des défenses pseudo-névrotiques fréquentes dans la schizophrénie. Ainsi le rappelait celui-là même qui évoquait dans un texte[1] le cas que nous lui avions adressé, mais pour ne pas réduire le problème clinique et théorique que lui posait ce malade à cette simple perspective. En effet, la névrose obsessionnelle était typique, fortement structurée dès l'adolescence, bien inscrite dans l'anamnèse. Ce qui pouvait se déceler secondairement comme délire de relation introduisait moins la question d'un cas limite que d'un « cas double ». Et notre collègue terminait son exposé par cette interrogation : « L'obsessionnel aspire-t-il à une réponse qui ait la consistance du "pur réel" ? Que se passe-t-il lorsqu'il reçoit la "réponse" psychotique ? »

Avec le recul des années, et sans que nous ayons eu la possibilité depuis lors de nous informer du destin de la cure, cet exemple nous

---

* Avril-juin 1968, in *L'Inconscient*, P.U.F.

1. J. Laplanche, *La Réalité dans la névrose (et la psychose)*, texte réservé à la Société française de psychanalyse, 1961.

a paru bien choisi pour une amorce des questions que nous allons développer.

Il est évident aujourd'hui, pour nous, que le patient Henri était déjà, au moment même où il nous était adressé, un psychotique. Mais que le diagnostic fût encore impossible peut s'expliquer. Les psychiatres savent qu'un sujet, inscrit dès sa naissance, par des parents pieux, comme enfant de Dieu ayant sa place dans l'ordre signifiant de la religion et dans un ordre religieux, peut demeurer, longtemps ou toujours, un psychotique compensé et inapparent. Dans un déterminisme sans faille, dans un système aussi cohérent qu'une théorie scientifique *suturée*, dans une cosmogonie dont les étoiles sont fixes, il n'est de réponse du réel à l'insistance du désir, qui puisse être autre que signe de Dieu comme message subjectivant. Et ce, parce que aucun tiers interlocuteur ne se situe encore comme *excentré* par rapport au mythe et à sa loi totalitaire. Que le sujet, ainsi à l'abri de sa question, développe une névrose obsessionnelle, il ne prouve encore ainsi que sa prétention à apprivoiser, pour s'en rendre maître, le système du langage tout entier. « Exposé aux symboles[1] », menacé par les jeux et caprices du signifiant, il s'adonne sans signe d'aliénation psychotique à la tâche incessante, envahissante et extensive, de l'isolation et de l'annulation, parce que la place du père mort est ici tenue par le Dieu vivant des autres, dont on ne risque pas d'être rétroactivement le meurtrier.

Mais que l'athéisme freudien en celui de ses représentants auquel nous adressions, en accord avec son supérieur, le malade Henri, vienne proposer une autre règle, une ouverture sur un autre réel, dès lors une relativation implicite du mythe qui définissait exhaustivement jusqu'alors le sujet, fait que la psychose se dévoile. Les signes ne viennent plus de Dieu mais de tout le monde, car tout le monde sait désormais qu'Henri, œuvre jusqu'alors de la toute-puissance divine, est devenu, exclaustré et mis à la question du freudien, fils bâtard d'un « qu'en-dira-t-on » qui défie l'existence de Dieu, en son enfant perdu.

Nous partirons de cette histoire pour questionner d'abord le concept de *clinique*.

– Concept paradoxalement embarrassant pour le psychanalyste, lui qui pourtant travaille, à sa façon, « au lit du malade » ; lui qui se voue constamment au singulier de chaque cas, même s'il ne réduit pas

1. Selon une expression de X. Audouard.

l'horizontalité du divan à l'espace d'une clinique au sens médical du terme.

– Concept irremplaçable cependant : celui qui rappelle à son devoir de disponibilité envers un seul autre à la fois le théoricien prêt à s'évader dans les satisfactions narcissiques du savoir ; celui qui rappelle aussi au freudien qu'il est, comme le médecin et le psychiatre, dépendant du défi renouvelé de tout fait clinique, pour la valeur même de ses hypothèses et le progrès de sa discipline.

– Concept insuffisant enfin lorsqu'il s'agit de dégager en quoi la place de l'analyste, comme clinicien, ne saurait se confondre avec toute autre déjà définie depuis Hippocrate ou depuis Pinel, comme celle du clinicien du corps ou de la *psyché*.

Du côté de la médecine, on sait que dans la plurivocité signifiante du terme, une clinique comme occasion singulière d'un diagnostic, motivé par la demande d'un sujet ou de son syndrome, est aussi le lieu où se rassemble « la multiplicité à parcourir des faits individuels, pour la constitution ou l'achèvement de l'espace nosographique » dont le médecin cherche à connaître les dimensions et les frontières. La clinique est donc faite pour le médecin : c'est l'objet de sa science, le patient en est la cause, l'occasion, le terrain. Il en sera également le bénéficiaire dans la mesure où l'intelligibilité des désordres qu'il présente permettra de déduire une thérapeutique.

On sait l'appui qu'une théorie de la clinique médicale peut trouver dans l'étude récente de Michel Foucault[1]. Soulignons que les renvois au regard et à l'espace s'y démontrent efficaces. La lecture d'un syndrome réfère le clinicien aux modèles (anatomique, physiologique, histologique, tissulaire, etc.) qui sont sa connaissance d'un organisme habité par des processus mortifères ; organisme dont un sujet témoigne singulièrement en offrant son corps au regard de la science. Le médecin situant ainsi un organisme dans son itinéraire de létalité, suppose le *sujet mort* pour que devienne visible l'espace de sa maladie. C'est en cela, d'ailleurs, que la consultation médicale est toujours perçue par le malade comme forme d'aliénation de lui dans cet Autre qu'est à sa subjectivité son fonctionnement somatique, une fois qu'il est objectivé par un examen. Et c'est pourquoi les médecins, de façon plus ou moins confuse, se trouvent habituellement écartelés entre le désir de faire de leur art une science exacte, à partir du principe d'une informatique

1. M. Foucault, *Naissance de la clinique*, P.U.F., 1963.

anonymisante, voire dépersonnalisante, et le souci de maintenir un « humanisme » médical, au nom d'une idéologie plus ou moins approximative, parce que surdéterminée par trop de motivations où se mélangent les registres du métaphysique, du moral, de l'économique, du scientifique, de l'affectif, du déontologique, etc. Ceci, qui s'illustre en dernier lieu (et de façon souvent sincère et fort respectable) dans le plaidoyer pour le libre choix du praticien, dans l'apologie du colloque singulier, et dans la défense du secret professionnel, situe l'embarras où se trouve le médecin, voué à s'impliquer dans « l'intersubjectivité » sans en connaître les lois, bien souvent parce qu'il répugne à en prendre connaissance, au nom des défenses de l'ego médical. Nous faisons ici allusion à la différence, que n'établit que malaisément le clinicien, entre le soma en souffrance qui lui offre des signes pour une lecture diagnostique et le corps – *corpus libidinosum* freudien – qui sert de support et de question à un sujet désirant pour le message de son manque à jouir à l'occasion des signes physiques de la maladie. Le refus d'entendre qu'on oppose à certains patients, surtout les « fonctionnels », est souvent à la mesure des défenses envers l'inconscient, la libido et le freudisme ; ceci est bien connu.

Ce que nous voudrions dire de plus, à ce sujet, c'est qu'une observation médicale, quelle que soit l'importance traditionnelle qu'elle accorde à l'étude de l'histoire du malade et de la maladie et à la surveillance de son évolution, garde quand même comme ressort essentiel, au-delà du déchiffrage de la diachronie des troubles, le principe d'une *représentation* de l'entité morbide qui fait de tout diagnostic un « flash » ou une série de flashes successifs.

*

*   *

La différence qui s'établit alors entre une clinique médicale et une clinique de la *psyché* doit tenir compte de deux types de situations différentes. On en passera d'abord par l'examen de la discipline psychiatrique.

On peut concevoir une psychiatrie (qu'elle appuie ou non ses repères *nosographiques* sur des concepts freudiens) comme le fruit de l'exercice d'un clinicien qui garde, de la problématique médicale, une certaine forme de quête épistémologique. Pour lui, le décryptage des symptômes reste au service d'une représentation diagnostique qui inscrit tel problème subjectif dans des modèles, des *Gestalten*, des schémas qui illustrent telle ou telle conception de la maladie mentale. La diachronie de l'écoute reste au service de la synchronie du diagnostic comme représentation.

La différence d'avec l'acte médical – et elle est d'importance – réside en ceci que, loin d'en passer par la mort, certitude anticipée du mot de la fin qui met en facteur le syndrome comme condition d'un savoir sur la maladie, le psychiatre se garde le fou ou le névrosé comme vivant. Au besoin, il s'interne avec lui dans un espace asilaire pour célébrer la permanence de la confrontation entre la médecine mentale et les énigmes de la folie. Ici, la mise à l'abri est mise en conserve. La situation est faite pour durer car le psychiatre *est en présence d'une façon de vivre et non de mourir.*

Un psychanalyste peut, au nom de son goût de la clinique et de ses modes personnels d'épistémophilie, n'être qu'un psychiatre progressiste qui privilégie, en les découpant successivement, des configurations signifiantes, historiques, conflictuelles, pulsionnelles, relationnelles, etc. Il définit alors sa pratique comme une répétition de l'acte diagnostique en vue d'une interprétation de type constat.

En soulignant cela, nous ne prétendons pas le dénoncer. Tout psychanalyste, à notre sens, doit avoir usage de toutes ces catégories partielles de savoir qui le situent, comme tout clinicien, dans des représentations successives d'une situation évolutive (ou stagnante). Ce qui est requis de lui, c'est une aptitude à se garder de privilégier telle grille de décodage plutôt que telle autre (c'est-à-dire d'avoir une théorie partiale et partielle de la réalité psychique). On lui demande de savoir user de toute grille et d'être en quelque sorte (pour citer G. Canguilhem[1] dans une étude récente qu'il consacre à Michel Foucault) un « spécialiste de l'inter-régionalité des disciplines », des modèles et des registres. Mais cela spécifie-t-il déjà sa pratique comme non comparable à toute autre ? Nous ne le pensons pas pour en trouver l'exemple ailleurs.

Dégager le spécifique d'une discipline peut nous inciter alors à soustraire d'abord tout ce dont elle n'a pas le privilège ni l'exclusivité. C'est cette méthode que nous adopterons pour interroger ainsi l'*épistémè* de l'analyste afin d'en préciser les ressorts.

La *praxis* analytique réclame de la part du praticien le maniement d'une méthodologie qui est celle de toutes les sciences conjecturales,

1. G. Canguilhem, « Mort de l'homme ou épuisement du Cogito », *Critique*, juillet 1967.

et qui, comme telle, est transmissible par un enseignement, des exercices et l'ouverture à une discipline dialectique : étude des lois de l'interlocution pour les relances du dialogue, étude de l'histoire individuelle, discipline d'une attitude interrogative, mise en question des modes de lecture des énoncés et des signes, principe d'une ouverture au non-savoir, tactique de « l'incursion réversible » *(ibid.)* dans les systèmes actuels ou actualisés de la problématique de l'Autre, souci d'une concurrence à toujours réanimer entre déchiffrage et représentation ; voilà toute une série de principes qui constituent « les cadres de mise en ordre de l'expérience, sous un triple rapport perceptif, linguistique et pratique » *(ibid.)*, et qui instituent une démarche dont le psychanalyste ne saurait prétendre avoir le privilège.

Tout ceci nous amène évidemment à la question de l'inconscient, c'est-à-dire au spécifique de la découverte freudienne ; à l'inconscient et à l'économie de la libido, dans les structures pulsionnelles et narcissiques.

Du côté de l'inconscient, il convient alors de faire la différence entre la signifiance des énoncés qu'une lecture met en évidence, et l'état naissant de cet inconscient dans l'extemporané de l'énonciation, en présence de l'autre, supposé plus entendeur qu'un non-analyste.

Sur le premier versant, on pourra situer tous les exercices de psychanalyse appliquée – et, par exemple, appliquée à l'œuvre littéraire – auxquels peuvent s'adonner d'excellents auteurs en dehors de toute *praxis* psychanalytique proprement dite. Sur l'autre versant, il y a la relation analytique elle-même, dans un *hic et nunc* qui assigne le praticien au plus originel et original de la position freudienne.

Mais, pour pousser les choses à l'extrême, peut-on considérer, en notre époque culturelle, que l'analyste a seul usage de ce que serait ici une « troisième oreille » réservée aux initiés ? Depuis le jour où les rapports des structures inconscientes au langage ont été mis en évidence, on sait très bien que toute personne qui a lu Freud, et puis Lacan, et puis Laplanche et Leclaire, et puis quelques autres, peut s'exercer au déchiffrage de l'inconscient. C'est ce que fait lui-même tout patient qui, présentant son discours comme objet, voire comme « masse phonique », ou son nom propre, apte aux calembours et aux retournements[1], comme clef sur mesure de son inconscient, peut, un temps, s'exercer à une forme d'auto-analyse ; ou venir à nous pour

1. J.-P. Valabrega, « Le problème anthropologique du fantasme », in *Le Désir et la Perversion*, Le Seuil, 1966.

pouvoir parler du découpage phonématique auquel il pense que son analyste se livre en l'écoutant. Ce qui lui arrivera d'ailleurs, très souvent, c'est de s'aliéner dans sa fonction de machine à produire des phonèmes ; et le destin de la cure dépendra de l'aptitude de son théoricien d'analyste à ne plus se solidariser lui-même avec sa propre théorie de l'inconscient, si telle est la sienne.

Dans une autre éventualité, on conçoit très bien qu'un bon apprentissage de la linguistique permette à un savant non analysé de faire passer pour psychanalyse le dialogue expérimental qu'il entretiendra avec un demandeur. Il suffira pour cela d'un fauteuil et d'un divan.

Alors ? Si, de nos jours, il est assez de bons textes pour qu'un lecteur qui a bien lu la théorie de ce qu'est une lecture puisse accéder à ce qui spécifie l'inconscient freudien, l'analyse didactique elle-même ne devient-elle pas coutume surannée ou mode de conservatisme réactionnaire des sociétés d'analystes ?

À cela, on pourra répondre qu'un déchiffrage correct de Freud et des théories de l'inconscient ne rend pas encore compte de l'aptitude ou de l'inaptitude d'un expérimentateur à assumer la conduite d'une cure, même s'il se sent savamment armé pour s'y commettre.

Les candidats analystes le savent bien, qui n'oublient jamais, lors des démarches qu'ils organisent pour demander une didactique, de faire état de leur complexualité propre. Ils savent que non seulement ils ne risquent rien à donner témoignage de leur difficulté névrotique (qu'elle soit majeure ou mineure), mais que c'est là la bonne façon de trouver une place sur une liste d'attente, ou, plus rapidement, sur le divan de ceux qui n'aiment pas les listes. Mais y croient-ils tellement eux-mêmes à cet énoncé qu'ils donnent de leurs motivations, en justifiant celles-ci des confidences de leur histoire ? L'expérience montre que les explications du postulant sont bien souvent imprégnées de ce qu'il sait des positions théoriques (ou politiques) de son interlocuteur, à partir de son degré de culture et des options de son savoir : mettre au jour des agressivités inconscientes, dévoiler des motivations scabreuses, déboucher des oreilles névrotiquement aptes à la surdité, dégeler des inhibitions au commerce intersubjectif, assouplir des surmois à la tolérance, vacciner contre les complicités érotiques, expérimenter le transfert pour le mieux maîtriser chez les autres, s'initier au réel, assumer sa castration, etc. Rien là qui en soit forcément suspect ou faux, ou réductible à une ruse diplomatique. On sait seulement à l'expérience qu'à partir du bien-fondé d'une première profession de foi, les véridiques enjeux d'une demande d'analyse restent à découvrir ailleurs et autrement qu'en ce programme ; qu'ils sont même faits pour échapper à la didactique conçue irréprochablement comme mode d'initiation et d'habilitation à la pratique de l'analyse.

Ce que nous disons là n'a pas pour visée de récuser le principe de l'analyse personnelle du futur analyste. Nous le croyons inéludable. Nous soulignons seulement que, la plupart du temps, l'exposé des motivations d'un candidat ne renvoie encore à rien d'autre qu'à ce qui peut s'apprendre et s'acquérir, au prix d'une honnêteté dans les exercices du travail clinique, au prix d'une discipline épistémologique et d'une fidélité à l'enseignement de Freud.

C'est sans doute la nécessité d'une mise au jour des modes et niveaux d'articulation entre les différents registres d'un savoir accessible et ouvert, et ce que nous appellerons rapidement l'économie libidinale de chaque sujet, qui justifient l'analyse didactique comme condition exigible pour une habilitation de l'analyste à sa fonction. Ceci est incontestable en règle générale, mais ne doit pas faire oublier tous les cas d'exception ; et d'abord l'exemple de ces pionniers qui ont entouré Freud, et dont les œuvres restent pour tout analyste un capital de base. Nous n'insisterons pas sur ces faits historiques[1], pas plus que sur la problématique de Freud lui-même[2].

S'il s'agissait, en notre époque de freudisme culturellement acquis et circulant, de remettre en question l'exigible de la didactique pour qu'un analyste en soit un – dans sa pratique – on pourrait exemplairement opposer à l'image d'un futur analyste névrotiquement organisé, de par les vertus du refoulement, dans un système de défense contre le pulsionnel et les messages du désir inconscient, l'image d'un candidat apte à démontrer non seulement sa tolérance à tout ce qui est mise en fantasme et en acte d'Éros, mais encore son épistémophilie affranchie de toute inhibition. Rien là qui ne puisse, par hypothèse et par expérience, se rencontrer chez des sujets « doués », préalablement à tout engagement personnel dans la situation analytique ; celle-ci étant alors réclamée comme caution ; ce qui est un autre problème…

On voit qu'à vouloir chercher le spécifique d'une clinique freudiennement dans le seul recours à certains concepts fondamentaux de la théorie psychanalytique, nous n'arrivons encore à rien de tout à fait probant. On remarquera seulement qu'il nous a été nécessaire d'en passer assez vite (à partir de la question du diagnostic psychiatrique), du champ clinique lui-même à la mise en question de l'explorateur de ce champ, dans ses

1. Jones, *La Vie et l'œuvre de Freud*, t. II, P.U.F.
2. O. Mannoni, « L'analyse originelle », *Les Temps modernes*, n° 253, juin 1967.

méthodes épistémologiques et son aptitude à en soutenir la discipline. Mais, ce faisant, nous n'avons encore parlé que de l'aptitude et de l'accès au savoir, de l'usage de ce savoir, et de la liberté souhaitable de tout épistémologue envers toute grille de décodage. Nous n'avons pas abordé vraiment, sinon dans notre observation liminaire, ce qui est le propre d'une démarche clinique assumée par un freudien : à savoir qu'il s'y implique autrement que tout autre clinicien de par *la règle* à laquelle il se soumet, une fois qu'il l'a édictée pour le patient.

C'est cette règle qui renverse les données de l'acte clinique, défini comme durée de l'enquête au service du flash de la représentation diagnostique, dans ses multiples modèles nosologiques ou métapsychologiques. Dans l'analyse comme *praxis*, la représentation est au service du déchiffrage, la synchronie au service de la diachronie, et cela parce qu'un opérateur se définit comme *l'axe de temporalisation* de la question de l'autre, sans terme prévisible pour aucun des deux interlocuteurs ; et ce à partir d'un rythme programmé de rencontres, valable *pour les deux*. Une conséquence s'ensuit, et nous montrerons plus loin pourquoi, c'est le transfert. Mais avant même que d'en rappeler la théorie, nous pouvons reprendre notre exemple clinique pour quelques conclusions supplémentaires sur le thème de la clinique au regard de la *praxis* freudienne.

Eussions-nous voulu rectifier notre erreur diagnostique initiale, en convoquant le patient en analyse ailleurs, l'enquête renouvelée auraitelle eu quelque valeur ? Nous pensons que, dans la circonstance, la chose était jouée irréversiblement. Car le premier clinicien n'ayant été que le promoteur d'un diagnostic et d'une indication thérapeutique, le patient ne pouvait plus lui revenir comme tel. En tant que sujet sur un divan référé à un analyste en situation, il n'était plus récupérable pour une vérification, parce que non conforme à celui qui nous avait fourni les coordonnées d'un examen initial. Nous-même, alerté par notre collègue, n'étions plus le même que celui qui lisait des structures obsessionnelles, là où il y avait une structure psychotique qui n'avait pas encore trouvé l'occasion de faire sa preuve.

Ainsi, la clinique, une fois qu'elle est « en psychanalyse » à partir d'un sujet donné et d'un analyste donné, ne peut se ramener aux modèles stables d'une nosographie. La diachronie de l'interlocution, fondée comme telle, met en devenir problématique ce qui se lisait comme stabilité d'une économie névrotique ou psychotique. Est-ce à dire par là que les seules vertus du dialogue analytique donnent à fondre au soleil toute cartographie séméiologique ou toute structure ? Les Atlas célestes pour des zodiaques psychiatriques ne connaissent-ils plus d'étoile fixe au regard du soleil freudien ? Évidemment non. Ce qu'on appelle en psychanalyse le point de vue dynamique ne crée que rarement, dans la cure, une force irrépressible pour le révolutionnaire des lois de révolution des astres subjectifs.

En fait, ces réflexions tendent à souligner d'autres faits d'expérience. Au plus immédiat, elles évoquent ce principe déontologique, mais aussi ce réflexe méthodologique, qui gardent habituellement tout analyste de la tentation d'interférer dans ce qui se noue, ailleurs et autrement sans doute que chez lui, sur un autre divan. Ceci, pour le respect qu'on doit au transfert, qui trouve ou va trouver son axe en un autre. Ce que le clinicien apprendrait d'ailleurs en intervenant sans prudence ne lui rendrait pas compte de ce qui se passe, ou de ce qui ne se dénoue pas encore. Car, à partir de l'analysé, il pourrait deviner que celui-ci interprète l'interprétation de son analyste pour ce qu'il a pu en entendre, et, en outre, il ne saurait pas forcément, à partir du midi de sa fenêtre à lui, comment son frère en freudisme cherche un nord ou un ouest, comme porte d'entrée vers la vérité de l'autre.

Ces réflexions évoquent ainsi et enfin, et sans doute à partir du fait du transfert, ce qui ne peut réduire aucune clinique en psychanalyse à une clinique tout court. Dans le dialogue freudien, « cliniquer » comme le dit parfois maintenant Lacan, et diagnostiquer, c'est sans doute comparer ce qu'on a privilégié d'une organisation symptomatique à un modèle préétabli, mais c'est aussi expérimenter, c'est-à-dire faire exister ce qui n'était pas, ce qui n'était pas donné déjà avant l'interlocution, faute d'interlocuteur.

Rappelons ici que l'intervention, puis l'interprétation en psychanalyse n'ont pas fonction d'être constat ou verdict. Elles n'introduisent qu'une relance, voire une hypothèse, à expérimenter dans l'étude de la réponse. Elles ne trouvent leur raison d'être que dans l'aptitude du psychanalyste à déceler, en les entendant, leurs effets de remaniement après coup.

Si le psychanalyste questionne, s'il ponctue, s'il souligne, s'il énonce autrement l'énoncé du patient, c'est à partir d'une visée : « intégrer l'être qui lui parle à la gamme de ses transformations possibles », comme disait L. Sebag[1], à partir des effets, quels qu'ils soient, de la parole du psychanalyste présent.

En cela, dans la diachronie du discours dont il soutient la gageure, le freudien a, vis-à-vis de toute représentation nosographique de la

1. L. Sebag, *Marxisme et structuralisme*, Payot, 1964.

psyché, une fonction subversive : il est celui qu'on ne peut remplacer ; celui dont on ne peut répéter l'expérience comme protocole expérimental. Tout protocole scientifique étant défini, dans son épure, comme indépendant de l'équation personnelle de l'expérimentateur ou déduit de l'interchangeabilité des expérimentateurs.

Une fois qu'il s'agit d'analyse, n'est pas seulement en question l'évolutivité d'un syndrome en un sujet, mais la part que prend un autre, de par sa présence et ses visées à une création irréversible : l'advenir du sujet en son désir et sa vérité, une fois que, trouvant à qui parler en un analyste, il s'adresse forcément à quelqu'un qui se tient, *singulièrement*, pour dépositaire de la fonction analytique. Ce quelqu'un a même à s'en tenir là et à s'y tenir. Voilà pourquoi, peut-être, il reste si facilement embarrassé et parfois fasciné en même temps, lorsque le signifiant clinique lui est renvoyé par ceux-là mêmes, médecins, qui dans leur optique propre mettent l'analyste au défi de produire une clinique freudienne qui trouverait sa place dans les traditions, le savoir et les sommes culturelles de la Faculté de Médecine.

*

* *

Avec le transfert, nous en venons enfin au concept-carrefour de notre exposé.

Pouvons-nous soumettre ce terme, tout aussi spécifique du freudisme que pulsion, inconscient, libido, refoulement, à une même réduction que celle à laquelle nous procédons depuis le début de notre démarche ? La question nous semble ici plus difficile, dans notre expérience, donc peut-être plus fructueuse.

Partons d'un texte de Freud, tiré du cas Dora. *Les* transferts (au pluriel) y apparaissent d'abord comme actualisation d'une relation de l'histoire individuelle – « simples réimpressions ou éditions revues et corrigées ». Ce que Freud en dit, c'est que *le* transfert, on ne peut l'éviter et qu'il faut le combattre. – Mais, nous est-il dit, il doit être deviné sans le concours du malade, « d'après de légers signes et sans pécher par arbitraire ». Il est utilisé à la formation de tous les obstacles. Ainsi la conviction relative à la justesse des contextes reconstruits ne se produit qu'une fois le transfert résolu[1].

1. S. Freud, « Le cas Dora », in *Cinq psychanalyses*, P.U.F.

De cette brève citation peut se dégager une première question : celle de cette « disposition au transfert » qui sera une des catégories essentielles d'une possible nosographie freudienne des syndromes de la *psyché*. Ici l'appareil méthodologique et opératoire de la cure analytique devient le révélateur d'une des cartographies de la réalité psychique dans ses diversités séméiologiques : les névroses actuelles et les névroses narcissiques.

Une deuxième question peut s'appuyer sur ce recours de Freud à un « deviner… sans pécher par arbitraire ». Il ne s'agit plus ici de connaissance, de savoir préétabli mais d'une forme d'intuition qui permet à l'opérateur, à partir de simples indices, de ne pas oublier de chercher et de se représenter à quelle image projetée sur lui on parle en prétendant s'adresser à l'analyste. Ce phénomène, qui est en soi une résistance, se fait l'allié de toutes les résistances ; soit comme transfert négatif, soit comme transfert positif pour autant qu'il est composé d'éléments érotiques refoulés. À partir de quoi, c'est le diagnostic à visée interprétative qui permet la levée du refoulement et l'émergence des formations de l'inconscient. Cette opération nécessite donc, de la part de l'entendeur, une liberté vis-à-vis de ce qu'il est à la fois, aux yeux de son patient, et narcissiquement à lui-même.

À l'intérieur même de la conduite de toute cure, ces principes restent toujours vérifiables, aujourd'hui comme autrefois. Le transfert comme obstacle à une collaboration intersubjective pour une visée de déchiffrage est en même temps le mode et l'instrument d'actualisation des configurations signifiantes de l'inconscient. Il est donc un levier technique irremplaçable.

Ce que nous remettrons en question, c'est la façon disculpante dont Freud, parlant de disposition au transfert, prétend qu'elle n'est pas imputable à la psychanalyse, mais bien à la névrose elle-même, et que ce phénomène est observable, sinon analysable, en dehors même de la relation analytique[1]. Dans ce cas, nous pouvons ainsi nous demander si nous nous trouvons une fois de plus devant un concept non spécifique de la *praxis* freudienne, pour rejoindre alors une autre interrogation de Freud : celle qu'il pose à la fin de ses réflexions sur l'amour de transfert[2] dont la structure, une fois qu'on y réfléchit, s'avère identique à celle de l'amour véritable. S'il est vrai que toute

1. S. Freud, « La dynamique du transfert », in *De la technique psychanalytique*, P.U.F.

2. S. Freud, « L'amour de transfert », in *ibid.*

élection amoureuse implique, à partir d'un déplacement, la substitution d'un objet actuel à un objet perdu et la projection idéalisante sur quelqu'un d'une des imagos privilégiées de l'histoire d'un sujet, l'analyse ne diffère d'une autre relation d'amour (ou de haine) que du fait de la visée de l'analyste. Ce dernier se dessinera dès lors comme ce personnage paradoxal et équivoque, qui entretiendra en quelque sorte les leurres dont il s'accepte le support pour mieux dévoiler la trame de vérité du discours de son patient.

Ce qu'il faut noter c'est qu'en notre aujourd'hui culturel, tout postulant à l'analyse sait cela tout autant que le praticien. Et sa question liminaire est toujours la suivante : même s'il n'est pas très... disposé au transfert, il admet en quelque sorte qu'il va falloir en passer par là. Il y a là ainsi redoublement, au niveau de l'analysé, de l'ambiguïté et de la duplicité de principe du conducteur de cure. À la limite, certaines demandes d'analyse sont motivées par une curiosité : « Je voudrais bien, moi aussi, vivre ce que c'est qu'un transfert... »

Mais que reste-t-il alors de l'authenticité de l'expérience analytique si elle est ainsi définie par le transfert, une fois le transfert défini comme leurre nécessaire, ou suffisant, ou tentant, mais déjà connu comme tel par le futur leurré ?

C'est peut-être dans la psychanalyse didactique que le paradoxe d'une telle situation montre l'ironie de ces conséquences. La duplicité en miroir du maître et de l'élève peut très bien faire d'une cure, comme projet professionnel, un exercice de complicité secrète, et tout en même temps un jeu de dupes. Si le maître a du transfert cette définition réduite, il ne lui restera, à l'heure attendue de l'entrée en contrôle, qu'à prendre conscience que ce qu'il propose quasiment, c'est le dévoilement des trucs du métier : « Vous avez le droit, mon cher, à partir d'aujourd'hui, de venir du bon côté de la barrière, dans les coulisses de l'exploit. » Ainsi la liquidation du transfert en passera-t-elle par le droit d'échanger un clin d'œil entre techniciens. L'élève, une fois dépositaire d'une recette dont il a acquitté le prix en payant longtemps l'exercice qui consiste à s'y soumettre, n'aura évidemment d'autre envie que d'en tirer profit à son tour. Nous voulons dire par là qu'il cultivera, et respectera, et entretiendra la théorie de l'analyse qu'il a achetée, comme on lubrifie une machine de rapport, comme on fait fructifier un placement. Ceci contre tout progrès scientifique.

C'est, à notre sens, de ce type de situation qu'il faut partir pour dégager la question toujours obscure de l'éthique de l'analyste, et quelque chose du malaise propre aux groupes analytiques. Le collègue, ancien analysé de quelqu'un, est-il celui qui pourra dire à l'autre collègue : « Toi qui m'as laissé transférer longtemps mes illusions sur toi pour m'apprendre à en faire autant pour d'autres, ce que tu continues à faire avec mes cadets te fait-il illusion ?... et à eux ? N'en soufflons mot ; et exerçons-nous poliment au rituel des communications scientifiques... »

Si le transfert se réduit à sa dimension de leurre, tactiquement entretenu, l'initiation de l'analyste à sa pratique est-elle plus que la transmission payante du secret de la poule aux œufs d'or ? Celle qu'il ne faut pas tuer...

En fait, nous ne pensons nullement que le plus spécifique du transfert soit là, et nous croyons utile, pour la visée dernière de notre développement, d'en passer maintenant par quelques-unes des étapes qui jalonnent la pensée de Lacan sur cette question.

Dans un texte de 1948[1], c'est d'abord le transfert négatif qui est présenté comme « le nœud inaugural du drame analytique ». C'est du côté de l'agressivité du sujet que le transfert a à être cherché. Il représente, dans cette tension propre au registre de l'imaginaire, la projection sur l'analyste « d'une des images plus ou moins archaïques qui, par un effet de subduction symbolique, dégrade, dérive ou inhibe le cycle de telle conduite, qui, par un accident de refoulement, a exclu du contrôle du moi telle fonction et tel segment corporel, qui par une action d'identification, a donné sa forme à telle instance de la personnalité ».

De cette citation première, nous tirerons plus qu'un constat de la fidélité de Lacan aux définitions de Freud que nous rappelions plus haut. La dimension imaginaire, ici bien mise en évidence, est un appui pour une dialectique qui va se développer dans d'autres textes. L'accent est à porter sans doute sur ce qui fait du transfert une résistance : ce que le névrosé actualise, c'est ce qui, dans sa relation aux autres de son histoire et de son mythe personnels, a eu fonction de dégradation, de dérivation, d'inhibition, d'exclusion ou d'aliénation identificatoire, pour les oppositions, les dénégations, les ostentations et les mensonges du moi. Mais ainsi se dessine en quelque sorte la menace pour l'analyste d'une identification de lui-même à tous ceux qui autrefois n'ont pas su ou pu entendre le sujet en son désir.

Dès lors, le retournement dialectique est introduit qui va amener Lacan, dans ce classique qu'est devenu son court texte sur le transfert de Dora[2], à relativer toute manifestation transférentielle au « temps

1. J. Lacan, « L'agressivité en psychanalyse », in *Écrits*, Le Seuil, 1967.
2. J. Lacan, « Intervention sur le transfert », in *ibid.*

pour comprendre » de l'analyste. C'est ici le contre-transfert qui se définit comme la somme des préjugés, des passions, des embarras, voire de l'insuffisante information de l'analyste à tel moment de cette expérience dialectique qu'est la psychanalyse. « Le transfert n'est rien de réel dans le sujet, sinon l'apparition, dans un moment de stagnation dialectique, des modes permanents selon lesquels il constitue ses objets. »

On peut voir ici se dessiner tout ce qui, dans le transfert, ressortit au registre du narcissisme, ainsi qu'après d'autres nous l'avons souligné ailleurs. Le temps pour comprendre de l'analyste, c'est-à-dire son silence, a ici fonction de complicité pour ce qui, chez le sujet, devient plus ou moins rapidement un droit au transfert ; c'est-à-dire quelque chose qui est fait pour durer, qui tend à englober l'image de l'analyste, comme autre imaginaire, dans le mythe personnel narcissique du névrosé. « Vous n'êtes pas là pour être autre que celui dont j'ai besoin de m'assurer la présence légendaire. Plus vous vous tairez, plus je pourrai célébrer les sécurités jouissives de mon fantasme monologué. »

Que le transfert soit « une relation essentiellement liée au temps et à son maniement », voilà par quelle phrase Lacan confirme, en 1964, dans un écrit sur l'inconscient[1], ce qu'il démontrait en 1951 dans son intervention sur le cas Dora.

Ici, rien qui soit du registre du leurre. Une fois que c'est l'analyste qui est d'abord mis en question dans son aptitude à entendre et dans ce *tempo* personnel qui le rend plus ou moins doué pour les reparties d'un « moment de conclure », il n'y a rien là qui puisse réduire la *praxis* du freudien à quelques-unes de ces recettes techniques qu'on apprend ; sinon peut-être celle qui consiste, dans l'interprétation, à ménager ses effets, tant que l'imaginaire du transfert reste filon productif.

Mais, entre 1951 et 1954, Lacan réinterroge l'autre versant de la relation, celle qui part de l'analysé, pour formaliser les structures du désir inconscient, dont les mouvements s'installent transférentiellement dans la cure. Le séminaire qui a pris appui sur *Le Banquet* de Platon réintroduit, dans un renversement dialectique, le transfert comme « temps de fermeture lié à la tromperie de l'Amour ». Il est à noter que, parce qu'on parle de nouveau de la stratégie du désir, à partir de l'analysé, le modèle de référence – une fois dénoncé le duel

1. J. Lacan, « Position de l'inconscient », in *ibid.*

des collusions imaginaires – est, comme pour Dora, un triangle. Il ne s'agira plus, à partir du jeune hystérique, du support que représente le désir de M. K… pour l'interrogation de Dora sur Mme K… ; il s'agira d'Alcibiade, de Socrate et d'Agathon. On sait que, dans cette dialectique homosexuelle de l'aimé et de l'amant, le médium sera l'objet partiel : d'abord le « piège à dieux » qu'est l'« agalma », dans sa brillance, et au-delà, dans une formalisation plus radicale, cet objet « a » dont la question est de savoir qui le cherche en qui, et qui, ne l'ayant pas, peut le devenir aux yeux de l'autre ; pour l'angoisse du patient ou l'émergence du sadique pulsionnel en lui.

Version hystérique du désir ou version perverse, il y a là encore un au-delà du leurre. Car le « a », hors tout imaginaire de l'objet, connote le réel, et assume sa fonction d'hétérogénéité à tout représentant représentatif, pour une théorie de la subjectivation, au-delà du cogito cartésien.

Nous n'avons rien à redire à ce mode de théorisation. Une fois qu'il nous a été donné, il serait même bien difficile de revenir en arrière. Mais il a été *donné* et curieusement, parce que les défenses narcissiques sont inhérentes à la nature de l'homme, le non-spécularisable du « a » devient, pour beaucoup, le spécularisable du graphe qui en inscrit la fonction ; le spécularisable de la topologie.

Une fois qu'il a été décrit, donc lisible, pour l'analysé comme pour l'analyste, que ce « a » court comme un furet dans l'économie du transfert, entre un « ne-pas-l'être » et un « ne-pas-l'avoir », il n'est pas impensable que des postulants à l'analyse s'entendent implicitement, dans une nouvelle forme de cette duplicité en miroir déjà décrite, pour une nouvelle « cure type ». De même qu'à la limite, pour certains tenants de la relation d'objet telle que l'a décrite Bouvet, l'économie transférentielle, de par ses objectifs de renforcement du moi pour une objectalité génitale, peut devenir un exercice de travaux pratiques pour le vicariant des collusions fantasmatiques ; de même, pour certains initiés de l'algorithme qui barre le sujet dans son rapport au manque de l'objet perdu, le fauteuil de l'analyste peut n'être que le lieu des impatiences et longueurs de temps, dans le dédain de toute vaine intervention « cliniquante » ; et dans l'attente d'un *moment*, clef de toute analyse. Ce jour-là, crevé l'écran de l'imaginaire, la fenêtre s'ouvrira sur le rien qui n'est pas le vide (et vice versa) ; sur la Chose qui n'est pas l'Objet, et sur le petit tas qui vous fait tout chose ; ce « a » qui est pour la pulsion scopique de l'œil mort des borgnes au royaume des aveuglés.

Au-delà de ces styles et programmes, des questions restent ouvertes :

– si la fin de l'analyse ne saurait être cette hypomanie passagère des identifications réussies, est-elle plus dans ce passage, cette « passe » qui cherche son Charon pour débarquer dans ce pays de l'au-delà des mirages, qui serait domaine de l'analyse pure ?

– à quel moment des surfaces comme espace de formalisation peuvent-elles devenir, pour l'analyste, une sorte de « cache » pour un isolationnisme, hors la portée des mouvements du transfert ? – Aptitude de l'homme au silence fasciné par le formel, écrivions-nous ailleurs pour définir le registre narcissique ;

– à partir de quand la prévalence accordée actuellement aux métaphores du regard pour les graphes des structures freudiennes devient-elle procédé de méconnaissance d'un autre débouché sur le « réel » qui concerne électivement l'analyste et l'analyse ?

Avec cette dernière question, nous abordons à nouveau le temps, mais pas n'importe lequel.

S'il est classique de ne pas traiter du problème du transfert sans interroger le concept de répétition, nous nous trouverions justifiés ici de rappeler tout ce qui est classiquement connu de la théorie analytique à ce niveau. Qu'il s'agisse alors de reprendre la formule de Lagache : « Besoin de répétition ou répétition du besoin[1] ? » ; ou qu'il s'agisse de rappeler, du côté de Lacan, que « c'est dans une “mémoire” que gît cette chaîne qui *insiste* à se reproduire dans le transfert et qui est celle d'un désir mort[2] ».

Nous vérifions cliniquement chaque jour le vrai de cette dernière assertion : insiste répétitivement dans la cure, en fonction du temps pour comprendre de l'analyste, ce qui, de la vérité du désir dans une histoire singulière, n'a pas trouvé son Autre comme entendeur et non comme objet. De l'automatisme de répétition à la pulsion de mort ; de la pulsion de mort à la pulsion épistémophilique de Melanie Klein ; de celle-ci à la « pulsion de subjectivation comme meurtre du réel au profit d'un vrai à l'état naissant[3] », il y a là toute une théorie que nous ne saurions développer ici.

1. D. Lagache, « Le problème du transfert », *Rev. fr. de psy.*, t. XVI, 1952.
2. J. Lacan, « L'instance de la lettre dans l'inconscient », in *Écrits, op. cit.*
3. … selon une formule que nous suggérions récemment, à propos du répétitif dans les névroses traumatiques.

Mais il est un autre aspect de la répétition dont on ne parle que très peu ou jamais, comme s'il allait de soi : c'est tout simplement ce fait que le psychanalyste s'édicte à l'autre comme une instance répétitive, et qu'il a l'air de trouver ça tout naturel.

Tout analyste sait bien la radicale différence qu'il y a à voir quelqu'un à la demande (sur rendez-vous, très souvent, ou de loin en loin), d'avec ce qu'il institue comme mode de relation, du jour où il propose un horaire fixe à un patient. On peut dire à quelqu'un : « Cent fois sur le métier remettez votre ouvrage » ; un médecin peut dire à un malade : « Trente gouttes avant chaque repas, vingt jours par mois. » L'effet de répétition est ici proposé au demandeur pour une sommation, une addition des effets partiels et progressifs d'un projet de travail ou de thérapeutique. S'il faut diriger de très près la chose, ce sera tôt ou tard le temps de l'infirmière ou de la garde de nuit, ou des leçons particulières ; pas celui de l'homme de l'art.

L'analyste fait autrement ; il ne prescrit rien, *mais il se prescrit lui-même* ; enseigneur pour rien, il est en même temps le répétiteur payé, et chose curieuse, cela ne semble pas lui faire question, sinon le gêner. Entre confrères, en effet, on se plaindra beaucoup plus volontiers de la durée fastidieuse des séances de certains obsessionnels que de leur répétition pluri-hebdomadaire pendant des années. Voire, on discutera du temps de la séance comme constante ou variable, selon la structure clinique en analyse, et le temps pour comprendre (qui est sûrement différent d'un praticien à l'autre) ; on fera la théorie de la rencontre, de la ponctuation et de la coupure ; mais on laissera, à notre connaissance, de côté, l'aptitude de l'analyste à s'assumer comme représentant de la répétition, et de la multiplication des répétitions au profit du plus grand nombre. Aptitude, servitude, passion, éthique ou assujettissement à un automatisme ?

À chacun de donner ici une réponse qui le vise lui-même, en fonction de ce qu'il sait de sa problématique personnelle, de la structure de son désir, de son être pour la mort – et contre elle.

Combien d'analystes, à partir sans doute de l'insistance des demandes, lisent-ils les blancs qui éclaircissent parfois le quadrillage en forme de barreaux de prison de leur emploi du temps semainier autrement que comme des petites cases pour une analyse de plus ?

S'agit-il là du désir de l'analyste, tel qu'on en parle, comme moteur de la cure et condition d'une promotion de l'être de l'autre dans sa permanence et son advenir, ou de la question du destin du désir en l'analyste une fois qu'il est pris par sa propre fonction ?

A-t-on remarqué que les analyses flirtent plus facilement avec l'idée de la mort de leur thérapeute qu'avec son principe de stabilité ? Les analystes en font eux-mêmes autant. Sans doute chacun doit-il être présent à sa fonction, parce que seul dépositaire des enjeux subjectifs d'un autre. Mais s'il se conçoit irremplaçable au sens d'une relation « intersubjectivement » élective, il ne comprendra pas pourquoi les patients supportent en général plus difficilement que leur analyste manque à son horaire ou arrête la cure, plutôt qu'il ne meure réellement. Ceux des analysés que nous connaissons, qui ont appris la mort imprévue de leur analyste, ne se sont pas montrés à nous spécialement endeuillés. Certains se sont même étonnés que des collègues volent à leur secours pour leur trouver dans l'immédiat un praticien de remplacement, comme s'ils étaient en péril de mélancolie ou d'orphelinat dépersonnalisant.

C'est le patient qui nous donne ici une indication. Ce à quoi il tient, dans le transfert et pour le transfert, c'est que l'analyste en tant que sujet vivant, et supposé désirant, et supposé libre vis-à-vis de tout contrôle hiérarchique qui le subordonnerait à quelque instance autoritaire, se voue de lui-même à cette fidélité d'horloge vivante du temps de l'autre.

Peut-on dire ainsi que le psychanalyste n'a pas ce que l'autre désire en lui, et qu'il ne donne finalement que le « rien » de l'objet manquant ? Il donne son temps, et quelque prix qu'il le fasse payer, le *time is money* ne peut se retourner véridiquement en un *money is time*. La règle des séances manquées, mais dues, prend dans cette perspective son vrai relief.

La dette symbolique et réelle renvoie à celui qui s'instaure, au regard de l'intemporalité de l'inconscient, comme invariant d'intégration dans les scansions répétées de son rythme de permanence à l'autre. Et, jusqu'à plus ample informé, nous considérons que toutes les variantes de la cure, par rapport à quelque cure type que l'on voudra, ne peuvent toucher au principe de fixité dans la répétition qui fait du praticien l'astronome des éphémérides transférentielles, et tout autant l'étoile fixe des configurations signifiantes mises en orbite par la règle analytique.

Là est, à notre avis, la condition *sine qua non* du transfert au sens spécifique du terme, et l'inéludable de son vrai ressort. On sait d'ailleurs, cliniquement, que le début de la cure est lié au temps qu'il faut à l'analysé, à qui on propose les consignes connues, pour vérifier l'adéquation de l'analyste à sa fonction, au-delà des particularités de son personnage.

Un jour, après des semaines ou des mois de cette vigilance réciproque qui marque les premiers temps du dialogue, pour l'information et le repérage des interlocuteurs, surgit, en un silence, un rêve, un acte manqué ou un mouvement associatif, ce quelque chose qui amène l'analyste à conclure que le transfert est noué.

Nous pensons que ce jour survient dès que le patient a pu se confirmer que son écouteur s'était suffisamment démontré et garanti comme « principe de constance ». Par rapport à ces aventures et ces errances de la pensée que permet et suscite la règle fondamentale, le fait que l'analyste s'assume comme polarisateur, est ce qui permet tôt ou tard de l'investir comme pôle (et vice versa).

Mais alors, si ce que nous disons est exact, voilà donc définie la notion qui permettrait à un non-analyste, libre de lui-même quant à l'Éros et l'épistémè, de s'habiliter comme analyste en assumant pour l'autre l'humanisation de l'automatisme de répétition qu'il saurait illustrer vertueusement, au prix dénié car inquantifiable de son propre temps pour l'imprévu de sa vie ? Freud ne disait-il pas : « Le premier but du traitement consiste à attacher [le patient] au traitement et à la personne du médecin. Pour assurer ce besoin, on n'a rien d'autre à faire que lui donner du temps[1]. »

Nous attendons le témoignage de celui qui se livrera à cette expérience sans être passé par le divan d'un autre. Car du côté de la persévération dans le temps, se profile le thème freudien de l'analyse sans terme *(l'Unendliche)*.

De cette référence, qui renvoie à tant de problèmes, nous ne retiendrons ici que ce qui situe une des dimensions propres à l'expérience analytique, une fois que celle-ci dépasse dans ses visées les objectifs thérapeutiques qui sont premier vocabulaire d'une demande de cure, avant dévoilement de la problématique du désir inconscient. N'est-ce pas ce principe de refus, par le freudien, de toute prévision d'un terme datable, lorsqu'une relation psychanalytique se noue, qui peut donner particulière intuition du destin d'un projet didactique lorsque, au-delà des bénéfices éventuels d'une « dénévrotisation », la cure débouche sur la dialectique du devenir analyste ? Nous avons déjà écrit ailleurs que le désir d'être analyste engage celui qui l'assume dans un itinéraire qui franchit, tôt ou tard, les frontières de son mythe narcissique personnel, en rendant caduques pour lui les motivations initiales de son engagement. Cela ne va pas quelquefois sans

1. S. Freud, *Sur le début du traitement*, Standard Édition, t. XII, p. 121.

drame subjectif (à moins que le *cursus* du candidat se réduise, du consentement de ses maîtres, à une convention scolaire). Mais quoi qu'il en soit de la problématique de chacun, à partir d'une structure clinique initiale, et aussi doués que certains soient à se *déshabituer d'eux-mêmes* pour une ouverture à d'autres mondes inconnus que celui de leur propre inconscient, c'est bien la longue ascèse de la didactique par-delà les frontières du savoir qui rend apte le postulant analyste à suivre ultérieurement ses patients, sans limite dans le temps, du côté des apories de leur advenir.

La didactique inscrit cependant le plus situable de son cheminement comme une marche à l'étoile. Le didacticien, simplement parce qu'il dure, perdure, demeure, et se maintient, prouve par sa seule existence cette qualité d'« endurance » qui relative les drames, les émois, les mouvements affectifs, tout autant que l'insoluble de certains conflits définis d'abord comme traces ineffaçables et irréparables de l'histoire.

Au terme de toute analyse, toute fascination identificatoire peut être sans doute démystifiée, mais il restera quand même, de par la force de l'exemple, l'introjection de la constance des principes à partir du principe de constance de l'Autre, comme nouvel idéal du moi épuré a sa dimension de temporalité pure. Il ne s'agit plus ici d'une référence au Sujet-supposé-savoir (S.S.S.) mais au sujet-supposé-synchrone à la vérité de l'autre.

Ainsi s'engendrent entre eux les analystes. Ainsi se réorigine en chacun l'héritage de ce Freud qui, ayant tant découvert de la libido et de l'inconscient, ne s'est pas dérobé à sa vérité à l'heure où, au-delà du principe de plaisir, le concept d'instinct de mort s'est imposé à lui, comme étant en lui.

Cette référence au réel, du côté du temps, qui complète pour nous la théorie lacanienne de l'objet « a », pour être trop peu souvent abordée, pourrait peut-être nous rendre compte de ce qui peut parfois devenir source de tension agressive, non pas dans une telle cure donnée, mais entre analystes parlant d'analyse. Ceci justifiait le sous-titre de notre récente conférence : « Du désir d'être l'analyste au désir de ne l'être pas[1] ».

Que deux freudiens s'affrontent en miroir, chacun lira parfois dans l'image de son collègue la caricature du plus secrètement insoutenable de ce qu'il soutient lui-même, tout au long de ses journées de

1. Conférence au séminaire Sainte-Anne, janvier 1968.

travail. Elle lui sera d'autant plus intolérable, cette figure du psychanalyste « nature » dans sa fonction, et assez perfidement aveugle à son propre destin pour sembler s'en faire un narcissisme dernier, que lui-même méconnaîtra sa propre servitude.

Le plus profond de ces tensions entre analystes, qui résument si bien et depuis si longtemps l'histoire des groupes freudiens, ne provient pas, à notre sens, des simples et inévitables rivalités qui existent là comme ailleurs, pour l'émulation scientifique ; pas plus qu'il ne s'explique d'une mauvaise « liquidation » des transferts entre gens qui s'analysent les uns les autres, de génération en génération. De par les visées mêmes de la didactique, d'ailleurs, on pourrait soutenir que le ressort même du transfert n'est pas ici ce qui est à liquider, *mais à transmettre*. Que chacun, en revanche, soit pour chacun ce représentant représentatif de la répétition, dont nous parlions ci-dessus, c'est peut-être ce qui peut donner mesure de l'intolérance secrète, ou passionnellement affichée parfois, de tel ou tel envers « les analystes ». Après quoi, il ne reste plus qu'à dénoncer vertueusement toute relativation du progressisme à tout prix comme projet conservateur et toute affirmation autonome comme confort narcissique. Les tensions statiques, en miroir, se déchargent alors dans le catabolisme de la révolution permanente[1].

Mais laissons là les analystes dont nous sommes à leur névrose professionnelle et confraternelle, pour réinterroger la *praxis* proprement dite.

Du côté de la clinique, ce principe analytique de la répétition réglée peut avoir des effets variables, imprévus, voire paradoxaux, selon la structure de celui qui s'engage dans l'analyse.

Pour le patient névrotique, la stabilité pourra devenir, on l'a vu, la garantie même du statut narcissique qu'il a déjà ou qu'il cherche à consolider. S'il est hystérique, il en tirera peut-être suffisamment profit pour s'engager, sans trop d'angoisse, dans l'aventure de son désir sexué. Mais s'il est obsessionnel, la même stabilité, perçue comme défi en écho, ne fera que renforcer aussi longtemps que possible les défenses du moi. Que l'analyste fasse le mort sans en mourir vrai-

1. Il s'agit d'une « révolution » double comme le circuit nécessaire à celui qui parcourt une bande de Mœbius jusqu'à son point de départ. On sait que ce ruban tordu ne reste topologiquement *unilatéral* que si on ne le coupe pas suivant son équateur. Le poinçon des signatures ayant sans doute son tranchant propre, les militants du bourbakisme néofreudien seront ceux qui acceptent de se débarrasser de leur nom au vestiaire, avant déambulation théorisante.

ment, c'est ce que l'obsédé attend de lui. Ainsi s'instaure la lutte entre deux pouvoirs temporels, entre deux structures obsessionnalisées.

Si le patient est pervers, l'analyste identifié à sa règle découvrira tôt ou tard qu'on vient chez lui acheter, sans économie, le répétitif de la fonction épistémique pour mieux négocier ailleurs les répétitions tarifiées et anonymes de la jouissance. Les deux systèmes et les deux comptabilités se compléteront et s'additionneront aussi longtemps que possible.

Quant au psychotique, qu'on se réfère à l'histoire clinique du début de cet exposé pour situer un des cas où l'instauration de la situation analytique a fonction de révélateur d'un délire latent. La « réponse du réel » induite par la cure ne s'organise évidemment pas toujours comme dans ce cas privilégié. Nous avons décrit ailleurs comment le schizophrène pouvait retrouver dans la théorie de son analyste, avec celui-ci comme étoile fixe d'un système fermé, l'homologue de la situation pathogène dont il était né[1].

Nous avons, par ailleurs, en étudiant l'érotomanie[2], évoqué la vindication passionnelle de celle qui veut tuer en son interlocuteur, non désirant, la régularité ici ressentie comme *prétention* de permanence impavide défiant la détresse haineuse du devoir-exister-sans-dieu-d'amour.

Ces réflexions peuvent apparaître pessimistes et décourageantes. À être lues par des néophytes pour qui le terme de psychanalyse réanime d'abord une disposition aux actes de foi et à la béatitude des régressions narcissiques, elles risquent de provoquer des désarrois agressifs ou anxieux. Lues par les détracteurs systématiques de la *praxis* freudienne, elles peuvent nourrir des politiques tendancieuses. Elles peuvent, en outre, nous aliéner sans doute la sympathie de collègues qui, ne s'accordant pas sur certaines des prémisses de notre développement, nous reprocheront la franchise, inopportune à leurs yeux, de certaines notations.

Insister sur le secret des ressorts du transfert, c'est peut-être accroître momentanément telle « résistance » de tel lecteur en analyse, mais c'est avant tout tenter de mettre au jour, ce qui, jouant en l'analyste, *à son insu*, ne fonctionnerait qu'au détriment des cures entreprises, pour des impasses.

1. F. Perrier, « La psychanalyse entre le psychotique et son thérapeute », voir *infra*, p. 429.
2. F. Perrier, « L'érotomanie », in *Le Désir et la Perversion, op. cit.*

Si toute *praxis* freudienne est subversion de la clinique, il est maintenant évident qu'à parler d'hystérie, d'obsession, de perversion, comme s'il en existait des cas purs, nous schématisons à l'extrême. Mais qu'on comprenne ici notre visée.

Il est beaucoup de jeunes analystes qui, prenant le style de leur didactique comme modèle passe-partout, dans leur souci d'être fidèles à un maître ou une doctrine, plaquent sur différentes situations et structures cliniques initiales les invariants d'une méthodologie qui se veut analyse « orthodoxe » et qui n'est que cadre standard pour tout dialogue.

À poser ici la question : « Dans quelle soluble ou insoluble situation l'analyste va-t-il se trouver partie prenante une fois que, posant une indication d'analyse, il s'inscrit volontaire pour instaurer la règle analytique et s'y vouer comme l'instance répétitive qu'il incarne, dans le réel de son temps pour l'autre ? », nous ne faisons rien d'autre que rappeler à l'autonomie et à la responsabilité tous ceux qui, appelés par quelqu'un à être l'analyste d'une question ou d'un symptôme, doivent rester aussi libres du côté de leur désir d'être cet analyste, que du côté de leur tentation de ne l'être pas, dès qu'un patient n'apparaît pas apte à l'ascèse de la cure, selon un modèle donné.

Dans la discipline clinicienne du diagnostic, quelles que soient la précarité et la relativité de ses moyens, savoir ne pas faire d'analyse, tout en questionnant avec le savoir freudien un champ clinique, est tout aussi important, et plus efficace dans certains cas, que de savoir instaurer les règles de la *praxis* freudienne pour s'y tenir une fois pour toutes. Mais le contraire est aussi vrai.

Ceci débouche, à notre sens, non sur des recettes techniques mais sur une éthique. La « *praxis* de la théorie » est-elle, comme on l'a écrit, l'éthique de l'analyste ? Elle en est sans doute une des directions, mais à condition de situer la théorie comme ce qui n'est en aucun freudien mais toujours entre plusieurs. En chaque analyste se livre entre Éros et Épistémè le non-conclusif du combat avec l'ange. Il n'y a pas à choisir entre l'érotisation du savoir et l'épistémè de la jouissance : double trahison de tout sujet envers lui-même et l'autre.

Qu'est donc, par rapport à toute cure plus ou moins limitée dans ses possibilités ou ses visées, ce qui spécifie l'analyse didactique comme telle ? Nous pensons que c'est justement, au-delà du principe de plaisir, le surgissement de la dimension éthique dans un dialogue qui, par-delà le savoir, la vérité, l'ambition et le désir de chacun des deux interlocuteurs, tourne l'un et l'autre vers ce *tiers* à venir, cet autre demandeur qui édifie encore l'entendement de quiconque : le futur analysable inconnu en sa question virtuelle.

L'éthique freudienne est-elle autre que soutenance voulue, parce que presque impossible entre deux sujets supposés savoir, de l'honnêteté ? On sait qu'une bonne conscience réfléchie des bénéfices de l'honnêteté peut être forme subtile de stratégie duplicitaire. Alors ? Déchirement ou déchirure : pour le plus vrai ou contre tout contrat ? Le discours déchiré n'est ni parole ni écriture ; il ouvre, sur fond de désespoir, le désir à sa cause.

1968

Structure hystérique et dialogue analytique*

Chacun sait que l'hystérie évolue avec son temps. Ce temps est aujourd'hui celui d'une culture freudienne élargie, voire diluée dans les vulgarisations ; il est aussi sociologiquement celui du droit à la liberté sexuelle et à la jouissance. Nul étonnement dès lors à ce que la symptomatologie des névroses hystériquement structurées se donne le style et les tournures de la mode du jour sans se déguiser des vêtements de nos grand-mères.

Il s'ensuit que l'étude de la relation entre l'hystérique et ses interlocuteurs pourrait avec profit en passer préalablement par un bilan des niveaux et configurations de savoir du patient, par un inventaire des références implicites ou explicites au freudisme et aux idéologies personnelles qui s'en déduisent ; ceci pour déterminer ce que telle névrose doit actuellement au progrès culturel.

Si l'on se rappelle, d'autre part, l'alliance originelle entre psychanalyse et hystérie[1], on pourra aller jusqu'à supposer qu'à partir de la dette de reconnaissance réciproque que peuvent se renvoyer la découverte freudienne et le langage de la névrose, les deux discours dans leur évolution et leur progrès restent tributaires de liens toujours renouvelés. C'est pourquoi, parce qu'il est impossible de dresser l'inventaire des modes d'actualisation symptomatique de la question que l'hystérie pose à la psychanalyse, parce qu'il serait fastidieux de compulser l'album clinique du subjectivement spécifique de chaque demande thérapeutique, on en viendra à chercher les invariants de la

* Publié in *Confrontations psychiatriques*, n° 1, 1968.

1. S. Freud et J. Breuer, *Études sur l'hystérie*, P.U.F.

structure hystérique au-delà des illustrations qu'en propose, toujours singulièrement, l'expérience clinique.

À la limite, dans la position qui est nôtre, on distinguera l'hystérie réussie et « normale » comme identique à un des registres fondamentaux de la relation de désir entre deux sujets (le registre de l'identification imaginaire) ; et les manifestations et symptômes de l'hystérie comme névrose, comme échantillon des modes de décompensation spécifiques d'une économie relationnelle qui n'a pas, d'autre part, accès aux stratégies de l'obsessionnalité, aux recettes de la perversion, ou aux effondrements de la psychose.

Ici, la référence à des modèles de normalité psychique, au regard des productions de la psychopathologie, montre sa relativité. S'il est vrai que chaque sujet, dans son évolution libidinale et son destin sexué, prend appui sur des identifications pour accéder œdipiennement à la structure triangulaire qui conditionne l'économie de son désir et sous-tend sa demande d'amour, il n'est pas de « maturité » libidinale qui n'en passe pas par les modes hystériques de maturation (on parle habituellement du noyau hystérique de toute névrose). Les psychanalystes savent bien que lorsqu'une cure amène un obsédé, un pervers, parfois un psychotique, à une « hystérisation » de la relation à l'autre, ils peuvent parler de succès thérapeutique. Le terme d'hystérie perd alors tout sens péjoratif ; quitte à le retrouver dans la bouche du patient si celui-ci cherche à s'objectiver en un auto-diagnostic.

Au fait, comment expliquer le toujours renaissant du péjoratif quant au vocable ? Les médecins, depuis Hippocrate et en passant par Babinski, y sont sans doute pour beaucoup. L'hystérie se moque du sérieux de la neurologie et du savant de la psychiatrie ; elle se moque, défie ou revendique, elle fuit dans la guérison, trahit ses alliés, échappe et garde son secret. Et puis, il y a l'étymologie femelle, matricielle, souterraine… En fin de compte, c'est bien parce que, avant tout, le terme mobilise les défenses inconscientes contre le mystère toujours redoutable de la sexualité féminine que la ligue se reforme pour dénoncer, d'époque en époque, l'hystérie comme impudique imago de la mauvaise mère et, tout autant, ambigu désordre d'une chair androgyne.

Quoi qu'ait dit Freud sur la bisexualité fondamentale de l'être humain, le fait que l'hystérie soit actualisation, mise en scène, voire dramatisation de cette vérité, est rarement pardonnable. Il en sera peut-être autrement lorsque au-delà des tâtonnements et des rationalisations, la problématique de la sexualité féminine ne sera plus figée dans les idéologies, anatomies ou physiologies qui l'objectivent en la dévoilant, pour mieux la méconnaître au nom des tabous inconscients.

À ce sujet, une remarque : parce que l'hystérie peut être un diagnostic pour l'homme et pas seulement pour la femme, il est une tentation dans les travaux théoriques et cliniques, c'est d'en parler au neutre, c'est-à-dire, en français, au masculin. Certains textes sont ainsi à déchiffrer doublement parce qu'à parler de l'hystérique, on ne lui a pas donné l'un de ses deux sexes possibles. Pour autant que c'est justement la question : « Qui suis-je, homme ou femme ? » que nous pose l'hystérique, on ne saurait à notre sens entendre l'interrogation de la même façon et mettre en mouvement la même dialectique, selon que le demandeur est féminin ou masculin. C'est évidemment aussi le cas de l'analyste qui écoute ; homme ou femme, il a toujours à se demander de quelle imago il est revêtu par l'autre, à telle ou telle étape du transfert. Or, il n'est pas toujours facile à l'analyste de se désidentifier de son Moi sexué pour demeurer le bon entendeur qu'on cherche en lui, à travers l'écran des projections fantasmatiques.

De ces considérations préliminaires se déduisent deux chapitres. Nous étudierons séparément la structure hystérique chez la femme et chez l'homme.

La femme hystérique

Du symptôme comme demande à la demande comme symptôme

La relation du psychanalyste avec la structure hystérique ne saurait se dégager que d'une évocation succincte des modalités de la rencontre entre la patiente et son thérapeute. Sans doute, disionsnous, l'hystérie évolue avec son temps ; c'est-à-dire qu'elle s'institue dans un certain espace de savoir. Il peut s'agir là, tout bonnement, d'une géographie des communications. Telle famille attardée dans l'anachronisme culturel d'un village perdu produira encore des malades de type Charcot et des cas de conversion pour les musées de la nosologie, alors que les filles de l'intelligentsia parisienne démontreront avec brio les derniers progrès de la caractérologie hystérique à travers les anecdotes libertaires d'une hyperactivité sexuelle.

Entre ces deux extrêmes, l'hystérique, concernée de toute façon par la question du désir sexuel, se présentera à nous, soit sur le versant de l'*offensive*, soit sur celui de la *défensive*.

Commençons par ce dernier terme. Il nous ramène le plus classiquement possible à la séméiologie de la conversion.

La « belle indifférente » ne prend pas la parole ; elle en laisse la fonction de message à un segment de son corps ou à sa propre statue, dans sa défaillance même. Interrogée sur son symptôme (quel que soit celui qu'on choisisse : paralysie, astasie-abasie, syndrome fonctionnel, sensitif ou moteur), elle ne répond encore qu'un : « Je ne peux pas », ou « Je ne sens pas », ou « Je ne sais pas » au demandeur que nous sommes alors pour elle, et devant lequel elle s'exhibe passivement comme incapable de…

La patiente se fait ainsi représenter par son symptôme, et si on la sollicite en première personne, au travers de l'écran corporel qu'elle offre à la fois comme médium et comme énigme au regard du clinicien, la réponse du sujet vient comme dénégation instituante : « Ça ne peut pas venir de moi ; le mot me manque ; l'aptitude me fuit. »

Si l'on ne sait pas entendre, en le symptôme, la métaphore de la question du désir comme impossible dans sa relation au corps propre, on conçoit que cette question puisse être rapidement classée, c'est-à-dire éludée. Qu'un alibi thérapeutique (faradisation, placebo, prédicat scientiste) vienne démontrer le sorcier pouvoir de l'Autre, il ouvre au sujet la porte d'une fausse guérison qui s'appuiera sur la proposition : « Ce n'est pas venu de moi, et c'est en cela que je vais mieux sans savoir pourquoi, sans m'impliquer subjectivement dans l'expressivité secrète du trouble qui m'habitait et qui me quitte. »

Qu'on s'en tienne à une ouverture questionneuse, la demande incarnée par le symptôme se mettra à parler tant bien que mal, ailleurs et autrement. Il suffira pour obtenir ce résultat de se rappeler avec Freud que le soma de l'hystérique est support charnel des syntaxes signifiantes de l'inconscient. Ça parle pour qui sait l'entendre.

Que des hystériques laissent encore à leur corps le soin de négocier pour elles une question qu'elles ne peuvent assumer, l'exemple nous en est fourni par toutes les habituées des consultations médicales et chirurgicales qui viennent, plus ou moins tardivement, plus ou moins droguées ou couturées, chercher une autre forme de recours auprès de l'analyste. D'autres encore, prises au mot de leur dépression et du désinvestissement narcissique qui la cause, surajoutent à leur aptitude à l'amnésie les trous de mémoire dus à l'électrochoc.

Tel est le versant de défense passive de la symptomatologie hystérique. Que cela implique un mode d'immaturation libidinale particulièrement sévère est évident. On sait qu'à la limite peut se présenter le tableau de la *psychose hystérique*[1]. Ici se démontre dramatiquement l'extrême fragilité de certaines patientes et leur aptitude à la régression. Faute du support d'une imago narcissique, il n'y a plus qu'un corps morcelé comme témoignage archaïque du « stade du miroir » ; il n'y a plus qu'une langue seconde pour des angoisses de scène primitive ou des mythomanies mystiques. Et pourtant, rien n'est forclos. La dramatisation ne se recoupe pas de discordance paranoïde. Elle reste présence à *l'Autre et appel à lui*. Il suffit d'une météorologie relationnelle favorable pour que la tempête n'apparaisse plus, après coup, que giboulée de printemps. Le délire hystérique n'était en quelque sorte qu'une orgie de désidentification ; l'extase tenant lieu d'expérience orgastique.

En bref, que le symptôme soit grave et chronique, ou anodin et fugace, tout donne à penser qu'il est élaboré dans la langue d'un Autre qui reste à rencontrer. Il tient lieu de demande. L'hystérique l'apporte en dot à l'interlocuteur idéal espéré inconsciemment. Elle signe en quelque sorte une procuration au syndrome qu'elle a pu créer, et qui parle pour elle au nom de son absentéisme, sinon de son absence à la question qu'elle ne peut assumer.

Ce que nous avons appelé le versant offensif de l'engagement hystérique dans une rencontre évoque maintenant une autre conjoncture clinique. C'est la militante de la vérité du sexe et de l'amour qui vient ici trouver l'analyste. À la voir et l'entendre, on ne sait ce qu'il y a de plus véridique en elle, de son beau regard ou de son discours insistant. Elle est sûre de la cause qu'elle défend et nous prend à témoin de son malheur. Ce malheur vient apparemment des hommes ; les uns sont brutaux et tyranniques, les autres timorés et inconsistants. Jamais, dans leur égoïsme, leur malignité ou leur inintelligence, ils n'arrivent à correspondre à l'image de celui auquel la patiente a droit. Bien souvent le mari se trouve-t-il ainsi traîné chez le psychiatre pour une mise en accusation. Il s'y résigne avec lassitude, ou, plus jeune, se prend au jeu, et vient en coupable. Plus naïf encore, il viendra tout seul faire mesurer sa virilité, et ses torts, par le juge freudien, choisi par son épouse. Et c'est peut-être finalement à travers son témoignage

1. S. Follin, J. Chazaud et L. Pilon, « Cas cliniques et psychoses hystériques », 1961, *L'Évolution psychiatrique*, t. XXVI, fasc. II, p. 257.

qu'on décèlera le mieux (et avec le moins de fatigue) l'économie d'un exigible désir insatisfait chez la partenaire. On a déjà décrit les maris d'hystériques[1]. Pris au jeu de leur propre problème de castration, ils collaborent activement à leur condamnation. Sexuellement, leur dilemme est le suivant : ou le désir de la femme est un ordre et, faute d'être maîtres de leur érection, ils deviennent impuissants ; ou bien, préférant leur heure à celle de l'épouse pour échapper au fiasco, ils rationnalisent – en hommes – sur les plaintes inlassables d'une raisonneuse frigide ; laquelle se refuse dès lors aux gratifications sexuelles, tout en consolidant une jalousie envers une belle-mère, une sœur, ou toute autre rivale sexuellement interdite au mari[2].

Derrière ce conflit conjugal actuel, on retrouve facilement les figures de l'histoire œdipienne.

À son insu, dès qu'il veut répondre à la demande, le mari tient la place de la mère. Il promène une agoraphobe ; il veille une insomniaque ; il nourrit une vomisseuse ; il est femme de ménage d'une intellectuelle. Et plus il en fait, plus on lui en veut, et plus on le trouve frustrant.

Que blessé dans son amour-propre, et trop menacé de castration domestique, il affirme agressivement son indépendance, il tombe alors sous le coup d'une autre condamnation. Il ressemble à ces mauvais pères qui ont échoué dans leur mariage, « faute d'avoir su découvrir une vraie femme ». Ils ont été esclaves ou esclavagistes, dans leur inaptitude au culte maîtrisé d'un idéal féminin… que leur propre épouse, mère de l'hystérique, n'a incarné pour personne (sauf bien souvent pour un jeune frère, qui est le rival phallique né sous la bonne étoile).

Ainsi se dessine dans une première approche la double impasse où se maintient la femme hystérique : en y attirant les autres. Manifestement, elle démontre le stade phallique décrit par Freud chez la petite fille. Être tout entière, dans sa statue, la « girl-phallus », voilà la pointe extrême de son évolution. D'où son aptitude au théâtre, à la danse ; d'où la prévalence du spéculaire dans le dialogue. Quand elle parle, elle est entière – dans ses convictions et ses passions. Elle parle, mais, en fait, comme porte-voix d'une vérité à l'état naissant qu'elle

1. L. Israël, « La victime de l'hystérique », 1967, *L'Évolution psychiatrique*, t. XXXII, fasc. III, p. 517-546.

2. F. Perrier, « Phobies et hystérie d'angoisse », 1956, voir *infra*, p. 300.

déduit des mots qui lui viennent. Le sens jaillit de l'extemporané de l'énonciation : elle est faite pour la psychanalyse...

À être entière et à le rester par tous les moyens, elle pare ainsi au danger de la question qui la menace : dilemme de l'avoir et du manque au regard de l'être. La double impasse que nous évoquions plus haut est liée à cette problématique. Dans son narcissisme phallique, l'hystérique reste tributaire des mécanismes d'identification imaginaire, faits pour aborder, sans la résoudre, la question de la différence des sexes. Elle s'identifie à l'homme, parce qu'elle a besoin de participer à son désir, pour chercher, comme lui, la femme en son mystère. Et tout en même temps, elle aliène imaginairement sa question de femme en une autre qu'elle-même ; une autre à qui elle reproche de n'être pas aussi entière et inentamée qu'elle-même sait le rester.

La femme hystérique dans son offensive langagière se maintient ainsi dans une double insatisfaction. De par sa position phallique, elle ne se réfère à un idéal du moi masculin que pour constater la carence de celui-ci en son géniteur : elle ne saurait être que violée, et que par Jupiter. Elle supporte mal que l'homme ne doive l'émergence de son désir à lui que de l'assomption d'une castration symbolique.

Du côté du Moi idéal homosexué, elle ne trouve en sa mère œdipienne qu'une femme régressivante qui dévalorise le modèle de féminité qu'elle aurait dû incarner. Le *Penisneid* prend ici une fonction particulière : il est dénié, rejeté oralement et génitalement comme source de satisfaction possible. On ne cherche le phallus que comme flèche indicatrice, vecteur du désir sur un chemin qui va vers l'insondable fascinant de l'autre : le tiers féminin.

Ainsi se découvre, conformément à la théorie freudienne, le fantasme bisexué de l'hystérique[1] : qu'une situation sexuelle exemplaire s'offre à elle en un couple, elle se trouvera fort bien de se soutenir comme médium à demi participant, à demi exclu, au regard des deux autres. Grâce au support d'une double identification possible, elle se maintiendra, avec plus ou moins de verve et de bonheur, dans un désir insatisfait, à l'abri d'une frigidité qui est sa sauvegarde et la garantie de son désintéressement ambigu.

Qu'en revanche s'effrite un des supports identificatoires dont elle a besoin, ou qu'elle-même se sente trop directement concernée par le désir de l'homme, elle ne pourra s'assurer fémininement comme

1. S. Freud, « Les fantasmes hystériques et leur rapport avec la bisexualité », 1908, in *Névrose, psychose et perversion*, P.U.F., 1973, p. 149-156.

objet de ce désir, faute de pouvoir s'accepter en son corps comme cause de ce désir.

Sur la castration

S'il est vrai qu'on ne désire que ce qu'on n'a pas, et que dans la théorie freudienne, l'asymétrie anatomique des sexes est le support conceptuel et imaginaire d'une dialectique qui sait différencier désir sexuel et besoin organique, pulsion et instincts, on peut en revenir, à travers la question de l'hystérique, à quelques théorèmes :

– Fille et garçon étant, à l'origine, en position narcissisée, par l'amour de la mère, leur point de départ est presque identique. Ils occupent la place du phallus.

– La question du manque, préparée par la perte de l'objet anal, se négocie dans l'Œdipe lorsque l'insuffisance du garçon à son ambition et le manque réel de la fille à sa prétention phallique se trouvent retraduits, repris, réembrigadés dans une autre problématique : celle des stratégies du désir entre l'homme et la femme.

– La castration symbolique chez le garçon est prise en charge de lui-même comme pénien au jour où son père phallophore devient, à ses yeux, homme désirant, c'est-à-dire fils lui-même d'un autre père.

– La castration chez la fille est prise en charge d'elle-même au jour où la mère ayant désir du désir du père devient, à ses yeux, une femme qui sait trouver en son homme ce que celui-ci n'a pas tout à fait.

– On en vient ainsi à une algèbre où entre deux partenaires amoureux le désir, qui est toujours désir du phallus en l'autre, n'advient que comme accession au manque sous la forme de (φ)[1].

– En définitive, n'être plus le phallus et ne pas l'avoir amènent fille et garçon à la différence des sexes : un pénis ou pas. C'est ici que le manque n'est pas vécu de la même façon dans l'un ou l'autre sexe. Le garçon, parce qu'il « n'est pas sans avoir », aura à assumer un manque symbolique : un deuil du père en lui-même au jour où il transgressera l'interdit sexuel. Il n'en visera pas moins en la femme le φ de son sex-appeal à elle : diamant noir, fétiche, mystère, ténèbre jouissive, béance du réel, phallus fossile de l'ancêtre, maculée conception, cri de l'orgasme... C'est toujours à quelque chose de l'instance phallique projetée en la femme que l'homme devra son érection.

1. J. Lacan, *Écrits*, Le Seuil, 1966.

La fille, elle, ne manque en fait de rien. Ce n'est pas en elle qu'elle a à perdre le phallus ; c'est en sa mère d'abord et en son père ensuite. Mais cette accession au manque pour n'être que la castration de l'autre la conduit vers un problème plus radical : avoir à son insu en elle ce quelque chose qui n'étant rien fait de son corps le temple du désir de l'autre pour des célébrations où elle trouvera son bonheur à ne plus savoir qui elle est en ce qu'elle n'a pas[1].

Ainsi, au « Je n'ai pas » de l'homme correspond un « Je ne suis pas » de la femme. C'est cette double assertion négative, à laquelle l'hystérique ne saurait parvenir dans son destin singulier.

Sur le transfert

Si les hystériques doivent à Freud de savoir qu'elles ont un inconscient et une particulière aptitude aux mécanismes du refoulement, Freud a dû aux hystériques la découverte du phénomène du transfert. De l'Anna O. de Breuer au célèbre cas Dora[2], toutes les études sur l'hystérie démontrent l'aptitude des patientes à actualiser dans la cure les mouvements affectifs qui les animent. La situation n'est jamais de tout repos pour l'analyste : « Quant au transfert, il est une véritable croix. Ce qui dans la maladie agit avec une volonté propre et indomptable – nous faisant renoncer à la suggestion indirecte – ne peut pas être entièrement éliminé par la psychanalyse ; on arrive tout au plus à le limiter et ce qu'il en reste vient se manifester dans le transfert. » Ainsi s'exprimait le Maître en 1910 dans sa correspondance avec le pasteur Pfister[3].

Cette citation rend bien compte d'une position dont nous voudrions souligner la constance chez Freud. Nous pourrions la résumer ainsi : aussi prouvé qu'il soit que c'est grâce au transfert et dans l'analyse du transfert que se produit le défoulement des formations de l'inconscient, autrement dit, même si l'inévitable des mouvements affectifs dirigés sur la personne du médecin est, comme phénomène repère, l'instrument même d'un déchiffrage qui était, à l'origine, seul projet de la cure, le transfert n'a pas à être induit, il n'a pas à être

1. W. Granoff et F. Perrier, « Le problème de la perversion chez la femme et les idéaux féminins », 1964, in *Le Désir et le Féminin*, Aubier, 1978.
2. S. Freud, « Dora, un cas d'hystérie », in *Cinq psychanalyses*, P.U.F.
3. S. Freud et le pasteur Pfister, *Correspondance, Lettre 19*, Gallimard.

favorisé. Il n'a de sens que s'il survient, malgré tout, sans qu'aucune complicité tactique du praticien avec la duplicité de la patiente ne donne à celle-ci l'intuition qu'on lui cuisine des recettes techniques.

Cela a grande importance à nos yeux en une époque culturelle où, d'une part, tous les patients qui viennent à l'analyse savent, peu ou prou, « qu'ils auront à en passer par le transfert » ; en une époque, d'autre part, où la formalisation des doctrines analytiques peut amener les thérapeutes à préinvestir le transfert comme instrument, avant de le rencontrer comme obstacle.

Dans notre expérience, c'est dans la mesure où toute analyse est fraîcheur d'une réinvention de l'analyse comme expérience princeps que la découverte freudienne peut vérifier ses lois. Toute collusion consciente ou inconsciente entre deux interlocuteurs pour « faire de l'analyse ensemble à la manière des autres » est trahison même de ce qui spécifie la cure.

Il convient d'ajouter encore quelque chose ; c'est que toutes les théories qu'on a pu donner du transfert et de son maniement, voire de sa liquidation, ne tiennent peut-être pas assez compte du fait que c'est l'hystérique qui a inventé le transfert. À partir de quoi, c'est bien souvent avec des concepts infiltrés des modèles de la relation entre l'hystérie et la psychanalyse que nombre d'auteurs tentent de rendre compte de ce qui se passe avec un pervers, un obsédé, ou même un psychotique. La pauvre statistique des succès thérapeutiques de l'analyse dans ces départements nosographiques est peut-être, plus qu'on ne le croit, conséquence des préjugés de l'analyste. Combien échappent-ils, en leur discipline, à la tentation de se prendre pour une étoile fixe, un point immobile, un invariant, et se figer dans un ici, dans un ailleurs, dans un silence, dans une impassibilité, etc. ? Toute identification de l'analyste à une « attitude » est secret appel au transfert.

C'est peut-être une digression qui nous emmène hors du champ d'étude que nous nous assignons ici ; mais cette excursion ne sera pas inutile si elle concourt à donner son relief à la problématique du transfert chez l'hystérique. Il est des textes trop connus et trop cités pour que nous croyions utile d'en rappeler ici le développement. Dans le commentaire qu'il a donné sur la dialectique du transfert dans le cas Dora, Lacan a fourni aux analystes un instrument de réflexion qui fait date en ce domaine[1].

1. J. Lacan, *Écrits, op. cit.*

On sait de l'aveu de Freud lui-même que l'interruption de la cure par sa malade Dora est liée à la méconnaissance par le Maître de ce qui dans le transfert visait, non pas l'homme lui-même comme objet d'amour, mais lui comme pivot d'une recherche du tiers féminin (en l'occurrence Mme K.). Nous avons déjà plus haut privilégié une telle situation, pour y avoir trouvé, dans notre expérience, un des ressorts essentiels de la cure de toute hystérique.

Toute patiente chez laquelle prévaut une économie libidinale hystériquement structurée démontre ainsi ce qui dans le transfert est du registre de l'imaginaire du désir. Si, d'une façon générale, le transfert surgit de l'incompatibilité méconnue par le sujet entre les deux espoirs qui l'animent – celui d'être aimé et celui d'être entendu – l'hystérique sera celle qui se vouera sans ménagements à cette entreprise.

De ce qui précède se déduira alors pour l'analyste la nécessité, non pas d'une recette technique, mais d'un triple niveau de vigilance.

a) Le « être aimé » organise dans la cure une reproduction du champ narcissique avec ce mode de surdité qui lui est propre. La patiente parle pour séduire. Elle joue le jeu qu'elle prête à l'analyste. Elle devine ce qu'il attend. Est-ce pure demande d'amour ? Il est difficile d'en douter car si on interprète, elle n'entend pas. En fait, elle n'entend encore que le son de la voix qui la trouble secrètement. Elle ne sait elle-même si elle désire, ou non, être interrompue. Quoi qu'elle avoue d'elle-même, elle demeure en retrait de son dire et à l'abri d'une réponse dont ne bénéficierait que l'autre femme ; ce tiers virtuel du dialogue.

b) À travers les rêves et les associations d'idées, les signifiants refoulés surgissent quand même, dans la dénégation, le malaise, voire la naissance de l'angoisse. Ce n'est plus l'imaginaire triangulaire qui est ici à interpréter, c'est le rapport de l'hystérique avec son propre corps. Alors se vérifie ce que bien des auteurs ont écrit : la prévalence des signifiants de l'oralité dès que la réalité sexuelle s'infiltre dans un discours. Stade oral, stade phallique, ils s'engrènent étroitement dans la parole de l'hystérique. L'article de Grunberger[1] nous apporte sur ce plan d'excellents documents cliniques.

On pourrait penser que, dès lors que l'hystérique se sent concernée analytiquement dans la présence réelle de son corps sur un divan, l'interprétation de ce *hic et nunc* est le ressort même du pro-

1. B. Grunberger, « Conflit oral et hystérie », 1953, *Rev. fr. de psy.*, n° 3, t. XVII, p. 250.

grès thérapeutique. En fait, aussi important que soit ce registre de la relation, ce registre qui actualise non plus seulement la demande d'amour mais le scabreux, l'inavouable, le honteux, le troublant du pulsionnel et des menaces de jouissance qu'il réserve, on ne saurait le manier directement sans risquer l'impasse, l'*acting out*, la rupture du contrat.

S'il est vrai qu'une des visées de l'analyse de l'hystérique va du côté d'une structuration de l'imago du corps sexué à partir du dévoilement des expériences infantiles refoulées, cette structuration ne saurait s'effectuer dans le duel du mouvement transférentiel sans référence préalable à une autre symbolique.

c) Nous touchons ici à la conception même que l'analyste se fait de la sexualité féminine. On connaît les interminables débats sur ce plan ; nous ne nous perdrons pas dans le compte rendu des versions soutenues depuis Freud par certains auteurs. Bornons-nous à souligner un point essentiel dégagé de notre expérience. À notre avis, beaucoup d'analyses de femmes échouent parce qu'on les prend au mot de leur complexe de castration. Il suffit de garder implicitement une référence au mythe de la complémentarité sexuelle, anatomique et libidinale, pour installer entre l'analyste et l'hystérique un duel sans issue. Nous dirons, plus freudiennement, que rien de ce qui est phallique en la femme n'est dénonçable comme imposture (banalement, avoir eu envie d'être un garçon et n'être qu'une fille). En vérité, la phase phallique est, chez le garçon et la fille, le mode d'abord du registre même du désir. Pénis ou clitoris ? Il n'y a là que réduction à un imaginaire corporel d'une problématique autre. Activité-passivité ? Ce binôme n'est pas superposable au masculin-féminin. Le *Penisneid* de l'hystérique est un « phallus-neid » et c'est cela qu'il faut d'abord analyser. Nous disions plus haut que ce que n'accepte pas ce type de patientes, c'est l'impact de la castration symbolique en l'Autre. L'Autre se subdivise ici en deux imagos, masculine et féminine. Une fois qu'on n'est pas prisonnier des géographies corporelles du sexe, il n'y a aucune raison de livrer combat à l'hystérique sur le terrain où elle se croit attaquée.

Car, à notre sens, la symbolique du féminin n'est pas à définir dans une dialectique de la complémentarité, mais de la supplémentarité.

N'est-ce point l'homme qui, n'étant pas sans avoir quelque chose qui le réduit à lui-même, manque finalement de ce à quoi la femme lui donne accès, comme porteuse inconsciente à elle-même d'un au-delà du phallique ? Est-ce ici l'aporie de la jouissance qui surgit, ou est-ce en référence au symbolique et à l'imaginaire, le réel, comme métonymie du non-sens, du non-articulable, du non-objectivable ? Reconnaître la femme en son destin sexué, ce n'est pas la ramener aux catégories androcentriques des structurations signifiantes ; c'est célébrer en elle le φ comme ouverture sur le manque de signifiant dernier ; privilège féminin pour un deuil du concept.

« L'héroïque trivialité » que Marthe Robert[1,2] reconnaît dans cette œuvre freudienne qu'elle raconte si bien, c'est ici la formule qui va nous ramener à des considérations plus cliniques ; et, par exemple, la phase anale chez l'hystérique.

À partir de cette clef qu'est pour nous le concept de supplément par rapport au complément, une fois démystifié le complexe de castration comme rapport de l'hystérique à la castration de l'autre, le plus humble du dialogue analytique ramènera l'interlocution au négoce de l'objet partiel dans sa signifiance. C'est peut-être là qu'est le plus refoulé et le plus éventuellement éludable. L'aveu dernier des fantasmes prégénitaux, la blessure narcissique qui marque le corps propre dans sa permanence de support du subjectif rejoindront la perte d'un premier morceau du corps dédié au « minoé-mycénien » de la mère archaïque[3]. Voilà par où en passera parfois l'assomption du corps propre[4] et du corps-pour-le-jouir de l'hystérique, dans la désesthisation artisanale de la scène primitive, avant réconciliation du beau et du vrai au regard de la mort qui s'entend ici comme « Amor ».

De l'être à l'étron, il y a un étrange rapport, celui qui fait passer la minute du manque-à-être par l'expérience rétroactivée de la perte du premier objet. Ici, la femme, plus apte au processus de séparation et de deuil que l'homme (toujours obnubilé de castration), entraîne l'analyse plus loin que ne sauraient le faire les hystériques mâles dont nous parlerons plus loin.

La classique équation freudienne : pénis = fèces = enfant, peut servir de référence pour l'analyse de la relation proto-œdipienne entre la

1. M. Robert, *La Révolution psychanalytique, la vie et œuvre de Freud*, Payot, t. I et II.

2. M. Robert, « Remarques sur l'exégèse de Freud », 1965, *Les Temps modernes*, n° 233.

3. S. Freud, *Nouvelles conférences sur la psychanalyse*, V^{e} conférence « La féminité », Gallimard, p. 153.

4. F. Dolto, « La libido génitale et son destin féminin », 1964, *La Psychanalyse*, t. VII, p. 55.

fille et la mère. Et c'est là que se manifesteront sans doute les résistances les plus vives au défoulement des signifiants prégénitaux.

Mais il faut aussi aborder la question de l'angoisse, de cette angoisse dont les processus de somatisation permettent à l'hystérique de faire l'économie ; et qui, surgissant dans la cure, annoncera la tentative de structuration d'une phobie. On sait les distinctions établies par Freud entre l'hystérie proprement dite et l'hystérie d'angoisse comme champ d'organisation de la phobie. Il est certain qu'en clinique les formes d'intrication et d'alternance de ces deux modes d'économie libidinale sont fréquemment constatées. Nous nous sommes nous-même attaché à leur description[1]. Sans nous étendre ici, nous pourrons retrouver ce que nous avons appelé plus haut le versant défensif et le versant offensif de la symptomatologie, en évoquant ce que l'on groupe sous le terme de « phobie de situation », d'une part, et de « phobie d'impulsion », d'autre part.

L'agoraphobe met en scène son angoisse en soulignant la nécessité pour elle de l'imaginaire du décor familier, réduisant son autonomie à un périmètre de déambulation. En même temps, l'exigible présence d'une personne à fonction parentale, dès que la malade doit s'aventurer plus loin, rappelle l'interprétation freudienne classique : la rue est menace de tentations ou d'agressions sexuelles.

Du côté des phobies d'impulsion, nous avons souligné la figurabilité de l'élément phobogène comme support de la question de l'hystérique en proie à l'inassumable de son imago sexuée : dans cette peur d'avoir envie de se jeter par la fenêtre, le sujet hystérique se confronte au mouvement qui l'adonnerait, dans l'oubli d'elle-même, à une chute mortifère vers une jouissance inconnue.

Le surgissement d'une phobie, et de l'angoisse qu'elle focalise ainsi dans la cure d'une névrose hystérique, est pour nous témoignage d'un moment de structuration du corps propre. La maîtrise par l'analyste des liens du transfert doit permettre d'arriver jusqu'au moment où l'hystérique découvrira qu'elle tient à son angoisse sous la forme d'un : « peur d'oublier d'avoir peur ». À partir de quoi, il lui restera à accepter une autre vérité : renoncer à doter l'analyste, homme ou femme, d'une toute-puissance phallique dont on le faisait support imaginaire, pour ne pas quitter les alibis de la névrose.

1. F. Perrier et C. Conté, « Névrose phobique », octobre 1964, *Encyclopédie médico-chirurgicale.*

L'hystérie chez l'homme

Le diagnostic de structure hystérique chez l'homme n'est pas rare. Celui d'état névrotique caractérisé comme tel l'est beaucoup plus. Cela ne saurait nous étonner si l'on se rappelle que, de par sa position vis-à-vis de la castration, dans la dialectique de l'Être et de l'Avoir, le sujet masculin ne voit pas se présenter à lui le même itinéraire œdipien et post-œdipien que la fille.

Demande et symptôme

Si, au niveau de la caractérologie, on peut voir se présenter chez l'homme cette aptitude au théâtralisme, cette complaisance à la dramatisation et aux paroxysmes émotionnels, cette labilité des états affectifs, cette plasticité relationnelle, voire ce mimétisme, qui font la séméiologie mentale de l'hystérie, il reste rare qu'une demande théra peutique appuie ses motivations sur le cortège de ces signes qu'elle exhibe ainsi aux yeux du clinicien.

Sans doute un adolescent ou un tout jeune homme peut-il être mené en consultation pour les outrances peu viriles de son émotivité, pour les troubles de son caractère ou même pour les « crises de nerfs » qu'il réserve à ses proches et plus spécialement à une mère anxieuse et complaisante. En fait, l'homme hystérique se trouve, en général, amené à poser la question d'une psychanalyse pour l'une ou plusieurs des trois catégories suivantes de difficultés.

a) Troubles de l'activité sexuelle

La plus classique éventualité est celle d'une impuissance, partielle ou totale. « Le sujet se sent dans l'obligation de prendre le parti de son sexe, sans le pouvoir[1]. » Et le parti de son sexe, c'est pour lui non le désir qui l'habiterait mais la Virilité qu'il veut dédier, en hommage, à la demande de toute femme ; cette demande ayant force d'une loi

1. G. Rosolato, « L'hystérie, structures psychanalytiques », 1962, *L'Évolution psychiatrique*, t. XXVII, fasc. II, p. 225.

que lui-même ne peut assumer. Fiasco ou éjaculation précoce ? Dans le premier cas, le sujet nous avoue, sans le savoir, que toute sollicitation féminine étant pour lui mise en demeure, il ne saurait y répondre que dans un « ne pas avoir le phallus » comme dénégation de l'avoir pénien dont il ne sait que faire... Dans le deuxième cas, le risque de l'acte assumé par lui se court-circuite trop vite dans l'identification imaginaire à la partenaire sexuelle. La défaite de l'éjaculation anticipe sur le surgissement menaçant d'une jouissance féminine dont seul un dieu, maître de l'arme absolue, pourrait faire le boutefeu de son plaisir olympien.

Ce dilemme concerne les sujets qui cherchent dans un activisme plus ou moins répétitif la solution empirique d'un problème qui leur demeure inconscient. D'autres s'en tiennent, plus ou moins honteusement, au non-dit et non-vu de la masturbation. Le fantasme dit pervers soutient une quête érotique qui a, en même temps, fonction de sabordage du désir en une pratique auto-castrative. Il est bien souvent alors scénario lesbien. L'instant phallique n'est pas plus en l'une des partenaires qu'en l'autre. Il se déduit de la place invisible du voyeur qui tire les ficelles du fantasme.

Dans une troisième éventualité (il y en aurait sans doute bien d'autres), c'est la question de l'homosexualité masculine qui est mise en avant comme crainte. L'impossibilité d'une indifférence à la stature du bel homme, aux feuilles de vigne des musées, ou aux regards des voyageurs du métro, traduisant en fait une référence identificatoire à l'image de l'homme, amène ainsi tel célibataire de l'Éros au bord de la paranoïa sensitive, en une question : « Docteur, suis-je homosexuel ? »

Au-delà de ces modalités inaugurales du dialogue avec l'analyste, peuvent se révéler tôt ou tard les tentatives par le sujet d'une organisation perverse de cette relation érotique, au seuil de laquelle il a le sentiment de rester toujours comme exclu. Mais n'est pas pervers qui veut et l'hystérique qui se commet dans la fréquentation des initiés du jouir, en prétendant apporter sa quote-part et ses lettres de créance aux franc-maçonneries fraternisantes de la libido, n'en paie pas moins, au crépuscule ou à l'aube, le tribut de l'angoisse à ses mythologies personnelles.

b) Angoisse et phobie

Le recours chez de tels sujets à une organisation phobique est des plus fréquents. Elle est parfois spectaculaire, extensive et expansive.

Tout est bon pour concrétiser l'angoisse : des maladies du corps aux craintes de la police et du déshonneur, en passant par le percepteur qui réactualise la prison pour dettes, jusqu'à toute forme de défaillance qui réduira le sujet à l'abjection de lui-même comme traître aux valeurs narcissiques dont il est le figurant.

Comme à être phobique on n'en est pas moins homme, il convient dès lors de trouver une parade. Elle viendra parfois comme « cette solution ingénieuse » dont parle Freud dans son article dernier sur l'*Ichspaltung*[1] : phobie discrète et secrète qui tiendra fonction de toutes les autres ; la sensibilité d'un orteil ou d'un index au chatouillis de la peau sous-unguéale après coupure du phanère par le ciseau de la manucure, ou bien l'impossibilité de s'acheter des chaussures ou une cravate, comme symboles phalliques, sans l'entremise de la bourgeoise d'épouse ; ou encore l'impératif obsédant sinon obsessionnel de l'ablution post-amoureuse immédiate, comme narcissique fidélité aux recommandations d'une mère affranchie et entremetteuse, laquelle traitait toujours pour son fils des dangers conjugués de Vénus et de Minerve, sans qu'on sache si elle avait été infirmière à l'hôpital Saint-Louis ou à la clinique Tarnier.

Nous touchons là à des formes de passage vers l'obsessionnalité. Il ne s'agit pas en fait de rites au sens de la *Zwangneurose*, mais seulement de l'entrée en jeu, plus ou moins obsédante, de mesures d'évitement controphobiques chez l'hystérique qui, pas moins qu'un autre, n'est à l'abri des insistances scandées de la question du désir, mais plus qu'un autre, exposé à la menace d'angoisse de castration.

c) Échecs et compensations

Parce que les structures sociales imposent à l'homme, plus qu'à la femme, la carte de visite d'une fonction professionnelle dans le portefeuille des valeurs narcissiques, personnelles et familiales, c'est souvent une névrose de destin, un destin marqué par l'échec, qui s'offre à l'analyste comme question à résoudre. N'en passons pas par tous les contextes possibles ; ils sont trop nombreux et trop diversifiés. Mais, de l'écoute de tant d'hommes qui viennent faire parler la sincérité de leurs défaites (tout autant que les défaites d'une sincérité, qui leur sert

1. S. Freud, « Clivage du Moi dans le processus de défense », 1937-39, *Standard Édition*, vol. XXIII, p. 271.

d'arme relationnelle et de justification) se déduit une constante. De l'armée, de l'Église ou du tiers état, ils ne peuvent assumer leurs appartenances et leur ambition. Ils plaident leur cause chez l'analyste ; balancés qu'ils sont entre l'apologie de leur personnalité, dans ses promesses et ses dons, et les déceptions que leur inflige l'ordre du monde. Qu'on les pousse un peu dans leur plaidoyer, on saura, avant qu'ils n'en prennent conscience, qu'ils ne craignent rien tant que la réussite. Toute promotion d'eux-mêmes au titre ou à la fonction qu'ils briguent avec fougue, passion, tremblement ou brio, les désarçonne dès qu'elle est obtenue ou virtuellement acquise. Combien d'angoisses et de dépressions névrotiques ne peut-on résumer à cette inaptitude de l'hystérique à assumer un pouvoir dès que la vie ne le lui dispute pas trop ?

C'est ici que pourrait s'ouvrir le chapitre des toxicomanies mineures : éthyl, amphétamines, ou pharmacies diverses, qui aident secrètement l'hystérique à tenir un rôle qui est toujours surcompensation d'un sentiment de non-adéquation à ce qui est à vivre.

La drogue est pour l'hystérique qui tente de se montrer un homme, tout en s'accusant secrètement du contraire, un élixir dont on peut difficilement le sevrer. À l'analyse, en effet, on peut déceler chez lui cette forme de schize non psychotique qui le maintient dans une constante ambiguïté entre l'Être et l'Avoir, entre l'Exister et le Paraître, entre le Désirer en son nom et le Désirer malgré lui.

À prendre le banal de l'alcool comme exemple, on pourra saisir ce qui dans les positions subjectives de l'être chez l'hystérique reste toujours constamment rivé à un « donner le change ». Le buveur, par compensation, se déchire constamment entre le principe disciplinaire d'une sobriété qui est conscience morose et méprisante de lui dans les déréclictions grises du petit matin, et le mouvement de complaisance secrète qui lui revient dans la journée pour ce verre qui lui rendra l'assurance en un rôle, pour une surenchère du moment.

L'hystérique aime donner le change ; soit à une femme pour le désir qu'il lui reconnaît et auquel il répondra « depuis ailleurs », au nom de l'alcool, comme instance phallique inconnue et dépersonnalisée ; soit à un frère, pour la parade agressivement séductrice à laquelle il se livrera, sans jamais savoir s'il veut ainsi le tuer ou s'il le souhaite clairvoyant de ce qu'il exhibe alors comme exploit et tout autant démission secrète.

« Je sais qu'une fois déclenché le mécanisme euphorisant du premier verre, le deuxième commencera déjà à trahir la messe dont je célébrais la symbolique en une première libation. Est-ce le médecin de la cirrhose ou le psychanalyste de mon inconscient qui me guérira de moi-même ? Où est-il celui qui réglera mon problème à ma place ? »

Sur le transfert

Cette dernière question partielle, telle que nous en avons rendu compte, dans le monologue analytique du consommateur parvenu à la toxicophilie, c'est celle-là même qui illustre la stratégie du transfert chez l'hystérique mâle, enfin confronté à un interlocuteur électif, et idéalisable.

À parler de stratégie, nous tenons compte à la fois de la duplicité jamais totalement inconsciente de tels sujets et de l'acte de foi qui les maintient dans la relation : à savoir que l'Autre, de quelque façon qu'on cherche à le séduire, restera libre de tous les pièges qu'on lui tendra.

Les mouvements du transfert se partageront entre un zèle pour la méthodologie freudienne, des réactions de prestance et de mise en frais destinées à obtenir des interprétations, et enfin une tactique secrètement féminine de faiblesse désarmée, comme appel à l'agression castratrice, et tout autant que comme rempart contre elle.

Dans sa bonne volonté, le névrosé se risquera ainsi jusqu'à un style homosexuel de transfert qui illustrera la double face de la question de son désir : qu'on l'authentifie narcissiquement, mais au nom des hommes, comme enfant phallique de sa mère et gloire de celle-ci ; qu'on lui transmette le secret d'une puissance sexuelle en s'acceptant soi-même dans l'image du tenant d'une virilité comme pouvoir.

Dans son espoir que le transfert analytique lui fera vivre, normativement, une édition revue et corrigée de son histoire œdipienne, l'hystérique perçoit en même temps, plus ou moins confusément, qu'il prend alors un double risque : soit que, à le prendre au mot de sa demande, l'analyste devienne complice, fantasmatiquement, d'une recette de transmission phallique directe et fournisse en une gratification verbale l'équivalent de ce qu'aucun homme ne peut donner à un homme (à partir de quoi, c'est l'imago féminine inconsciente du névrosé qui se trouvera engrossée d'une aberrante théorie de l'introjection phallique), soit que la tentation du praticien l'amène à une identification technique à la fonction du père castrateur ; qu'il s'agisse alors d'un interventionnisme dénarcissisant à dessein ou d'un savant mode de structuration active de la castration comme symbolique.

Si l'on convient que toute position légiférante de l'analyste, comme dépositaire d'une loi qui fabrique des hommes, est forme analytique d'orthopédie psychotisante, on préférera à ces pièges classiques du contre-transfert cette position conjecturale qui situe l'analyste, dans sa propre *Ichspaltung*, toujours ailleurs qu'en l'une des imagos fonctionnelles dont le pare le transfert de l'autre.

Crevé l'écran de l'imaginaire comme black-and-white (algèbre et filigrane) d'une radiographie de l'avoir et du manque, le « désir de l'analyste[1] » n'est-il pas celui qui n'investit aucun des registres et modèles de son propre savoir, en sachant se garder des échos qu'il en perçoit en son interlocuteur ? Ce désir, à notre sens, ne fonctionne qu'à partir d'un deuil de la Théorie exhaustive, qu'à partir d'un « non-s'avoir » dans le savoir ; et à partir d'un non-avoir l'autre. Que vise-t-il ? Rien, sans doute, mais ce *rien*, linéaire ou punctiforme, doit être lu ici comme mode de formalisation graphique. Il est virtuelle inscription de toutes les coupures épistémologiques et de tous les recoupements signifiants que le dialogue analytique donne à repérer entre énoncé et énonciation, pulsion et objet, moi et sujet, imaginaire et symbolique, désir et demande, Éros et Thanatos.

Le névrosé à structure hystérique devra faire le deuil de son Œdipe corrigé. Il devra, comme tout analysé, faire le deuil non de ce qu'il a eu mais de ce qui lui a manqué : une mère comme femme érotiquement heureuse, un père comme homme libre d'être désirant à sa façon. Il devra faire finalement le deuil du mythe de la castration. Le désir n'a force de loi pour l'homme que du jour où, renonçant à en être le maître, il ose y être sujet... tout comme un autre, sans honte ni gloire.

1968

1. J. Lacan, *Écrits, op. cit.*

Musique déjouée ?

Le ciel est gris
tout n'est que leurre
Une souris
grignote l'heure
Or, comme elle n'engraisse pas
c'est que le temps n'existe pas.

Martial Perrier[1].

La musique est à la psychanalyse ce que l'amour est à la vérité : deux amantes inséparables pour l'amoureux, mais dans l'utopie de leur impossible rencontre.

Pour qui a de l'oreille, comme on le dit d'un enfant musicien, à savoir celui qui sait « d'instinct » capter et reproduire la modulation et le rythme d'une suite de sons, *la musique empêche d'entendre...*

« Je ne pouvais pas ne pas écouter le piano du voisin. Je n'étais pas là pour ce que vous me disiez ; ou plutôt, je n'étais pas libre de m'interroger, dans l'instant, sur le faux ou le vrai de votre dire. »

En bref, à partir de ce qu'on attend de lui, le psychanalyste n'a pas à avoir d'oreille. S'il en a, il doit se la garder pour un autre lieu et un autre moment. Si quelque chose lui chante de la parole de l'autre, c'est qu'il est en péril de contre-transfert ; car ce qu'il lui faut ouïr, c'est, dans ce discours, l'achoppement, la dérobade, le silence ; c'est-à-dire l'inconscient. En outre, s'il répond « comme ça lui chante », il transgresse, pour une séduction, la règle méthodologique dont il est le gardien et le *supporter*.

1. *L'Adieu à Don Juan*, Grasset, 1929.

Le psychanalyste a devoir d'être captant des messages et non capté par eux. On ne peut occuper la même position subjective comme récepteur, lorsqu'il s'agit, d'une part, de la modulation des signifiants, et d'autre part, de la modulation des sons.

Le son et le sonore en psychanalyse ne sont pas attendus comme sonorités. Des résonances, on se clive, pour les raisonnances de l'écoute et de l'interprétation.

D'un côté, celui du langage, le *Faux* renvoie au pas-vrai ; de l'autre, celui de la voix, le faux réfère au pas-juste. Il y a là une hétérogénéité radicale de registre. Il faut donc passer au travers de toutes les démarches analogiques qui tentent de marier le discours de l'inconscient et le discours musical, pour déboucher sur un *terrain tiers* où restera soutenable, voire théorisable, l'exigible antagonisme entre musique et langage.

Deux exemples, cliniques, pour illustrer cette affirmation.

– Le cas est connu de l'air qui revient en tête, de façon obsédante. Il n'est message de l'inconscient que dans le temps où le contexte de cette chantante mémoire, qui parasite le discours et la réflexion, n'est pas encore retrouvé. C'est pourquoi le sujet en analyse s'abstiendra, en général, d'une vocalise dédiée au fauteuil freudien (sinon : impudeur, déshabillage vocal du corps libidinal, provocation abortive ou sonorisation hypomaniaque), pour lui préférer le commentaire tâtonnant qui sera recherche d'un titre, d'un texte d'accompagnement ou d'un moment d'émoi pulsionnel historiquement datable. Après quoi, une séquence musicale peut être support de la matérialité des signifiants, au même titre que toute autre parmi les représentations qui organisent et composent l'*étayage d'imaginaire*, propre à l'insularité de la réalité psychique.

– L'autre exemple, dans sa banalité aussi, est celui de la « troisième oreille » et de l'effet de répétition.

« J'ai rêvé que j'avais un nouveau nez », déclare une patiente qui peut se passer de chirurgie esthétique, mais qui, de profil, voit, dans son miroir à trois faces, l'aquilin promontoire de son géniteur.

« Un nouveau-né ? » répond celui qui devine son *children's desire*...

Répéter en écho, avec le timbre de sa propre voix, une séquence verbale extraite du discours de l'autre, c'est un effet d'interprétation *a minima*. Si l'intervention est reçue comme un « comment l'entendre ? », il y aura effet signifiant renvoyant au jeu de mots de l'inconscient, pour une mise en alerte quant à l'émergence possible d'un désir refoulé. C'est la répétition des mêmes phonèmes qui éveille, non au besoin d'unisson, mais au désir de la différence comme signe de la présence de l'autre.

Il est de l'essence de la parole et du langage d'être support de la différence et de l'écart comme indice de ce qui, du sujet parlant, est distinctif, distinguant, sinon toujours distingué. Parler la même langue, se comprendre, s'exprimer également bien en français et en anglais, avoir usage des lexiques communs, c'est sans doute avoir de la mémoire et de l'oreille, comme on le dit pour la musique. Mais cela n'est assumable que pour ceux dont les enjeux d'identité, et de permanence dans l'identité, sont déjà garantis. Quoi qu'on dise et à qui qu'on le dise, parler c'est toujours tirer son épingle d'un jeu qui est projet de l'identification de l'autre pour une partielle et renouvelable identité de soi.

À l'opposé, il est de l'essence de la musique d'appeler la reproduction de l'identique ; tout se joue dès lors entre le charme et le piège.

L'enfant musicien (ou encore musicien) sélectionne des *Gestalten* sonores. Il se pointe musicalement dans le langage des autres avant même tout accès à l'effet de signification. Mais son babillage modulant est déjà désir de désir, et non psittacisme.

« Des crevettes, Madame »... Cela s'enregistre à marée basse par l'oreille de la maman qui s'ennuie à Malo-les-Bains, un jeudi du mois d'août, sans mari et sans amant présents ; mais avec, dans les bras, le fruit phallique et baveur de ses amours conjugales. En fait, la maman n'entend pas encore ; car la vieille pêcheuse, sans forme sous son caban et ses jupons poisseux de sel, et seulement nue par ses pieds crustacés et corrodés, ne relance, à la cantonade, le commerce des crevettes grises, en sa mélopée machinale, que parce que son capitaine de mari est mort en mer et ne ramène plus de poisson *(Oceano nox !)*. En bref, les deux femmes n'ont rien à se dire qu'elles ne sachent déjà. Donc pas de communication entre ces deux ex-pêcheuses esseulées et en mal de jouissance jupitérienne.

Mais l'enfant, brusquement, devient récepteur-émetteur :

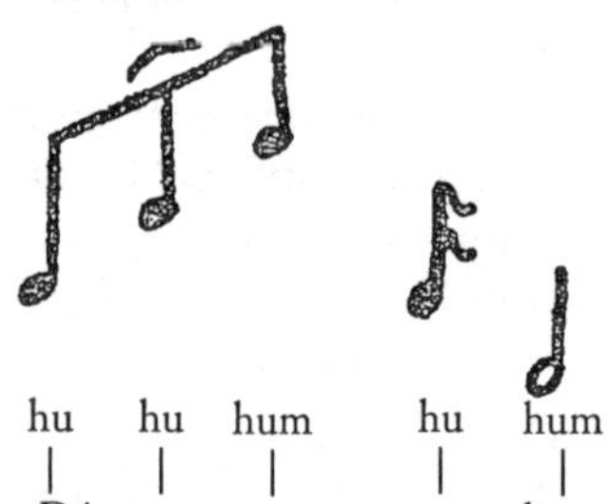

hu hu hum hu hum
| | | | |
« Dé cre vet ma dam »... chante-t-il.

S'ouvre alors l'oreille maternelle. Ce qu'elle ne pouvait entendre du chant de la mère-mer (à cause du glauque engloutissement des capitaines courageux !) lui revient autrement au cœur : le bébé baveur sera musicien ! Lui ne le sait pas encore... mais la dame se met à l'imiter. Elle lui module en retour et en écho, à bouche fermée, cette petite musique (qui lui vient de la chair de sa chair...). Du coup, l'enfant imite l'imitation de sa mère... complicité ineffable. Le nourrisson et l'unisson du nous.

Laissons la mère et l'enfant accorder leurs instruments, se timbrer amoureusement l'un à l'autre la voix, en leurs murmures labiaux. De cette sorte de *vocalise* peut naître éventuellement une *vocation* musicale, si ce que nous croyons de la musique est vrai, à savoir qu'elle n'est pas langage ni démarche de vérité, mais désir du plaisir de l'autre pour sa dépossession à lui et la survie de soi.

Dans notre exemple, il n'est encore d'autre musique que celle qui naît comme tentative d'un écho de l'écho. Mais l'écho, ici, part de la nostalgie de la pleureuse de nature – qu'elle ait l'œil plus ou moins sec ou brillant.

Désir de désir, c'est toujours le phallus manquant qui est en question ; mais, en diachronie musicale (encore plus qu'en harmonie fouriériste), cela va se mettre à *durer*. Entre l'espace-temps et le temps-espace, l'*objet* musique n'est jamais fétichisable. Il est le mobile virtuel qui parcourt invisiblement le dessin des mélodies et sert de point de recoupement aux ordonnées verticales de l'harmonie ou de la désharmonisation. Ce qui dure, c'est ce qui fluidifie le dur, induré comme un noyau, de la chose et de la cause, de la *res (das Ding)* de l'objet *a* lacanien ; de la mort comme seul réel. C'est dans cette voie qu'il faut chercher une définition de la sublimation.

Reprenons le jeune baigneur de Malo-les-Bains quelques années plus tard, alors que sa mère est hospitalisée pour dépression parce qu'elle n'a pas encore retrouvé d'amant.

Il se chantonne à lui-même des mélodies secrètes, en branlant de la tête avant que le sommeil ne le gagne, ou avant que les veilleuses de nuit ne soient réveillées à ses aurores. Pour lui, on n'en est plus au stade d'une *Gestalt* sonore émise par l'un, imitée par l'autre, entendue par le tiers, reprise par l'*infans* et finalement renvoyée, pour un autre écho, par la voix/e maternelle.

En l'enfant solitaire, le compositeur, l'interprète et l'auditeur sont, pour un temps, exceptionnellement réunis. L'expression musicale est alors remplissage sonore des vacuités létales ; solipsiste solitude de l'être pour les manques, premier et dernier. Ce silencieux « air en tête » n'est dédié qu'à l'oreille interne. Que s'offre à la bouche ou au doigt un objet instrumental et instrumenté, ce sera l'Événement de l'aventure sonore, celle qui, dans le tâtonnement du souffle et de la manipulation, cherchera une nouvelle échelle des voix entendues et reproductibles, pour la naissance d'une oreille externe : c'est-à-dire d'une autre extériorité de l'audibilisé et du chantant. Heureux à sa façon, celui qui ne sait pas encore que toute échelle, sons et valeurs, a ses barreaux.

Cet Avènement musical, où laisse-t-il le sujet, entre sa création, son exécution et son audition ? Est-il plus le récepteur qui se sert de la mémoire de son corps comme émetteur improvisé-improvisant ? Est-il plutôt et d'abord l'émissaire, en son désir d'émissivité, d'un autre inconnu en lui-même ? Cet autre est sans doute initialement le corps non-propre-à-soi de l'enfant né malgré lui : corps rythmique, pulsatile, mouvementant et bruiteur comme terrain d'une originelle aliénation. Il deviendra vite ensuite le corps de l'autre, corps maternel, corps étranger, corps social, corps du délit et de la jouissance inaccessible.

Alors, faire corps ou faire chorus ? Qui tend le piège et qui subit le charme ?

Revenons-en au faux, au juste et au vrai, autrement dit à la question du sujet, en psychanalyse d'une part, et en musique de l'autre.

Dans la situation freudienne, avec ses enjeux spécifiques, il y a toujours un « Qui suis-je pour vous que je ne connais pas ? » qui pose la question de l'identité d'un sujet qui ne se veut objet du désir de l'autre que pour poser la question de la signifiance de ce désir-là qui n'est pas le sien. Que rien ne réponde d'éclairant à sa demande, et au désir inconscient qui motive celle-ci, et ce sera l'angoisse.

Ceci, qui est vrai avec les névrotiques, l'est moins ou plus du tout avec les psychotiques ; parce que, une fois pour toutes, ils ont eu à se passer de l'altérité de l'autre ; et c'est pourquoi l'expérience clinique qu'on a d'un rapport subjectif à leur mode de présence-absence peut aider à baliser les terres peu explorées. Ce qu'on perçoit, avec un psychotique, c'est l'insistance répétitive d'un discours totalitaire qui ne demande rien. C'est un échec en blanc de par la non-écriture d'un désir originel, non originé – en fait, forclos – de par l'absence d'une dimension de vérité, au bon moment (vérité renvoie ici à désir d'autre *chose*-au-bon-moment chez les géniteurs de la scène primitive). Disons que, pour le psychanalyste, le langage du délire vient comme chèque en blanc, c'est-à-dire comme tenant lieu de cet échec en blanc – et le chèque n'est pas à endosser.

À vouloir signer, pour caution, le délire, on ne parapherait, par inconséquence ou angoisse, que les minutes de l'interrogatoire implicitement terroriste auquel on est soumis, de par et pour l'être-de-l'autre-qu'on-est, sans l'avoir voulu et sans le pouvoir en première personne.

La signature psychothérapeutique et à visée identificatoire n'en est pas moins d'un usage courant chez les fonctionnaires (sectorisés ou pas) d'un psychogénétisme post-freudien. Après quoi les vrais psychotiques n'ont d'autre recours que la tentative de suicide (souvent réussie par eux), parce qu'ils manquent d'imaginaire, c'est-à-dire d'une dimension de la réalité psychique qui permet de ne jouer son identité ni tout à fait dans l'être, ni tout à fait dans l'amour, mais en quelque sorte entre les deux.

Entre les deux, chez les non-psychotiques, il peut y avoir la musique ou d'autres médias. Entre le psychotique et l'autre, rien ne vient, d'abord, que l'absence d'un objet imaginaire de médiation. Disons plus précisément que ledit objet virtuel en question n'est autre que ce qui viendrait dans l'espace d'intersection constitué entre deux imaginaires structurés, c'est-à-dire non psychotiques.

Les fous demandent à être visés mais ne supportent pas d'être atteints. Si le schizo se passionne anorexiquement pour les langues, c'est parce que la langue de sa mère est pour lui tellement identique à une poire d'angoisse en forme de mamelon qui lui obstruerait la gorge qu'il ne peut boire le petit-lait du langage sans en faire le solfège métronomisé, la matière inerte des notes (de service) pour une fonctionnarité viscérale et mortifère de son être au monde. Pour ce schizo, il n'y a pas de différence radicale entre la musique et la parole. Il n'y a donc pas de musique ou pas de parole. Un *la*, un *sol*, un *ré* ou un patronyme, c'est toujours du pareil, parce que rien n'est venu, chez la mère qui lui tient lieu de pêcheuse de crevettes à lui, pour timbrer de désir (et non pas oblitérer), pour transposer, pour reconstruire en sons le ressac bruyant qui scande l'endeuillé silence des cathédrales englouties.

On a parfois préconisé, pour les psychotiques, une musicothérapie qui, en général, échoue. Ce qui est intéressant, ici, c'est que l'idée soit venue et persiste d'un recours à la musique pour un projet de subjectivation, sinon d'apprivoisement des fous angoissants, ou pétrifiés de catatonie. Il s'agit, pour nous, d'une confusion de registre, car il faut d'abord comprendre que la musique ne vient que dans l'avant et l'après du langage.

En fait, il est plus de musiciens de la folie menaçante en certains que de vrais aliénés musiciens. L'inaptitude corporelle, rythmique et auditive des schizophrènes à l'émotion musicale à plusieurs – ou tout au moins leur non-participation de principe à cet événement qui leur arrive de l'extérieur, pour l'avènement d'eux-mêmes qu'on leur souhaite –, voilà un signe de piste à ne pas perdre de vue si l'on veut serrer de plus près les choses.

Le psychotique manque d'imaginaire chaque fois que l'interroge au présent l'altérité de l'autre comme sujet désirant. Cela veut dire pour nous que ne s'est pas inscrite en lui l'aptitude à distinguer, pour la permanence de sa conjecture d'être de désir, la présence, la présentation et la représentation. Dans le « re- » clivant de la re-présentation-représentative freudienne, il y a la re-pétition-de-principe de la pétition principielle qui fonde le désir comme intuition de l'inassouvissable du désir de l'autre.

Après quoi, il ne peut y avoir chez le schizophrène prise sur le monde, parce que toute prise ne s'assume pour l'homme que comme destruction du préfixe en filigrane qu'est le *reuhh*… béat du nouveau-né repu, comme reprise à son compte de sa scène primitive : création et non re-production. Il faut pouvoir n'être pas fou pour barrer le « re- » ; comme on barre, dans la théorie de Lacan, le S du sujet, le A de l'Autre.

Il suffit d'un accent de trop pour que ce « re- » barré devienne un *ré* bécarre. Les dièses et les bémols n'y changeront rien pour le psychotique…

« Un *ré* ?… Pourquoi pas un ri, même si ça n'est pas risible ? – Et pourquoi un ri ? – : parce que c'est une lettre russe… disait une malade[1] : En effet,/ri-vo-li/, lit-vaut-nid, niveau-d'O, do-c'est-ut… et utérus. – » Retour au point zéro.

C.Q.F.D.

Or, la musique ne démontre rien sinon elle-même. Le C.Q.F.D. du musicien s'appuie toujours sur une S.A.R.L. pour situer l'entreprise musicale, entre les dieux morts de toujours et le fantasme d'une société à reconstruire demain.

1. Qui orthographiait à sa façon, pour nous, une vieille charade connue.

Du côté des dieux, il y a pour l'homme la dimension du sacré. Ce concept est, pour nous, une des métonymies du réel, celui qu'on ne saurait prétendre démasquer, sans prouver par là qu'on ne tend à rien d'autre alors qu'à se voiler soi-même de l'envers de son écran narcissique. Or l'inconscient n'est pas l'envers du décor ; le psychanalyste n'est pas le salarié des coulisses de l'être pour la mise à nu du non-sens. Dans les coulisses, voire dans la loge de l'artiste, même si le sujet ayant ôté ses masques n'est que ponctuation virtuelle, pure instance d'articulation entre les signifiants qui le concernent et dont aucun ne le subsume, tout peut toujours renaître à la prochaine « représentation ».

Le sacré ne *renaît* pas, pour autant qu'il n'est qu'indice de l'inexistence originelle. On sait d'un doigt coupé qu'il manque à sa place ; on sait qu'un moignon peut identifier un voleur, comme amputé, de par la loi, de sa dextre ou de sa senestre. Ce qui est du sacré ne se lit ni à l'envers, ni en filigrane ; cela ne vient pas à la place de ce qui manque comme ayant existé, cela naît en l'homme comme l'intuition de ce dont on ne saura jamais la place ni la nature… La musique traditionnelle et les traditions musicales viennent alors créer la trame et les scansions qui masquent la béance.

La musique est vibration du réel, écrivions-nous ailleurs en interrogeant les métaphores musicales de l'œuvre de Charles Fourier. Il nous semble, du côté des musiciens, que la mise en musique est d'abord tentative de prise de possession de ce qui, de la matière, de la nature et de l'objet, échappe radicalement, de par son silence, son inertie ou sa non-représentativité, à ce qui est pulsation et mouvement de la vie. Le sujet compositeur n'est-il pas celui qui s'appelle, se convoque comme autre, pour son œuvre, pour déjouer (et non pas pour jouer) ce qui l'aliène de la machine corporelle, qui l'assigne à être soi et non possesseur de l'autre ?

Quelles que soient les règles de composition, d'écriture d'une œuvre musicale, ou quoi qu'elles doivent à l'empirisme des mémoires de l'enfance, le compositeur tend à transgresser, de son vivant à lui, la loi de la mort qui s'inscrit, comme mécanisme et immuabilité, dans tout corps humain voué à sa finitude.

Toute création musicale digne de ce nom, c'est-à-dire celle qui, échappant au mimétisme et à l'académisme, peut être qualifiée d'originale, est dès lors une entreprise totalitaire. Elle a fonction implicite de supprimer ce qui, de l'ordre extérieur implacable du monde, échappe à une introjection, à une reconversion dans la réalité psychique.

L'œuvre de musique, dans cette perspective, apparaît comme le produit d'une tentative de séduction, puis d'emprise sur ce qui constitue l'altérité des choses et des êtres.

Le code musical lui-même, s'il est écrit et ordonné comme un système fermé, peut devenir à son tour objet à faire vibrer autrement. Ainsi, le musicien qui tend à amener le monde sur sa scène à lui, pour n'avoir à dédier au destin ni sa castration ni sa mort, en vient à amener la musique elle-même, et ses systèmes, en le subjectif lieu inconnu où il la violera pour sa survie.

Les métaphores sexuelles sont ici faciles, mais elles ne répondent que partiellement à ce qui se joue pour l'artiste une fois que, se voulant créateur, il n'est à la fois que Prométhée comme dieu des voleurs, et compositeur comme celui qui compose avec...

Faut-il composer avec la loi des choses et des autres pour créer de telle sorte qu'on soit entendu des hommes de demain et non pas des morts d'hier ? C'est là le déchirement de celui qu'on appelle plus souvent, en musique, compositeur qu'auteur tout court. On dit « un auteur-compositeur »... Et pourtant, tous ceux qu'on écoutera toujours ou encore longtemps seront des auteurs ; mais peut-être parce que, dans le mouvement même de leur quête solipsiste, ils auront dédié l'insolence de leur désir à ceux de plus tard qui ne chercheraient en leurs aînés que l'ordonnance des lois musicales déjà écrites.

L'autorité n'est que ce qui, d'une transgression réussie, prend force de loi. Le musicien qui crée, compose, transgresse, pétrit, invente et déjoue son invention en ses facilités haïssables, n'est d'abord qu'une virtuelle mais déjà mégalomane puissance invitante. Entre la composition et le défi, il reste encore l'enfant de son œuvre. Mais il se veut être le père. Il n'y adviendra comme tenant de son produit qu'en mourant subjectivement à ce qu'on reconnaît de lui, en cette œuvre : pour mémoire et *in memoriam*.

Être père, c'est toujours être mort, seule façon d'être compris, entendu, imitable et... inimité. C'est être aussi célébré, c'est-à-dire apprivoisé rétrospectivement, autrement dit enjoint, si l'on n'en a pas encore péri, d'être résumé à soi-même par le savoir implicite ou explicite des descendants.

La répétition, voire le *da capo* viennent ici pour le compositeur comme ce qui introduit le désir du sujet dans ce qui, de son œuvre, est donné comme nostalgie de l'assouvissement et temps gagné sur la *coda* résolutoire, annonciatrice de mort. La faiblesse du créateur, en musique, c'est qu'il veut être entendu et « compris » dans ce qui, de son œuvre, ne ressemble pas à celle des autres. Il cherche à perdre la mémoire de ses harmonies premières pour être un auteur et non pas un reproducteur. Il a la phobie du plagiat inconscient, une fois que de la musique lui vient en tête. Mais, tout en même temps, dès qu'il confie à un exécutant la mission d'être l'interprète de ce qu'il veut faire entendre, il appelle forcément l'autre à la mémoire de sa création, comme émancipation d'avec toute mémoire résiduelle.

La musique n'est jamais à comprendre, mais elle réclame l'intelligibilité de l'événement qu'elle inscrit dans la temporalité de l'espace sonore, pour un avènement toujours renouvelé. Ceci ne peut venir que de la mémoire supposée et désirée de l'auditeur. Cet auditeur, toujours virtuel et inconnu, est le légataire putatif de l'espoir de toute-puissance sur le monde qui anime le créateur en sa création.

Le paradoxe dernier du musicien, c'est qu'il appelle en ses interprètes et entendeurs la mémoire à laquelle lui-même craint d'être assujetti.

En notre aujourd'hui contestataire et néo-nihiliste, on s'évertue à tuer la musique, mais peut-être pour qu'elle n'en meure pas. On s'en prend moins désormais aux compositeurs qu'à leurs instruments et à l'usage qu'ils en font. La guitare joue du piano, les vents sont explosives percussions et les cordes ont des sanglots laids comme des violées. On dénature les timbres pour percer le mur du son (et le mur d'argent, une fois que la consommation moderne de musique pose les problèmes socio-économiques que l'on sait).

Dès lors, on mobilise les bruits de la nature et de la culture pour mieux dénoncer l'instrument musical comme l'appareil de production d'un ordre déjà établi, fonctionnant dans le champ imaginaire, petit-bourgeois de l'harmonie, comme support de lois à visée capitaliste. Tout « musicien » devient transfuge de la révolution. Tout compositeur a mauvaise conscience et, en quelque sorte, il n'a pas tort, si ce que nous évoquions de son « pervers » instinct de toute-puissance n'est pas faux.

De nouveau, la question musique et langage ; mais avec en outre maintenant le problème des idéologies. Nous nous en tiendrons, pour notre part, à réaffirmer que la musique ne dit rien d'autre que ce qu'on lui fait dire, par procuration, une fois qu'on ne sait se garder de l'entendre comme langage. Si la musique est d'en deçà ou d'au-delà du langage, qu'est-ce que le bon peuple des auditeurs et des amateurs doit déjouer d'elle pour n'être pas joué par elle ? Non pas, dirons-nous, le musical lui-même, toujours plus virtuellement nouveau que tout opium et que tout amour à venir, mais les récupérations idéologiques qui en sont faites en notre siècle bavard et menacé d'inflation langagière.

La musique a trop longtemps évoqué les trompettes et la pureté des anges, pour que le fait d'être doué musicalement n'évoque pas une aptitude privilégiée et édifiante au *pur* « des bons sentiments », et à la pureté purificatrice des sons.

Nous n'en sommes plus là, car en quoi donc l'affect a-t-il à voir avec le bon et le mauvais ?

La musique *affecte et mobilise.* Mais les deux derniers verbes ne sont pas à entendre comme signifiants d'un militarisme ni d'une militance.

Car la musique *désaffecte et démobilise* aussi. C'est sans doute ce que certains lui reprochent aujourd'hui. Encore faudrait-il qu'ils gardent en eux assez d'indulgence envers ce qui, de l'homme, n'est pas exhaustivement rationnel, pour que celui-ci garde droit au fond de silence de toute musique. Entracte, armistice, oasis, point d'orgue, hors le langage et entre deux morts, la musique, première et dernière, est luxe et luxure d'un exigible et vital temps pour rien.

1972

La cause narcissique

La cause narcissique*

« *Zur Einführung der Narzissmus* », cet article rédigé en 1914 est un texte difficile dont l'interprétation est malaisée. Il constitue sans doute dans l'œuvre de Freud un de ces carrefours où aboutit tout l'acquis des découvertes essentielles et où s'ouvrent les voies à explorer : à explorer parce que la découverte freudienne en arrive à cerner des impasses qui subsisteront jusqu'à la mort de Freud. Il nous faut reprendre et questionner la théorie de la libido, si l'on veut rendre compte de la structure psychotique et répondre aux objections de Jung et d'Adler.

Nous devons ainsi serrer au plus près la première théorie du dualisme pulsionnel, alors qu'apparaît comme indispensable le concept de libido du Moi, et, au-delà de la première topique et de la découverte de l'inconscient, créer l'appareil susceptible d'éclairer les paradoxes de la vie amoureuse, les impasses du transfert et la réaction thérapeutique négative.

Vont alors se dessiner, à partir de l'introduction devenue nécessaire au niveau théorique du concept de narcissisme, tous les problèmes qui s'articuleront ensuite, sans doute, grâce au support de la deuxième topique, mais laisseront Freud sur une interrogation : « Il reste vrai, écrit-il dans "Le Moi et le Ça" (1923), que tout ce qui est refoulé est inconscient, mais il y a des éléments qui sont inconscients sans être refoulés. Nous nous trouvons ainsi dans la nécessité d'admettre l'existence d'un troisième inconscient non refoulé ; mais

* Conférence prononcée à Strasbourg à l'invitation du professeur Lucien Israël.

nous avouons que, de ce fait même, le caractère de l'inconscient perd pour nous toute signification précise ».

C'est à partir de ce point d'interrogation, cette faille ouverte par Freud dans la cohérence de sa théorie, que se mobiliseront plus tard, pour faire bouche-trou, tous les cortèges connus des appareils scientistes post-freudiens. Quand, plus tard, la mort arrêtera l'œuvre de Freud sur le roc de la réaction thérapeutique négative dans l'« Analyse terminée et interminable » ou sur la question du *splitting* de l'ego, le champ de sa découverte sera déjà investi par les psychologues du moi, non pas pour prendre le relais de la pensée du Maître, mais pour l'organiser à leur façon.

Je pense pouvoir me dispenser ce soir d'exposer à nouveau les traits fondamentaux de la théorie du narcissisme et les embarras repris d'un texte à l'autre que suscitent les impasses auxquelles on revient si souvent ; et chacun pour son propre compte.

J'en viendrai donc à mon dessein. Je me propose de situer brièvement certaines prises de position actuelles et connues au travers de quelques travaux qui soulignent la question du narcissisme comme centrale pour une théorie de la conduite de la cure ; et ceci afin de remettre en question ces positions et, à partir de notations cliniques, faire de cette critique un tremplin pour des suggestions autour :

– du rôle du narcissisme et de la cause narcissique dans la demande d'analyse,

– du rempart narcissique dans la relation thérapeutique, tant pour l'analyste que pour l'analysé,

– et enfin du destin narcissique par rapport à la visée de la cure.

Nous évoquerons au passage l'organisation narcissique du névrosé, du pervers et du psychotique, et la façon dont chacune de ces structures implique le psychanalyste.

Mais, avant ce lourd programme, vous vous posez peut-être une question préliminaire.

Sans doute ce terme, cette référence est-elle bien pratique et utilisée dans nos conversations et nos pensées d'analystes : défense narcissique, renforcement narcissique, blessure narcissique, capture narcissique, mais est-il besoin d'en revenir – au risque de s'y engluer – à cette image qui ne parle pas, qui nous ramène à la fascination spéculaire, à la solitude de Narcisse qui n'entend de ses paroles que l'écho, au déplacement, à la mort et à son symbole botanique ? Pour ceux qui suivent ou connaissent Lacan, il est vrai que la plupart des apories qui se condensent dans la problématique du narcissisme peuvent déjà s'éclairer de réarticulations significatives et connues de vous : objet, réalité, moi, identification, subjectivité et signifiant…

N'est-ce point intérêt suranné ou narcissique que l'objet de cette étude ? Deux faits restent pourtant à retenir : aucun des chapitres théoriques de Lacan, pas plus que leur ensemble, ne permet de se passer du concept. À l'inverse, quelques analystes très ouverts et très avertis de la théorie lacanienne n'en centrent pas moins leurs travaux sur cette question.

Je citerai en particulier les remarquables essais de Conrad Stein : « La situation analytique : remarques sur la régression vers le narcissisme primaire dans la séance et le poids de la parole de l'analyste[1] », par exemple. Ce travail est intéressant à plusieurs titres : témoignage de clinicien, apte à serrer les paradoxes de la cure et de son déroulement, mais aussi travail de théoricien et surtout tentative de concilier une certaine théorie du narcissisme et de la régression avec la dialectique lacanienne.

Que cette étude vienne répondre aux travaux de Bela Grunberger[2] et à tout un courant de pensée qui anime la S.P.P. n'en a que plus d'intérêt pour situer ce qui est en question pour ceux-là et pour d'autres.

À quoi touchent-ils, ceux-là, dans leur expérience, pour faire de la régression narcissique un des ressorts du progrès thérapeutique, alors même que d'autres cherchent le sujet inconscient, la structure de langage du désir, dénoncent le mythe de la régression, démasquent le désir de l'analyste, dessinent le montage pulsionnel envers l'objet partiel, démystifient enfin le fantasme de transitivisme anobjectal ou le rôle thérapeutique de l'analyste pour redessiner la spécificité du champ freudien dans les catégories du symbolique, de l'imaginaire et du réel ? Les uns et les autres sont analystes cliniciens et peuvent réussir leurs cures.

Qu'est-ce qui est conciliable ou inconciliable ?

Pourquoi moi-même, par exemple, ai-je si peu besoin de m'appuyer sur l'ineffable d'une expérience de narcissisme dit primaire pour attendre, de la béatitude ou des vertus du sentiment d'éla-

1. *Revue française de psychanalyse*, 1964, n° 2, p. 235-249. Texte repris et remanié dans *L'Enfant imaginaire*, Denoël.

2. Allusion à « Essai sur la situation psychanalytique et le processus de guérison », *Revue française de psychanalyse*, 1957, n° 3, repris in *Le Narcissisme*, Payot, 1971.

tion, le fin mot d'un pacte transférentiel qui certifierait le sujet dans sa sécurité retrouvée et lui procurerait les conditions de son progrès ultérieur et de sa liberté post-analytique ?

Est-ce là pure description clinique qui laisse l'analyste comme tiers vigilant et ailleurs ? Ou est-ce le résultat attendu d'une consigne implicite, autrement dit du désir de l'analyste de voir se réaliser pendant la séance un processus de « libre association » qui jouxte d'aussi près que possible le rêve lui-même. Je ne peux répondre pour un autre. Cependant, lorsque ça va jusqu'à noter sur le mode d'une objection que certains patients ne peuvent dormir en séance et que c'est sûrement le signe de quelque chose, ou jusqu'à écrire que l'analyste doit être analysé pour tolérer ce mode de régression, afin de n'avoir point besoin d'introduire de coupure dans le narcissisme primaire restauré du patient, n'est-ce point là sous-entendre que la visée, au-delà de tout dialogue, est bien l'ineffable d'une expérience de régression à deux, dans laquelle la voix de l'analyste et non sa parole prendra sa fonction d'être repérée par lui dans son statut d'objet ? Je n'accuserai pas pour autant Conrad Stein de réduire l'analyse à ce registre, mais il le signale comme essentiel et c'est cela qui fait problème.

Parlons de la consigne.

Comment chacun de nous, selon le diagnostic, donne-t-il la consigne ?

Ce qu'on lit généralement dans la littérature amène à constater le besoin habituel de l'analyste de donner la loi-cadre d'une théorie pour mieux y attirer les phénomènes qu'il veut décrire. Freud a trop bien critiqué cette impasse de la recherche pour que je m'y attarde, sinon pour y souligner justement l'homologue d'un système narcissique, autrement dit une certaine structure organisée, un certain appareil élaboré par un sujet, pour faire face à l'inconnu ou à l'inattendu qui lui vient de l'autre. Que cet appareil comporte une théorie de la libido, des équations économiques, une spatialisation imaginaire d'instances hypothétiques, une intuition pré-établie par l'expérience des modes de mise en mouvement de l'appareil et, au-delà, quelques idéologies latentes et quelques tendances à l'idéalisation des processus, n'est-ce point là même le modèle que Freud nous fournit du narcissisme secondaire ?

Cela m'amène à quelques remarques, à quelques points de repère que je tiens à souligner à partir d'une relecture de Freud.

Au-delà de la formulation en termes d'investissement du moi ou d'investissement d'objet, ce dont il est question dans l'*Einführung*, c'est du registre de cette organisation narcissique à définir comme impliquant l'autre et l'excluant à la fois.

Où est l'autre pour le psychotique ? Il n'est même plus, répond Freud, la représentation imaginaire qu'en garde le névrotique lors de ses désinvestissements partiels de l'objet. Où est l'autre, objet du désir, lorsqu'on souffre d'une dent ? Où est l'autre pour l'hypocondriaque qui incarcère son désir dans l'organe aliéné ? Où est l'autre, lorsqu'on évoque les modalités de la vie amoureuse de l'homme et les lois qui président à son choix érotique ?

Et de quel autre s'agit-il ?

À l'objet narcissique d'amour, Freud va alors opposer l'objet anaclitique. On le sait. Mais n'est-ce pas là, au niveau de cette référence à l'anaclitisme, qu'il échoue, faute de préciser certains points ? C'est pourtant à cette interrogation laissée ouverte par lui, peut-être parce qu'il ne disposait pas des instruments conceptuels que nous possédons maintenant, que répondra la théorie obsessionnelle du *genital-love.*

Tout cela est connu et depuis longtemps dénoncé.

Mais ce qui n'a pas été suffisamment souligné, à mon sens, c'est comment, en dessinant les structures de ce système fermé qu'est le narcissisme secondaire, Freud ne réduit pas l'appareil qu'il construit à une construction d'images sous la caution de l'expérience du miroir.

Le piège dans lequel on peut facilement tomber est celui de Narcisse capturé par son ego spéculaire. Le stade du miroir ne saurait être confondu avec l'instauration du statut narcissique d'un sujet donné. Que ce soit dans le texte de Freud ou dans les systèmes optiques proposés par Lacan, l'idéal du moi et le moi idéal évoquent dans leur nécessaire support imaginaire l'ordre symbolique, qui sous-tend tout le problème des niveaux d'identification.

Autrement dit, le statut narcissique du sujet implique une structure ternaire que nous pouvons illustrer par un exemple.

Imaginons un patient saisi à cet instant qui précède pour lui la première entrevue avec l'analyste. Dans le regard qu'il renvoie à la psyché d'une salle d'attente, regard interrogateur, regard à la dérobée, regard conservateur, vérificateur ou énigmatique, on peut lire la question de son narcissisme, qu'il va poser à l'autre, bien plus qu'une complaisance à se voir.

Dans l'œil de lui-même, qu'il rencontre comme le regardant, se cachent déjà pour lui les secrets de la scène primitive, le sentiment d'appartenance à une histoire qu'il incarne dans son image même, s'il vient demander à un autre comment s'y situer et quelle place y donner à la question de son désir.

Que ce patient soit en fait une future patiente ou un dandy, la psyché de la salle d'attente servira peut-être à un cérémonial d'esthétique à confirmer. N'est-ce point là une dimension d'occultation supplémentaire : se faire objet dans le beau ou le joli ou l'élégant pour l'œil de l'autre, et échapper ainsi à cet ordre signifiant que recèle l'image spéculaire ? Je me suis appuyé sur cet exemple inventé pour décrire les coordonnées de la demande d'analyse, c'est-à-dire passer de cette brève évocation du statut narcissique du sujet à la définition de sa « cause » narcissique.

Tout praticien a l'habitude de repérer dans l'interrogatoire premier ce qui a pu déclencher la démarche du patient, soit pour éliminer celui qui ne vient pas de lui-même ni pour lui-même, soit pour ébaucher une compréhension de l'idéologie du sujet et de la façon dont un désir peut en émerger. Il s'agit, tout en recherchant l'événement déclenchant, d'y trouver les raisons d'un désir de renforcement narcissique ou d'une aide à partir d'une blessure narcissique.

Dans le cas du névrotique par exemple, l'analyste pratiquement, en cherchant à entendre la parole du désir, évaluera en même temps la solidité, la cohérence, l'opacité, la souplesse ou la labilité de ce que j'appelle la cause narcissique de l'analysé.

Moi fort ou moi faible, diront d'autres, pour séparer cette question du moi des structures organisées du narcissisme : ce que je ne fais pas, rejetant une fois de plus ce qui aboutit à la théorie du moi autonome.

En d'autres termes, l'analyste a besoin, chez son patient, d'un statut narcissique qui s'exprime en une cause, celle de l'amour et du désir, autant que d'une aptitude du sujet à se remettre en question. Ces quelques termes suffisent pour évoquer dès à présent ce qui conditionne la cure, donc le transfert et sa possible liquidation. Mais c'est là un carrefour difficile...

Comment choisir dans tout ce qui nous sollicite : théorie du désir, théorie du transfert, théorie de l'inconscient et du fantasme ? On serait en droit de nous attendre sur chacun de ces points. Acceptons d'emblée les critiques pour tenter de suivre notre fil conducteur. À décrire cette vue sans doute impressionniste du narcissisme secondaire comme statut et comme cause, nous avons suivi la démarche clinique, évité les mirages d'une position génétiste et l'avidité d'un retour aux origines et à l'ontologie, auxquels nous échappons mal en tant qu'analystes, que ce soit pour philosopher ou biologiser.

Que la cause narcissique du sujet se transmute dans le transfert, dès qu'il est noué, en demande d'amour, et que celle-ci conditionne la surdité narcissique du patient au sens de notre parole – il ne désire que le son de notre voix – cela nous oblige à ouvrir une double question : celle de la régression du mythe du narcissisme primaire et celle de la pulsion partielle et de la situation de l'auto-érotisme par rapport au narcissisme.

En ce qui concerne le narcissisme primaire, je remarquerai brièvement qu'il est d'abord évoqué dans l'*Einführung* comme temps logique supposé par Freud. Un point, c'est tout. Lorsqu'il en parle plus loin, c'est à propos du narcissisme féminin et de l'issue que lui apporte la naissance de l'enfant. *His Majesty the Baby* pour les parents, déléguant à leur produit la mission d'incarner cette existence privilégiée qui échappera à la mort et à la castration.

Rien d'autre dans le registre de la clinique que cette notation. Tout le reste dans l'œuvre de Freud sera pure formulation métaphorique nécessaire à une élaboration plus approfondie de la théorie de la libido et de l'appareil psychique. Ainsi peut-on lire les vues freudiennes sur le narcissisme cellulaire, de même qu'on avait rêvé avec lui de l'amibe ou de l'œuf sans autre apport extérieur pour se suffire à lui-même que la chaleur de la mère couveuse. Cela autorise-t-il les analystes à fantasmer sur le transitivisme anobjectal dont se bercent leurs somnolences et à le baptiser narcissisme primaire ? Nous nous en tiendrons, pour notre part, à ce seul concept de narcissisation première de l'enfant par la mère, pour situer ainsi ce champ de l'identification symbolique, préalable, dit Freud, à tout et nécessaire à la naissance de l'idéal du moi.

Que l'enfant alors se définisse d'emblée comme métonymie du désir de la mère ou comme métaphore du nom du père est un rappel sur lequel je ne m'étendrai pas.

Du côté de la pulsion et de l'auto-érotisme les choses sont plus difficiles à débrouiller et seraient à mon avis incompréhensibles sans les clés lacaniennes.

Dans la *Métapsychologie*, les pulsions rendent compte de la formation de l'inconscient à partir du premier contre-investissement et du refoulement primaire. Mais, remarque Lacan, il ne s'agit que de la pulsion envers l'objet partiel, et Freud en dessine l'hypothèse grâce à un montage préalable au problème de la subjectivité et non superposable à la problématique de l'amour et de la haine, qui concerne, avec le moi total, ce qui ébauche justement le problème du narcissisme au niveau de l'amibe.

En définitive, je vous proposerai la succession suivante qui me semble fidèle à la fois à Freud et à Lacan :

– Du côté de la mère, narcissisation primaire comme champ de la première identification symbolique.

– Du côté de l'enfant, émergence des pulsions, interchangeabilité des objets, dans un auto-érotisme qui sera la condition même de la naissance du langage et de l'inconscient.

– À l'heure insituable du narcissisme secondaire, rassemblement et désexualisation des pulsions partielles pour l'investissement du moi, à la condition qu'il y ait aptitude à la sublimation, inséparable de l'hypothèse de la désérotisation.

Si j'insiste sur ce dernier point, c'est parce que cette aptitude à la sublimation me semble une référence incontournable, si l'on veut différencier névrotique et psychotique dans leur rapport au narcissisme. Nous y reviendrons peut-être, mais disons rapidement que le narcissisme secondaire, c'est la reprise à son compte par le sujet du narcissisme de la mère à son endroit. En cela, narcissisme et sublimation passent toujours dans l'analyse par la question de la mère, ne serait-ce que pour la référer à l'idéologie paternelle qu'elle porte en elle, pour la répercuter ou non sur le géniteur de l'enfant.

Enfin, nous rappellerons, pour en terminer avec les pulsions et le narcissisme, que c'est dans ce champ ainsi défini que les signifiants du masculin et du féminin auront à imposer leur syntaxe, afin que se structurent le désir et son possible devenir.

Faisons une pause et interrogeons-nous maintenant sur l'utilité de ce rappel au niveau de l'expérience de la cure et de ses visées. Tout névrotique qui nous apporte des symptômes, c'est-à-dire des formations de compromis entre le langage de ses pulsions et le langage de ses idéaux, qui vient témoigner de son impuissance à accéder à l'amour par les chemins de son désir, à accéder au désir par les chemins de ses élections amoureuses, nous indique ainsi à l'avance les deux registres dans lesquels nous devrons, d'une part, repérer le transfert en tant que défense, obstacle, mais aussi condition du progrès thérapeutique et, d'autre part, le transfert à la fois comme rempart narcissique au niveau de la demande d'amour et véhicule des signifiants du désir. Ce dernier point est le transfert comme mise en acte de l'inconscient, émergence du refoulé dans un langage à déchiffrer.

Insistons bien sur ces deux lignes croisées au niveau du transfert. La première est une demande d'amour qui cherche à mobiliser le désir de l'analyste pour le manque du sujet – et c'est là le déploiement de la cause narcissique, qui fera le transfert positif des narcissisations béatifiantes ou le transfert négatif des craintes de castration dénarcissisantes.

La seconde est celle du désir inconscient qui vise en l'analyste l'objet dont on l'a doté, pour qu'il se sente à son tour dans la position d'être aimé.

Que dire alors du contre-transfert, sinon qu'on peut également en définir un aspect dans le registre narcissique, que s'éveillent en lui les sentiments d'hostilité ou d'amour. L'autre aspect relève du registre du désir, à savoir qu'il n'entend rien de ce qu'il en est du désir de l'autre à son endroit, pour autant que lui-même refoule certains signifiants privilégiés du désir.

En ai-je dit suffisamment pour que votre expérience clinique à chacun confirme les longues oscillations, les cheminements incertains, les stagnations de la cure analytique, une fois le transfert noué ? Il m'a semblé qu'à concevoir les choses ainsi, je pouvais suggérer quelques solutions à ceux qui s'interrogent sur cette question toujours à l'ordre du jour pour tout analyste : qu'est-ce qu'interpréter dans le transfert ? On ne peut y répondre qu'à condition de séparer la dimension narcissique du transfert de sa dimension signifiante. Autrement dit, ce qui est à capter, à entendre et à pointer, c'est ce qui circule comme langage du désir dans ce champ narcissique où tout analysé cherche à inclure son analyste, afin qu'il ne soit plus que semblable à un des figurants de son histoire, complice du scénario de ses fantasmes. En d'autres termes, un des autres de l'autrefois du sujet pour un renforcement narcissique, et non ce grand Autre radicalement hétérogène à ce monde déjà structuré ; ce grand Autre qui doit assumer la question du désir qui le vise ou s'en bien garder.

Cette situation met l'analyste dans une position connue sinon toujours bien théorisée en face du névrotique. Mais, même en face de lui, la question de son possible contre-transfert doit nous renvoyer aux considérations précédentes. Comment conçoit-il la cure, quelle visée lui reconnaît-il et surtout jusqu'où est-il capable de s'y sentir impliqué ?

Situons cette implication de l'analyste.

À quel besoin de sécurité, à quelle prudence de sa part, à quel désir de pouvoir s'en laver les mains répondent cette niaiserie de la neutralité bienveillante et ce fantasme de l'impersonnalité du praticien ?

Allons plus loin maintenant et disons qu'il ne doit pas répondre de la place où le met le patient dans le transfert imaginaire, c'est-à-dire dans son monde narcissique. Il doit être ailleurs, ailleurs, mais où ?

On prétend également que la guérison est bénéfice de surcroît[1], qu'il n'y a pas à chercher à guérir le patient.

Tout ceci est trop connu et peut-être trop évident pour rendre compte de la variété des problèmes cliniques qui se posent. Supposons un patient purement névrotique et, comme on dit, hystéro-obsessionnel – toutes ces formules restent bonnes à condition de savoir s'en servir. Je citerai là le remarquable travail de Moustafa Safouan sur « Le rêve et son interprétation[2] ». Il nous montre parfaitement qu'à ne pas intervenir au niveau des mirages narcissiques du sujet, à prendre la liberté de relancer telle patiente dans la dialectique de son Œdipe, voire à anticiper dans une intervention sur ce qui n'affleure pas encore à la conscience de telle patiente, fermée à la trop grande signifiance d'un rêve où se lit déjà, pour l'analyste, tout l'ordre symbolique inscrit dans son monde narcissique, il peut s'impliquer comme questionneur, alors qu'un autre se ferait une règle de n'intervenir que dans l'imaginaire du transfert.

Est-ce sans inconvénients ? M. Safouan répondrait sans doute que c'est affaire d'appréciation, de diagnostic, de choix. Or, dans ce choix interviennent les idéaux de l'analyste au niveau de son discours, c'est pourquoi la question est alors celle du désir de l'analyste, ou plutôt de ce qu'il sait de ce désir, c'est-à-dire ce qui va gouverner le discours de son choix, son intervention. Ferai-je mieux que de le citer à nouveau : « L'intégration, nous dit-il, est indissolublement liée à l'assomption de la castration par le sujet, à la rupture en lui d'un certain aveuglement qui recouvre toujours l'identification au phallus. » Et un peu plus loin, reprenant Lacan : « Le geste horrible d'Œdipe n'a rien à faire avec une quelconque punition ; la preuve est que c'est à partir de ce moment-là qu'Œdipe devient vraiment voyant, devin. Son geste signifie son renoncement à tout ce qui l'avait captivé jusque-là. »

Ce qui l'avait captivé, c'était l'ensemble des valeurs narcissiques qu'il venait nous demander de renforcer, alors que nous nous savions là comme questionneurs et non comme guérisseurs, c'est-à-dire là

---

1. J. Lacan : « L'analyse thérapeutique a toujours quelque chose d'assez limité. La guérison y a tout de même toujours un caractère de bienfait de surcroît – comme je l'ai dit au scandale de certaines oreilles », à l'occasion d'une conférence de Georges Favez, le 5 février 1957.

2. M. Safouan, « Le rêve et son interprétation dans la conduite de la cure psychanalytique », in *La Psychanalyse*, n° 8, P.U.F., 1964, p. 97-128.

pour l'aider à ne trouver son désir qu'au prix d'une renonciation à ses valeurs.

Mais rien n'est simple en ce domaine. S'il apparaît clairement qu'un névrosé ne peut transgresser les lois de sa névrose qu'en transgressant celles de son narcissisme, ce n'est peut-être pas le cas du pervers. Avant d'en venir à lui, disons un dernier mot à propos de ce terme de transgression. S'il est vrai que, tel Œdipe, le névrosé aura à ouvrir les yeux sur son désir incestueux, ce n'est pas là que se situe la transgression car, pour que l'analyse débouche sur autre chose, elle doit être en fait transgression des idéaux du moi. C'est une transgression qui va vers l'avenir et non vers le passé et qu'on attend longtemps chez l'obsessionnel qui se fait questionneur à la place de l'analyste pour mieux le réduire au silence.

Mais venons-en au pervers plus brièvement que nous ne l'aurions voulu. S'il vient à l'analyse au nom même de sa perversion, ce n'est pourtant pas elle qui va circuler dans le discours. Pour lui, être le questionneur ne fait que le renforcer plus jouissivement dans les satisfactions narcissiques qu'il cherche comme tout autre dans l'analyse. Pendant ce temps-là, la pulsion perverse ne passe pas dans le discours, elle est accrochée en effet à des signes et non pas à des signifiants.

Je voudrais vous montrer que, si le pervers à un certain niveau ne peut pas guérir, c'est parce que le psychanalyste ne sait pas, ne veut pas ou ne peut pas s'impliquer dans le désir du pervers.

En tant qu'être anonyme allant à la recherche du signe privilégié et opaque à toute signification, le pervers obéit à une double détermination. D'une part, obéir à l'éthique paradoxale d'un idéal du moi situé dans le trop réel du contact incestueux, porter en lui cette bipartition entre ses idéaux, comme il porterait en lui, sans le savoir, la querelle du père et de la mère toujours séparés à ses yeux. D'autre part, chercher la cause d'un désir possible dans l'objet réel, qui posera sans jamais la résoudre la question de la castration. Que va-t-il alors se passer dans l'analyse ? Il va nous apporter la version obsessionnelle masquée de ce qu'il vit de l'autre côté de son *splitting* comme perversion. Nous refusons, quant à nous, d'être impliqués dans l'actuel de son désir envers nous en tant que réellement là.

C'est là que notre conception de l'Œdipe nous fera le renvoyer par défense à des images, sans que nous osions nous impliquer dans ce désir de lui qui nous sollicite. À ce niveau, notre contre-transfert n'est que transfert narcissique de notre part. À ce moment, comme Narcisse qui n'entend que l'écho du désir et non sa provocation directe, nous nous arrangeons, fascinés par notre moi d'analyste, pour n'y voir pas plus loin que le bout de notre nez.

Il nous faudrait aborder maintenant toute la question théorique et clinique du narcissisme dans la psychose : l'impossibilité de l'investissement narcissique remplacé par un phénomène de surface. Après l'éclatement du moment fécond, le paranoïaque tente de s'identifier non pas à un moi narcissique mais à un fantasme de scène primitive inassumable[1].

Il y aurait également à développer le rôle de l'absence de sublimation chez le psychotique et des considérations théoriques sur la sublimation.

En définitive, et en conclusion, nous dirons que toute analyse doit tendre à un au-delà du narcissisme, non comme statut du corps signifiant, mais comme rempart contre la castration et la mort. Le narcissisme est l'immortalité du moi.

« Je peux mourir, disait Freud, maintenant que ma mère est morte. »

1. G. Rosolato, « Paranoïa et scène primitive » (1963), in *Essais sur le symbolique*, Gallimard, 1969.

Le problème du narcissisme est d'abord et avant tout celui de l'amour*

Je veux dire par là que le problème du narcissisme joue, pour l'analyste, d'abord et avant tout chaque fois que la question de l'amour et de la disposition à l'amour, voire de l'aptitude à l'amour se pose pour l'analysé – avant le transfert, dans le transfert, puis au-delà.

Le mythe de Narcisse est bien un mythe concernant en effet l'amour, d'abord et avant tout.

De Narcisse nous savons que, voué par Tirésias l'aveugle à ne se point voir, connaître ou sinon mourir, il est ce jeune chasseur farouche, fier, beau et dédaigneux de la nymphe.

Lorsqu'il découvre son visage à lui-même inconnu, il finit par mourir de son inaccessibilité fascinante. « Il ne sait ce qu'il voit, mais ce qu'il voit l'enflamme, et l'erreur de ses yeux a passé dans son âme », dit le poète.

Si Œdipe n'a pas connu le complexe d'Œdipe, ne peut-on affirmer de même que Narcisse n'a pas connu le narcissisme ?

Ainsi en est-il de la positivité du mythe. Son réalisme n'est que le filigrane, le positif photographique d'une histoire que nous ne pouvons lire qu'à l'envers, comme une radio, dont seules les transparences lumineuses sont signes d'opacité et les ombres les champs clairs de l'absence de l'objet partiel.

N'est-ce point ce qui sera ce soir notre signe de piste, pour éviter les pièges que nous nous sommes volontairement tendus, par souci d'un retour aux broussailles analytiques ?

Les difficultés de la théorie analytique commencent dès Freud, et

* Conférence prononcée au cours des années 1965-1968 où F.P. conduit un séminaire sur le narcissisme.

à partir de lui, lorsqu'il aborde le narcissisme. C'est par le biais de la théorie de la libido qu'il en parle, nous avons vu cela abondamment, mais en fonction de trois thèmes : objet, réalité, amour.

Ces trois termes, nous les retrouvons dans toute l'œuvre freudienne et ce qui a suivi comme des zones d'obscurité, d'errance. Cela conduit certains aux conventions de l'egopsychologie, le bastion le plus solide de l'analyse.

Objet – réalité – amour en viennent alors à l'impasse du *genital love*.

En fait, Freud ne dispose pas des instruments conceptuels qui conviendraient à une théorie satisfaisante de l'objet, de la réalité et de l'amour – et plus précisément de la pulsion. Avec ses seuls instruments à lui et son génie, il joue en virtuose de cette panoplie pour aller au devant du non-théorisé.

Si on ne le réduit pas à la lettre de sa démonstration, si on ne le prend pas au mot de ce qu'il donne en otage aux avides de l'egopsychologie, on peut soutenir avec Lacan qu'à bien le lire on trouve en Freud ce que les autres n'y ont pas lu.

Or, si Lacan a su le lire, c'est qu'il s'était forgé des clés que Freud, pas plus que le névrosé, ne possède, au moment où son discours les attend de nous. Freud s'offre à l'analyse clinique comme le contrôlé qui a su noter sans savoir ce qu'il a entendu ou ce qu'il y avait à entendre.

Ainsi peut-on dire de tout théoricien de l'analyse qu'il est toujours en position de contrôle, ou plutôt qu'est théoricien celui qui a aptitude à s'y mettre.

Que Lacan ait contrôlé Freud avec plus de génie qu'un autre nous conduit aujourd'hui à être lacanien sans forcément contrôler Lacan, sinon dans un contrôle de Freud.

Mais quand donc viendra le contrôleur de Lacan au niveau de ses écrits ? Ce n'est pas moi qui répondrai ce soir à cette question.

Revenons-en à l'objet et à la réalité.

Chez Freud, libido narcissique et libido d'objet s'opposent. De 1914 à 1923, le moi cherche son statut, les registres dans lesquels il en est parlé sont hétérogènes et parfois confusionnels.

Les métaphores guerrières ou bancaires – investissement –, le parti pris économico-scientiste – énergie – font de l'appareil freudien de la libido une métaphore immobilisable, sinon en tant que métaphore.

L'électricité en est un bon modèle. Avec les condensateurs, les diélectriques, les décharges, les répartitions, le voltage, les résistances, on est finalement au cœur de l'économie freudienne.

Il parlera d'ailleurs, en 1923, du narcissisme cellulaire, cette énergie indifférenciée qui lie et unit les cellules, et qui est l'Éros. Auparavant, il avait cité l'amibe qui pousse à partir de pseudopodes ou de l'œuf d'oiseau qui vit en économie fermée.

Tout cela est certes passionnant, mais il ne s'agit que de modèles d'une science physique dont Freud a besoin. Toute la démystification du point de vue économique reste à faire, ce que Serge Leclaire et moi-même avons tenté[1].

Mais recoupant toujours ce registre, il y a un mythe, fondamental chez Freud, celui de l'intérieur et de l'extérieur.

C'est une économie fermée : un organisme appelle dialectiquement un extérieur, de même qu'une subjectivité appelle une altérité, de même qu'un infini en appelle pascaliennement un autre, de même qu'un instinct appelle son antagoniste.

Ce dualisme structural inévitable, fondamental, dans la pensée de Freud, se développe tous azimuts. Ou plutôt le structuralisme de Freud se cherche dans un dualisme toujours insuffisant et toujours implicitement ternarisé.

Ainsi s'expliquent les développements de l'introduction du narcissisme en 1914 :

Moi et objet,
libido et pulsions du Moi,
autisme et réalité,
perception et représentation,
psychose et névrose,
imago et idéal du Moi,
germen et *soma*,
amour et mort.

Tout est là dialectiquement pour multiplier les modèles du dualisme avec ce manque, évident pour nous, cette absence de terme tiers et médiateur : le signifiant.

Relisons Freud et Lacan, chaque fois que l'un bute sur un dualisme, l'autre développe une ternarité. L'imaginaire prend sa place pour situer le symbolique et le réel, le signifiant transforme le destin des pulsions. Tout cela est freudien, comme la science des rêves et le mot d'esprit comme amorce de la linguistique moderne, ou encore comme la ternarité de l'Œdipe ou de la deuxième topique.

Mais ce qui est défini en plus, c'est l'Autre, dans un registre qui, au delà de Descartes, Hegel et Heidegger, pose la problématique du sujet et de l'inconscient dans une structure propre à Lacan.

1. Travail commun en 1965 sur le problème économique, non publié.

Ce qui s'inspire essentiellement de Freud, c'est l'impossibilité pour le sujet de sortir de l'économie fermée dont Freud cherche les lois. La réalité n'existe pas, sinon dans la catégorie leurrée de la psychologie. Le réel n'est pas la réalité au sens courant, c'est ce qui, ne venant pas sur la scène de l'homme, reste la caution de toute la métaphysique, comme toute impossibilité de métaphysique.

Objet et réalité, qu'en est-il au fil de l'exploration de Freud par Lacan ? Pour répondre, le chemin est long. Il sollicite des repérages multiples et des références disparates.

Le stade du miroir ? Pour le comprendre, l'éthologie, la *Gestaltheorie* et la biologie humaine sont utiles.

De là peuvent naître non seulement le registre spécifique de l'imaginaire et la première amorce de la théorie du moi, mais aussi la théorie de la libido, c'est-à-dire déjà la linguistique.

Métonymie et contre-investissement, métaphore et condensation.

Comment concevoir cela, sans situer dans la prématuration de l'enfant humain, la dialectique du vu et de l'entendu, comme amorce du fonctionnement de son appareil psychique prédisposé, telle une machine, à intégrer du registre spécifique d'information ?

L'autre est déjà présent et le sujet implicite, qui ne se constituera que du jour où le code instinctuel fera place à la signifiance, c'est-à-dire au pas de sens, ou au réel, ou à la certitude du subjectif.

L'enfant qui joue avec les mots vous le fait savoir. En disant non à la demande, il constitue là son désir.

Tout est déjà là.

Dès lors, qu'est-ce que la réalité sinon la signifiance du réel, c'est-à-dire l'impossibilité d'échapper au sens, et la nécessité de la remettre en question à partir de l'existence d'un autre sujet ?

Ainsi de la bicyclette pour le sauvage.

Objet et réalité sont, à ce niveau, inséparables de l'existence d'un sujet et d'un autre.

Et je passe sur tout ce que cette symbolisation doit à la pulsion de mort, c'est-à-dire d'abord à la *Verneinung*. Tout cela nous est connu, mais reste, dans son ambiguïté, l'autre registre, celui de la libido. Ambiguïté, en effet, puisque, en théorie, c'est bien la libido première qui fonde l'inconscient, le refoulement, le contre-investissement, le remplacement du premier objet par le *Vorstellungsrepresentanz*, modèle qui est à la fois celui de la première relation d'objet et du premier fondement de la linguistique.

Mais là est justement l'énigme.

Il suffit de la libido comme moteur, sur le plan théorique, pour fonder l'amour. Le premier déplacement sur l'image, la différence entre besoin et désir.

On pourrait ainsi gloser sur l'objet tout court par rapport à l'objet-moi – qui est premier ? –, et fonder le narcissisme sur la pure économie de la libido dans ses destins, placements et investissements mystérieux. Mais ça ne nous éclaire pas pour autant. Le principe du plaisir qui fonde l'amour avant même la découverte de l'autre – voir la *Métapsychologie* – ne rend pas compte exhaustivement de ce qui se passe.

Si la haine n'est issue d'abord que de l'indifférence, elle devient rejet. Or le rejet n'est pas le fait d'une pulsion libidinale.

Il faut donc les instincts du moi. Et une fois qu'ils sont conquis par la libido parce que le moi n'est pas haïssable, une fois qu'il n'est plus le seul *Lust-Ich*, il faut que le moi – d'abord le *soma* – ait sa fonction de rejet, sa fonction de méconnaissance de surface.

Et plus tard, sa fonction d'agression, ou, selon l'expression de Melanie Klein, sa fonction épistémophilique.

De là naît l'au-delà du principe du plaisir. Le réel est à libidiniser, mais la fonction de cette libidinisation est confiée à l'autre moteur, le défenseur du moi, de sa conservation et du principe de plaisir – c'est-à-dire la pulsion de mort, constituant du sujet, comme dit Serge Leclaire.

Mais minute ! Cette pulsion de mort, c'est aussi celle de la libido, puisqu'elle pousse à la perpétuation de l'espèce aux dépens du *soma*. Le *germen*, c'est la libido, mais aussi l'éternité de l'être dans sa progéniture ; autrement dit la libido nous porte à la mort.

Elle doit changer de camp pour que nous vivions : elle en passe donc par le *soma*, c'est-à-dire le moi. Mais, dès lors, elle est au service des pulsions de conservation et de méconnaissance, elle mettra son honneur et son caprice, la libido achetée par le moi, à ne mourir qu'à sa manière – et le plus tard possible.

En ce sens, elle se trouvera dans les mêmes dispositions que les pulsions de conservation, prête à truster le plus possible de la « réalité » pour le plaisir du moi, successeur de l'instinct libidinal de l'ex-amibe que nous sommes.

Ainsi, paradoxalement, la pulsion de mort garantira notre permanence de sujet au prix d'une collusion avec cette libido bébête qui veut procréer et lier.

Tout ceci est un joli système pour les amibes repensées par les hommes. Mais ça exclut le fait spécifique de l'homme : n'être que par l'autre.

Dès que l'autre apparaît comme constituant l'humain dans sa non-animalité, à savoir qu'en son absence, l'enfant crèverait, c'est à la fois la libido et l'instinct épistémophilique de l'Autre qui créent l'enfant et le vouent à son destin.

Prévalence et priorité doivent donc lui être données pour la révision déchirante de l'appareil psychique freudien. Il ne s'agit pas ici de la mère de M. Spitz et de l'hospitalisme, mais de l'autre ternarisé, désirant, demandant, projetant, introjectant et parlant, qu'est la mère chaque fois qu'elle est être humain, c'est-à-dire en particulier femme ou être humain femelle.

Préciser cet adjectif suffit pour dépasser les problèmes de l'amibe, c'est-à-dire pour aller de la reproduction du protozoaire immortel à la reproduction du mammifère sexué et parlant.

Ce n'est pas en fait à la théorie de la libido que s'adresse cette rectification, mais à Freud lui-même, non pas qu'il ait méconnu les problèmes du sexe, mais simplement parce qu'il fonde son système du XIXe siècle sur une méconnaissance scientiste du signifiant du sexe.

Nous rappelons là la différence faite par Lacan entre les pulsions partielles et les notions de masculin et de féminin. C'est du moment où cela apparaît que l'instinct de mort prend son dernier sens en rejoignant son premier sens. Autrement dit, dans le mythe du *germen* et du *soma*, l'éternité de l'être ne se conçoit que dans la scissiparité.

En d'autres termes, c'est parce que l'être est sexué que le *soma*, lamentablement sexué, se conserve au delà de la procréation. Instincts du moi et sexuation s'avèrent en définitive inséparables en ce qu'ils dépendent et de l'Autre et de l'autre.

C'est parce qu'elle passe par les défilés signifiants du sexe que la libido se collusionne à la pulsion épistémophilique, c'est-à-dire au signifiant. Ainsi, la pulsion de mort n'existe que chez l'homme, quasiment comme renoncement à l'éternité de l'amibe. L'amibe serait l'assurance survie et l'humain l'assurance mort.

Chaque fois qu'on baise, on perd donc la moitié de son assurance éternité. L'autre n'est jamais rejoint en dépit d'assistance – la libido est pulsion de mort et irrévocabilité de la vocation de mort. *Because* les défilés du signifiant. Narcisse, à sa manière, cherche à échapper à cela. Il ne se survit qu'en tant que fleur des enfers, œil végétal des sommeils éternels.

Mais est-il narcissique ? Non pas. Car l'œil qu'il voit quand il ne voit pas son image est le *« a »* réapparu comme le caché qui n'était pas fait pour resurgir. Il ne sait ce qu'il voit, mais ce qu'il voit l'enflamme et l'erreur de ses yeux est passée dans son âme.

À la différence du psychotique, dont l'erreur de ses yeux, c'est son âme qui ne l'enflamme point.

Il y manque l'Autre.

Psychanalyse de l'hypocondriaque*

Du jour où l'avènement de la psychanalyse a rendu inséparable de l'étude des maladies mentales la connaissance des lois du dialogue ; du jour où le champ de la clinique a trouvé sa profondeur dans les recherches d'anamnèse et de structure ; du jour où les temps du diagnostic et de la thérapeutique se sont confondus dans la durée de l'investigation dialoguée, le progrès même de la science psychiatrique s'est trouvé lié au perfectionnement de nos moyens et de nos modes de relation avec le patient, lié à notre meilleure compréhension de la structure de vie relationnelle propre à chaque type morbide. L'enrichissement de nos connaissances sur les névroses, comme la relative stagnation de nos connaissances sur la psychose, témoignent ainsi des servitudes du psychiatre vis-à-vis des paradoxes de l'inter-subjectivité. Si, dans cette perspective, on présentifie le problème de l'hypocondrie, pour tenter un bilan de nos acquisitions et de nos perplexités, on s'aperçoit que le sujet hypocondriaque n'a guère la faveur de nos recherches, et qu'aucune découverte spécialement éclairante n'est survenue, pour donner un regain d'intérêt à une question vieille comme la Médecine.

Et pourtant, n'est-ce pas là un terrain privilégié pour ceux qui s'interrogent sur les articulations de la psyché et du soma, sur les éternels problèmes de l'organogenèse et de la psychogenèse, sur les états limites entre névroses et psychoses ? Répondre que l'hypocondrie n'est pas une entité morbide, qu'elle ne trouve pas sa place en tant que telle dans un classement nosologique ; répondre que le syndrome

* Conférence faite au groupe de l'Évolution psychiatrique, le 27 janvier 1959.

hypocondriaque ne prend son intérêt qu'à être référé à telle structure psychotique ou névrotique, et aux problèmes qu'elle pose, ne fait, en définitive, que donner son relief à la question. À interroger d'ailleurs et les descriptions des vieux auteurs et notre pratique médicale, on retrouve rapidement un certain type de malade au sujet duquel on ne dira pas : « C'est un névrosé à préoccupation hypocondriaque » ou « C'est un délirant », mais bien : « C'est un hypocondriaque. »

Est-ce la peine ici d'évoquer ce familier du médecin, ce malade médecin lui-même, qui ne vient nous poser la question de ses troubles que pour nous infliger la description princeps de son cas clinique, qui ne réclame notre aide que pour nous prouver notre impuissance à le guérir, qui ne trouve sa foi en la médecine que dans sa défiance envers les médecins.

Curieuse situation que la nôtre, dès lors ; souligner son caractère irritant et frustrant, c'est déjà expliquer en partie, peut-être, la relative pauvreté des travaux sur l'hypocondrie. Car ce patient, en incarnant si bien, dans son témoignage, l'homme malade, en redoublant aussi devant nous l'image caricaturée de notre moi de thérapeute, ne peut-il déclencher en nous les réactions d'agressivité et de méconnaissance qui naissent des gémellités imaginaires ?

Pour nous confronter à l'hypocondriaque, ces remarques ne nous fournissent pas encore les éléments de théorie qui pourraient nous servir de références médiatrices dans notre relation avec lui. Et la prise en considération des quelques documents que la littérature psychanalytique nous propose à ce sujet, loin de nous tirer d'embarras, obscurcit encore le problème. Il se trouve en effet que Freud ne livre que des aperçus fragmentaires sur l'hypocondrie et que, d'autre part, les théorisations proposées par lui ou après lui rencontrent et utilisent une des questions les plus controversées qui soient, et par les analystes eux-mêmes, celle des *névroses actuelles*.

On sait que ces dernières, par opposition aux névroses de transfert, se définissent dans le fait que les symptômes qui les constituent relèvent directement d'une perturbation de l'économie libidinale. On ne retrouve pas en elles l'*actualisation* d'une question historiquement déterminée, mais seulement l'*actualité* d'une expérience somatique qu'on ne peut connoter à des contenus significatifs, à des surdéterminations inconscientes.

Freud, il faut le noter, n'a jamais renoncé à cette conception ; et il est paradoxal de constater que ce sont ses disciples, et parmi eux, les plus « biologisants » qui ont toujours contesté la valeur de la notion de névrose actuelle jusqu'à nier son existence clinique. Plus généralement, on convient que les symptômes actuels – symptômes d'inhibition non spécifiques – se rencontrent dans la plupart des états névrotiques, mais jamais isolés, jamais à l'état pur. Et l'intérêt se reporte dès lors sur les constellations conflictuelles sous-jacentes à la symptomatologie fonctionnelle que mettent en avant certains malades.

Si l'expérience clinique confirme le plus souvent cette manière de voir, cela n'éclaire pas pour autant le mécanisme même des états où prédominent les symptômes de névrose actuelle, à savoir ces états qui évoquent, dans une terminologie classique, les diagnostics de neurasthénie et d'hypocondrie mineure.

On sait que, dans l'« Introduction au narcissisme », Freud propose de ranger l'hypocondrie, avec la neurasthénie et la névrose d'angoisse, dans le cadre de ces névroses actuelles. Les quelques pages qu'il consacre à la question ne constituent pas à proprement parler une théorie de l'hypocondrie. Étudiant la question de la libido du moi, au stade où il en est de son élaboration théorique, il établit un parallèle entre la névrose d'angoisse et l'hystérie d'une part, entre l'hypocondrie et la paraphrénie d'autre part, pour introduire la notion – assez mystérieuse, il faut le dire – de stase de la libido.

Évocation des effets toxiques de cette stase libidinale (libido du moi en ce qui concerne l'hypocondrie) ; analogie entre l'état turgescent et douloureux de l'organe sexuel, et les caractéristiques de l'organe malade pour l'hypocondriaque centré sur son propre corps... ce sont là des formulations inachevées, incomplètes, dont on voit mal la valeur opérationnelle.

Et nous retrouvons là, avec la préoccupation assez scientiste de Freud de fonder biologiquement sa théorie de la libido, tout le problème, maintes fois débattu et jamais éclairci, de ces schémas énergético-économiques qui rendent compte si facilement de la dynamique d'une cure, qu'on en oublie souvent de les restituer dans leur initiale valeur métaphorique. Ainsi peut-on réduire imaginairement l'analyse à une pseudo-physiologie pulsionnelle, dont il est impossible d'articuler les postulats, bien sûr, avec les coordonnées de la relation thérapeutique puisque celle-ci est dialogue et rien d'autre.

Il nous a été donné, en prenant en analyse un hypocondriaque, de nous confirmer à quel point toute adhésion littérale aux problèmes d'économie libidinale conduisait à une impasse.

Le sujet, dont nous parlerons, imprégné qu'il était de la théorie de la libido, encouragé comme il le fut par des conseils médicaux intempestifs, mettait de lui-même l'accent sur les bienfaits de l'hygiène sexuelle, et de la décharge orgastique ; il insistait volontiers sur la nécessité des investissements objectaux pour rompre les mirages de son narcissisme. Cela ne l'empêchait pas, en fait, d'être enfermé dans un monde hypocondriaque dont il ne trouvait pas l'issue.

L'aide que nous voulions lui apporter devait nous permettre, et de vérifier les premières propositions freudiennes, et de démystifier l'usage qu'on en fait, lorsque c'est avec les seuls termes d'économie pulsionnelle, de renforcement du moi, d'expérience vécue transférentielle, qu'on tente de rendre compte de la dynamique d'une cure analytique et des ressorts spécifiques de son évolution.

Le cas était exemplaire : il nous montrait d'abord le tableau clinique d'une névrose actuelle et, au-delà des symptômes, la perspective ou mieux, la rétrospective d'une névrose historiquement déterminée. La cure elle-même devait nous mettre en face des très grandes difficultés techniques et théoriques qui surgissaient lorsque nous tentions de trouver le niveau d'articulation entre l'actualisé et l'actuel ; et la stagnation qui s'ensuivait sur le plan thérapeutique.

Quelques mots d'abord, à titre d'illustration, sur l'histoire de la tasse de thé.

Gérard, jeune homme sage et studieux, préparait son baccalauréat. Il travaillait sans doute facilement, doué qu'il était d'une grande mémoire et personne n'aurait pu deviner, devant son calme et sa maîtrise, qu'il craignait secrètement de ne pouvoir résister à des tentations masturbatoires, alors que, superstitieusement, l'abstinence sexuelle lui semblait précaution nécessaire dans les quinze jours qui précédaient ses examens.

Question de volonté ? se demandait-il. Hélas non. Puisque ce qu'il craignait, en fait, c'était la masturbation inconsciente pendant le sommeil ; celle qui l'obligeait à s'attacher les mains pour dormir, à éviter les lits trop chauds et trop confortables, sous peine, aux dires de son aumônier, d'affaiblissement intellectuel et de damnation.

Menacé ainsi à la fois dans sa santé et son salut[1], il ne concevait la période qui précédait l'examen que comme le temps d'une purification, d'une annulation de ses désirs, s'interdisant toute pensée érotique et chassant de lui-même tous ces fantasmes auxquels, en vacances, il se livrait complaisamment. Il alternait ainsi l'usage des

1. Ceci recoupe les observations publiées par Hesnard (voir *Rev. fr. de psy.*, 1929-1930, n° 3).

médicaments sédatifs et excitants, pour passer sans transition de la profondeur du sommeil chaste à la vigilance de la concentration intellectuelle.

Le matin de l'examen, malgré la dose rituelle de somnifères, il s'éveille brusquement et prématurément à l'aube, absorbe plusieurs tasses de thé et se sent brusquement envahi d'un malaise insupportable et indéfinissable. Lorsqu'il va vérifier sa pâleur dans la glace, il lui semble ne plus se reconnaître. Ses drogues n'ont plus leur effet habituel ; il est dans la situation de l'apprenti sorcier parfaitement impuissant à réorganiser pharmaceutiquement ses réactions familières ; et c'est couvert de sueur froide qu'il va dans un état second se présenter à un examen qu'il rate, bien sûr.

De ce jour, tout est changé pour lui ; rien n'est plus « comme avant ». Il a perdu la familiarité de son corps. Il pâlit au lieu de rougir ; toutes ses réactions neuro-vegétatives s'inversent. Il est constipé ; il souffre d'un priapisme dont il ignore les causes déclenchantes, et que n'apaise pas la masturbation. Mais surtout, il ne dort plus de son vrai sommeil et ne se repose jamais totalement. Enfin, il se concentre sur la douleur qu'il ressent derrière les yeux à un niveau qu'il situe comme étant celui du chiasma optique, de l'hypophyse. C'est une région dure et douloureuse à la fois sèche et congestionnée, et c'est le lieu de son mal.

Il nous décrit ainsi, sans en prendre conscience, l'appendice hypophysaire relié optiquement aux globes oculaires, comme il nous décrivait son appareil génital ; et ayant situé l'organe malade dans son statut de phallus introjecté, il puise, et dans ses connaissances neurophysiologiques, et dans le riche terrain de la région infundibulo-tubérienne, la matière de ses élaborations et recherches hypocondriaques, dans la quête où il est d'une législation biologique qui rende compte de son malaise.

Avant d'en venir à son histoire, il nous semble nécessaire de faire état du témoignage qu'il nous apporte sur sa névrose actuelle.

Le mode d'expression verbale est d'abord ce qui nous frappe. Au début, lorsque Gérard nous parle, ce sont parfois des mots qui viennent, sans vraie construction syntaxique. Le vocabulaire est conventionnel ; la voix flatulente, atone, sans relief ; une sorte de ventriloquie dont l'écho nous parvient ; l'expression à voix haute d'un soliloque évasif. Ce n'est pas un sujet qui nous parle pour nous dire quelque chose, mais quelqu'un qui, à notre demande, lève le voile du silence, sur les demi-mots allusifs, les ébauches de formulation, les directions contradictoires de pensée, de son langage intérieur ; un langage effaré du bruit qu'il fait, et du sens qu'il pourrait prendre, à être formulé tout haut, et adressé à un autre. Si nous répondons, ce qui est dit reste lettre morte ; Gérard fait la sourde oreille et élude tout vrai dialogue. Les considérations scientifico-hypocondriaques apparaissent vite alors dans leur fonction de défense. Toute ouverture sur un thème significatif, sur un aperçu historique qui mettrait le sujet en question, amène invariablement un bref arrêt interloqué, suivi d'un recours à la psycho-chimie, ou à l'électrochoc, ou à la cure de sommeil.

De tout cela se dégagent des indications que nous respectons dans leur traduction même, pour leur valeur exemplaire.

Ce que revendique d'abord Gérard, c'est l'aptitude au sommeil. Il faudrait, nous dit-il, que ce soit une anesthésie, un sommeil venant de l'extérieur et non de lui. Dédoublé comme il se sent, en effet, il ne peut laisser venir en lui l'engourdissement heureux de la fatigue acceptée. Parfois l'inattendu d'une sollicitation extérieure, qui force la tour d'ivoire de sa vigilance, lui donne un instant le sentiment qu'il va dormir de son vrai sommeil, par inadvertance... mais dès qu'il en prend conscience, il devient extérieur à sa fatigue, et s'il dort quand même, c'est d'un seul œil, celui d'une mère dont le nourrisson va peut-être se réveiller.

Une fois, ayant un brusque accès de fièvre, il s'est senti brusquement « bien dans sa peau », et il a dormi quelques heures « comme avant » avec plaisir. Mais cela n'a pas duré et au réveil, il avait peine à se situer, à se retrouver, en lui et dans son décor.

Il faudrait peut-être lui donner la fièvre, nous dit-il, pour qu'il dorme ? Mais cette fièvre, bien sûr, ce ne serait plus l'originelle, l'inattendue, la sienne en un mot, et dès lors, dans son endormissement, il sent bien qu'il serait gardien de la fièvre et non pas fiévreux. Ainsi, il s'est exilé dans une position que nous ne définissons pas encore, pour perdre à jamais l'innocence du sommeil désarmé et réparateur.

Alors, quelle solution ? C'est la question qu'il pose inlassablement et que nous nous posons aussi ; par définition, toutes celles qu'il n'attendra pas et n'aura pas devinées : qu'un accident de voiture se produise, par exemple, dans l'instant il redevient lui-même. Une colère incontrôlable, une crise de nerfs ? – C'est ce dont il rêve, mais qu'il ne réalise jamais plus. Car à vouloir s'y trouver, il risquerait de s'y perdre dans le morcellement de lui-même.

Ce qu'il comprend avec nous, c'est que si la solution attendue peut être prévue, devinée, formulée, rationalisée, signifiée, elle n'est plus authentique, elle est recette, donc inopérante. Il le comprend maintenant, mais ne peut s'empêcher quand même de nous demander l'arbitraire d'une action de choc, d'un sommeil artificiel, conscient qu'il est, d'ailleurs, que nous ne lui répondrons pas. En même temps, il consulte ailleurs, et, bien entendu, rejette tous les conseils, toutes les ordonnances, toutes les solutions empiriques que d'aucuns lui dispensent abondamment. Chaque fois qu'il s'est laissé convaincre, il a senti *qu'il se forçait* à ce qui n'était jamais pour lui projet, dessein personnel, mais consigne qu'il mimait de l'extérieur de lui-même, en craignant le pire et en ne souhaitant, sans espoir, que le retour en lui du bon sommeil d'antan.

Ainsi il ne peut plus croire à rien, et s'il court après sa spontanéité perdue, il s'angoisse en même temps de la moindre adhésion affective, car celle-ci n'est plus pour lui qu'envahissement par la douleur, expérience de l'informulable, contrainte sans révolte possible et jamais désir, disponibilité, appétence, curiosité.

Tout cela est particulièrement net sur le plan sexuel, et la théorie de la libido est à la fois pour lui une expérience concrète et une source inépuisée de rationalisations solitaires.

La masturbation d'abord. Il y cédait autrefois dans l'angoisse et la culpabilité, mais elle était satisfaisante. La nuit, il dormait mieux, le lendemain il travaillait plus sereinement. Sans doute s'essayait-il déjà à retenir, à contrôler le moment de l'orgasme – soit par crainte, soit par raffinement –, il n'en sait plus rien. Mais depuis le moment de la tasse de thé, les longues heures de priapisme, d'érection froide dont il souffre, ne sont plus apaisées quelles que soient ses tentatives.

Il souhaite maintenant ce qu'il craignait : le rêve érotique et la pollution dans le sommeil ; sachant que tout ce qui viendrait intentionnellement et consciemment de lui ne lui amènerait aucune détente. En un mot, il ne situe l'authenticité de l'expérience du désir et de la décharge orgastique que dans l'irresponsabilité totale, dans l'inconscience, dans le *non-sens* d'un engagement purement biologique, au cœur d'un naturalisme vétérinaire, d'un monde purement instinctuel ; celui dont il a perdu l'accès, pour être pionnier du concept qu'il a.

Sans doute, lorsqu'il reconnaît dans son analyse la nécessité d'un objet de désir, d'une partenaire non plus fantasmatique mais réellement présente, prend-il de lui-même une maîtresse ; mais c'est pour nous décrire bientôt sa solitude masturbatoire avec elle. En revanche, le soir où, dans l'inattendu d'un moment mystérieusement favorable, il devient désir d'elle, il ressent, au moment de l'éjaculation, de telles douleurs de constriction périnéale, qu'il doit fuir, pour retrouver dans les complicités solitaires de son désespoir, l'absence de désir qui l'endort une fois de plus, dans son faux sommeil.

Si nous nous sommes étendu sur ce témoignage clinique, c'est qu'il nous semble très caractéristique de l'expérience hypocondriaque, en tant qu'elle décrit phénoménologiquement ce qu'est peut-être *la stase de la libido*, une fois qu'on traduit cette expression en termes de désir et d'engagement du sujet dans le désir, et non pas en termes de besoin instinctuel. Ce que nous montre en effet Gérard, c'est non pas l'inhibition névrotique d'une tendance libidinale significativement réprimée, mais bien l'aliénation même de l'être de son désir, pour lui, sujet qui nous parle, ou qui, plutôt, parle de lui en notre présence.

C'est dire qu'à ce niveau, tout recours à l'aspect économique de l'élaboration freudienne, toute participation, toute adhésion aux métaphores énergétiques, dont le sujet use lui-même abondamment, ne peuvent qu'enfermer plus irréductiblement le malade dans son impasse, en redoublant sa méprise. Il ne s'agit pas, en effet, d'un cortège de symptômes et de plaintes accompagnant le thème d'une question névrotique. Il s'agit d'un état qui empêche de vivre, de parler, d'aimer, de dormir, et par rapport auquel les problèmes de l'histoire du sujet apparaissent déplacés, démodés, dépassés, désinvestis, anachroniques.

Notre souci, sans doute, c'est d'amener Gérard à retrouver, en deçà du moment fécond et inaugural de la phase hypocondriaque, l'histoire et les conflits qui l'ont mené jusque dans cette impasse. Mais s'il répond assez docilement à notre souci d'anamnèse, c'est pour nous dire régulièrement : « Pour que je profite de l'analyse du passé, il faudrait d'abord que je sois guéri de mon état. »

Ce qu'il apporte de son histoire est pourtant fort intéressant, et il est dommage que les nécessités de la discrétion ne permettent pas la publication *in extenso* de l'observation.

Très sommairement nous situerons le sujet dans les modalités particulières de ses conflits œdipiens, conflits manifestement traumatisants.

Mettons en scène, pour la compréhension de l'histoire :

Une mère trop soucieuse des disciplines sphinctériennes, mais surtout isolée dans sa condition de femme insatisfaite, digne, déprimée et résignée.

Un père assez difficile à déchiffrer, agressif dans son anxiété de parvenir, et aussi ambigu qu'un prince consort auprès d'une *queen* qui le rejetterait pour qu'il trouvât, seul, les clés du royaume.

La bonne... qui donne au père les satisfactions que lui refuse sa femme, et qui propose ainsi au fils, sur un mode ancillaire, le problème de la bigamie naturelle de l'homme.

Papa, Maman, la Bonne et moi... cette situation banale se complique lorsque le jeune homme, grandissant, commence à courir les filles, pour découvrir rapidement en son père le voyeur et le rival « réel » qui ne quitte son fils que pour s'intéresser directement à la petite amie de celui-ci.

Survient alors, pour aggraver le malaise, un moment capital : un soir, le père emmène la jeune fille dont Gérard est timidement amoureux dans un bosquet, puis, au retour de cette expédition galante, retrouvant le garçon nuitamment, pousse le mauvais goût jusqu'à jouer les pères nobles pour inciter le garçon à la chasteté prénuptiale et à la crainte des grossesses illégitimes.

Dans l'instant se cristallise le renversement du drame œdipien, et si Gérard a envie de tuer son père, ce n'est pas en tant que rival symbolique, en tant que mari de la mère, mais en tant que rival trop réel ; en tant aussi que traître à la dignité paternelle qu'il ridiculise dans sa mascarade de père noble. Gérard est aussi rejeté dans une impasse qui ne laisse aucune issue à son devenir phallique : le père élisant l'autre femme comme objet de désir, le fils, dans l'interversion des rôles, ne trouve de débouché que dans la direction de sa mère, objet incestueux qu'il s'interdit. La seule solution qui lui reste, c'est dès lors la solidarité d'avec la position maternelle ; son exil avec elle dans la dépression et la dignité du renoncement ; et ainsi l'auto-castration.

Est-ce sur les significations de cette histoire que nous allons pouvoir jouer, pour sortir le malade de son état ?

À l'avoir cru initialement, nous nous sommes vite retrouvé devant un échec. En fait, cette anamnèse ne nous est jamais apportée comme un témoignage, n'est jamais présente et actualisée dans le dialogue. Ce sont, pour Gérard, les conflits d'une autre vie, l'histoire de celui qu'il était avant le moment fécond de la tasse de thé, l'anxiété dont le sujet nous dit qu'elle lui faisait souhaiter l'analyse avant qu'il ne devînt malade. Qu'il guérisse d'abord, qu'il se retrouve, et il pourra de nouveau s'intéresser à ses conflits, et accéder aux affects de sa névrose.

Allons-nous considérer cette position de repli, cette défense irréductible comme une résistance de transfert, donc comme une attitude directement analysable, voire comme une cuirasse caractérielle à éplucher, pour en extirper le sujet ? Nous nous résolvons assez vite à penser le contraire, et tout nous porte à donner notre crédit au témoignage du malade en tant qu'il signifie pour nous : « Je ne peux pas m'engager dans une relation avec autrui ; je ne peux rien rééditer qui édifie une situation de transfert. »

Est-il psychotique alors et tout simplement ? Rien ne nous en apporte la preuve. Il nous semble au contraire que, parce qu'il n'avait pas d'aptitude à la psychose, Gérard, à la suite de traumatismes trop convergents, a dû abandonner les points d'appui de la stratégie névrotique pour réorganiser une position structurale que doivent définir justement la géographie imaginaire et l'organisation symbolique de l'hypocondrie.

Pour poursuivre la comparaison, on peut dire qu'il est trop occupé à être l'assiégeant de l'assiégé qui souffre en lui, pour se tourner vers le tiers que nous sommes, dans notre irruption éventuelle. C'est ainsi que sur le plan du dialogue, Gérard ne nous situe d'abord que comme celui *dont le silence est menace d'intervention.* Le seul bruit de notre voix réveille en lui la vigilance du geôlier à l'égard du prisonnier qu'il est aussi. Il nous tourne ainsi le dos, si nous nous manifestons ; à moins que, comme nous le remarquons bientôt, nos commentaires ne le visent pas *dans sa présence de sujet.*

C'est grâce à cela que l'histoire de celui qu'il était et l'histoire de son entourage peuvent nous être fournies et peuvent le distraire de son inquiétude, à condition que rien ne le concerne dans le *hic et nunc* de la séance.

La question est dès lors pour nous de savoir comment aider à la *désincarcération* du prisonnier, sans jamais forcer les moyens de défense du gardien.

N'est-ce là que construction imaginaire de notre part ? Nous ne le pensons pas lorsque le malade nous apporte, sur un mode anal, des rêves d'emprisonnement, dans le ventre, dans la cale tapissée de goudron d'un bateau ; des rêves aussi de bombardements aériens destructeurs de lui-même. Nous pouvons donc le situer dans un claustrum maternel, mais pour nous rendre compte alors que c'est en tant que mère de son être douloureux et introjecté qu'il vient nous voir.

À qui dès lors faut-il prétendre s'adresser lorsqu'on lui parle ? Et qui, du gardien ou du prisonnier, entendra notre dire ? Question apparemment insoluble si nous en restons à cette étape de l'élaboration du cas. L'hypothèse, en tout cas, nous est permise, qui expliquerait le comportement habituellement paradoxal de l'hypocondriaque vis-à-vis du médecin, en le référant au mécanisme de défense suivant.

C'est en s'aliénant dans sa mère que le sujet menacé de psychose cherche à sauvegarder son être même, en l'introjectant dans une somatisation de son angoisse. À ce titre, il n'est qu'en tant qu'il souffre, il n'est qu'en tant qu'il existe dans l'identification de l'organe malade à lui-même.

En d'autres termes, il n'est plus un enfant soumis au surmoi maternel. Il *est* ce surmoi par rapport à l'enfant phallus qu'il introjecte.

Ces propositions ne peuvent prendre leur sens qu'à être référées au texte même d'une observation. Nous les reprendrons donc à partir de la clinique et de l'anamnèse.

Dans l'impasse de sa situation œdipienne, disons-nous, Gérard ne semble pouvoir adopter d'autre position que celle de sa mère. Il s'interroge, en fait, sur la solitude et le destin de cette femme. Il la comprend autant qu'il la plaint, mais parfois s'irrite de ne pouvoir rien pour elle, rien surtout contre son attitude de renoncement. Car ce qui la caractérise, c'est à la fois sa maîtrise, son dévouement pour ses enfants, mais tout autant sa résignation envers les infidélités du mari, son détachement et l'absence de tout désir en elle.

Personnage central, la mère apparaît ainsi beaucoup moins comme femme, comme image d'identification éventuelle, que comme effigie d'une cause perdue ; et le garçon vit à ce point le pacte qui le lie à cette mère, son appartenance au monde symbolique maternel, qu'il n'apparaît dans l'analyse que le porte-parole, le soldat vaincu de son problème à elle.

Quand il rentre à la maison, la nuit, c'est lui qui se bouche les oreilles pour ne pas réveiller maman. Ses projets à lui, ce serait les siens à elle, si elle était un homme. Sa langue, c'est à ce point la langue maternelle qu'il ne peut s'adresser à un autre sans risquer l'irruption d'une parole étrangère, hétérogène à ses conceptions ; sans risquer ainsi son intégrité, son immunité de sujet parlant. Il se garde donc, dans ses énoncés personnels, des surprises de l'énonciation, des latences du signifiant, telles qu'elles pourraient surgir de notre intervention, pour l'impliquer, à son corps défendant, dans le monde symbolique du tiers que nous sommes.

Quel peut être le sort des désirs érotiques du garçon et de son devenir libidinal phallique dans cette situation ? L'anamnèse nous fournit des renseignements sur la période préhypocondriaque.

Masturbation, bien sûr, chez cet enfant solitaire, mûr avant l'âge et renfermé ; mais aussi et avant tout, participation homosexuelle aux masturbations d'un cousin du même âge, presque un frère jumeau. En revanche, dans la solitude, dans l'incognito des rêveries nocturnes, îlot imaginaire où l'informulation des fantasmes isole Gérard de la loi maternelle, l'onanisme apparaît vite moins comme une complaisance au plaisir érotique que comme une recherche de sérénité, comme une méthode de renoncement à la tension sexuelle.

Mais bientôt, de par l'éducation en milieu religieux, la culpabilité et la répression de la masturbation sont telles que celle-ci ne se produit plus bientôt que dans le sommeil pour n'en être que plus angoissante d'ailleurs.

À l'exception de la situation homosexuelle en miroir, dont la valeur structurante apparaît à l'analyse, tout ce qui est désir phallique est rejeté, puis secondairement *incontrôlable*. Gérard se sent ainsi constamment menacé de réactions érotiques dont il se désolidarise systématiquement jusqu'à les prévenir dans les rites et les précautions du pré-sommeil. Il traque ainsi en lui la spontanéité du désir, pour préparer le terrain de son hypocondrie future.

Mais ce qui est à noter, c'est que s'il se préoccupe du réel et de l'imaginaire de sa vie génitale, pour s'en désolidariser, il ne renonce pas encore au mode d'affirmation que représentent les succès scolaires et l'espoir des bonnes fortunes adolescentes. Il n'est encore qu'un adolescent névrotique.

C'est le jour où il est au pied du mur, le jour où c'est au niveau symbolique qu'il doit assumer son affirmation phallique, que se produit ce malaise, ce moment fécond qui l'exclut du monde de ses désirs. Dès lors, son corps réagit parfois seul… mais lui ne nous apporte qu'un rêve où l'orgasme se dessine dans une image de destruction, à savoir la désintégration atomique d'une bombe en forme de champignon phallique. Et c'est l'image même de l'altérité, de la menace du désir en lui, désir inassimilable, faute de référence acceptable au tiers paternel.

Pour rendre compte d'une angoisse de castration, d'une non-assomption de la phallicité, de par les avatars de la situation œdipienne, ces éléments n'expliquent pas encore ce qui amène Gérard à la structuration hypocondriaque de sa position névrotique. Autrement dit, il nous reste à chercher pourquoi le sujet choisit l'introjection hypocondriaque de préférence à la névrose d'angoisse, ou à l'homosexualité, ou à la psychose.

Une première hypothèse explicative nous est fournie lorsque le matériel clinique, en montrant quelque chose qui peut s'interpréter en termes de fantasmes de grossesse, nous permet d'articuler notre expérience clinique avec des notions théoriques connues par ailleurs et que nous résumerons rapidement.

Les *fantasmes de grossesse* chez l'homme ont suscité une intéressante littérature[1]. La question est la suivante : ces fantasmes de grossesse que l'on retrouve plus ou moins explicités dans certaines analyses de névrose, et qui, d'autre part, font irruption dans le délire de certains psychotiques, faut-il les interpréter comme un désir de passivité féminine, dans un contexte homosexuel, ou, faut-il, sans suivre Freud, situer la genèse de ce thème bien avant la période œdipienne ?

Dans cette hypothèse, très précocement, le garçon s'identifierait à la mère en tant que c'est elle qui fait les enfants. Conséquence : à l'envie du pénis chez les filles correspondrait l'envie de l'enfant chez le garçon. Tout serait ainsi prégénital, présexuel en quelque sorte, en un mot, « innocent ». C'est peut-être la régression à ce schéma structurant qui amènerait le psychotique, dans sa phase d'hypocondrie, à traduire, dans le désir de procréation, le besoin de réanimer en lui la vie qui lui échappe.

Il faut, pour croire à une telle explication, réduire la pathogénie de la psychose au seul mécanisme de la régression pré-œdipienne. Et cela en fait n'explique rien. Que l'évolution d'une psychose passe par le stade d'une hypocondrie, fragile et peu structurée comme telle, nous le constatons bien souvent. Nous y voyons, pour notre part, une dernière défense avant l'effondrement psychotique, défense qui est rapidement un échec. Or, l'hypocondrie, structurée comme telle, est justement la mauvaise mais seule solution qui reste à certains sujets qui ne sont pas faits pour être fous... Et ce qui caractérise justement cette hypocondrie, c'est sa stabilité.

En clinique, ce que l'on rencontre, en fait de fantasmes de grossesse, n'appartient, dans notre expérience, qu'à des sujets, sans doute très perturbés, mais dont on ne peut concevoir le cas et le problème qu'en le situant par rapport à un Œdipe insatisfaisant, mais à un Œdipe quand même. Quant à affirmer, sans plus de précision, que ces fantasmes de grossesse ouvrent avant tout la question de l'homo-

1. Cf. l'étude d'Ida Macalpine et R. A. Hunter dans la traduction anglaise du livre du président Schreber : *Memoirs of my Nervous Illness*, Dawson éd., p. 381 et suiv.

sexualité vis-à-vis du père, c'est énoncer quelque chose qui ne veut rien dire, tant que l'on n'a pas différencié l'homosexualité en tant que délire, en tant que perversion, en tant que crainte névrotique, en tant que schéma signifiant, dans la problématique de l'Œdipe et de la fonction phallique. Le terme même de fantasme de grossesse est insatisfaisant, tant que l'on n'a pas distingué le thème délirant de procréation chez un psychotique, et, à l'opposé, le témoignage d'un état qui pourrait être vécu comme état de grossesse chez un névrotique.

En ce qui concerne le sujet de notre analyse, la question pouvait se poser, thérapeutiquement, de lui proposer le schéma signifiant de la grossesse pour remanier le sens de son malaise et de sa position vis-à-vis de l'organe malade.

Il nous dispensa de cette entreprise en rêvant une fois de quelqu'un qui expulsait un noir enfant fécal, et en retrouvant brusquement, à la faveur de son discours associatif, le sentiment d'une délivrance, d'une unité, d'une euphorie depuis longtemps perdues.

Cela ne devait pas durer ; et comment s'en étonner puisque, si position de grossesse il y avait, celle-ci n'apparaissait pas dans le contexte comme désir pré-œdipien, mais bien comme défense contre la castration ou, plus exactement, contre la dépersonnalisation.

À lire certains auteurs, bien sûr, on se voit proposer que l'acceptation du désir d'introjection du phallus, désir réactualisé dans un transfert homosexuel, soit la clé de la guérison du névrosé. Quelle meilleure objection pourrions-nous fournir à cette théorie que le témoignage clinique de notre malade qui, prisonnier justement d'une telle introjection, démontre par tous ses symptômes son impossibilité à assumer sa virilité. Peut-être nous donne-t-il ainsi une illustration des résultats logiques de certaines analyses, conduites dans le souci des introjections phalliques imaginaires, et ce à partir d'une certaine conception de la relation transférentielle d'objet.

Il nous semble, pour nous, de bonne règle de ne jamais entrer dans le jeu imaginaire du patient, de ne jamais entériner les mirages du transfert. Dans le cas de Gérard, nous pensions devoir ainsi démystifier les thèmes de grossesse plutôt que les confirmer, en impliquant le sujet dans de prétendus désirs pré-œdipiens, et dans une hypothétique homosexualité passive.

Pour nous résumer, nous sommes en effet devant un garçon qui semble devenu sa propre mère après l'échec des tentatives d'autonomie phallique en l'absence d'un vrai père ; nous sommes devant un sujet qui s'est aliéné dans le monde symbolique maternel pour s'engrosser de lui-même en tant qu'enfant phallus, dans une réaction de sauvegarde contre la dépersonnalisation.

Si c'est à lui que nous nous adressons, ou de lui que nous parlons, nous n'arrivons à rien, car tout se passe comme s'il appartenait d'abord à l'histoire de la mère, comme s'il n'était pas tout à fait venu au monde.

C'est donc l'histoire de sa mère et les problèmes de celle-ci que nous allons chercher à entendre désormais dans son discours à lui. Nous le prenons momentanément pour le porte-parole d'une question qui n'est pas d'abord la sienne, et qu'il nous faut découvrir.

Et c'est alors que survient, dans l'analyse, pour prendre son sens, le souvenir très vague d'un enfant mort avant sa naissance à lui. Gérard ne sait au fond comment il l'a appris. C'est la chose dont on ne parle pas, et, intuitivement, il pense qu'il blesserait sa mère en lui posant la question. Le thème se précise : c'était une petite fille longtemps désirée par sa mère, et celle-ci s'est longtemps montrée inconsolable.

Nous en arrivons alors à un point capital de l'analyse. En effet, alors que Gérard n'avait jamais songé jusqu'alors à remettre en question son statut de fils aimé, saturant le désir de sa mère, voilà qu'il est contraint, de par le précédent du deuil, d'excentrer sa propre position, de relativer sa propre existence, de se désolidariser ainsi du désir maternel. N'est-ce pas là un nouveau traumatisme pour lui ? Peut-être, mais du jour où il prend conscience de lui comme substitut de l'enfant mort, il peut, laissant sa génitrice repliée sur le fruit de sa mélancolie, accéder à un premier désir d'autonomie, ne plus confondre sa propre naissance avec celle de l'enfant désiré. Tout est-il résolu pour lui ? Sans doute pas ; mais il ne peut plus être sa mère sans être l'enfant mort, et c'est dès lors en son nom, en son prénom, qu'il découvre aimer la vie.

C'est peu de temps après qu'il décide de ne plus surseoir à son service militaire, et qu'il oublie de nous parler de ses troubles somatiques.

Si nous laissons alors le sujet à sa propre naissance, c'est pour tenter maintenant d'articuler avec plus de précision *le thème de la mort de l'enfant* dans le monde de la mère, thème qui nous apparaît capital dans certaines analyses. Si notre intention est ainsi de mettre cette étude au service de l'analyse des patients de type Gérard, en nous gardant de l'intervention réelle d'un tiers dans la cure, il ne nous faut pourtant pas moins, pour la clarté de l'exposé, nous interroger sur ce que nous savons des problèmes spécifiques de certaines mères. Nous reviendrons ensuite sur le sens constituant que ces problèmes peuvent prendre, pour le futur analysé, de la place où il se trouve en tant qu'enfant de la mère.

Beaucoup d'analystes confirmeront l'intérêt qu'il y a à tenter, dans la définition anamnestique d'un cas, de situer le sujet vivant par rapport à l'enfant mort qui l'a précédé ou suivi. Ils remarqueront peut-être aussi, dans leur expérience, combien il est facile d'oublier cet élément d'anamnèse lors du déroulement de la cure, mais combien toujours ce dernier est éclairant quand il resurgit dans le dialogue.

Si, comme nous l'apprend Jacques Lacan, il est fécond de situer d'abord l'enfant par rapport au désir de la mère, pour mieux articuler les phases de l'évolution œdipienne, on comprendra combien le thème de la mort de l'enfant peut être fondamental pour définir certains sujets dans leur stagnation, pour les désolidariser ensuite des lois signifiées à leur naissance, et jamais remaniées de par les captations maternelles et les insuffisances du tiers paternel. Ce père, rappelons-le, c'est celui qui, apparaissant d'abord comme troisième terme, comme référence dans la parole de la mère, introduit ainsi l'instance du phallus symbolique, pour devenir finalement, en tant que porteur du pénis réel et possesseur de la mère génitale, celui qui structure la virilité du fils au prix d'une castration symbolique.

Pour en revenir au thème de l'enfant mort, à vouloir le traiter à partir de la question qu'il pose à la mère, nous nous sommes rencontré avec un problème fort complexe – qui ne saurait être ici traité dans son ensemble.

Ce que l'expérience clinique montre en effet, c'est que, d'une part, l'association des thèmes de mort et de grossesse est fréquente chez certaines névrosées, en particulier les obsessionnelles ; et que, d'autre part, la mort d'un enfant réel provoque chez la femme un état dépressif souvent prolongé. Il est à souligner ainsi que, paradoxalement, la multipare se désintéresse de ses enfants vivants tant que le travail du deuil n'est pas achevé.

À titre de remarque, et sous toutes réserves, on peut connaître alors l'analogie de structure entre l'état de grossesse à ses débuts (incorporation du phallus du père) et l'état de mélancolie tel qu'il est expliqué par l'incorporation de l'objet perdu dans une fixation ambivalente. Mais cette analogie ne doit pas nous aveugler et il convient plus que jamais de faire ici la différence entre le symbolique, l'imaginaire et le réel.

Si nous partons alors du problème de la grossesse, nous pouvons remarquer, en un premier temps, que la femme, dans cette période, qu'elle soit béatement comblée ou souffre d'une fécondation émétisante, passe, en général, par une phase de non-désir amoureux. Disons que, si le désir est toujours désir du phallus, la grossesse, en tant qu'elle réalise concrètement un vœu, peut être interprétée et parfois ressentie comme état de renoncement au désir.

Ceci, pour être à vérifier chez la femme enceinte, exprime au moins dans un autre registre la phénoménologie de l'hypocondrie sans qu'il s'agisse de confondre, bien sûr, grossesse réelle, fantasmatique et hallucinatoire.

Pour en revenir maintenant à la clinique des névroses féminines, nous nous demanderons si au-delà de la perte de l'enfant réel, perte qui suscite les réactions mélancoliques de la mère, on ne peut pas retrouver un schéma signifiant qui fasse du deuil réel une simple surdétermination d'un deuil imaginaire préalable.

Une observation récente nous montrait une de ces femmes qui, d'une part, affrontent l'homme dans une rivalité phallique, qui, d'autre part, ne distinguent pas l'envie d'avoir un enfant, du désir de castration du père. À ce titre, peut-on dire, la menace d'être fécondée, c'est la menace d'avoir en elles, en tant que phallus, la mort de l'homme, en tant que castré.

Germaine, déprimée chronique de 45 ans, rêve d'un rapprochement sexuel avec son père. Il n'y a pas pénétration. Le père et la fille sont couchés sur le côté, et le phallus est entre elle et lui, un trait d'union qui appartient autant à l'un qu'à l'autre. Ainsi apparaît l'aspect phallique du désir chez la fille, désir sans issue, puisque Germaine lui oppose le sentiment de dévalorisation qu'elle éprouve à ne s'être jamais crue aimée d'un père, qu'elle croit détester par ailleurs.

Et lors d'un fantasme de grossesse, elle exprime ensuite son angoisse : elle a l'impression d'avoir un corps étranger dans le ventre ; un crabe, un cancer peut-être ; et cela lui rappelle la vache qui avait accouché d'un veau mort.

Ainsi, chez Germaine, le désir sexuel phallique et le thème de la maternité s'opposent sans jamais se compléter. Avoir un enfant pour elle, c'est incorporer analement la preuve d'une castration dévalorisante. Tout enfant réel ne peut venir ainsi que sur le terrain d'un deuil phallique. Toute naissance espérée serait d'abord placée sous le signe de la mort.

Germaine en réalité n'a pas d'enfant, et ceci n'est donc que supposition dans son cas, mais nous connaissons par ailleurs le problème si fréquent de ces femmes pour qui leur enfant n'est jamais celui qui est donné à reconnaître au mari comme le sien, comme témoignage d'amour.

Ce sont ces femmes qui, portant en elles la frustration de l'amour du père, ne voient dans le géniteur que l'instrument de leur désir captatif. Qu'un enfant naisse d'une union sans amour, il sera totalement investi par la mère, et celle-ci pourra dire à l'époux : « Mon fils est tout pour moi, je ne désire plus rien de vous. »

Ainsi, l'enfant, dans la constellation de son ciel de naissance, sera d'emblée impliqué dans un conflit qui fera de lui, non pas l'objet médiateur des échanges affectifs du couple, mais le signifiant du rejet du père pour la mère sans désir.

Tout ceci, nous nous en rendons compte, nécessiterait l'étendue d'un développement rigoureux et plus systématique. Notre intention est seulement d'évoquer certaines éventualités cliniques qui peuvent connoter pour une mère les thèmes de la naissance de l'enfant, du renoncement au désir et de la mort.

Est-ce dire que nous rendons compte ainsi des réactions de mélancolie à la mort d'un enfant réel ? Nous ne le pensons pas si nous faisons la différence entre deuil imaginaire et deuil réel. Pour nous servir de récents propos de J. Lacan, dans son enseignement oral[1], nous évoquerons ce fait que « le trou dans le réel » provoqué par une perte véritable se trouve offrir la place où se projette le signifiant manquant (le phallus) essentiel à la structure de l'autre.

C'est parce que le signifiant trouve là sa place, que viennent pulluler tous les phénomènes de deuil, tous les rites funéraires, tout le jeu symbolique. L'incorporation, le travail du deuil se présentent ainsi d'abord comme une satisfaction, donnée par la mise en jeu de la totalité du système signifiant.

À ébaucher ainsi la structure de la mélancolie de la mère, on peut dès lors penser qu'à mobiliser tous les signifiants de sa propre histoire, à réactiver les problèmes de son Œdipe à elle, le deuil réel va engluer dans ses signes à elle l'autre enfant, le vivant, le substitut du mort.

Pour en revenir maintenant à cet enfant, qui est l'objet de cette étude, on concevra que de la place où il est, au centre du monde fermé de la mère, il ne puisse situer le phallus qu'à l'intérieur de ce personnage maître et solitaire.

Le troisième terme de la relation, celui qui permet d'accéder au registre du symbolique, l'enfant ne le confond pas avec son père, mais avec le secret que la mère porte en elle. Et si ce secret apparaît finalement comme l'enfant mort, il est en même temps le phallus symboli-

1. Séminaire 1958-1959.

que, le terme de référence qui ouvre le sujet au monde du signifiant, en le désolidarisant des signes maternels, en le faisant naître à lui-même.

Ces explications apparaîtront sans doute hasardeuses. Il nous a semblé pourtant nécessaire de les risquer pour apporter un complément à la proposition que nous annoncions plus haut : si l'hypocondriaque est en effet sa propre mère, en incorporant son pénis en danger au jour d'un traumatisme décisif, il ne peut être déterminé dans sa position que si l'on précise qu'il n'a pas n'importe quelle mère, mais bien ce type de mère mélancolique dont nous avons voulu esquisser le problème.

Du jour où le garçon, poussé par l'angoisse d'une castration non symbolisable, faute d'un vrai père, en vient à consolider son appartenance à la cause maternelle, il peut ainsi, en l'épousant, s'enfermer à son insu dans l'enceinte même des renoncements, et incarcérer en lui son désir devenu douleur.

À tenter ainsi l'interprétation de l'énigme que nous pose l'hypocondriaque, nous tenons donc à souligner que l'étude de la seule névrose post-natale, que l'utilisation ou la recherche du transfert comme ressort de l'action thérapeutique, que l'encouragement, implicite ou non, donné aux expériences libidinales et prétendues libératrices que peut tenter le sujet, qu'autrement dit les principes courants auxquels on serait tenté de se référer techniquement ne peuvent que confirmer l'hypocondriaque dans ses troubles somatiques et l'exiler davantage dans son aliénation.

Les moments d'efficacité thérapeutique, nous l'avons vu, sont tout entiers liés à l'usage des virtualités signifiantes de la parole. Ils situent les effets économiques de l'interprétation, non pas au niveau d'une énergétique imaginaire, mais dans le moment même où, pour le sujet, s'entre-aperçoit une vérité à l'état naissant. Cette vérité pour l'hypocondriaque c'est, avant de pouvoir être la sienne, celle qui transparaîtra dans les signifiances du texte d'une histoire qu'il a reçue en héritage et qui est inscrite dans son inconscient.

C'est à se faire, avec notre aide, l'historien du passé des autres, et en particulier du drame de sa mère, que le sujet pourra naître un jour à sa propre vie, et s'engager dans une situation inter-subjective, à condition que nous ayons su nous taire aussi longtemps qu'il était nécessaire, aussi longtemps qu'il ne pouvait nous entendre.

1959

Phobies et hystérie d'angoisse*

Le syndrome phobique est d'une grande fréquence en clinique psychiatrique. Il était une des premières colonies freudiennes dans le vaste continent des névroses, il est devenu terrain familier de l'exercice psychanalytique et l'une de ses indications les moins contestées.

Pourtant, lorsqu'on tente, à l'occasion d'un cas d'analyse, une étude systématique de la phobie, on constate assez vite que bien des aspects restent à fouiller dans ce domaine trop connu en surface pour susciter l'inspiration des regards neufs. On découvre que la littérature analytique est relativement pauvre par rapport à la fréquence et à la richesse des manifestations cliniques, et qu'il n'est pas tellement prouvé pour autant que c'est là la conséquence d'une connaissance définitive de la question.

Une première mise au point s'impose quand on se confirme que l'usage simultanément psychiatrique et psychanalytique du terme phobie n'exprime pas la concordance des vues cliniques et théoriques et des classements nosologiques, mais plutôt, à partir d'une étymologie commode, la confusion entre peur et angoisse, la non-distinction de plusieurs registres : le séméiologique, le phénoménologique, le métapsychologique.

Vocabulaire courant, terminologie psychiatrique, langage psychanalytique se partagent ainsi l'emploi d'un mot désormais bâtard, auquel il conviendrait donc, avant de l'utiliser, de redonner une définition plus précise. On s'aperçoit alors qu'à l'intérieur même de la tradition analytique le concept de phobie ne renvoie pas à une entité

* Publié en 1956 dans *La Psychanalyse*, t. II, P.U.F.

clinique bien définie. Freud l'accepte lui-même ainsi lorsqu'il écrit : « La place à assigner aux phobies dans la classification des névroses n'a pas été jusqu'à présent bien déterminée. » Et il lui semble certain « qu'on ne peut voir en elles que des syndromes appartenant à des névroses diverses, et qu'on n'a pas à les ranger au nombre des entités morbides indépendantes ».

Un bref rappel historique de l'étude des phobies nous expliquera peut-être pourquoi on a coutume en analyse de parler à la fois de névrose phobique comme synonyme de l'entité nosologique qu'est l'hystérie d'angoisse, et de phobies comme de symptômes non pathognomoniques, susceptibles de naître sur divers territoires névrotiques.

Lorsque Freud, en 1895, sépare phobie et obsession, il insiste sur le fait qu'à l'inverse de l'obsession, on ne trouve à l'analyse « autre chose qu'un état émotif anxieux qui, par une sorte d'élection, a fait ressortir toutes les idées propres à devenir l'objet d'une phobie ». Si, dans les obsessions, l'état émotif peut être, au même titre que l'anxiété, le doute, le remords, la colère, dans les phobies, c'est toujours l'angoisse. Dans les obsessions, l'état émotif est toujours justifié par une idée originale, inconciliable, et c'est l'idée qui change par mécanisme de substitution tandis que l'état émotif reste inaltéré.

« Dans les phobies, l'angoisse n'est pas dérivée d'un souvenir quelconque, elle est d'origine sexuelle. Ce que redoute le malade, c'est l'événement d'une telle attaque d'angoisse dans les conditions spéciales où il croit ne pas pouvoir y échapper. »

La phobie, c'est donc la peur du surgissement de l'angoisse, pourrait-on dire. Et cette angoisse est liée à un trouble de l'économie sexuelle, dans le cadre des névroses actuelles.

Lorsque Freud rédige le cas du petit Hans, pour introduire dans sa nosologie l'hystérie d'angoisse, il reconnaît qu'un certain type de phobie correspond à cette hystérie d'angoisse, ainsi dénommée, « de par la parfaite similitude du mécanisme psychique, et de ces phobies et de l'hystérie ». Ceci à l'exception d'un seul point : « La libido n'est pas convertie en symptômes somatiques hystériques, elle est libérée sous forme d'angoisse. » Le problème, c'est que l'angoisse ne peut être reconvertie en l'aspiration libidinale qu'elle remplace. Le travail qui se fait alors tend à fixer psychiquement cette angoisse : les phobies sont des *structures défensives*. Le cheval est, chez Hans, l'objet de fixation de l'angoisse, d'où possibilité de mesures d'évitement.

Plus loin, Freud y revient pour parler d'un rapport *secondairement* établi entre l'angoisse et ses objets, comme pour dénoncer implicitement le caractère accessoire, surajouté du mécanisme de formation de la phobie.

De ce premier rappel historique, il ressort donc que, dès l'origine, la phobie n'est que la conséquence de l'angoisse, névrose-actuelle. Par la suite, une certaine variété de phobie devient la conséquence de l'angoisse hystérique, névrose de transfert. Et lorsqu'elle réapparaît dans un autre type de névrose, c'est encore comme défense contre le surgissement de l'angoisse. Autrement dit, la phobie, secondaire, symptomatique et épiphénoménale, n'attire pas l'attention sur ce qu'elle est, mais sur la névrose qu'elle évoque et sous-tend, et sur l'angoisse. En un sens, elle n'est qu'un abcès de fixation.

Son étude est dès lors écartelée entre le problème de l'angoisse, dans son aspect économique, actuel, biologique, et les problèmes que pose telle ou telle névrose à symptomatologie phobique. Elle est donc ainsi déconsidérée dans son originalité propre.

Effectivement, par la suite, son étude restera toujours décentrée pour n'apparaître qu'à travers la conjonction phobie-angoisse, et la disjonction phobie-obsession.

Un bilan rapide de la littérature post-freudienne fait en outre ressortir – et ceci est une nouvelle illustration de la tendance doctrinale qui résume l'analyse à l'étude de la relation d'objet – que les recherches cliniques sur les phobies ramènent tôt ou tard aux problèmes de l'économie de la libido, dans une perspective biologisante, et qu'elles ne se réfèrent, sur un autre plan, qu'au schéma classique mais désormais dégradé, émoussé, voire simpliste, du système pulsion-objet-défense.

L'hystérie d'angoisse est ainsi, comme le dit Fenichel, « la forme de névrose la plus simple. » Quant à la phobie, ce qui importe, c'est de savoir si elle éclôt sur une névrose hystérique, caractérisée par une accession au stade génital, corollaire d'une accession à la situation œdipienne objectale ; ou si elle survient au sein d'une névrose comportant des éléments de régression pré-œdipienne, auquel cas il s'agit le plus souvent de pseudophobie obsessionnelle. L'article d'Odier (1921)[1] est à ce titre un bon exemple de cette position clinique ; le récent travail de Mallet[2], une illustration de la tendance actuelle à renoncer à la psychanalyse pour lui préférer la psychophysiologie.

1. Ch. Odier, « La névrose obsessionnelle », *Rev. fr. de psy.*, 1927, n° 3.
2. J. Mallet, « Contribution à l'étude des phobies », *Rev. fr. de psy.*, 1956, n° 2.

L'expérience phobique en elle-même n'attire pas, semble-t-il, l'attention, pas plus que n'est soulevée la question de la nature, de la position, de la fonction de cette entité qu'on appelle le Moi, en un tel problème. Il semble évident dans beaucoup de travaux que le Moi n'ait à être défini que dans ses fonctions de synthèse, de défense et dans son rôle de déclencheur de l'angoisse d'alarme.

Ceci ne saurait être satisfaisant. Le souci de ne pas méconnaître le sens de la découverte et de la discipline freudiennes apprend à se garder d'un certain scientisme analytique, d'un certain savoir établi qui stérilise la recherche. « On ne saurait trop prôner en psychanalyse, l'observance d'une attitude phénoménologique qui est le meilleur garde-fou contre les dangers des distorsions de l'expérience et des objectivations abusives. Le meilleur de l'œuvre de Freud ne procède-t-il pas d'une certaine ingénuité en face des faits inattendus ? » rappelait dernièrement Daniel Lagache[1]. C'est avec un tel état d'esprit, qu'à l'occasion d'un cas clinique, nous avons tenté de repenser le problème des phobies, en articulant notre expérience non seulement aux données les plus classiques, mais également aux approfondissements théoriques qui nous sont actuellement proposés.

Il nous a été ainsi révélé le fécond usage qu'on peut faire des catégories de l'imaginaire et du symbolique, telles qu'elles sont formulées dans l'enseignement de Jacques Lacan et dans son exégèse des textes freudiens. Souligner avec lui que l'analyse est expérience de langage ; se rappeler que le plus original et le plus profond de l'œuvre de Freud doit moins au biologiste qu'il voulait rester, qu'au génial découvreur qu'il fut dans *L'Interprétation du rêve* et autres œuvres ; constater qu'il y adoptait « une démarche comparable à celle du linguiste ou de l'ethnologue[2] » ; et s'autoriser dès lors à tenir compte de ces ouvertures pour introduire, par exemple, dans l'analyse du discours analytique, les notions de signifié et de signifiant ; c'est, nous a-t-il semblé, ne pas alourdir ni fausser la recherche psychanalytique, mais rester fidèle à son esprit.

Rappelons au seuil de ce travail une autre notion capitale : celle du Moi conçu comme instance imaginaire, ainsi qu'il en ressort déjà de l'« Introduction au narcissisme », ainsi qu'on peut le dégager de la lecture de l'essai *Le Moi et le Ça*, dans l'importance donnée par Freud

1. D. Lagache, « Psychanalyse et psychologie », *L'Évolution psychiatrique*, 1956, n° 1.

2. J.-B. Pontalis, « Freud aujourd'hui », in *Les Temps modernes*, mai-juin 1956.

aux problèmes d'identification. « Le Moi est objet pour le Je[1]. » C'est ainsi que nous le comprendrons dans cet essai, en trouvant, par ailleurs, le Je « dans la présence de celui qui parle[2] ».

C'est à l'occasion d'un travail d'application clinique, d'un cas tout à fait classique de phobie d'impulsion, guéri en quelques mois d'analyse, que nous fûmes amené à l'idée de ce travail. Nous en donnerons d'abord l'illustration clinique, pour dégager ensuite, des principes thérapeutiques et des concepts qui orientaient notre action, une étude plus générale du phénomène phobique.

Le cas Sophie

Sophie est une jeune femme de trente-six ans, mariée, mère d'un petit garçon. Elle présente depuis une vingtaine d'années une phobie d'impulsion : peur d'avoir envie de se jeter par la fenêtre. Cette phobie a résisté à une première cure analytique il y a dix ans ; elle s'est aggravée dernièrement au moment où une nouvelle tentative de psychothérapie d'inspiration analytique ne faisait qu'exacerber l'angoisse et amenait ainsi l'interruption de la cure. Nous sommes appelé chez elle en consultation pour décider de l'opportunité ultérieure d'un nouvel essai psychanalytique. On nous informe brièvement que Sophie vit entre sa mère et son mari, et qu'elle les tyrannise l'un et l'autre par les mesures d'évitement qu'elle est obligée de prendre, de par sa phobie, et de par l'impossibilité où elle est de rester seule.

Donnons le résumé de la première entrevue.

D'emblée, nous sommes en plein drame. Sophie est assise dans son lit, absolument inconsciente de la survenue de l'étranger que je suis. Elle exprime avec volubilité une angoisse intense, et lorsque j'entre, je deviens immédiatement un des interlocuteurs interchangeables auxquels elle parle sans s'adresser à eux. Elle semble témoigner, en l'exhibant, d'une totale dépossession d'elle-même. Elle ne se sent même pas regardée comme l'indique l'impudeur non consciente, sinon non significative de sa tenue. Je suis d'emblée cet autre elle-même, ce familier qu'on ne voit plus, et en même temps une pré-

1. D. Lagache, « Note sur le langage et la personne », *L'Évolution psychiatrique*, 1938, n° 1.

2. J. Lacan, *Séminaire de textes freudiens*, Sainte-Anne, 1956.

sence en tant que présence, qu'elle fixe, yeux grands ouverts. Son dire se déroule dans les rebondissements décousus d'une quérulence puérile et désordonnée. En fait, elle ne parle pas, elle se décharge en moi du message de son angoisse ; elle m'implique d'emblée, elle m'envahit de son récitatif, m'imposant l'exigence de la question qui se pose en elle, tout en induisant en même temps la réponse qu'elle me souffle. En gros que dit-elle : « Est-ce que je vais me jeter par la fenêtre ? Dites-moi qu'on ne va pas me séparer de ma mère. » Je ne dis rien un long moment, et soudain elle se sent regardée par moi et, dans un réflexe, se repère dans l'armoire à glace. Elle rectifie alors sa tenue, change de ton et, me nommant pour la première fois, s'excuse avec mesure de sa propre attitude. Je lui fais remarquer ce qui s'est passé ; j'évoque le rôle éventuel de l'image : me voir, se regarder, voir une fenêtre, dans la genèse de son angoisse. Et, momentanément apaisée, elle convient de la sorte de fascination qu'exerce sur elle la relation visuelle, soit avec quelqu'un, soit avec le rien, le trou, l'ouverture de la fenêtre sur le vide.

En évoquant son angoisse d'ailleurs elle la retrouve immédiatement et reprend son monologue sur un mode assez insistant pour que je ne puisse moi-même insister.

Mais que s'est-il passé ? – Cette malade était un personnage anonyme qui parlait en moi, jusqu'au moment où elle repère sa propre image comme vue par moi ; nous cessons d'être indifférenciés. Nous devenons deux, elle me parle et m'entend.

Captation spéculaire, réaffrontement narcissique. – Pour quelques instants, elle réinvestit son moi, et il y a dialogue après repérage, voire reconnaissance.

Tout cela n'a que la valeur d'une notation préliminaire, mais nous pouvons voir dans cette expérience à peine ébauchée émerger déjà quelques éléments de l'énoncé du problème qui se posera avec plus de précision par la suite. Il en est ainsi si nous avons la notion du Moi comme instance imaginaire, et du Je dans la présence de celui qui parle. C'est d'emblée la place, le nom, voire l'existence de ce Moi imaginaire, dans ses rapports avec le sujet et avec son discours, qui semble poser un problème fondamental, problème que nous ne pouvons pas ne pas relier à l'angoisse. La suite le confirmera.

En tout cas, pratiquement, il n'est pas question, pour Sophie, d'analyse dans l'immédiat. Je me retire donc comme un spectateur de passage à qui l'on n'a rien demandé, et je conviens avec mes confrères d'un recours momentané aux méthodes biologiques, après admission en maison de santé.

Un mois se passe, et elle me demande rendez-vous. Son angoisse est très atténuée. On est convenus de renoncer au projet d'une séparation d'avec la mère, et c'est dès lors plus sur le ton de la comédie que celui du drame qu'elle s'adresse a moi.

Elle ne croit plus guère à l'analyse, mais si elle est déterminée – et elle l'est, cela se voit – à tenter un dernier essai, c'est parce qu'elle pense que j'ai compris quelque chose de nouveau. Comme elle me dit : « Dans cette histoire des yeux il y a un signe important. » Et elle admet volontiers qu'être seule devant une fenêtre, c'est ne plus savoir qui elle est, et se perdre dans l'angoisse.

Mais elle n'est pas hystérique pour rien, sa phobie n'a pas disparu, et elle tente à nouveau de me faire prendre à mon compte comme au sien les réassurances qu'elle ne peut se donner. Seulement, je sais que si je réponds quoi que ce soit qu'elle puisse prendre pour une participation à son angoisse, si je joue malgré moi à être elle – en me mettant un tant soit peu à sa place, comme on dit – elle découvrira immédiatement qu'il s'agit de la réponse d'un moi aliéné, donc que je ne suis pas elle, donc qu'elle ne peut plus me prendre comme « moi » ; et elle retrouvera son angoisse.

J'ai constaté cela récemment encore chez Mariette, une agoraphobe à qui je disais maladroitement : « Vous avez mesuré l'effort qu'il vous avait fallu faire pour rester seule, au moment où vous avez retrouvé votre mère. » Immédiatement : angoisse qui dure plusieurs séances et qui finit par s'expliquer comme suit :

« Si vous me reconnaissez comme celle qui doit faire effort pour rester seule, c'est que mon effort est justifié, donc il y a danger. Suis-je donc à la merci d'un effort que je pourrai ou ne pourrai pas faire ? Si c'est une question de volonté, aurai-je cette volonté, et qui suis-je dans mon angoisse, en dehors de ma volonté de mater cette angoisse ? »

À ce stade d'angoisse, Mariette n'est un « je » que si je suis son « moi ». Reconnaître son effort, c'est objectiver celui-ci en mon nom. C'est parce que j'en parle qu'elle découvre à ce moment même que je ne suis pas elle ; et comme elle ne sait pas encore qui elle est, elle ne peut plus devenir dès lors que cet S.O.S. d'une angoisse que je n'ai pas comprise.

Pour en revenir à Sophie, au moment même où doit se nouer le contrat analytique, que faut-il donc faire ?

Je dirai que l'alter ego sympathisant que Sophie me demande d'être doit, en tant qu'alter ego, garder le silence. Mais d'autre part, de par sa démarche, Sophie me constitue déjà et en même temps comme le maître éventuel de cette vérité dont elle pressent que j'ai compris quelque chose. Il s'agit dès lors de lui montrer, sans le lui dire, que cette vérité n'est pas pour me faire peur, et que j'ai déjà l'air d'entr'apercevoir, derrière l'angoisse que Sophie me démontre, le sujet qu'elle peut devenir. Je peux et je dois, dès lors, imposer très sérieusement mes conditions sur le mode ferme et désintéressé du : « C'est à prendre ou à laisser... » Si la malade sent que je l'invite ainsi à une expérience d'initiation éclairante, elle peut se solliciter dans une première initiative d'engagement ; et ainsi elle se fonde, sans le savoir encore elle-même, comme sujet ; elle fonde aussi l'intersubjectivité en entreprenant de me parler déjà au nom de quelqu'un d'autre que moi.

Dès lors, le drame est presque terminé ; la comédie va commencer, et l'on va même se donner le temps de jouer un peu, car l'existence même du contrat d'accord préalable diminue déjà l'angoisse.

Il faut, bien sûr, faire connaissance.

Sophie est fille unique. Enfant, elle était gaie et vivante, prenait son père comme camarade de jeu, acceptait joyeusement d'être, dit-elle, un garçon manqué et s'amusait aussi un peu à avoir peur comme sa mère, femme très émotive qu'un rien affolait. Elle allait à l'école quand survinrent les premières modifications pubertaires, à peu près au moment où son père changeait de caractère et tombait malade. Elle aimait avoir de petites amies, mais sentait déjà le jeu des préférences l'exclure parfois des confidences de ses compagnes. En un sens, elle ne se sentait pas tout à fait une fille comme les autres, et en souffrait, tout en étant gênée, en même temps, de l'éclosion rapide de ses formes féminines. Elle développait à la même période son idéal religieux et se sentait, à l'opposé, fort attirée par les confidences et les révélations sexuelles que lui soufflait une domestique, pour culpabiliser l'intérêt qu'elle y prenait.

Par moments elle se sentait anxieuse et, passant un soir sur un pont, elle avait brusquement songé que ce serait terrible de tomber dans cette eau noire – sans plus s'attarder d'ailleurs à cette idée.

Sur ces entrefaites, on apprend la mort d'un voisin, vieil homme qu'elle connaissait un peu et qui venait, d'une façon inexplicable, de se suicider par défenestration. Quelques jours passent, et voilà que, en classe, pour jouer, les deux compagnes dont elle désirait l'amitié, lui adressent un dessin sur lequel c'était elle qui figurait, tombant d'une fenêtre la tête la première.

La phobie était née, elle ne devait plus la quitter.

Tout cela, elle devait nous l'apprendre comme quelqu'un qui en a déjà parlé, tout en nous signifiant qu'il ne lui servait à rien de s'en souvenir. Elle avait placé cette dernière analyse sous le signe de l'urgence, les séances étaient plus coûteuses qu'elle ne l'avait prévu, et elle oscillait entre le désir d'obtenir de nous des recettes thérapeutiques, et le souci d'être aussi véridique que possible. En fait, elle n'était que sincère, et pour l'instant, ne pouvait que jeter dans les orties, vu l'urgence, la jupe entravée de la pudeur pour aller plus vite.

Ceci devait amener rapidement sans doute tout un matériel de valeur. Les contenus libidinaux et agressifs y apparaissaient clairement, et il faut dire qu'elle en savait bien autant que nous sur le complexe d'Œdipe…

Nous apprenons ainsi que, dans son adolescence, elle a eu plusieurs fois peur d'être violée par son père. Elle sait d'autre part que se mettre à la fenêtre c'est peut-être avoir envie d'être une prostituée. Elle a eu en effet des fantasmes de ce genre. Enfin, elle a développé à l'égard de sa mère un état de dépendance anxieuse, bien sûr réactionnel à une agressivité œdipienne… Elle sait aussi que dans l'enfance elle était un garçon manqué, et elle en a conçu – peut-être pourquoi pas ? – un dépit qui l'a amenée, par envie du pénis, à une forte agressivité contre son père, puis contre son mari. – Encore que celui-ci soit bien gentil et qu'elle l'aime beaucoup. – Et puis il y a eu aussi la masturbation, et elle ne saurait nous le cacher. Enfin, et ceci est déjà plus angoissant à dire, il y avait cette jeune bonne qui, lorsqu'elle était enfant, lui faisait des confidences sur ses amoureux et tâchait de lui enseigner les mystères de la sexualité. Nous apprendrons ainsi que la caméristе lui avait fait entrevoir « tout ce que les femmes peuvent faire entre elles », jusqu'à évoquer des expériences de cunnilingus, dont la malade ne parle que bien difficilement. On voit ainsi apparaître, sur un mode oral, la note de l'attirance angoissée pour les profondeurs mystérieuses de la féminité, pour ce puits d'où sortira peut-être la vérité. Les rêves de viols par le père surviennent évidemment comme l'éventualité contraire, inséparable de la première. Et finalement, elle ne sait plus très bien entre ses tendances incestueuses, et ses tendances homosexuelles, et sa masturbation culpabilisée, et sa foi religieuse, etc., ce qui peut être à l'origine de son angoisse. Au cœur du schéma œdipien, tout cela a été vécu au cours des thérapies précédentes, tout cela, en fait, a déjà été formulé et peut être interprété. « Oui mais, redit la malade, je le sais et ça n'y change rien. »

Arrêtons-nous là un instant et tentons de comprendre ce qui se passe. Si le problème est au niveau des pulsions, de leur destin et de leur objet, on comprend mal que le moi donne le signal d'alarme devant la fenêtre alors que la situation œdipienne a été intégrée dans ses éléments, et que (ce que nous n'avons pas encore eu l'occasion de dire) Sophie n'est nullement frigide avec son mari. Bien sur, nous répondra-t-on, mais ce sont là les méfaits d'une mauvaise analyse. Sophie est en pleine intellectualisation, elle n'a pas pour autant intégré les éléments de sa névrose dans le vécu d'un transfert bien compris et bien analysé. Attendez donc la prise en masse d'une nouvelle névrose de transfert ; pour l'instant, tout ce qu'elle dit n'est que résistance.

Nous pensons qu'en un tel cas attendre le transfert, c'est peut-être expérimenter cette forme de contre-transfert que représente le préjugé, le pré-supposé de l'utilisation du transfert en tant qu'actualisation de la relation d'objet. C'est également s'appuyer sur l'hypothèse éminemment discutable que le vécu transférentiel est seul capable de mobiliser des « quantités » de libido et d'amener ainsi un remaniement thérapeutique sur un plan énergétique et économique.

C'est bien là le souci d'un certain nombre de travaux actuels qui ramènent surtout l'angoisse à une surtension instinctuelle[1], et la phobie infantile à des traumatismes à point d'impact diencéphalique, traumatismes d'origine hypnique, liés à une insuffisance de décharge pulsionnelle[2].

Nous ne nous avancerons pas plus loin dans cette voie et nous rappellerons simplement que les conditions mêmes d'inauguration du traitement de Sophie montraient l'extrême capacité de cette hystérique à s'installer d'emblée dans un transfert imaginaire en y apportant toutes les quantités d'angoisse, de libido et d'agressivité souhaitables.

En fait, dès le premier jour, le transfert était noué avec le sens suivant : « Il faut que vous sachiez tout. »

C'est une autre malade qui nous donnera le sens développé de ce mode de transfert. Ginette nous disait ainsi : « Mon mari est un idiot, puisqu'il m'a épousée. Puisqu'il m'a épousée, tant pis pour lui, il faut qu'il m'entende. D'ailleurs je ne veux pas me taire. Il faut que je parle et qu'il sache tout. Je ne pourrais pas supporter qu'il puisse rester en dehors d'une partie de ce qui m'assaille. Je veux qu'il participe à mon tourment et je l'y inclus toujours. »

1. F. Pasche, « L'angoisse », *Rev. fr. de psy.*, 1955.
2. J. Mallet, *op. cit.*

C'est bien là le problème de la femme hystérique : « Sois moi, pour que je puisse parler au nom de quelqu'un. »

Ceci, il s'agit de le savoir, non pour l'expliciter au sujet, mais pour ne pas s'y laisser prendre. Et on dénonce implicitement l'imaginaire en se bornant à n'intervenir que dans la réponse qui reconnaît et sanctionne la vérité qui naissait dans la parole de la malade, encore qu'elle ne cherchât qu'à s'en déposséder.

La position, et la fonction qu'on assume de cette façon, font tout de suite apparaître le troisième personnage. Dans le cas présent c'était la mère, et nous avons vu l'angoisse qui avait surgi lorsque notre prédécesseur avait conseillé la séparation d'avec celle-ci.

Nous suggérâmes, pour notre part, que se séparer de la mère, c'était peut-être simplement prendre, en en parlant, assez de distance pour analyser, et donc remanier le mode de rapport que Sophie avait avec elle. Ce fut assez dédramatisant pour que l'on n'ait plus à poser le problème sous l'angle chirurgical. Et ce qui apparut alors, ce fut non plus tellement la peur de perdre la sécurité en renonçant à la présence maternelle, que la culpabilité que Sophie ressentait à admettre qu'elle pourrait démontrer avoir moins peur que sa propre mère ; autrement dit, ramener sa mère à ce qu'elle était réellement, c'est-à-dire une femme de ménage hystérique, effacée et peu intelligente. Devenir la femme forte, c'était aussi perdre le point de référence à l'idéal féminin dont elle déguisait sa mère pour en avoir un sous les yeux. Notre rôle, c'était de reconnaître, d'abord, la valeur de cet idéal féminin.

L'attachement exclusif à la mère, d'ailleurs, n'était que secondaire et consécutif à la faiblesse et à l'insuffisance toujours confirmées, toujours accrues, du personnage paternel. Il était d'abord gentil ; il devint éteint, malade et morose. Il devait mourir d'ailleurs lorsque Sophie eut dix-sept ans, et cela amena, bien sûr, une recrudescence de son angoisse. En un sens, le père était un mari d'hystérique fait sur mesure, et elle-même devait en épouser un autre plus gentil encore, bien compréhensif, et toujours prêt à répondre maternellement par des apaisements ; à lui opposer aussi de ces raisonnements dont les hommes ont la manie et le secret – raisonnements dont la logique n'est finalement qu'un témoignage de leur amour et de leur participation à un drame dont ils méconnaissent le sens. C'est gentil de leur part de répondre avec tant de bonne volonté, mais ils n'y comprennent rien, car le problème n'est évidemment pas au niveau de la question qu'on leur pose.

Remplacer le père sourd, puis mort, par le bon entendeur que nous représentions peu à peu, et reconnaître à travers la labilité de l'image maternelle l'idéal féminin auquel la malade ne renonçait pas, c'était rendre à Sophie assez de points de repère pour qu'elle puisse retrouver une place dans une situation triangulaire, non plus perturbante mais structurante.

Dès lors, elle pouvait en revenir à l'étape de formation de sa phobie.

Sophie, à l'âge pubertaire, rappelons-le, avait le sentiment de n'être pas tout à fait comme les autres petites filles dont elle désirait l'affection. Elle avait en particulier deux compagnes élues, et se considérait toujours comme le troisième terme plus ou moins exclu d'un trio qui n'en était donc pas un. C'était aussi l'époque où Sophie était troublée par les révélations de sa bonne quant à l'homosexualité. Elle sentait d'ailleurs elle-même, me disait-elle, un désir de rapprochement physique et une certaine émotion sexuelle à l'égard de ses petites camarades. C'est à la suite de cet aveu d'homosexualité (homosexualité dont elle ne parlait d'ailleurs que pour considérer que c'était là une tendance d'adolescente qui avait disparu, et qui, de toute façon, était contraire à sa conception des choses, à sa morale et aux tendances religieuses qu'elle tenait à conserver), c'est à la suite de cela qu'elle devait ramener dans l'analyse l'épisode du dessin que lui avait si charitablement dédié la petite amie.

Quelle formulation donner à ce moment significatif ?

N'y a-t-il pas, dans la suggestion fournie par ce dessin, le caractère insoluble de la question qui se pose en elle sans qu'elle puisse l'exprimer. Elle apprend que les hommes peuvent renoncer à la vie, au moment même où elle doit, pour faire le deuil de l'homme qu'elle n'est pas, pouvoir s'appuyer sur la puissance paternelle et s'identifier ainsi, dans la sécurité, à la femme. Elle apprend cela, au moment où il lui faudrait pouvoir jouer, envers et contre un homme, le jeu de la séduction avec sa composante agressive, alors que son père démissionnaire ne sait pas être ce *répondant* dont elle a besoin. Elle apprend tout cela, au moment où devrait ne plus se poser la question d'identifications parentales non intégrées, pour que puissent naître des relations plus objectales, plus autonomes et plus socialisées.

Et c'est alors que ses petites amies, dont elle attend de savoir comment elle doit être pour être comme elles, la constituent comme l'homme qui meurt de se jeter dans la béance tentatrice du vide.

Si cela l'angoisse sur un mode phobique, n'est-ce pas parce que ce dessin même, comme la condensation d'une image de rêve, exprime justement son désir : être l'homme qui plonge dans l'écran noir du mystère féminin ; et sa crainte : mourir comme on meurt partiellement en renonçant à une identification, comme on meurt aussi dans son image narcissique en l'assumant ?

Dès lors, et parce que le dessin démasque brutalement le problème, elle est condamnée à ne plus pouvoir faire le saut. Elle s'exclut à nouveau du groupe « des vraies filles », et revient se confirmer une sécurité précaire, en vivant, avec l'aide de sa mère anxieuse, la non-résolution d'une angoisse qu'il convient d'entretenir.

Nous n'avons pas dit tout cela à la malade. C'eût été l'empêcher de le trouver elle-même. D'ailleurs, à dire la vérité, ou ce qu'on croit tel, à l'hystérique, on risque à peu près la même chose qu'à lui fournir des interprétations inexactes. On risque qu'elle investisse notre assertion, comme elle investit le moi de l'autre et qu'elle joue avec notre opinion bien mieux que nous-mêmes. L'hystérique se meut avec aisance dans les interprétations analytiques ; elle s'en revêt, elle s'y démontre, elle en rajoute, et si l'on participe narcissiquement à l'usage qu'elle sait tout de suite en faire, on oublie de penser qu'elle est ailleurs en train de se demander : « Mais comment donc est sa femme à lui ? »

Du dessin, Sophie s'était justement servie comme d'une vérité, comme d'une révélation aliénée et aliénante. C'est ce que nous lui fîmes comprendre au moment où elle sut nous dire : « Je me conforme à ce que je crois que les autres attendent de moi » – « C'est dans les autres que je me recherche, je ne peux être que telle que je pense qu'on me voit ». Décidée dès lors à assumer en première personne le sens de sa phobie, à tirer le positif du cliché phobogène, elle trouva d'elle-même que se lancer dans le vide, ce pouvait vouloir dire aussi : se lancer dans la vie. Et, à la séance suivante, cette mère de famille rêvait de la mort d'un médecin qui, en s'éteignant, devenait un petit enfant. Puis succédait le rêve du vieil homme acariâtre qui mourait noyé dans un lac : les gens l'apprenaient et *ne le recherchaient pas.*

Sophie, quant à elle, renonce à ce moment à se chercher en nous. Elle préfère se mettre en quête de meubles pour sa maison, *après avoir admiré ceux de notre salon.* – Et elle nous dit ceci : « Aujourd'hui, j'ai vu mon fils directement tel qu'il était. Avant, j'avais l'impression que je devais être la Mère avec une majuscule, car les autres (par exemple, un homme, une femme, un enfant dans un square) c'était aussi également le Père, la Mère, et le Fils avec des majuscules, dans une sorte d'ordre établi dont j'étais exclue. Quant à la fenêtre, elle a aussi un grand F. C'est comme si elle signifiait l'appel du vide tel que me le suggérerait un destin auquel il faudrait me soumettre. – Hier, j'ai vu une fenêtre avec du linge qui pendait et je n'ai pas eu peur. C'était une fenêtre particulière qui n'était qu'une fenêtre. »

« Avant, j'avais besoin de quelqu'un de plus que moi pour être moi », nous dira-t-elle plus tard.

Dès lors, elle ose être seule, même avec son fils ; et quand elle s'éprouve à penser qu'elle pourrait, après tout, le jeter par la fenêtre, ce n'est pas pour s'affoler, mais pour disserter sur l'amour et constater qu'aimer quelqu'un, c'est toujours le quitter et toujours le retrouver. Aimer sa présence, c'est forcément penser à sa possible absence. Ce n'était pas que cela, bien sûr, mais elle n'avait jamais développé de phobie agressive à l'égard de son fils, nous n'allions pas l'y inciter...

Sophie peut maintenant parler de la mort de son père, du chagrin et de l'angoisse qu'elle en a ressentis. Mais pour elle, il s'agit surtout de rattraper le temps perdu et d'être infidèle à celle qui s'est accrochée vingt ans à l'angoisse de sa mère.

Tout cela va très vite. Il y a deux mois qu'elle poursuit ce forcing analytique et nous songeons à tous les thèmes qui n'ont pas été approfondis, à tout ce qui n'a été qu'esquissé... C'est pourquoi, tout en admettant le progrès, et le sanctionnant par une raréfaction des séances, nous l'incitons discrètement à ne pas trop vite abandonner le traitement.

Mais rien n'y fait. Bien au contraire, Sophie affirme que l'argent des séances, même s'il vient du mari, sera bien mieux utilisé si elle le consacre à des achats personnels et non plus à des séances d'analyse qui lui rappellent le temps où elle n'était elle-même qu'en quelqu'un d'autre.

Cette agressivité, elle l'assume fort joyeusement et fort gentiment. Nous aurions hésité à nous accorder avec elle sur son départ, si elle ne nous avait pas dit aussi et alors, car elle n'était pas sans humour : « Maintenant je peux me taire et mentir à mon mari, je suis assez indépendante pour cela. »

On ne pouvait souhaiter preuve plus manifeste de sa guérison et nous la laissâmes donc partir. Et, dit-elle alors : « Dès le premier jour, j'avais senti qu'avec votre œil, vous me démasquiez. – Merci de ne m'avoir jamais donné de conseils. »

Voilà donc l'histoire sommaire de ce traitement sommaire. Nous ne saurions sans doute considérer cette tranche d'analyse comme une cure exhaustive, et promettre à Sophie une guérison définitive. Soulignons cependant que c'était là un cas de troisième main et que nous pouvions nous appuyer implicitement sur l'élaboration qui avait commencé de s'effectuer bien avant notre intervention, pour suivre Sophie dans la hâte de ce « *new beginning* ». Et si, finalement, nous nous sommes borné à tirer les marrons du feu, ce qui importe, n'est-ce pas la mise en évidence des principes, des intentions et du mode de conceptualisation qui étaient nôtres et qui furent opérationnels ?

Le cas clinique, de par son caractère relativement exemplaire – phobie classique, structure hystérique manifeste, anamnèse assez simple – vaut d'être utilisé comme illustration d'une étude plus systématique de la phobie et des principes de sa thérapeutique.

Nous relevions plus haut les difficultés qu'il y avait à individualiser l'analyse du phénomène phobique, de par la situation décentrée qui est sienne, dans les diverses perspectives où son étude est envisagée. Il nous semble que si la phobie n'est pas le symptôme pathognomonique qui révèle une entité nosologique définie, elle est toujours le témoin, à l'intérieur d'une névrose, d'une phase évolutive où se pose dans l'angoisse la question d'une identification structurante dont la phobie est à la fois la promesse et l'échec.

Sur un autre plan, le surgissement de la phobie, quel que soit le contexte, évoque à notre avis l'insertion du sujet dans une situation hystériquement structurée, dont nous donnerons la définition suivante : situation triangulaire dans laquelle un sujet tente, à travers une identification hétérosexuelle partielle et inconsciente, d'atteindre l'objet homosexuel de son désir, c'est-à-dire le parent du même sexe auquel il ne peut directement s'identifier.

En une telle situation, les rapports sont naturellement génitalisés, pour la bonne raison qu'ils n'ont pas à ne l'être pas, et ce, dans la mesure où il n'y a ni régression ni désintrication de pulsions.

Cela veut dire que l'accent n'a pas à être mis sur l'accession du sujet au stade génital, mais bien sur l'impossibilité pour lui d'assumer cette génitalité de par les problèmes d'identification non résolus qui persistent. Autrement dit, c'est à travers les personnages de la situation œdipienne que se posent des problèmes beaucoup plus liés à des relations narcissiques qu'à des relations objectales, c'est-à-dire assumées dans l'interreconnaissance.

Le phénomène phobique, si on le prend alors, ainsi que nous l'exposerons, non comme mode de fixation secondaire de l'angoisse, mais comme *expression et question de l'angoisse hystérique*, devient alors dans son existence, le témoin de la structuration hystérique ; dans sa phénoménologie, l'expression même du conflit bloqué sur le plan de l'imaginaire, et dans son potentiel signifiant, le nœud de l'énigme névrotique à résoudre.

Nous résumerons ces assertions en la définition suivante :

Le phénomène phobique est l'expression et le témoignage d'une expérience primaire d'emblée irréductible et d'abord ineffable ; expérience de captation passivante par une image ou une situation imaginaire ; expérience qui impose, démontre et dénonce l'angoisse qu'elle définit.

Ce qui est peur prévient le danger de renouvellement de l'expérience ; ce qui est formulation mesure la distance que le sujet essaie de prendre d'avec cette *Erlebnis* primaire.

Objet ou image

Un fait est indiscutable : à travers toutes les illustrations cliniques, le matériel phobogène est toujours reconnu comme élément extérieur ou hétérogène au sujet.

C'est l'animal dans les phobies infantiles ; c'est la rue pour l'agoraphobe, la fenêtre pour Sophie. Dans tous ces cas, qu'il s'agisse d'une situation, d'un instrument, d'un être vivant, on constate l'existence d'une relation élective entre le sujet et la sollicitation phobogène, celle-ci étant toujours reconnue dans son caractère d'extériorité et d'altérité.

À dénommer objet l'élément phobogène, ne risque-t-on pas d'être amené à envisager le phénomène dans un système de relations objectales, et de dénaturer ainsi l'étude du problème ?

Il ressortait de l'analyse de Sophie que la fenêtre et le dessin de défenestration évoquaient essentiellement une angoisse d'identification féminine. En un sens, la fenêtre est bien le moi imaginaire que Sophie méconnait comme tel.

Mais saurait-on étendre la constatation à d'autres formes cliniques de phobies ? Des observations courantes peuvent déjà nous y inciter. On sait le rôle suggestif de l'image, du fait divers lu dans les journaux, de telle rue, tel jour, sous tel éclairage, dans le déclenchement, d'un moment à l'autre, de l'angoisse phobique. Dans « Le petit Hans », Freud nous dit que l'enfant « a emprunté le déguisement propre aux nouvelles formes de sa phobie aux impressions qui s'offraient quotidiennement à ses regards » (situation de sa maison en face de la douane centrale). Dans son cas particulier, Sophie était induite dans son expérience phobique par le dessin significatif que ses compagnes lui adressaient. D'une manière plus générale, on peut dire qu'à un moment fécond – qui est peut-être un moment de restructuration historique – le phobique confère brusquement à tel élément, événement ou représentation jusqu'alors indifférents, la valeur d'une révélation, d'une intrusion significative, d'une sollicitation impérieuse. D'une proposition banale et commune il fait soudain une question personnelle.

Manifestement cela doit nous amener à préférer au terme d'objet ou à toute expression se référant à une situation objectale, le terme d'*image* ou de situation *imaginaire*. Ceci, pour souligner d'emblée l'élément de figurabilité de la sollicitation phobique, dans son caractère décisif d'emblée, constituant et saturant en quelque sorte.

Nous pouvons illustrer ce point en survolant rapidement l'analyse du petit Hans. Le cheval est successivement le père castrateur, le père qui tombe, la mère enceinte. Dans un contexte de relations objectales, tout ceci se justifie difficilement. On peut évidemment considérer que le cheval, dans l'élection dont il a fait l'objet, sert de substratum à toutes les significations qui pourront naître dans le déroulement de l'analyse. Mais on peut supposer à l'inverse, en se reférant au mécanisme de condensation dans le rêve, que, dès le départ, le cheval est à la fois et irrévocablement le père, la mère, l'homme et la femme.

Cette hypothèse n'est pas gratuite. Tout au long de la lecture du « Petit Hans », nous avons été frappé de la difficulté où l'on était de vérifier avec Freud les présupposés qui étaient siens, à savoir la mise en évidence d'un complexe d'Œdipe objectalement défini, dont le jeune garçon aurait été la victime et le supporter.

Bien sûr, Freud ne nous le cache pas, le père est vis-à-vis de son fils Hans un praticien bien maladroit et forcément aveugle. Bien sûr Freud fait-il les réserves les plus pertinentes sur la valeur de cette analyse supervisée. Il n'en reste pas moins qu'une importance prévalente est donnée au problème de la transformation de la libido objectale en angoisse, de par « la grande poussée de refoulement qui frappe justement les composantes sexuelles dominantes » de l'enfant. « Refoulement qui saisit l'occasion d'étendre son empire sur d'autres composantes encore, que celles qui s'étaient rebellées. »

Ceci n'est pas clair ni très explicité – et l'on peut se demander si Freud aurait gardé les mêmes conclusions, si l'observation avait été rédigée après l'introduction du narcissisme dans la théorie analytique.

On pourra rétorquer que dans ses notes de 1923 et dans *Inhibition, symptôme et angoisse*, le problème n'est pas véritablement posé sous cet angle. Ce n'est pas pour nous une objection suffisante pour justifier l'abstention critique. Et il nous semble éclairant de relire « Le petit Hans » en cherchant où se situe, dans cette analyse, le problème des relations narcissiques, inséparable de la fondation et de la fonction de l'instance moïque.

Si l'on reprend le texte de Freud dans cette perspective, il suffit de lire pour découvrir à chaque page les preuves d'une identification de Hans à sa mère, et la question qui se pose pour lui de l'identification inacceptable à l'intruse qu'est la petite sœur Anna.

La première phrase du texte est celle-ci : « Maman as-tu aussi un fait-pipi ? » – et la mère répond : « Oui. » Pour l'enfant alors, seules la table et la chaise, c'est-à-dire les objets, peuvent ne pas avoir de fait-pipi. Cela seul est admissible. Pour les vivants, Hans ne tranche pas totalement la question ; mais lorsqu'il affirme qu'Anna a un tout petit fait-pipi, est-ce vraiment par ironie, et non pas plutôt pour se rassurer ? – De même façon, il verra hallucinatoirement le fait-pipi de sa mère, et ça semble bien sa manière à lui de résoudre l'angoisse : si tous les vivants ont un fait-pipi, le sien est bien enraciné ; il ne risque rien.

Freud, dans son commentaire, soulignera d'ailleurs lui-même cet aspect de la question en évoquant les tendances homosexuelles de Hans, et s'il ne donne pas dans son travail une importance prévalente à ce problème d'identification, il note bien que le fantasme du fait-pipi de la mère est un fantasme de protection et de défense, et que « l'information reçue par Hans relativement à l'absence de fait-pipi chez les femmes est plutôt apte, de par son contenu, à accroître le souci qu'il avait de garder le sien ».

Cet enfant craignait-il une castration de la part de son père ? Peut-être… comment le savoir, une fois que l'idée a été formulée comme telle dans l'analyse, après en avoir constitué le présupposé ? Notre impression est qu'en fait, au niveau où en est l'enfant, le père souvent absent et toujours gentil est un personnage qui paraît très rassurant, sauf dans son absence, alors que la mère dans ses préjugés éducatifs se montre assez castratrice. En outre, Hans ne sait plus quelle est sa place auprès d'elle depuis l'intrusion d'Anna.

L'analyse de ce texte pourrait nous conduire à un long travail d'exégèse, incompatible avec notre projet. Disons simplement qu'à exprimer les choses en termes de libido objectale, Freud ne fait que sous-entendre, sans jamais la formuler clairement, la question essentielle que pose, selon nous, le petit Hans : « Qui suis-je, maintenant qu'Anna est là ? »

Sous cet angle, le cheval d'emblée lui pose la question : Père ou Mère, homme ou femme, pénis ou rien ; *rien*, car dit Freud, « sur la voie de postuler le vagin, il ne pouvait pourtant pas résoudre l'énigme, puisqu'à sa connaissance n'existait rien de semblable à ce que son pénis réclamait ».

Cette absence de « signifiant femelle », pour citer une expression récente de J. Lacan, c'est bien cela qui fait, à notre avis, du cheval, l'énigme, l'énigme angoissante de l'image du corps, de cette image du corps qui est le premier moi du petit Hans, comme son moi est encore sa mère et aussi son père.

Dès lors, insister avec Freud sur le choix de l'objet phobogène pour dire qu'il ne constitue qu'un *déplacement* avantageux qui permet à la fois de ne pas fuir le père directement, et de raréfier les rencontres avec l'angoisse (puisque, si les chevaux courent les rues, on n'est pas pour autant obligé de sortir), c'est peut-être passer à côté de la question, dans un de ses aspects essentiels.

L'image phobique, dirons-nous, c'est le moi imaginaire projeté dans la sollicitation narcissique qu'elle exprime, dans l'énigme angoissante qu'elle illustre, en imposant ineffablement à Hans la question : « En devenant cheval, suis-je garçon ou fille ? » Tout se passe comme s'il s'agissait d'une image onirique dont le contenu manifeste est reconnu et redécouvert secondairement dans la réalité.

Le moi imaginaire n'est pas évidemment réductible à son illustration spéculaire ; nous en aurons d'autres exemples. Mais ayant momentanément défini le problème de la phobie sous cet angle, examinons maintenant :

Les conditions de survenue de l'angoisse

Nous dirons à ce sujet que *la phobie survient au moment même où la place du sujet dans la situation œdipienne est remise brutalement en question par un événement qui disloque une Gestalt relationnelle fragile, dans laquelle les rapports narcissiques prévalaient sur les rapports objectaux.*

C'est là, d'une manière générale, ce qu'on retrouve dans l'anamnèse de toute angoisse hystérique.

En voici, très résumé, un joli exemple :

Mariette est une petite fille qui vit heureuse entre son père, valeureux officier, sa mère hystérique, son frère de cinq ans plus âgé qu'elle.

Sa place à ce moment, c'est celle de la petite sœur, plus que celle de la fille, reconnue comme telle.

Survient la Libération. Son père est accusé de collaboration ; les F.F.I. peuvent venir le tuer. Mariette serre son ours contre elle, tant elle a peur. L'alerte passée, ses petites amies tâchent de l'atteindre en tant que fille de son père et lui propose le jeu suivant : « B.L.V.L »

Il s'agit de mettre une voyelle à la place des points, et de lire tout haut : « À bas Laval. » Mariette se prend au piège, prononce la phrase et d'une seconde à l'autre, trahit son père dans ces paroles de reniement, se constituant malgré elle aux yeux de ses amies comme fille de traître. Dieu merci, elle n'est qu'exaspérée, car elle n'est pas que la fille de son père, mais aussi sœur du grand frère, de l'alter ego fraternel. Mais celui-ci meurt quelques années plus tard ; et elle devient agoraphobe, en tant qu'enfant désormais unique et non identifiée à elle-même, d'un père dégradé et d'une mère anxieuse.

Nous constatons bientôt que parler à la jeune fille dans le registre de la libido objectale, de l'agressivité de castration et de la culpabilité, ne saurait en rien résoudre son angoisse. En fait, elle se cherche un moi qui ne soit pas l'absence du corps de son frère, et elle ne trouve que l'hystérie de sa mère. Dans la rue, me dit-elle, elle doit se ramasser, comme si elle était en morceaux. À l'opposé, quand elle voit une danseuse, elle se sent à la fois vibrante et totalement hors d'elle-même. Elle ne se sent plus dans son corps, et elle est toute passion. – Mais où est le temps où elle voulait écrire des pièces de théâtre dans lesquelles on célébrerait des vérités éternelles ? – Elle a peine à m'avouer cela, car elle n'ose plus croire qu'elle peut s'incarner dans son propre langage.

Ce langage, c'est en effet pour elle la parole de l'autre petite fille. Comment choisir entre la fidélité à l'image paternelle et l'envie de la répudier pour devenir le porte-parole de l'amie élue ? D'où la dénégation : « Ce n'est pas en mon nom que j'ai dit cela » Situation exemplaire : désormais, ce qu'elle dira, elle ne prétendra plus le dire en son nom. La parole ne sera plus que vanité, dépossession, dénégation ou trahison.

Il serait intéressant d'approfondir une étude sur l'usage du verbe, chez l'hystérique, en tant qu'expérience de trahison. Bornons-nous à suggérer que l'angoisse naît lorsque le sujet hystérique voit, de par un événement significatif, se bouleverser l'équilibre des rapports imaginaires qui le maintenaient (sans qu'il y ait sa place symboliquement reconnue) au sein d'une situation triangulaire. L'angoisse naît du désinvestissement d'une image narcissique et de la répudiation de la parole, dénoncée comme parole d'un autre. Si l'angoisse se perpétue, c'est parce que c'est dans l'image qui l'aliène, et non pas dans la vérité qu'il méconnaît de son propre langage, que l'hystérique va chercher la solution désormais impossible de son problème. Notre rôle, c'est donc bien de renverser les processus et de mettre ainsi – sans pourtant le dénoncer comme tel – l'imaginaire au service du sens dont il est le support non verbal.

Mais reconnaître la vérité, ce n'est pas pour autant l'imposer par une formulation. L'hystérique se garde de la valeur constituante de la parole. Un exemple nous en est donné par une crainte plusieurs fois décrite dans des analyses. Il s'agit de l'angoisse du surgissement d'une vocation religieuse. « J'ai la frousse d'avoir la vocation, d'être celle que Dieu peut voir en moi », nous dit-on ; « peur qu'il en soit fait selon sa parole », pourrait-on nous dire plus véridiquement.

Analyse phénoménologique de la phobie

L'élection d'une image phobogène, contemporaine du surgissement de l'angoisse, ne va pas sans susciter des défenses secondaires. On peut assister ainsi à une modification des données séméiologiques, en fonction du commentaire et de l'analyse que le sujet veut donner de l'expérience primaire qui s'est imposée à lui.

Sophie ne pouvant nous dire d'emblée : « Qui suis-je par rapport à cette fenêtre ; qu'y a-t-il entre cette fenêtre et moi ? », réalise secondairement la possibilité qu'il y a de prendre une distance d'avec la captation, la virtualité du mouvement vers… En formuler l'expérience, c'est facilement dire : « J'ai peur d'avoir envie », au lieu de « J'ai peur d'être attirée. » Conclure que la malade dénonce par là un désir, une « pulsion » active, c'est oublier qu'elle cherche à traduire, non pas tant le sens de sa phobie que ce qu'elle a compris phénoménologiquement d'une expérience presque ineffable. En ce sens, elle pourrait nous dire : « Comme je me suis sentie attirée par la fenêtre, j'en ai conclu que c'était comme si j'avais envie de l'enjamber. »

C'est le compte rendu d'une expérience de *fascination passivante* et non pas l'expression d'une volonté motrice que le sujet devrait pouvoir dénoncer. Mais ce lui est d'autant plus difficile que le rapport avec l'image phobogène est un *rapport tensionnel agressif* qui, comme toute situation narcissique, tend à se résoudre par une rupture de contact qui peut suggérer le passage à l'acte.

Le terme phobie d'impulsion ne rend pas compte de ces données. Il évoque tout de suite la défense contre une pulsion agressive, donc contre un processus actif, et c'est bien là, à notre avis, une source de confusion. C'est la raison pour laquelle on hésite souvent à ranger les symptômes de ce type aux côtés des formes cliniques de phobies qui signent classiquement l'hystérie d'angoisse.

Formes cliniques des phobies

Dès le début de ses recherches, Freud décrivait les phobies d'animaux – d'où il allait tirer l'hystérie d'angoisse du petit Hans – et les phobies d'occasion, dont l'agoraphobie, la claustrophobie sont les formes les plus courantes. Quant aux phobies d'impulsion, il laissait planer le doute et, de par ses exemples, les rangeait plutôt du côté des phénomènes obsessionnels.

Il est tentant de rechercher, à travers ces différentes manifestations névrotiques, le mécanisme commun qui permettrait d'y voir les diverses variétés séméiologiques d'un même processus. Or, si l'angoisse phobique est liée au danger d'un processus de passivation, comme nous l'avons défini, l'unification que nous souhaitons démontrer pourrait se faire peut-être autour de ce schéma.

Sans pouvoir nous étendre, nous dirons, dans cette perspective, que la rue pour l'agoraphobe est peut-être cet espace vide, parce que anonyme, où le sujet se perd, c'est-à-dire ne se reconnaît pas, faute d'y être reconnaissable et reconnu, faute d'image d'identification assumable.

La solitude avec l'enfant, pour la mère qui craint de le tuer, n'évoque-t-elle pas la question : « Qui es-tu, toi qui étais mes entrailles ? Que suis-je, dès lors, si l'autre que tu deviens n'est plus moi ? Que suis-je – que j'ai peur d'être – en dehors de toi ? » D'où la captation par l'image de l'enfant phallique, captation assimilée au désir d'une étreinte mortelle.

Pour la claustrophobie, l'espace clos qui impose sa loi ne suggère-t-il pas l'angoisse d'identification à l'enveloppe carcérale de ses propres désirs, et de par la solitude que la prison impose, l'impossibilité d'une humaine communication salvatrice ?

Ce problème dernier est peut-être difficilement réductible à ces seules données. Et nous ne prétendons d'ailleurs qu'esquisser la recherche à entreprendre. Il faut en outre reconnaître que les cas cliniques ne sont jamais aussi simples que les explications qu'on en veut tirer, et ceci est d'autant plus vrai pour les phobies que le symptôme initial est souvent l'objet d'un remaniement secondaire.

Remaniement secondaire du phénomène phobique. Les cas limites

Ce qui est formulation mesure la distance que le sujet essaie de prendre d'avec l'*Erlebnis* primaire, proposions-nous plus haut. Cette tentative de maîtrise peut expliquer l'aspect pseudo-obsessionnel de certaines manifestations phobiques. En particulier dans les phobies d'impulsion.

Dans le « j'ai peur d'avoir envie », il n'y a ni *affirmation* d'un désir, ni *dénégation*, mais bien *question* ; question qui, de par son caractère insoluble, peut quelquefois se développer et se transformer de la manière suivante : « Si c'est un désir, cette attirance, serai-je ou non capable d'y résister ? – Serai-je moi, ou serai-je ce désir et me constituerai-je alors dans l'irrémédiable du passage à l'acte ? Que puis-je par rapport à ce désir étranger qui m'habite ? S'il devient le maître, je me jetterai par la fenêtre ; moi qui aime tant la vie, je mourrai ; je ne serai donc plus moi. Le suis-je alors ? – Docteur, dites-moi si j'ai envie de mourir. Dites-moi que je ne vais pas le faire. »

Une malade nous disait ainsi : « Suis-je mes pieds, suis-je mon corps, suis-je ma pensée ? »

Dès lors, il peut y avoir intériorisation de l'élément phobogène et affrontement, à l'intérieur du sujet, entre l'image qui devient représentation obsédante, et les idées qu'elle peut susciter, qu'elle induit donc déjà. Et le malade, écartelé entre la représentation à fuir et l'altérité de pensées qu'on ne saurait assumer, s'éprouve en une tentative de maîtrise vouée à l'échec, se provoque masochiquement dans la dialectique des thèmes contrastés, s'obsessionnalise.

Mais peut-on parler de mécanisme obsessionnel vrai en un tel cas ? Nous ne le pensons pas, et ce, pour la raison que la question implicitement posée par la phobie est celle que pose à l'hystérique l'ambiguïté de sa position sexuelle, alors que l'obsédé se situe initialement dans une tout autre perspective.

Défense obsédante n'est pas synonyme de défense obsessionnelle. La position du sujet est, dans l'un et l'autre cas, très différente, voire opposée. Pour l'obsédé, le moi est cette forteresse imaginaire dans laquelle il se construit en miroir. C'est celle qu'il nous montre en la renforçant sous l'œil de l'assiégeant qu'est la mort. Figé dans son moi obsidional, s'il parle, c'est pour ne rien dire, pour faire diversion, c'est pour passer le temps, gagner du temps et mieux nous endormir, nous dont il pense que nous l'assiégeons pour l'obliger à tenter une sortie, et ainsi, comme le disait récemment Leclaire : « Le condamner à vivre jusqu'à ce que mort s'ensuive. » Ainsi, chez l'obsédé, la parole n'est pas le soldat de sa cause, c'est le parlementaire qui suspend les lois de la guerre, tout en permettant le ravitaillement et le trafic occulte d'armes, sous couvert d'entretiens diplomatiques.

L'hystérique, lui ou elle, n'est pas assiégé mais assiégeant de la forteresse du moi que nous représentons pour lui. Il est né avec la parole, et s'en sert, non pour nous endormir, mais pour nous investir. Aussi obsédantes qu'apparaissent ses préoccupations phobiques, aussi remaniées qu'elles soient, dès que nous entrons en jeu en tant qu'analyste, c'est à nous que le problème est livré, c'est à nous qu'on demande sa clé. C'est de nouveau le : « Il faut que vous sachiez tout et que vous participiez » alors que l'obsédé nous dirait : « Je vous dis tout ce que je pense pour que vous n'ayez pas à pénétrer dans mon problème. »

Chez l'hystéro-phobique, c'est la tentation imaginaire qui reste prévalente, qui ordonne le discours ; et le sujet est prodigue d'un exercice verbal dans lequel il s'engage sans en reconnaître la valeur, sans combler l'hiatus qu'il pressent entre cette tentation aliénante et le mouvement d'une pensée dont il se dépossède – comme il se dépossède d'une responsabilité qu'il nous confie.

L'obsédé, à l'inverse, se garde de nous comme de lui. Il reste fidèle à la jurisprudence de ses rites anté-analytiques. Lorsqu'il semble adopter des mesures d'évitement sur un mode phobique, il ne s'agit, le plus souvent, que de fuir le reflet extérieur des figurations imaginaires qui illustrent en lui l'insistance d'un message qui se répète sans jamais être entendu.

Dans le premier cas, le danger reste la captation par une sollicitation extérieure. Dans le deuxième cas, le danger demeure la subjectivation dans le désir assumé ; le danger vient de l'intérieur. Finalement, c'est la question posée par le symptôme qu'il faut retrouver : question de l'être pour la mort d'un côté ; question du devenir pour l'amour de l'autre.

On ne confondra pas ainsi impulsion et compulsion ; obsédant et obsédé ; répétition des besoins et besoin de répétition. On se souviendra en définitive que le vertige phobique survient chez l'obsédé comme tentative et amorce de guérison, tandis que l'esclavage obsessionnel surviendrait chez le phobique comme témoignage d'enkystement, et renoncement au devenir libidinal. L'obsession est refus de vivre, la phobie est promesse de naissance.

Remarques sur l'angoisse phobique

Cette question de la naissance, choisissons-la comme voie d'association pour en venir finalement au problème que nous n'avons pas encore abordé de front dans cet exposé, sans doute parce qu'il est le pivot de l'énigme, à savoir le problème de l'angoisse. En fait, en abordant comme nous l'avons fait l'étude des phobies, nous avons implicitement pris position. Pour démontrer posément cette position, il faudrait reprendre la lecture d'*Inhibition, symptôme et angoisse* et autres textes, en nous servant, comme d'une clé, de la définition du moi comme instance imaginaire. Faute de pouvoir nous engager ici dans ce commentaire de texte, nous résumerons simplement les élaborations freudiennes essentielles en essayant de ne pas les trahir.

Premier fait : l'angoisse ne vient pas du refoulement de la libido, c'est elle qui provoque le refoulement. Autrement dit, elle exprime un danger ressenti par le moi.

Le prototype de l'angoisse, c'est la naissance ; et à ce niveau préhistorique, l'angoisse, dans une perspective purement économique, traduit l'exacerbation des pulsions provoquées par la séparation d'avec la mère. Mais Freud ne suit pas Otto Rank qui invoque le manque d'intensité de l'abréaction du trauma pour expliquer l'angoisse persistante chez certains sujets. Il en vient à considérer que le point de vue économique n'a secondairement plus aucun intérêt, car l'angoisse n'est plus l'expression d'une situation *traumatique*, sur un plan psycho-économique, mais l'expression de l'attente d'une situation *dangereuse* qui prépare au trauma éventuel.

Nous dirons pour notre part – et ce n'est peut-être là qu'un aspect de la question – que si les mots-clés qui structurent l'énoncé du théorème sont : *naissance, libido, moi en danger, attente, impuissance*, nous pouvons, en séparant le « je » du « moi », considérer que la libido dont il est question est essentiellement la libido narcissique, à savoir la libido d'investissement d'un moi imaginaire. Dès lors, ce n'est pas le moi qui donne le signal de l'angoisse, c'est le je qui clame à la fois l'imminence de la perte du moi, et, en même temps, la tendance de la libido narcissique libérée à se fixer sur un autre schème imaginaire.

Dans cette formulation, la séparation d'avec la mère, ineffable objet d'identification primaire, la séparation d'avec le pénis au stade du corps morcelé, la séparation d'avec l'être aimé au stade de l'amour narcissique, expriment aussi bien l'angoisse dans son double courant de désinvestissement-réinvestissement, de « sympathie antipathisante », que les phénomènes de captation spéculaire chez l'enfant phobique, que les phénomènes d'aliénation dans l'imaginaire chez l'agoraphobe. L'angoisse persistante, c'est alors l'impossibilité d'un réinvestissement, de par la surdétermination et l'irréductibilité conflictuelles qu'exprime l'image phobique. Et si finalement c'est le sentiment d'impuissance qui prévaut dans l'analyse phénoménologique de l'angoisse, n'est-ce pas parce que le réinvestissement salvateur exprime tout autant la perte du sujet que sa renaissance ?

Nous ne saurions nous étendre plus avant, mais nous pensons qu'à formuler ainsi le problème de l'angoisse, on peut voir dans l'angoisse phobique la promesse de la guérison, si l'on a su entendre le message qu'elle nous clamait à travers les paroles encore vides du malade.

Remarques sur la conduite thérapeutique

Ceci nous amène à quelques constatations thérapeutiques, et c'est sur elles que nous terminerons. C'est peut-être au niveau de l'hystérie d'angoisse que peuvent et doivent se dégager le plus clairement les principes d'une action thérapeutique. Il est en effet d'autant plus nécessaire de les bien poser que l'urgence que nous signifie l'angoisse de ces malades et la précarité des moyens de défense qu'elle traduit rendent l'erreur thérapeutique toujours spectaculaire dans ses résultats.

Pratiquement, l'hystérique ne vit que des situations d'*exclusion*, et c'est en s'en souvenant toujours qu'on évitera d'objectiver de tels sujets dans un personnage quel qu'il soit.

C'est ainsi, par exemple, que chez l'hystérique femme, l'envie du pénis est bien la chose à ne jamais analyser comme telle. Dire à une femme : « Vous voulez être un homme et vous m'en voulez parce que j'ai quelque chose qui vous manque », c'est s'exposer, à juste titre, aux pires désagréments.

Car la femme qui se pose la question de son propre sexe ne désire en fait rien d'autre que d'être femme, et ce pénis, elle est toute prête à nous le laisser, si nous lui promettons d'en faire, par procuration, l'instrument de sa recherche de la femme, c'est-à-dire d'elle-même. Ce serait entrer dans la méprise la plus grossière que de situer le problème au niveau de la question : « En avoir ou pas. » La question, c'est en fait : « Qui suis-je si je n'en ai pas ? »

Reconnaître l'hystérique en une parole d'emblée consacrante, c'est tout aussi inefficace. *A priori*, elle ne nous demande pas de lui dire : « Tu es une femme », mais : « Tu es mieux qu'elle. »

D'où l'intolérance de ces sujets, d'ailleurs, au sentiment de culpabilité. On s'étonne souvent de certaines revendications agressives qu'on peut prendre pour argent comptant. C'est en fait sur ce mode que l'hystérique, exclue du couple idéal, compense le sentiment constant de sa non-valeur. Reconnaître ses torts envers un homme, c'est toujours pour elle accepter la supériorité de l'autre femme qu'elle n'est pas.

Il ne faut jamais oublier que, sous le jeu apparent qui la fait taxer de comédienne ou de simulatrice, l'hystérique tait l'angoisse de son inexistence et de sa non-valeur. Seulement, elle ne veut pas reconnaître ce sentiment d'inexistence, tout en supposant que nous devons le comprendre sans le lui dire. Le souci essentiel, c'est donc de lui éviter toute blessure narcissique, et de borner les interventions aux réponses qui la confirment dans tout ce qui est positif en elle, et qu'elle ne croit pas respecté, faute de le respecter elle-même.

C'est donc à nous de la reconnaître dans ce qu'elle ne sait pas encore être en première personne, et notre exigence inébranlable, et de liberté et de vérité, devient pour elle, avant qu'elle le sache, l'hommage qu'on rend à celle qu'elle peut devenir. C'est ainsi lui donner implicitement l'usage du signifiant féminin, dans sa positivité, sa promesse de fécondité et de gloire.

Tout ceci est vrai pour l'hystérie féminine. Ce serait, en un sens, la même chose pour l'hystérie masculine, mais en même temps une tout autre histoire ; et nous la réserverons pour une autre fois.

Pour en revenir à l'analyse de la phobie, il est bien évident qu'il ne saurait être question de l'analyser dans son contenu avant que le problème d'un investissement narcissique ait été résolu positivement. À ce moment-là d'ailleurs, la phobie se résout d'elle-même, avec ou sans analyse du symptôme. Le tout est de garder à l'esprit son caractère et sa fonction de signifiant non intégré.

Mais il faut d'abord apaiser l'angoisse, et c'est alors et surtout par une audience éclairée et éclairante, permettre à la malade de se situer dans un système de références acceptables pour son moi idéal. C'est, en même temps, lui en reconnaître un. Il n'est point besoin pour cela de l'endoctriner, il suffit d'être assez stable pour que des points de repères apparaissent pour elle.

C'est ce qui permet d'ailleurs l'interprétation inexacte mais opérationnelle, non pas dans sa valeur de révélation, mais dans sa valeur structurante.

Ainsi, me semble-t-il, a procédé le père du petit Hans. Dans le préjugé qui était sien d'un Œdipe objectalement vécu par l'enfant, il avait au départ castré celui-ci en supprimant le fait-pipi de la femme, alors qu'il méconnaissait celle-ci comme objet d'identification. Il était dès lors le plombier dont le perçoir ne fait naître que des filles. Il devait secondairement, en suggérant la rivalité au père et l'identification à celui-ci, recréer le garçon en le reconnaissant comme tel. Le plombier revient dans un rêve alors, et met à l'enfant un nouveau fait-pipi et un nouveau derrière. Et l'enfant peut dire : « Avant j'étais la maman, maintenant je suis le papa. » C'est à ce moment-là qu'il entre dans l'Œdipe.

Bien des hystériques n'en sont qu'au stade du petit Hans et s'ils s'expriment en termes de relations œdipiennes objectales, c'est parce qu'ils n'en ont pas d'autre à leur disposition. Croire avec eux à ces relations d'objet, c'est entrer dans leur méprise ; mais, si l'on sait s'y prendre, les aider quelquefois, à travers une fantasmatisation, à se forger un Œdipe acceptable qui prend force de loi et qui crée justement la situation triangulaire imaginaire dont ils ont besoin pour s'installer confortablement au sein même de leur névrose.

Cela explique qu'on puisse guérir si vite certains cas et qu'ils rechutent si facilement dès qu'intervient l'expérience perturbante d'un élément nouveau qui appellerait une restructuration.

C'est dire qu'en définitive, le souci essentiel doit être de donner au malade la sanction symbolique de reconnaissance qu'il n'avait pas trouvée, au moment de l'Œdipe, pour l'aider non pas à s'aliéner dans un moi analytique, au sein d'une situation de transfert imaginaire, mais à s'assumer. Finalement, la position thérapeutique, c'est de ne pas se laisser entraîner par l'invitation de l'hystérique qui vient nous dire en gros : « Voulez-vous jouer avec moi à la relation d'objet ? »

Au thème de la relation analytique d'objet, il faut substituer, pourrions-nous dire, le thème de l'objet de la relation analytique, et s'en faire une question constante. Ceci amène à toujours se demander :

Qui parle ? Au nom de qui ? À qui et par rapport à qui ? C'est alors au sein de la situation imaginaire qui se définit à nos yeux, qu'il s'agit d'entendre ce qui se dit et ne se dit pas ; ceci, pour intervenir, non pas dans l'interprétation du contenu, non pas dans l'analyse systématique des résistances – qu'il convient ici plus qu'ailleurs de ne pas dénoncer directement – mais dans la réponse qui donne sa valeur à la parole du sujet et suscite un rebondissement dialectique. Autrement dit, il s'agit de viser non pas ce qui est signifié, mais ce qui est signifiant dans le discours du patient.

C'est la manière de rendre féconde l'expérience phobique, en aidant le sujet à assumer le sens du hiéroglyphe qui n'était pour lui qu'image aliénante et qui doit devenir blason de sa vérité.

1956

Le réel fait signe au pervers

Le Mont Saint-Michel

Naissance d'une perversion*

Je vous donne tout de suite la visée de mon exposé, je pars d'une constatation : un symptôme pervers, une pratique perverse ne permettent pas d'établir un diagnostic de perversion. C'est en fait ce que tout analyste peut rencontrer dans sa pratique d'analyse des névroses. Une pratique perverse en elle-même est tout à fait compatible avec une organisation névrotique de la personnalité ou une organisation psychotique. Pratiquement en clinique se pose la question : en quoi est-ce qu'elles interfèrent ? Est-ce un obsessionnel, un phobique, un psychotique, en quoi est-ce un pervers, pourquoi est-ce un pervers ?

Il convient de préciser un certain nombre de nuances qui semblent exigibles pour faciliter le diagnostic de structure ou d'organisation perverse de la personnalité et poser la question qui se pose au praticien : quelle est la stratégie de la cure en pareil cas, peut-elle se référer au principe même et aux visées qui concernent la cure des névroses ?

Pour amorcer l'exposé, avant d'en venir à une évocation clinique, je vous proposerai de requestionner ces deux notions fondamentales non seulement pour la perversion mais aussi pour la névrose et la psychose, à savoir d'une part la castration et l'angoisse de castration, le moment du dévoilement de la castration imaginaire et d'autre part cette notion de *Ichspaltung, splitting* de l'ego, que nous traduisons maintenant à l'École freudienne après Lacan sous le terme de refente subjective[1] .

---

* Cette conférence inédite et sans indication de date a été établie et publiée par Jacques Sédat dans le *Bloc-Notes de la psychanalyse*, n° 11, 1992.

1. Autre traduction : le clivage du moi.

À relire le texte sur le *splitting* de l'ego, on s'aperçoit que Freud réévoque une fois de plus, après l'avoir fait tout au long de son œuvre, ce moment où, pour l'enfant, la découverte de la différence des sexes et de ce qui peut lui apparaître comme castration de la femme va l'amener à un carrefour, celui de la névrose infantile, qui sera par exemple celui de la phobie, avec tout ce que ce carrefour aura de névrotigène, soit au contraire de structurant. Par rapport à ce carrefour, il en est un autre qu'on peut appeler le carrefour pervers, puisque Freud décrit la solution ingénieuse que le futur pervers trouve pour fonder un fétiche au prix d'une refente de l'ego qui se creusera toujours plus, écrit-il dans son article, par rapport à la nécessité où il est de cette solution ingénieuse pour se garantir de l'angoisse de castration.

Mon propos est de vous suggérer que ce terme même d'angoisse de castration ou de défense contre l'angoisse de castration n'est pas tout à fait adéquat en ce qui concerne le futur pervers. On ne doit jamais oublier que, toute la découverte freudienne étant d'abord liée à ce que les hystériques et les névrotiques ont permis à Freud de découvrir, c'est toujours avec le langage de la névrose ou le langage qui convient à la névrose qu'on tentera d'aborder ces champs limitrophes que sont la perversion et la psychose.

Restons-en à la perversion et à ma première proposition. La castration n'est pas, pour le pervers, génératrice d'angoisse au sens où on l'entendrait pour évoquer la construction d'une phobie par un garçon comme le petit Hans. Autrement dit, cliniquement, il semble que l'expérience du pervers envers cette réalité, ce dévoilement de ce qui est apparence de castration chez la mère ou chez la femme ne s'inscrit pas dans le même registre d'expérience, ne trouve pas les mêmes nuances qu'on rencontrera dans l'anamnèse des névrotiques.

À titre préliminaire, j'en reviens à la notion de *splitting* de l'ego, pour vous rappeler à quel point elle permet des contresens, si l'on pense que c'est à partir du problème de la perversion que Freud l'a mise en avant, alors que, dans un texte aussi tardif que celui du *splitting* de l'ego, c'est-à-dire dans l'*Abrégé* et dans ses textes précédents, il est certain que cette division du moi, ce clivage du moi n'évoque pas pour Freud je ne sais quelle fragilisation du moi qui serait le propre du pervers et qui nous ramènerait à la conception de la liberté et de l'autonomie des pulsions partielles par rapport à un moi trop faible qui serait celui du pervers, mais à un processus structural qui évoque pour nous les processus de subjectivation et de structuration de la question du désir par rapport à l'objet selon l'algorithme que vous connaissez bien, $\$ \diamond a$. J'ai eu, depuis un certain temps, trois possibilités d'analyse de la perversion à travers un cas de fétichisme, un cas de masochisme pour aller vite et un cas d'homosexualité masculine. Je dirai même qu'à l'heure actuelle, un cas de perversion féminine me permet d'inscrire les mêmes problèmes sur le versant féminin de la perversion et de me proposer de rendre compte un jour d'une observation clinique assez intéressante sur ce plan.

Ce que Freud évoque comme moment de découverte de la castration, de l'image de la castration pour le pervers, lui permet de suggérer que c'est à ce moment-là, pour le futur pervers, que se situe la scission du moi qui permettra la création du fétiche d'un côté, avec éventuellement de l'autre la préservation d'une expérience phobique qui est notée dans l'article sur le *splitting* de l'ego.

Quand je vous rappelais ça, je voulais y opposer ce que j'ai retrouvé dans toutes les observations de pervers, non pas tout de suite mais au bout d'un certain temps d'analyse sous forme d'une expérience de stupeur, de déréliction, une expérience qui n'est pas exactement celle de l'angoisse et qui semble précéder justement la constitution de la solution perverse de l'érotisation chez le pervers.

Je ne prendrai qu'un exemple clinique, c'est celui de Pierre, que nous allons situer comme un petit paysan, vivant assez taciturne et solitaire dans une ferme avec des parents solitaires, silencieux, lui parlant peu, dans ce réalisme paysan qui l'amène à être un jeune observateur, un peu Jean de la Lune se préservant à sa manière de ce qui ne lui est pas donné à comprendre, et, à côté de cela, intelligent, perspicace, observateur, bon élève et bientôt promis par l'instituteur à une récompense : aller en pélerinage à l'église prestigieuse en autocar, un dimanche, parce qu'il a bien travaillé.

Pierre va ainsi vers cette église dont il a entendu parler, dont il a une image, et, brusquement, dans la vitre de l'autocar, au moment où il l'aperçoit, il vit une expérience tout à fait curieuse et très inquiétante pour lui. Il voit s'inscrire l'image de l'église découpée sur l'horizon marin comme une pétrification du décor, avec un total non-sens de ce réel de la pierre ; il accède, semble-t-il, au-delà de toute photo touristique qui serait la traduction visible du fantasme du désir qu'il peut avoir de ce voyage, il accède à une autre réalité et, dans un moment de stupeur, il semble qu'il soit en prise directe – il a douze ans – sur cette armature de réel de sa vision ; et c'est une expérience de déréalisation, il en parle difficilement, l'intuition d'une sorte d'horreur insondable et en même temps le cotonneux d'une solitude nouvelle. Et son impression, c'est qu'il ne voit pas l'église « comme les autres ». Qu'autrement dit, son église à lui n'est pas pareille à celle des autres et donc que lui-même n'est pas pareil aux autres.

Le témoignage qu'il m'en donne au cours de son analyse me rappelait des pages de Gide, qui ont d'ailleurs été reprises par J. Delay dans son étude sur la jeunesse d'André Gide, commentées par Lacan par la suite, et dont je vous relirai quelques mots ; Gide parlant de la mort du petit cousin qui avait provoqué en lui un premier tressaillement. Le second tressaillement est plus bizarre encore. « Quelques années plus tard, peu après la mort de mon père, je devais avoir onze ans, la scène de nouveau se passa à table pendant le repas du matin, mais cette fois ma mère et moi étions seuls. J'avais été en classe ce matin-là. Que s'était-il passé ? Rien peut-être. Alors pourquoi tout à coup me décomposai-je et, tombant dans les bras de Maman en sanglotant, convulsé, sentis-je à nouveau cette angoisse inexprimable, la même exactement que lors de la mort de mon petit cousin. On eût dit que brusquement s'ouvrait l'écluse particulière de je ne sais quelle commune mer intérieure inconnue, dont le flot s'engouffrait démesurément dans mon cœur. J'étais moins triste qu'épouvanté, mais comment expliquer cela à ma mère, qui ne distinguait à travers mes sanglots que les confuses paroles que je répétais avec désespoir : “Je ne suis pas pareil aux autres, je ne suis pas pareil aux autres.” »

Eh bien là, ce qui fonde l'expérience de Pierre, cet accès à cette seconde réalité de l'église est absolument conjoint pour lui à la déduction qu'il en fait : je ne suis pas pareil aux autres. Donc, en analyse, il me semble que précocement, directement, Pierre a accès à la vision de cette église comme à cette expérience de l'armature du réel, à l'expérience de l'objet *a*. C'est pour lui à ce moment-là que se privilégie très tôt une expérience qui n'est pas du tout la fin du monde psychotique, mais la naissance d'une seconde réalité au-delà de l'écran du fantasme. Bien sûr, cela ne vient pas à n'importe quel moment de son histoire. Ce n'est qu'un court moment après que j'apprendrai que la vision de cette église venait le jour même où il devait apprendre la naissance d'un frère, naissance dont on n'avait pas parlé, qui était restée dans le silence de la biologie maternelle, à tel point que lui-même n'avait jamais réalisé que sa mère avait un gros ventre. Cet enfant venant réellement à son âge pour lui poser la question de la naissance et de la mort et de la vie et du père et de la maternité. C'est évidemment en fonction de l'Œdipe et comme mode de réfraction d'une expérience particulière dans la structure œdipienne que l'expérience perverse peut se situer.

L'accès à cette réalité, je l'ai retrouvé sur d'autres modes, dans d'autres observations et chaque fois j'aurais pu le traduire autrement, à savoir que quelque chose du désir, de la parole, de l'esthétisation du désir, ne circulait pas dans le monde familial entre le père et la mère, ou qu'aucune parole ne venait donner à l'enfant la possibilité d'un mythe familial et d'un fantasme qui lui aurait permis de réfracter son propre développement à quelque chose qui lui aurait donné une autre dimension et, en particulier, qui aurait structuré son narcissisme et sa phase de latence avec suffisamment d'introjection symbolique pour qu'il soit à l'abri de l'expérience que Pierre lui-même fait.

Car, en réalité, Pierre n'ignore rien de la castration au sens de la réalité sexuelle, il vit à la campagne, et la promiscuité, le manque de pudeur, l'impudeur des uns et des autres, ça n'est pas cela qui lui fait problème, il voit sans voir. Un autre qui vivra dans d'autres conditions sera dans les mêmes dispositions psychiques pour découvrir brusquement, dans une expérience qui n'est pas exactement celle de l'angoisse, mais qui est plutôt cette angoisse de déréliction, de stupeur, de béance, ce quelque chose qui évoquerait plutôt « l'inquiétante étrangeté » et qui permet de vivre quelque chose qui nous montre quoi ? C'est que la parole ne semble pas avoir circulé dans le monde familial au moment même de la structure œdipienne. Quelque chose n'a pas référé le futur pervers à une demande, qui serait celle de l'autre comme héraut de l'interdiction valorisante, de la parole poétisante, à partir de quoi, entre la réalité du corps et la pétrification d'une église, il n'y a pas de médium d'une signifiance possible.

Dès lors, le destin de Pierre va s'affirmer sur deux plans, d'une part il va prendre conscience de sa laideur, il pensera qu'il est seul, qu'il n'est pas aimé, que personne ne peut l'aimer, d'autant plus qu'il culpabilise les expériences masturbatoires et les curiosités sexuelles de plus en plus perfectionnées et aventureuses qui le conduisent sur les chemins de l'adolescence. Mais nous allons le laisser dans son anamnèse pour le retrouver maintenant au moment où il vient à l'analyse.

Il vient à l'analyse comme homme arrivé socialement, comme représentant d'une culture, comme quelqu'un qui se prend pour un obsessionnel, à partir même d'une première tentative de cure pendant laquelle on lui a interprété ainsi le symptôme qu'il présentait. Le symptôme est le suivant : il a peur d'avoir des mouvements incoordonnés ou, juste dans l'après-coup de ces automatismes de la vie quotidienne, il lui arrive d'être saisi d'une certaine angoisse à l'idée qu'un geste de lui n'a pas été contrôlé et que ce geste est la preuve soit d'une maladie soit d'une impossibilité de contrôle et de vigilance.

On peut en faire effectivement un symptôme obsessionnel et c'est ainsi que la chose lui a été interprétée ; on lui a dit : « Vous avez refoulé des pulsions agressives envers votre petit frère et vous craignez qu'un mouvement venant d'une pulsion agressive ne se déclenche à votre insu. » C'est une façon de donner signification à ce qu'il craignait et, grâce à une première sécurisation transférentielle, amener une rémission de courte durée, d'ailleurs, car secondairement le symptôme devait réapparaître et la cure s'interrompre. On aurait pu prendre également ce symptôme comme l'expression d'une angoisse phobique : « J'ai peur que quelque chose de moi se déclenche », comme tel phobique d'impulsion peut dire : « J'ai peur d'avoir envie de me jeter par la fenêtre. » En fait, il s'agissait d'autre chose et ce n'est qu'après un assez long temps d'analyse que le sens ou plutôt le moment originel de création du symptôme est apparu sous la forme suivante. Il s'agissait de constater qu'un médecin percutant le tendon rotulien provoquait un mouvement réflexe qui ne passait pas, bien sûr, par la volonté du sujet et qui témoignait en quelque sorte d'un mouvement irrépressible, le mouvement irrépressible de la réalité biologique du corps de Pierre. Le réel de l'induction du trauma n'en passait pas là par la subjectivité, aussi Pierre put-il me dire ceci : « Je sens que ce qui me concerne dans l'analyse, c'est la question de ce qui ne me concerne pas comme sujet. Une fois, par exemple, pendant mon sommeil, un médecin pourrait obtenir la réponse de mon réflexe rotulien en dehors de toute participation subjective. »

Donc, par rapport à la vision de l'église, c'est bien le corps comme corps du non-désir, comme corps même du non-délit pour autant qu'il n'est pas visé par une parole interdictrice, le corps biologique qui tente là un impossible dialogue avec une impossible réalité.

Cette question du corps chez le pervers, je l'avais exprimée l'an dernier en disant que le pervers n'avait pas de corps ou n'avait pas son corps. J'en avais eu la preuve dans plusieurs analyses au moment où, de par un désinvestissement momentané des pratiques perverses, ce qui vient, ce n'est pas l'hypocondrie et, surtout pas, les craintes nosophobiques très archaïques. Ce qui apparaît sur le divan, comme corps du pervers, le corps réel viscéral, comme ce corps qui est un contenu de choses mystérieuses, purement biologiques, qui ne peuvent lui évoquer qu'une angoisse de la mort et l'amener à se chercher dans l'intérieur de son anatomie en témoignage vis-à-vis d'un médecin dont il multiplie les consultations, c'est précisément ce je ne sais quoi qui donnerait un sens à ce qui se passe en lui.

Pour en revenir et en rester, pour l'instant, à cette expérience de la vision d'une église, je dirai qu'il y a là une impossibilité pour le sujet de surdéterminer sa vision, de voir par exemple à la place de l'église autre chose, comme de mobiliser en même temps son oralité au niveau d'une évocation du repas et en même temps du petit camarade qui va aller voir les moines dans l'abbaye ; quelque chose fait qu'il n'y a pas là la possibilité d'une structure surdéterminée. Donc l'objet du désir n'est plus là momentanément lieu du recoupement de plusieurs chaînes signifiantes qui renverraient les pulsions à leur destin pulsionnel. L'objet n'est plus l'émetteur signifiant qui renvoie au désir d'autre chose et à la surdétermination ; il n'est plus que ce qu'il est.

À partir de là va se construire l'univers pervers, et je veux signaler la position où je me mets à ce moment-là pour essayer d'entendre ce que dit le pervers. Quel que soit le sujet qui vient à nous et l'« aberrance » de ses recettes de vie, de ses recettes de désir, l'opacité de ses symptômes, l'irréductible de ses convictions, le défi qu'il lance à notre intuition de la normalité et de la raison, son témoignage est l'expression d'une logique de l'homme exposé dès sa naissance et à partir de son conditionnement neuro-biologique au double caprice des hasards de la machine signifiante et de la machine somatique. Et ce que nous apprend Pierre de sa vie érotique peut nous confirmer dans le fait que c'est quelque chose essentiellement à respecter et non pas à dénoncer. En effet, sa vie érotique, ce n'est pas qu'il va vouloir en parler, ce n'est pas pour cela qu'il vient et si nous n'étions pas curieux de la chose, elle pourrait passer longtemps inaperçue. Car Pierre a constitué deux versants de ses intérêts. Sur l'un il est tout recherche d'amour dans la fusion, la communion des saints, une religiosité apparemment un peu niaise, édifiante, où tout le témoignage qu'il en donne est toujours l'idée de la retrouvaille d'une mère idéale, qui ferait de lui en tant que pauvre garçon laid, celui qui trouverait enfin le bonheur du paradis perdu. On pourrait voir là, en quelque sorte, l'expression d'un certain transfert narcissique, qui pourrait caractériser le pervers et qui serait la demande d'amour du pervers en analyse. Le niveau où, du côté de la parole et du discours analytique, c'est la question de l'amour qui est posée et non pas la question du désir, lequel circule ailleurs dans les protocoles pervers.

En fait, ce discours sur l'amour qu'il nous tient n'est pas si édifiant que cela, il est même un défi, et j'avais tenté de le transcrire de la façon suivante, car il y a une sorte de note désespérée, une note de déni et de défi dans la façon dont il nous parle de l'amour, dont il questionne en nous éventuellement notre position religieuse ou éthique. Vous qui savez, grâce à Freud en quelque sorte, que rien de l'amour n'est édifiant qu'au-delà de ses idéaux narcissiques, l'homme n'est apte à rien d'autre quant au désir qui le commande, quant au démon pulsionnel, vous qui prétendez par ailleurs assouplir le surmoi et réconcilier le surmoi et le ça au nom du génital, comment saurez-vous entendre mon discours, ce discours où, grâce à votre oreille, je m'identifie à l'écho de mes goûts pervers ? Je m'imite pour vous et grâce à l'argent que je vous donne, et je ne vous donnerai jamais assez d'argent pour tuer en vous la fonction du comptable de l'économiste, j'assume dans l'agir artificieux de mes protocoles érotiques ce que vous assumez de fonctionnellement dans le non-agir artificieux de vos protocoles méthodologiques. Votre force, c'est que vous ne vous mettez pas en fait à l'abri de votre ordre professionnel et de votre théorie. Je peux ainsi vous parler d'amour sans danger, puisque vous n'y entendez rien, rien à quoi vous puissiez répondre.

Par rapport à ce qui est questionné ainsi sur le plan de l'amour et qui est fait pour ne pas nous concerner ou pour ne pas obtenir de nous de réponse, il y a l'autre versant qui est le versant de l'activité perverse, le versant d'un Éros épistémophilique. Certainement se dégage de l'accession de Pierre à l'érotisme, qu'il est toujours ouvert et disponible à ce qui viendra de l'autre induire en lui une possibilité, une curiosité nouvelle sur le plan de l'érotisme. Il y a une disponibilité particulière à la perversification. Tout se passe comme s'il lui fallait des indices d'investissement érotique, qu'il cherche dans la réalité extérieure qu'il va susciter et dont il va profiter chaque fois que s'en présentera un à lui nouveau. Par exemple, un homosexuel, du temps de l'adolescence de Pierre, le masturbe et lui montre des photos pornographiques, et c'est en quelque sorte, dans ce qu'il nous en décrit, la vision de l'église à l'envers. Dans le V renversé d'une femme en position génito-pectorale, au-delà des sentiers creux de l'anatomie, se profilent en un deuxième temps comme des clochetons renversés des mamelles pointées vers la terre, et cette image va devenir un point de fixation, une cartographie érotique, toujours efficace dans les recettes qu'il renouvellera auprès des prostituées.

C'est de la conjonction du plaisir éprouvé, toujours vérifiable, et de la géographie anatomique qu'il va rechercher ainsi, que va naître la quête de l'épistémophilie perverse. Désormais Pierre va être l'explorateur de tous les paysages, de tous les accidents de terrain, il sera l'arpenteur et le géomètre des zones érogènes d'une cartographie érotique, où il peut multiplier à l'infini l'incidence des prises de vue. Il semble que cette quête ne soit pas à elle seule de pure curiosité, ce semble être une exigence par laquelle il doit toujours repasser, celle de l'expérience de la réalité qui lui a montré à un moment donné qu'il n'était pas pareil aux autres, que la réalité n'était pas pareille pour lui qu'elle l'était pour les autres, et qu'il lui manquait justement cette dimension de l'investissement narcissique du désir ou de zones d'investissement dont il avait un besoin exigible et qu'il ne pouvait trouver que dans la réalité extérieure. Les jeux de miroir en sont la preuve et ils peuvent nous montrer comment est inséparable la question du *splitting* du sujet chez le pervers et la question du *splitting* de l'objet.

Entre autres recettes, il a en effet recours à des jeux de miroir avec les prostituées. Ces pièces, ces morceaux, ces indices de la sexualité infantile, du non-refoulé de la sexualité infantile témoignent, chez ce pervers, de premières fixations ne devenant ici que des éléments et des indices de réalité pour une visée tout autre, ce clivage de l'objet pour la possibilité du clivage du sujet. Dans un des miroirs, la laideur du moi spéculaire de Pierre n'est plus que masque, cachant l'absence d'un visage et ce, au moment même où le V renversé du paysage féminin n'est plus dans l'autre miroir ou dans le miroir du miroir que la négation dans un imaginaire pris à la lettre de la non-libidinisation du réel. Il y a toujours une autre scène, tout se passe pour Pierre comme s'il fallait le *substratum* toujours clivé en miroir, toujours redoublé en une *imago* d'une réalité scopique, pour fonder dans l'extériorité à tout discours et à toute intersubjectivité les conditions mêmes du désir.

En modifiant un peu la perspective et pour recouper cette notation par une autre, on peut dire que Pierre, en s'offrant d'être le voyeur comme il le fait quelquefois, s'installe à la place du tiers d'une scène primitive qu'il réédite inlassablement pour fonder et refonder toujours à l'état naissant et périssable la signifiance et la représentance de ce qui lui a manqué comme mythe, comme fantasme et comme mode d'introjection symbolique dans son enfance. Ce procédé de dédoublement de la représentation, cette dualité de l'acteur et de son rôle, des deux acteurs et des deux rôles, on les retrouve chez Lévi-Strauss dans l'analyse qu'il fait, dans l'*Anthropologie structurale*, du masque et de la problématique du masque, entre le graphique et le plastique, dans certaines sociétés primitives. Et c'est, semble-t-il, ce qu'est obligé de réinventer constamment le pervers pour n'être ni le masque ni le visage qui est sous le masque, mais d'être toujours, dans ce clivage, le lieu de recoupement à la fois du graphique traduit dans le visible, dans une sorte de poésie de l'optique et en même temps la plastique de la scène dont il donne les consignes à l'autre.

Ceci peut nous servir de transition pour évoquer les particularités de la fonction de l'autre pour le pervers et ce à partir de ce protocole opératoire de ce qu'il dit qui concerne transitivement le sujet et l'objet. Quand je dis transitivisme ici, transitivisme doit être pris uniquement comme ce qui préserve l'ambiguïté de l'expérience à partir de la multiplication des réversions optiques et des conversations imaginaires qu'implique toute introduction d'un double miroir dans une expérience. Cette instrumentation optique, soit réelle soit virtuelle, qui sert à appareiller l'expérience, a une fonction transcendantale par rapport à ce névrotique qui l'analyserait ou qui chercherait à en comprendre le mécanisme. Et elle a en particulier pour fonction de ne mettre dans le monde du pervers que des autres et jamais des sujets. Qu'est-ce que c'est que cet autre dont on parle quand on parle du pervers sans avoir à rappeler que, dans une certaine conception de l'analyse, on prétend que le pervers méconnaît l'autre. En fait, il le méconnaît tellement peu qu'il n'y a pour lui que des autres, et que lui-même est toujours un autre. Ce qui manque, c'est les sujets, ce n'est pas les autres, il n'y a que des autres.

Je dis là un certain nombre de choses que vous avez déjà entendues sur la structuration de l'Œdipe, du désir et de la castration, je voulais l'éviter pour en arriver au seul petit point qui m'importe ce soir. Ce qui, en général, dans l'aventure œdipienne est du côté du père, en tant qu'enjeu du désir et de la loi, est pour le pervers du côté de personne en particulier, encore que cette personne puisse être justement tous les particuliers possibles. En conséquence, c'est à l'intérieur de la situation binaire mère-enfant que va tenter d'être retrouvé dans une transposition l'autre du désir. C'est pourquoi l'expression préserver le pénis de la mère ne doit peut-être pas être ici prise autrement que dans le sens suivant : non pas préserver mais fonder dans l'autre, dans la femme autre, cet indice du désir d'autre chose qui a manqué dans la réalité du personnage maternel, pour autant que le personnage maternel ne semblait pas être dépositaire de cet *agalma* qui aurait favorisé le désir du père et qui aurait donné son relief à la présence paternelle.

L'autre du désir, c'est finalement pour Pierre ce qui circule entre les deux miroirs, pendant qu'il se fait caresser par une esclave payée. Cette esclave payée est faite pour échapper à l'amour et à la procréation et à être le dépositaire d'une consigne qui lui donne le rôle du maître. Elle n'est pas ce maître, mais le « personne » que Pierre voit d'elle dans le miroir ; ce personnage qu'elle ne peut pas voir en même temps que lui ou sous la même incidence aliène pour Pierre la prostituée dans une *imago* dont il se fait un dieu. Que la putain ne sache pas, au moment même où elle travaille, que le troisième miroir auquel elle ne pense pas de par cette lassitude professionnelle, fait d'elle le dieu inconnu d'un mystère qu'elle a renoncé à questionner, et c'est ce qui permet à Pierre de se célébrer lui-même comme terrain d'une jouissance passive qui l'envahira au moment même où, se faisant le chien dérisoire d'une chiennerie sur commande, il pourra célébrer la mère phallique inconnue dans le don qu'il fera à la figurante d'une image invisible à elle-même au nom d'une obole infortifiable. Il semble que le pervers ne puisse faire autrement que d'organiser la réalité scopique de telle sorte qu'il y trouve des éléments vicariants nécessaires à la structuration du désir, au-delà d'un désir inachevable.

Mais là un paradoxe apparaît cliniquement – dont G. Rosolato, dans une conférence sur le fétichisme, rendait compte en développant chez le pervers la bisexualité fantasmatique d'une androgynie équipollente : la constitution d'un univers de réciprocité totale, d'égalité sur un terrain commun, que soit invoqué celui du désir ou celui de l'amour. Il nous semble, à ce sujet, que le surgissement de l'orgasme pénien n'est pas pour lui signe d'une jouissance mâle, qui le mettrait à l'abri du danger de castration femelle au moment fugitif et intemporel d'une primauté de l'économique dans la jouissance. Je crois qu'à l'abri de la désubjectivation, qui écarte pour lui toute capture narcissique possible, le pervers, avec son pénis, accueille en lui la jouissance femelle de l'autre qu'il devient, à condition d'un clivage, tel cet autre patient qui éjacule passivement en voyant dans la glace la femme activement phallique qu'il paie pour s'abandonner à elle. Pour tel autre encore, qui est homosexuel, lui, et qui est amené à son partenaire dans le culte du beau pénis, le plaisir s'appelle bonheur, et l'organe sexuel fétiché se découvre à l'analyse comme le substitut visible de l'organe mâle qui manquait à la mère comme lieu de son désir. Le fétiche ne vient pas remplacer le pénis ou le rendre virtuellement inexistant, c'est le pénis qui sert de vecteur, d'instrument pour la fondation rétroactive de la chose invisible et non pénienne de la femme.

Est-ce qu'on peut dire ainsi qu'un pervers se voue secrètement, en y engageant son anatomie masculine, au culte de la femme qu'il n'a pas connue, comme dépositaire de ce désir du désir qui renvoie au phallus ? C'est tout au moins ma position actuelle. Il me semble que le pervers est, à ce moment-là, non pas de plain-pied avec un narcissisme phallique, mais qu'il n'est dans ses démarches que le restaurateur inconscient et altruiste du narcissisme féminin qui lui a manqué en sa génitrice À partir de quoi, s'il vient en analyse, la première expérience qu'on doit faire, c'est celle qu'a très bien soulignée Mlle Mondzain dans son rapport au congrès de l'École freudienne, c'est-à-dire le mode de présence réelle du corps du pervers sur le divan.

Il semble que la perception que nous pouvons avoir de ce mode de présence réelle d'un autre, qui nous prend nous-même pour autre, ce mode de présence nous est sensible pour autant que le pervers n'a pas dans l'analyse le désir de la demande de ce A qui serait du côté de l'analyste, tout en n'étant bien sûr pas l'analyste lui-même. Ce qui déconcerte, une fois que le pervers est en analyse, c'est que cette première phase de transfert, celle qui permet de savoir, comme on dit, que le patient ne partira plus, sauf erreur d'interprétation, cette phase où se dessine, chez le névrotique, le désir d'une demande, qui est justement la phase de narcissisation du transfert, cela n'apparaît pas de la même façon avec le pervers. C'est ainsi que, dans ce que je disais tout à l'heure, le pervers en donne plutôt plus qu'on ne lui en demande, il se ruinera éventuellement, fera éclater son budget, ou aura une inflation verbale ou une abondance de théories analytiques ou de confidences sexuelles pour aller au-delà de toute demande possible et pour occulter tout ce qui pourrait être point d'interrogation, pour que se dessine, dans le silence, la demande de l'autre.

Ce qui leur manque, en quelque sorte, au niveau du plus immédiat de ce qu'on peut en percevoir, c'est le respect. Qui de nous n'a pas connu cette expérience d'un enfant intelligent, qui vous interroge avec l'implacable de sa logique, à laquelle on ne sait pas exactement ce qu'on doit répondre et ne pas répondre, mais pour laquelle on se demande comment introduire en lui la dimension du respect. Le seul fait de poser la question amène à ne pas pouvoir y répondre. Mais quand je dis respect, je le dis au sens latin du terme, c'est-à-dire que *respectus* veut dire action de regarder derrière soi. À ce niveau, le respect, c'est le droit qu'un névrotique confère à un autre qu'il a idéalisé plus ou moins, droit de ne pas répondre à ce qu'il interroge en l'autre, autrement dit de permettre à l'autre de rester dans son silence le dépositaire de la loi du pervers. Et c'est finalement cette fois dans la parole, comme toujours indéchiffrable, que le névrotique dénote ce respect.

Et c'est, je crois, très exactement ce qui manque au pervers et qui nous donne le sentiment qu'il nous interroge dans notre savoir, comme dépositaire d'un système qui, à ses yeux, doit être aussi complet, aussi clos, aussi satisfaisant que le sien. Au besoin demandera-t-il à devenir analyste, en pensant qu'il peut, par l'intermédiaire de la science de l'armature complète du système analytique, accéder à une autre forme d'épistémophilie et de satisfaction, dont il projette sur l'analyste l'expérience qu'il en a dans son propre système. Ce que n'a donc pu faire le pervers, c'est le deuil du père, ou une certaine expérience du travail du deuil par rapport au père, au père du père. Cependant c'est évidemment celui de la procréation et de la génération, et c'est finalement celui qui donne accès au registre de l'éthique. Or ce qui frappe chez tel pervers ou tel autre et, à dire ainsi, ça peut prêter à rire, car dire à un pervers : « Vous ne respectez pas les valeurs de l'homme », ça a l'air tout simplement d'une naïveté, mais il y a là quand même un paradoxe, c'est de voir, dans l'analyse de certains homosexuels, ce culte de l'homme aimant l'homme pour l'amour de l'homme, de voir à quel point il y a, dans l'organisation même de leur réseau, quelque chose qui constamment dénie ces valeurs de l'homme propres à l'homme, c'est-à-dire au *vir* et pas à l'*homo* qu'ils sont en même temps en train de célébrer. Et ce que je disais tout à l'heure de l'identification inconsciente au corps féminin, de cette cause qui fait que c'est toujours de la jouissance femelle dont ils ont à jouir eux-mêmes pour en préserver la mère, fait que c'est finalement ça qui est d'abord à dévoiler en eux, c'est à quel point leur phallicisme est un phallicisme de façade, pour mieux préserver le mystère de cette femme au nom de laquelle et du narcissisme de laquelle ils jouissent, pour mieux les préserver elles-mêmes de cette jouissance.

Cette activité du pervers fait toujours problème, car j'ai été étonné de voir à quel point, une fois qu'on a situé l'acte pervers comme une création, le pervers s'affirme dans son activité perverse comme un autre s'affirme dans son activité professionnelle ou dans sa vocation scientifique, littéraire, artistique ou autre. C'est véritablement une activité du moi, et j'ai eu le sentiment qu'à travers la question de la sublimation, on pouvait saisir le registre où se passe l'acte pervers. Cela peut paraître paradoxal puisque toute la théorie de la sublimation nous ramène d'abord au problème économique de la punition sexuelle et de l'énergie psychique désexualisée. Dire que l'activité perverse est une sublimation est apparemment une contradiction. Je ne pense pas que ce soit au niveau de ce problème économique que nous puissions avancer un peu dans la théorie de la sublimation. Après tout, un autre point, quant à cette théorie, est aussi important, c'est tout ce que Freud en dit par rapport à l'identification.

C'est donc de nouveau en reprenant le problème du narcissisme, de l'identification de ce moment de désexualisation qui est le moment de rassemblement, de l'unification du sujet dans l'expérience du narcissisme secondaire, qu'on peut se demander ce qui se passe. J'avais avancé l'an dernier que, s'il y avait à ce moment-là désexualisation des pulsions (pour garder ces termes classiques), c'est, en fait, que ce qui était introjecté par le petit garçon narcissique, c'était très exactement la libido de l'autre, c'est-à-dire les structures signifiantes de la libido de l'autre, de la mère d'abord, et éventuellement du père, dans la mesure où il en a un. Autrement dit, la conduite sublimatoire, c'est-à-dire l'activité désexualisée m'apparaissait comme activité, au nom d'une libido qui n'est pas celle du sujet et qui est au service du moi du sujet à partir même de ses identifications.

Ce qui m'a semblé avec le pervers, c'est que l'activité perverse – permettant justement cette création, cette érotisation du réel au-delà de cette deuxième réalité dont je vous parlais tout à l'heure – se construit exactement comme une activité sublimatoire, à condition de comprendre que là où il y aurait chez le névrotique identification à une *imago* parentale pour un projet d'activité dite sublimatoire – c'est-à-dire non directement sexuelle, donc d'activité au nom d'une idéologie dans la durée même de cette activité –, c'est exactement ce mécanisme, semble-t-il, qui se produit chez le pervers à condition qu'on l'identifie à ce « personne » qu'est l'absence de cet Autre en tant que n'ayant rien demandé, n'étant pas le dépositaire de la demande. C'est en tant qu'il y a quand même besoin d'une organisation narcissique, tentative de sublimation, mais que cette sublimation ne peut trouver comme support identificatoire que « personne », que c'est à ce « personne », à cet autre qui n'est personne que s'identifie le pervers pour faire de l'activité sublimatoire quelque chose qui, loin d'aller vers une désexualisation, va vers la jouissance, et que la sublimation, le processus sublimatoire soit ce qui permet au pervers, à partir des avatars particuliers personnels de son existence, d'arriver à la jouissance ; paradoxe proposé pour que cette question que je ne fais qu'effleurer soit secondairement reprise avec plus de rigueur.

Mais de tout cela se déduit une question qui sera la question finale. Ce qui apparaît, une fois que le pervers est en analyse, est pour l'analyste une question. Prenons un névrotique au-delà de son symptôme, de l'infirmité où il est, quand, à l'assomption de son désir, on va voir se dévoiler son fantasme pervers, au-delà de l'angoisse de castration, la question sera justement de lui permettre d'assumer son désir en fonction même de l'analyse de son fantasme, selon l'algorithme $\$ \diamond a$. Et c'est dans la mesure où le *splitting* du névrotique reste inapparent, comme le dit Freud dans l'*Abrégé de psychanalyse*, que c'est vers ce *splitting* qu'il faut le conduire et vers la perception de l'objet de son désir, de l'objet *a*, jusqu'aux limites où il peut aller. On peut dire qu'il faut donner au névrotique qui n'a pas une structure perverse un certain début d'accès à ce que peut être, dans le registre propre de la perversion, l'expérience perverse elle-même. Ça ne veut pas dire qu'on pervertit le névrotique, mais qu'on lui ouvre, grâce à l'analyse de son fantasme – qui est, par définition, fantasme pervers –, qu'on lui ouvre une certaine dimension d'accès au désir, qui lui manquait au-delà de l'angoisse de castration.

Mais si le pervers est justement celui qui a eu d'abord et avant tout accès à cette deuxième réalité dont je parlais tout à l'heure, accès d'abord et primitif à la réalité de l'objet *a*, toute tentative de cure prendra la même direction et les mêmes visées que la cure des névrotiques, amènera en quelque sorte à une contradiction, s'il s'agit en effet d'amener le pervers là vers ce à quoi il veut échapper. Il veut y échapper pour autant que toute son activité est faite pour érotiser d'une façon ou d'une autre pas seulement l'acte sexuel, mais toute forme et toute quête d'épistémophilie, voire la plus authentiquement scientifique, pour éviter justement ce quelque chose qui a été pour lui une expérience primaire et radicalement promotrice de la nécessité en lui du désir, plus encore que chez le névrotique. Toute attitude de contestation vis-à-vis de sa position ne peut amener chez lui qu'un ressaut passionnel, si la passion est toujours cette extrémité où l'on en vient, si quelque chose qui est l'exigible pour un sujet d'une structure de désir est battu en brèche ou remis en question par un autre. Et il y a à étudier tout le niveau où le pervers s'organise et s'équilibre parfaitement, à condition que la contestation d'un autre sujet ne vienne pas en quelque sorte relativer ses propres positions et ne faire de lui qu'un autre parmi les autres ou un sujet parmi des sujets.

Finalement la position de l'analyste vis-à-vis du pervers est donc des plus délicates. Le système auquel l'analyste a à faire face est toujours un système totalitaire, ce sera soit le petit pervers avec ce versant épistémophilique sans doute, mais avec cet autre versant de religiosité et de quête d'un dieu qui donne naissance à toute chose, ou c'est quelquefois le grand pervers, qui, dans sa propre ambition épistémophilique, en venant à assumer la position de celui qui, confondant le désir et la loi, peut en venir à ces exemples de perversion totalitaire sur le plan des méfaits de la criminologie ou de la politique.

Alors, ceci n'étant qu'une incidence, et ce pervers étant devenu à lui tout seul ce grand demandeur qui lui a manqué, que peut-on faire pour l'amener au-delà de sa propre position, comment l'amener à transgresser la perversion ? Alors que la perversion apparaît au névrotique – celui qui n'est pas pervers – comme justement la transgression d'une position à retrouver, il est bien évident que ce n'est pas en moralisant l'analyse du pervers, comme certains ont voulu le faire, en édictant des interdits vis-à-vis du pervers, qu'on y arrivera. Mais il faut bien dire que toute cette érotisation de défense, comme on le lit, par exemple, chez Gillespie dans un article de 1956, à préserver – je parle un vocabulaire anglo-saxon – le *self* et l'objet, et avec cette condition du *splitting* de l'objet, pour le *splitting* du sujet, il est certain que toute cette activité perverse n'est elle-même qu'une défense contre une dernière transgression de l'Œdipe, la transgression de l'inceste, à savoir tout ce qui pourrait amener l'acte sexuel non pas à sa stérilité propre au nom d'une jouissance qui reste du domaine de l'ineffable, mais à quelque chose qui transgresserait les lois mêmes de la jouissance pour faire de l'au-delà de cette jouissance la naissance d'une parole.

Naissance d'une parole qui ne serait plus la parole du pervers pour autant qu'il parle fort bien, à condition de savoir qu'un certain niveau de contestation ne viendra pas ébranler son système, mais la parole qu'il créera, si finalement il enfante. Car finalement, ce à quoi résiste le plus le pervers, c'est à la problématique du père – non pas qu'il en ait eu ou qu'il n'en ait pas eu –, mais dans la mesure où il pourrait lui-même le devenir et faire de la jouissance non plus la sienne au nom de la femme, mais de la jouissance de la femme le siège même de quelque chose qui sera finalement la future parole de l'enfant – *infans* –, qui un jour le référera à la personnalité d'un père vivant. Il découvrirait seulement alors la chair qui se refait verbe au-delà de l'objet et du réel.

Une clinique psychanalytique de la perversion*

Psychanalyse de la perversion de la clinique.
Clinique de la perversion psychanalytique.
Chacun de ces titres a son sens. Il s'agit d'effet de sens, c'est-à-dire de quelque chose dont s'occupe la psychanalyse et dont Valabrega dernièrement cherchait à rendre compte en proposant la loi de retournement entre le fantasme et le mythe[1].

La dimension du mythe est celle que tout analyste se doit de ne pas méconnaître, lorsque, aux prises avec la théorie du signifiant, les constructions de l'*Ego psychology*, le modèle des stades pulsionnels ou tout autre aspect d'une conceptualisation admissible, il prétend rester l'anthropologue de tel groupe, de telle tribu qui trouve sa raison d'être et sa cohésion dans le dénominateur commun d'une formule dite vraie.

La dimension du fantasme est celle que tout analyste se doit de ne pas méconnaître, lorsque, au regard d'une idéologie, par exemple un niveau actuel de vérité scientifique pour un groupe donné qui trouve là sa raison d'être, il a à entendre la singularité du message d'un quidam pour s'intéresser aux aventures de sa libido confrontée, dès le premier jour, à la structure signifiante des mythes qui seront venus au berceau le vouer aux enchantements et maléfices des zodiaques narcissiques de géniteurs aveugles et plus ou moins inspirés.

---

* Conférence inédite, sans indication de date, établie par J. Sédat.

1. J. P. Valabrega, « Le problème anthropologique du fantasme », in *Le Désir et la Perversion*, Le Seuil, 1967.

Du côté du mythe – son versant bonne fille, toujours d'accord avec celui qui veut s'en servir et le raconter à sa façon –, on retrouve cette aptitude de l'homme à s'arranger des contradictions et béances irréductibles de son histoire, à se cuisiner son petit dieu personnel pour des paradis réparateurs.

Du côté du fantasme, c'est son aptitude au ni vu ni connu de la jouissance que l'on retrouve, lorsque à son insu il engage au service de la masturbation toute la métaphysique, toute l'ontologie de la logique du désir pour le statut érotique d'une subjectivation qui reste prisonnière d'une *imago* du corps.

Si vous aviez eu le temps de peser chaque mot de ce texte écrit à votre intention, vous pourriez en déduire ma version de cette théorie du narcissisme à laquelle je travaille depuis deux ans : le mythe du non-dialogue, les versants imaginaire et signifiant d'une bande de Mœbius qui ne serait pas monolatérale, le discours du névrosé en train de se garder de la parole de l'autre qu'il attend, parce qu'il a trop à faire entre son mythe personnel et son fantasme inconscient, tout comme Narcisse.

Quant à l'analyste, celui qui va chercher le sabre de papier de l'interprétation (à la fin de l'envoi, je touche) pour mesurer à son efficacité de parole le vrai de la théorie freudienne ou de ce qu'il en a reçu, mythe et fantasme, narcissisme et libido, demande et désir, pulsion et défense symbolique et imaginaire, amour et haine, etc., vont être les références qui l'amèneront tôt ou tard aux termes essentiels de la nosographie freudienne et plus particulièrement à ceux-ci : névrose de transfert et névrose narcissique ; et peut-être finalement, malgré tout, névrose actuelle.

Névrose de transfert, ça veut dire quoi ?

Névrose narcissique, ça veut dire quoi ?

Névrose actuelle, ça veut dire quoi ?

Ça veut dire tout ce que je viens de dire, plus le reste.

Mais la perversion ? Ce qu'on sait d'abord classiquement et avant tout, c'est que la névrose est son négatif[1].

Alors, puisque c'est quand même la névrose, le transfert narcissique ou actuel, qui dessinent les étapes et le champ de la découverte choisi ou imposé à Freud de ce qui lui vient de son aptitude à trouver et à entendre, que faire dans le registre freudien de cet opposé du négatif, la perversion ?

1. S. Freud, « La névrose est pour ainsi dire le négatif de la perversion », in *Trois essais sur la théorie sexuelle*, Gallimard, 1987, p. 80.

À ce niveau-là, les mots nous piègent. L'analyste est une sorte de radiologue : les plages blanches du cliché radiologique sont dans leur transparence le réel des ombres opaques aux rayons X.

Il n'a d'yeux que pour le filigrane. Une certaine fonction de la négation, de la négativité, joue à tous les niveaux dans l'ascèse analytique.

C'est là que l'effet de retournement est pure complaisance de l'esprit : tirez le positif d'une radio, vous n'en saurez pas plus et vous la trouverez illisible.

Dans ce piège du retournement entre la névrose et la perversion, beaucoup d'analystes sont tombés. À partir de la construction scientifique que représentent, dans l'œuvre freudienne, les *Trois essais sur la théorie sexuelle*, comme modèle d'une génétique pulsionnelle qui fonde les pulsions dans leur niveau mythique, il a été facile à certains de prendre au mot ce qu'il en est du principe de plaisir, pour faire de la perversion quelque aspect vétérinaire et instinctuel de la bête humaine prise à son éthologie comme l'épinoche ou le dinosaure.

Dès lors, si le pervers est un petit animal totalement embrigadé, faute de surmoi, par les sergents-recruteurs d'un impérialisme naturaliste, le psychanalyste de service se doit, au nom de la règle d'abstinence et des paradoxes économiques de la Bourse (Wall Street ou région scrotale), de gratifier son patient pervers d'un interdit entre guillemets (donc vachement symbolique et fonctionnellement éthique), pour être sûr que, dans le dialogue scabreux qui s'engagera peut-être et dont il ne sait rien encore, il aura au moins fonction d'idéal du moi.

Ceci, c'est une petite évocation caricaturale des rougeurs et pudeurs scientifiques de l'analyste envers le pervers.

Il y a moyen d'en sortir. Prenez trois concepts et le fil rouge du théâtre freudien, vous pourrez toujours vous en faire une ceinture de chasteté. Mais cet aspect connu du puritanisme analytique va, pour des raisons structurales, bien plus loin que ce qu'on pourrait en saisir comme sujet de raillerie.

Car, plus encore que le psychotique, le pervers lance le défi de l'épistémologie à la découverte freudienne.

On s'en rendra compte si l'on tente d'éprouver des termes de référence qui ne sauraient être inexistants pour nous en les soumettant à la problématique de la perversion.

Par exemple, le mot clinique.

À mon sens, ce terme est de toute façon le bastion d'une méconnaissance de la spécificité freudienne.

C'est un ci-devant blanchi, amnistié pour des complaisances du cœur. C'est Hippocrate traîné devant un tribunal révolutionnaire et acquitté par Freud au nom de l'humanisme médical.

Il n'est point terme plus ambigu que celui-là. Et lorsque nous en sommes conscients, nous n'avons pas le droit freudiennement de rester en repos vis-à-vis de ce concept.

Une clinique, c'est ce bâtiment qui se veut le temple d'une médecine qui aurait survécu à Molière.

Une clinique, c'est ce lit de la maladie où l'on couche le malade et tout en même temps ce lit du malade qu'on installe dans l'espace nosologique du mal.

Une clinique, c'est l'expérience de celui qui, en quête du réel de l'homme dans les recettes que la mort propose à la vie de son organisme, s'est trouvé devant un dilemme : se vouer à la biologie à travers des sujets ou se vouer à la question de cet autre sujet qu'est le malade au travers des signes de létalité que sa vie exhibe dans les protocoles de la souffrance.

Un vrai clinicien, c'est celui dont on sait qu'il ne se laisse pas plus piéger au langage tendancieux des symptômes d'un homme souffrant qu'il n'est fasciné et ne se conforte des modèles d'une nosographie.

En ce sens, c'est donc celui qui trouve dans le champ de la clinique raison de ne point s'assujettir ni à l'angoisse de son *alter ego* ni au savoir de la mort organismique qui le menace dans sa létalité de sujet permanent à lui-même.

Le signifiant à souligner à cette étape de l'exposé est celui qui s'écrit M.A.L.

Larousse, Littré ou Robert, ce mal, noir comme le *mélas*, nuisant et blessant, comme l'adjectif latin ou français, est aussi adverbialement ce qu'il ne faut pas : autrement qu'il ne faut.

Autrement qu'il ne faut pour la vie, le bonheur, l'ordre, la morale, la loi, la santé, ce qui nuit et qui blesse, c'est finalement le réel, la transgression, les maux pluriels de mal, la castration, la mort, la vérité.

Plus qu'un autre, c'est pour être contre cela que le médecin est attendu dans son rôle, qu'il est mis à sa place. Lorsqu'un quidam vient à cette place, il ne récuse jamais totalement ce qu'on appelle pour lui une vocation médicale, ce thème de l'oblativité qui certifie en notre époque la laïcité du sacerdoce.

Mais quelles que soient nos motivations à nous médecins (et l'honnêteté de Freud en a démystifié beaucoup), si ce personnage du thérapeute que nous assumons, supportons ou ne désavouons pas, parce qu'il y a des appels, des malades, des souffrants, des angoissés et que c'est l'appel qui fonde la vocation ou qui l'authentifie (étymologiquement *vocare* signifie appeler), si donc chacun de nous est amené à passer du désir au destin, parce qu'il y a des malades, des névrotiques et des psychotiques, qu'avons-nous à faire avec les pervers ?

Autrement dit, les pervers sont-ils réductibles à une classification nosologique, à un espace de maladie ? Sont-ils marqués par cette forme de nuisance, de blessure, qui, morale, physique, signifiante, réelle, imaginaire ou symbolique, crée, fait naître l'appel de l'homme à l'autre, et d'une façon privilégiée à ce personnage ambigu du thérapeute (voir le tableau de Magritte) ?

Je ne le pense pas. Il y a chez le pervers un certain style, une forme de non-appel à l'autre qui est pour nous à la fois source d'intuition diagnostique en même temps que défi ou affront à notre disponibilité.

Cette disponibilité qui sera curiosité, aptitude à se taire ou à questionner, envie d'entendre au-delà de l'écoute pour le désir barré du névrotique ou pour la subjectivité perdue du psychotique, devient avec le pervers l'inutilisable de notre présence à l'autre.

Ceci, à mon sens, est une expérience qui peut se retrouver à divers niveaux de notre discipline psychiatrique et psychanalytique.

Après tout, si nous n'avons pu créer d'autre vocable que celui de pervers pour témoigner de cette réalité humaine qui va de Gilles de Rais aux bourreaux nazis, en passant par l'exhibitionniste dérisoire de nos écoles de petites filles et le fétichiste inoffensif de nos matériels cliniques, n'est-ce point parce qu'il existe une constante entre les divers personnages et les divers tableaux cliniques ?

Cette constante n'est pas celle que nous retrouvons chez les psychotiques, qui en ont une autre.

Chez le pervers, s'il vient nous voir, c'est qu'il existe une demande et ce n'est pas celle du psychotique (tellement identifié dans son corps négativé ou son allégation délirante à la question de l'Être qu'il est tout entier cette demande qu'il n'exprime pas face à l'autre, qu'il ne constitue qu'à le nier).

La demande du pervers ne concerne que ce qui ne met pas en question sa perversion. Diverses modalités sont possibles.

Quant au registre du désir, il y a quelque chose de scientifiquement saturé, acquis, certain, qui n'a pas à être lancé sur le tapis vert d'un jeu dialectique, pour autant que rien n'est attendu chez l'analyste qui ne soit obtenu ailleurs et autrement.

Rien ne nous empêche, au point où nous en sommes, d'utiliser les termes de castration ou de loi, même si ces concepts clés nous apparaissent pervertis eux-mêmes, domestiqués ou usés par les plaisirs du dialogue entre analystes.

Le mal, disais-je, en en faisant le phonème pivot au regard à la fois de l'agression morbide des traumas du réel, de l'implacable de la loi, du trou de la mort, de la coupure du vrai, le mal, c'est finalement la loi, pour autant qu'elle introduit ce registre même qui nous permet, à l'inverse des animaux qui ne le savent pas, de nous savoir des bêtes. Le mal, c'est cette pulsion de conservation du moi, cet automatisme de répétition, cette pulsion épistémophilique, cette pulsion de mort. C'est cet au-delà de toute libido que Freud impose à sa théorie pour nous proposer ce que j'appellerai l'implacable de l'exigence de subjectivation chez tout être humain par rapport à l'immaîtrisable de la pulsion érotique.

Qu'on relise tout ce qui, chez Freud, touche à la pulsion de mort dans l'idée qu'il s'agit là non pas de la conservation du moi, mais de la fondation éternellement répétitive du sujet inconscient, permanent de par son indépendance envers tout signifiant privilégié. À relire la problématique de Freud avec cette clé, on y retrouvera l'insoutenable de ce qui fait brûler répétitivement l'œuvre de Sade.

Que Freud n'ait point étudié Sade, que Sade, aux dires de ses biographes fervents, ait précédé Freud, qu'importe ! Il est dans le projet freudien, comme dans le projet sadien, le même génie d'une liberté qui se fait loi.

La pulsion épistémophilique est-elle la même chez Freud et chez Sade ? C'est une fausse question. Elle est. Mais, que l'on prenne le pervers embastillé ou le vieux maître à l'âge où il tua Moïse et Jésus, quelque chose de la position subjective de l'un et de l'autre nous amène aux mêmes sommets. Il n'y a plus rien d'autre qu'une pulsion pour le noyau de réel, autour duquel gravite toute constellation de vérité. Pulsion-passion pour le réel.

Le réel fait signe au pervers*

La difficulté qu'il y a à étudier la perversion ne tient-elle pas au fait qu'il n'y a aucun acte pervers, décrit comme tel, qui ne puisse servir de matériau signifiant pour l'élaboration d'un fantasme chez le sujet non pervers ?

Voilà, à notre sens, une difficulté qu'il faut mettre en avant, dès lors qu'on veut apporter une contribution à la théorie des perversions sexuelles. De par la pratique de l'analyse, on sait que le déchiffrage du fantasme du névrosé dévoile toujours, à partir de la constance des mises en scène imaginaires et des rêveries érotiques qui étayent son économie libidinale, des « configurations dites perverses ».

Il s'ensuit de possibles malentendus pour la clinique et la théorie. L'un d'entre eux consiste à chercher du côté du pervers un champ probatoire, électif, pour la vérification de la métapsychologie freudienne de la pulsion et du désir. De ce fait, un autre malentendu survient souvent qui consiste à doter le pervers de la même intentionnalité érotique que le névrosé, en faisant simplement la différence entre une intentionnalité consciente chez l'un et inconsciente chez l'autre.

Le pervers deviendrait ainsi – et nos engagements culturels actuels le démontrent – le héros de la mise en acte et le militant de la transgression. Il serait celui qui, passant outre les interdits et les censures qui jouent chez le névrosé, donnerait une meilleure intelligence de la structure de l'inconscient que tout autre patient et fournirait les clés d'une théorie structuraliste de l'homme, par-delà l'impasse dénoncée

* Conférence à l'Évolution psychiatrique, 25 novembre 1969.

des sciences « humaines ». En proposant cette introduction, nous ne prétendons pas sortir du champ théorico-clinique où se rencontrent psychiatres et psychanalystes pour un progrès souhaitable au regard de la logique des paradoxes de la psyché, mais nous prétendons qu'ailleurs l'économie du savoir fonctionne autrement.

Grâce à l'efficacité à leur niveau de certaines idéologies actuelles, le voile peut être totalement ou partiellement levé sur le problème de la perversion et de la structure perverse. C'est le fait de notre évolution socioculturelle d'aujourd'hui en ses modes et slogans. De là la difficulté qu'il y a à tenir un propos théorique rigoureux sur la perversion, car l'étude se trouve grevée par une politique des concepts qui renforce l'autorisation que chacun se donne, hors les disciplines cliniques, de faire de la structure perverse un champ de références privilégié pour diverses démarches philosophiques et scientifiques.

On peut parler actuellement, sur divers plans, d'une vogue de la question de la perversion et de la structure perverse. À la limite, le pervers apparaît comme un extrémiste de la jouissance, comme le dieu noir des fascinants enfers de l'Éros dans ses rapports avec la mort. Fantasme peut-être du névrosé et de l'observateur clinicien qui s'en occupe, il devient en d'autres champs, en quelque sorte, le leader d'une nouvelle démarche épistémologique.

On constate en effet une alliance entre études cliniques et études littéraires. Le descriptif, voire le démonstratif de l'acte pervers, en tant que discours et écriture, s'offre comme le nouveau continent dans lequel les pionniers du savoir et du vrai découvriront les minerais inconnus permettant d'espérer une nouvelle chimie de la vérité de l'homme.

Longtemps la force des lois, des censures et des préjugés a exclu les pervers du domaine de la science et brûlé leurs livres.

Nous assistons à l'heure actuelle à un processus réactionnel à cet autodafé. Est-il pour autant libératoire ? Il suscite en tout cas une inflation des discours sur la perversion ; tandis qu'ailleurs les puissances économiques et les stratèges de la *Massenpsychologie* s'emparent du phénomène et s'appuient sur les idéologies qui le soutiennent, pour organiser scientifiquement le marché parallèle des transactions perverses et mettre Éros au service des subversions révolutionnaires.

Freud y est sans doute pour quelque chose. Si les défenses s'assouplissent et si les architectures sociopolitiques font l'objet d'analyses critiques et dialectiques, appuyées en particulier sur la mise en évidence de cette fonction de surmoi qu'ont nos idéologies afin d'alimenter autrement propagandes et publicités, c'est la référence à

Freud qui donne ses lettres de noblesse à nombre d'entreprises dont le savoir et la vérité ne sont pas forcément la finalité.

La référence au pouvoir des mass media, dans le cas de cette inflation, est à prendre comme telle ; nous n'avons pas qualité pour en aborder l'étude. Au regard de notre expérience d'abord théorico-clinique et freudienne, il nous semble simplement que ne s'impose que davantage la nécessité d'une vraie théorie de la perversion, face à ces lectures toujours nouvelles des secrets de l'homme, des envers et contre tous de l'homme, émanations d'un romantisme moderne et assez ambigu qui anime les apôtres d'une nouvelle libération au nom du principe, édifiant, d'une réhabilitation systématique et technique du banni, du condamné et du refoulé, ces trois termes étant mis sur le même plan.

Pour en terminer avec ce préambule, nous évoquerons encore deux points d'actualité : l'un du côté des difficultés et l'autre du côté des facilités.

La perversion et le projet d'une spécification structurale du pervers comme tel constituent un des embarras de la problématique psychiatrique actuelle. « Pour le psychiatre, notait Georges Daumézon dans un article récent[1], le lieu de la question sur la perversion est hors de la perversion ; le psychiatre devra rechercher les caractéristiques de l'état mental et l'éventualité de l'existence d'une maladie mentale, en dehors de l'acte. »

Si la visée de la médecine légale psychiatrique est l'identification des modes de transgressions pathologiques, c'est bien le concept même de maladie mentale qui est alors mis en question au regard de ce qui lui vient des structures et des énoncés de la loi. « Le psychiatre se trouve tout naturellement porté, écrit G. Daumézon, non à étudier la perversion, mais à rechercher la présence ou l'absence de signes concomitants de maladie. » La question qui lui est posée est celle-ci, au regard du concept de responsabilité : « Qu'en est-il de la possibilité ou non de résister au désir pervers ? » Ainsi (nous citons) : « Le psychiatre ne rencontre pas la perversion isolée ; tout au plus, dans le cadre de l'activité médico-légale, est-il sollicité de dire si cette perversion est, ou n'est pas, symptomatique d'une maladie qui la conditionne. Mais la situation médico-légale postule ainsi que la perversion pure n'est pas pathologique, puisqu'elle doit rester punissable. »

1. G. Daumézon, « Existe-t-il une sémiologie de la perversion ? », in *Recherches sur les maladies mentales*, Paris, 1961.

Nous soulignons cette phrase, parce qu'elle nous ramène à l'intuition enracinée d'une perversion naturelle à l'homme et combattue par l'éthique.

Sur l'autre versant, celui du psychiatre comme clinicien, G. Daumézon note encore une difficulté inéludable, celle-là même dont nous voulons développer la problématique : « Le psychopathologue risque, comme le psychiatre, de se laisser prendre au piège de l'analogie avec les structures névrotique et psychotique qui lui sont d'un usage familier. »

Les freudiens ne diront pas le contraire : dans le cas de la perversion, la référence à une organisation archaïque de la personnalité ne suffit pas en effet à rendre compte de ce qui est à percevoir et à situer.

À l'heure actuelle, tout psychopathologue s'appuie, au-delà des concepts relativés de dégénérescence et de « constitution » au sens absolu du terme, sur la notion freudienne de préhistoire et de psychogenèse de la personnalité. Or, cette notion n'est pas propre à la perversion, puisqu'elle est tout aussi vraie pour la névrose, la psychose et toutes les formes de psychopathies. La question se pose donc d'un facteur spécifique d'organisation, qui rendrait compte de la structure perverse.

Nous tenons à souligner ce dilemme du psychiatre, afin de montrer à quel point les problèmes auxquels il est confronté dans notre structure culturelle occidentale mettent en évidence la difficile question du rapport du pervers à l'autre. Que cet autre soit le biologiste ou le représentant de la loi morale dans un contexte donné, une notion de responsabilité vient insister, qui écartèle le psychiatre entre sa position médicale et sa fonction d'interrogateur d'un autre sujet que lui.

La responsabilité implique une aptitude à répondre de quelque chose ; donc une référence à l'autre. Or s'interroger sur la possibilité de « résister ou non au désir pervers » pourrait tout aussi bien nous conduire à une hiérarchie jacksonienne des structures neurobiologiques qu'à l'histoire d'un sujet, lorsque la formation de sa personnalité, de sa conscience morale, de sa volonté, etc. – autrement dit tous les concepts traditionnels de la psychologie et de la morale – sont conditionnés par les inductions signifiantes du milieu initial dans lequel il a vécu.

Que ces inductions fassent référence au bain de langage dans lequel est plongé l'enfant et qui détermine ses tentatives d'identifications à lui-même, à partir des signifiants qui le concernent du message paternel et du message maternel pour l'organisation d'une configuration œdipienne à la fois structurale et singulière, cela oppose aux notions d'hérédité, de constitution et de dégénérescence, le mythe parfois totalitaire d'une psychogenèse de l'être humain.

Longtemps les psychanalystes ont pensé que le terme de « Moi » leur permettait de créer une instance qui leur servirait d'argument pour évaluer ce qu'il en est « du responsable et de l'irresponsable ». Il y a des Moi forts et des Moi faibles.

Cette perspective, on en conviendra, tend à réduire aux configurations singulières de l'histoire de chaque sujet ce qu'il en est de son rapport à la « loi ». D'où une des impasses de la théorie du moi. À la limite, que le Zodiaque de chaque sujet soit référé à des configurations signifiantes, à l'économie des pulsions, au surmoi ou à des processus mendeliens, la question reste posée de l'aptitude d'un autre à mesurer la responsabilité d'un sujet.

Au-delà, ce qui manque à l'expert pour juger vient comme référence à la fois mythique et scientifique. C'est la syntaxe, la grammaire ou la langue d'un tiers autre qui, lui, pourrait être, selon d'autres principes et un mode d'entendement différent, le répondeur de la question de la responsabilité du sujet. Ce tiers autre fonderait le discernement des éléments d'une éthique sur une science absolue de l'homme, rémanence de l'humanisme soutenu par la neutralité bienveillante du psychanalyste.

Cet autre, nous pourrions l'appeler, comme Lacan, le sujet-supposé-savoir, en tant qu'il n'est personne.

Est-ce une bonne façon de démystifier ce mythe que de tenir compte de ce qui se définit maintenant comme démarche structuraliste ?

Un autre entendement suppose toujours un tiers, difficilement séparable, à partir de l'instance chez l'homme de l'intuition d'une *imago*, qu'elle soit anthropomorphisée ou construite sur le modèle d'une machinerie. Rappelons-nous les machines célibataires des surréalistes.

La démarche structuraliste est sans doute celle-là même qui fait objection à la prégnance des modèles et au pouvoir de l'intuition, pour rendre mieux compte du sujet par delà le cogito et la philosophie de la connaissance. Est-elle satisfaisante ?

De la position quotidiennement difficile du psychiatre, passons maintenant à celle secrètement facile du logicien et de l'épistémologue de la psyché. Nous dirons que le facile est ici dû… au pervers lui-même !

En effet ou bien le pervers est dans le vécu, l'innominé, voire l'innommable de son agir. Son destin identifié alors à la mécanique non langagière des pulsions ne se transmet pas dans le champ de la parole et de l'écriture. Ou bien il se situe et s'appréhende en un discours forcément différé, dont l'écriture est la trace non effaçable.

Nous ferons ici une remarque. Les survivants des camps de concentration n'apportent pas un témoignage direct de l'obscène de la torture corporellement vécue. Ils peuvent se faire dans un second temps les témoins, les idéologues, les philosophes ou les romanciers de la souffrance de l'être, mais ils n'en taisent pas moins la durée et le quantitatif de la douleur du corps dans le temps interminable de l'agonique et du non-espoir des prisons absolues du « vivre quand même ».

Peut-être la mise en parole est-elle impossible ou plus scandaleusement obscène que le réel extra-libidinal de l'horreur.

D'où une loi de silence, signe d'un au-delà indicible de l'angoisse chez ceux qui sont remontés à la surface, comme repêchés par la vie après l'arbitraire de survie du cadavre virtuel auquel les identifiait l'implacable processus d'une loi concentrationnaire.

Devant la fonction d'érotisation secondaire pour l'autre de la parole, se réserve ici ce que la libido humaine n'a pas le droit d'utiliser à ses fins propres, renarcissisantes.

Ceci n'est qu'une incidente, disions-nous ; mais elle permet d'évoquer l'écart entre une écriture sadienne, qui renvoie à un auteur, et les dossiers de l'histoire, qui renvoient à un greffier. On pourrait opposer par exemple les documents du procès de Gilles de Rais, comme témoignages de tiers sur l'acte pervers dans ses extrémités criminelles, et l'œuvre du Marquis de Sade. C'est l'intentionnalité de l'auteur ici en cause au niveau du discours qui permet de tenter une mise à jour des « structures formelles qui commandent ce discours dans son écriture même et d'y restituer sa logique propre ».

Parmi d'autres, Michel Tort s'est attaché à l'étude de l'œuvre sadienne. Un résumé de son article sur « L'effet Sade[1] » ne nous semble pas inutile pour la poursuite de notre propos.

Si l'on s'accorde avec la définition du structuralisme donnée par François Wahl, à savoir que, sous ce nom, se regroupent les sciences du signe et des systèmes de signes, on conviendra que l'œuvre de

1. M. Tort, « L'effet Sade », *Tel Quel*, 1967, n° 28, p. 66-83.

Sade est construite comme un appareil scientifique, dont les lois et l'action peuvent être mises en évidence.

Le principe organisateur de cette logique est dans l'imagination, qui est, depuis le modèle que propose la nature, l'organe de l'écart et de la différence. Ce modèle est le volcan, belle image de cette nature qui se prend à se transgresser elle-même. D'où un écart lisible dans la nature même comme champ de lecture.

Alors comment cet écart s'inscrit-il dans l'imagination ? Si l'imagination est miroir, elle est « faculté de l'esprit de l'homme, écrit Sade, où vont, par l'organe des sens, se prendre, se modifier des objets et se former ensuite ses pensées, en raison du premier aperçu de ces objets ».

Nous dirions, pour notre part, que chez le pervers « la réalité fait signe », comme on dit faire signe au conducteur d'un autobus. Nous sommes ici dans une perspective strictement structuraliste et l'analyse à laquelle Michel Tort soumet le texte des *Cent vingt journées* le démontre remarquablement.

« L'homme miroir est le lieu où vient s'inscrire, sous la forme d'un signe originaire, l'idiosyncrasie du sujet.

« C'est ce point d'impact du signe sur le sujet qui donne naissance à la marque distinctive par où il se spécifie. »

On connaît la tâche que se donne Sade d'une classification et d'une description visant à l'exhaustivité de toutes les formes de perversion.

Il relève ainsi « l'accrochage du pervers à la ténuité d'un signe ». Mais sa visée ne coïncide pas avec celle du lecteur qui chercherait en un tel discours le catalogue clinique de la perversion. La particularité de tout pervers n'a d'autre intérêt en effet que de présentifier, de faire surgir la différence à l'endroit des autres particularités. L'écart qui préexiste à l'homme dans la nature se redouble ici. Il est à la fois élément et relation entre éléments. Les particularités naturalistes du corps étant le seul type de singularités que Sade peut opposer à une théorie éthique de l'origine des passions, il construit une théorie optico-analytique de l'imaginaire qui, dans l'addition des singularités, par pure dénotation d'un effet d'organes précis, crée la totalité d'un système de signes auquel nul sujet ne peut finalement échapper.

Ce système peut être comparé, selon Michel Tort, à l'ensemble du système signifiant tel qu'il est théorisé par Lacan.

On conçoit dès lors que l'auteur ne s'accorde pas sur le terme de perversion avec l'usage qu'en font les cliniciens à partir d'un vocabulaire éthico-théologique, dans lequel, dit-il, la psychiatrie a puisé avec le plus intime sentiment de sa mission éthique. La perversion, comme écart par rapport à une norme, est perversion de cette perversion qu'est en soi la sexualité.

C'est pourquoi le discours sadien ne vise rien d'autre que produire un effet de pulsion spécifique. L'analyse de la surface tourmentée du corps en éléments fonctionnels minimaux, en « sexèmes », et sa partialisation, permettent d'assurer les opérations de totalisation, d'addition, de multiplication d'une véritable algèbre de la pulsion.

Nous remarquerons ici que cette analyse de l'œuvre de Sade, au fur et à mesure de son déroulement, se rapproche de ce qu'est la théorie structuraliste du sujet chez Jacques Lacan – le signifiant représente le sujet pour un autre signifiant. Nous ne critiquons pas cette démarche, mais elle nous semble insuffisante pour caractériser ce qu'est la structure perverse.

Bien sûr, au-delà de l'analyse du discours sadien, il y a l'évocation de son efficacité. Cette efficacité joue à deux niveaux, et d'abord à l'intérieur même du système et du tableau, voire de l'organisation de l'espace du protocole des *Cent vingt journées.* Chaque sujet s'efface tour à tour, dès que le signe particulier qui le concerne vient à l'atteindre. De l'élimination progressive de chaque pervers banal surgit le concept du monstre parfait. Loi et désir s'incarnent en lui au nom du souverain mal comme écart absolu. Nous voici encore dans le structuralisme de la subjectivité, en une axiomatique qui développe son écriture pour la réduction de tout corrélat subjectif.

L'autre niveau d'efficacité voulu par Sade lui-même, c'est la séduction du lecteur ; ce qui est sans doute son propre fantasme. Citons-le : « Sans doute beaucoup de tous les écarts que tu vas voir peints te déplairont, on le sait, mais il s'en trouvera quelques-uns qui t'échaufferont au point de te coûter du foutre et voilà tout ce qu'il nous faut. »

Son fantasme, note Michel Tort, c'est donc que tout lecteur trouve finalement sa place dans le tableau.

Cette remarque nous renvoie à notre question initiale : si le discours pervers ou le discours sur l'acte pervers peut être fantasme du sujet non pervers, qu'est-ce qui spécifie alors la perversion ?

Revenons à la théorie freudienne et à la clinique, mais dans une perspective critique.

Sur le plan théorique, concepts et explications sont bien connus, nous ne les détaillerons pas.

– La découverte de la sexualité infantile conduit à la notion de perversité polymorphe de l'enfant et à la théorie des pulsions partielles.

– L'étude du fantasme « Un enfant est battu » permet à Freud de récuser pour le pervers l'hypothèse d'un archaïsme pulsionnel, source d'une satisfaction directe par persistance de fixations infantiles et régression temporelle à une organisation précédant la fondation du surmoi. La perversion ne se comprend que comme élément d'articulation de l'Œdipe et de ses avatars.

– Dans l'article sur le fétichisme, c'est autour de la castration que se joue quelque chose de particulier au pervers. Ne supportant pas l'absence de pénis chez la mère, il investit le voile, c'est-à-dire l'objet valorisé comme illusoire, qui le ramène au stade précédant pour lui le dévoilement de la différence des sexes (c'est-à-dire à un autre niveau le lever de rideau sur la scène primitive). On pourrait dire qu'il déserte l'opéra juste avant que ne s'achève l'ouverture orchestrale et orchestrée de son lyrisme libidinal. C'est sur le rideau que, selon les mots de Lacan, se projette et se masque à la fois une relation symbolique ternaire : sujet, objet, au-delà.

Dans l'article sur l'*Ichspaltung, splitting* de l'ego ou clivage du moi, Freud propose une nouvelle interrogation, il ne sait pas, écrit-il, si ce qu'il avance, au soir de sa recherche, n'est que répétition d'un savoir ou accès à quelque chose de tout à fait nouveau.

Ce qui est ici en question, c'est la solution ingénieuse de l'enfant qui se crée un fétiche, tout en déplaçant sur son petit orteil, son angoisse de castration.

Ce bref rappel suffit à confirmer le caractère irremplaçable des concepts et modèles apportés par Freud et l'intérêt qu'il y a à les réinterroger à partir des démarches, acquisitions et propositions théoriques du post-freudisme.

On peut appeler pervers le développement pulsionnel de l'enfant, mais cette définition vient comme une comparaison qui suppose la connaissance préalable du fait pervers chez l'adulte. La perversité de l'enfant est ainsi une métaphore et une interprétation. Nous disions plus haut que le souci sadien d'une lecture érotisée de son œuvre ne définissait pas en soi la perversion. De même il n'est pas prouvé que les vrais pervers aient constitué la clientèle la plus importante de la récente foire pornographique de Copenhague.

« Un enfant est battu » n'est qu'un fantasme. Ce texte suffit-il à en déduire une théorie de la position perverse ? On sait en tout cas que Lacan s'est appuyé sur cette œuvre pour élaborer sa théorie du *fading* du sujet ($\$ \lozenge a$). Il a souligné la valorisation de l'image et la réduction, dans le fantasme, de la structure subjective de la situation. Sans doute peut-on s'inspirer de ce texte pour décrire le maintien à l'état pur des signifiants impersonnels dans une situation désubjectivée – perversion. Mais c'est là une théorie du fantasme et de l'autoérotisme. L'étude de Laplanche et Pontalis a apporté une contribution parfaitement éclairante sur ce point[1].

L'article sur le fétichisme est toujours à relire ; mais rend-il compte de la différence d'économie libidinale entre le pervers et le névrosé ? Pas entièrement à notre sens. Ici surgit la problématique de la castration largement développée et réarticulée aujourd'hui. Seul le complexe de castration, on le sait, peut apporter une solution positive à l'Œdipe. La perception par l'enfant (d'abord en position de phallus métaphorique de la mère) que le père est, de droit, possesseur de celle-ci avec un pénis suffisant, vient évidemment révolutionner la première conception du monde du petit garçon. Dès lors, ou bien il aura peur de son père et le haïra quelque peu comme castrateur de la mère, ou bien il créera un objet phobogène qui tiendra la place du tiers, si le papa est trop gentil. Dans l'un et l'autre cas, la fonction de la peur ou de la phobie sera le modèle même d'une coupure épistémologique. C'est la prise de conscience d'une insuffisance de son propre pénis au regard de son désir naissant qui déboutera l'enfant de sa première complétude narcissique et inscrira en lui le projet d'un nouveau regard, d'une curiosité, d'une découverte du monde et d'une revanche, qui appuiera en même temps l'instance de la transgression sur le mythe du père idéal et sur la tragédie œdipienne du père mort.

Une fois le conflit ainsi inscrit dans la dialectique œdipienne du désir, comme source de tout savoir et de toute vérité, la question n'est plus de repérer la « solution ingénieuse » du fétiche au regard des mesures d'évitement phobique, mais d'étudier la relation ou la non-relation entre ces deux procédés, qui visent l'un et l'autre, à leur façon et en un même sujet, à différer le moment de surgissement de la vérité.

L'article sur le *splitting* de l'ego soulève cette question, parce que Freud est devenu lui-même deuxième lecteur et autre interprétant de sa première découverte, au point de faire usage électivement de sa deuxième topique et de privilégier le concept de Moi. L'article sur l'*Ichspaltung* parle-t-il de solution ingénieuse au nom d'une intentionnalité ou d'un processus ?

1. J. Laplanche et J. B. Pontalis, « Fantasme originaire, fantasme des origines, origines du fantasme », in *Les Temps modernes*, avril 1964.

En d'autres termes, elle s'appuie sur le mythe d'une intentionnalité qui ferait le génie propre de ce petit ingénieur de l'évitement de la castration, lequel deviendrait alors pour la gloire scientifique le futur pervers.

C'est à ce niveau-là que nous avons repéré dans les théories post-freudiennes un certain nombre de malentendus qui persistent, quels que soient l'honnêteté et le souci méthodologique des auteurs qui ne récusent pas le défi que le pervers pose au psychanalyste.

Ce défi est noté comme tel ; mais on distingue mal dans les textes ce qui serait, par exemple, défi à la loi du père ou simplement défi à l'efficacité de la cure analytique, lorsqu'on se souvient que celle-ci a d'abord été inventée pour les hystériques… et à cause d'elles.

On pourrait ainsi écrire une phénoménologie du défi (de l'autre) perçue par l'analyste, qui éclairerait peut-être le sens profond de certains travaux par ailleurs honnêtes et documentés.

Il en est de même du terme de désaveu qui prétend traduire le concept freudien de *Verleugnung*. Déni, désaveu ou démenti, cela renvoie, selon les auteurs, aussi bien à l'horreur dite insoutenable de la castration, en tant que dévoilement d'une incompréhensible réalité qui agresserait l'œil pour tuer le regard, qu'à la récusation et à la méconnaissance de la loi du père, défini *a minima* comme celui qui fonde l'hypothèse de la castration de la mère pour l'enfant.

Autrement dit, dès qu'une clinique de la perversion se transpose et s'extrapole en un texte, le piège des mots, au travers des effets de style et des témoignages, joue à plein et pose à nouveau la question : parle-t-on du pervers ou du fantasme du pervers chez l'analyste ? Il faut bien reconnaître que n'importe quel névrosé un peu doué pour la littérature et l'expression verbale est capable de montrer que castration, défi, désaveu, non-allégeance et variations sur le thème du coït dit normal ne sont pas l'apanage du pervers.

Finalement peut-on parler du pervers ? Nous laisserons cette question ouverte… puisque nous parlons, à l'occasion de son existence. Nous avons cependant noté que le discours sur la perversion n'est pas la perversion.

Cela ne veut pas dire pour autant que le discours pervers n'existe pas. C'était une interrogation que Michel Tort posait dans son article. On connaît, dans les *Cent vingt journées*, la fonction des historiennes, des conteuses. À la fin de l'œuvre, la consigne qui leur est donnée d'une énonciation du discours pervers permet de démystifier la position de « subjectivation minime et postiche » qui leur est confiée par Sade. L'action comme fiction romanesque se démissionne elle-même. Il ne reste à la fin, au-delà de tout récit, lorsque s'épuise la combinatoire répétitive des scènes, qu'une comptabilité des possibilités de l'effet Sade. On en vient au squelette des nombres qui inscrivent le bilan. Ainsi tout est rentré dans le tableau, tout est rentré dans l'ordre, et, dirons-nous, il n'y a plus personne. Le projet sadien se voue ainsi à sa finitude muette : « Pur mouvement de l'écart qui se pense. »

Ici se pose pour nous la question de la fonction de la parole et du récit dans un certain nombre de protocoles pervers cliniquement définis. Alors que Michel Tort ne décrit le signe qu'en référence à l'écart et au signifiant, nous voudrions évoquer ce qui du discours du pervers, dans la littérature ou sur le divan, met l'autre au défi de son propre langage.

C'est une façon d'aborder, pour terminer, la problématique du 1 et du 2, du singulier et du semblable, de l'unique et du plusieurs, pour viser ce qui est abordable d'une théorie de la structure perverse.

Faisons une brève notation clinique. Le jaloux pathologique et le pervers (par procuration) peuvent s'entendre en une même demande adressée à la partenaire, que ce soit celle dont on suppose systématiquement l'infidélité ou celle qu'on délègue dans des partouzes pour en entendre secondairement le récit.

En prenant simplement la fonction de l'énonciation du mot ou de son écriture, nous parviendrons peut-être à montrer la double visée contradictoire du projet pervers.

« Dis-moi tout, donne-moi le menu détail de ce que tu as vécu et expérimenté avec un autre, pour une jouissance qui comme concept me fascine… » La femme, ainsi mise à la question par le quérulant de l'être de la jouissance *(gaudium)*, sait à l'avance qu'elle ne pourra pas s'identifier au mot qu'elle prononce ou qu'elle cherche. Le pervers ou le jaloux questionneur, à son su ou à son insu, provoque ainsi un effet de pudeur dernière ou la fonction même de la pudeur. Car, homme ou femme, personne ne peut réussir à coaguler dans des phonèmes l'être ou le désêtre du plaisir et la jaculation signifiante de l'être par l'autre et pour l'autre dans l'énonciation.

Le discours pervers ou pornographique n'est alors qu'un compromis un peu niais. On appellera chat un chat, con un con et bite une bite ; et pourquoi ? Le mot n'est pas la chose et la chose n'est pas le mot. La jouissance vient de *gaudium* ; elle est « plein pouvoir sur », elle est « entrée en possession de ». La chose, *Das Ding*, l'objet *a*, le reste déchu de l'être comme indice de son manque. Aucune de ces formulations n'est indifférente, mais elle peut être, chez le pervers, tentative de négation de la différence en sa négociation.

Amenez donc un patient en analyse à l'énonciation d'un phonème trivial, vous verrez, selon qu'il s'agit d'un schizophrène, d'un obsessionnel, d'un poète hystérique ou d'une vierge refoulée, que la fonction de cette énonciation sera tout à fait différente, et la vraie question se posera, non pas de ce qui est devenu audible pour l'autre, mais de l'usage qu'il en fera pour renvoyer un phonème en écho, pour rester dans le silence d'un enregistrement auditivo-signifiant, pour mettre son timbre de voix dans l'effet retour du même terme, pour fonder l'écart et la bisubjectivité ou provoquer érotiquement l'autre à son propre dire dans le redoublement, obscène en tant que redoublement, d'une énonciation perverse.

Plutôt que du côté des actes dits pervers, c'est à ce niveau de discours, de parole et d'écriture que nous voudrions maintenant redevenir clinicien et en donner témoignage.

Nous prétendons que le champ du désir, de la sexualité et du plaisir étant repérable comme une terre promise, le névrosé vient du Nord et le pervers du Sud.

Nous nous appuyons sur des observations cliniques pour noter en outre que nous n'avons jamais connu de névrosé qui ne soit un peu pervers ni de pervers qui n'amène pas à l'analyse une structure névrotique.

On peut dire ainsi que le psychotique est celui qui n'a pas réussi à être un peu plus névrotique et un peu plus pervers qu'il le faudrait pour qu'il n'ait plus besoin du délire.

Dépassons la fonction fascinante qu'a pour tout clinicien le désir d'un diagnostic. Tout élève analyste en contrôle s'enfermera dans le dilemme : « Mon patient est-il névrotique, psychotique ou pervers ? » Il faut admettre que tout contrôleur labellisé par l'institution de la théorie freudienne comme science ne sera pas libre, lui non plus, devant cette question. Après quoi, la psychanalyse y perdra sa possibilité d'advenir à ses inconnues.

Nous prétendons nous intéresser davantage à la coexistence en un même sujet des structures dites névrotiques et perverses qu'à isoler l'une ou l'autre de ces structures pour un témoignage édifiant sur l'aptitude de l'analyse à l'épistémologie.

1969

Sur la psychose

Hallucinations*

Définition et caractères généraux

« L'hallucination est une perception sans objet. » (Ball)

Aussi séduisante que semble cette formule classique, elle ne suffit pas à exprimer l'ensemble des caractères que la psychopathologie moderne recherche et analyse dans le phénomène hallucinatoire.

Symptôme commun à des affections mentales très différentes, symptôme variable dans ses modalités cliniques et étiologiques, discuté dans son mécanisme et sa signification, le fait hallucinatoire reste en réalité un des problèmes majeurs de la pathologie mentale. De nombreuses définitions peuvent sans doute être proposées ; leur multiplicité illustre justement l'importance des désaccords qui subsistent sur le plan doctrinal.

L'essentiel des discussions peut d'ailleurs se ramener globalement à deux conceptions opposées, reflet de cet éternel problème de la dualité ou de l'unité du corps et de l'esprit. Devant cette étrangeté pathologique qu'est l'hallucination, les tenants d'une psychiatrie neurologique mettent l'accent sur la participation nécessaire des appareils récepteurs, sensitivo-sensoriels, à la genèse de la pseudo-perception et veulent ramener celle-ci à un dysfonctionnement nerveux ;

* Cette fiche a été rédigée par François Perrier pour les « Fiches de pratique médicale » en janvier 1951, alors qu'il était interne des Hôpitaux psychiatriques de la Seine.

les partisans d'une psychiatrie autonome, au contraire, invoquant soit des mécanismes psychogénétiques, soit des processus spécifiquement psychopathologiques, soulignent la nécessité d'un trouble psychique global, primitif et prévalent, pour expliquer la naissance d'une hallucination et ramènent l'expression sensorielle à un retentissement secondaire qui n'a la valeur que d'un épiphénomène.

Il ne nous appartient pas, dans le cadre de ce court exposé, de prendre parti dans de telles considérations, non plus que de mettre en avant une définition qui resterait forcément incomplète et inexacte. Mieux vaut, semble-t-il, relever les éléments essentiels sur lesquels restent centrées les discussions et juxtaposer ainsi, faute de les pouvoir fondre en une formule, les caractères majeurs du fait hallucinatoire.

Lorsqu'un malade affirme avec conviction qu'un voisin malveillant « lui envoie des injures dans les oreilles », il rend compte d'une sensation auditive perçue, qu'il rapporte à une incitation extérieure à lui, et reconnue comme réelle. Dès lors, on peut étudier au sujet d'un tel trouble :

– un élément sensoriel, ou plutôt esthésique ;

– un élément d'élaboration psychique qui définit la perception en elle-même, avec ses deux corollaires :

  – l'extériorité conférée à l'objet perçu,

  – la croyance en la réalité de la chose.

Sans l'étude de ces quatre composantes, on ne saurait appréhender le phénomène hallucinatoire, ni en poser le diagnostic positif, différentiel, voire étiologique. Envisageons-les successivement.

1) Esthésie de l'hallucination

L'halluciné souligne constamment la réalité sensorielle de ce qu'il a perçu. Il affirma avoir vu, avoir entendu.

Dès lors, l'hypothèse la plus immédiate incline à rechercher, au niveau de l'appareil sensoriel correspondant à la fausse perception, la cause de l'erreur commise. On a ainsi longtemps parlé d'épilepsie des centres sensoriels (Tamburini). Seulement ce n'était là qu'une hypothèse, qui ne rendait compte que des hallucinations neutres ou élémentaires, sans expliquer la richesse et la cohérence idéiques de certains troubles psychosensoriels, sans expliquer non plus la croyance de l'halluciné à la réalité du phénomène.

Le mot sensoriel est par ailleurs un terme trop restrictif. Les acquisitions cliniques ont permis peu à peu de considérer comme hallucinatoires un certain nombre de troubles qui, dans leur mécanisme ou leur expression, mettaient en jeu, non plus l'ouïe, la vue, l'odorat, le goût, le tact, mais le système des afférences cénesthésiques ou celui des efférences motrices.

On connaît ainsi, par exemple, des hallucinations de la sensibilité intéroceptive viscérale, et des hallucinations motrices, ou plus exactement kinesthésiques.

Aussi, pour évoquer l'expérience sensible qui semble participer à l'hallucination, vaut-il mieux préférer le terme d'*esthésie* à celui de sensorialité.

2) Élément d'élaboration psychique

Une perception normale consiste à s'informer d'une donnée esthésique, à l'enrichir de tout un complexe de notions et d'images connues, lors d'une prise de conscience qui s'accompagne d'objectivation et confère à l'objet un caractère de réalité.

Quelle que soit l'importance du facteur esthésique, il y a chez l'halluciné une opération mentale du même ordre avec, en particulier, l'objectivation du tout perçu, considéré comme réel et étranger à la personnalité. Ce sont ces derniers points qui expriment le mieux l'originalité du fait hallucinatoire. Envisageons-les successivement.

3) Extériorité, caractère xénopathique de l'hallucination

Le malade rapporte au monde extérieur sa perception hallucinatoire. Il s'agit parfois d'une projection spatiale précise. L'alcoolique, en crise de delirium, situe ses zoopsies terrifiantes dans la pièce qu'il occupe, le persécuté oriente ses voix dans l'espace. Dans d'autres cas où l'élément esthésique reste latent ou discret (hallucinations verbales kinesthésiques, par exemple), ce qui caractérise l'halluciné, c'est qu'il refuse d'admettre néanmoins le phénomène comme subjectif, et le ressent comme étranger à sa personnalité, comme « *xénopathique* ». Ce caractère xénopathique apparaît, en général, comme un des critères d'authenticité de l'hallucination et représente, pour beaucoup d'auteurs, l'argument qui subordonne l'hallucination à un trouble psychique primitif, amenant une scission du moi, une dépersonnalisation partielle, avec éclosion de sentiment d'automatisme.

4) Croyance en la réalité du phénomène

Cet élément, étroitement lié au précédent, apparaît, selon les tendances qui prévalent actuellement, comme constant par définition. On parlait autrefois d'hallucination consciente ; on tend aujourd'hui à éliminer les troubles psycho-esthésiques critiqués par le malade, reconnus par lui comme fantasmatiques, du cadre des hallucinations vraies, pour les réunir sous le nom d'*hallucinose.*

L'hallucinose, selon Henri Ey, correspond aux troubles psychosensoriels qui se présentent « sous une forme isolée, partielle, ou avec une durée brève, sans être intégrés profondément à des états psychopathiques, et sans bouleverser la personnalité ou le système des croyances du malade ».

Il s'agit en général de phénomènes relevant d'une lésion neurologique, telle l'hallucinose visuelle de certaines lésions pédonculaires, telles les visions panoramiques de l'épilepsie temporale. Quel que soit leur intérêt pathogénique et doctrinal, nous laisserons de côté l'étude de ces troubles pour n'envisager désormais que les « hallucinations vraies ».

Celles-ci entraînent en général la conviction absolue, irréductible, du malade, la conviction de l'expérience vécue, rebelle à toute argumentation. D'aucuns en tirent argument pour souligner la prévalence du facteur esthésique facilitant l'objectivation et la croyance ; d'autres soulignent au contraire la nécessité d'un état délirant primitif pour expliquer un trouble de jugement, irréductible et imperméable à toute critique.

Ainsi appréhendée dans ses caractères généraux, l'hallucination doit encore être séparée de deux sortes d'erreurs psychopathiques, souvent voisines et difficiles à différencier : l'illusion et l'interprétation.

L'illusion n'est pas une perception sans objet, elle n'est qu'une perception erronée, dans laquelle la donnée sensorielle présente une réalité objective. Seules l'identification et la prise de conscience sont entachées d'erreur. Ainsi, à partir d'une tache sur un mur, l'illusionné créera un animal, par déformation d'une sensation authentique. La différenciation d'avec l'hallucination est souvent malaisée ; d'ailleurs, ces deux troubles coexistent fréquemment dans un même état psychopathique (onirisme).

L'interprétation est un phénomène purement psychique, sans erreur perceptive. Ainsi, la tache sur le mur deviendra, par exemple, pour l'interprétant, la preuve d'une malveillance voulue, mais elle sera perçue en tant que tache. La différenciation entre hallucination et interprétation se pose surtout sur le plan auditif. Le persécuté, rapportant des phrases entendues par lui, peut présenter des perceptions sans objet, mais peut aussi, par mécanisme interprétatif, capter les mots d'une réelle conversation pour alimenter son thème délirant.

Seul un interrogatoire approfondi peut, dans de tels cas, trancher le dilemme et préciser le diagnostic.

Variétés d'hallucinations

On divise classiquement les hallucinations en sensorielles, cénesthésiques et motrices ; les plus couramment rencontrées étant les manifestations visuelles et surtout les hallucinations verbales. Ces dernières ont donné lieu, de par leur intérêt et leur complexité, à la majorité des recherches et des discussions ; leur étude apparaît, en effet, étroitement liée au problème du délire et de l'automatisme mental ; elles sont, par ailleurs, soit sensorielles, soit motrices. Aussi grouperons-nous en un dernier chapitre les données essentielles sur les rapports du langage et de l'hallucination, après avoir préalablement décrit les hallucinations visuelles, olfactives, gustatives, sensitives et motrices élémentaires.

a) Hallucinations visuelles

On décrit classiquement les hallucinations élémentaires (couleurs, flammes, ombres vagues) qui sont bien souvent des phénomènes hallucinosiques, et les visions plus différenciées qui appartiennent en général à des états psychopathiques.

Nettes ou confuses, grandes ou petites, fixes ou mobiles, parfois cinématographiques, les images hallucinatoires sont perçues soit les yeux ouverts, soit les yeux fermés, de jour ou de nuit.

Mises à part les visions hallucinosiques relevant d'une cause neurologique (tumeurs temporo-occipitales, épilepsie temporale, hallucinose pédonculaire), les hallucinations de la vue sont en général liées à un état d'*onirisme*, c'est-à-dire de rêve pathologique se produisant dans un état second dont les causes sont diverses.

Il s'agit le plus souvent de *confusion mentale*, état d'hébétude, de désorientation, dissolution partielle de la conscience vigile, dont les causes sont essentiellement toxiques et infectieuses.

Au premier plan, citons l'intoxication éthylique avec les zoopsies terrifiantes du delirium tremens. Les visions d'animaux seraient dues à la projection dans l'espace d'un scotome central d'origine toxique, interprété par l'éthylique confus comme formes menaçantes (Morel).

C'est là un cas particulier, et dans beaucoup d'autres formes de confusion mentale (psychose coli-bacillaire, délire aigu, psychose puerpérale, etc.) où l'onirisme se traduit par de riches visions de rêves projetées dans l'ambiance anxieuse du malade, le substratum optique des hallucinations n'a pas été retrouvé.

Autre état second, l'extase qui se produit dans certains états de grande hystérie permet l'apparition de visions divines ou démoniaques, affirmées comme réelles par une névrosée qui veut ignorer le caractère manifestement conventionnel de l'imagerie pieuse qu'elle a projetée dans l'espace.

Dans les psychoses chroniques, les hallucinations visuelles sont plus rares. Elles viennent souvent en association avec d'autres troubles psychosensoriels.

b) Hallucinations de l'odorat et du goût

Elles sont beaucoup moins fréquentes et restent peu différenciées. Le plus souvent pénibles, elles illustrent surtout, soit les délires de persécution, soit les délires hypocondriaques. Ainsi certains malades perçoivent-ils des odeurs nauséabondes, des gaz asphyxiants, envoyés par leurs ennemis ; ainsi découvrent-ils la saveur spéciale du poison dans leurs aliments. D'autres, hypocondriaques, attribuent aux goûts et odeurs une origine endogène et en font les symptômes de maladies incurables et de décomposition organique.

Ces hallucinations ressortissent ainsi à des psychoses mélancoliques ou des délires systématisés chroniques.

c) Hallucination de la sensibilité

Il s'agit de phénomènes souvent difficiles à rattacher à l'hallucination vraie, dans la mesure où l'irréalité d'une paresthésie est quasi impossible à prouver. C'est alors d'illusion qu'il conviendrait de parler, ou d'interprétation délirante.

Dans le domaine tactile, le malade peut accuser des sensations anormales (fourmillements, contacts désagréables, frottements, piqûres, prurit, etc.) et les rapporter *xénopathiquement* à des corps étrangers, des vers, des araignées, des courants électriques ; ce qui, en l'absence de troubles de la sensibilité, devient hallucinatoire.

Citons comme fréquentes et variées les hallucinations génitales, douloureuses ou voluptueuses, qui s'insèrent soit dans le cadre d'états oniriques, soit dans celui des délires systématisés, avec souvent de riches interprétations secondaires et l'utilisation par le malade de moyens de défense pittoresques.

Dans le domaine de la cénesthésie, les hallucinations revêtent un intérêt particulier. Étymologiquement, la cénesthésie est la sensibilité commune, et le terme est utilisé couramment pour exprimer la sensibilité viscérale vague ou intéroceptive.

Les hallucinations intéroceptives s'expriment diversement, soit par des idées de négation d'organes, de pétrification interne, de transformation viscérale, soit par l'affirmation de douleurs bizarres, de corps étrangers à type d'animaux rongeants, d'êtres surnaturels, de fœtus morts, etc.

Mais la cénesthésie est en réalité bien plus que la sensibilité viscérale, elle est un « éprouvé global » (Guiraud), résultante d'un tonus nerveux physiologique dans lequel on ne sépare qu'artificiellement l'ensemble des afférences sensibles et des attitudes motrices internes, kinesthésiques, qui leur sont liées.

Séglas avait vu dans cet éprouvé global le fondement de la personnalité et, dans ses troubles, la source d'altération pathologique du sentiment d'être, l'altération de la personnalité.

d) Hallucinations motrices

Elles peuvent n'être qu'élémentaires, partielles : perception de mouvements imaginaires d'un segment corporel ; ou parfois plus différenciées : saut, marche, préhension d'objets, etc.

Ces phénomènes s'inscrivent dans le cadre de troubles du *schéma corporel*, illustrés en particulier par le curieux syndrome du *membre fantôme*, étudié chez les amputés et chez certains malades neurologiques. Ces sujets perçoivent les mouvements d'un segment corporel disparu, ou d'un membre surnuméraire, et les localisent dans l'espace, sans critiquer, même secondairement, leur erreur perceptive kinesthésique.

De même nature apparaissent certaines hallucinations du langage, chapitre que nous allons maintenant aborder.

e) Langage et hallucination

C'est au sujet des hallucinations verbales que se pose l'essentiel des problèmes neuro-psycho-pathologiques que nous évoquions au début de cet exposé. On le comprendra aisément si l'on veut brièvement analyser la différence de nature et de complexité entre une représentation visuelle et une représentation idéo-verbale.

Dans le premier cas, il s'agit d'un fait psychique relativement simple, de par ses rapports directs avec une réalité extérieure, concrète et spatiale. Dans l'autre cas, au contraire, il s'agit d'une expérience psychique complexe, mettant en jeu, avec son support auditif, visuel ou articulo-moteur, un symbolisme verbal intimement lié à la pensée qu'il exprime, donc au psychisme tout entier dans ses composantes intellectuelles et instinctivo-affectives.

C'est pourquoi l'étude de l'hallucination verbale reste liée, quoi que l'on fasse, à l'étude du langage intérieur, à celle de la personnalité dans ses modifications morbides, à celle du délire, en un mot, à tous les problèmes de psychologie normale et pathologique.

Pour en rester cependant au seul domaine des faits cliniques, disons que l'analyse sémiologique amène à distinguer dans les hallucinations du langage des phénomènes psychosensoriels et psychomoteurs.

1) *Les phénomènes psychosensoriels* ont été les premiers et les mieux connus. Ils sont rapportés par le malade comme réellement auditifs et prennent ainsi pour lui la valeur d'une expérience vécue. D'après le niveau intellectuel et mental et le degré d'évolution psychologique de l'halluciné, d'après la précision, la richesse et les particularités de son thème délirant, on se trouve en présence de modalités auditives diverses. Le malade décrit ainsi des voix mystérieuses ou connues de lui,

voix sourdes ou claires, proches ou lointaines, multiples ou uniques, dont il cherche à justifier l'existence en invoquant diverses explications secondaires ; radiophonie, phonographie, spiritisme, magnétisme étant les mécanismes les plus couramment mis en cause.

Notons la possibilité d'*hallucinations unilatérales* que le malade prétend ne percevoir que par une oreille, et l'existence d'*hallucinations bilatérales* antagonistes, soumettant l'aliéné à un véritable dialogue contradictoire dont il est l'auditeur forcé.

Nous signalerons la fréquence des phénomènes auditifs chez les sourds, ce qui permet de supposer dans certains cas la réalité d'une lésion sensorielle, d'abord à l'origine de bruits subjectifs dans les otopathies, lesquels, amplifiés, enrichis et interprétés, deviennent finalement matériel verbal.

Les hallucinations auditives se manifestent le plus souvent dans les délires chroniques à thème de persécution. Le malade se plaint d'entendre des injures, des obscénités, des allusions péjoratives à sa vie privée, familiale ou sociale ; souvent aussi, il est l'objet de menaces plus ou moins inquiétantes ; parfois enfin, il se dit soumis à des ordres malveillants, en contradiction avec ses opinions et ses croyances. Infiniment plus rares sont les voix amies, prêchant le bien, et distribuant louanges ou conseils altruistes.

Un phénomène capital et fréquemment rencontré est celui de l'*écho de la pensée*. Le malade a l'impression qu'on répète à son oreille tout ce qui lui vient à l'esprit, jusqu'à ses pensées les plus intimes. Souvent par la suite, on commente ce qu'il pense et ce qu'il fait. Il a ainsi la conviction d'être soumis à une surveillance incessante, d'être contrôlé, deviné, dépouillé de sa personnalité et de son libre arbitre ; ce qui s'objective bientôt pour lui lorsque des commentaires, « on » passe aux ordres, lorsqu'on lui impose des pensées et qu'on le dirige dans ses actes.

Ces troubles sont, dès lors, liés à un sentiment profond d'automatisme psychique dont les manifestations hallucinatoires peuvent être non seulement auditives, mais également psychomotrices.

2) L'essentiel de la description des *phénomènes psychomoteurs verbaux* est dû à Séglas. Dès 1888, cet auteur montrait l'origine motrice de certaines hallucinations du langage, et soulignait en particulier la nature kinesthésique des troubles décrits par Baillarger, sous le nom d'*hallucinations psychiques*. Celles-ci correspondent à ces phénomènes de pensée, ressentis comme étrangers par un malade qui perçoit des voix intérieures non sonores, non sensorielles ; « voix de tête » qu'il

sent en lui plus qu'il ne les entend. Séglas montra que ce phénomène correspondait, dans la majorité des cas, à l'ébauche de mouvements d'articulation inconscients, enregistrés par le malade sous forme de perceptions kinesthésiques, chargées de la signification idéique des mots engendrés.

Ces hallucinations verbales kinesthésiques constituent une des modalités essentielles de la pathologie du langage intérieur. Elles s'inscrivent à l'extrémité d'une gamme d'automatismes verbo-moteurs qui vont des kinesthésies inconscientes aux élocutions impulsives ou onomatomanie.

Les plus nuancés de ces phénomènes sont inconscients. Dans les hallucinations psychiques – auto-représentations aperceptives de Petit (1913) – le malade parle, non de paroles, mais de pensées, sans percevoir, dans bien des cas, l'attitude motrice interne qui sert de support à l'expression de son langage intérieur ; ces attitudes articulo-motrices, dont il a la perception kinesthésique, lui apparaissent comme indépendantes de sa volonté. Elles font irruption en lui comme phénomènes étrangers et rapportés à une puissance extérieure.

À un degré plus fort, l'halluciné a l'impression qu'on parle dans sa gorge, avec ses propres organes de phonation. On constate d'ailleurs souvent, à un examen attentif, l'existence de légers mouvements labiaux, lors des phases d'hallucinations. En leur absence, le laryngographe a inscrit parfois la réalité de phénomènes moteurs latents qui n'émergent pas en une expression orale.

Une étape de plus, et l'articulation devient consciente. L'aliéné se livre à des discours qu'il ne contrôle pas. Il prétend être inspiré par une force supérieure dont il est le serviteur involontaire ; il devient ainsi, par exemple, l'interprète de Dieu ou d'esprits désincarnés. Il se plaint, dans d'autres cas, d'être forcé à parler par des puissances mauvaises qui lui mettent dans la bouche des obscénités ou des injures.

Quant aux impulsions verbales, elle se rapprochent souvent plus de l'obsession que de l'hallucination ; un sujet, par ailleurs non délirant, se sentant contraint de prononcer, de « cracher » certains mots qu'il sent en lui comme des corps étrangers.

Tous ces troubles psychomoteurs verbaux ont en commun d'utiliser les « images motrices du langage » (pour s'exprimer en termes de psychologie atomiste). Il ont en commun également d'être ressentis comme étrangers à la volonté et à la personnalité du malade, et c'est ce caractère xénopathique qui les fait entrer dans le cadre des hallucinations. C'est lui aussi qui autorise à lier leur étude à celle du délire, dans le cadre clinique des syndromes d'influence et d'automatisme mental.

Et dès lors, rapports de l'hallucination et du délire, d'une part, fondement neuropathologique d'un trouble du langage, d'autre part, réapparaissent, pour les phénomènes psychomoteurs, comme les points essentiels d'un problème déjà envisagé pour les troubles psychosensoriels ; c'est le problème de l'existence primitive d'un processus organique localisé, le problème de la précession éventuelle d'un état de dépersonnalisation sur une expression psychomotrice considérée comme épiphénoménale.

La pensée de G. de Clérambault, depuis 1920, avait emporté, de par sa puissance, l'adhésion de beaucoup. Le *syndrome d'automatisme mental* de cet auteur s'explique par l'hypothèse mécaniciste d'une idéation néoplasique et autonome, d'abord neutre et athématique, puis progressant par un processus d'ingérence serpigineuse jusqu'aux zones sensivito-sensorielles et motrices. Le délire n'est alors qu'une construction intellectuelle secondaire, justifiant un dérèglement organique.

À l'opposé, la théorie de Henri Ey, qui condamne ce mécanisme/mécanicisme outrancier, tend actuellement à subordonner l'hallucination à une altération préalable de la personnalité, dans le cadre de la théorie jacksonnienne des hiérarchies fonctionnelles et des niveaux de dissolution. L'expression hallucinatoire, illustration d'un délire, correspond alors à la libération d'un mode de pensée primitif, normalement inhibé par des instances psychiques supérieures.

Entre ces deux extrêmes, la conception de Guiraud fait mieux la part du facteur esthésique de l'hallucination, sans nier la prévalence habituelle d'une altération psychique. Cet auteur, se réclamant d'un monisme à double courant somatique et psychique, invoque l'hyperesthésie des « *écrans sensoriels* », lesquels entreraient en résonance, lors de certains délires, pour « esthésifier » la pensée xénopathique.

Nous nous garderons de conclure en un tel débat. Bornons-nous à souligner le danger de vues trop fragmentaires qui sépareraient l'étude des phénomènes hallucinatoires de l'étude de leur contexte clinique, pour la seule justification d'une hypothèse neurologique. Les tendances actuelles de la psychologie et de la psychiatrie rejettent d'ailleurs, dans leur ensemble, ces anciennes conceptions atomistes et mécanicistes qui voulaient rapporter toutes les fonctions mentales à leurs localisations anatomiques, qui tendaient à transformer l'encéphale en une mosaïque de postes fonctionnels plus ou moins autonomes et différenciés, qui inséraient dans les circonvolutions cérébrales, comme en des casiers, une multitude d'images sensitivo-sensorielles et motrices, toutes prêtes à fabriquer une pensée automatique par déclenchement autonome.

Les conceptions actuelles rétablissent l'unité dynamique du fonctionnement psychique, de même qu'elles s'écartent de plus en plus des philosophies dualistes, pour se réclamer d'un monisme plus scientifique qui considère comme des expressions d'une même réalité vivante le somatique et le psychique.

Le fait psychopathique et, plus particulièrement, le fait hallucinatoire ne sauraient plus être appréhendés sous un seul angle de vue. Dans leur déterminisme, facteurs neurologiques, tendances instinctivo-affectives, processus intellectuels jouent chacun leur rôle, pour fonder ensemble l'originalité du phénomène pathologique.

Pour en revenir au domaine clinique, et ceci, à titre de conclusion générale, nous soulignerons la nécessité, lorsqu'on se trouve en présence *du symptôme hallucination*, d'insérer celui-ci dans un cadre nosologique, et ce, dans un but pronostic. On sera alors amené à distinguer trois ordres de manifestations : des phénomènes hallucinosiques, qui évoqueront la possibilité d'une affection neurologique ; des hallucinations oniriques, liées le plus souvent à un état de confusion mentale, dont elles ont le pronostic fréquemment favorable ; enfin, des hallucinations psychopathiques, qui viendront enrichir et assombrir le tableau d'une de ces psychoses à évolution chronique, si souvent rebelles aux efforts thérapeutiques.

1951

Paranoïa*

Sous le titre de paranoïa, l'auteur allemand Kraepelin a décrit un groupe de délires chroniques caractérisés « par le développement insidieux, sous la dépendance de causes internes et selon une évolution continue, d'un système délirant, durable et impossible à ébranler, qui s'instaure avec une conservation complète de la clarté et de l'ordre dans la pensée, le vouloir et l'action ».

Kraepelin devait éliminer du cadre de ce groupe nosologique les délires hallucinatoires, pour les classer soit avec les démences paranoïdes – variété de démence précoce – soit avec les paraphrénies, psychoses où un délire exubérant et mal systématisé se développe sans désagrégation de la personnalité. À noter encore un caractère essentiel de ces délires paranoïaques : l'évolution chronique sans acheminement vers la démence.

En France, à la suite des travaux de Magnan, c'est à Sérieux et Capgras que l'on doit la description de délires systématisés chroniques non hallucinatoires, équivalents de la paranoïa de Kraepelin. Le délire d'interprétation qu'ils individualisent à côté du délire de revendication et du délire d'imagination est, notons-le, seul synonyme de paranoïa pour certains. En fait, quelle que soit la classification nosologique à laquelle on se réfère, l'étude des systèmes délirants à mécanisme de revendication ou d'imagination reste inséparable de l'étude du délire d'interprétation, tant pour marquer les différences qui défi-

* Cette fiche a été rédigée par François Perrier pour les « Fiches de pratique médicale » en janvier 1952, alors qu'il était chef de clinique à la Faculté de médecine de Paris.

nissent ces types cliniques que pour souligner leur parenté sur le pan psychologique ou structural. Les auteurs contemporains insistent sur cette parenté ; qu'elle s'exprime, pour Henry Ey, dans les éléments structuraux qui caractérisent les psychoses paranoïaques, systématisées, cohérentes, fixes, intégrées dans la personnalité qu'elle polarisent sans la désagréger ; que cette parenté tienne, pour Génil-Perrin, aux traits psychologiques communs qui marquent divers types de délirants du sceau de la déformation paranoïaque, déformation exprimée par la tétrade classique : orgueil, méfiance, fausseté de jugement, inadaptabilité sociale.

Remarquons ici que si le terme paranoïa (du reste peu utilisé en France) évoque toujours un état délirant systématisé, l'adjectif paranoïaque peut être pris dans deux acceptions. Il peut qualifier les psychoses définies plus haut, mais également un simple état de déséquilibre caractériel ; dans le langage courant, dire de quelqu'un qu'il est paranoïaque n'implique nullement qu'il est délirant, mais seulement vindicatif, orgueilleux, agressif, etc. Cette distinction mérite d'être soulignée car ce mode d'expression constitue d'une part, une habitude de langage, source de confusion possible, et contient d'autre part, en lui-même, une position doctrinale qui tend à voir l'unité de la maladie paranoïaque dans un déséquilibre constitutionnel défini par la tétrade citée plus haut.

Quoi qu'il en soit de ces perspectives théoriques, l'étude de la paranoïa reste centrée sur le délire d'interprétation que nous prendrons comme type de description. Nous traiterons successivement des circonstances d'apparition des délires paranoïaques, du délire d'interprétation, du délire de revendication, du délire d'imagination, de l'évolution de ces psychoses et des problèmes thérapeutiques.

Circonstances d'apparition du délire

Il est très rare que l'on soit en mesure d'étudier en tant que telle la période d'incubation d'une psychose paranoïaque. En fait, c'est l'établissement de l'anamnèse, pratiquée après diagnostic d'un état délirant confirmé, qui révèle habituellement dans les antécédents, d'une part la notion d'un déséquilibre psychique, d'autre part l'existence au début de la psychose d'un « événement » : épisode psychiatrique aigu, choc affectif, incident vital.

Le déséquilibre caractériel, encore que sa formule puisse varier, peut répondre à la description de la déformation paranoïaque, et nous en profiterons pour résumer ici ses traits essentiels.

Orgueil n'est qu'un terme sommaire qui n'exprime pas à lui seul les divers aspects de l'affirmation de soi-même chez le paranoïaque ; on peut parler plus généralement d'hypertrophie du moi et d'égocentrisme chez ces sujets qui ne peuvent entrevoir le monde qu'à travers le prisme déformant de leur tension intérieure, qui ne s'oublient jamais et vivent dans le système fermé de leur autarcie intellectuelle. De la suffisance spectaculaire à la fausse humilité, de la vanité niaise à l'assurance méprisante, de la réserve hautaine à l'exhibitionnisme littéraire, on retrouve chez les divers paranoïaques une personnalité affirmée agressivement comme un absolu.

Méfiance, peut-on dire de l'attitude de certains sujets ; c'est sous cet aspect que se révèle souvent l'hyperesthésie, la susceptibilité du paranoïaque qui, imperméable à tout ce qui n'est pas sa propre vérité, se défend contre le monde incompréhensif qui le persécutera peut-être bientôt ouvertement. Esprit ombrageux, soupçonneux, vindicatif, il s'isole faute de pouvoir s'imposer, il se tait de peur d'être contredit et parce que le contradicteur est déjà un ennemi.

La fausseté du jugement exprime l'irréductibilité du travers paranoïaque en ce qu'aucune argumentation ne parvient à la réformer. Le déséquilibré qui se trompe sur lui-même, en se surestimant, conçoit le monde et les choses à travers la rigidité de son esprit de système. Imperméable à la notion d'erreur quand il s'agit de lui même, il semble hypertrophier ses facultés de logique en fonction même du degré d'inexactitude des bases de son raisonnement. Dans sa crainte d'un échec dialectique qui ébranlerait un système au service duquel il a mis toutes ses forces, il ratiocine, ergote, démontre quand même l'indémontrable, ou se retire dans une réserve prudente et désabusée, sans souci d'une mauvaise foi qu'il semble être seul à ne pas réaliser.

L'inadaptabilité du paranoïaque se déduit des considérations précédentes dont elle semble être à la fois la cause et la conséquence ; la cause, parce qu'elle exprime le conflit initial qui a séparé le sujet d'un milieu auquel il n'a pas su s'adapter ; la conséquence, puisque son mode de réaction sociale l'éloigne peu à peu de ce monde qu'il déforme à sa propre image. On discerne ici le fossé qui sépare le paranoïaque du simple névrosé, car, si l'anxieux ou l'obsédé cherche la formule qui diminuera son inadaptation, le paranoïaque admet celle-ci comme définitive, en projette la cause sur le monde extérieur, refusant ainsi d'en prendre la responsabilité.

Si telle peut apparaître, sommairement ébauchée, la personnalité du paranoïaque, il s'en faut que tous les déséquilibrés pré-délirants découvrent, à l'analyse, la même structure psychologique. Diverses formes de névroses peuvent constituer le terrain sur lequel se développera un délire chronique déclenché par un épisode psychotique aigu. Citons aussi le type « *sensitif* », isolé par Kretschmer, « sujet d'une extraordinaire impressionnabilité, d'une sensibilité extrêmement accessible et vulnérable », qu'un « événement », en exacerbant un conflit intérieur ou en cristallisant une inadaptabilité latente, pourra faire entrer dans le délire.

Outre les antécédents caractériels et névrotiques, on retrouve souvent dans la phase prodromique d'un délire systématisé un « *moment fécond* » qui permet l'élaboration du délire. On note ainsi rétrospectivement un accès dépressif, un épisode confusionnel, une bouffée d'excitation, ou encore un choc affectif ayant entraîné une modification de l'humeur et du comportement. Certains auteurs insistent sur l'importance des « *expériences délirantes primaires* » pour expliquer l'éclosion et l'élaboration de la psychose paranoïaque.

Délire d'interprétation

Selon Sérieux et Capgras, le délire d'interprétation est caractérisé par les signes suivants :

– multiplicité d'interprétations délirantes, servant à l'élaboration d'un délire systématisé de formule variable ;
– absence ou rareté des hallucinations ;
– conservation de la lucidité et de l'activité psychique ;
– chronicité du délire, mais absence de démence terminale.

Les interprétations

C'est par leur intermédiaire qu'à partir d'une conception délirante le malade se livre à un important travail de systématisation, qui fixe « le plan définitif du roman », assure son développement et son enrichissement constant.

« L'interprétation est l'inférence d'un percept exact à un concept erroné, par l'intermédiaire d'une association affective », dit Dromard. Le paranoïaque reste attaché à la réalité ; il en perçoit correctement les éléments mais les embrigade au service de ses convictions. Le hasard, les coïncidences fortuites n'existent pas pour lui. Les faits, les situations, les événements, les incidents viennent s'inscrire dans l'orbe de gravitation dont son thème délirant est le centre. Il les charge d'une signification personnelle, dans l'instantané d'une intuition pathologique dont il défendra la valeur d'exactitude au prix d'un travail déductif inlassable.

Interprétations exogènes : Elles utilisent les données fournies par les sens, c'est-à-dire les données empruntées au monde extérieur. Les incidents les plus minimes sont preuves manifestes pour le malade. Un sourire surpris chez un passant devient une proposition obscène ; une toux est une allusion ironique, une bousculade un attentat prémédité.

Les propos surpris fortuitement constituent une importante source d'interprétation. Un murmure de voix trahit un complot. Le texte d'une chanson transmise à la radio devient un avertissement ou une allusion claire. Certains mots s'isolent des conversations entendues pour prendre une signification péjorative, claire ou occulte. Certains malades en arrivent à créer un véritable code fondé sur des syllogismes, des assonances, etc., pour extraire de la réalité un surplus inépuisable de preuves. Le style des interprétations est d'ailleurs fonction du niveau intellectuel ou de la culture du malade.

Interprétations endogènes : « Elles utilisent les sensations émanées de l'organisme, c'est-à-dire la sensibilité générale, la cénesthésie, les états de conscience, les souvenirs, etc. » L'état organique des interprétateurs est pour eux matière à de multiples déductions. Un trouble intestinal, une courbature, une céphalée deviendront les signes et la conséquence d'un empoisonnement criminel, ou, chez l'hypocondriaque, une maladie incurable. Les différentes manifestations de la vie psychique : modifications de l'humeur, erreurs de mémoire, pensées involontaires, pourront de même traduire, par exemple, une altération mentale attribuée à l'action maléfique d'ennemi mystérieux. Notons que, dans ce cas, il peut être parfois difficile de différencier interprétations endogènes et phénomènes hallucinatoires portant sur la sensibilité générale ou le langage intérieur. C'est surtout en se reportant au contexte général que l'on pourra éliminer ou confirmer l'existence d'une activité psycho-sensorielle qui modifierait le diagnostic (voir Fiche « Hallucinations »).

Les conceptions délirantes

Elles s'organisent autour d'un thème fondamental : l'idée de persécution. Celle-ci peut apparaître, au premier plan, souvent mêlée à des idées de grandeur ; l'on a affaire alors au classique mégalomane persécuté, type même du paranoïaque. Elle peut céder la première place à d'autres conceptions délirantes, telles qu'on les rencontre chez les hypocondriaques, les auto-accusateurs, les mystiques, les jaloux ; mais dans l'immense majorité des cas, l'idée de persécution n'est jamais tout à fait absente, et sous-tend tous ces délires d'interprétation qui dressent une barrière d'hostilité entre le paranoïaque et le monde extérieur.

Les idées de persécution

D'après la nature et l'envergure du thème délirant, les persécutions pourront rester limitées à des faits de détails, gestes, allusions, ou s'intégrer dans le cadre de vastes machinations mettant en jeu des filatures policières, des campagnes de presse ou de radio, voire des moyens scientifiques puissants et mystérieux.

Il y a un ou plusieurs persécuteurs. C'est tantôt le modeste voisin, le collègue jaloux, le séducteur éconduit ; tantôt les policiers, les communistes, la « bande », les francs-maçons, les lamas du Tibet, etc.

La raison qui pousse les « ennemis » à s'acharner ainsi est des plus variables. Le malade peut extraire de sa vie passée la faute vénielle qui expliquera arbitrairement pour lui l'hostilité systématique et démesurée dont il est victime. Souvent, sans colorer son thème d'auto-accusation, le paranoïaque explique les persécutions dont il est l'objet par l'envie des autres de lui dérober sa fortune, ou d'étouffer les révélations graves qui démasqueraient un scandale politique, ou de décourager ses espoirs sentimentaux, ou de détruire son œuvre. Dans certains cas, le mobile des persécutions reste un problème pour le malade, victime passive et perplexe.

Si l'on cherche la date de début des interprétations, on constate souvent, en s'aidant de l'anamnèse, l'extension rétrospective du délire. Beaucoup de malades intègrent ainsi des événements lointains qui viennent enrichir leur roman et consolider sa systématisation, événements qui, en fait, précédaient l'éclosion de la psychose. Dans d'autres cas, au contraire, un fait précis semble inaugurer le délire ou marquer plus ou moins sa date de début.

Les idées de grandeur

Elles s'intriquent, en général, aux idées de persécution pour exprimer concrètement le conflit entre l'exaltation de la personnalité et l'hostilité du milieu. Beaucoup plus rarement, elles s'échafaudent sur un mode altruiste qui camoufle leur dynamisme agressif. Héritiers millionnaires dépossédés de leur patrimoine, tribuns politiques méconnus appelés à gouverner le monde, personnages d'illustre naissance adoptés par une famille modeste, inventeurs géniaux dont on dédaigne les découvertes, ces mégalomanes plus ou moins persécutés se résignent, s'étonnent ou s'indignent devant l'incompréhension hostile ou indifférente du monde.

Les idées hypocondriaques

Préoccupations constantes et immotivées concernant la santé physique ou mentale, les idées hypocondriaques peuvent constituer l'essentiel d'un délire systématisé. Ce thème, fréquent dans diverses affections psychiatriques telles que la mélancolie anxieuse, les états obsessionnels, les cénesthopathies, etc., revêt chez le paranaoïaque un caractère de systématisation et d'apparente logique qui peut longtemps induire en erreur l'entourage du malade imaginaire. Les conceptions médicales et l'auto-diagnostic de l'hypocondriaque restent souvent, en effet, dans les limites de la vraisemblance. C'est la permanence et l'irréductibilité de la conviction plus que son absurdité qui permettent fréquemment de parler de délire.

L'interprétant donne ainsi une signification formelle et « pathognomonique » à toutes les manifestations normales et à tous les troubles bénins de la vie organique ou psychique. Le malade sait avoir une tuberculose grave (éternellement évolutive) alors qu'il présente une toux banale. Il éprouve d'épouvantables souffrances, symptômes du cancer généralisé qui le ronge. Ses nerfs sont épuisés par un mal inconnu qui a gagné le cœur ; il ne peut mettre un pied par terre, et sa mort est imminente. Il réclame à grands cris le médicament sauveur, mais celui qu'on lui donne n'est jamais le bon ; il s'avère très vite, au contraire, des plus nocifs.

Le malade qui, souvent, crée pour son propre usage une anatomie et une physiologie aussi compliquées que fantaisistes devient fréquemment auto-thérapeute. Il fouille la pharmacopée, étudie toutes les méthodes, et surtout les paramédicales, analyse minutieusement les effets produits et échafaude ses conclusions diagnostiques et thérapeutiques sans pour cela entrer plus vite en convalescence.

Ses revendications agressives à l'égard des médecins dont il est un parasite opiniâtre en font un malade d'abord lassant, puis dangereux. Ce sont des hypocondriaques paranoïaques qui discréditent un praticien par un procès spectaculaire ; ce sont ces malades qui peuvent finalement tuer le chirurgien imprudent qui s'était résigné à pratiquer une intervention bénigne inlassablement réclamée.

Les idées de jalousie

Le sentiment de jalousie constitue une ambiance d'élection pour le développement d'interprétations morbides. C'est là un des cas, d'ailleurs, où il est souvent difficile de faire la part du réel, du vraisemblable et du pathologique. Le caractère systématique des interprétations, leur outrance, la conviction inébranlable du sujet font reconnaître le délire.

Certains malades sont seulement des interprétants hyposthéniques. C'est l'époux aux aguets qui dénature chacun des gestes de sa femme, chacune de ses expressions, qui trouve des preuves de l'adultère dans le cerne de ses yeux, dans les détails de sa tenue ; c'est lui qui cherche des taches suspectes sur les linges, qui épluche le courrier ; c'est lui aussi qui reconnaît dans les propos, les gestes de ses voisins des allusions à son infortune.

Certains malades sont des délirants plus actifs. Chez eux, la réaction passionnelle prend le pas sur l'expectation inquiète qui est le climat de l'interprétation. Ils passent aux actes, exercent une surveillance active et réagissent agressivement sans crainte du scandale. Ils s'apparentent plus aux revendicateurs qu'aux interprétants, et ce n'est que par souci d'éviter les redites que nous les décrivons ici.

D'une manière générale, on voit, lorsqu'on analyse plusieurs conceptions délirantes telles que l'hypocondrie ou la jalousie morbide, que le mécanisme interprétatif n'exprime pas toujours à lui seul le mode d'élaboration et de développement du délire. Un élément de revendication, un appoint imaginatif peuvent aussi compléter, colorer et enrichir le roman pathologique. Nous allons maintenant individualiser ces derniers éléments cliniques en décrivant le délire de revendication et le délire d'imagination.

Délire de revendication

Il existe dans le délire de revendication, écrivent Sérieux et Capgras, deux éléments fondamentaux étroitement unis :

1) *L'idée directrice*, la notion claire d'un but à atteindre, conception complète d'emblée, immuable et obsédante (idée prévalente).

2) *L'état passionnel*, avec hypersthénie allant quelquefois jusqu'à l'hypomanie, mais toujours circonscrite, orientée vers le même but et exacerbée par les obstacles qui l'en séparent.

L'idée prévalente peut naître d'un échec, d'une frustration, d'un événement pénible, soit grave, soit bénin, mais démesurément grossi : c'est alors un esprit de revanche qui anime le délirant (*quérulants, processifs*). L'idée peut aussi s'organiser non plus à partir d'un dommage subi, mais à l'occasion d'un sentiment d'exaltation cristallisé dans une théorie politique, une découverte scientifique, une mission religieuse ; c'est alors un esprit de conquête qui guide le malade (*idéalistes passionnés*). Enfin, un mobile amoureux peut être à l'origine du délire (*jaloux, érotomanes*).

Généralement, on retrouve chez les revendicateurs l'égocentrisme agressif (ou un altruisme au service de l'affirmation du moi), l'hyperesthésie affective, la psycho-rigidité, l'inadaptabilité du paranoïaque. Ce qui différencie interprétateurs et revendicateurs, c'est d'une part le mode d'extension de leur délire, et d'autre part, l'intensité du tonus affectif qui sous-tend celui-ci.

Dans la magistrale étude qu'il a faite des délires passionnels (revendication, érotomanie, jalousie), G. de Clérambault oppose le développement en *réseau* des interprétations au développement en *secteur* de la revendication.

L'interprétant vit dans un état d'expectation inquiète ; il erre dans le mystère, réceptif à tout ce qui l'environne. Le revendicateur avance les yeux fixés vers son but, sensible aux seuls éléments qui apparaissent dans son champ de vision.

L'élément d'excitation qui entre en jeu chez les revendicateurs doit être souligné par ailleurs. Leur hyperactivité, leur hypersthénie constituent une expression essentielle de leur psychose. Cette exagération de tonus affectif ne représente pas, pour Génil-Perrin, un élément suffisant pour soustraire les revendicateurs du cadre de la paranoïa. Pour cet auteur, l'interprétateur est un paranoïaque déprimé, moralement hypotendu, le revendicateur un paranoïaque excité, hyperactif, « mais la virulence de l'un vaut la rumination de l'autre, et toutes deux sont orientées par le fond paranoïaque ».

Les quérulants

L'idée prévalente naît chez eux d'un préjudice, d'un échec, d'une injustice, d'une déconvenue. Les *quérulants processifs* sont les plus caractéristiques des revendicateurs. Ils multiplient les plaintes, les actions judiciaires, les recours en appel ; ils dénoncent la corruption de leurs adversaires ou de leurs juges, avec une conviction et une combativité qui ne fléchissent jamais. Leur hypersthénie peut les conduire à des voies de fait, à des actes médico-légaux.

Les érotomanes

L'érotomanie – à distinguer de l'érotisme – est caractérisée par la conviction irréductible que garde un individu d'être aimé et exclusivement aimé. Pour G. de Clérambault, la triade *amour, orgueil, espoir* définit l'érotomanie. Celle-ci se traduit par un postulat initial : conviction d'être aimé d'un personnage d'un rang plus élevé qui, le premier, a été épris et a fait les avances.

À partir de ce postulat s'édifie un ensemble de conceptions et de réactions secondaires. Pour l'érotomane, l'objet aimé ne peut avoir de bonheur en dehors de lui. Par une série d'interprétations et d'explications, il démontre que le partenaire manifeste constamment des preuves d'attachement, qu'il multiplie les travaux d'approche, qu'il met au service de sa vigilance amoureuse toutes les ressources dont il dispose (et elles sont considérables…). Un thème caractéristique est celui de la conduite contradictoire et paradoxale de l'objet. L'érotomane ne se laisse jamais décourager par les faits ; « l'objet est censé hésiter, par orgueil, timidité, doute, jalousie, ou encore aboulie foncière ; un ami mystérieux le domine dans une mesure invraisemblable, ou encore il veut éprouver le sujet… », dit Clérambault.

Ce qui sous-tend ce délire, c'est un *espoir* inébranlable, sentiment qui ne s'efface jamais complètement, même lorsque finalement l'érotomane en passe au *stade de dépit* et au *stade de rancune*. Dès lors, l'amour fait place à la revendication haineuse, et le sujet devient plus ouvertement persécuteur, dévoilant ainsi cette possessivité agressive qui formait le substratum affectif de son délire.

Les idéalistes passionnés

C'est sous ce nom que Dide a décrit ces déséquilibrés chez lesquels les inclinations altruistes « prennent un caractère exclusif, absolu, passionné », ce sont les *mystiques* qui se croient chargés d'une mission qu'ils mènent avec exaltation et fanatisme ; ce sont les *réformateurs* qui, ayant imaginé un système social et politique utopique, se mettent en devoir de convaincre le monde ; ce sont les *inventeurs* qui sacrifient leurs ressources et leur vie pour imposer la découverte qui révolutionnera le monde scientifique. Ces divers idéalistes peuvent n'être que d'inoffensifs et doux rêveurs ; ils peuvent au contraire se révéler des revendicateurs redoutables, prêts à imposer leur conception du bien au prix d'actes violents ou de crimes.

Délire d'imagination

Bien étudié par Dupré et Logre, le délire d'imagination constitue une entité clinique relativement rare. Les conceptions délirantes s'organisent, dans ce cas, en fonction d'un mécanisme de pure fabulation, donc en dehors de la réalité et non pas en fonction d'elle, comme chez les interprétants. Il ne s'agit plus de déductions erronées, mais d'affirmations gratuites qui se succèdent et s'intriquent pour créer une fiction délirante romanesque et cohérente.

L'imaginatif crée spontanément, avec aisance et sans hésitation, les idées qu'il formule et dès lors, il y adhère avec une croyance totale. Le délire se développe ainsi par enrichissements progressifs ; il se constitue plutôt par addition d'éléments nouveaux que par développement logique et systématique d'une thèse. Propose-t-on au malade des explications tendancieuses, il les accepte et les intègre avec complaisance dans son roman mythopathique.

Le thème de ce roman est en général assez vaste, pittoresque ou fantastique. Il s'agit d'aventures mirifiques et terrifiantes, de filiations princières méconnues, d'héritages considérables, d'inventions géniales dont l'auteur tirera honneur et profit. Selon le thème et l'ambiance de la fiction, le délirant s'étalera dans une fabulation euphorique ou au contraire réagira contre des personnages réels ou fictifs qui font obstacle à la réalisation de ses désirs. On pourra voir alors ces malades enrichir et préciser leur roman à l'aide d'interprétations péjoratives, ou se transformer en revendicateurs. Ceci montre la parenté qui relie certains délires d'imagination aux psychoses paranoïaques. À l'opposé, certains psychopathes, en élaborant un roman beaucoup plus flou et moins systématisé, se rapprochent des cas de paraphrénie confabulatrice ou fantastique, décrits par Kraepelin en dehors de la paranoïa.

Évolution des psychoses paranoïaques

Nous avons souligné la chronicité de la psychose paranoïaque et l'absence habituelle de démence terminale. En général, après une période d'évolution qui peut être fort longue, les conceptions délirantes cessent de s'enrichir d'apports interprétatifs nouveaux. Le thème s'appauvrit, devient monotone et stéréotypé sans pourtant disparaître. En fait, le paranoïaque, vaincu par la société, renonce à s'exprimer et garde pour lui-même ses convictions irréductibles. Selon l'expression de Tanzi, « il ne guérit pas, il désarme ».

Si telle est l'évolution classique, bien des cas particuliers peuvent cependant contredire ce schéma. Une dissociation schizophrénique peut, par exemple, apparaître secondairement dans le tableau d'une psychose primitivement bien systématisée ; un affaiblissement intellectuel sénile peut, sur un mode intercurrent, effacer tardivement une construction délirante.

Enfin, dans le cours même de l'évolution, des rémissions et des exacerbations peuvent se produire passagèrement, de même que le tableau peut être modifié par l'apparition d'un accès dépressif, d'un épisode confusionnel, d'une bouffée délirante avec hallucinations.

Problèmes thérapeutiques

Dans l'état actuel de la thérapeutique, aucune arme efficace ne vient encore s'opposer à l'évolution chronique des psychoses paranoïaques. Sans doute dans la période d'incubation du délire, ou lors des expériences délirantes primaires, peut-on utiliser l'électrochoc et l'insulinothérapie avec quelques chances de succès. Lorsque le délire est bien constitué, ces thérapeutiques deviennent habituellement inefficaces, et peuvent même être intempestives. L'électrochoc, en particulier, après la période confusionnelle qui suit son emploi répété, peut devenir un stimulant qui exacerbe l'activité délirante. Quant à la lobotomie, active dans les affections à composante anxieuse et dans certains délires à allure paranoïde, elle semble ne pas trouver d'indication rationnelle dans ces délires systématisés non hallucinatoires.

En définitive, l'attitude à adopter devant un cas de paranoïa dépend essentiellement de l'intensité du délire et du *mode de réaction* du malade à ses conceptions morbides. D'une manière générale, et selon la description de Magnan, le paranoïaque passe par les trois stades de *fuite*, de *défense* et d'*attaque*. Ce schéma n'a rien d'absolu, et bien des délirants hyposthéniques pourront en rester au stade des ruminations inquiètes. Dans d'autres cas, au contraire, ces malades peuvent présenter des *réactions médico-légales* graves, lesquelles doivent être prévenues par une mesure d'internement. Cette décision est parfois difficile à faire admettre, dans la mesure où le délirant garde une personnalité en apparence intacte, dans la mesure où son délire cohérent, compréhensible, et souvent plausible, peut abuser longtemps l'entourage. Elle deviendra nécessaire dès que les troubles du comportement et des réactions anti-sociales tendront à se manifester.

1952

Fondements théoriques d'une psychothérapie de la schizophrénie*

Le récit d'une psychothérapie de schizophrène, c'est d'abord le témoignage d'une aventure ; aventure d'un praticien aux prises avec l'énigme de la psychose, sa propre conception de la psychanalyse, et les réactions de sa personnalité. C'est là une situation bien précaire pour celui qui se voudrait non seulement l'artisan d'une éventuelle guérison, mais encore l'observateur d'une expérience formulable, voire le promoteur d'une méthode transmissible dans ses modalités opératoires et son assise théorique.

Le souci où l'on peut être d'articuler l'expérience clinique à une définition cohérente des principes d'action auxquels on se réfère devrait s'imposer avec une rigueur proportionnelle aux difficultés du problème de la psychose. En fait, l'abondance et la variété des observations qui nous sont actuellement proposées ne rendent pas particulièrement compte d'une telle difficulté, comme si la valeur opérationnelle d'une recette technique et les succès éventuels d'une stratégie thérapeutique dispensaient du développement rigoureux des conceptualisations post-expérimentales.

Si le désir d'être efficient s'avère proportionnel à la complexité du problème psychiatrique, on admettra qu'avec un psychotique, tout thérapeute se cherche souvent d'abord une vocation de guérisseur ; emporté par un souci d'efficacité, il risque, s'il obtient un succès, d'être moins exigeant sur les raisons qu'il a de comprendre ce qui s'est passé ; moins exigeant dans ses explications rétrospectives et la justification de ses présupposés théoriques. À résister à cette première

* *L'Évolution psychiatrique*, 1958, n° 11.

sollicitation, instruit qu'il est, par la discipline analytique, des mystifications aveuglantes du zèle, le praticien se trouve dans une position des plus ingrates. Il s'inspire de Freud bien sûr, mais ne prétend pas réaliser les conditions opératoires d'une analyse orthodoxe, presque toujours inopérante, voire nocive, avec un psychotique. Alors qu'il se garderait bien de quitter le fauteuil analytique s'il s'agissait de la structure connue d'une névrose – pour savoir que c'est dans le seul champ d'une certaine expérience privilégiée que se vérifient les lois de la découverte freudienne... il renonce audacieusement à ses points de repères habituels pour s'avancer vers un malade mystérieux auquel il prétend apporter ce que l'autre ne demande pas apparemment, au nom d'une science désormais inapplicable dans ses protocoles expérimentaux, et toujours inachevée dans ses propositions fondamentales.

Peut-il éviter dès lors de projeter des perspectives familières, des habitudes de pensée, des préjugés savants sur l'horizon énigmatique qui se présente à lui ? C'est en fait le souci prévalent qu'il se doit d'avoir, mais il lui faut pour cela supporter l'insécurité de la recherche en terre inconnue, se maintenir à la pointe d'une ignorance jamais découragée, et maîtriser, en outre, tout ce que la rencontre avec un psychotique réclame d'engagement personnel.

Cet engagement personnel, on sait qu'il est non seulement reconnu comme facteur d'erreur mais, encore et à l'inverse, encouragé comme moteur de l'action thérapeutique à mener. À ce seul niveau, il y a déjà contradiction fondamentale entre les conditions de la clairvoyance et les impératifs de la cure. L'analyste ne prétend parler de la structure ou de la psychogenèse d'une névrose que dans la mesure où il a su être autre que ce personnage créé en lui par les mirages transférentiels de son patient, c'est-à-dire être et rester celui qui garde la liberté et le détachement de l'entendeur pour conserver la maîtrise de la vérité à formuler.

Comment le thérapeute de psychose pourrait-il se prévaloir d'une telle position, alors qu'il sait devoir être authentiquement l'acteur et le partisan d'un mode de guérison, pour induire le psychotique à devenir ce qu'il attend de lui ? S'agit-il à ce sujet pour le médecin d'être ce qu'il est, ou ce qu'il se sent sollicité d'être pour l'autre ; d'aimer son malade ou de se démontrer à lui comme personnage aimant ; d'aimer sa vérité à lui ou d'aimer celle qu'il lui souhaite ?

S'il se fait totalement l'instrument de la cause psychotique, à quel titre pourra-t-il encore faire l'analyse critique des facteurs d'erreur ?

Lui est-il permis finalement, quels que soient ses succès, d'être plus que le personnage de ses cures, plus que l'homme de son style, et de ses convictions, au jour où il prétend, à travers sa propre expérience, nous dire ce que c'est que la schizophrénie et formuler les lois mêmes de son action envers elle ?

Le malade d'ailleurs – et c'est bien là tout le problème – c'est l'Autre en tant qu'il est fou, c'est-à-dire porte-drapeau de l'inaccessible altérité. Quelle tentation, quel piège, peut-être, pour celui qui consacre son temps à comprendre dans les autres ce qu'ils ne comprennent pas eux-mêmes ! Nous n'échapperons pas sans doute à cette tentation. Mais notre souci sera surtout de ne pas expliquer trop vite ce qui n'est peut-être pas donné à comprendre par le schizophrène.

Nous partirons simplement de la première rencontre du psychiatre avec le malade pour tenter de définir comment – phénoménologiquement et psychanalytiquement – se noue la situation primitive, matrice de tous les développements ultérieurs. Il nous faut pour cela nous occuper d'abord du schizophrène, pour décrire et analyser ce qui nous vient de lui, ce qui parvient jusqu'à nous de sa pensée, de son histoire, et de son échec. Ce que nous croirons pouvoir en déduire, pour dessiner ce qui, de la place où nous sommes, apparaît comme caractéristique de la position schizophrénique dans ses modalités originales, nous servira d'hypothèse de travail pour analyser, en un second temps, la situation médecin-malade et son évolution.

*

* *

Dans ses rapports au langage et à la communication, la position schizophrénique a toujours été reconnue comme profondément originale. S'il est des malades qui effectivement ne parlent point, il est certain que nous ne pouvons rien faire d'autre pour eux que de les inciter à s'exprimer pour nous. Quels que soient les moyens de séduction préalablement utilisés, quelle que soit l'hypothèse de départ du thérapeute et son comportement, l'histoire psychothérapeutique ne commence vraiment que du moment où le schizophrène renaît à un mode d'expression qui rejette et dépasse les fœtalisations autistiques. Sans sous-estimer le mérite thérapeutique des premières réanimations, parfois nécessaires, c'est du moment où tel maître mot est prononcé, où tel ou tel geste prend valeur de communication, que s'ouvre le premier chapitre du traitement. Ancien catatonique ou non, le schizophrène parle donc et c'est là le premier piège qu'il tend à l'analyste.

Un exemple, assez artificiellement isolé d'ailleurs, peut nous aider à en rendre compte.

Notre malade était arrivé à sa séance avec le retard systématique par lequel il nous rappelait chaque fois que notre heure ne pouvait être la sienne puisque lui n'en avait pas. Il s'était présenté avec le détachement distingué, avec la dignité sobrement exhibée d'un personnage singularisé par l'ironie du sort et les défaites de son destin.

« Je n'ai rien à vous dire, me déclara-t-il en souriant ; je vais donc vous raconter le thème de mon dernier ouvrage ; il s'appelle : Au café de Flore. »

« C'est en *si* bémol : *mi, ré, ré, sol, fa, mi, do* ; *sol, fa, ré, mi, do, si, la*. C'est une fugue inversée. On passe alors de *si* bémol majeur en *ré* mineur, et on reprend le trait : *mi, ré, ré, sol, fa, mi, do* ; *sol, fa, ré, mi, do, si, la*. »

Il poursuivit pendant quelques minutes cet exercice de solfège, et comme nous n'intervenions pas, il renonça de lui-même à sa mystification pour nous dire : « À part cela, il y aurait le crime, mais de cela, on ne parle pas. »

Nous n'en parlâmes pas en effet ce jour-là, d'un commun accord, car la question qui se posait d'abord était celle de cette chanson parlée. Qu'y avait-il à comprendre dans cette absence de musique ? Était-ce simple raillerie ? À un certain niveau, certainement, pour ce sujet très subtilement conscient de la situation qui était sienne, et fort bavard sur d'autres points. Mais le choix même du solfège, d'une expression phonématique, dérythmée, détonalisée, comme instrument de communication, posait en soi une question plus complexe. Et nous anticiperons sur l'explication à en donner, en disant que ce que nous enregistrâmes dans ces notes, c'est qu'elles signifiaient que *rien n'était donné à comprendre à travers elles*.

Ceci ne veut pas dire que rien ne pouvait être compris. Le thème musical avait un titre, qu'on pouvait aisément relier aux préoccupations homosexuelles assez transparentes qui émaillaient les propos de notre malade. Dans une analyse de névrose, le même thème aurait commandé d'intervenir peut-être et d'évoquer plus ou moins directement la question homosexuelle surgie ainsi dans ce qu'on pourrait appeler le transfert. Mais le névrotique n'aurait certainement pas présenté les choses de la même manière, fût ce dans un rêve. S'il avait pensé à associer l'air « Café de Flore » à ses inquiétudes, ç'aurait été sans doute pour dire sur le mode de la dénégation : « Cela pourrait faire penser à l'homosexualité, mais je n'en suis pas un. »

Cette *dénégation*, nous ne la trouvons pas, en effet, comme moment dialectique dans le dire du schizophrène. Autrement dit, il semble qu'il n'y ait pas de question pour lui au moment où il nous parle. Et le thème « fugue inversée » traduit peut-être mieux que tout autre ce qu'est sa position. S'il peut nous transmettre cette formule énigmatique, n'est-ce pas dans la mesure où, tout en s'exprimant à la fois, l'idée de la fuite et de l'inversion s'associent pour mieux s'annuler, et pour illustrer peut-être la fonction pervertie de la communication verbale chez le schizophrène.

Pour en terminer avec le solfège, nous pourrions dire qu'il nous donne approximativement l'exemple du signe verbal en tant que code d'une part, en tant que signifiant d'autre part. Il ne renvoie pas en effet à une signification, mais à une touche de piano, à un son, à une fréquence de vibration sonore, c'est-à-dire tout simplement à du réel, et par ailleurs à toutes les paroles que nous pourrions mettre sur la mélodie épelée, si nous nous voulions parolier. Pour l'interlocuteur que nous étions, la ritournelle utilisée ne portait d'autre signification que celle de ne renvoyer à aucune signification en particulier. Elle déniait en fait tout désir de communication d'un sens.

N'est-ce pas là un point artificiellement isolé, et bientôt contredit par ces morceaux d'éloquence délirante dont nous gratifient si abondamment certains malades ? Y a-t-il un intérêt quelconque à insister sur l'existence d'un symptôme purement négatif dans ses conséquences ?

À mettre au premier plan celui-ci parmi les aspects déconcertants du dialogue avec le schizophrène, on se confirme d'abord, à notre avis, dans le souci de ne pas comprendre trop vite ce qui pourrait apparaître comme rébus à déchiffrer, donc comme preuve de reconnaissance par le malade de nous-même comme interlocuteur, voire comme traducteur d'une parole chargée de sens. Méconnaître cette hypothèse, ce serait éluder qu'à l'origine, nous ne sommes peut-être encore personne pour le fou, et que dès lors, ce qu'il dit ne nous est pas destiné, et n'a pas à induire une réponse qui n'est pas attendue ou même supposée possible.

À l'inverse, partir de cette hypothèse, c'est ne pas plaquer à l'avance sur ce qui deviendra peut-être par la suite dialogue, les habitudes d'entendement qui régissent pour nous les situations interlocutoires. C'est ne pas fonder unilatéralement une relation, pour nous interpersonnelle, alors qu'on ne sait pas comment elle est vécue par l'autre. C'est garder l'oreille ouverte à tout ce qui est peut-être à découvrir d'inconnu et de fondamentalement propre au psychotique, propre à la lexis schizophrénique.

On nous objectera que nombre de sujets très certainement schizophrènes démontrent leur éloquence, voire leur capacité étonnante à récupérer d'un moment à l'autre leur aptitude à la communication. À le constater nous-même en dehors même des moments favorisés d'une évolution thérapeutique satisfaisante, nous croyons pouvoir conclure que les malades ne nous parlent sans le moindre embarras verbal, sans le moindre barrage, que dans la mesure où ils n'expriment que ce qui ne les concerne pas directement et plus particulièrement ce qui n'intéresse pas la relation fondée entre eux et nous.

Tout clinicien pourra le confirmer, chaque fois qu'après une longue attente, on a l'impression qu'un malade réticent ou insaisissable va enfin dire une parole de vérité, communiquer un propos significatif, dans la quête où l'on est d'un indice, d'un aveu, d'un message, c'est bien à ce moment-là qu'on rencontre le barrage ou son équivalent. Nous pouvons percevoir alors, si nous ne tenons pas à méconnaître le caractère très profondément frustrant de cette défense schizophrénique, qu'il n'existe dans le dire du malade, en fait, aucune assertion véridique, aucune intention d'en transmettre une, autrement dit, de faire comprendre quelque chose, fût-ce un de ces mensonges, qui postulerait l'existence du vrai et l'adhésion éventuelle de l'autre.

Dans cette perspective, le langage paranoïde nous fournit peut-être dans ses particularités déconcertantes, caricaturales, tératologiques, les lois mêmes de l'absentéisme verbal du schizophrène. Les néologismes, les jeux de mots, les calembours qui jettent la note de la discordance dans sa partition verbale que nous voudrions souvent en vain orchestrer, pour répondre au soliloque paranoïde – à leur supposer une fonction déterminée dans son aberrance – nous pouvons y chercher, avant les virtualités d'une signification non assumée, la preuve d'une adultération, d'une perversion, d'une répudiation de la parole en tant que message fondateur d'une relation.

Tout se passe comme si le schizophrène s'appuyait sur le mot même qu'il ne veut pas prononcer pour s'en faire un rempart contre toute transmission d'un sens compromettant. Il joue ainsi avec le matériel verbal en tant que signifiant, pour remettre en cause tous les signifiés éventuels. Il désarticule, déguise, ampute, dissocie, morcelle les termes dont il semble jouer, et se sert des pivots sonores qu'il a ainsi singularisés, pour faire la pirouette, nous tourner le dos, et couper le pont de la communication au moment même où la médiation du symbole allait joindre les rivages des deux subjectivités adverses.

C'est sur ce mode, semble-t-il, qu'au seuil même de la rencontre, chaque fois qu'une parole va fonder et transcender en même temps la relation que nous projetions avec lui, le schizophrène se récuse, évite ou rate l'affrontement imaginaire pour préférer, au mirage interhumain, le mirage autistique des chatoiements du verbe.

Ceci, c'est au fond ce que nous proposait déjà Freud, lorsqu'il énonçait : « Ce qui donne à la formation substitutive schizophrénique son caractère d'étrangeté... c'est la prédominance du rapport verbal sur le rapport objectal. »

Mais le terme même de formation substitutive met l'accent sur la dynamique du phénomène, il évoque le processus de restitution, l'investissement verbal comme étape éventuelle sur la voie du réinvestissement objectal. Pour nous, c'est surtout comme élément structural que nous soulignons cet aspect séméiologique de l'organisation schizophrénique ; organisation dont nous chercherons à dessiner l'ossature à l'aide de ces catégories du symbolique, de l'imaginaire et du réel, dont l'usage se démontre comme si fécond dans l'analyse des textes freudiens et le progrès de la recherche psychanalytique.

*

* *

Nous en sommes au point où l'assertion schizophrénique nous est apparue comme obstacle à la relation intersubjective, comme impasse, comme fausse route, et non comme pont entre le malade et nous.

Si la parole n'est plus dans ses aspects essentiels l'instrument des médiations interpersonnelles, il s'agit dès lors de savoir ce qui, dans une perspective objectivante, explique éventuellement cette perversion fondamentale.

Si nous avons dès lors recours à ce que nous connaissons des lois qui régissent les situations intersubjectives, nous sommes amenés à porter notre attention sur ce qui, dans une relation à deux, constitue le fondement et le support imaginaire du dialogue.

Pour reprendre un schéma désormais connu, nous redirons, en nous référant aux travaux de J. Lacan, que la communication qui s'établit entre le sujet et l'autre franchit l'axe transversal de la relation dite imaginaire, à savoir la relation du moi de l'un au moi de l'autre.

Tout ceci implique évidemment qu'on définisse le moi comme imago, comme lieu des identifications successives qui structurent le sujet au rythme des phases de son histoire, depuis le moment où, dans les captations du miroir ou les sollicitations ludiques de la présence du frère, l'enfant fonde l'image du corps propre en anticipation projetée de sa propre unité corporelle, jusqu'à la période où il trouve dans l'exemple parental le projet normatif d'un idéal du moi.

Le moi ainsi conçu n'est, bien sûr, réductible à aucune de ses illustrations, à aucune de ses images actuelles ou régressives, à aucun des clichés sensoriels, des schémas moteurs qui l'ont fondé, à aucune des effusions narcissiques qui l'ont figé, à aucune des *Gestalten* relationnelles qui l'ont historisé dans ses cristallisations successives.

Il apparaît dans une perspective phénoménologique comme lieu aliénant de toutes les identifications, et point de référence fondamental de l'unité temporo-spatiale du sujet. Dans une perspective métapsychologique, il évoque, en tant qu'entité opérationnelle, tout ce qui, dans la vie mentale, participe de la catégorie de l'espace et fonde l'univers narcissique de l'homme.

La notion de l'ego ainsi conçue est inséparable de celle de l'alter ego et sous-entend la relation *duelle* qui affronte chaque sujet à sa propre image au moment même où il perçoit l'image de l'autre ; qui affronte chaque sujet à l'image de l'autre à travers l'image qu'il projette sur lui. C'est dans cette relation duelle que s'établit la tension agressive de la gémellité imaginaire, de la symétrie spéculaire, tension qui ne se dénoue que par la sanction de la reconnaissance salutaire, la médiation de la parole.

Si pour les besoins de l'étude, on isole artificiellement tout ce qui dans le mode de référence schizophrénique au monde doit impliquer la fonction moïque, on relève de multiples indices qui peuvent s'interpréter comme une carence foncière de la catégorie de l'imaginaire chez le malade, tout au moins sur le plan de la relation à l'autre.

Tout se passe comme s'il ne pouvait élire un alter ego sans risquer de se perdre en lui, faute d'avoir à lui opposer la pérennité d'un moi consistant. Classiques sont les symptômes qui traduisent cette carence. Qu'il s'agisse de ces rêves et dessins d'engloutissement, de noyade dans l'océanique maternel – qu'il s'agisse de miroir cassé impulsivement dans l'étrangeté des expériences de dépersonnalisation – qu'il s'agisse des fantasmes anatomiques hallucinés – qu'il s'agisse des bizarreries vestimentaires données à répudier comme aliénation exhibée – qu'il s'agisse de ce rejet passif du monde qui s'exprime dans l'enkystement catatonique – qu'il s'agisse des messages inaffectifs et vides de l'absence, tout nous prouve que le schizophrène ne peut être quelqu'un qui se présente, se maintient et s'assume devant nous.

Et ceci nous explique à nouveau les témoignages déconcertants de la pensée schizophrénique et surtout la non-systématisation du délire paranoïde ou de ce qu'on est accoutumé d'appeler tel.

*

* *

À revenir sur l'assertion schizophrénique, non plus en ce qu'elle affirme l'absence de désir de communication d'un sens, mais en ce qu'elle nous apporte de matériel compréhensible, parfois abondamment, on vient à trouver une nouvelle preuve de l'absence du moi chez le schizophrène.

Nous avons tous ressenti ce caractère de provocation déconcertante, d'affirmation mystifiante dont la tonalité, à la fois ironique et bizarre, sonne à nos oreilles comme caractéristique justement d'une position schizophrénique. On parle de délire flou, mal systématisé ; et si, en tant que psychanalyste, on en cherche le sens, on peut y voir, comme mis à nu, tout ce qui chez le névrosé constituerait le domaine de l'inconscient. Tel ce malade qui vient nous dire : « J'ai été frustré de mon orgasme parce que je n'ai pu coucher avec ma mère quand j'avais cinq ans ; c'est la faute des sociétés paternalistes. Vous ne voulez pas me donner une femme parce que vous êtes un représentant du patriarcat. »

Est-ce là une tendance œdipienne exhibée chez un malade dont l'inconscient est devenu conscient et s'installe dans les ruines d'un moi psychotique ? Le dire comme cela ne nous avance guère. La référence à l'anamnèse, en fait, nous permet de savoir que la mère phobique est la femme d'un homme falot et depuis toujours dépassé par la situation.

Autrement dit, ce que nous dit là notre malade n'est pas vérité défoulée, mais bien contre-vérité, négatif de sa propre histoire.

Cette contre-vérité ne pourrait appeler qu'un contresens de la part de l'interprète que nous sommes, si nous nous appuyons sur le contenu de l'assertion pour jouer les oracles.

C'est là un fait dont nous ne saurions trop souligner l'importance, pour l'avoir plusieurs fois constaté : à traduire directement les formations paranoïdes dans leur contenu plus ou moins énigmatique, déformé, déguisé, tronqué ou trop clairement allusif, à connoter les thèmes déchiffrés aux situations complexuelles évocatrices des névroses, on obtient d'une part tous les schémas classiques des constellations inconscientes, mais d'autre part des interprétations impossibles à articuler avec ce qu'on sait indirectement de la genèse du cas.

D'ordinaire, les analystes de schizophrènes en concluent que tout matériel d'apparence œdipienne n'est que l'écran qui dissimule les frustrations orales pathogènes, donc un mode de résistance du malade aux traumatismes archaïques qu'il ne veut pas revivre dans le transfert.

Nous pensons pour notre part que rien ne prouve un tel mécanisme et que l'explication, pour être d'un autre ordre, doit d'abord éviter de confondre *défense psychotique* et *résistance névrotique.*

L'impossibilité même où l'on est habituellement d'amener le schizophrène à parler de son histoire, la nécessité d'une recherche anamnestique indirecte auprès de l'entourage, tant pour connaître les événements de la vie prépsychotique du malade, que pour appréhender approximativement les influences parentales, sont les faits qui contrastent avec la liberté du schizophrène à se faire le porte-drapeau de toutes les pulsions censurées chez les autres.

Pour reprendre notre exemple, nous dirons qu'à nous mettre en cause sous les traits du patriarche castrateur, notre malade ne nous dit rien qui puisse être conçu comme manifestation de transfert, c'est-à-dire comme phénomène de répétition, d'actualisation d'une vérité, refoulée ou pas, mais constituante dans l'histoire du sujet. Autrement dit, le dire du malade ne se brode pas dans la trame, dans le canevas d'un passé symbolisé. Il n'apparaît pas comme retour d'un refoulé, mais bien comme une fausse vérité anhistorique, et finalement comme l'expression de ce qui n'a pas existé tout bonnement pour lui ; de ce qu'il n'a donc pu assumer symboliquement.

Nous reviendrons sur ce point fort important dans le déroulement thérapeutique et l'analyse des particularités de la cure. Bornons-nous pour l'instant à rassembler quelques-unes des données précédentes, en soulignant que le langage du schizophrène est un mode de son absentéisme, soit qu'il joue avec le signifiant pour éluder tout dialogue, soit qu'il joue avec des thèmes fantasmatiques pour exister à nos yeux, non pas comme représentant de son histoire, mais comme phonographe de la vérité des autres.

Ce qu'il avance n'est dit finalement au nom de personne, et tout dans son attitude semble prouver qu'il ne peut nous élire comme interlocuteur, faute de se pouvoir faire reconnaître dans l'image d'un moi qu'il a perdu pour ne l'avoir jamais vraiment découvert et assumé.

Il n'est pas qu'absent pourtant. De la place où nous sommes, son énigme s'impose comme sollicitante, et quelque chose dans son négativisme, dans sa dignité d'opposant silencieux, dans son ironie et son maniérisme, dans son délire entre guillemets, nous incite à comprendre, avec ou malgré lui, le ressort de sa position existentielle, de cette *dénégation de lui-même* qui le rend si présent à notre perplexité.

*

* *

C'est la question même de tout ce qui ressortit au *négativisme* que nous posons alors, quelles que soient les formes subtiles, grossières, évidentes ou masquées qu'il revêt chez le schizophrène. Freud évoque ce négativisme dans son texte sur la négation[1], et c'est en en renouvelant la lecture pour l'enrichir et l'approfondir du commentaire récent de Jean Hyppolite[2] qu'il nous a semblé possible d'en chercher l'application à l'analyse de la position psychotique.

Cette tâche est particulièrement malaisée de par la difficulté du texte freudien et les profondeurs philosophiques où elle entraîne, mais aussi parce que le point de départ de la démonstration, à savoir la dénégation (comme retour du refoulé affecté du signe), ne se retrouve pas chez le schizophrène.

Nous l'avions noté au départ : alors que le névrosé nous dit : « je ne pense pas cela » – ce qui veut dire « je le pense » – « je ne suis pas cela » – ce qui veut dire « je le suis » –, le schizophrène nous dit : « je suis cela » ; et nous devons l'entendre comme : « je ne le suis pas en vérité ».

Cette absence de dénégation est d'une importance primordiale si l'on connote au problème celui du refoulement et celui du moi.

Lorsque Freud nous dit d'abord : « La négation est une manière de connaître le refoulé… elle ne signifie certes pas encore une acceptation du refoulé », il nous met en présence d'un aspect fondamental de la dialectique qui promeut la mise en évidence de l'inconscient dans le dialogue avec le névrosé. « Cette personne, ce n'est pas ma mère »,

1. S. Freud, « La négation », *Rev. fr. de psy.*, t. VII, n° 2.

2. J. Hyppolite, « Commentaire parlé sur la *Verneinung* », *La Psychanalyse*, t. 1, 1956. Repris in Jacques Lacan, *Écrits*, Le Seuil, 1966, p. 879-887.

nous dit celui-ci. Le schizophrène nous dit à l'inverse : « Cette personne, c'est ma mère avec qui je désire coucher » – et cela semble ne rien engager de lui. Est-ce acceptation purement intellectuelle du refoulé ? Négation de la négation ? Pas dans ce cas, semble-t-il, et ce, à notre avis, parce que ce peut être ici, à partir de la fonction de méconnaissance du moi, que l'acceptation intellectuelle du refoulé se distingue de la disparition du refoulement. En fait, dans le cas qui nous occupe, c'est bien cette méconnaissance, liée normalement au règne fascinant du moi imaginaire, qui fait défaut, comme le moi lui-même et avec lui le refoulement.

C'est en suivant le texte freudien qu'on peut aller plus loin, et tenter d'établir un lien entre l'absence de dénégation chez le schizophrène, et le négativisme qui est sien. Il faut en revenir pour cela à ce moment mythique de la première négation que Freud isole, pour en déduire toute une théorie de la naissance du jugement.

Tout s'ordonne autour du thème du dehors et du dedans pour fonder d'abord le jugement d'attribution et le faire naître du jeu des tendances orales primaires. Sous la domination du principe de plaisir, il y a le : « Je veux introduire ceci en moi ou l'exclure hors de moi » selon les critères du bon et du mauvais.

Pour ce qui est du jugement d'existence, il met en cause aussi le dehors et le dedans, mais dans le jeu des rapports entre la représentation et la perception. « Le premier but et le plus immédiat de l'examen de la réalité n'est pas de trouver dans la perception réelle un objet correspondant à ce qui est représenté, mais de le *retrouver*, de s'assurer qu'il existe encore. »

Ceci est capital si on veut bien comprendre que cet examen de la réalité est toujours une actualisation qui, dans son actualité, met en question l'attribution au moi, au sujet, d'une représentation « à laquelle ne correspond plus, mais a correspondu, dans un retour en arrière, son objet » (Hyppolite). Autrement dit, ajouterons-nous, l'examen de la réalité est inséparable de la référence imaginaire qui le conditionne et du mouvement même d'une rétrospective qui est déjà histoire du moi. Ce mouvement est désormais inséparable de la négation, considérée non pas comme interne au jugement, mais comme attitude fondamentale.

L'affirmation, nous dit Freud, en tant qu'elle est simplement l'équivalent de l'unification est le fait de l'Éros, tandis que la négation résulte *par après* de l'expulsion. Nier, c'est plus que vouloir détruire. « La création du symbole de la négation a permis à la pensée un premier degré d'indépendance vis-à-vis des résultats du refoulement, et par conséquent l'a rendue également indépendante du principe de plaisir. »

N'est-ce pas ainsi qu'apparaît l'ébauche de la notion même d'instinct de mort, non pas comme assimilable à la pulsion destructrice, mais bien *intimement liée au mouvement même de la négation*, à la première dialectique de la présence et de l'absence.

À relire Freud, on a vite le sentiment que tout ce qui précède est capital pour expliciter la position du schizophrène, l'échec de son examen de la réalité et son négativisme même. Mais sur quel point mettre l'accent pour déceler et définir le mécanisme intime de cet échec ?

Il nous semble que c'est en inversant encore une proposition de Freud qu'on peut approcher la question. « Tout ce qui est étranger au moi... lui est d'abord identique », nous dit-il – et il est bien certain qu'au départ « il est égal et neutre de savoir s'il y a ou s'il n'y a pas – il y a[1] », et il y a de l'indifférenciation entre le moi et le non-moi.

Chez le schizophrène, proposerions-nous volontiers, tout ce qui serait identique au moi lui est devenu étranger, autrement dit, tout ce qui exigerait la résurgescence, au nom du sujet, des représentations conditionnant l'examen de l'objet à retrouver, s'avère impossible dans la mesure où retrouver l'objet, c'est se retrouver par rapport à lui.

Retrouver l'objet, c'est ainsi instaurer dans sa valeur la conscience de soi par rapport à lui, c'est réfracter l'image externe dans la spatialité actuelle et actualisée de l'univers subjectif, de l'univers moïque.

Or le schizophrène, semble-t-il, a perdu son monde imaginaire dans ses strates et dans son statut, comme s'il avait dû renoncer aux mirages de son propre moi pour l'avoir vu se détruire au regard d'un monde auquel il n'était pas accordé, faute d'y avoir trouvé de place symbolisable.

Tout se passe comme s'il revivait constamment devant nous la répétition, l'ébauche rééditée de la première négation, sans jamais aller au-delà. Tout se passe comme si ce mouvement de négation s'exerçait pour lui, non pas à l'égard de l'objet de désir ou de rejet,

1. J. Hyppolite, *ibid.* Freud écrit : « *Das Schlechte, das dem Ich fremde, das Aüssenbefindliche, ist ihm zunächst identisch.* » *G. W.*, t. XIV, p. 13. Traduction d'Hyppolite : « Le mauvais, l'étranger au moi, ce qui se trouve au-dehors lui est tout d'abord identique » in Lacan, *Écrits, op. cit.*, p. 884. Laplanche propose : « Le mauvais... est, pour lui, identique. » Dans *Le Coq Héron*, n° 55, 1977, p. 4 (note de J.S.).

pour fonder son indépendance, mais à l'égard de l'objet étranger qu'il est devenu pour lui-même, à l'égard de ce moi qui n'est plus que celui des autres.

La négation devient dès lors pour lui, non plus mouvement de méconnaissance au service du moi, mais bien retranchement, rejet de toute identification. Le schizophrène se constitue ainsi comme concept de lui-même dans une absence qui est sa question.

Son négativisme, n'est-ce pas alors la sauvegarde et aussi le symbole même de son Être toujours réaffirmé dans la répudiation de tout projet moïque, réaffirmé dans une absence qui nous dit : « Je n'existe qu'en tant que je n'existe pas » ?

Est-ce là un exemple particulier de la séparation de l'intellectuel et de l'affectif ? La question se pose, tant comme tentative d'application de la théorie de la *Verneinung*, que comme problème clinique courant. La réponse paraîtra encore une fois paradoxale si l'on oublie que la carence de la fonction du refoulement implique justement l'impossibilité pour l'intellectuel de se dissocier, en acte, de l'affectif. C'est bien là ce que la clinique nous démontre, chaque fois qu'un schizophrène non délirant nous témoigne de son angoisse à ne pouvoir prendre de recul, à ne pouvoir garder la maîtrise de ses sentiments, à risquer de s'engager totalement dans l'élan de sa véhémence, au moment où il tente de s'adresser authentiquement à nous. « Je pars tout entier dans mon cri et je peux m'y perdre », nous disait l'un d'entre eux, qui craignait notre sollicitude.

Nous reviendrons sur ce fait pour autant qu'il éclaire un des aspects majeurs des aléas thérapeutiques qu'il s'agit d'éviter. Pour l'instant, ce qui importe, c'est de remettre en question cette notion de l'affectif dont l'usage courant concourt à l'obscurité des références théoriques qui justifient la psychothérapie des psychoses.

L'extrême difficulté qu'il y a de définir l'affectif, en dehors même de l'étude de ses modalités chez le schizophrène, explique le recours si aisé à cette notion chaque fois qu'il faut étiqueter le résidu d'un non-analysable ou d'un non-analysé.

L'affectif peut devenir ainsi le refuge de l'ineffable, le lieu de tous ces au-delà de la parole qu'on se résout à constituer chaque fois que le progrès conceptuel, en s'arrêtant, prend à la lettre les métaphores bio-énergétiques, et économico-bancaires, se fige dans le réalisme littéral d'une pseudo-physiologie pulsionnelle qui reste à démontrer.

Tant de psychothérapeutes se réfèrent aux « contacts » d'une relation dite affective, qu'il est bon de rappeler que, dans notre perspective, nous envisageons cette notion d'affectivité, non pas comme une idée simple et non décomposable, fondement d'une psychothérapie positive, réparatrice et économiquement saturante, mais bien comme un concept inséparable de la situation humaine qui le situe dans son champ distinctif, et intimement lié à la rétrophorèse historique qui conditionne sa genèse.

Cette historicité fondamentale qui fait, comme le dit J. Lacan, « de l'affectif, ce qui d'une symbolisation primordiale garde ses effets jusque dans la structuration discursive », se déduit des lignes mêmes que Freud écrit sur la *Verneinung* – pour rester fixé sur ce seul texte. C'est en fait la dimension de l'historicité qui fait défaut au schizophrène, pour le condamner à l'inséparabilité du sens et du sensible et pour le tirailler dès lors entre le Charybde et le Scylla de la stagnation inaffective de son existence, ou de l'impulsion aliénante des identifications dissolutoires.

Si le schizophrène a perdu son moi imaginaire, son statut spatio-temporel, toute tentative de notre part pour l'aborder est en effet tentative de lui recréer ce monde imaginaire. Il est bien certain que les mouvements affectifs, voire les impulsions motrices du schizophrène, ces explosions dont il a si peur avec nous, ne se produisent que lorsqu'une relation aussi précaire, aussi sommaire soit-elle, est nouée avec le malade et parce que cette relation se noue comme captation imaginaire non historisée et non historisable.

Sollicité d'avoir une relation, le schizophrène ne peut faire que deux choses : soit s'en défendre et s'absenter, être un symbole vivant au milieu d'un réel non dialectique, soit, au contraire, céder à la sollicitation qui vient de nous et qui est pour lui sollicitation d'avoir un « moi », de réveiller en lui l'histoire même qu'il a voulu rejeter. Si à ce moment, le schizophrène s'incarne dans la brusquerie, la violence, la soudaineté d'un mouvement impulsif, n'est-ce pas parce que nous le forçons à se réinsérer malgré lui dans l'espace d'une relation qui est de nouveau et déjà histoire, mais l'histoire qu'il a rejetée justement dans la mesure où il ne pouvait la maîtriser. Et c'est bien en cela que se justifie l'opinion de Freud : les dangereuses tentations du monde de la réalité, le monde dangereusement séducteur.

L'affectif, c'est dès lors ce qui affecte le sujet en première personne, ce qui le mobilise dans un sens, à la fois direction, signification et désir d'unification dans l'éros ; et si le schizophrène ne parvient pas à vivre cela dans l'ordonnance d'une relation acceptée et maîtrisable, c'est bien peut-être parce qu'il a perdu la fonction même de cette dénégation qui crée l'indépendance de l'homme vis-à-vis de sa libido, cette dénégation dont il n'a plus su utiliser la fonction que contre son propre « moi », sa propre vérité, pour en faire son négativisme.

Le schizophrène, pourrions-nous dire enfin, c'est l'incarnation, la concrétisation charnelle pour nous de l'instinct de mort, en ce sens qu'il ne s'assimile pas aux tendances destructrices mais naît d'elles. Le schizophrène c'est le concept de l'être, c'est une sorte de signifiant à l'état pur.

*

* *

Après avoir donné notre conception de la structure schizophrénique, c'est le thérapeute qu'il nous faut maintenant prendre comme objet d'étude.

Il est à noter qu'en général il est analyste, ce qui ne veut pas dire qu'il va faire de l'analyse avec son patient, mais qu'il va plus ou moins définir son action et la conception qu'il en a, en fonction de l'expérience qu'il a faite des relations entre le fauteuil et le divan ; en fonction donc de la clairvoyance qu'il a acquise préliminairement dans les relations entre le divan et le fauteuil.

Avec un névrosé, il cherche à s'identifier à la présence impersonnelle de l'entendeur, pour déceler la question que pose le sujet et la vérité qu'il ignore dans le témoignage aveuglé de ses symptômes et les méconnaissances de son discours. Le progrès thérapeutique, selon des lois explicitées sinon toujours bien interprétées, s'appuiera dès lors sur les actualisations du transfert, pour fonder le sujet à reconstituer à travers les promesses, les défaillances et les péripéties de son histoire, les versions censurées de sa vérité ; pour le fonder à assumer, en les dépassant, ses propres contradictions. Ainsi se dévoilera, au jour même de leur inutilité, la fonction des symptômes, désormais réintégrés dans leur signification.

On dit que pour mener l'analyse d'une névrose, le thérapeute s'appuie sur la partie saine du moi du patient, autrement dit sur son aptitude à la dialectique et son désir de vérité. Or, si nous sommes fidèles aux définitions que nous avons proposées, nous pourrons dire qu'avec le schizophrène on ne va trouver, à l'origine, ni possibilité de dire le vrai, ni fonction de réalité du moi, ni capacité de transfert.

Le schizophrène, qui se défend contre l'accord dans le vrai qui scellerait une relation d'inter-reconnaissance entre lui et le thérapeute, ne peut faire de transfert au sens habituel du terme, répétons-le, dans la mesure où celui-ci est inséparable de la relation imaginaire qui le fonde ; dans la mesure où son sens est lié aux motivations historiques qui l'alimentent, et à la différence au moins tacitement admise entre l'actualisé et l'actuel.

Et pourtant une relation thérapeutique peut rapidement s'établir – c'est un fait désormais bien connu – qu'il est tentant et habituel de baptiser transfert. Il s'agit moins, dès lors, d'en redonner après d'autres, une description clinique, que de chercher ce qui permet la relation, les lois qui ordonnent celle-ci et l'utilisation qui peut en être faite.

Les nombreux travaux publiés sur ce point mettent, on le sait, l'accent sur le caractère profondément archaïque des manifestations dites transférentielles, et l'essentiel sera résumé par l'évocation du maternage thérapeutique qui ramène le schizophrène à un premier contact avec la réalité, grâce aux gratifications orales du nouveau parent réparateur qu'est le médecin.

On insiste par ailleurs sur la prévalence des mécanismes d'identification projective dans les situations relationnelles, pour souligner l'intensité des manifestations affectives, leur ambivalence foncière et les fluctuations parfois dramatiques de l'histoire thérapeutique au gré des impulsions du malade, de ses élans et de ses fuites. Finalement, le caractère oscillant et déconcertant des expressions transférentielles amène à mettre au premier plan l'importance de l'analyse du contre-transfert, celui-ci étant inévitable et difficile à maîtriser, mais aussi parfois atout précieux. En effet, c'est sous ce chef que peuvent se grouper et les motivations personnelles du praticien qui renforceront son dynamisme thérapeutique, et celles de ses réactions affectives dont l'analyse donnera indirectement le sens des inductions provenant du patient, donc le sens du dire schizophrénique.

Nous partirons nous-même de ce problème du contre-transfert pour étudier la relation psychothérapeutique ou plus exactement ses prémisses.

Notre hypothèse de départ est la suivante : ce qui sollicite le thérapeute, ce n'est pas la question que pose le sujet, mais ce qui est perçu comme absence et négativisme en lui. C'est cela, pensons-nous, le moteur essentiel de cet activisme thérapeutique qui semble si nécessaire, bien sûr, mais qui est si différemment expliqué par ceux qui posent l'hypothèse des frustrations pathogènes pour deviner ce que le malade attend sans le dire, et ce qu'il faut lui donner. (Comme si le réalisme d'une attitude gratifiante pouvait dénouer et démystifier tout ce qui, dans la revendication affective, est refus répété des réparations !)

Cet activisme, quelles qu'en soient les modalités, est d'abord réaction compensatrice à tout ce qui dans la position schizophrénique est frustrant pour l'autre. Car enfin, la réaction humaine la plus immédiate devant la béance énigmatique d'un silence, même si ce silence est un verbiage, c'est bien de chercher à comprendre, de « chercher le contact », donc de projeter son propre mode de compréhension et d'expression là où il n'en apparaît pas spontanément comme induction à une simple réponse.

Il n'y a phénoménologiquement que deux manières de penser à tel ou tel schizophrène. Ou bien on s'identifie à son négativisme dans une sorte de départissement du sentiment de soi ; on cherche à devenir personne ; ou au contraire, et c'est le cas le plus fréquent, pour se défendre contre l'angoisse qui peut naître en nous devant l'énigme psychotique, nous projetons un système imaginaire, et forcément le nôtre, dans le cadre encore vide qui sollicite, qui fait appel d'air. Dans ce cas, ne doit-on pas se résoudre à n'exprimer que sa vérité à soi, ses interprétations personnelles et le reflet de ses propres réactions ?

Rien de plus frustrant en effet, et rien qui explique mieux la facilité avec laquelle on prête au schizophrène ce sentiment de frustration qu'on éprouve auprès de lui.

Autrement dit, parler d'une thérapie de schizophrène, c'est peut-être, avant tout, ne prétendre signer de son nom à soi qu'une reconstruction imaginaire de la maladie, à travers les fantasmes symbolisés et donc protecteurs qu'on a dû créer pour rester soi-même dans le porte-parole qu'on veut être de ce personne qui parle à personne.

À se résoudre alors à nouer quand même la relation qu'on projette thérapeutique, et quelle que soit la recette qu'on utilise pour ce faire – qu'on se veuille la bonne mère nourrissante d'un hébéphrène, l'alter ego fraternel d'un paranoïde, le surmoi sécurisant d'un impulsif –, on se trouve, dans son propre engagement, devant un sujet dont le comportement a les particularités suivantes : il ne s'engage en rien lui-même, il ne demande rien, il se fait aussi absent que possible, ne répond que quand il le veut bien et presque toujours à côté.

« Mais c'est là tout le portrait de mon analyste ! » va s'écrier, à nous lire, le client de cinq heures trente, dans sa naïveté… Si nous reprenions à notre compte cette boutade, nous remarquerions que les conseils techniques qu'on donne habituellement à l'analyste de schizophrène ressemblent fort à ceux que l'analyste propose à son patient névrotique… L'abondante littérature qui est à notre disposition depuis quelques années nous apprend en effet que, dans une thérapie de psychose, le médecin est à découvert et ne doit pas craindre de l'être. Il doit faire état de celui qu'il est, prendre parti, et formuler des jugements de valeur et de réalité. En toute occasion il doit se montrer franc et sincère ; ceci, en vertu de l'intuition perspicace des schizophrènes ; en vertu peut-être de cette mystérieuse « communication d'inconscient à inconscient » dont le malade bénéficierait plus que lui et qui rendrait vains tout subterfuge et toute attitude compensatrice. C'est ainsi qu'au besoin, nous dit-on, il nous faut faire part au malade de nos propres sentiments, lui dire par exemple qu'on a peur de lui, et que s'il nous agresse, on pensera plus à se protéger qu'à comprendre et à l'aider…

Si ce sont là les conseils sans ironie de l'expérience – lesquels se montrent sans doute opérationnels et aident le schizophrène à prendre conscience de l'existence de l'autre en tant que tel, c'est-à-dire différent de lui –, il est certain que, sur un autre plan, le thérapeute devant la présence-absence du malade, dont nous faisions le portrait, se trouve sollicité de vivre ainsi initialement une situation toute particulière : celle justement qui en psychanalyse donne lieu au phénomène du transfert. Il n'y a sans doute pas à pousser plus loin la comparaison ; la situation thérapeutique devant se différencier assez vite et se réordonner en fonction des réponses mêmes du malade. Il n'empêche qu'à l'origine on serait presque en droit d'appeler l'attitude induite du schizophrène « contre-transférentielle », pour indiquer avec quelle facilité le patient adopte le système imaginaire du thérapeute, quitte éventuellement à apporter ainsi sa contribution à la défense et illustration de la mythologie des stades instinctuels, à lui suggérée.

Ce qui ne l'empêchera pas, à notre avis, de garder le fond de son problème pour lui, de n'être pas tout à fait fidèle à cet oracle édifiant qui se veut si clairvoyant et si bon – ce qu'il saura lui faire savoir au bon moment.

À insister ainsi sur les prémisses de la situation thérapeutique, nous risquons sans doute de voir dénoncer ce qui peut apparaître scrupule excessif ou goût du paradoxe. En fait, la théorie et l'expérience montrent bien que les modalités liminaires d'une psychothérapie conditionnent son évolution et sa terminaison. Le souci habituel des analystes est d'ailleurs de réduire au minimum tous les facteurs d'interférence qui pourraient perturber le déroulement de la cure, pour avoir surdéterminé la rencontre inaugurale.

Avec le schizophrène, l'activisme thérapeutique initial a toute chance d'infléchir tôt ou tard la situation thérapeutique. Il est bien fréquent, et peut-être constant, que le malade nous réponde au moment même où il semble au seuil de cette réinsertion qu'il refuse : « Tout ce qui arrive là, c'est vous qui l'avez voulu, moi je ne vous ai rien demandé. Je n'ai d'ailleurs jamais rien demandé à personne et pas même à naître. »

On mesure à ce moment la force de cette position de maîtrise schizophrénique qui n'apparaît vraiment qu'au jour où on sollicite le sujet dans son autonomie, après avoir pendant longtemps cultivé sa dépendance à notre égard. On constate à quel point le malade n'avait accepté de guérir qu'une image retrouvée de lui-même à travers nous, sans vraiment mettre la thérapie au service de son devenir et de sa liberté.

Les principes qui régissent habituellement la conduite même de la cure ne peuvent qu'encourager une telle situation – et nous évoquons par là l'importance prévalente accordée à la relation à deux, au souci de « l'hygiène du retour aux objets » ; le premier de ceux-ci étant le thérapeute, en tant qu'il s'offre comme point de fixation des désirs frustrés du schizophrène et, en même temps, comme dispensateur des réparations gratifiantes.

Il est certain qu'à partir d'un tel présupposé, on obtient comme résultat l'attachement du malade et sa fidélité démontrée ou secrète. Après avoir évité la relation, le schizophrène accepte en effet de la nouer. Il la teste, la met constamment à l'épreuve, mais s'y adonne. Se forme ainsi un couple médecin-malade dont on étudie généralement le destin en termes de relation affective.

C'est alors que peut se constater ce rythme très spécial d'oscillations entre les investissements et les désinvestissements dits objectaux, qui scande le déroulement thérapeutique pour le rendre si malaisé et si orageux. Les auteurs en donnent diverses explications. Ils peuvent invoquer l'auto-abandon (Séchehaye), donc la répétition du trauma initial. Ils peuvent évoquer la « peur » qui naît du jeu des pulsions primaires d'incorporation-destruction et qui nécessite l'établissement d'une relation « à la bonne distance ». De telles interprétations rendent compte sans doute des faits cliniques, mais elles fondent en même temps le thérapeute à tenir le mouvement oscillant en lui-même comme expression transférentielle, et à le considérer dès lors comme inévitable.

En proposant de voir dans ces péripéties l'illustration manifeste de tout ce qui tourne autour de la captation imaginaire (cet imaginaire dont la traduction, quand on le méconnaît en tant que registre propre, ramène forcément aux termes d'oralité sur un mode plus ou moins kleinien), nous pensons rendre plus rigoureusement compte des modalités cliniques décrites.

Si le schizophrène se trouve toujours trop près ou trop loin de nous, n'est-ce pas en effet parce que faute de pouvoir soutenir, à la bonne distance, la relation imaginaire, il se trouve, sollicité qu'il est par le thérapeute, dans la situation de l'alouette par rapport au miroir. Faute de la réfraction de son propre moi, il est fasciné, capté, attiré par la forme de l'autre et ainsi mobilisé dans des impulsions et des reculs immaîtrisables. Le dilemme est le suivant : fonder la relation narcissique dans une sorte d'agression suicidaire qui est à la fois perte de lui-même et de l'autre, ou retrouver l'autisme et le négativisme. C'est là un des aspects élémentaires des dangers et des inconvénients de la relation duelle qui conduit à l'impasse des affrontements et des esclavages imaginaires pour méconnaître les lois propres de la médiation symbolique.

Même avec le psychotique, c'est bien tout ce qui est du registre de la symbolisation qui est à instaurer ; et c'est ce que font d'ailleurs, sans toujours le savoir et le formuler comme tel, ces quelques thérapeutes inspirés qui ont à juste titre publié des succès. Nous résumerons ce qui semble ressortir de leur technique, en disant qu'ils ont trouvé justement le *moyen terme* qui subordonne la relation duelle aux mouvements d'une dialectique :

Ce moyen terme c'est l'objet, non plus comme synonyme de l'autre, mais comme objet du désir de l'autre.

Au départ, le sujet est plus proche de la forme de l'autre que de ses tendances personnelles ; c'est dans l'identification à l'alter ego qu'il prend conscience de l'objet, dans la mesure où cet objet est découvert et défini d'abord dans ses liens avec l'autre. C'est là toute la dialectique de la jalousie et par ailleurs de la connaissance paranoïaque (Lacan).

C'est dans cette perspective qu'on peut comprendre, à notre avis, ce que Mme Séchehaye appelle la *réalisation symbolique* et qui nous apparaît en fait comme la *symbolisation du réel.* Qu'il s'agisse des « pommes de Maman » qu'il s'agisse du « bébé Ézéchiel », il y a dans ces expériences thérapeutiques, l'utilisation de l'imaginaire comme support, comme signifiant des significations à donner, dans une situation à trois termes, où le Je, le Tu et le Il peuvent se formuler et permuter leurs places, dans un exercice dialectique qui est la vraie orthopédie du Moi dans son aspect législatif.

Dans cette perspective, le thérapeute n'est plus l'objet à l'accusatif, mais la personne au génitif ; et c'est la position à laquelle il doit se tenir, s'il veut faire renaître, chez le schizophrène, ce sentiment de la réalité qui n'est pas aperception du réel, mais ouverture sur le registre du vrai et du faux.

La pomme que mange Renée, pour être objectivement la même sur un arbre et dans des mains maternelles, devient objet imaginaire de l'échange, symboliquement sanctionné dans sa valeur par la parole : « Les pommes de Maman. » Ce qu'on traduit alors par accession à la réalité se définit, en fait, comme l'instauration de l'imaginaire comme support signifiant d'une relation de vérité formulée par le thérapeute.

Dans une telle expérience, celui-ci n'est pas un intendant pourvoyeur des rations affectives, mais il est plus qu'un catalyseur. Il est le poète d'un monde à recréer, ou plus vraisemblablement à créer. Car, pour le schizophrène, ce monde qu'est le nôtre n'a sans doute jamais authentiquement existé. C'est en cela que la thérapie n'est pas et ne peut être actualisation transférentielle d'une histoire à réordonner, mais actualité concrète au service de rétrospectives encore virtuelles.

En ce sens, le malade n'exhume pas sa propre histoire, il s'en crée une.

Utilisons au passage cette dernière formule pour faire mention de ces schizophrènes « asymptomatiques », qui se manifestent à nous dans l'inconsistance et la discontinuité de leur présent. Une certaine facilité perverse de l'adaptabilité sociale, une certaine mondanité vide, une adhésion sans recul à l'actuel, tels sont les termes qui brossent le portrait de ces marionnettes offensantes qu'on rencontre parfois dans les salons ou les consultations pour parents de psychotiques. Des schizophrènes adaptés, nous en voyons ainsi plus souvent que nous ne le savons nous-mêmes. Ce sont ces voyageurs sans bagages, sans patrie et sans itinéraire, qui ignorent à ce point leur statut d'étranger qu'ils ne se sentent jamais importuns, jamais responsables, jamais insignifiants.

Ceci nous ramène à l'histoire des schizophrènes, à leur destin sans tradition, à leur présent sans attaches, à leur incapacité – et pour cause – de dire : « Il était une fois… »

De la place où nous sommes, le schizophrène a bien une histoire mais elle ne lui appartient pas. Elle n'est que celle de ses géniteurs, pour autant que ceux-là ne sont eux-mêmes que des enfants mal structurés sous des travestis parentaux. On guérit quelquefois, dit-on, un schizophrène en soignant son père et sa mère. C'est en effet le roman familial de chacun des parents qui prédestine la psychose, qui fait du dernier-né le résultat aberrant d'une collusion inconséquente, le succès biologique d'un malentendu.

D'autres, plus abondamment informés que nous, écriront en détail les lois de l'histoire des parents de schizophrènes. Nous avons pour notre part présenté l'intrus qui est le fruit de leur union, cet intrus qui peut être un gêneur, un inattendu dans son existence et son sexe, un objet d'étude, un jouet inespéré, un étranger de marque, un enjeu ou un fétiche, mais qui n'est jamais reconnu dans la vérité virtuelle de son devenir propre.

Tout ceci illustre cette opinion que les frustrations réelles ou supposées du premier âge ne sont conditions ni nécessaires ni suffisantes d'une psychogenèse de la schizophrénie. Le rôle prévalent de la mère, pour être incontestable, ne prend son sens qu'à être articulé à toute l'histoire d'une famille, et connoté à la complémentarité des défaillances paternelles. C'est souvent de la seule étude de trois ou quatre générations qu'on peut déduire la formule psychotique condensée dans ce schizophrène qui semble né de la rencontre malheureuse de deux lignées décadentes.

Le projet thérapeutique, dans une telle perspective, ne peut se rétrécir aux réformes économiques que suggère le désordre psychotique. Il ne peut se résumer à la réordonnance constructive de ce qui serait psychogenèse de la schizophrénie. *Il n'y a pas psychogenèse de la folie*, si l'on entend par ce terme tout ce qui, dans le registre du sens de l'histoire, fonde un sujet à subir et à vouloir dépasser les significations antinomiques de son mythe personnel. Le schizophrène est fou à nos yeux, parce qu'aux siens, sa survenue en ce monde n'a pas de sens assumable.

Il restera un insensé si nous ne parvenons pas à lui proposer un statut personnel vicariant, construit dans les traditions d'un mythe à inventer ou à retrouver loin derrière lui. Et notre tâche est ainsi de définir par déduction tout ce qui n'a pas été « psychogénétisé » chez lui, c'est-à-dire symbolisé, pour tenter de réintroduire ce « retranché » – et non ce refoulé – dans l'univers subjectif du malade, pour tenter d'introduire celui-ci à l'exercice des vérités frappées de forclusion.

Tâche utopique dans bien des cas ; tâche, à notre avis, presque impossible pour un couple thérapeutique classique. Tout, d'ailleurs, dans ce que nous avons proposé pour dénoncer l'impasse de la relation duelle et les difficultés d'un travail complexe et pluridimensionnel par définition, amène à la suggestion concrète d'une cure à deux thérapeutes. Réservons le projet d'une étude clinique sur ce thème, pour dire seulement qu'il s'agit moins alors de définir les rôles respectifs et d'opposer l'éventuel activisme de l'un au non-interventionnisme de l'autre, que de souligner la fonction de leur coexistence officielle, la valeur de l'absence de l'un, lors de la présence de l'autre.

Cette organisation triangulaire, féconde et structurante pour le schizophrène exilé dans un monde sans dialectique, est d'ailleurs pour nous situation quadrangulaire, si nous savons distinguer finalement la position psychanalytique des fonctions thérapeutiques qu'elle inspire ; si nous savons élire, en un quart personnage, celui qui, étant en eux ou en un autre, l'analyste des thérapeutes, saura les éclairer et les désabuser dans leur aventure aux terres de la folie.

1958

1977-1954
Retour en arrière

On l'appelait Martine. J'étais amoureux de son délire paranoïde et de cette Martine, le réel prénom de fille qui lui avait été attribué à sa naissance. Une démence précoce n'est pas une schizophrénie. Kraepelin ne parle pas de la même affaire que Bleuler, Jung n'est pas de Freud, et Clérambault n'est pas de Lacan.

J'ai tenté sur plusieurs années la psychothérapie de Martine – et d'abord après avoir lu Mme Séchehaye qui était en vogue à l'époque.

Mes patrons en psychiatrie et psychanalyse m'ont impérativement conseillé de me garder des fixations psychotiques dont je serais prématurément l'objet avant la fin de mon cursus freudien. J'ai obéi à ces sages conseils. Martine a été hospitalisée en province neuropsychiatrique. Elle est morte un mois après une lobotomie, qui suppurait peut-être, mais je ne suis pas neurochirurgien.

Son père et sa mère n'étaient pas des « parents de schizo ». Avant leur mort et pendant des années, ils m'ont invité une fois l'an, chez eux, date anniversaire de la lobotomie, à représenter la vie de Martine et non pas le destin de la maladie mentale par rapport à l'encéphale.

À propos de la psychothérapie des schizophrènes*

Le problème de la psychothérapie des schizophrènes fait évoquer désormais un certain nombre de vérités en passe de devenir officielles. Il est convenu que l'on ne peut pas soumettre un schizophrène à une psychanalyse, et qu'il convient de créer pour lui une technique active d'aide affective, de compensation, de réalisation à la fois concrète et symbolique de ses besoins, dans le but de l'amener à dépasser le stade des frustrations pathogènes.

Si tous les auteurs semblent s'accorder sur ces principes fondamentaux, de notables différences tant théoriques que techniques apparaissent à la lecture de leurs travaux et il se dégage ainsi, pour le lecteur soucieux d'une synthèse, le sentiment d'une certaine confusion qui porte autant sur les critères d'action thérapeutiques que sur le mécanisme de leur efficacité.

À s'en tenir aux points communs qui accordent les thérapeutes, et sur le caractère intense et archaïque du transfert des schizophrènes, et sur la nécessité de leur apparaître comme une bonne mère tolérante et ferme à la fois, toujours prête à combler leurs frustrations angoissantes, on serait tenté de réduire ces malades profondément perturbés et complexes au nourrisson hurleur qu'ils portent en eux, et à s'entraîner tout bonnement à des expériences de maternage thérapeutique.

L'expérience toute récente encore que nous avons du contact avec les schizophrènes nous a amené à ressentir comme insuffisants ces

* Communication pour la Société française de psychanalyse, séance du 2 février 1954.

principes, incontestablement vrais, et à constater qu'un aspect essentiel à notre avis de l'expérience thérapeutique restait, pour beaucoup, au deuxième plan : à savoir *la fonction du langage parlé* dans le contact et le progrès thérapeutique. Sans doute, nous objectera-t-on, Rosen préconise-t-il sa méthode d'analyse directe, dans laquelle le langage est pour lui l'arme thérapeutique. La connaissance seulement indirecte que nous avons de ses travaux nous amène à penser justement qu'il n'a pas, peut-être, déduit de sa propre découverte et de son aptitude exceptionnelle à comprendre le langage des schizophrènes toutes les conclusions que l'on pouvait en tirer.

Parallèlement à cette constatation, il nous a semblé que le principal des travaux publiés portait sur des cas d'hébéphrénie, de préférence à des cas de psychoses paranoïdes, et que ceci expliquait peut-être le rôle secondaire que l'on faisait jouer au langage dans la thérapie de tels malades. L'hébéphrène est effectivement un malade qui, plus qu'un autre, a renoncé à la dignité de ses prérogatives d'adulte. En fait, il se présente à nous dans l'attitude du nourrisson *infans*, attitude de démission, exhibée en tant que protestation, rejet passif du monde, et appel silencieux au nirvana fœtal. Chez un tel sujet, il y a en quelque sorte renonciation à l'« incarnation dans le verbe », et c'est pourquoi, sans doute, on est justement tenté de rejoindre en lui le petit enfant figé et enkysté dans sa démission, sans avoir à se heurter pour autant au désespoir existentiel du témoin adulte qui s'est atrophié en lui, faute de l'appui d'une identification à un parent éloquent et communicatif.

Lorsqu'on aborde, au contraire, un paranoïde, on est frappé par ce fait qu'avant même toute officialisation d'une expérience thérapeutique, il y a déjà, de la part du malade, un effort de communication, une détermination à l'expression verbale, et, en quelque sorte, l'expression d'une foi en la possibilité d'un témoignage.

Sans doute s'accorde-t-on pour dire que ces sujets – étrangers à eux-mêmes – sont parlés, sont agis, plus qu'ils ne parlent et n'agissent en leur nom, ce nom qu'ils ont répudié, sans doute ne parlent-ils à personne, sans doute est-ce dans ce désert, peuplé de fantômes projetés, qu'ils lancent leur communication. Il n'empêche que l'on ne saurait négliger la valeur probante de leur témoignage et qu'à vouloir ne pas entendre leur parole, pour rejoindre en eux l'enfant pré-verbal qu'ils n'ont pu faire grandir, on ferme les yeux sur un aspect essentiel du drame schizophrénique. Le délirant paranoïde garde en effet en lui le négatif de l'image de l'adulte qu'il a failli être. S'il a refusé cette solution qu'est, pour l'hébéphrène, la démission de sa fonction humaine, ce serait une erreur que de violer la dignité de la « grande personne » qu'il veut montrer au monde, en adoptant d'emblée avec lui l'attitude d'un parent généreux mais infantilisant. En quelque sorte, venir à lui en préjugeant de la nécessité d'une attitude donnante, et lui dispenser sans prudence et sans mesure une bienfaisance oblative, c'est, avant l'inauguration du stade d'un langage commun, lui confirmer sa condamnation, alimenter sa haine à l'égard de lui-même et faire flamber son angoisse.

En effet, qu'apparaît-il lorsqu'on se contente d'écouter le langage paranoïde, en s'efforçant de l'entendre pleinement ? C'est, sur un mode ou sur un autre, *le maniérisme et l'ironie*. Ce maniérisme qui, dit Bion, « est l'expression théâtrale d'une irréalité en tant que négation fondamentale de toute réalité » ; l'ironie qui englobe tout à la fois le milieu et le sujet, et « qui semble émerger d'un profond sceptique de soi pour satisfaire un désir calculé de ne mendier, ni du milieu, ni de soi-même, le moindre mouvement de compassion ».

L'ironie, c'est cette trahison subtile envers soi-même et cette agressivité détachée envers le monde qui exprime, chez le schizo, cette insondable amertume, rageuse et désespérée, cet instinct de mort, qu'aucune fusion orale avec l'amour, qu'aucune communion n'a jamais humanisés en lui.

En un autre sens, c'est aussi la cellophane isolationnante qui signifie que la parole ainsi enveloppée est livrée d'emblée en tant que manifestation gratifiante, en tant que son significatif à l'altérité du monde. Et c'est ainsi que le schizophrène, qui ne parle à personne, parle aux objets, à ses fantasmes, au monde, et au spectateur que nous sommes, dans la tonalité même d'une communication analytique, exactement comme si être schizophrène c'était, avec tous, avec chacun, avec personne, vivre l'aliénation frustrante de son propre verbe clamé dans le gouffre désertique de sa propre énigme projetée.

On peut ne pas tenir compte de ce langage, et séduire et violer d'emblée le malade par une gratification qui viendra pour lui de ce monde qu'il hait comme il se hait lui-même. Sans doute peut-on l'amener à accepter rapidement puis à réclamer cette nourriture affective dont il a trop besoin pour l'assimiler. Sans doute l'entend-on alors exprimer son attachement, sa reconnaissance ; sans doute le passive-t-on ainsi pour faire de lui ce chien au regard fidèle qui trouvera sa jouissance masochiste et coprophagique à absorber un amour qui n'est encore pour lui, lorsqu'il s'intériorise, que le poison excrémentiel, le germe de l'angoisse et de la haine désespérante. En rejoignant ainsi l'enfant régressif qui hurle dans le cœur du schizo, il me semble que l'on renforce et que l'on décuple de terribles poussées instinctuelles envahissantes et mortifères. Et il en sera ainsi tant que l'on n'aura pas fait comprendre au malade la différence qui existe entre les besoins instinctuels de son « corps de viande » et les aspirations affectives de son cœur embryonnaire. Puisqu'il est admis que les productions délirantes, que les fantaisies du malade représentent des efforts de restitution, dédaigner tant soit peu leur témoignage, c'est induire le malade à penser que l'on fait fi de son désir de demeurer dans un climat de dignité, même si ce climat est pour lui dérisoirement conventionnel ; c'est faire fi effectivement des seuls liens qui réconcilient le schizo avec une réalité qu'il a irréellement reconstruite, parce qu'il y avait en lui trop de vie pour qu'il ne renonçât pas au monde.

Vue sous cet angle, la psychothérapie du schizophrène doit se référer tout d'abord à un principe d'intervention *a minima ;* et s'il faut dépasser d'emblée l'envie où l'on peut être de se protéger contre l'angoisse, en dressant entre soi et le malade le rituel et le formalisme de l'attitude analytique classique, il faut dépasser également l'envie d'en venir rapidement au stade simpliste de la gratification affective, pour chercher à accéder et s'installer dans le domaine du langage schizophrénique.

Ce qui doit s'opérer dans un premier temps, c'est un acte de reconnaissance réciproque, qui peut consister à encourager apparemment les procédés de défense du schizo pour leur ôter ainsi leur valeur de nécessité. Il peut être utile, par exemple, pendant une période, d'entrer dans le jeu de l'ironie schizophrénique. Si elle apparaît, en effet, comme une méthode d'aliénation, elle est également une sauvegarde contre la colonisation par les autres. Telle malade, par exemple, nous parle de l'avidité de sa mère à tout connaître d'elle. C'est pourquoi elle ne lui donne que la substance aliénée de son verbe ironique en lui signifiant ainsi qu'elle ne réfléchit sur elle qu'un mirage. C'est sa manière de lutter contre le désir angoissant de se laisser engloutir par ce gouffre maternel tout en renonçant, par l'ironie, à la possession de son propre langage, car c'est à la mère introjectée qu'elle incarne qu'elle le refuse.

L'attitude démonstrative du thérapeute, c'est alors l'accueil et non la curiosité, et c'est l'utilisation d'une réponse ironique en miroir qui donnera à la malade une première garantie contre le danger d'une captation qui ne serait encore pour elle qu'un engloutissement.

À cette ironie en écho, doit se mêler progressivement l'assurance de ton du Sage, respectueux de l'existence de l'autre, mais dont le rôle, tout naturellement, est de commenter son attitude, donc de laisser pressentir qu'elle est empreinte de relativité, et d'entrouvrir ainsi la porte de l'espoir au schizo qui croit s'enfermer dans un absolu irréductible.

C'est le malade lui-même qui, décontenancé en quelque sorte, va dépouiller sa première armure et laisser ainsi apparaître son drame intérieur : drame d'un nourrisson frustré, mais drame aussi et surtout d'un adulte qui, en tant qu'adulte, se sent disloqué par les hurlements et les pulsions dévastantes de l'animal solitaire qui s'est réveillé, un beau jour, en lui. S'il ne convient pas d'oublier les compensations immédiates et concrètes qui viendront apaiser l'appétit du nourrisson, et, si en acceptant le contact somatique, en s'autorisant à des cadeaux alimentaires, on peut d'une séance sur l'autre faire pressentir au malade qu'on le ressent comme concrètement vivant, il faut néanmoins mettre l'accent sur l'expérience de langage qui constituera l'acte authentiquement thérapeutique.

Comme Freud lui-même l'a noté, l'image verbale chez le schizo remplace l'image des objets perdus, et la parole est une substance qui a d'emblée pour lui, plus que pour tout autre malade, une existence en soi. Comme le dit Bion dans une récente et remarquable communication, le langage verbal est, pour le schizo, un moyen de communication, un mode d'action et un mode de pensée. C'est, à mon avis, sur ce plan que l'on doit faire vivre au malade son oralité, sans trop croire à la valeur thérapeutique de la « pomme d'amour » ou du verre de lait.

Sous la glace de l'ironie, le verbe schizo étale l'arc-en-ciel de ses significations latentes et de ses surdéterminations, éparpillées par le prisme de la dissociation.

À l'origine, si le malade prodigue ces richesses, c'est qu'il ne les donne à personne. En revanche, dès qu'il se sent entendu, autrement dit, dès que le transfert est établi, il se réfugie dans la rétention verbale. Il veut bien être aliéné, mais craint de se perdre dans l'autre. Lorsqu'il parle, en effet, il ne s'agit pas d'un don partiel qui réserve l'intégrité d'un noyau du moi, mais d'un don total qui devient frustrant parce qu'il est reçu par un autre.

Si l'on sait interpréter cette rétention, l'expression devient plus riche, plus spontanée. On assiste alors, après la période des barrages ou des explosions, à l'acceptation d'un dialogue dans lequel les mots peuvent devenir des projectiles verbaux destinés à pénétrer le thérapeute, dans lequel le malade s'ouvre ou se ferme à la drogue de langage qu'on cherche à injecter en lui.

Chaque mot, chaque phrase apparaissent, dans un instantané, aussi riches qu'un thème onirique abondamment surdéterminé. C'est, plus qu'ailleurs, à travers le langage paranoïde qu'on découvre l'importance et la richesse de la signification du calembour dans le rêve. C'est à travers ce langage que l'on perçoit les thèmes contrapontiques de la partition verbale. Ce verbe dissocié, morcelé, déplacé, isolationné, le schizo nous en offre le renouvellement incessant comme un rébus qu'il nous espérerait digne de comprendre, tout en voulant nous prouver le contraire. Et notre rôle, nous semble-t-il, est alors d'accepter ce matériel toujours insolite, ce bric-à-brac verbal, ces cadeaux en miettes, comme si l'on était le banquier, voire le receleur de trésors apparemment hétéroclites ou dérisoires, qu'il fallait rénover, recoller et restituer au bon moment.

Cette restitution, qui est notre réponse à la parole du schizophrène, c'est celle qui consiste à formuler un « digest », une réassociation, une orchestration des morceaux de discours enregistrés. S'il est classique de dire que le schizophrène connaît son inconscient, il faut constater qu'il mélange sans les différencier et sans les hiérarchiser ce qu'il puise dans le monde, dans sa culture, en lui-même, à la fois dans son esprit, dans son cœur et dans son « ventre ». Toute son attitude et son langage nous disent : « Je confonds le verbe et l'action, le devant et le derrière, l'hier et le demain, car je me prouve en te le montrant que je ne suis, dérisoirement, que le roi inverti d'un monde à l'envers. » C'est son système dialectique, celui qui lui permet d'aiguiser à la « nième » puissance l'agressivité qu'il a pour l'*existant* qu'il décèle en lui-même. Il utilise toute sa subtilité à confondre en lui l'humain et l'animal, à haïr ou à soigner ironiquement la bête qui a envahi son cœur d'enfant solitaire, tout en souffrant de cet état de choses comme l'Apprenti Sorcier dépassé par les forces qu'il a déchaînées.

S'il est conscient de son inconscient, il est devenu en quelque sorte inconscient de sa responsabilité dans ce processus.

C'est pourquoi, dans notre réponse à son défi, il faut constamment lui inculquer le sens de la relativité, en lui apportant des commentaires qui représenteront, à la fois le souci où nous sommes de différencier son affectivité humaine de son corps animal, en faisant appel à sa capacité de compréhension intellectuelle, donc à sa capacité d'introjecter un surmoi à la fois souple et fort.

En fait, il est infiniment difficile de trouver en soi l'à-propos nécessaire pour rendre notre réponse vérité assimilable et apaisante. Il faut quelquefois renoncer à comprendre pour ne pas se laisser noyer par un matériel débordant. Souvent, dans ce cas, on constate d'ailleurs que l'incohérence même du langage est un but en soi, à savoir le désir du malade de se retrancher derrière une mystification railleuse pour nous signifier notre rejet.

Car c'est à un refus de guérir que l'on se heurte en définitive, le jour où le malade, poussé dans ses retranchements, nous défie de le guérir malgré lui. C'est alors qu'il faut lui faire sentir toute l'intensité des liens qui l'unissent au thérapeute, en le soumettant à un véritable chantage à l'abandon, alternant avec la véhémence d'une indignation généreuse destinée à officialiser, entre lui et nous, la certitude qu'il est fou, et qu'on en a assez qu'il le soit. Si cette sorte de bourrade thérapeutique survient au moment électif, on déclenche souvent une intense exacerbation de l'agressivité, agressivité clastique qu'il faut affronter sans la subir et sans en avoir peur.

Le but poursuivi, nous semble-t-il, c'est d'entraîner, dans le feu de l'action, le malade à abandonner son refuge paranoïde, à plonger enfin dans la catastrophe de la position dépressive kleinienne, et ainsi à assumer ce contact avec le réel, fusion pour lui de l'amour et de la haine, assomption de son ambivalence foncière qu'il avait éludée en renonçant à son unité de sujet pour lui préférer une scission de lui-même réfléchie dans le morcellement du monde.

Si l'on reste présent lors de cette expérience de refonte, de renaissance, lors de cet accouchement sauvage, si l'on reste ferme, impavide et protecteur, et seulement à cette condition, le schizo pourra modifier sa structure et opérer en quelque sorte sa mutation.

C'est alors qu'il pourra retrouver la fonction d'un ego non psychotique et tenter un effort de resocialisation, effort encouragé par le surmoi parental juste, fort et généreux qu'il conviendra, un long moment encore, de demeurer pour lui.

1954

Le schizophrène*

Pour comprendre les schizophrènes, il faut être hystérique. Pour parler valablement des schizophrènes, il faut s'identifier hystériquement à leur négativité, c'est donc un message qu'on ne peut formuler qu'au moment où l'on s'en va, qu'au moment où l'on s'oublie et qu'on renonce à soi pour devenir le héraut du message d'un sujet qui se veut personne au sens négatif du terme. C'est pourquoi celui qui est doué pour la psychothérapie des schizophrènes, ou bien est obligé de se référer à des fantasmes, se référer à un imaginaire qui appuie et structure son dire, ou bien ne peut s'exprimer que dans un départ de lui-même, en se départissant de son moi, pour s'incarner dans une parole qui n'exprime que le négatif de ce qu'il veut être.

Ceci peut expliquer les difficultés d'une conceptualisation de l'expérience phénoménologique et psychanalytique de la schizophrénie, dans la mesure où ceux qui veulent en parler ne peuvent signer de leur nom qu'une reconstruction imaginaire de la schizophrénie à travers les propres fantasmes protecteurs qu'ils ont dû créer pour rester eux-mêmes dans le porte-parole qu'ils veulent être. Ceux qui en parlent vraiment ne sont que les porte-parole de celui qu'ils ne veulent pas être, car ce quelqu'un n'est personne. Le problème pour le schizophrène, pour le psychotique, c'est de lui apporter sur un mode ou sur un autre, et par exemple à l'aide de la pâte à modeler, le signifiant qui lui manque dans ce monde du signifié où il est aliéné. Ceci pour nous ramener, à l'inverse, au problème de l'hystérique qui, au contraire du schizophrène, trouve son signifiant dans son propre

* Note inédite du 9 mai 1956, probablement ébauche d'une conférence.

corps, alors que le schizophrène nie son corps comme il nie ou ignore le signifiant – en se rappelant alors qu'il y a chez l'hystérique un hiatus entre le signifiant qu'est le corps et le signifié dans lequel il vit, car le signifié c'est pour lui la parole ou la pensée de l'autre, par exemple le moi de l'analyste, sans qu'il arrive à combler l'hiatus qui existe entre ce signifiant qu'est son corps et le signifié qu'est la parole de l'autre.

C'est là une nouvelle manière de traiter les problèmes de l'imaginaire et du symbolique chez le schizophrène et chez l'hystérique. Pour le schizophrène, l'imaginaire n'existe pas, il ne vit que dans une symbolique, qui est du signifié détaché d'un signifiant absent, ce qui l'amène à une absence de dialectique. Pour l'hystérique à l'inverse, tout est signification, et le signifié n'est jamais que l'alibi qui permet au signifiant de garder son potentiel, ses latences significatives. Chez l'obsédé, il y a élection, prédominance de l'imaginaire signifiant aux dépens du signifié qui n'est plus le problème. Ceci oppose l'obsédé au psychotique, dans la mesure où l'un et l'autre se trouvent aux deux pôles opposés du symbolique et de l'imaginaire, l'un s'appuyant uniquement sur le premier, c'est le schizophrène, l'autre s'aveuglant uniquement dans le deuxième, c'est l'obsédé.

Faire découvrir à un obsédé que son imaginaire est un signifiant qui appelle des significations, c'est l'amener à parler authentiquement, à insérer donc son existence dans le temps, dans la durée de la parole sensée. C'est l'amener ainsi à s'engager par rapport à la mort, alors qu'il se débat en dehors du temps par rapport à ses fantasmes de mort. Engager une thérapie d'hystérique, c'est n'avoir pas à jouer sur un plan plus particulièrement que sur un autre, mais c'est plutôt dénoncer l'aliénation imaginaire qui sous-tend l'exercice du verbe. Alors que chez l'obsédé, la prévalence de la fonction imaginaire rend inane, supprime même la question et la fonction de la parole, manifestation secondaire d'un moi qui reste esclave du maître, chez le schizophrène, il y a effort de trouver la fonction imaginaire du symbolique, à savoir s'appuyer sur le côté imaginaire des mots, des signes, des situations, etc., parce que les mots, les signes, les significations n'ont plus leur fonction de signifiant. D'où l'absence de dialectique. Le problème thérapeutique, c'est alors peut-être de recréer comme signifiants des supports assez neutres pour qu'ils expriment à eux seuls la naissance du symbolique en tant que tel.

Ce symbolique, c'est le médium que le psychothérapeute saura mettre entre le schizophrène et lui-même, par exemple sous la forme d'une poupée-fleur, médium qui agira dans la mesure où il exprimera le stade de l'expérience vécue où le schizophrène n'en était pas encore à un stade de négativation. À savoir à un stade d'indifférenciation sexuelle, image du corps pré-verbale et pré-sexuée, qui situe le niveau où les choses ont commencé à aller mal, mais le niveau également où elles peuvent s'arranger si on n'a pas peur d'aller aussi loin que cela.

Il semble que l'hystérie commence au stade de la parole, et que la schizophrénie a commencé avant. C'est pourquoi l'hystérique se sauve de l'aliénation par le message qu'elle exprime, alors que le schizophrène se perd dans le message qu'il exprime pour chercher à s'y trouver au lieu de s'y exprimer… On peut considérer les troubles de syntaxe dans le langage du schizophrène enfant comme la première manifestation de la fonction imaginaire du symbole telle qu'elle apparaît chez le schizophrène par la force des choses, comme si, ne pouvant s'identifier à un personnage qui parle, il s'identifiait à son langage, c'est-à-dire à la communication, c'est-à-dire au médium de la relation intersubjective. Et non pas cette relation intersubjective elle-même. Quand Freud parle des objets verbaux qui sont substitués aux objets humains, il exprime bien la fonction imaginaire conférée à la parole par opposition à l'être.

1956

La psychanalyse entre le psychotique et son thérapeute*

L'idée de ce travail est née du probant de la tentative thérapeutique menée avec deux psychotiques jusqu'alors confirmés dans leur structure et leur état, par l'échec d'une première relation psychanalysante. Dans l'un des cas, il s'agissait d'une psychose cyclique à dominance maniaque ; dans l'autre, d'une schizophrénie avec phases hébéphréniques et paranoïdes.

La conjoncture clinique et thérapeutique que nous annonçons là a son importance. Elle situe notre action comme un temps *second*. La prise sur le noyau psychotique prend appui sur la remise en question du style et de la stratégie d'une psychothérapie première. Celle-ci, comme étape de l'histoire du patient et comme expérience préalable à notre intervention, ne saurait donc être réduite à ses impasses, ses erreurs ou son échec. Elle sera schématisée dans ce qui suit comme l'exemplaire d'un certain projet d'action sur la psychose ; et à servir de « repoussoir », elle n'en restera pas moins le tremplin reconnu d'une autre stratégie.

Le sujet est d'actualité, car les psychothérapies de psychoses se sont multipliées depuis quelques décennies, et un premier recul est aujourd'hui possible. Nous illustrerons notre expérience en ce domaine par la description sommaire d'une nouvelle catégorie clinique : celle du psychotique qui consulte comme déjà « psychanalysé », déjà installé dans une idéologie psychogénétiste, et témoignant de son statut de psychotique apprivoisé par la raison psychiatrique.

* Conférence à la société l'Évolution psychiatrique, le 23 novembre 1965.

C'est en général un personnage sérieux, poli, ennuyeux et bien dressé. Il se présente comme le produit d'un triple conditionnement. Il a eu un « analyste » pour son inconscient, un chimiothérapeute pour ses nerfs et un moniteur pour son adaptation sociale. Ces trois références lui sont utiles pour être fidèle à son titre de psychotique qui s'assume comme tel. Travail (l'ergothérapie), Famille (la psychiatrique), Patrie (la freudienne), telle est sa devise.

Au regard de cet ordre, il y a quand même la météorologie des saisons libidinales. Par moments, la psychose reprend le maquis et... se retrouve hospitalisée. Alors la séquence connue se répète : le chimiste et le moniteur associent leurs efforts pour juguler le dérèglement et préserver la neutralité bienveillante de l'analyste, en réénonçant activement le catéchisme de l'adaptation. Après quoi, le patient est prêt pour une nouvelle tranche freudienne. Ce ne sera plus la première communion, mais la confirmation – tout aussi oralisante – après confession des écarts de conduite auprès du grand prêtre supposé savoir. Ce dernier, le psychothérapeute, parce qu'il semble chercher *à attirer la psychose* dans le champ de sa pratique, il n'est pas toujours facile de savoir quels principes régissent son action. Sans doute n'a-t-il jamais avoué faire de la psychanalyse avec le délirant. Mais c'est pourtant comme identifié à l'imago du psychanalyste en fonction, qu'il apparaît avec ses consignes, ses tics, sa méthode d'écoute et ses idéologies.

On voit se dessiner ainsi – sans doute parce que c'est un psychotique qui nous en parle – l'aspect scientifiquement artificiel et artificieux de la convention analytique ; celle qui, ayant tracé le champ de la méthodologie freudienne pour l'hystérie d'abord, n'est plus que caricature légale d'elle-même lorsqu'un autre enjeu que celui de la névrose vient parler sa langue propre à l'oreille du praticien.

Cette caricature qui nous est crayonnée par la confidence du psychotique sur son « analyste » (une fois qu'avec lui on requestionne l'expérience qu'il a vécue souvent de nombreuses années) n'est pas une pure projection. À notre avis, elle révèle en filigrane ce que le psychotique découvre mieux que tout autre : que le thérapeute de psychose qui veut partir de certaines données freudiennes reste avant tout prisonnier, dans son souci d'efficacité, *d'une croyance en la nécessité du transfert pour l'évolution de la cure*. Il y a là, pour nous, un contresens qui grève la plupart des thérapies entreprises, qui les rend interminables ou les bloque plus ou moins rapidement.

Ce que nous disions du mode habituel de séparation des rôles et des pouvoirs en une trinité socio-pharmaco-psychologique donne la preuve que c'est bien dans le champ de sa pratique analytique des névroses que le thérapeute cherche à installer l'aliéné. Tout se passe comme s'il avait (la topique triangulaire en est la preuve) besoin de réserver sa position, sa « neutralité », son « ailleurs », pour le jour où le transfert surviendrait comme analysable, c'est-à-dire comme actualisation à situer comme telle d'une archéologie pulsionnelle, tardivement structurante du Moi, grâce à l'imago présente du soigneur. Quels que soient les présupposés de l'analyste sur la genèse et la structure de la psychose, ses propres catégories de pensée et de méthode le saisissent au tournant de sa pratique. Même s'il ne formule pas la règle fondamentale, il écoute l'inconscient, il cherche un sujet dans les configurations signifiantes de son histoire ; il psychogénétise ; il confronte le *hic et nunc* et le passé.

Qu'il vise en son patient un vieil enfant traumatisé, un infirme de l'Œdipe, un forclos de l'identification, un trop narcissique ou un pas assez, il se définit malgré lui comme un *tenant lieu* et, tout en même temps, comme ailleurs qu'en ce tenant lieu. Tenant lieu de mère, de père, de savoir, d'instance structurante, de réalité, de Moi, etc., il se réserve en même temps comme incompromissible, car désirant ne pas désirer, ne pas séduire, ne pas aimer, ne pas « suturer », ne pas adhérer. Et non plus, ne pas perdre son temps ni sa liberté : ne pas être identifié par l'anthropométrie psychotique, comme réduit personnellement à sa relation à la psychose.

De la place où est le psychotique, dans le face-à-face, le côte à côte, le nord-est sud-ouest, le presque horizontal ou le demi-assis, le thérapeute offre à son regard le masque d'un bien curieux personnage – « une gueule de putain du transfert » selon le dire d'un hypomane. Mais la manie qui est une des aberrances malicieuses du génie humain n'a qu'un temps. Au lendemain du Largactyl, le feu d'artifice langagier n'est que goût de cendre, de mort, de « Mange... ! » Le masque du thérapeute redevient alors support du mythe et des magies du savoir. Le fou désabusé, père humilié de son délire, fait amende honorable. Placé devant cet autre thérapeutique, sans humeur, sans humour ; cet autre sérieux comme un pape ou comme un névrosé qui serait l'*Inhibé*, en son « désir de la demande de l'autre », le psychotique *fait parler le savoir de son manque, faute d'être apte à en crier la vérité.* Et tout cela peut-être parce que, comme Freud l'a défini sans jamais se dédire, *le psychotique ne fait pas de transfert.* Nous dirions plutôt pour notre part, qu'il est en un sujet, une absence d'aptitude à jouer de sa question dans le registre du transfert qui appelle le diagnostic de psychose. Pour l'analyste qui, de son côté, ne peut se passer de ce concept opératoire pour la définition de sa pratique et de sa position, qu'en est-il alors ?

Qu'on ne lise pas dans ce qui est ici avancé que l'aliéné n'est pas capable de relation affective, de sentiments, d'émotions, etc. ; il y excelle à sa manière. Mais ceci n'a pour nous que peu à voir avec ce qui spécifie le transfert comme modèle privilégié par Freud de ce qui est structure même du désir inconscient. Il n'est de désir que sur fond de processus transférentiel ; et, à notre sens, la psychose ne nous interroge qu'en tant qu'elle est *être* et *acte* du sujet perdu parce que non sujet au désir.

C'est en passant d'abord par le concept de réalité que nous tenterons de donner relief à ce que nous avançons là. Notre propos nous mènera à réinterroger ensuite le concept de sujet en confrontant ce qui nous vient de Freud, principalement du côté du mythe de Narcisse, et ce qui se dégage actuellement de la théorisation de Lacan du côté de la « logique du signifiant ». D'où un possible sous-titre : « Narcissisme et subjectivité. »

*

* *

L'usage du terme de *réalité* par les psychanalystes fait depuis assez longtemps problème aux exégètes de Freud, aux philosophes et aux cliniciens, pour qu'à l'aborder nous ayons autre souci que de condenser un rappel nécessaire.

Hors toute prétention à faire dire à Freud plus qu'il n'a écrit, hors le désir de tout rapporter de ce qui continue à se débattre en ce champ de réflexion, il nous faut seulement ici poser les balises qui font repères dans le champ de la psychose. Une simple notation à ce propos : les exemples cliniques de Freud sur le désaveu de la réalité concernent soit la castration, soit la mort, et celle du père en particulier. La distinction entre la *Verdrängung*, la *Verleugnung* et la *Verwerfung* conduit ainsi jusqu'à une interrogation sur le symbolisable et le réel. Mais de quel réel s'agit-il alors ? Réalité inconnaissable, réaffirme Freud dans les textes ultimes de l'*Abrégé*. Peut-être faut-il, à ce moment, situer en sa solitude le vieil auteur sans méconnaissance quant au cancer diagnostiqué qui se nide en lui depuis seize ans ; sans illusion non plus quant à l'Homme, pour mesurer combien la mort, le non-sens et le néant se conjoignent pour une intuition du signifiant dernier comme manquant au titre du vrai, dernière étape d'une éthique non moralisante.

Auparavant, Freud nous disait déjà le paradoxe du névrosé : c'est qu'il a plus d'aptitude que le fou à nier la réalité. « Il n'en veut rien savoir » ; le fantasme est là pour son désir. Le psychotique, à l'inverse, à partir de la fin de sa terre première, est besogneux. Autodidacte du monde, il reconstruit sur pièces la réalité à sa manière. Il s'y intéresse pour de bon. Il a un accès au « xénopathique » qui fait pour lui du principe de réalité autre chose qu'un complice du « principe de plaisir » pour une opportuniste politique de la libido. L'altérité des langues, des persécuteurs et des machineries le questionne sans répit. Il se fait *pincer* par le réel pour que ça lui fasse mal et que, dès lors, il sache qu'il ne rêve pas sa vie et son être dans l'expérience même de la déraison.

À l'interroger, en outre, au détour de son délire et de cette sorte de vocation prométhéenne qui s'y énonçait, on découvre un autre paradoxe : une « refente » secrète. Celle qui laisse certains fous, *nachträglich*, témoins des tragédies de leur aliénation. Les vieux déments précoces de la nosologie ont toujours révélé aux psychiatres, à l'aube même de leur mort réelle, combien les moribonds qu'ils devenaient enfin (au-delà de l'inaptitude des psychotiques à une certaine psychosomatique) savaient témoigner en leur dernière heure d'une lucidité sans rémission. Cette refente secrète et ultimement décelable, est-elle même ou autre chose, comme *Ichspaltung* freudienne, que celle du fétichisme concerné par la réalité du sexe ? Il y a là problème pour les analystes. Ou bien le *splitting* de l'ego est la tare du pervers, fêlé dans son Moi ; ou bien ce clivage au sein même des diverses structures cliniques où on le décèle est la preuve de la permanence de la question du sujet dans les avatars auxquels l'homme advenant à lui-même se voue..., qu'il choisisse les itinéraires de la névrose, les protocoles de la perversion ou les défis derniers de la psychose.

La phrase par laquelle Freud introduit son article de 1939 rend bien compte de cette question : « Je me trouve, écrit-il, dans la situation intéressante de ne pas savoir si ce que j'ai à dire sera tenu comme chose familière et claire depuis longtemps, ou comme entièrement nouvelle et troublante... » Il s'agit de l'*Ichspaltung*, et au-delà de l'étude des mécanismes de la perversion, il semble bien que l'interrogation freudienne révèle ici un dernier accès du Maître à la problématique du sujet ; du sujet concerné, d'une façon ou d'une autre, par le réel du sexe comme lieu de la *différence*.

En bref, dans Freud, ce qu'il en est de la réalité et des stratégies possibles du sujet envers elle, nous renvoie, d'abord et avant tout, à l'inventaire des *mécanismes de négation envers une certaine mort et une certaine différence.*

*

* *

Cela étant rappelé de Freud, revenons-en au psychiatre contemporain et à la séduction qu'exerce sur lui le concept de réalité comme paramètre de sa théorie et de sa pratique. Ne peut-on dire que, comme clinicien, il se sent, d'abord et ensuite, doublement fautif ? Est-ce l'homme de science ou le médecin que la clinique interroge en lui ? Tiraillé entre les diverses anthropologies qui lui définissent historiquement la morbidité psychique et l'exigence d'une discipline logicienne, il ne sait plus se choisir narcissiquement entre le prestige des mathématiques et le dogmatisme de la clinique. La science dans ses axiomes, la folie dans ses tenants l'agressent en un double défi. Pour le praticien, « la coupure épistémologique est une plaie... », nous disait un humoriste de la clinique. Si c'est le sujet perdu qui fait la question du psychiatre, s'agit-il encore de savoir quel sujet connu ou méconnaissable il est lui-même, une fois qu'il fait métier de l'être envers un aliéné ?

Le propre de la démarche scientifique, c'est d'exclure au maximum ce qui dans le champ de la recherche vient se projeter comme idéologie subjective du chercheur. Mais s'il est exigible, en toute science, qu'un axiome n'emprunte rien dans les termes de son énoncé à des concepts préalables à ce qu'il veut articuler, rien qui se résume au domaine de l'intuition, rien qui s'assujettisse aux séductions de la vérité donnée, il n'empêche qu'il est classiquement un terme irréductible à cette visée de l'axiomatique : une ontologie de l'être pensant la logique. Cette logique des origines de la logique, le psychiatre l'a-t-il aujourd'hui à sa disposition ? En tant qu'homme de science, il a souci d'exclure tous les facteurs d'erreurs qui pervertiront un champ de recherche sous l'incitation tendancieuse du sujet qui s'y adonne. Mais il se trouve que ce champ de recherche, c'est justement le sujet comme aliéné, le sujet perdu, le sujet au désir. Alors ? Exclure le sujet psychologique au nom de la logique, ou trouver le sujet de la folie dans une praxis de l'inter-subjectivité ? Tel est le dilemme du psychiatre. Il est une bonne façon d'y échapper, c'est de définir la psychose *par rapport à la réalité*. N'est-ce point là le terme où viendront se rejoindre la visée d'une science et le désir de guérir ? Voilà donc un concept-piège… Et chercher une issue dans la recette qui consiste à substituer le terme de vérité à la *Realität* freudienne chaque fois que la métapsychologie fait question aux usagers de la relation interpersonnelle ne fait pas avancer d'un pas décisif dans le problème. Remarquons simplement que l'expérience que le psychiatre a des dialogues avec le délirant l'amène à se garder sur deux fronts : *les mots et les choses* (pour reprendre un titre connu).

Du côté des mots, il y a, par exemple, un certain maniement schizophrénique du langage. Tout devient pur signifiant comme tel en un matériel verbal qui circule et ce, dès lors que l'interlocution se définit exclusivement comme canal de communication pour un pacte de sens entre le thérapeute et son psychotique. Je suis « *général* », dit le schizophrène qui ne se prend pas pour un militaire, mais pour un « particulier » de la parole[1]. Ainsi, il se désolidarise du comprendre de l'Autre, en signifiant celui-ci à lui-même comme assujetti au langage. À partir de quoi le psychiatre perçoit qu'avec le schizophrène on ne peut plus avancer… Le mot comme pure matière signifiante est bien la leçon de « réalité » que donne l'aliéné à l'habitué du sens commun des termes. Ce dernier ne peut plus parler sans s'alarmer de ce que le patient entendra, peut-être de ce qu'il n'aura pas prétendu signifier en causant.

Du côté des choses, il y a celles qui seront, en surprise, investies par le psychotique comme le nœud d'un réseau inattendu de significations, entre toutes autres qui ne le seront pas. À tel moment d'une psychothérapie, un objet sur une table deviendra le support d'une interprétation délirante. Le vase s'ouvrira, comme intention latérale d'insulte, pour la femellité récusée du paranoïaque. Le crayon rouge sera dénoncé comme provocation obscène pour le viol scabreux d'une bréhaigne de toujours.

Les mots et les choses se mettant ainsi à *causer* autrement parce qu'ils sont investis comme supports de la *cause* psychotique, le réflexe psychiatrique sera d'abord recours à la réalité. Mais laquelle ? « Un chat est un chat et un vase en vaut un autre », aura-t-on tendance à affirmer d'abord. C'est en vérité ce recours à la tautologie qui égare alors le psychiatre. Car le concept chat assigné au signifiant chat

1. Exemple fourni par J. Rudrauf lors de notre séminaire 1966-1967 sur la psychose.

n'étouffe pas le miaulement subjectif entre le nom et le nombre *un* de la chose, une fois que le mouvement de répétition énonciative signale la présence d'un sujet comme tel pour l'irréductible d'une opération logique.

Il se trouve en effet que le fou, apparemment subverti par le pouvoir des mots et des choses, pourra fort bien, au sortir de la séance de psychothérapie, acheter un vase comme simple récipient et adresser d'un crayon rouge les fleurs qu'il y mettra à l'adresse de son domicile célibataire. Il pourra tout autant lire un roman policier, ou caresser au passage le matou de sa concierge comme un locataire banal, à l'heure où il ne se sentira pas concerné, en sa question de psychotique, par la présence d'un Autre privilégié.

Il y a ainsi, avec le psychotique, deux poids et deux mesures dès qu'il s'agit de « réalité ». Le plus déconcertant, c'est que le fou en use si banalement et si inoffensivement parfois, alors, que d'une seconde à l'autre, au moment même où l'on est là pour « le réconcilier avec la vie », il en fasse un usage si terroriste.

La notion de rejet de la réalité de par un processus psychotique ne saurait donc renvoyer au constant d'une désorganisation des conduites d'adaptation, au global d'une désinsertion, à l'inaptitude à repérer les balises d'un champ relationnel. Tout thérapeute qui se fait un certain temps l'interlocuteur d'un délirant et qui s'informe des moments d'aberrance de son comportement peut constater que les stratégies de la psychose ne surviennent et ne se démontrent qu'en des moments privilégiés. Ces moments correspondent, dans notre expérience, aux situations (la relation thérapeutique est une d'entre elles) qui sollicitent ou menacent l'aliéné au plus radical de son statut subjectif ; c'est-à-dire qui le confrontent à l'altérité du registre du désir en l'Autre. Ce qui est nié alors systématiquement, *c'est l'autre de l'Autre*. Une brève notation clinique viendra ici illustrer cette assertion.

René, secrétaire fasciné par son directeur, se voit gratifié d'une mission de confiance : au cours d'une conférence, c'est sur un signe de son patron qu'il devra introduire tel argument tactique dans une discussion commerciale avec un groupe rival. Il en vient à voir ce signe : le directeur a pointé son index dans sa direction. Il comprend que le moment est venu de parler et intervient mal à propos. Ce n'est que plus tard qu'il « réalise » que le patron ne visait à ce moment-là du doigt qu'une boîte d'allumettes qui se trouvait hors de portée de sa main.

Cette inaptitude momentanée à un « réaliser que », cette mauvaise appréhension de la situation n'est pas forcément psychotique. Mais cet exemple a le mérite de montrer l'accès à la réalité comme conditionné par une capacité de ne pas *comprendre d'emblée* le désir de l'autre, de ne pas inclure le geste qui l'exprime dans un réseau signifiant fermé, c'est-à-dire narcissiquement investi (être aimé par le patron comme bon collaborateur). Pour ne pas se sentir concerné totalement par ce qui se perçoit d'une relation de l'autre à ses objets propres, il faut une indépendance structuralement acquise envers le désir de l'autre et envers l'objet de ce désir comme signifiant. Il faut tout autant une disposition au désir des objets de l'autre comme tel, à partir du repérage d'un champ extra-territorial aux valeurs narcissiques du sujet. Le psychotique nous apparaît comme celui qui se refuse à éveiller cette aptitude, et c'est en cela qu'il ne peut plus faire advenir sa question dans le registre du transfert.

En effet, pour qu'un transfert s'établisse à partir d'une relation qu'anime, d'une part le désir de l'analysé, d'autre part le désir de l'analyste, il faut que chacun des deux protagonistes ait de l'objet partiel la définition suivante : *substitut d'un premier objet perdu pour le manque qui fonde le désir*. Le névrosé, parce qu'il ne met pas en question sa permanence de sujet désirant, peut se vouer aux leurres de l'imaginaire du désir pour y faire circuler la signifiance de ses archéologies pulsionnelles. Le transfert qu'il fait se dessine comme champ de déchiffrage de l'inconscient sur le fond de silence narcissique de la demande d'amour. Au cœur même de cette surdité qui lui fait n'entendre que la voix de son analyste et non pas le sens de ses paroles, il n'en distingue pas moins que l'objet qui manque à l'un n'est pas celui qui est caché dans l'autre. C'est cette proposition-là qui n'est pas recevable par le psychotique : dès qu'il s'adonne à une relation privilégiée, il faut que tout objet situé dans le champ propre de l'autre n'ait d'autre fonction que de venir à la place d'un *« signifiant de l'être »*.

Dans les psychothérapies de psychoses, le contresens qui s'établit entre les catégories de pensée de la névrose (ici représentée par le thérapeute) et la question de l'aliéné peut ainsi se repérer du côté de l'objet partiel. Il est faux de dire que cet objet peut être gratifiant pour la réparation d'un traumatisme initial. C'est comme signe de reconnaissance de sa question que le psychotique prétend s'en servir.

La comparaison qui peut rendre compte de ceci est celle du roman d'espionnage. À partir d'un projet de rencontre qui implique le cloisonnement du réseau, deux personnages ont à se reconnaître par le médium d'un signe. Le repérage de l'identité est ainsi réduit à ce qu'il est utile d'en savoir à l'intérieur d'une organisation donnée. Au-delà de cette convention, on ne se connaît pas ; on a même devoir de ne pas chercher à se connaître au plan de la vérité subjective. La relation psychothérapique peut souvent à l'insu du praticien se résumer à cet objectif de *repérage* pour une mission partielle. À l'intérieur d'une relation ainsi établie, le psychotique se sentira identifiable, maintenu et entretenu dans son statut. Ainsi pourra se nouer, souvent fort longtemps, un pacte d'interdépendance implicite pour un équilibre précaire mais suffisant.

Mais que le psychiatre devienne activement psychogénétiste, qu'il cherche le transfert de désir pour refondre par exemple un Moi morcelé au feu de la libido, d'un instant à l'autre, le pacte sera dénoncé par le malade. Les écrans du délire, l'autisme schizophrénique retrouveront leur opacité. « Si l'on me montre un biberon, pensera le schizophrène, c'est que, par convention, je dois faire l'enfant. Si l'on m'offre un poisson ou un ballon, c'est sans doute qu'on me veut phoque savant. » Tant que ces jeux resteront inscrits entre les guillemets de l'*ironie* psychotique (le thérapeute étant supposé ne fournir là qu'un premier code), les choses se maintiendront.

Au-delà, si le médecin en vient à se dévoiler au patient comme adhérent au fantasme qu'il a de la structure psychotique et désireux d'inclure l'autre dans ce fantasme, l'aliéné se récusera vis-à-vis de celui qui « y croit ». Il ne se retrouvera alors dans son « self » qu'en effaçant cet autre ou en l'agressant dans l'irruption du mouvement de la pulsion de mort, celle qui fonctionne itérativement pour refonder toujours le subjectif comme coupure. En quelque sorte, le psychotique se présente comme perdu à la vérité du désir et non à son langage. Qu'un autre s'instaure comme possédant le savoir de ce désir pour chercher place au fou dans un ordre signifiant pour un déterminisme exhaustif du sujet, le psychotique ne supportera pas que le système d'un autre présent vienne fonctionner comme science de son délire et lui voler ainsi son brevet d'inventeur de lui-même.

Nous avons introduit ici la notion de « self ». Qu'on ne considère pas ce terme anglo-saxon comme superposable à ce que nous tentons de pointer : l'émergence du sujet en une intuition du vrai à l'état naissant comme manque à être, manque à comprendre, au regard de toute production suturante de sens par l'autre. Ce que nous indiquons là anticipe sur ce qui devrait se dégager plus loin, à partir de notations cliniques, de la possible visée d'une thérapie de psychose. La dialectique lacanienne sur vérité et savoir ne saurait être ici redite sans être paraphrasée[1]. Mais l'usage que nous voulons faire, *pour la psychose*, de la formule : « la vérité comme cause », en supposant connus les textes de référence, nous incite à préciser, en une proposition, ce que nous en appréhendons. Le cri de la vérité n'est pas encore dans le cri du nouveau-né ; le vrai de la vie à l'état naissant et de son appel au signifiant n'est encore que savoir de l'accoucheur ; le « je crie » de l'individu parlant fonde sans doute la vérité : « ... de ce qu'elle parle[2] », mais ne situe que le sujet de l'énonciation.

Une certaine intuition du registre du vrai – comme cause perdue de l'aliéné – peut se déduire de la situation du sourd qui hurlerait « je crie »... sans s'entendre lui-même.

*

* *

Après cette avancée du côté du plus difficile à pointer, il nous faut maintenant reprendre appui sur certaines données de l'œuvre freudienne et les articuler à cette « logique du signifiant » qui inspire tant de travaux actuels. Pour ce faire, nous en repasserons par le concept de *self* pour la vogue qu'il a dans les essais sur la psychose et pour les rapports assez confusionnels qu'il entretient avec « le sentiment de soi » de l'« Introduction au narcissisme ». Les diverses tentatives en ce domaine, pour intéressantes qu'elles soient, n'en montrent pas moins ceci : c'est qu'à partir de l'appareil conceptuel de Freud, toute création d'un concept supplémentaire perd son relief à chercher sa place à l'intérieur de ce qui est déjà élaboré par Freud. Que le « soi », le self, soit à la fois « une expérience vécue et une fonction du Moi » ne nous dit pas comment peut s'articuler un développement théorique qui part de deux registres aussi peu superposables que celui des modèles topiques et de la psychologie de conscience.

Venons ici à un constat : Si toute l'œuvre de Freud se construit autour d'une interrogation du sujet et de son désir, rien dans l'œuvre ne vient fonder une théorie de la subjectivité. Henri Ey le résumait très clairement dans son travail sur les théories psychiatriques en 1961 : « Ce qui manque à la psychanalyse c'est une théorie de l'ontologie, c'est-à-dire l'organisation de l'être psychique. » P. Ricœur, en

1. J. Lacan, « La science et la vérité », *Cahiers pour l'Analyse*, n° 1.
2. P. C. Racamier, « Le moi, le soi, la personne et la psychose », *L'Évolution psychiatrique*, 1966, t. IV.

son dernier livre, pose cette question aussi, avant d'en venir à vouloir prouver cette téléologie implicite du freudisme qui est sa question et son espoir de philosophe chrétien. Étudiant « l'archéologie » du sujet, il constate l'absence dans le freudisme de toute interrogation radicale sur le sujet de la pensée et de l'existence. « Le cogito est cela même qui se dérobe à la conceptualisation analytique. » En fait, c'est bien là l'original de la démarche freudienne et de sa « méthode de réflexion » : il s'agit de n'en jamais revenir à une psychologie de conscience. Cette dernière n'est qu'une instance située dans la première topique, comme le Moi ne sera qu'une autre instance qui prendra sa place entre le Ça et le Surmoi.

À vouloir épingler le sujet dans une localisation spécifique à lui au sein de l'appareil psychique, on ne l'y retrouve jamais. Ce n'est pas là carence conceptuelle, mais bien conséquence d'une méthode antiphénoménologique destinée à ne pas retomber dans les suturations de la philosophie. C'est pourquoi, apporter comme une pièce détachée supplémentaire le concept du self pour lui trouver sa place au cœur des structures freudiennes, c'est un peu remettre au cœur de l'appareil ce que l'appareil tout entier est destiné à représenter et à remplacer.

La notion du sentiment de soi doit nous reporter à la théorie du narcissisme. Tournant de l'œuvre qui annonce la deuxième topique, un nouveau mythe vient trouver sa fonction dans l'appareil freudien. Nous soulignons ici le terme de mythe pour en rappeler deux autres fondamentaux : celui d'Œdipe, clef de voûte de la dialectique freudienne, tragédie de la vérité du désir de savoir et de son châtiment – celui de *Totem et tabou*, comme inventé par Freud pour le structuralisme et sa découverte.

Le mythe de Narcisse, dans sa trame, s'oppose à l'Œdipe. Or, il est utilisé dès le moment où c'est la psychose qu'affronte Freud pour y découvrir les périls qu'elle fait courir à la théorie de la libido, et ce, au-delà même des controverses avec Jung. Disons qu'à notre sens, jusqu'au président Schreber, Freud, sujet de sa découverte, est seul face au sujet désirant, c'est-à-dire le névrotique avec ses symptômes parlants. L'étude sur Schreber vient alors au moment où le Maître écrit qu'il n'est plus seul à inventer la psychanalyse ; et que, désormais, il ne parlera plus que de sa « contribution » à la découverte. Ainsi peut-on le lire dans *Ma vie et la psychanalyse*. À partir de Schreber donc, tout va tendre dans l'œuvre à proposer comme complément à la première topique un deuxième modèle recoupant le premier et donnant, en quelque sorte, usage autonome de l'appareil psychique à d'autres que Freud... : que ça parle comme chez les hystériques du début, ou que ça ne parle pas dans le transfert comme chez les psychotiques.

Que cette relativation de la position de Freud soit contemporaine de l'introduction du mythe de Narcisse dans la théorie semble intéressant à noter. Tout se passe – c'est notre hypothèse – comme si proposant le cadre, le modèle des instances de la deuxième topique, comme une nouvelle charpente pour l'irrécusable langage de l'inconscient, Freud en même temps donnait mesure d'un registre plus impénétrable encore que celui qu'il avait su déchiffrer comme parlant à notre insu : registre de cette *insalubrité de l'être ;* registre du *silence* fasciné de Narcisse à l'abri de ce langage dont il n'entend que l'écho à l'abri de la castration œdipienne ; registre *de ce qui vient tout lier* et refermer sur l'ipséité dans le rejet de la différence des sexes. Ainsi le mythe de Narcisse, aptitude de l'homme à la fascination par le formel, vient-il faire pendant au registre de langage et de vérité de l'Œdipe. Développons quelques réflexions sur ce thème.

Que tout être humain dans sa prématuration dépende totalement de l'amour qui lui est porté par sa mère, nous dirons qu'il naît ainsi comme objet dans un champ de *narcissisation primaire*, préférant ce terme à celui du narcissisme primaire pour les confusions où entraîne le concept une fois qu'on l'utilise pour rendre compte de la cure.

Que cette narcissisation soit condition exigible pour la structuration *développementale* n'épuise pas la question suivante : que cette narcissisation primaire, que ce narcissisme secondaire où le sujet s'investit dans son image – en reprenant en quelque sorte à son compte l'amour dont il est né et a vécu primordialement – soient des modèles suffisants pour rendre compte de l'identification à soi.

Si ce qu'on sait des processus de subjectivation montre qu'un champ de narcissisation leur est nécessaire, rendre compte du spécifique de ce processus nécessite d'autres concepts que ceux de l'économie narcissique. C'est ici que n'est plus différable un abord de la théorie du signifiant. Nous prendrons un exemple clinique pour l'illustrer rapidement.

Cécile, pychotique en traitement, raconte le souvenir suivant : elle a cinq ans. Ses frères et sœurs jouent au ballon avec le père. Elle veut jouer, et pour s'introduire, s'annonce ainsi : « Et moi ? je suis quelqu'un... ! » Le père de lui répondre, en lui lançant le ballon : « Tiens, quelqu'un. » Cécile ne prend pas le ballon et s'en va...

Ce n'est pas uniquement pour cela qu'elle est devenue psychotique, mais l'anecdote nous parut exemplaire. Faisons-en usage.

À s'épingler sous le signifiant *quelqu'un*, qu'on peut écrire ici « quelqu'une mais pas n'importe qui », Cécile veut faire reconnaître son désir à son père. Par exemple : rivalité avec la sœur dans les compétitions identificatoires, appel au signe de reconnaissance souhaité de la part du porteur du phallus et du nom, etc. Si le père répond : « Tiens, toi ; ou tiens, ma fille ; ou tiens, mon petit lapin », Cécile est-elle « épinglée » à ce toi, à ce ma fille ou à ce lapin ? En fait, en tant que sujet, aucun de ces concepts ne subsume Cécile dans son identité.

Dans une écriture verticale qui est celle de la métaphore S'/S Cécile ne pourra se situer qu'au niveau du trait de fraction. Son identité sera fondée dans la mesure où l'identiquement identique d'elle sera le « trait unaire », le « pas-de-sens » entre les deux signifiants qui la représentent, celui par lequel elle vient questionner l'autre dans son désir, celui qui lui sera renvoyé comme signe de reconnaissance d'elle, comme sujet désirant. Or, le père répond en écho, la prend au mot, la rend identique, non pas à elle-même mais au signifiant par lequel elle se présentifie. Le seul recours qu'a Cécile pour éviter ce mode d'aliénation que lui vaut l'inconséquence paternelle, c'est la négation. Elle ne prend pas le ballon.

Qu'un tel mécanisme soit constamment retrouvé chez le schizophrène dans les itérations du négativisme ou dans sa façon paranoïde de jouer avec les mots, c'est-à-dire de ne les signifier à l'autre que comme ne devant être que signifiants, sans jamais se laisser hameçonner, épingler sous un signifiant privilégié, y compris celui du nom propre, cela nous rend compte de la schizophrénie comme d'une tentative de subjectivation et en même temps comme son échec, tant qu'on n'a pas institué la relation comme lieu d'accession à la différence. Ceci, parce que le schizophrène semble être quelqu'un qu'on a, narcissiquement et perversement à la fois, identifié à la pure réalité sexuelle de son être de chair (ceci n'étant qu'une notation partielle).

Si l'anorexique refuse la nourriture pour manger du « rien », Odette s'est mise à manger parce que le rebouteux a dit « germe de blé ». Elle a, dès lors, eu de l'appétit pour la métaphore ainsi créée.

Ces exemples permettent d'introduire ce *mécanisme de la forclusion* tel qu'il a été proposé par Lacan. Ici une confusion doit être dénoncée.

Si l'on considère que la *Verwerfung* renvoie à la notion du signifiant manquant, c'est-à-dire manquant au psychotique, on tombe dans cette erreur même que fait le psychotique au jour où il veut retrouver son identité ; en faisant du processus de restauration un exercice de savoir sur l'être et sur toutes choses.

Le manque qui manque au psychotique, c'est celui qui subsume la proposition : « Signifiant du manque de signifiant. »

Le signifiant du manque de signifiant, c'est en quelque sorte l'homologue de zéro comme nombre, s'il est subsumé par le concept « non identique à soi », donc exclu du champ de la vérité[1].

Dans l'inconscient, c'est aussi le phallus, pour autant que le sujet ne naît à la subjectivité que de ne plus en être narcissiquement le *tenant lieu*. Que le phallus vienne ici à la place de l'objet primordialement perdu, comme le signe même de ce quelque chose qu'on n'est pas et qu'on n'a pas, tel est le niveau de recoupement de l'être et de l'avoir pour la fondation du manque comme objet partiel primordialement perdu ; mais aussi pour la fondation de ce manque comme lieu de la subjectivation au regard des couples de signifiants.

Si c'est maintenant le terme d'identification qui revient tout de suite comme trait d'union entre champ narcissique et registre signifiant, notre tâche va consister justement à ne pas confondre sous ce concept le *distinctif de l'unitif*[2]. Tout, dans le champ du narcissisme, nous parle de l'unifiant. Le sujet, dit Freud, rassemble ses pulsions, les désexualise et investit son Moi.

De cette identification narcissique, nous ne parlons pas ici en référence au modèle économique, pas plus qu'en référence à l'imaginaire, à un pur phénomène spéculaire, type éthologie du stade du Miroir. La référence freudienne à l'idéal du Moi et au Moi idéal peut, sans qu'on ait besoin de s'y étendre longuement, rendre compte de ceci : que dans la mesure où un sujet prend à son compte le statut narcissique de son être au monde pour ses géniteurs, il assume ainsi dans ce statut les idéologies de désir dont il est le champ de projection imaginaire avant de les introjecter. Autrement, le statut narcissique de quiconque est lui-même lié aux jeux du signifiant. Mais il est plus particulièrement l'investissement d'une copie conforme aux idéologies parentales pour que soit possible le : se reconnaître comme être aimé, à l'abri de la mort et de la castration. À ce titre, c'est toujours avec quelque chose de la complaisance de l'œil maternel pour son enfant, que le regard narcissique se capture aux séductions du Moi ; et quelque chose de la clinique s'éclaire ainsi : tant que le statut

1. J. A. Miller, « La suture », *Cahiers pour l'Analyse*, n° 1.
2. *Ibid.*

narcissique reste compatible avec les exigences de la loi, du destin ou du désir de l'autre, rien n'apparaît. Mais si l'échéance surgit, non éludable, d'un appel de la vie qui ne soit pas inscrit dans le programme narcissique, ou d'un accès au symbolique insuffisamment intégré, et l'*angoisse* surgira, soit pour la névrose, soit pour la perversion ; ou, avec l'angoisse, surgira le trauma narcissique pour le moment fécond de la psychose ; ce qui permettra de trouver rétroactivement les conditions de la psychose dans l'histoire prépsychotique.

Mais c'est alors que, pour différencier névrose et psychose, revient de par le côté du signifiant la question de l'identification comme processus non unifiant, mais *distinctivant.* C'est dans la mesure où le sujet aura pu, ou pas, faire l'épreuve de sa permanence dans le non identique à quelque signifiant parental que ce soit, ainsi assurer son indépendance de sujet dans l'identique au seul trait unaire de toute métaphore le concernant – c'est dans la mesure, autrement dit, où il sera subjectivé comme mode d'éclipse, d'évanouissement entre les signifiants qui le représentent ou par lesquels il se représente au champ de l'Autre, qu'il se constituera comme irréductible au statut narcissique qu'il a besoin d'avoir et de se reconstituer constamment par ailleurs.

Pour en revenir à la forclusion, nous dirons alors qu'elle ne vise pas la « carence » d'un père pas assez réellement castrateur dans un Œdipe psychodramatisé par la Loi et le Désir coiffés de majuscules. S'exprime sous le terme de « forclusion du nom du père » une référence à la logique du signifiant. Si symboliquement, en tant que tiers, le père est celui qui a à se situer par rapport à son sien désir d'homme, mais aussi par rapport à son rôle de dépositaire de la loi comme y étant soumis, si tout désir est transgression, le père sera repérable s'il ne s'identifie pas lui-même à sa fonction. Comme père il est le lieu ternaire où se marque le signifiant de la transgression comme aussi nécessaire à l'instauration du signifiant loi que du signifiant désir pour un sujet.

Il y a forclusion, dirons-nous, lorsque au stade développemental de l'appareil psychique de l'enfant la présence de cet enfant vient saturer un désir, donc l'éteindre, et « suturer » ainsi la combinatoire signifiante du sexuel et de l'amour entre les géniteurs. C'est l'enfant qui, venant combler, fermer, obturer les structures ouvertes du « désir d'autre chose » chez l'Autre, est confronté, soit au « réel » retrouvé de l'objet partiel de l'inconscient de la mère – et c'est la schizophrénie qui s'en défend au point de ne plus se reconnaître dans le miroir – soit au signifiant du « nom du père » pour le père ; et c'est le délire de grandeur où le psychotique se fait maître du système signifiant tout entier..., à la place du père pour autant que celui-ci n'ayant pas assumé sa propre castration n'est pas et n'a pas été « celui en qui et par qui advient la différence » (G. Rosolato).

Savoir ou mourir... peut nous dire le paranoïaque au jour même où s'ébranlent ses certitudes délirantes. Et il nous livre l'aveu de sa confusion entre la vérité comme cause perdue, et le savoir comme aliénation du sujet, en un apologue : il est soumis à la torture par la Gestapo. Le seul moyen de prouver qu'il n'est pas ce pianiste espion pour qui on le prend, c'est d'être cru lorsqu'il affirme n'avoir jamais touché un clavier de sa vie ; ce qui est exact. Mais comment démontrer un manque sans être accusé de feinte par celui qui est là pour ne pas croire à la parole ? On ne peut rien prouver en une telle occurrence, on ne peut que faire de faux aveux ou mourir, mais pas jouer de cette musique dont on n'a pas l'oreille ni le mouvement, ni le don, ni le registre de non-sens. C'est en cet exemple qu'on voit comment s'évoque en filigrane, pour le psychotique, l'impossible du vrai comme non-savoir.

La référence à la musique ne vient pas ici sans utilité pour notre propos. De la mélodie et de la scansion, on peut passer au chant de la mélancolie (fait clinique en cette autre structure). Le mélancolique ne fait pas le deuil pathologique de l'objet, « mais de ce qu'il est », nous dit Freud. Dans l'économie narcissique du cyclothymique, c'est de la précarité de la référence à un premier idéal du Moi que dépend le patient ; référence jamais acquise ni dépassée mais toujours identique au nécessairement actualisable d'une relation archaïsante. Entre la mélopée saharienne et le raptus suicidaire, entre la modulation du désespoir et la symbolisation de l'être dans l'autolyse, le mélancolique se vit, comme « plus un » de trop, au seuil du déchirement, d'un impossible vrai et dans le deuil d'une jouissance inaccessible. À l'autre extrémité de l'impasse narcissique, il y a cette mise hors soi de la manie pour un feu d'artifice verbal qui parle tout seul.

Germaine, qui ne renonce pas au recours à ces accès malgré une longue thérapie analytique, y trouve, sans doute, la seule échappée belle à son manque de désir. Elle a été pourtant méthodiquement analysée et adaptée à la réalité. Elle est bien consciente du déterminisme déchiffré de son histoire, bien narcissisée par le thérapeute et ses auxiliaires. Mais elle n'a ainsi troqué le champ fermé, suturé du roman familial, que pour le champ fermé, suturé de la psychologie psychanalytique. Devenue en toute clairvoyance l'analyste de son père, de sa mère et de sa sœur, elle se pose quand même la question de ce désir qu'on a attendu en elle pour ne jamais l'entendre. Il ne lui reste que le recours à des rechutes ; et si nous saluons alors un épisode maniaque, inaugural de notre relation, comme la victoire du sujet sur toute idéologie et sur toute analyse, c'est pour les raisons suivantes :

Germaine a été « attendue » dans l'analyse comme on questionne un sujet désirant, alors que dans la structure familiale elle est née à cette place même qui venait oblitérer le désir de sa mère (pas n'importe quelle mère) et fixer les appas du désir incestueux pour les appétits du père. Ce qui n'a pas été analysable, c'est le fait que Germaine, dès sa venue au monde, s'est trouvée être le pilier de l'édifice œdipien, la caryatide d'un ordre familial refermé sur lui-même. Son poids de chair trop nourrie de confidences sexuelles sans mystère et d'aliments sans poésie est venu occuper la place même que lui assignait la cartographie de désir de ses géniteurs. Germaine est ainsi pour les siens et pour elle-même le propre bouche-trou de sa béance de sujet au désir. Si elle s'échappe, c'est le pilier central de l'église des autres qui se fait absent pour un écroulement du monde narcissique, une ruine dont l'auto-accusation mélancolique rend compte ou que l'aliénation maniaque défie momentanément. Après quoi, l'ordre se réinstaure et se boucle.

Ces diverses notations qui ne dessinent que quelques traits repères dans les structures complexes de la schizophrénie, de la paranoïa et de la psychose maniaco-dépressive, n'ont d'autre prétention que de relancer la question du thérapeute de psychose.

Quel sujet est-il ou peut-il être quand il fait métier d'être l'Autre pour le psychotique ? Jusqu'en quelle étape d'*Ichspaltung*, de refente subjective, doit-il s'assumer vis-à-vis du sujet perdu à sa cause ? Jusqu'où peut-il ou doit-il être partie prenante dans l'aliénation, au-delà des protocoles méthodologiques de l'analyse, et sans se prendre aux séductions de l'activisme ? À chacun de répondre de la place où il est parvenu, en sa propre liberté, d'un itinéraire freudien jamais achevé.

Si les étapes de la vie, les « minutes de vérité » offrent à tout homme l'occasion de connaître, de retrouver et de surmonter l'angoisse de castration, de pouvoir se confirmer comme sujet dans les épreuves de la dénarcissisation et du non-ego, c'est pour autant que, en tant que sujet du désir inconscient, chacun trouve sa permanence dans l'indépendance à l'endroit de toute identification, de toute nomination, de tout autre.

Il peut se supporter, castré et reviviscent, comme inconnu à lui-même et transcendant tous les déterminismes de son histoire et de son destin. Que le psychotique ne le puisse pas, nous le savons. Parce qu'elle ne s'est pas inscrite en une première édition œdipienne, l'angoisse de castration devient chez lui l'expérience de fin d'un monde premier et non-réédition de l'original. Lorsque nous le voyons dans ces processus de restauration qu'il édifie sur tel ou tel mode clinique, le plus important n'est pas de trouver le moyen de nouer avec lui une relation, c'est d'en définir l'enjeu et la visée.

Qu'on ne s'abuse pas dès lors sur la valeur des améliorations cliniques que provoque toute psychothérapie à ses débuts. Le code qui s'instaure avec des signes de reconnaissance entre le psychotique et son thérapeute ne témoigne encore que des bienfaits du recoupement d'un réseau signifiant par un autre.

De quelque façon qu'on métaphorise ou interprète le témoignage de la folie, c'est-à-dire son œuvre, on reconstitue une dimension supportable de l'altérité à celui qui a cru pouvoir s'en passer pour l'unifiant d'un projet narcissique. Ce n'est que dans la suite des choses que les vraies questions surgissent, annonçant jusqu'à la rechute, ou s'escamotent dans l'adhésion et la fidélité du psychotique au système qu'on lui propose, et par exemple l'adaptation à une réalité dont le thérapeute serait l'aimable représentant.

Le système de narcissisation secondaire par les idéologies analytiques et leurs interprétations qui viennent se proposer comme nouvelle version de l'histoire peuvent suffire à une guérison symptomatique. Mais au-delà, il y a la virtuelle question que nous pose le psychotique en nous en dédiant ce qui la masque.

S'il se soutient de notre désir à son endroit, et pour autant que c'est notre métier d'être sujet à ses yeux, il n'est pas encore pour autant lieu du sien désir ; car toute sa vocation de psychotique consiste à confondre identité et identification unifiante et à nous abuser sur ce point. C'est dans la mesure où nous le cherchons *comme inconnu à lui-même* et aux autres, *irréductible* à son déterminisme, non identique à quelque signifiant que ce soit, qu'il peut, dans les cas favorables, dans sa foi qu'il a en l'honnêteté aussi permanente que possible de notre soutien, passer le cap de l'angoisse de subjectivation, s'affranchir de la séduction d'une recette narcissique qui peut être n'importe quelle idéologie scientiste, y compris toute version cohérente et bien fermée de la théorie freudienne.

Pour qu'il parvienne à cette naissance, il faut qu'il sente que celui qui l'attend, l'écoute et lui parle, est lui-même aussi libre que possible de tout projet d'amour narcissisant envers lui, au-delà de ce qu'on appelle l'oblativité et ses conséquences obsessionnalisantes : que seule l'exigence d'un plus vrai dans les risques qu'il comporte pour le narcissisme de tout homme, et pour le fou, anime et soutient la présence du thérapeute. Avec le psychotique, c'est toujours à dénoncer le transfert comme leurre et à n'intervenir qu'ailleurs, qu'on fonde le possible d'un progrès en une *psychothérapie* freudienne qui n'est pas une analyse.

Que le thérapeute soit capable de ne viser dans son désir que le pas de sens du trait unaire, c'est-à-dire qu'il soit libre lui-même de toute idéologie psychogénétiste, libre de toute psychanalyse comme système clos ou comme tremplin d'une téléologie, c'est le projet que, n'étant jamais sûr de savoir soutenir, nous devons au moins avoir le souci de formuler.

1965

Thanatol

Thanatol I

Ou des amours, des morts et des corps, de qui l'on n'est pas*

I. Le syndrome ou le sujet ?

Ou bien l'« alcoolique », identifié comme tel par les autres et par lui-même, propose à l'étude l'existence d'une maladie spécifiable et isolable : une entité clinique, dont, en tant qu'individu, il est le lieu, la victime et le « représentant représentatif », ce qu'il démontre à sa façon.

Ou bien la « maladie alcoolique » du susdit n'est qu'un processus secondaire, une organisation réactionnelle, voire une formation de compromis, comme on le dit d'un symptôme dans la perspective freudienne. Mais par rapport à *quoi* ? Une névrose, une psychose, une complexualité machinique, ou le *Deus ex machina* d'un destin ?

Et par rapport à *qui*, une fois qu'il y a du discours dans l'air... ?

Dans le premier cas évoqué, le problème est d'abord affaire de biopsychologues et psychobiologistes... On en fera souvent des tables rondes, après examens de laboratoire et comptes rendus de psychothérapie individuelle ou collective, avec des invités de marque, en diverses disciplines.

Dans le deuxième cas, on organisera... la même table ronde, mais en y adjoignant un psychanalyste. Et celui-ci n'aura pas la partie belle – qu'il soit invité d'honneur, ou hôte de la dernière heure – et ce pour autant qu'il n'a pas à se prononcer initialement.

* Article refusé par *Topique*, publié dans *Études freudiennes*, nos 9-10, avril 1975.

L'alcoolique, en revanche, est réputé apte à trop *se* prononcer non lui-même, pour qu'il ait droit de parole en quelque table ronde, sinon celle des libations et des chansons. De ce fait, tout cercle d'étude sur l'alcoolisme ne prétendra réunir que les porte-parole d'un savoir objectif sur l'alcool, en ses terrains d'assuétude et d'assujettissement.

Dès lors, circuleront des questions classiques pour le renouvellement des ordres du jour.

Au plan biologique, on pourra ainsi :

– soit traiter des mécanismes à isoler (génétiques, enzymatiques, neuro-humoraux, etc.) pour rendre compte de la sensibilité anormale d'un organisme à l'éthanol, repéré comme agresseur électif et privilégié d'une idiosyncrasie[1] organique ;

– soit décrire comment tout soma (de mammifère supérieur non référé à l'hypothèse de l'idiosyncrasie) réagit d'abord, ensuite, après et enfin… lorsqu'un toxique de formule (C^2H^5OH) vient itérativement attaquer un équilibre physiologique en ses régulations métaboliques.

Ici se profile le thème de la chronicisation comme établissement d'une économie de guerre d'usure. On étudiera les remaniements humoraux que l'éthylisme chronique installe en un organisme comme mode d'adaptation précaire, avant détérioration irréversible. On étudiera, dans le même champ, les syndromes neuropsychiatriques « classés » dont l'organicité n'est plus à démontrer.

Mais la question restera toujours présente de ce qui, singulièrement, a conduit un sujet à se faire complice du triste destin auquel il est voué.

Ainsi se dessinera et se reproduira le portrait psychologique d'un « alcoolique » : celui qui démontre l'alliance mortifère entre une machine, initialement plus fragile qu'une autre, ou secondairement détériorée, et la politique du pire de son conducteur averti.

La visée thérapeutique consistera alors, après bilan des dégâts, et prescriptions de médications réparatrices, à créer les conditions objectives et subjectives favorisant ou imposant l'abstinence. On luttera ainsi tout autant contre *le malade* que contre *la maladie alcoolique*.

1. Étymologiquement : à la fois le propre et le mélange…

II. Le signifiant

L'alcoolisme n'est ni l'alcool, ni l'alcoolique.

L'alcool est un signifiant, qui a son histoire et ses histoires, à travers les mythes, les légendes, les traditions, les particularités ethnoculturelles, les religions, les climats, etc. Il est support d'interdits religieux ; breuvage sacré des célébrations ou agent des catharsis collectives. Il est, en outre, valeur économique internationale, et tout autant, comme produit de consommation courante, un paramètre de référence en sociologie, en écologie ; tout cela sous couvert d'idéologies manifestes ou latentes.

Quant à l'alcoolique, il est à son su ou insu, mais toujours pour celui qui l'observe, l'écoute, le cherche ou le reconnaît, le commis de service, le représentant d'un impossible commerce, le figurant défigurable de tout ce qui précède.

Ce qu'il convient de souligner en ces notations liminaires, c'est que, aussi, moins ou pas plus imprégné d'alcool que tout autre « buveur d'habitude », tel sujet ne sera alcoolique qu'à partir du moment où un *discours sur l'alcoolisme viendra le concerner singulièrement.*

Alcoolique : l'être ou ne l'être pas, et pour ou contre qui ?

Le jeu des demandes et des réponses est ici assez complexe, en fonction de l'interlocuteur choisi par le sujet, ou imposé à lui (consultation médicale, dépistage systématique, accident intercurrent conduisant à l'hôpital général ou psychiatrique, ou à la police, ou au tribunal des divorces, etc.).

Pratiquement, le verdict viendra de la conjonction de deux enquêtes : l'une *mettra en accusation* l'alcool, pour un bilan médicopsychologique ; l'autre *mettra en accusation* le buveur pour une expertise de sa responsabilité passée et présente, et pour un sondage de sa bonne et mauvaise foi, quant à l'aveu des doses ingérées, et quant à l'aptitude à « s'arrêter ou pas ».

On sait que l'image modèle du buveur repenti présente et projette sur écran un personnage réconcilié de par l'alliance entre ses bonnes intentions et celles des autres-qui-veulent-son-bien. Celui-là dira : « Non, merci, jamais d'alcool ! *Car* je suis alcoolique. » On retrouve ici cette image de synthèse, dont la création a associé biologistes et psy-quelque-chose, aux fins de faire circuler une théorie unitive de la maladie alcoolique, comme on isole un syndrome dans sa spécificité pour repérage nosographique, thérapeutique, sociologique, et scientifique.

Dans le registre du syncrétisme scientiste, une telle démarche et une telle conception des choses apparaissent comme bien fondées – s'il s'agit, sinon de favoriser la sécurité des esprits chercheurs, du moins de permettre la mise en œuvre de moyens de dissuasion extensive, pour la lutte à mener contre ce qui s'évoque, par exemple, sous le terme de « fléau social ».

Mais du côté du buveur, qu'en advient-il de ce qui le concerne singulièrement, une fois qu'on a objectivé et isolé, en lui et pour lui, la maladie alcoolique, *incipiens* ou déjà installée ? D'une certaine façon, et tout au moins dans notre aire occidentale, le diagnostic fait de l'alcoolique moins un être à part que le « tiré à part », l'exemplaire toujours reproductible d'un cliché.

Il est : soit un sujet d'affliction pour les bons cœurs (car l'alcool, psychotrope euphorisant, reste cadeau à offrir comme signe d'hospitalité entre amis ; mais tout aussi bien, la vieille fiole de réserve à boire [tant pis, tant mieux], tout seul, aux heures de froid, de peine, de fatigue, d'ennui) ; soit un sujet de mépris, de pitié ambivalente ou de médisance pour les buveurs d'eau, les hygiénistes, les costauds de la bouteille, ou les bien-pensants de la modération en toute chose.

En outre, l'ivresse, l'ébriété, la saoulerie, comme moments d'excès, *off limits,* connotant diverses formes d'incontinence somato-psychiques et d'égarements, il s'ensuit que l'ivrogne, reconnu ou présumé, mobilise chez les autres tous les mouvements répressifs « moïques et surmoïques » dont ils disposent contre les pulsions prégénitales infantiles, les auto-érotismes honteux, les licences et jouissances interdites. En bref, un alccolique, ça dégoûte et ça se condamne ; mais souvent on l'aime *malgré soi*. Du coup, on lui donne à boire pour mieux tester, par procuration, le mouvement du goût/dégoût, du jet/rejet, du mort/vie, de l'amour-à-mort pour l'autre qu'on n'est pas.

Le plus évident, c'est que l'éthylique lui-même, une fois étiqueté tel par son médecin, sa femme, sa réputation ou son miroir, prend à son compte, avec beaucoup moins d'indulgence encore que quiconque, les jugements péjoratifs qu'il suscite. Son aptitude à la culpabilisation et à l'auto-dévalorisation est bien connue. Il reboit pour y échapper momentanément ; mais, même lorsqu'il est sevré depuis longtemps, il garde à ses yeux, comme aux yeux de ceux qui savent, qui l'ont connu, l'homologue d'un casier judiciaire. Son dossier ne sera jamais plus vierge, pas plus qu'un adulte névrotique n'a conscience intacte, malgré refoulement, de sa sexualité infantile. Même s'il n'en a plus, il a eu et est réputé avoir eu « des mauvaises habitudes ».

D'une certaine façon, ce qu'on préconise comme psychothérapie de soutien, individuelle ou collective, pour la rééducation des alcooliques, est fait pour entretenir, par reconditionnement, sous forme de culpabilisation/déculpabilisation, appel à la volonté, compréhension fraternisante, etc., un modèle d'organisation névrotique, à « récupérer », en son économie, pour sa mise au service des idéaux de santé des thérapeutes.

Il convient de ne pas interpréter cette dernière remarque comme une dénonciation des méthodes et moyens actuels de lutte contre l'alcoolisme, et encore moins comme une contestation de principe. Mieux valent sans doute les névroses de transfert interminables sur des thérapeutes, l'endoctrinement efficace qui permet les bonnes statistiques à partir des conditionnements et des interdits, ou encore l'embrigadement dans des ligues de sobriété ; cela plutôt que la triste addition des cirrhoses, des polynévrites, et des détériorations psychiques, telles qu'en donnent témoignage les responsables de l'hygiène somato-psychique, ou les interrogateurs du statut étho-écologique d'une société.

La visée de notre travail ne nécessite pas de plus longs développements sur ce dernier thème, en ses divers registres. Notons seulement que les médecins, psychiatres ou psychosociologues qui se consacrent particulièrement à la question de l'alcoolisme laissent toujours plus ou moins filtrer, dans leurs constats ou comptes rendus d'action, un ton d'inquiétude et de pessimisme voilés ; celui qui fait d'un « pronostic réservé », l'annonce virtuelle d'une *partie perdue*, à plus ou moins longue échéance.

Tout se passe comme si tout clinicien, dans son expérience et son mode de relation à l'autre, avait l'intuition que l'alcoolique, dans son rapport à l'alcool, jouait, *à lui tout seul*, une tragédie d'une implacable et inexplicable logique ; qu'il en incarnait syncrétiquement tous les personnages irréconciliables, sans jamais pouvoir épouser la cause de l'un plus que de l'autre ; ni définir les bons et les méchants, au regard d'une impossible vérité.

Dans cette perspective, le recours à la boisson, une fois qu'il est annoncé et assumé, peut être interprété d'abord comme une détermination courageuse à *prendre parti pour soi-même ;* à être celui qui trouverait l'arme-outil apte à faire brèche dans un système, fermé comme un huis clos solipsiste ou kafkaïen.

Mais on sait que l'absorption du philtre de puissance et de liberté n'intériorise en fait qu'un agent de dissolution du moi. Appelé pour expulser les fantômes aliénants qui hantent les nuits et les jours d'un auto-exilé en son corps « impropre[1] », l'alcool ne met hors de lui que l'éthylique lui-même – d'où un échec inscrit au programme, à partir même d'une confusion topologique entre le dehors et le dedans.

III. L'autre tiers

Il faut dire en outre que, quels qu'en soient le goût et l'étiquette, le breuvage désiré est d'abord pointé, à partir d'un discours, comme objet partiel ; il est donc celui dont un autre apparaît imaginaire détenteur ; celui-là doit sûrement connaître les secrets de fabrication et d'usage… Donc liqueur alchimique avant référence aux alambics des bouilleurs de cru.

En boire, n'est-ce pas s'incorporer, avec ou malgré consentement, les pouvoirs, savoirs, richesses et plaisirs secrets *de qui l'on n'est pas* – amours, morts et corps. À partir de cette première évocation (en noir et blanc et muet, comme à la cinémathèque), on peut passer du tragédisme alcoolique au ludisme d'un colin-maillard solitaire ; celui du poivrot qui se voue et se joue à l'aveuglette de sa relation à l'autre.

Mais revenons-en à l'*interlocuteur*, commis pour l'éthylique ou choisi par lui. Quelle que soit l'ampleur de son savoir et de son désir de bien faire, au regard de ses positions subjectives et de la conscience qu'il en a, il se trouve impliqué dans une affaire provocante, tendancieuse, voire passionnelle, qui stimule, décourage ou réveille en lui cette aptitude défensive des hommes à la raison, comme sécurité ou logistique des tactiques du « bon sens ».

En bref, tout interlocuteur, de hasard, d'élection ou de métier, n'est-il pas mis en position d'*agressé* par ce qui, dans la démarche de l'alcoolique, est à la fois recherche de l'autre, appel à lui, et à son altérité – et en même temps, dénégation de celle-ci au profit de cet autre inconnu : « l'Alchimiste » de l'éthanol[2] ?

---

1. Terme emprunté à Maurice Blanchot, et référant à mon séminaire 1971-1972 sur le corporel et l'analytique.

2. L'altérisant, ou la référence à l'altérité de l'altéré ?… comme nous suggérait un soir M. de C.

Tout thérapeute, commis à ce titre, doit avoir, selon nous, l'intuition que la partie qu'on lui propose ne se joue pas à deux, par rapport à un produit, un *pharmakon*, un toxique, mais qu'elle se parie, entre le médecin et le malade, par rapport à l'alchimiste : celui dont les pouvoirs restent inconnus et toujours menaçants.

La première opération logique et stratégique consiste alors, pour l'interlocuteur, à postuler méthodologiquement une possible suppression de l'usage de l'alcool : repéré comme agent double favorisant une guerre interminable entre l'alcoolique et lui-même, ceci, afin que se dégagent les lois de fonctionnement d'un conflit, référé à son économie, son histoire et ses prédéterminations, sous condition préalable d'une exclusion du tiers. Il faut donc le drapeau blanc d'une trêve, qui équivaut métaphoriquement à la neutralisation de l'alchimiste, pour que se négocie, entre deux alliés d'occasion, une question toujours inopportune, parce qu'ennuyeuse en tant qu'interminable (rebattue comme une Justine sadienne, toujours de garde et mégarde contre le vice, en sa vertu). C'est, à notre sens, à partir de ce modèle qui nous sert d'hypothèse de travail, qu'on peut déchiffrer autrement les traditionnelles conduites thérapeutiques qui définissent la lutte anti-alcoolique.

Dans cette perspective, si le médecin prescrit, *per os*, de l'Espéral (le curieusement nommé), il définit son propre pouvoir thérapeutique comme conditionné par un pacte d'alliance que l'éthylique devra respecter. Il fera donc un appel au moi de l'autre, en définissant l'alcool comme agent de dissolution dudit moi.

Si le patient en est au stade du serment d'ivrogne, c'est-à-dire que si, envoûté par l'alchimiste, il n'apparaît plus « homme de parole[1] », le recours à l'*implant* (somatiquement intromis) signifiera que la guerre se joue directement désormais entre le chimiste et l'alchimiste : pour une autre partie qui exclut le sujet défini alors comme ex-militant non mobilisable. La nouvelle économie de guerre ainsi établie mettra-t-elle dès lors en présence des ennemis pour un combat ? – ou se jouera-t-elle sur un terrain miné stratégiquement, pour une évaluation entre le plomb et l'or, affrontant les pouvoirs de la chimie et de l'alchimie ? En fait, il s'agira toujours d'intériorisation et d'incorporation. Mais la partie restera inégale entre le pouvoir signifiant et érotisable d'une potion magique, et l'action d'un produit de laboratoire inventé pour les besoins de la cause… Et ce, bien après le

1. Cf. Jean Clavreul, in *La Psychanalyse*, n° 5.

temps biblique de la culture de la vigne et des édits religieux ou poétiques qui fondent ce qui, des rapports de l'homme à la naissance, la vie et la mort, en passe par les mesures et démesures de l'ivresse.

On notera que dans la partie que nous décrivons, une fois qu'elle se joue ternairement, la question reste toujours de savoir lequel des tiers doit être à éliminer, à exclure ou à réduire, afin que ce ne soit pas l'alcool éthylique qui fasse, ou non, la loi en position quatrième, par rapport à un produit de dissuasion, mesuré à sa puissance propre.

Pour en revenir à des considérations plus cliniques, il s'agit maintenant d'étudier la fonction et le destin des méthodes de lutte contre l'alcoolisme, en tenant compte du modèle que nous avons dessiné, et ce, pour expliquer la précarité des entreprises thérapeutiques, d'une part au plan médico-psychiatrique, et d'autre part au plan psychanalytique.

Au plan médico-psychiatrique, c'est toujours *après* que se pose le véritable problème ; par-delà le moment qui a motivé des mesures de *sevrage*.

Le temps de sevrage, demandé personnellement ou exigé par les circonstances, peut être dramatique à ses débuts (à la fois pour le malade et pour le médecin) ; mais souvent, il devient assez rapidement idyllique. Il y a de l'allégresse dans l'air, vers le huitième ou quinzième jour, une fois qu'un vieux ou jeune imbibé se réconcilie avec lui-même et l'humanité, grâce à la bonne tutelle paterno-maternante du « docteur ».

Le praticien en question sait trop ce qu'il en est pour perdre sa duplicité méthodologique et humaine, au moment même où l'éthylique lui dit : « Parole d'homme ! – Merci ! – J'ai compris ! »

La question se pose alors des mesures à prévoir, à partir d'une interrogation, sur ce qui, d'un *pronostic* évidemment « réservé », renvoie, de la partie à trois entre le médecin, l'alcoolique et l'alchimiste, à ce qui reste à suivre entre l'alcool et le *pharmakon* de dissuasion (qu'il soit de discours, d'eau pure ou de chimie).

Au plan médico-psychiatrique, il s'agit, en fait, de nouer une relation transférentielle vicariante, tout le temps qu'il faudra – non pas de l'étayer par l'hypothèse des diableries de l'inconscient, mais de l'asseoir sur une information efficace référant à la science, à la raison et à la réalité des choses. (Par exemple : « travail, famille, patrie » !)

C'est, bien sûr, de l'endoctrinement… Il suffit souvent que le médecin y croie « pour de vrai », tout un temps de sa « vocation », pour que l'éthylique scelle le pacte d'alliance qui conditionnera la suite, autrement dit : la *santé*, comme meilleur du pire ; jusqu'à ce que mort naturelle s'ensuive.

Seulement… le médecin n'y croit pas longtemps pour de vrai. Il en a tant vu (bu) et entendu, dix mois, ou vingt ans après le premier « dis-moi » du soliloque éthylique !

Tôt ou tard, instituteur, instructeur, réformateur, informateur ou alter ego de service, en bref quel qu'il se soit voulu en sa mission, il découvre avoir gardé en lui son propre fantasme de l'Alchimiste.

L'autre, c'est-à-dire le malade, le sentira bien, à un moment ou à un autre. C'est pourquoi, avec ou sans Espéral, il « liquidera » un jour son transfert sur le médecin, et ce, pour réinterroger l'Alchimiste, avec son cœur retrouvé de vieil enfant déçu et solitaire.

Inconsciemment ou pas, tout spécialiste de l'éthylisme sait cela. On en trouvera la preuve en étudiant le style et la tonalité des discours sur l'alcool, chaque fois qu'un homme de science, clinicien ou non, apporte sa contribution à l'étude de ce problème. Cela va, à partir d'un principe d'objectivité, de la sévérité du statisticien à l'indulgence désabusée du vieux médecin, en passant par l'austère compte rendu du missionnaire de la sobriété, et la neutre tolérance, figée comme un sourire de Joconde, du freudien de métier. Dans tous ces cas, on peut détecter des modes de défense du moi contre une agression.

Dans leur récent ouvrage, A. de Mijolla et S. A. Shentoub[1] permettent de noter un progrès par rapport à ce que nous venons d'évoquer. Qu'ils témoignent du courage qu'il faut pour constituer une bibliographie, ou de l'usage, qu'ils ont accepté, du magnétophone, pour l'écoute en différé de l'alcoolique, leur étude apporte, à notre sens, la possibilité d'une étape supplémentaire pour le déchiffrage de la question. Nous y reviendrons.

IV. La rechute

La rechute est au cœur de tout propos sur l'éthylique. Elle est l'instance qui vient s'inscrire comme une menace toujours présente ;

1. A. de Mijolla et S. A. Shentoub, *Pour une psychanalyse de l'alcoolisme*, Payot, 1973.

quelle que soit la solidité d'un pacte et d'une organisation thérapeutique ; en tant qu'entreprise de *longue durée.*

Elle est liée à ce qui caractérise le rapport de l'alcoolique à sa boisson : à savoir le « ne pas pouvoir s'arrêter » comme critère de diagnostic. Elle définit donc l'homologue d'un processus qui continuerait à évoluer – au besoin à l'état latent – jusqu'au jour où tel agent intercurrent, tel événement, tel accident viendrait réactiver un déséquilibre, et réactualiser le recours à l'alcool.

... Et tout le long travail entrepris serait à recommencer !

Cela justifie toutes les mesures mises en œuvre sur le plan médicopsychologique pour édifier des remparts à l'épreuve de toutes les surprises. Mais dans la mesure où la rechute est toujours dans le filigrane du discours thérapeutique, elle célèbre l'ennemi, le « mythologise », pour en faire un objet de surinvestissement. En d'autres termes, l'alcoolique n'a aucune possibilité d'oublier l'alcool, comme un amant ferait le deuil d'un amour au profit d'un autre, car on lui rappelle constamment son existence, son image impérissable.

Cela s'exprime dans nombre de travaux théoriques et cliniques.

Extrayons, par exemple, des études notoires de Pierre Fouquet, deux expressions qu'on pourra trouver dans ce qu'il a appelé « Exercices d'éthyl[1] » : *Juste avant* et *Juste pour voir.*

Cas extrême : Fouquet décrit l'alcoolepsie et l'apsychognosie. *Juste avant,* l'alcooleptique est normal. Il suffit d'un verre, quelle que soit la dose, pour que s'installe et se démontre un état de cécité et de surdité psychiques, propre à certains alcooliques. Ce type de patient n'est plus le même d'une seconde à la suivante. S'opère en lui une sorte de mutation, de radical changement de personnalité qui, de par l'ingestion d'éthyl, transforme un abstinent lucide et libre en un malade vacillant. Faut-il rapprocher ou non les documents cliniques de Fouquet des observations de Ferenczi – lequel a décrit l'ébriété de certains à la *seule vue* (et non bue) d'un verre d'alcool ? Doit-on apporter, ici, ou de l'eau ou du vin au moulin des allergologues ou des tenants de la psychose hystérique[2] ? Biologie ou théorie du signifiant ?

---

1. Pierre Fouquet, *Entretiens pour une thérapeutique de l'alcoolisme*, édité par Lab. Lefranc.

2. Allusion aux travaux de S. Follin ; à notre texte sur : « Structure hystérique et dialogue analytique », voir *supra*, p. 230.

Passons au *Juste pour voir*. Un texte décrit la tentation de l'éthylique, sevré depuis longtemps, bien soigné, bien entouré d'amitié et de tendresse. L'abstinent interroge le diagnostic auquel il sait devoir croire, et pose la question suivante : « Et pourquoi pas quand même, *maintenant*, un verre de temps en temps[1] ? »...

Ce que l'interlocuteur sait devoir répondre du côté du *Juste pour voir*, c'est que, entre le 3e et le 59e verre, le bon grain, distillé pour le calendrier des fêtes licites et espérées, ne sera, tôt ou tard, que l'ivraie pour une future coupe de poison ; ceci une fois qu'un buveur est alcoolique.

Dans cette perspective clinique, si notre homme, non seulement sobre mais voué à l'abstinence, reboit le verre du compromis et non de la transgression, l'alcool, euphorisant d'abord, l'amènera sans doute comme d'autres à gravir les escaliers de l'allégresse, de l'inspiration, du désir, de l'amitié ou de l'amour. Selon une image de Fouquet, au 2e étage de la tour Eiffel, il ne manquera pas encore de souffle, de parole, ni de vérités ; mais, parvenu au 3e étage, « Icare impérieux de ce ciel en baudruche », il verra fondre ses ailes à la chaleur de l'eau de feu solaire dont il s'est imprégné, et son envol ne sera que chute libre, plongeon dans la noyade de l'ivrognerie : la rechute.

Dans le mitan du lit la rivière est profonde... Ayant touché le fond, il réémergera, après stertor, dans un réveil angoissé, honteux, désespéré ; et, dans une démarche de perplexité post-confusionnelle, il se mettra à la recherche des derniers souvenirs non enregistrés. (Pas même un magnétophone !) C'est alors que Victor Hugo lui sifflera dans l'oreille un troisième souffle poétique : *Donne-lui quand même à boire, dit mon père.*

L'éthylique, à partir de sa rechute, comme défaite envers lui même et trahison envers son thérapeute, sera bien souvent décidé à reboire plus que jamais : du désespoir, du déboire et du défi quand même. Il est des sensibilités à la culpabilité et au déshonneur qui amènent, par autopunition, d'honnêtes gens à s'assumer désormais comme « salauds », une fois pour toutes.

On peut postuler qu'à cette phase, l'alcool n'est pas objet de désir comme fruit défendu. Il est devenu la chose maudite, le philtre malfaisant, et c'est pour s'identifier, en un dernier défi, à l'alchimiste agresseur que l'éthylique boit répétitivement l'interminable deuil de lui-même.

1. Martial Perrier, « Conseil à Roméo », in *L'Adieu à Don Juan*, Grasset, 1929.

Le propre de l'homme est de se savoir mortel, et la pulsion de mort freudienne, reprenant autrement l'antique « Je veux mourir », est celle qui, en alliance avec la libido, fait de la durée de la vie le temps de choisir ses chemins singuliers pour aller, à sa propre façon, vers l'inéluctable *exitus*.

Il y a toujours une envie de mort et un défi/déni envers elle, dans l'homme qui n'aime plus vivre qu'à se savoir mortel. C'est aussi ce que Freud décrit à partir des cauchemars post-traumatiques, et de la bobine du *Fort und Da*, comme automatisme de répétition. Se rendre maître de ce qui, du réel non signifiant, de la non-existence, du non-être, de l'absence, de la mort, du trou, du rien, de l'impensable, du plus insaisissable de l'autre ou du silence de nature des choses, agresse l'homme : voilà ce qui définit le sujet en son aptitude au *self*, comme combat entre l'identité et le désir. Il faut y être pour quelque chose dans ce qui arrive ou n'arrive pas encore : avoir prise sur sa propre mort à venir ; parfois en se soignant, mais tout autant en se rendant malade.

Autrement dit, n'est-ce pas partiellement en fonction du discours instauré sur l'alcoolisme que quelque chose se joue différemment pour les uns et les autres ? Tout le monde boit plus ou moins, et certains « buveurs d'habitude » sont, en bonne ignorance, aussi imprégnés biologiquement que des alcooliques reconnus tels. Seulement, *ils ne font pas de l'alcool le titre ou le sous-titre de leur carte de visite.*

L'alcoolique est celui qui fait de son intempérance *une carte d'identité* comme exigence inconsciente de désidentification, au-delà du principe de dignité du moi en ses ordonnances et ordinations, au regard d'un *Idealich* et d'un *Ichideal.*

V. Le never-more

Revenons-en à la fonction de l'interdit *définitif*, tel qu'il est articulé par le thérapeute, au nom de son diagnostic et de son expérience. On sait depuis toujours, on sait mieux encore depuis Freud, que l'interdit crée le désir. Mais il s'agit, maintenant, de ne pas confondre le « jamais » et le « jamais plus ».

Notons seulement ici que la fonction de l'interdit joue tout autrement selon qu'elle provient d'un leader s'adressant à un groupe ou à une population au nom d'un idéal et d'une idéologie, ou selon qu'elle vient seulement sceller un contrat – plus ou moins léonin –

entre un représentant du savoir et l'individu qui s'adresse à lui au singulier.

Dans le premier cas, le schéma rejoignant ce que Freud décrit dans *Psychanalyse collective et analyse du moi*, les interidentifications entre membres du groupe permettent à chacun de faire siennes une consigne, une règle, par exemple, d'abstinence ; et ce, parce qu'il y a référence à un commun idéal du moi. (Les A.A. : Alcooholic Anonymous[1].)

La parole du leader ou la lecture du livre (religieux, philosophique ou politique) *ne concernant pas* la singularité de chaque sujet, comme différent des autres, renforce au contraire ce qui, dans le moi de chacun, est désir d'appartenance et d'adhésion, généralement en vue d'un combat contre un ennemi commun – ce qui a toute son importance.

En revanche, dans le cadre de ce qu'on appelle le colloque singulier médecin-malade, quelque chose vient jouer, *pour ne pas se résoudre*. Cela est particulièrement vrai pour l'éthylisme.

Le *never-more* pose un autre problème. Il peut être aussi bien celui de deuil réel que celui de chagrin d'amour, que celui de la ménopause, que celui de la virginité violée, que celui de l'espérance impossible. Le *never-more* renvoie à la temporalité rétroactivement insistante d'une question perdue. Dire à un alcoolique : « définitivement et une fois pour toutes ! », c'est légiférer, comme un oracle ou un dictateur (ces aveugles de nature ou de vocation) pour ne pas savoir d'abord ce qu'il adviendra de cet édit dans l'économie libidinale de l'autre.

Lorsque le « trop tard » et le « plus jamais » viennent marquer comme un verdict sans appel la conscience malheureuse d'un exbuveur de désir, qui s'est voulu ou laissé baptiser alcoolique, quelle fonction terroriste et mortifère (alors qu'elle se veut salvatrice) a donc l'énoncé du discours de l'autre ?

Cela fait penser à une grâce présidentielle pour un condamné à mort. L'homme sera condamné à la non-liberté, condamné à la prison à vie ; la loi fera de lui le lieu vide et carcéral de l'objet du nondésir.

Il reste, bien sûr, l'évasion et d'abord l'espoir d'en trouver les moyens. C'est le cas de tout prisonnier. En transposant, c'est le cas

1. « Acte d'humilité envers une Puissance supérieure » : que Dieu soit plus fort que l'Alcool… en bref…

de l'éthylique qui renoncera tôt ou tard au comprimé quotidien d'antabus. Mais, si un *implant* de disulfiram le rend otage du bien qu'on lui veut en sa propre peau, que fera-t-il de sa fausse liberté d'interdit de séjour en lui-même, comme gracié du mal mortifère qui l'habitait, sinon un désir de meurtre du flic chimique qui veille désormais en lui ?

Tôt ou tard, plutôt que durer pour rien et toujours à froid et à vide, il préférera retrouver le poison de l'alchimiste, son ennemi bien-aimé.

La référence à l'implant, dans sa réalité chimique, ne doit pas faire oublier – et ce, pour la suite de notre développement – que la même partie peut se jouer, métaphoriquement (et sans petite chirurgie), chaque fois que tout signifiant connotant un *never-more* est introjecté par l'éthylique, désormais identifié langagièrement à lui-même par une parole d'interdit qui prend force de loi.

La loi, souverain bien ou souverain mal, est désir de l'Autre. Nous évoquons celui qui, par-delà toutes les imagos qui peuvent le déguiser en interlocuteur, reste barré comme un dieu mort depuis toujours, et barrant comme un « trait unaire[1] » celui qui trace *Sa* différence comme condition structurelle de l'abolition du sujet, pour son *désêtre* toujours renaissant.

La barre n'est plus à tenir dès lors au gré des vents et des marées ; elle est simplement ce qui connote l'objet « petit a » lacanien[2].

Le propre de l'éthylique, c'est de n'en faire ni trace ni lettre de surface (ce qui serait mode de défense obsessionnel[3]), mais de l'intérioriser comme caillou blanc du Petit Poucet, pierre philosophale, avant d'en faire le noyau de mort rougi à blanc dans l'aridité du désert de l'être en son existence précaire.

Une histoire pareille, ça s'arrose ! et de préférence au vitriol. C'est ainsi que pour certains, qui ont du *creux*, « l'impossibilité du réel » exorcisée par ce qui, de l'Autre, justifie une fonction d'énonciation sans fin, comme singulière opération-survie, fonde une certaine machine à donner soif, machine plus célibataire que désirante, bien entendu !

1. Terme forgé par J. Lacan.
2. J. Lacan, *Écrits*, Le Seuil, 1966.
3. Et pourquoi pas alors tenter de démasquer le réel ?

VI. Du côté de l'inconscient

Par ces derniers propos, nous anticipons sur ce qui constituera un des ressorts de la partie psychanalytique de cette étude. Car la question advient maintenant de ce freudien qui a non point à se prononcer, mais à rassembler néanmoins des éléments de diagnostic et de pronostic en vue d'une stratégie, dès lors que c'est à la psychanalyse qu'on renvoie l'alcoolique.

Pour que le psychanalyste soutienne sa position, parce qu'un cas lui apparaît curable, et ce, du fait que quelque chose de l'ordre d'une vraie demande a été perçu dans un dire, encore faut-il qu'il postule l'alcoolisme de son patient comme un symptôme ou comme l'écran d'une autre organisation structurale plus ancienne. La question est de savoir alors ce qui est ou reste analysable.

Mais c'est ici que l'affaire se complique, et ce, pour plusieurs raisons.

1) Tout éthylique qui demande une analyse, en vice ou vertu de son assuétude à l'alcool, présente, disions-nous, sa maladie comme carte d'identité. C'est un piège… Mais on ne saurait l'entendre autrement qu'à en tenir compte d'abord *de facto* ; tout en sachant que « l'état civil » d'un malade ne résume pas le problème structural et métapsychologique des rapports du sujet à sa propre identité et à son aptitude aux identifications. En bref, le premier piège à déjouer est celui d'une réponse tentante, sous la forme : « message reçu ! » à partir d'une bouteille à la mer…

2) Aussi opaque que soit l'écran que l'alcoolique présente comme fiche anthropométrique, il serait bien agréable de retrouver la complexualité première qui pourrait expliquer, annoncer et dénoncer, l'éthylisme comme processus secondaire.

Il est fondé pour l'analyste, plus que pour tout autre clinicien, de réunir des éléments d'anamnèse et de se référer, dans leur relativité même, à des modèles nosographiques. Mais là encore, la question se complique à partir de la différence à établir entre le recours à l'alcool, mis en avant comme symptôme et ce qui, de la place où est l'Autre, se perçoit comme statut relationnel propre à l'alcoolisme « psychisé et psychisant ». L'alcool n'a-t-il pas pour effet de modifier les lois de l'interlocution et de pervertir leur économie au sein de l'espace analytique ?

Revenons-en au témoignage de Mijolla et Shentoub. C'est, en différé, à partir de l'écoute d'un discours magnétophoné, qu'ils ont seulement pu percevoir et restituer le relief et la signifiance de la parole que leur adressait l'alcoolique.

In vino veritas... ? On pourrait penser que l'éthanol favorise l'observance de la règle fondamentale. En fait, la vraie question et gestion de la cure sont moins la levée des inhibitions et des résistances que, problème de la modification, par l'alcool, du rapport du patient à l'entendeur.

L'alcoolique parle tout seul pour deux. Il boit en lui l'intuition d'une intelligence de son discours qu'il ne prête à l'autre que pour le priver de sa propre partie. C'est en cela que l'interlocuteur se sent agressé et oppose une défense de surdité relative à ce qu'on lui conte sans compter sur lui. En outre, il apprend vite qu'à tenter de placer un mot, il sera peut-être écouté, mais non pas retenu. La verve de l'instant présent laisse la mémoire au vestiaire. En bref, l'interprétation psychanalytique ne se gravera pas dans l'oreille du buveur. Le vrai problème de l'alcoolisme en psychanalyse est, à notre sens, essentiellement là.

Après quoi, il n'y a que des cas particuliers. Nous en évoquerons quelques-uns, mais assez brièvement, car le flot du matériel clinique noie plus qu'il ne met en lumière ce qui est rapport de certaines structures cliniques à ce que l'alcool vient modifier de leur dessin initial.

On sait que la boisson peut être un recours contraphobique chez un hystérique, anxieux de sa castration. Elle est aussi ce qui apporte une drogue d'oubli dans les états de dépression réactionnelle.

Mais ne confondons pas dépression et mélancolie. Sandor Rado a insisté dans ses études du côté des « pharmacothymies », sur le rapport de l'alcool à la mélancolie. Nous pensons, pour notre part, « qu'arroser » un travail de deuil peut créer l'homologue d'une mélancolie, si la perte de l'objet aimé concerne le perdant, *dans son être et non dans son avoir*. En s'empoisonnant itérativement et passionnellement jusqu'à ce que mort s'ensuive plus tard, c'est de lui-même et pas de l'autre que l'alcoolique fait l'interminable deuil.

Pour articuler avec plus de précision ce point, il faut remettre en avant la ternarité de la structure qui crée certaines parties, empaquetées à destination d'un lieu de code postal C^2H^5OH. C'est dans la mesure où celle ou celui dont on avait à faire le deuil n'était en fait que représentant d'un autre tiers symbolique ou réel – ce dernier étant le détenteur des enjeux d'identité de l'endeuillé[1] – que celui-ci pourra transformer sa dépression en mélancolie expérimentale (nous en revenons à l'alchimiste).

On peut imaginer la chose de la façon suivante : Paul et Julie s'aiment, mais, pour Julie, Paul n'est « l'homme à aimer » qu'en tant qu'il détient, à ses yeux, son pouvoir phallique de son rapport symbolique à Pierre. De son côté, Paul n'aime en Julie que son aptitude féminine à deviner la marque de Pierre, en Paul, comme titre d'identité phallique.

Tant que le triangle reste virtuel et ouvert : durent les belles amours ! – à chacun, secrètement, son Pierre à l'autre. Qu'un recoupement fasse court-circuit *réalisant* le troisième angle, la partie n'est plus jouable ; et cela donne la mélancolie du buveur, le délire de jalousie de l'alcoolique, ou tout autant l'auto-déréliction des Julies piégées au jeu impossible de Pierre et Paul, exigiblement *barrés* l'un à l'autre.

Nous arrivons là au problème du rapport de la paranoïa et de l'éthylisme, et il convient d'en revenir d'abord à ce qu'en a écrit Sandor Ferenczi[2]. Les textes sont maintenant assez accessibles pour que nos citations partielles renvoient à un possible in-extenso.

L'histoire classique du délire de jalousie, S. Ferenczi la trouve et l'analyse grâce au mari de sa propre gouvernante. Ce dernier, écrit-il, « se fait remarquer par son caractère travailleur et l'extrême courtoisie qu'il me témoignait. *Il trouvait toujours quelque chose à nettoyer et à embellir dans ma maison*[3]. »

Qu'on relise la suite et qu'on donne relief à cet autre passage : « Lorsque j'étais aux cabinets, il se postait dans l'entrée pour écouter ; puis, en termes obscènes, contait à sa femme ce qu'il avait entendu, lui demandant si "cela lui plaisait". En même temps, il restait le plus zélé des serviteurs et me témoignait une cordialité excessive. Il employa le temps de mon absence de Budapest pour repeindre à l'huile, sans y avoir été prié, les cabinets, ornant même les murs de traits de couleur. »

Rappelons que la fin de l'histoire en passe par un certificat d'internement. Mais, précise Ferenczi, ce n'était pas l'alcool « qui était la

1. « Le veuf inconsolé » de Nerval.
2. S. Ferenczi, *Œuvres complètes*, t. I, Payot.
a) « L'alcool et les névroses », p. 189 et suivantes. *b)* « Le rôle de l'homosexualité dans la pathogénie de la paranoïa », p. 173 et suivantes.
3. Souligné par nous.

cause profonde de la maladie ; *il* s'était adonné à la boisson du fait de l'opposition insoluble entre ses désirs hétérosexuels conscients et ses désirs homosexuels inconscients ; par la suite, l'alcool en détruisant la sublimation ramena en surface l'érotisme homosexuel, dont la conscience ne parvint à se débarrasser que par la projection, c'est-à-dire le délire de jalousie paranoïaque ».

Ferenczi parle d'une opposition insoluble entre hétéro et homosexualité pour évoquer une sorte de corrosion des sublimations. En fait, c'est là que sa théorie ne correspond pas à nos observations cliniques, pas plus qu'à notre façon d'articuler le problème de la sublimation.

Si l'on se rappelle qu'il n'est point de grand homme pour son valet de chambre, on admettra, sans attenter à la gloire de Ferenczi, qu'à être charbonnier chez lui, il ne pouvait en même temps assumer la position de l'idéal du moi. D'où, peut-être, ces histoires de cabinets, du côté de l'entendu, et du repeint en couleurs.

Et notre hypothèse de recherche est la suivante :

À cet étage d'économie domestique et adulte, dans l'observation de Ferenczi le mari de la servante interroge, à notre sens, « l'opposition » insoluble pour lui, entre ce qui fait le goût des hommes pour les femmes, et le goût des femmes pour les hommes. Pour se garder une idéalisation de la femme, il verrait bien son épouse comme dame des cabinets du maître. Pour se garder un idéal viril, il ripoline dans le même temps les w.-c. du patron, double oscillation métaphoro-métonymique, pour citer Guy Rosolato[1].

Il n'est ainsi impliqué dans la question de l'homosexualité que *par procuration*, c'est-à-dire par identification castrante au *Penisneid* femelle de cette dégoûtante amoureuse de l'homme qu'est son épouse, à ses yeux. Mais dans le même temps, il surinvestit l'image du tout-puissant phallique, pour que cette foi qu'il a en la vérité du désir viril le réconcilie avec l'objet de sa libido – cet objet caché dans le corps féminin, comme temple des mystères vénusiens.

Cet alcoolique délirant est en bref un amant « misogyné » par la déception que lui apporte l'autre homme qui fut idéalisable, mais très vite traître à la cause à défendre, de par sa propre castration ; en des signifiants prégénitaux, la *pipe* offerte par Ferenczi au mari de la domestique et les w.-c. déjà évoqués[2].

1. Guy Rosolato, *Topique*, n° 13, après d'autres écrits sur ce thème.
2. *Ibid.*

VII. Le père-verre

Dans les premières années de notre pratique neuropsychiatrique, il nous fut demandé par l'un de nos maîtres en cette discipline d'apporter aide psychothérapeutique à un alcoolique, hospitalisé pour désintoxication.

La relation qui put s'établir se prolongea sur des années, au-delà de l'initiale ordonnance magistrale et du séjour en clinique, et nous posa bien des problèmes ; lesquels ne résolurent pas ceux de notre patient.

D'un accord entre lui et moi, vint la décision d'une analyse à mener avec un tiers – ce qui s'organisa. Mais du fait même de la relation initiale nouée entre notre inexpérience et la confiance de ce garçon, il nous écrivit souvent pour nous donner nouvelle de ses efforts, de ses défaites, et du produit de ses investigations.

Nous l'appellerons M. Adlet-Potlait.

Son père, divorcé, « picolait ferme » : un brave homme sans gloire ni deuxième avenir, qui laissait son gamin vadrouiller. Ainsi, dès l'adolescence, Ad-Po allait boire « son sirop de rue » avec les copains, sans jamais pouvoir se croire leur vrai frère. Il partageait, à l'occasion des samedis soir, une fille ou des filles avec les susdits ; mais il restait habité viscéralement par un silence orphelin de sauvageon solitaire.

Sa mère remariée, sans goût de l'amour, le castrait hygiéniquement de son énurésie tardive. Son père « avait baissé culotte » – et lui, mouilllait encore la sienne. Le beau-père jouait, de temps en temps, au faux papa, comme assez médiocre re-père.

a) Du côté du soma, Ad-Po m'écrivait un certain jour (depuis une ferme de campagne froide où il trouvait refuge et aptitude a l'autosevrage) : « J'ai mal au vide de mon plexus. Il n'est pas solaire. C'est un creux de détresse, qui me revient aux lèvres, à jeun, à jeune, à vieux, à froid, et à chaud comme une mauvaise fièvre puerpérale. – Vomir du plein ou du vide ? J'ai mal à ma mère, car elle est plus ventricule ou oreillette que ventre ou oreille. Sans alcool, je n'ai plus le cœur au ventre de mon corps à Elle. »

b) Du côté du patronyme, Adlet-Potlait m'écrivait, plus tard, une autre lettre ; ceci, un jour d'inspiration, après cessation de l'antabus, mais avant rechute :

« Le T de mon nom, c'est ce vers quoi je vais, sans jamais y parvenir – Ad en latin *va vers* le "T". C'est l'arcade sourcilière de mon père comme branche horizontale de son sourcil et souci masculin ; mais si le pifomètre est branche verticale de l'homme qui a du nez, ce n'est pas mon père, car mon père n'est bien né… J'éructe son rot de roturier. Boire un pot ? C'est laid : comme un mégot dans une cuvette de W.-C. – C'est lait comme un sein flétri – Avoir du pot ou être sur le pot ? Que savez-vous Docteur, du Potlach[1] ? »

c) En une autre missive, écrite cette fois-là sous alcool (d'où le tutoiement fraternisant), c'est l'ex-patron d'usine de la mère qui était dénoncé. « Garde-toi, Perrier, du vieux père "G". Il vient de me revenir en mémoire, comme celui dont on n'a pas parlé. Il a toujours tiré les ficelles, sans rien risquer pour lui. Mais il empoche, il commande, il est puissant comme un vieux, trop vieux pour qu'on puisse encore lui casser la figure. Il a eu mon père à son insu, et ma mère n'en a jamais rien dit. – François ! J'espère que tu n'as personne derrière toi : méfie-toi du père G ! »

Nous sommes là – à partir du mécanisme de déplacement sur « le vieux » d'une autre génération – dans l'extemporané du *Durcharbeiten* éthylique : c'est en buvant que reviendra le souvenir clé et que l'inconscient parlera[2].

L'alcool devient ici tenant, comme la drogue qui favorisera l'inspiration et la lucidité d'une auto-analyse interminable. L'inconscient est ainsi surinvesti comme le *das Ding* qui sera plus fort que le philtre de mort lente – à condition d'en boire, à répétition.

VIII. Thanatol

Thanatol !… Le mot avait fusé au décours d'une séance d'analyse. Le patient nous dédiait ce trait d'esprit, sur le seuil de la porte, avant de prendre congé. Nous l'appellerons Anatole – Thanatol ayant été défini comme une contraction entre Thanatos et Éthanol par ce « familionnaire » de la bouteille.

1. Ad-Po avait lu *La Part maudite* de Georges Bataille.

2. Le *Durcharbeiten* du *divan* vient là comme « transfert de travail ». Qu'on se réfère ici aux publications de J.-P. Descombey *(Inf. psych.*, vol. 47, n° 1, entre autres) sur le travail des alcooliques, et au texte de référence de V. Tausk sur « le délire d'action des alcooliques » *(Int. Zeitschr. fur Psychoanal.*, vol. III, 1915) dont nous devons la lecture à J.-P. Descombey.

– Anatole, prénom sexué donné à la naissance d'un premier garçon, fait référence au grand-père paternel mort en laissant son fils orphelin à cinq ans. Mais, amputé du préfixe, c'est l'atoll, qui nous réfère aux sources liquidiennes du monde maternel ; le lieu des plongées sous-marines.

– Quant à « l'Opération Thanatol », elle va apparaître répétition – désirée comme un inconscient, en sa logique machinique, d'une scène primitive (au sens de l'imaginaire de l'originel subjectif) ; inlassablement rééditée par l'alcoolique, comme tentative de naissance de lui-même.

Définissons celui-ci comme coauteur *nachträglich* de son engendrement ; mauvais parent de lui-même, orphelin, en tant que virtuel mâle et impossible femelle, d'une médiocre ontologie d'un *self* non investissable.

En bref, Anatole n'a eu comme père qu'un vieil homme résigné à son non-désir envers une épouse frigide, laquelle n'apparaît que comme parturiante : pleine, plusieurs fois en tant que femelle gravide, mais entre-temps, vase sans fleur, coque creuse où ne résonne que la mondanité vide du discours des autres.

Lorsqu'il est enfant, Anatole n'est jamais puni efficacement et véridiquement pour ses petites délinquances scolaires de faux bon élève. Il falsifie ses carnets de notes, imite impunément la signature paternelle. Il n'est vraiment jamais assez appelé, *interpellé*, dénoncé par l'index de la loi comme désir du père (et, pas plus, jamais assez protégé par l'amoureuse indulgence d'une vraie mère), pour se sentir désigné comme porteur virtuel d'un titre d'homme, à assumer plus tard aux heures d'épreuves et aux minutes de vérité de la vie.

Pendant que Papa lit des revues porno, dans son bureau de fonctionnaire, et que Maman joue au bridge, il s'amuse tristement à masturber son chien.

Le resurgissement le plus caractéristique de son archaïque angoisse se situera à la date ou, étudiant, il est *nommé* à un concours difficile qui trace sa future carrière en lui donnant un grade ; ce qui n'a d'autre fonction que de l'amener à une grave régression phobo-hypocondriaque.

Il est pris brusquement d'un doute quant au fonctionnement biologiquement instinctuel de son centre respiratoire : « Et si jamais ce centre n'existait pas chez lui ? » Seul recours, la respiration *volontaire*, inspiration, expiration : naissance, mort, naissance, mort, etc.

Il perd le sommeil pour rester pure vigilance solitaire, à la place du géniteur et de la sage-femme de sa propre venue au monde, de son premier cri. Il se crée et recrée à lui seul vivant et accouché.

L'arsenal thérapeutique de la psychiatrie « lourde » le sort du piège de la réactualisation de cette naissance agonique. Il partira, après, faire son métier dans des terres lointaines et exotiques, soutenu par un esprit de corps fraterno-homosexué, et par sa quête d'une femme étrangère, ne parlant pas sa langue maternelle à lui ; d'une femme qui serait le lieu, enfin situé, d'un ventre de volupté heureuse. En même temps, il ne supporte d'être érectile et puissant que dans la mesure où les geishas de service ne lui demandent pas son nom… en français.

À l'époque, il ne boit pas plus qu'un autre. Mais, de retour au pays natal, il tombera amoureux d'une ravissante fille d'auberge (orpheline), lui fera un enfant et l'épousera.

Dès lors, à partir de la paternité, resurgira la problématique de la filiation et du nom du père ; Anatole sera doublement fasciné par l'atoll femelle et le thanatol qu'il absorbe comme de l'air liquide.

Tous les éléments sont en place tels qu'ils sont décrits dans maintes observations d'alcooliques. Nous sommes là à un étage de l'histoire : comment être à la fois le père et l'amant, une fois que la femme est une auberge espagnole (on n'y trouve que ce qu'on y apporte), et qu'il faut signer sa progéniture, alors qu'on est géniteur avant d'avoir été fils et d'avoir été marqué par la castration (c'est-à-dire par un interdit paternel qui aurait été premier estampillage, et première coupure… comme le trait de canif qui permet à un arbre de ne plus cacher la forêt, mais de s'y repérer pour que la célèbrent les amoureux d'un soir).

L'homme asservi à la belle servante revendiquante et analphabète qui « lui pompe l'air » (cf. l'observation de Ferenczi[1]) – peut-être pour boire elle-même la semence androgyne de son orphelinat premier – vient sans doute comme substitut du « parent combiné » de sa scène primitive à elle. *Mais lui ne le sait pas, et n'en veut rien savoir.* Il ne peut concevoir, de par la différence des sexes, que cette fille, oralement frustrée d'un phallique mamelon maternel, *lui* pose et *lui* renvoie la question que *lui-même lui* adresse en la *lui* dédiant.

1. *Ibid.*

IX. Chercher la femme

Avec cette observation, nous posons la question du type de choix d'objet amoureux du thanatolien. Cela renvoie à la problématique freudienne de la névrose de destin. Mais la partenaire n'étant pas un objet, en tant que femme ayant son désir et son mot à dire, il s'agit de savoir qui a choisi qui.

La femme de l'éthylique a fait l'objet d'un certain nombre d'études. Si socialement, au niveau du discours culturel, populaire, ou juridique, elle apparaît comme la victime d'une brute avinée, auteur de sévices, image de déchéance pour ses enfants, etc. (et tout cela existe en effet, mais pour renvoyer à une autre fonction du discours sur la « chose », que le réel des ecchymoses), elle demeure néanmoins – ce, dès qu'on interroge la psychologie et le destin de l'alcoolique – repérée comme un des agents habituellement déclenchant de l'intoxication de ce dernier.

Pour Lucien Israël et Nicole Subra-Charpentier[1] qui tentent le « portrait-robot » de la femme de l'éthylique, le mari d'une telle épouse n'est qu'un objet conjugal. Il est là pour remplir une fonction ou boucher un trou. Il sert de repoussoir au culte et fantasme de l'homme idéal qui révélerait la femme à sa propre féminité. D'où, de la part de celle-ci, la fréquence des plaintes adressées à des personnalités susceptibles de représenter l'autorité (le juge ou le médecin). Plus secrètement, la démarche féminine recouvre en effet le souhait fantasmé d'un mari-destiné-à-mourir, pour que sa disparition ou sa condamnation légale vienne conférer à la dame la puissance phallique qu'elle convoite.

La femme comme être phallique, girl-phallus de sa mère ou de son père, et rarement (avant ses maternités, à condition qu'elle les ait souhaitées et assumées) délivrée de l'aiguillon agressif du *Penisneid*, voilà qui n'a rien de spécifiquement propre à la dame du thanatolien. Lui-même doit bien être pour quelque chose, en ses styles de séduction, en sa façon d'aimer l'âme sœur, dans ce qui se réveillera ou pas en sa compagne : une déperdition de quelque chose qui, du silence utérin originel, est intuition non langagière d'une primitive et structurale oralité.

1. *Confrontations psychiatriques*, 8, 1972, p. 125 et suiv.

L'âme sœur est ici un mot bienvenu si l'on réévoque la problématique androgyne de l'éthylomane. Qu'il ait eu trop de mère ou pas assez, c'est d'abord La Femme, plutôt que telle femme, qu'il cherche comme une des inconnues de son équation de naissance à lui. Et chercher La Femme (en Ursule ou Hortense) est toujours dangereux pour le chercheur et la chercheuse.

Je fais souvent ce rêve étrange et pénétrant
D'une femme inconnue et que j'aime et qui m'aime
Et qui n'est chaque fois ni tout à fait la même
Ni tout à fait une autre…

… Une femme inconnue… ni tout à fait la même ni tout à fait une autre… Qu'en dire de plus, après le poète[1] ? Sinon se demander comment une femme prend cela, puisque c'est justement son problème fondamental à elle.

Toute femme est à elle-même son propre mystère, et nous en avons beaucoup parlé dans un séminaire sur l'amour et la sexualité féminine[2]. Nous avons décrit en particulier, sous le thème des « trois regards », la difficulté, pour certaines femmes, d'un moi idéal homosexué, lorsque ne s'est pas transmis du côté de la filiation maternelle, et sur trois générations, le pacte sourd et aveugle, qui fait le secret silencieux de la beauté (cœur, esprit, visage ou toute autre tradition sélénique et non verbale)[3]. *J'accueillerai mon bien-aimé dans la chambre où ma mère m'a conçue.*

Telle est la parole de la Sulamite, dans le Cantique des Cantiques.

Il est des femmes dont la mère n'a pas eu assez de mère heureuse, amoureusement et maternellement (par exemple, une grand-mère psychotique), pour que la fille ne se conçoive que née, d'une hypocondrie génitale, et d'une revendication phallique.

Au fond du corridor vagino-utérin des filles qui se veulent lieu anatomisé d'une jouissance souhaitée par elles (surtout dans le contexte idéologico-politico-sexuel à la mode actuellement), il n'y a pas la porte secrète qui donnerait accès à l'autre chambre d'amour, la chambre de la chambre, l'autre intérieur de l'intérieur ; là où la joie

1. Et après l'étude d'Antoinette Gordowski-Mitchell, « Hiéroglyphes du corps », in Séminaire sur l'amour, *La Chaussée d'Antin*, t. I, Albin Michel, 2008, p. 62.
2. 1970-1971.
3. Lire le *Lalie* de J. Paulhan, « Les dames-de-puits ».

fertile d'aimer se nourrit du plaisir sexuel pour se muter en acte de foi et de loi... – une fois qu'on est deux en un, et un en deux, pour une référence non langagière à tout double et toute moitié du tiers.

Virginité ou frigidité ? Ce n'est pas forcément une question qui trouve sa réponse dans les travaux pratiques de l'amour, quelle que soit la vaillance ou l'art de l'homme en cette occurrence et la danse des corps accouplés rythmiquement. Une chose est certaine, c'est que l'alcoolique, à travers ses engouements amoureux, choisit tôt ou tard celle dont le virtuel giron n'est encore qu'anatomiquement génital (qu'elle soit légère ou vertueuse) pour sonder le noyau dur ou trop doucereusement vide d'un secret qui n'existe que comme silence de nature.

Que me veut-il ? demande alors la femme. Pourquoi moi plutôt qu'une autre ? Pourquoi me parle-t-il tant de lui et de moi ? Que cherche-t-il à savoir au-delà de ce que je ne sais pas moi-même ? De quelle expérience extatique suis-je vierge ? avec lui ou avec un autre ? Pourquoi est-il si exclusif et qu'est-ce que ça voudrait dire que lui appartenir comme il le souhaite ?... S'il pouvait prendre une maîtresse et me laisser en paix !

En outre, il boit ! Et la femme perçoit cela avec mépris, mais *jalousie* aussi. Car, d'une certaine façon, ce cœur au ventre que se donne l'homme comme assurance anticipée du bonheur qu'il voudrait voir advenir en sa femme grâce à lui, elle le lui envie.

Au besoin, elle se met à boire elle aussi. Mais son rapport à l'oralité n'étant pas le même que celui de l'homme[1], elle ne sait plus si elle boit comme un homme ou comme une femme et s'en trouve d'autant plus désemparée, inquiète et agressive.

Comment lui faire comprendre que le thanatolien, en buvant, tente d'annuler une certaine anorexie érotique de sa mère à lui : *façon de respecter et de transgresser en même temps l'interdit de l'inceste*, avec toute « étrangère », comme devant être étrangère à l'Œdipe inachevé de l'homme.

Ainsi engagée, l'affaire ne peut pas bien se terminer. La femme s'organise dans ses défenses, car, à la limite, elle se sent traquée, voire persécutée dans l'impossible d'elle-même.

Comme, pour elle, la parole est phallique, elle réactive son complexe de castration féminin, en criant comme une Ménade ou en ne

1. Ch. Melman, « Le discours de l'alcoolique », *Confrontations psychiatriques*, n° 8, p. 95 et suiv. (Seul point sur lequel nous soyons d'accord dans son étude.)

pouvant plus s'exprimer. Son alcoolique de mari ou d'amant partira toujours mieux, plus longtemps et avec plus de verve qu'elle. Il faut alors un tiers – médecin, prêtre ou juge – et parce que le thanatolien s'est fait une carte d'identité de son alcoolisme, la femme, qui n'a plus envie d'entendre ni comprendre, se saisit avec haine, angoisse ou mépris, du cadeau énigmatique qui lui est fait ainsi, pour justifier une procédure, une fuite ou un exil.

Le thanatolien, de son côté, se voit ainsi *volé de sa propre intériorité.* On veut le mettre hors de lui-même comme on retourne un doigt de gant ; pour profaner ainsi un secret dont il est, chaque jour, encore et toujours porteur, comme d'un mystère inconnu à lui-même.

Τοπος : le dedans de son état passionnel (amour = femme = envie d'alcool) devient le dehors des discours accusateurs et des signifiants en boomerang qui le prennent pour cible. Alors, il boit plus encore, par défi…

On connaît la suite, sinon là encore la clé de l'affaire.

XI. Le mort et l'en-vie

Rappelons ici que l'alcoolisme de la femme appelle, en général, des jugements plus sévères encore que ceux qui concernent l'homme. On tolère moins une saoularde qu'un poivrot. Ceci peut être dû à la tradition phallocentrique des libations, mais sans doute aussi sur un plan freudien, à ce que le déchaînement des Ménades réveille d'angoisse quant à ce qui doit rester voilé de l'ivresse et de la jouissance de la mère.

D'une femme notoirement alcoolique, on préférera penser qu'elle a perdu ou renié son sexe plutôt que reconnaître qu'elle l'exhibe comme une obscénité.

Cette remarque doit nous ramener à ce qui est asymétrie structurale du rapport de l'homme et de la femme quant à l'oralité et la jouissance ; non pas du côté du discours théorique et idéologique sur le désir, mais du côté de l'*envie.*

Chez l'homme, une impérieuse et répétitive envie de boire pourra renvoyer un interprétateur, soit au diagnostic d'un état de besoin (comme pour les toxicomanies), soit au projet d'une analyse des composantes perverses polymorphes de la libido infantile chez un « régressé ».

Or, selon nous et d'autres, *l'alcoolique n'est ni un pervers ni un toxicomane.*

a) S'il était pervers, il ne boirait pas comme un thanatolien.

Le pervers a d'autres recours par rapport à la castration et à la jouissance que le buveur. Nous abordons ici la question de la *Verleugnung.*

On en connaît la théorie : le déni concerne la castration de la mère. En fait, ce n'est pas aussi simple, et nous avons déjà plusieurs fois décrit la position subjective du pervers, tel qu'il se répète à lui-même ou à d'autres, dans des mises en scène (programmées par ses goûts et sa *curiosité* des recettes), comme celui qui s'anonymise, pour que surviennent des jouissances, et pas forcément la sienne ; et surtout pas celle de quelqu'un singulièrement élu. Nous parlions ainsi de « déni de soi donné à soi-même[1] ». La formule peut s'appliquer à l'éthylique, mais dans une autre temporalité et *hors toute curiosité*, à partir d'un autre enjeu. Gilles Deleuze disait à juste titre que dans le masochisme, c'est le père qui est battu[2]. Chez l'alcoolique, le père est, au contraire, appelé, de l'intérieur, à naître à ce que ce susdit n'était pas pour sa femme ; façon de l'humilier *in effigie et in abstentia* mais pas au sens où l'a écrit Ch. Melman[3] ; car, en même temps, la viscéralité alcoolique fait appel, de l'intérieur, à l'autre verre de l'autre. Le paradoxe nous semble alors le suivant : le chaud au creux de l'être (joué sur un outsider dans un « prix à réclamer », comme on dit à Auteuil ou Longchamp) vient comme internalisation d'un plaisir préliminaire – ceci afin que le ventre de la mère ne soit jamais, par procuration, le non-dicible du vide de la jouissance. Il ne s'agit en fait que du plaisir d'un seuil *à ne pas franchir*, en soi et en l'autre, afin que la facture du jouir reste le non-acquitté de la dette impayable[4].

b) Si l'alcoolique était toxicomane, il connaîtrait le même type d'angoisse que le drogué (mineur ou majeur, solitaire ou en communauté), qui affronte à la fois le besoin et la panique, une fois qu'il ne peut pas renoncer à la « défonce » pour le « trip » [5].

---

1. Conférence sur la perversion.
2. Sacher-Masoch, *La Vénus à la fourrure*, Introduction de Gilles Deleuze, Éd. de Minuit.
3. « Le discours de l'alcoolique », *op. cit.*
4. Kasiment, une définition de la kastration.
5. (Du cœur, du poumon, du poitrail ou de la poitrine ?)

Citons Claude Olievenstein : « Alors que pour l'analyste c'est l'inceste qui fonde l'ordre de l'interdiction, car ce serait jouir sexuellement de la mère, pour le toxicomane, même s'il faisait cela, cette jouissance serait nettement inférieure à celle qu'il éprouve lorsqu'il transgresse cet autre interdit au moins aussi important : jouir soi-même à l'intérieur de soi-même, par soi-même – et la loi ne s'y est pas trompée qui l'interdit dans la conscience des parents et le transcrit dans le texte pénal ; – l'objet sexuel interdit ce n'est pas la mère atteignable ; l'objet sexuel interdit c'est soi-même. »

La différence entre le thanatolien et le toxicomane, c'est le « soi-même ». Le drogué, dans la panique glaciale et glaciaire d'avant la piqûre, veut s'envoyer dans la métaphysique galactique d'une autre naissance de lui pour soi-même, à lui tout seul, et avec tous autres inconnaissables. Il veut sans doute s'enfanter, mais hors la terre œdipienne du langage.

Le thanatolien ne prétend pas aller si loin. (Du coup, les drogués le méprisent.) Nous avons parlé de sa démarche d'auto-engendrement ; mais elle ne concernait pas un « soi-même » [1]. L'alcool célèbre le préliminaire du plaisir androgynement intériorisé, au nom d'un mariage qui n'a pas eu lieu. Anatole boit pour sa mère au nom de son père, et vice versa ; du côté de la minute d'avant la scène originelle de sa propre conception. L'eau-de-vie, il l'absorbe hystériquement et bisexuellement pour deux autres ; le *pharmakon* n'est que drogue de fausse couche de lui (soi-même !).

Ne pas être enceint ! en sein[2]. – Brûler à l'alcool absolu toute faim d'un fruit – soi-même. L'alcool est *fin* et soif de non-recevoir l'annonciation et la visitation, pour mieux en célébrer la symbolique. Ad-Po faisait le trou normand pour n'avoir pas sur l'estomac et dans l'estomac le discours d'une réalisante obstétrique de son être en lui.

Des envies (au pluriel), on en parle pour les femmes enceintes : du caviar à la myrtille, ou un fruit de mer pendant les mois sans « r » ?... La perle de l'huître ou l'huître de la perle ?

Ces envies-là peuvent être de l'homme, comme de la femme, une fois qu'il s'agit d'être envieux (c'est le mari de la servante de Ferenczi : « Ça te plaît, hein ! ?... » disait-il à sa bonne femme).

Mais ce rappel vient là pour donner relief à ce qu'écrit fort pertinemment Maria Torok, dans son article sur « La signification de

1. Cf. le *false self* de Winnicott.

2. ... L'éthanol comme anticlaustrophobique ; comme centrage respiratoire de compromis viscéral, anti-asphyxiant.

l'envie du pénis chez la femme[1] ». Dans un court paragraphe, elle renvoie la problématique œdipienne du garçon (comme autre écran que celui de la femme, quant à la question de la différence des sexes) à une formule qui peut être une des clefs aux fins de déchiffrage du thanatolisme : « l'envie à l'envers ».

Cette envie à l'envers concerne, selon nous, le rapport de *Penisneid* au phallus du mort, une fois que ce défunt n'est pas le même pour l'homme et pour la femme. Mais elle instaure entre l'un et l'autre le danger captivant d'une relation en miroir, qui n'est pas celle du narcissisme[2]. Il faudrait construire un système optique entre deux psychés, dans le décalage des axes, pour rendre compte d'une double opération antinarcissique, qui reste vouée à la non-concordance des imagos, de par l'asymétrie du rapport de l'homme et de la femme à la jouissance.

Mépris, haine, mais *jalousie*, disions-nous de la femme dans son regard sur l'économie masculine qui régit la relation solitaire de l'homme à la bouteille cachée. Mais de quoi est-elle envieuse haineusement ? Sinon du privilège qu'elle prête à l'homme d'un rapport à la volupté, insupportable à la *femme qu'elle n'est pas*. Or cette femme (amours, morts et corps) ne peut être qu'une mère idéale. Ce n'est ni la sienne ni celle de son compagnon de lit ; mais la Mère.

« L'horreur d'une jouissance à *elle-même* ignorée... », voilà une paraphrase du texte freudien, faite pour s'appliquer à la problématique primaire, minoé-mycénienne et pré-langagière du rapport mère-fille, du côté de l'inceste

Nous dirons que, chaque fois qu'une femme, tristement prisonnière de la non-idéalisation de son Œdipe à elle, se met, malgré elle, à aimer un thanatolien, elle s'aliène dans une partie qui étant, initialement, celle de toute femme, la concerne trop, à son insu de nature, pour qu'elle puisse supporter qu'on la lui renvoie de la place où l'alcoolique parle et boit pour deux.

Qu'elle boive alors à son tour, ce ne sera pas au nom du même deuil que le thanatolien.

Bien souvent, elle déplacera ce problème de son archéologie per-

1. In *Recherches sur la sexualité féminine*, sous la direction de Chasseguet-Smirgel, Payot.

2. J. Clavreul avait abordé cette question dans son texte sur « La parole de l'alcoolique » *(La Psychanalyse*, n° 5). Mais il en était resté, à notre sens, à une référence protolacanienne au « stade du Miroir ».

sonnelle sur la question d'une impossible alliance pour elle, entre désir de jouissance et désir d'enfant. Dès lors, la maternité réelle pourra devenir, en son destin, vécu quotidien de désespoir et d'angoisse, comme accès féminin au *never-more* de l'enfant idéal, imaginaire et œdipien. À l'inverse, la quête en elle d'une jouissance qui serait plus que plaisir orgastique la déchirera, la clivera de telle sorte qu'elle ne pourra vivre, en toute culpabilité déniée, son envie de bonheur que comme prédiction obsessionnelle d'une mort de l'enfant qu'elle a ou n'a pas.

Lesbos peut être alors une solution. Mais on sait à quel point les amours saphiques, de passion ou d'occasion, ne fascinent certaines femmes qu'en tant que le suicide s'y inscrit toujours en filigrane. Mort de soi, de la Mère, du Père, ou de l'enfant, le *das Kind* au neutre ? Un facteur de létalité circule, en ces divers tenant-lieux. La paranoïa féminine peut venir alors d'un autre horizon, pour structurer d'autres modes de défenses.

D'une certaine façon, le thanatolien peut devenir inducteur, à son insu, d'une vocation secrète de la femme au « stalinisme », à la psychose post-puerpérale, à l'autodidactisme contre-persécutoire, au culte d'Hécate (ou Catherine Crachat[1]), à la somatisation cancéreuse ou à la partouze politisée.

XI. L'ALCOOL ET L'HORREUR DE LA JOUISSANCE

Revenons-en à l'homme. Le thanatolien dans sa partie d'échecs se joue *en l'honneur et l'horreur* de l'inceste. Conrad Stein, dans son livre sur *L'Enfant imaginaire*[2], note quelque chose d'équivalent à ce qui se passe pour l'éthylique, lorsqu'il renvoie ce qui est, dans la cure, résistance à la régression, comme connotant cette horreur-là.

À notre sens, l'acoolique averti peut devenir le gribouille d'une régression trop angoissante pour lui. Lorsque l'analyse devient une machine à donner soif, Thanofol[3] s'y jette à corps perdu, au nom du père et de la mère qu'il n'est pas. Toute titularisation le déprime et l'angoisse (cf. l'observation « Anatole »). Au besoin, comme il saurait

1. Hommage à Pierre Jean Jouve.
2. Conrad Stein, *L'Enfant imaginaire*, Denoël, 1971.
3. Thanofol : coquille typographique à respecter.

s'y prendre bien, s'il n'était que le beau-père et le re-père des enfants qu'il n'a pas faits lui-même… !

Mais qu'on entende bien ici que l'horreur ne va pas du côté du fantasme de pénétration de la mère par le fils, et non pas plus du côté de l'enfant imaginaire (et symbolique) qui pourrait naître de cette transgression… Elle réfère à la Ménade ; celle qui n'a pas supporté qu'Orphée ne fasse pas le deuil d'Eurydice, et qui l'a mis à mort en le démembrant.

Ceinturées de serpents, les Ménades étaient-elles vierges ou pas ? – Et de quelle virginité ? La virginité n'est pas une donnée initiale du corps femelle, mais une révélation qui vient chez certaines, au-delà du principe de plaisir et d'érotisme, lorsque la *delectatio*, au sens thomiste[1], est toujours surprise nouvelle, dans la joie du bonheur, pour l'Autre.

« Boire une voix féminine qui soit chant et non cri de sa jouissance… » nous disait un jour un patient, dans son espoir. « Je veux boire avec les oreilles le ravissement musical d'une voix vierge. » Il n'était pas Orphée, et il savait que les petites sœurs actuelles d'Eurydice ne meurent plus du regard de l'homme. Qu'on se retourne sur elles, elles n'en disparaîtront pas pour autant. C'est seulement la musique de l'amour qui s'évanouira.

L'alcoolisme est une question peau de chagrin ; un chagrin inconsolable et toujours ravalé, en air liquide, comme on ravale un sanglot étouffant.

Ceci est un des versants de la question. De l'autre côté, pour l'alcoolique, reste posée l'impossible question d'un idéal du moi phallique qui serait désir du Père. Paradoxalement, l'éthanol devient tôt ou tard le garant de l'interdit de l'inceste. Voilà la contradiction insoluble dont parlait Sandor Ferenczi. Le seul fait de boire donne permis de conduire et carte d'identité, mais au nom d'une éthique du « donner le change ».

L'alcool est le philtre alchimique qui permet de n'être pas soi-même. Faute de pouvoir réinventer ou parfaire sa propre constellation œdipienne, à travers les morts et vivants du présent et du passé, on demande à l'alcool d'être le breuvage qui ne donne le change à personne, sinon à l'anti-soi-même qu'il est exigible d'être pour res-

1. Hommage au R. P. Albert Plé, dominicain.

pecter ce qui, de l'horreur de l'inceste, connote l'impossibilité d'être le père de son désir à soi.

« Pourquoi, mon père impossible, m'avez-vous abandonné, à l'heure même où il me fallait suivre mon destin d'homme, c'est-à-dire quitter votre Maison ? Pourquoi êtes-vous mort, de théologie, de nature, de circonstance ou de perversité, à votre rapport d'homme à la paternité ? – Vous m'avez laissé l'impossible jouissance de ma mère sur les bras. Il faut que, comme Jésus, je meure avant ma mère. Elle est déjà une pietà, vocation de femme, pleureuse de nature et croqueuse d'os, avec les dents de lait de son ex-enfance morte. Qu'y a-t-il entre toi et moi, Femme ? »

Bof !... Aussi freudien qu'on soit, on finirait par se sentir chrétien, avec une telle histoire !

L'éthique du thanatolien est la suivante : se faire loi de n'être pas soi-même à l'autre.

Que chaque freudien teste donc ce schéma structural et théorico-clinique par rapport à l'exigence de la pratique à laquelle il est assigné.

Parce que le transfert existe, il convient d'être toujours ailleurs qu'à sa propre place. Pour détecter ce qui, du discours d'un patient, s'adresse à l'autre qui lui a manqué, on peut se déplacer, se « barrer », se topologiser, etc. Mais l'exigible de l'écart et de la différence ne saurait devenir alibi de fuite ou de désertion.

Le thanatolien se tue à réveiller un mort inconnu. Il peut ainsi, en toute honnêteté tragique, être l'endormeur de l'écoute de son freudien. « Un truc à réveiller les morts », cela peut être de l'alcool absolu... ou simplement le piment rouge, le tabasco des exotismes du non-bien et du non-mal. – Une gorge en feu, une fois que Freud n'a pas fait réellement d'injection à Irma, cela ne s'éteint pas et ne s'apaise pas avec du boire.

Est-ce que cela réconcilie avec la fonction du vrai, celui qui n'est de personne, une fois que deux analysants n'ont pas à se conjoindre ni se rejoindre entre le divan et le fauteuil ?

Cette question pourrait déboucher sur la théorie à faire d'une *éthique du post-transfert et du post-contre-transfert.*

En s'identifiant à l'agresseur, le thanatolien invoque tout autant le père déserteur qui, étant parti chercher des allumettes, n'en est jamais revenu, que le re-père de négativation qui permet l'algèbre et l'axiomatique, par-delà le sujet cartésien.

Si l'éthique de l'analyste n'est plus que praxis de la théorie, dans l'écriture et l'énonciation, elle est une opération qui ne prétend mesurer que le temps concurrentiel de survie entre deux modes hétérogènes d'abolition : celui du privilège et celui du sujet.

La psychanalyse n'est ni de phonème, ni de sexème, ni de mathème… Au-delà du Jetème, et du Tumème, elle s'invente, toujours nouvellement, dans la cure – non d'un Ilmême, mais d'un « Il aime… ? ».

À Sayonara
Février 1973-octobre 1974

Thanatol II*

De l'alcool et de la psychanalyse

J'ai souci et projet de soutenir ce soir une tâche difficile : Thanatol, de l'alcool et de la psychanalyse.

Je vais tenter de vous donner tout de suite mon plan afin que, même si je m'évade, à moins que je ne me perde en route dans mon propos, vous puissiez déjà voir ce qui va se passer en deux étapes : ce lundi-ci et l'autre.

Je ne sais dans quelle mesure je vais articuler mon propos à celui de Piera. Mais j'ai remarqué que les psychanalystes qui se connaissent depuis de nombreuses années, « de longue date », comme on dit, ne se connaissent en fait jamais, car ils ont souci de ne pas trop se connaître entre eux. Curieusement les recherches se recoupent, coïncident, se rencontrent, pas sur le moment, mais après coup…, c'est peut-être ça la recherche analytique à l'heure actuelle.

Cela dit, voici mon plan.

« Alcoolisme et psychanalyse ». J'ai apporté ce soir un livre que je n'ai en main que d'avant-hier. J'étais absent précédemment. Mijolla-Shentoub[1] posent une psychanalyse de l'alcoolisme. Je n'ai pu en lire que l'introduction et les conclusions, bien sûr. Je n'en parlerai pas ce soir, mais lundi prochain peut-être.

Ceci pour dire d'abord qu'à mon sens, il est difficile de renouveler le numéro bien connu du psychanalyste interrogeant l'alcoolisme ou, pourquoi pas ?, de l'alcoolisme interrogeant les psychanalystes, à savoir : quel est le rapport entre l'un et l'autre ?

---

* Conférence du lundi 7 mai 1973 au séminaire de Piera Aulagnier à Sainte-Anne.

1. A. de Mijolla, S. Shentoub, *Pour une psychanalyse de l'alcoolisme*, Payot 1973.

D'excellentes choses sont parues à ce sujet.

J'ai fait comme Freud. J'ai d'abord écrit, puis j'ai lu afin de m'assurer que ce que j'écrirais viendrait de moi ou de mes patients. Et j'ai relu ensuite d'autres choses qui m'ont donné une grande humilité par rapport à ce que je cherchais à découvrir. Or en analyse il s'agit toujours de chercher à découvrir et de découvrir à chercher. Qu'importe le savoir !

Voici donc mon plan :

1. Puisqu'il y a ici des psychiatres, des médecins, des analystes, des non-analystes, des psychologues, des élèves, des curieux, des amis, etc., premier souci : les références bibliographiques, l'état actuel de la question.

2. Une observation clinique.

3. Mes ouvertures personnelles sur le sujet.

Ces ouvertures personnelles sont surdéterminées. Si j'ai proposé en effet Thanatol ce soir et Transubjectalité de l'inconscient pour lundi prochain, c'est qu'à l'heure actuelle, il me semble d'une certaine façon que, pour aborder le problème de l'inconscient et ce que je nomme, sans m'en expliquer davantage pour l'instant, le transsubjectal et non l'intersubjectif, – rien à voir entre l'intersubjectif et le trans-subjectal ! –, il faut en passer par la clinique de Thanatol.

Donc trois points : bibliographie, observation clinique, spéculations, disais-je.

Venons-en tout de suite à ce que j'ai lu chez mes confrères. C'est absolument illisible bien sûr, et pour des auditeurs ce serait inaudible, une question de cours en quelque sorte.

En gros, vous savez qu'il reste une position psychiatrique qui a sa raison d'être, et, en plus, ses effets, ses conséquences et ses succès, à savoir la règle d'abstinence chez l'alcoolique, une fois référé au toxique à la fois dans ses conséquences biologiques et dans ses accointances avec un certain psychologisme de la chose que chacun essaie d'interpréter à sa façon, et référé aussi à un troisième terme qu'on pourrait appeler l'institution et qui reviendra plusieurs fois, je l'espère, à la fin de mon exposé de ce soir.

Il est courant, je le répète après d'autres qui l'ont constaté comme moi, de faire la critique de la biologie de l'alcoolisme. C'est un problème de médecine, étant donné les effets toxiques du produit dont l'assuétude peut provoquer des dégâts somatiques. Il est classique de se référer d'une part à la biologie et d'autre part à une sorte de psychologisation et de rationalisation, qui induisent des versions partielles de l'alcoolisme, tous, psychanalystes, médecins ou psychologues, se référant au fait que, d'une certaine façon, ou ça n'intéresse pas assez ou on ne sait pas entendre ou on n'y comprend pas grand-chose, ou enfin, comme le dit Pierre Fouquet, éminent spécialiste de la question, soit il y a chaque fois un éthylique différent, soit il y a le problème de l'alcoolisme.

Les alcoolopathies. Vous connaissez sans doute la classification de Jellinek et celle de Fouquet, sinon lisez-les. Tout ça, c'est de la bibliographie, mais une bibliographie est toujours biographie, car il est absolument impossible de lire des textes et de faire une bibliographie si on ne s'identifie pas à celui dont on cherche la cause, qu'elle soit gagnante, perdante ou perdue et qu'il s'agisse de psychiatres, de psychanalystes ou de psychologues, la cause de l'éthylique ou de l'éthylisme.

Est-ce une cause perdue ? et pour qui ?

Voilà la question que je pose ce soir.

Après ce liminaire, j'en viendrai, après l'avoir cité, à un texte de Pierre Fouquet[1], auquel j'ajouterai le texte de Clavreul sur « La parole de l'alcoolique » écrit en 1959[2]. Ce texte absolument indéniable, à mon sens, même si certains de ses termes sont un peu désuets parce qu'en 1959 on ne parlait pas comme on parle en 1973, me semble tout à fait remarquable et irrécusable. Je pourrais aussi m'arrêter sur Yves Pélicier qui, dans *Confrontations psychiatriques*[3], a très joliment parlé avec d'autres de l'éthylisme. Je pourrais encore citer Philippe Rappard qui a étudié, à partir de la thèse de Philippe de Félice, ces dégradations du mysticisme que peut représenter l'alcoolisme actuel, et également Lucien Israël et Nicole Subra Charpentier, qui ont traité du problème de la femme de l'éthylique, ou encore monsieur Sandor Ferenczi (est-ce qu'il est là ce soir ? non), qui, en quelques pages, en a dit beaucoup sur la question[4]. Monsieur Tausk aussi. *Animal mon frère*, sur ses rapports avec Freud, c'est un livre récent. Il a fait un très joli papier sur le délire d'activité des alcoolopathes et des éthyliques ; je remercie Jean-Paul Descombey de m'en avoir donné la traduction en français.

1. P. Fouquet, *Entretiens pour une thérapeutique de l'alcoolisme*, Laboratoires Lefranc.

2. J. Clavreul, « La parole de l'alcoolique », in *Psychanalyse*, n° 5, PUF, 1959, p. 257-280.

3. *Confrontations psychiatriques*, n° 8, 1972.

4. S. Ferenczi, « L'alcool et les névroses » (1911) et « Le rôle de l'homosexualité dans la pathogénie de la paranoïa » (1911), in *Œuvres*, t. I, Payot, 1968.

J'ai déjà cité Clavreul. Je pourrais en citer bien d'autres. J'ai parlé tout à l'heure de Mijolla-Shentoub que je n'ai pas encore lus, nous y reviendrons. De quoi s'agit-il là ? Il s'agit d'une interrogation qui concerne différemment le psychiatre, le médecin, le psychanalyste, le frère anonyme des alcooliques anonymes, le philosophe, le poète.

Quel est le point commun ? L'alcool. Est-ce une drogue ? un objet ? ou un autre *Das Ding* au neutre, dirais-je en allemand, est-ce un objet au sens kleinien, freudien, lacanien ou scientifique du terme ? Ou est-ce un autre objet, peut-être au neutre, ou un objet qui interroge différemment à partir de leur position subjective, de leur scientifisme, de leur mode d'entendement ou d'interrogation, psychiatres, psychologues, analystes, poètes, pour que chaque fois un piège physique qui n'est jamais dévoilé soit la preuve qu'un mystère, un non-dit subsiste, autrement dit qu'il faudrait une double clé, une double serrure pour que, entre celui qui entend « la parole de l'alcoolique », selon les mots de Jean Clavreul, ou « le discours de l'alcoolique », comme l'a dit récemment Charles Melman, l'autre partie de la clé ou l'autre clé reste du côté de l'éthylique comme le piège qu'il se tend et qu'il tend à deux autres : l'homme et la femme, ou l'inverse par courtoisie.

Quel homme et quelle femme ? Il s'agit de la différence des sexes, nous n'avons jamais fini d'en parler, car, si je reste un homme de foi, il n'y a qu'une chose à laquelle je crois, c'est la différence des sexes ; et c'est ça la foi !

Pour en revenir à Pierre Fouquet, prenons de mémoire, parce que vous lire tout ce que j'ai écrit serait strictement inaudible, un petit texte intitulé « Exercice d'Éthyl » – et non pas de style ! C'est juste pour voir.

Les personnages : un mari, sa femme et le psychiatre qui a réussi à sevrer un alcoolique. Le mari et la femme sont au lit.

– On est heureux ensemble, tu ne bois plus. C'est le jour et la nuit, quelle merveille ! Bravo, merveilleux ! (Je vous raconte à ma manière, hein, mais je vous donnerai la référence bibliographique).

– C'est le jour ou la nuit ? ou la nuit et le jour ?

Seulement dans l'esprit de l'homme, le bon buveur repenti bien sevré, qui voit son psychiatre – un psychiatre qui est en accord avec la dame parce que la dame a vu le psychiatre –, c'est bien connu, le démon, *daimôn*, resurgit pour dire : « Et juste pour voir si je buvais quand même un verre. » Alors là, je recite Clavreul maintenant, mais Clavreul 71 dans *L'Information psychiatrique* : « L'alcool, c'est le mal absolu. » Dans le cas de cet éthylique ou d'un autre, j'appellerai ça le

« mâle nécessaire », ou le mâle de sa femme, je ne sais pas encore. Enfin, c'est pour l'instant le « mal absolu ». Donc règle d'abstinence totale et définitive.

Plus le droit de boire. Est-ce qu'il s'agit de ne plus boire d'alcool ou de ne plus boire ou de ne plus avoir soif ? Qu'est-ce que la pulsion de soif par rapport à la pulsion de faim ou de conservation dans la métapsychologie freudienne ?

Enfin restons-en au texte de Fouquet ! Donc le monsieur et la dame sont merveilleusement heureux, parce que le psychiatre de service a réussi à sevrer le monsieur, qui, du coup, s'entend bien avec sa femme, laquelle s'entend bien avec son mari et tous deux s'entendent bien avec le psychiatre de service. Je ne sais pas si Fouquet a connu ce cas clinique, mais il a su le décrire et très joliment.

Or, le démon venant, le type se dit : « Juste pour voir : un seul verre. » Fouquet explique dans son texte comment le monsieur se donne des rationalisations auprès de lui-même, de sa femme et de son médecin : « Un seul verre, simplement à table, quoi, je suis invité à dîner, je vais quand même pas être… hein ! bon ! je suis pas l'Antabuse, quoi ? Juste pour voir. »

Alors l'autre le laisse développer ses rationalisations. Et, après coup seulement, il tire à boulets rouges, démolit tout ça et lui dit : « Vous verrez rien ! C'est foutu ! Un seul verre, c'est la mort ! Mais je vais vous donner un exemple : vous avez décidé de monter au troisième étage de la Tour Eiffel à pied. Vous êtes au deuxième étage. Vous avez un talkie-walkie, on vous demande "Comment ça va ?", vous répondez : "Tout va bien à bord, je monte, je monte, je monte, je monte." Mais vous n'êtes pas au troisième étage. Quand vous y serez, que vous soyez thanatolien, comme je dis, suicidaire ou buveur du premier, deuxième ou troisième verre, ou du 59e verre, ça va être la chute libre et la plongée. »

« Bigre ! », qu'y dit le gars, « vous êtes sûr ? » Et il continue à grimper à la Tour Eiffel. Il va vers les cimes, comme l'écrivait un autre (je ne sais plus lequel, c'est dans ma bibliographie) : « La tempérance et la sobriété rapetissent et analysent tout, l'ivresse donne une expansion qui permet de retrouver les cimes. » Restons-en pour l'instant à la Tour Eiffel. Il n'a pas encore atteint le troisième étage, mais il va boire le verre au troisième étage de la Tour Eiffel et brusquement, comme Icare, il va se brûler (ça, je l'invente sur le moment) aux feux du soleil pour une plongée sous-marine.

C'est en fait l'histoire clinique de Thanatol que je vais vous raconter maintenant. Qu'est-ce qui est important ? C'est ce que d'autres ont décrit ; et en particulier Clavreul, qui a bien démystifié cette espèce de « mal absolu » que représente l'alcool. Il l'a démystifié même en 1959, avant de le redire autrement en 1971[1].

Qu'est-ce que représente ce « mal absolu » ? Pour qui et au nom de quoi ? Si je vous le dis, ce n'est pas parce qu'il s'agit de démystifier un fantasme, une mythologie ou une idéologie actuelle, c'est qu'en effet ça peut être une constatation clinique par exemple, ce que Fouquet décrit sous le nom d'« alcoolepsie », à savoir qu'un seul verre d'alcool, quelle que soit sa quantité d'éthanol, peut brusquement, après quelques mois de sevrage, provoquer, chez certains patients spécialement sensibilisés, une totale mutation de l'être, qu'on pourrait appeler en même temps sur le plan psychiatrique « confusion mentale », pour donner les comportements désordonnés, pour faire le tableau vivant d'une observation clinique de psychiatrie lourde avec, en plus, le syndrome post-confusionnel de la perplexité anxieuse : « Qu'est-ce qui m'est arrivé ? Pourquoi ai-je rebu un seul verre ? »

« Alcoolepsie » : c'est joli, mais c'est une métaphore.

Il y en a une autre : c'est « a-psychognosie », avec un *a* privatif, psycho et gnosie. C'est toujours de Fouquet. J'en parlais il y a quelques jours avec lui, parce que je voulais lui demander ses références bibliographiques. C'est tout à fait différent. C'est la différence, me disait-il, entre le juste-avant et le juste-pour-voir. Quant à la Tour Eiffel, si le type monte jusqu'au troisième étage, c'est juste pour voir ce que ça va donner, après quoi il paraît que ça se termine très mal.

Le juste-avant, c'est : qu'est-ce qui se passe une fois qu'un alcooleptique, dans cette métaphore nosologoïde, qu'est-ce que c'est que cette alcoolepsie qui, en effet, peut brusquement donner une sorte de mutation, comme en science-fiction, alors que la biologie n'a rien à voir avec ça. Il n'est en effet pas possible – à moins de croire vraiment à l'allergie, aux enzymes gloutons ou à quoi que ce soit d'autre, sur le plan biologique –, de croire que c'est l'alcool éthylique, par rapport au foie, au quatrième ventricule ou à tel organisme vivant, qui joue pour donner satisfaction. Ça n'est pas possible. Il faut donc parler à ce moment là du signifiant alcool et du juste-avant par rapport au juste-pour-voir, pour se demander comment vient ce juste-avant exigeant ou rationalisant ou se servant du recours à l'alcool

1. J. Clavreul, « L'alcoolisme est une maladie », *Information psychiatrique*, 1971, n° 1, p. 17-25.

comme d'un objet ou d'un *Das Ding*, afin de comprendre de quelle structure il s'agit.

C'est là que les psychanalystes interviennent. Comment ? En disant tout ça, c'est de la médecine, de la biologie, de la psychiatrie. Ce dont il s'agit en fait, c'est de savoir s'il existe ou non une structure spécifique de l'alcoolique. Et ils sont partagés. Certains assurent : « Y a pas de spécificité. Ça ne veut rien dire. L'alcoolique ne parle pas. On l'entend pas », tandis que d'autres, comme Charles Melman, affirment : « Il y a une spécificité du discours de l'alcoolique[1]. »

Mais qui l'entend, ce discours ?

Laissons pour l'instant les références bibliographiques, afin d'amorcer l'observation clinique de Thanatol ou plutôt d'Anatole. Je vais même l'écrire.

Pour ceux qui n'ont pas fait de grec, Thanatol est une contraction entre Thanatos et Éthanol.

Éthanol = alcool éthylique.

Thanatos = mort, en grec.

Anatole, que vous trouverez dans le calendrier, est un prénom masculin.

Atoll, vous le trouverez dans le Pacifique.

Thanatol, Anatole, Atoll.

C'est une histoire qui est venue fuser, si j'ose dire, sur le pas de la porte du bureau de l'analyste. C'est une repartie, un trait d'esprit d'un de mes patients qui, au moment où il sortait de séance, m'a dit : « Thanatol. »

Est-ce un trait d'esprit au sens du familionnaire du *Witz* freudien ? Non, parce qu'il a fait exprès d'énoncer son « Thanatol », il l'a construit, ce n'est donc pas l'inconscient freudien au niveau du familionnaire.

Thanatol est, en fait, un mot d'esprit, une repartie, c'est-à-dire ce dont l'éthylique est capable. Est-il capable d'autre chose que de repartie ?

Puisque j'expliquais, tout juste avant, que la question entre psychiatres et psychanalystes, surtout du côté des psychanalystes, est de savoir s'il existe un discours de l'alcoolique, une parole de l'alcoolique, comment l'alcoolique parle-t-il à l'autre ? Comment le psycha-

1. Ch. Melman, « Le discours de l'alcoolique », *op. cit.*, p. 95-100.

nalyste entend-il éventuellement ce qu'on lui dit ou n'entend-il rien, parce qu'il n'y a rien à entendre ?

Je ne vais pas me référer à ce livre qui en parle dès son introduction : « Avions-nous réellement cherché à les entendre ? Ne nous étions-nous pas départis à leur égard de notre habituelle attitude psychanalytique[1] ? » Ils n'entendaient rien quasiment comme avec des psychotiques, et pourtant au magnétophone il y avait des propos d'une éclatante vérité après coup. Le problème posé était celui de leur existence alcoolique et non pas le problème en terme de transfert, de contre-transfert, de conflits inconscients. Je vais vite, il est possible même que je trahisse un peu ce texte, mais je le reprendrai, et de toute façon, chacun peut le lire ; je l'ai à peine feuilleté, effleuré.

Cela dit : quelle est la question soulevée par Clavreul en 1959 avec « la parole de l'alcoolique » et par le « discours de l'alcoolique » de Melman dans *Confrontations psychiatriques ?* Dans une revue où l'on ne signe pas, j'ai même trouvé un article anonyme de quelqu'un qui paraphrasait parfaitement cet article de Charles Melman. C'est intéressant, car ça pourrait nous conduire à une sociogenèse de l'éthylisme. Nous savons, après Lacan, que le discours – je cite de mémoire ! – ne revient que sous forme inversée à partir de l'Autre, qu'il soit barré ou non. Or, il y a, dans le texte de *Scilicet*, quelque chose qui ressemble très exactement à ce que Monsieur Melman signait dans *Confrontations psychiatriques*, au nom du prolétaire de l'alcoolisme. Dans l'alcoolisme, en effet, il est un terme qui va toujours du côté du « prolétariat », du « travail », et ce depuis le XIXe siècle et depuis la psychiatrie.

Si je pouvais rendre hommage à Descombey tout de suite, je le ferais : ce qu'il écrit dans *L'Information psychiatrique* et le *Mouvement psychiatrique*, revue marseillaise, va très bien dans ce sens, c'est-à-dire le sens du travail que nous ferons la semaine prochaine du côté de la trans-subjectalité.

Je vous parle de Thanatol, d'Anatole ou d'Atoll maintenant, pour vous dire ceci.

Si le psychanalyste ne peut entendre la parole de l'alcoolique, c'est tout simplement parce que l'alcoolique, ne s'adressant à personne, n'entend pas la possible réponse. Au tennis, il est en train de jouer à la balle au mur. On ne peut pas lui faire un retour de service. Or c'est une grave blessure narcissique pour celui qui prétend entendre et qui

1. A. de Mijolla, S. Shentoub, *op. cit.*, p. 9.

voudrait répondre pour comprendre, expliquer, interpréter, conseiller, morigéner, faire « Weueueueuhhh... », pour faire quoi ? je ne sais quoi, mais quelquefois entendre, même dans un borborygme analytique. Ce qui est blessure narcissique du psychanalyste, c'est que lorsque quelqu'un de complètement beurré vient le voir à l'heure de la séance, il sait très bien que, quoi qu'il réponde, l'autre n'aura pas mémoire le lendemain ni de ce qu'il a dit bien sûr, ni surtout de ce qu'on lui aura répondu. Peine perdue donc, autant le foutre à la porte tout de suite, au besoin en lui disant : « Revenez demain, mettez-vous à jeun et on verra de quoi vous parlez. »

Il ne s'agit là que de l'autre et de la blessure narcissique de l'autre. C'est un des problèmes de l'éthylique et un des problèmes de la théorie et de la problématique de l'éthylisme. Altéré et altérant, il est l'éthylique, il n'est pas altérisant pour l'autre, pour la bonne raison qu'ayant décidé, dans sa prison de verre, de clamer tout seul dans le désert, que ce soit sermon d'ivrogne ou sermon dans le désert, et pourquoi pas mélanger les deux ? – il impose à l'autre la blessure narcissique de ne pas être entendu dans une possible réponse. Il n'y a pas de retour de service, on ne peut pas jouer. La balle est toujours dans le filet ou est toujours *out*.

D'où un problème qui doit être traité dans ce bouquin, celui du contre-transfert du psychanalyste par rapport à l'éthylique de service, qui de toute façon boit avant ou boit après, mais boit parce qu'il est venu apporter le problème de l'alcool à l'analyste. De ça nous reparlerons dans notre troisième partie.

Parlons maintenant de Thanatol. Comme je vous l'ai dit, ça m'est venu sur le seuil de la porte : « Thanatol ! » C'était bien joli ! J'ai promis au gars de lui dédier l'article que j'écrirais là-dessus. Ça va être long, vous savez !

Thanatol, Anatole, Atoll. Allons aussi vite que possible. Anatole, c'est le prénom sexué. Il y a la référence au grand-père paternel mort pour laisser son fils orphelin à cinq ans. Le fils, c'est le père d'Anatole ; il s'agit du grand-père.

L'atoll nous réfère aux sources liquidiennes du monde maternel et le lieu des plongées sous-marines. C'est l'exemple de Pierre Fouquet tout à l'heure, par rapport à la Tour Eiffel et à la plongée.

Thanatol apparaît maintenant d'abord comme tentative de répétition d'une scène primitive inlassablement rééditée par l'alcoolique, non pas pour sa mort au nom de je ne sais quelle tendance suicidaire, mais comme tentative de naissance de lui-même comme auto-engendreur, coauteur rétrospectif et rétro-actif de son engendrement à la fois en tant que mâle et en tant que femelle.

En bref, Anatole n'a eu comme père qu'un vieil orphelin résigné à son non-désir envers son épouse frigide, laquelle n'apparaît que comme une parturiente, pleine, plusieurs fois, en tant que femelle gravide, mais entre-temps « vase sans fleur, coque creuse, où ne résonne que la mondanité vide du discours des autres ». C'est pas drôle de lire...

Enfant, Anatole n'est jamais puni efficacement ni véridiquement pour ses petites délinquances scolaires, ses petites délinquances de faux-bon-élève. Il falsifie ses carnets de notes, il imite impunément la signature de son père, il n'est jamais vraiment appelé, interpellé, dénoncé par l'index de la loi comme désir du père. En même temps, il n'est pas vraiment protégé par l'amoureuse indulgence complice d'une vraie mère, qui dirait : « On le dira pas à papa. »

Pendant que papa lit des revues porno dans son bureau de fonctionnaire, maman joue au bridge et Anatole s'amuse tristement à masturber son chien au cours de son enfance.

Quand commence le syndrome clinique ?

Lorsque, étudiant, Anatole passe un concours difficile et est, comme on dit, nommé. Il a le titre. Il est nommé au concours. Qu'est-ce qui lui vient comme syndrome, c'est-à-dire comme resurgissement d'une très archaïque angoisse ? Il est pris brusquement d'un doute quant au fonctionnement biologiquement instinctuel de son centre respiratoire : et si jamais ce centre n'existait pas ou plus en lui ? Seul recours, la respiration volontaire, ou alors le bouche à bouche : inspiration-expiration, inspiration-expiration, naissance-mort, naissance-mort, un-deux, un-deux. Il perd le sommeil pour rester pure vigilance du gynécologue-accoucheur et de la sage-femme réunis, au nom de sa propre venue au monde et de son premier cri. Pourquoi est-ce que je crie si fort ?

Alors l'arsenal thérapeutique de la psychiatrie lourde arrange tout ça. Il fait son métier. Il s'en va dans des terres lointaines, où il trouve une bonne équipe confraterno-homosexuelle, un esprit de corps : il part au loin. Il fait sa vie d'homme. Il a oublié cette crise d'angoisse très régressive. Or, sur le plan sexuel, dans ces terres exotiques, il n'est soutenu que par la quête d'une femme étrangère. Là-bas, il la trouve, qui ne parle pas sa langue maternelle. Il cherche et il trouve momentanément une femme, qui devient le lieu d'une jouissance sans parole en son ventre de femme. D'une certaine façon, il ne supporte d'être érectile et puissant que dans la mesure où les geishas de service ne lui demandent pas son nom en français.

Il ne boit pas plus qu'un autre. Mais de retour au pays natal, il va tomber amoureux d'une ravissante fille d'auberge, orpheline bien sûr. Il lui fera un enfant et l'épousera. Dès lors, à travers la paternité à assumer, resurgit la problématique de la filiation et du nom du père. Anatole sera doublement fasciné par l'atoll femelle et le thanatol qu'il absorbera comme de l'air liquide.

En fait, tous les éléments sont en place, tels qu'ils sont décrits dans les observations d'éthyliques. Il faut néanmoins bien situer deux étages de l'histoire :

– le retour d'Anatole au pays natal et ses épousailles avec la fille d'auberge espagnole, celle dans laquelle on ne trouve que ce qu'on y apporte, l'orpheline de service qui parle le français ;

– mais, à un autre étage, la scène primitive au sens du moment de la conception d'Anatole entre un père pornographe et une mère bridgeuse pendant qu'il branle le chien.

Le troisième étage, c'est la question de ce soir et de lundi prochain : qu'y peut la psychanalyse ? Est-ce du côté du transfert, de l'interprétation ou du déchiffrage de l'inconscient que quelque chose va pouvoir jouer comme un levier, un sabre en papier ou une arme thérapeutique, afin de modifier non pas un symptôme mais une structure ?

La question est posée à trois étages. Restons-en au deuxième, c'est-à-dire Anatole en tant qu'adulte. Il lui a fallu signer sa progéniture, alors qu'il a été géniteur avant d'être fils et d'avoir été marqué par la castration, c'est-à-dire un interdit paternel qui est première prise en considération de la virilité du fils. Le premier estampillage est une première interpellation. L'homme asservi à la belle servante revendicante et analphabète, qui lui « pompe l'air », comme on dit en provençal, ou qui le pompe plus crûment parce qu'elle aime ça et lui aussi, pour boire la semence androgyne de son orphelinat premier. Je parle de la dame, cette dame ne voit dans cet homme fragile que le parent combiné de sa scène primitive à elle. Le sein ou le pénis. Or, comme il faut pour Anatole que cette femme, qui est belle et qu'il désire génitalement, reste le lieu de jouissance d'une langue inconnue qui n'est pas celle de sa mère bridgeuse, elle devient prêtresse d'un culte phallique authentifiant, virtuellement et jamais en même temps, la virilité du mâle qu'Anatole ne pourra pas être, car, écrit Tausk dans son observation sur le délire d'activité des alcooliques, l'alcoolique n'est jamais qu'un vieil enfant qui se prend pour un enfant qui n'est jamais devenu adulte.

Après quoi, et c'est classique, Anatole développe un délire de jalousie.

Je ne vais pas en parler maintenant dans ses connotations classiques. Je voudrais simplement souligner ceci : que l'on privilégie le versant homosexuel du délire de jalousie chez l'alcoolique ou la régression orale du côté du mamelon maternel, du lait de l'oralité ou de tout ce que vous voudrez, il s'agit chaque fois d'adopter un versant ou une version plutôt qu'une autre. On néglige cette radicale tentative de triangulation à laquelle s'exerce à son insu l'éthylique, partagé qu'il est entre son idéal du moi et un non-moi idéal, entre une impossible scène primitive et un objet d'amour, c'est-à-dire une femme qu'il tente d'aimer et qui ne lui renvoie que l'écho de sa propre revendication et frustration d'un phallisme qu'elle ne peut pas assumer et d'une féminité qu'elle assume encore moins. On ne sait jamais qui choisit l'autre, de l'homme ou de la femme.

Les alcooliques du samedi soir, on le sait, font beaucoup d'enfants, aiment désespérément leur femme, de leur bonne foi de bons anciens combattants, bons papas et bons maris et travailleurs de surcroît. Le travail, c'est pour la semaine prochaine.

L'alcoolique virtuel, on le sait aussi, se choisit ce type de femme présence-absence en son silence de nature de femme, celle qui donne une idée de l'aspiration par le vide, celle qui ne supporte pas que son mari boive, mais qui supporte encore moins – sauf pacte entre elle et le psychiatre – qu'il ne boive pas. Si l'homme ivre est réputé violent, le buveur repenti est lui agressivement rejeté comme castré. C'est la vaillance à boire de la Bible – Isaïe.

La femme de l'alcoolique, qui ne supporte plus l'intarissable logorrhée de son homme inspiré-aspirant-imbibé, met les bouteilles sous clé, mais s'en cache une dans son placard à elle, pour boire à son tour en cachette au soir où le monsieur lui fait cadeau d'un modèle de vertu et d'abstinence en ne buvant platement que de « l'eau taciturne comme une humidité fade ». C'est de Théophile Gautier. Du coup, du coup, et c'est bien le mot qui convient, l'homme en boit deux pour en tirer un seul. Il boit pour deux et rate son coup. Et c'est la femme qui dit dans son langage secret : « Quand le coup est tiré, il faut le boire. » Dérision !

Où donc en est la coupe de volupté par rapport au *« in vino veritas »* ? En fait l'éthylique boit de la sincérité et non de la vérité. Il est désespérément sincère, donc vulnérable. Il n'est pas hystérique. Clavreul l'a très bien montré dans son texte. Il est plutôt du côté du clown et de la farce tragique du cirque, où l'homme risque vraiment sa vie en tentant d'ouvrir une porte définie uniquement par un chambranle, une huisserie. Y a pas de murs. Y a ni dehors ni dedans. Mais il y risque sa vie, dans des acrobaties dont il n'est jamais récompensé. Il n'est hystérique qu'au niveau où l'autre fait de son discours l'homologue de ce que serait un discours hystérique, c'est-à-dire quelque chose qui serait de l'ordre du théâtre, mais où le corps ne risque rien, ainsi le corps des hystériques viennoises de Freud.

C'est une façon très raccourcie de vous rappeler l'article de Clavreul. Il le dit très bien.

Je parlais du désir de jalousie. La fonction en est claire. Le discours du jaloux a fonction de vérité en tant que message de récusation, de dénégation de l'homme envers lui-même, lorsque sa virilité est toujours abortive car non authentifiable par sa femelle érotique. Dès lors, pour témoigner du *fading* masculin, c'est-à-dire d'un pénis sans certificat de garantie d'origine, il faut postuler l'existence de l'amant et exiger en même temps de la femme une position d'infidélité virtuelle. Pour guérir du délire de jalousie, il suffit qu'aux yeux du mari et du dire même de cette mère-enfant qu'est la femme, vienne un amant réel. C'est là que se joue un autre dévoilement : la démystification d'une homosexualité masculine qui n'est pas le fait de l'éthylique, qui est toujours symbolique et virtuelle, et par personne interposée. Qu'il y ait un amant réel redonne au mari son ambition phallique : s'il est amant réel, il n'a qu'un pénis, il n'a pas le phallus. Du coup, le phallus revient du côté de la filiation masculine qui a tout autant manqué à l'éthylique que sa filiation maternelle du côté du phallus du père de la mère.

Délire de jalousie ou pas, guéri ou pas, la pulsion de soif s'exacerbe. La machine infernale de l'automatisme de répétition se met en marche comme le cauchemar de chaque nuit après la névrose traumatique, au-delà du principe de plaisir. Est-ce que c'est vrai ce que je dis là ? Non. Je n'y crois pas. Les verres de l'éthylique ne sont pas des compulsions de répétition. Le premier verre est un acte : c'est la vaillance à boire ou le recours après un moment de désespoir, de *fading*, de vide, de panne de désir.

Le deuxième verre, dirais-je, est déjà un *acting out*, ou un *acting in*, c'est-à-dire une aptitude à l'introjection de quelque chose, un *Das Ding* qui va à la fois du côté de la jouissance impossible de la femme et, derrière elle, de la mère, mais qui va tout autant du côté de l'impossible recours à un idéal du moi paternel.

En buvant le premier verre, l'éthylique boit le « Père verre » ; en buvant le deuxième, il introjecte l'appel de la jouissance inconnue de sa mère pour l'homme qu'elle n'a pas aimé dans le géniteur du fils, afin de se donner une euphorie passivante qui, au nom de ses entrailles, fait appel en lui à un troisième verre, qui devient non pas *acting out* ni *acting in*, mais passage à l'acte, c'est-à-dire perte de contrôle. Autrement dit, moment où quelque chose du côté de l'impulsion agit, vient remplacer l'impossibilité d'une symbolisation de la scène primitive et évidement à un deuxième étage de la castration.

C'est pourquoi chaque Anatole se retrouve tôt ou tard, au-delà de tout sevrage et de toute cure d'abstinence, tiraillé entre Atoll et Thanatol.

Du côté de l'atoll, il y a l'angoisse respiratoire dans la vase et les eaux boueuses des mauvais réveils et, dans le moment d'une régression quasi fœtale, Anatole ne respire pas mieux qu'un poisson à branchies qu'on mettrait hors de l'eau pour lui donner plus d'oxygène. Ça l'étouffe, l'oxygène, il ne peut boire que de l'air liquide. Mais, en même temps, à l'autre pôle du dilemme, l'eau de vie comme eau de mort à venir est le breuvage viril qui, sur un mode dionysiaque, aurait permis au père d'Anatole de faire jouir sa vraie femme de mère. Or, de ce côté-là, il n'y a que des phallus fossilisés et des inscriptions de prénoms sur des tombes, entre des grand-pères morts trop tôt et des petits-fils qui feront de faux adultes, qui se croiront de vrais vieux enfants.

Je m'aperçois qu'il est tard et que mon propos est beaucoup plus long à dire et à lire que je ne le croyais. De toute façon je continuerai la semaine prochaine.

À partir de ce que je viens de vous dire là, quel est le problème ?

C'est évidemment celui de la psychanalyse possible ou non de l'alcoolique. Or, il y a là un problème tout à fait particulier, qui tient justement à la parole ou à la non-parole de l'éthylique, une fois situé tel que je le situe ce soir comme revivant toujours à travers sa recherche de génitalité, de puissance, à la fois la jouissance de la femme à qui il donnerait tout pour qu'elle jouisse enfin, pour réparer la non-jouissance de la mère qu'il a eue, mais qui ne peut le faire qu'au nom d'un défi, d'une dénégation et d'un désaveu.

Le ressort de ce que je vais dire et que je peux amener maintenant, ce sont ces trois termes, ces trois « d » : dénégation, défi, désaveu.

Tout ça passe par une notion bien connue : l'identification à l'agresseur. Quel est l'agresseur pour l'éthylique ? C'est le père, pour autant – le terme est d'Antoinette Gordowski dans son travail sur les

« Hiéroglyphes du corps[1] » – que le père a été déserteur de son foyer ou de sa paternité. Le père d'Anatole, j'entends. Le père pour autant qu'il a épousé une femme qui, d'une certaine façon, s'est servie de ses enfants comme bouche-trou et non pas comme fruit de jouissance et de plaisir et d'elle et de celui de l'homme.

Qu'est-ce que l'identification à l'agresseur dans mon propos de ce soir ? C'est l'identification au père qui est mort pour n'être jamais venu comme père, comme reconnaissant, interpellant, interpellant comme interpellé ; une appellation contrôlée, c'est aussi un terme de bouteille, c'est pourquoi l'alcoolique perd son contrôle. Le père a été agresseur pour autant qu'il a déserté et qu'il est mort. L'identification au père devient, chez l'alcoolique, celui que j'appelle le thanatolien, l'identification au père négativeur du fils, c'est-à-dire ne reconnaissant pas sa propre semence ou le moment de fécondation de sa femme dans l'enfant qui lui est dédié plus ou moins par une femme, plus ou moins maternelle, frigide, etc.

Il y a un tas de femmes et un tas de mères sur ce plan : mais il ne faut pas trop schématiser.

Revenons à l'identification à l'agresseur. L'agresseur est celui qui va permettre à l'éthylique d'être toujours dans une forme de *Verleugnung*, de désaveu, déni qui est en fait déni de soi par rapport à soi-même. C'est pourquoi Ferenczi pouvait dire que la seule vue d'un verre rempli d'alcool peut rendre ébrieux ou ivre un éthylique, même s'il n'y trempe pas les lèvres, s'il n'en boit qu'une goutte, car il s'identifie à l'agresseur en tant que le père est agresseur, non pas comme Abraham qui lève le glaive sur Isaac, au nom de Dieu, avant qu'on n'arrête son bras, mais comme celui qu'on ne castre pas, qui n'a pas de Dieu, qui déserte sa propre fonction paternelle, qui donc n'est agresseur qu'en tant qu'il est négativeur, méconnaisseur. C'est celui qui rend anonyme, celui qui réclame une sorte de bourbakisme familial au nom des initiales de son arrière-grand-père. C'est de la fausse haute couture.

Curieusement, aujourd'hui on assiste à un renversement de ce qui était la tradition de la haute couture. Autrefois ces dames cherchaient dans le vestiaire la griffe qui permettait de savoir si ça venait de chez Christian Dior ou d'ailleurs. Maintenant, grâce au prêt-à-porter, eh bien c'est la signature elle-même qui sert de décoration. Vous vous collez une ceinture, c'est du Scherrer ou du Ted Lapidus ou du

1. A. Gordowski-Mitchell, « Hiéroglyphes du corps » (1970), *op. cit.*

Jeanne Lanvin. On en fait des décorations, on le fait en rouge, en bleu ou en vert ; c'est affaire de cible, mais c'est une réduction dans l'imaginaire, au nom du prêt-à-porter de quelque chose qui négative radicalement la fonction du père et qui est l'homologue de ce qui arrive dans certaines familles d'éthyliques.

C'est pourquoi l'identification à l'agresseur, c'est l'identification au déserteur. Au nom de quoi ? D'une recherche d'identité fondamentale pour l'éthylique, pour le thanatolien. Je ne sais pas si vous avez vu sur les autoroutes de France, ces dernières semaines, ce qu'on appelle des sujets barrés, $, c'est ce qu'on appelle une ceinture de sécurité. Autrefois, il y avait une certaine esthétique du conducteur, avec par exemple les décapotables. C'était joli à voir, on prenait des tournants. Il sont tous déjà barrés, et, à partir du 1er juin, ça va devenir obligatoire. Or, la barre de la ceinture de sécurité vient jouer là d'une certaine façon pour imposer à tout conducteur de devenir anonyme au nom de sa sécurité personnelle, pour lui éviter une certaine angoisse, celle peut-être du signataire ou du tournant dangereux à prendre.

Pourquoi vous dire tout ça ? C'est que, partagé entre l'identification à l'agresseur, en tant que celui qui n'a pas reconnu l'enfant, qui l'a agressé pour autant qu'il l'a méconnu, partagé entre cette tentative d'identification à l'agresseur et l'assuétude où il est de l'objet féminin qui authentifiera éventuellement sa virilité, toujours à l'état naissant et évanescent, l'alcoolique boit non seulement pour deux mais pour trois. Il boit pour pouvoir toujours dire : « Ce n'est pas moi qui l'ai dit, c'est l'alcool », c'est-à-dire « Le père que je n'ai pas eu », autrement dit *Das Ding* au neutre. La chose à la place de l'idéal du moi. « Mais cette chose, c'est en même temps la jouissance femelle que n'a pas eue ma mère et que ma femme ne me donne pas. » L'éthylique fait le plein du vide de jouissance de la femelle qu'il aime, il fait le plein pour deux, au nom du père déserteur, c'est-à-dire du tiers.

Voilà une structure que je vous ai décrite à ma façon. Je vais m'arrêter très vite. Mais je voudrais quand même amorcer ce qui fait que j'ai introduit cette question ce soir comme ça. La question fondamentale est celle-ci : est-il possible de traiter l'alcoolisme par la psychanalyse ?

Or prenez la démarche de l'éthylique telle que je viens de vous la proposer. Il y a une dénégation : « Ce n'est pas moi, c'est l'alcool, si je parle, si je baise. » Il le dit, quoi, et tout le monde se prend au piège, c'est lui qui tend son verre d'alcool pour montrer qu'il boit, et le psychiatre se prend au piège et sa femme aussi, et d'ailleurs elle, elle boit aussi, mais à sa façon de femme, il y a donc ce verre que tend l'éthylique comme piège pour dire : « Ce n'est pas moi. » Et c'est la dénégation. Ça devient un défi, en tant que l'homme a toujours le droit de choisir sa mort, c'est la pulsion de mort freudienne, c'est-à-dire le chemin qu'on prend pour aboutir à la mort, le temps qu'on prend, les routes de campagne. Autrement dit, pas de ceinture de sécurité, pas de 110 à l'heure, pas la même vitesse pour tout le monde, à chacun sa vitesse, son temps. La fonction du temps et de l'impatience et cette impossibilité d'attendre sont tout à fait fondamentales chez l'éthylique.

Donc dénégation, défi à la mort, qui est le propre de tout homme, car aucun homme ne peut supporter de vivre dans la sécurité sociale ou au nom de l'hygiène mentale ou de la santé mentale, s'il n'a pas le droit de virtuellement se tuer. Nous, on n'est pas pressés, comme disent les buveurs, on presse juste le jus de la vigne ; c'est le côté thanatolien de la chose, mais au niveau précisément où c'est un principe de vie, car il n'est d'autre vie que celle qui peut mener à la mort. Et l'éthylique célèbre sa naissance en buvant de l'eau de mort au nom de l'eau de vie. Si l'on permettait à tous les conducteurs de France de conduire à leur vitesse à eux, sans ceinture de sécurité, et sans barrer leur S personnel avec une ceinture standard, il y aurait peut-être beaucoup moins de morts sur les routes de France. On conduirait à l'italienne, c'est-à-dire vite et bien, on viserait juste avec des voitures de sport, quelle que soit leur cylindrée. Et ça, il faut l'écrire dans le *Nouvel Obs* ou ailleurs. C'est fondamental, vous savez, ou alors, ça va être une véritable hécatombe en juillet !

Donc dénégation, défi, mais désaveu dans le même temps. Désaveu de quoi ? Quoi qu'il m'arrive, quoi que je fasse, quoi que je dise, quoi que je réussisse, voire la jouissance de ma femme, ça n'est pas de moi que ça vient, c'est du verre, du père verre, de l'alcool, d'autre chose.

Est-ce que l'éthylique a tort ? Il a parfaitement raison. Quel homme, éthylique ou pas, pourrait se prétendre capable de signer la jouissance de quelqu'un, qu'il s'agisse de la sienne ou de celle de l'autre, et quel que soit le sexe ?

La signature n'existe pas dans la jouissance, seulement comme on a fait maintenant de la jouissance un concept de non-signature, et bien, ça rend un tas de gens frigides. Qui peut savoir ? *Scilicet*, peut-être. Qu'est-ce que c'est ? C'est vraiment une capote anglaise ou quoi, cette histoire-là ? C'est un diaphragme, un écran, une opération anti-libido, un appareil à donner soif, autrement dit. Soif de quoi ? C'est pas facile à dire. Entre l'identification à l'agresseur comme négativeur et déserteur, et l'identification, en même temps, à la jouissance femelle de l'autre, choisie pour être celle qui déniera à tout homme le droit de la faire jouir, car, à travers l'homme, elle déteste le père qui n'a pas fait jouir sa mère ou qui ne l'a pas désirée elle-même. Eh bien, il y a une partie à trois qui se joue. Où ? Chez... le psychiatre ou chez le psychanalyste. Si elle se joue chez le psychiatre, c'est parfait, à condition que la femme soit d'accord avec le psychiatre ; celui-ci devenant le tiers, il est en effet à la fois le parent combiné de la fille d'auberge espagnole dont je vous parlais tout à l'heure, en même temps que celui qui interpelle l'alcoolique en lui interdisant en fait de boire le père verre. Tout le monde est donc d'accord et ça tient huit mois, dix mois, juste pour voir précisément où « le troisième homme vient », disait Fouquet, et donne envie de monter au troisième étage de la Tour Eiffel pour faire la plongée sous-marine, pas du deuxième étage, mais du troisième. Il monte le plus haut possible pour redescendre le plus bas possible.

Thanatol, Anatol, Atoll, voilà de nouveau le schéma !

Ou alors c'est l'analyse, et c'est là que je m'arrêterai ce soir, pour en reparler dans huit jours du côté du trans-subjectal. Curieusement, l'analyste, dans sa position d'analyste, et il a à s'y tenir, propose une structure analogue de position d'entendement et de parole à celle du thanatolien. Il est là, en effet, pour ne pas parler en son nom, il est causé par le signifiant de l'autre au nom de sa recherche de l'inconscient. Si on lui dit : « C'est vous que j'aime ou c'est vous que je hais », il dira : « Ce n'est pas moi. » Et ça nous repose la question de Freud sur l'amour de transfert : est-ce que c'est du transfert ? Est-ce que c'est de l'amour ? On ne sait pas. C'est-y lui parce qu'il a les oreilles de cette façon ou le bout du nez comme ça ? Ou est-ce que c'est simplement une projection, c'est-à-dire un transfert ? Par définition, c'est un transfert, c'est-à-dire une réactualisation, ça n'est pas lui. Il faut en même temps cependant que ça soit lui pour qu'il entende quelque chose, il faut qu'il se laisse concerner par le signifiant. Il faut qu'il ait envie d'intervenir, qu'il se mette à entendre quelque chose. Dans quoi ? À la fois dans une dénégation, un défi et un désaveu. Un défi à quoi ? Aux structures de résistance de l'inconscient du côté du roc de l'analyse interminable et en sachant qu'il est hors de lui, hors de son soi, de son moi lorsqu'il doit interpréter.

Une dénégation au niveau du transfert quand il s'agit de dire : « Vous croyez que c'est moi que vous aimez ou que vous haïssez, mais ce n'est jamais que votre père, votre mère, etc., ça n'est qu'une actualisation transférentielle. »

Dénégation, défi, mais en même temps désaveu. Ça nous conduit à la question de la *Verleugnung*, le déni ou le désaveu chez l'analyste par rapport à lui-même, désaveu de soi donné à soi-même. Prenez un analyste homme qui analyse une femme ou un homme, ou une petite fille en psychothérapie d'enfant, ou un grand-père qui fait de la psychothérapie de gériatrie, ce que vous voudrez. Il y a bien sûr un processus d'identification, mais il peut toujours dire : « Ce n'est pas moi et je ne peux pas m'identifier à cet autre. Et on ne peut pas analyser son frère jumeau ou sa sœur jumelle selon le sexe de l'analyste, parce que c'est aussi vrai pour la femme que pour l'homme, ce que je dis. »

Il y a ainsi chez tout analyste une sorte d'homologue de la position perverse qui serait une forme de *Verleugnung* et de désaveu de soi, de déni de soi donné à soi-même, qui vient comme forme paradoxale d'éthique, c'est-à-dire de non-participation dans le réel, la réalité et surtout le corporel à ce qui se passe chez l'analysé.

Alors mettez en présence un éthylique et un analyste, avec les « 3 d » de chaque côté :

dénégation	dénégation
défi	défi
désaveu	désaveu

Ce sera ce qu'on appelle un « dialogue de sourds ». C'est pourquoi on a beaucoup parlé de la parole de l'alcoolique et du discours de l'alcoolique.

Cela nous amènera, la semaine prochaine, à reprendre, à travers le problème de la mémoire chez l'un et l'autre, le thème de la transsubjectalité, de la formation de l'analyste et de l'analyse dite quatrième, que j'ai proposé d'appeler non pas le contrôle mais le report – je n'ai pas dit le rapport, j'ai dit le report –, afin de montrer ce qu'est l'effet didactique dans la formation psychanalytique, à partir même de ce paradoxe que posent l'éthylique au psychanalyste et le psychanalyste à l'éthylique. Pourquoi pas ? C'est plus réciproque qu'on ne le croit, pour des raisons structurales qui peuvent nous servir à mieux élucider ce qu'il en est à l'heure actuelle d'une autre ouverture à la formation de l'analyste, à sa discipline et à son écoute.

1973

Thanatol III

Un déni de soi donné à soi-même

Le théâtre et le clown grotesque de *Mort à Venise*, lorsque le rire ne jaillit pas à la manière d'une petite pisseuse, prépubère, en phase de latence, qui est incontinente au bon moment de son fantasme, alors qu'elle ne sait pas encore qu'elle a un clitoris, qu'elle ne sait pas encore qu'elle a un vagin (Freud l'a dit) et qu'elle ne sait pas encore que l'homme a quelque chose de l'ordre du phallus à travers la petite chose... ; ce que Leclaire appelle la « petite différence », je ne vois pas pourquoi il miniaturise ça à sa façon, ça doit être idéologique chez lui !

Quelque chose du côté du rire constitue la dernière défense radicale et merveilleuse contre ce qui, de l'inceste, de la transgression, de l'endogamie, de la partouze et de tout le reste, voire de la *Verleugnung*, de la forclusion, de l'alcoolisme, du freudisme, nous pose question à chacun et à tous, singulièrement parlant, dans l'addition et non la multiplication. Si en effet je me multipliais à vous ce soir, en tant que vous n'êtes qu'un auditoire, parfaitement aveugle parce que je suis myope et que vous êtes trop nombreux, vous seriez ce qu'en mathématiques on appelle le zéro absorbant de moi, me multipliant à vous tous, en addition de moi-même, dans les multiples facettes de mon moi, de mon surmoi, de mon ça, de mon inconscient, de ma libido, de ma vie, de ma mort, de mon désir, de mon anatomie, de mon destin... Oooh...

Le zéro absorbant en mathématiques, qu'est-ce que c'est ? C'est : $(x + y + z) \times 0 = 0$. C'est pourquoi, il faut additionner singulièrement les choses et non pas les multiplier.

Et que fait l'analyste ? Il se divise pathétiquement, se clive, enfin il essaie de devenir freudien, alors que Freud ne l'était pas, bien sûr.

Et alors, faites une division en mathématiques avec un 0, ce n'est pas du tout la même chose qu'une multiplication. Moi, je suis encore pour l'instant dans l'addition des singularités, cela dit je vais vous demander cinq minutes de silence pour que je prenne mes papiers.

C'est ce qu'on appelle l'hypomanie du Perrier du soir et, pourquoi pas ?, puisque vous êtes là très nombreux ce soir, que les fenêtres sont déjà ouvertes et que je suis quand même, que je le veuille ou non, une espèce de fausse vedette de la chose, la chose freudienne, comme dirait mon vieux maître Jacques Lacan. Je vais tenter ce soir de poursuivre mon propos de lundi dernier. Bien sûr, ce ne sera pas la suite, et tous ceux qui me diront sur le divan demain matin : quelle vieille putain vous êtes ! quel vieux clown ! quel vieil éthylique ! quel vieux machin ! quel vieux truc ! quel vieux Perrier Pschitt ! auront raison, mais je serai clivé ailleurs, divisé, et toujours me multipliant à tous et à chacun, car je suis freudien, même si la guérison est bénéfice de surcroît. Ce que j'aime dans la vie, c'est le surcroît, c'est-à-dire en quelque sorte la plus-value. Ce qui fait que je peux devenir marxiste d'une seconde à l'autre, et que curieusement vous riez, vous rigolez, le rire fuse, donc l'interdit de l'inceste et de l'endogamie est respecté. On respire, même s'il n'y a pas d'air.

Thanatol, Atoll, Anatole. Je l'ai dit la semaine dernière...

Que pourrais-je vous dire de plus ? Le début d'abord. Je suis venu en taxi, parce que j'avais oublié les clés de ma voiture, en fait elles étaient dans ma main, alors que je les cherchais dans ma poche.

Que s'est-il passé ? Les clés dans la main, j'ai pris un taxi : et j'étais à l'heure. J'ai même retrouvé mes papiers.

L'alcoolique n'est pas ce qu'on appellerait un possédé, si le démon existait ou si le vice pouvait s'opposer à la vertu. C'est un dépossédé volontaire au nom de sa pulsion de soif.

De là vient la méprise ou le contre-sens thérapeutique, qui, au nom de la santé mentale ou physique, prétend vouloir son bien. Un autre contre-sens serait de lui vouloir du mal.

C'est ce qui se produit bien souvent pourtant dans la vie privée, au niveau social ou dans le champ médico-psychiatrique, dès qu'on le repère, le nomme, le vise, l'indexe, à ce qui de son pif enluminé se voit comme un nez au milieu du visage, alors que lui-même se masque de son ivresse pour perdre la face et le miroir comme tentative abortive et désespérée de relations à l'impossible autre. C'est beau comme un poème, non ?

Dans le texte de Charles Melman, une certaine haine de l'alcoolique transparaît à travers toute une série de notations pertinentes sur quelques traits cliniques. Ce n'est pas un texte à lire à l'envers, mais un texte dont il faut changer les signes, comme en algèbre.

De quoi s'agit-il ce soir ? De la différence entre l'inconscient et le ça, entre la première et la deuxième topique.

Du thanatolien dont j'ai parlé lundi dernier, il m'est revenu, comme en écho, à la Closerie des Lilas, sur le divan, dans le fauteuil ou en contrôle, deux questions :

– Après tout, qu'est-ce qui est spécifique de l'alcoolisme là-dedans : un père qui n'est pas un père, une mère qui n'est pas une mère, une femme qui est frigide, un garçon ou une fille qui a un accès difficile au complexe de castration ?

– Et qu'entendez-vous par *Verleugnung* ?

À propos de la *Verleugnung*, j'ai parlé la dernière fois des « 3 d » : dénégation, défi, déni ou désaveu. Or, depuis un certain nombre d'années, c'est vrai, je me sers, à ma façon sans doute extrafreudienne et non pas antifreudienne, du concept de *Verleugnung* pour tenter d'élaborer une théorie de la perversion et de ses rapports à la psychanalyse au regard de la santé mentale et de l'écoprincipe de guérison, bénéfice de surcroît ou disparition du symptôme. Personne n'a en effet rien voulu pour personne et, entre le surcroît et la plus-value, beaucoup pensent que Nietzsche, Freud ou Marx, les sociologues, la sociogenèse, le collectif, le social… enfin tout ça est un fait de mode ! C'est notre malaise dans la civilisation actuelle. Or je suis un témoin du malaise, c'est évident.

Donc *Verleugnung* ! Je ne connais pas l'allemand, j'ai traduit ce terme à ma façon, parce que j'ai buté pendant longtemps sur des gens qui amenaient leur perversion en analyse pour s'en guérir, comme certains alcooliques l'alcool. Où est, dans ce cas, le bénéfice de surcroît ? Tout est dans la définition du symptôme.

Prenons Freud avec les hystériques viennoises : Dora, M. K. et Mme K. C'est bien joli tout ça. Dora n'aura jamais que le non-corps corporel qu'elle ne peut avoir entre M. K. et Mme K., et Freud n'y comprend rien. C'est la naissance de la psychanalyse. Du côté de la perversion, une même question se joue : au cours des années, chaque fois que j'ai essayé d'analyser un pervers, c'est-à-dire un fétichiste, un partouzard, enfin un cas parfaitement décrit dans la littérature et la nosologie, voire aujourd'hui célébré dans notre culture comme le fin mot de ce qui irait au-delà et de la névrose et de la psychose, je me suis heurté à une certaine fonction du discours et un rapport à l'objet qui me semblaient spécifiques de la perversion. C'est pourquoi je me suis servi à ma façon du terme freudien de *Verleugnung* à partir de l'article sur le fétichisme et le *splitting* de l'ego, c'est-à-dire les derniers textes freudiens, pour donner à ce concept une définition toute personnelle puisque je ne connais pas l'allemand.

J'ai beaucoup interrogé des germanistes là-dessus. Qu'est-ce que la *Verleugnung* ? C'est le déni ou le désaveu de la castration de la mère. Bon ! « Maman, elle est pas castrée, elle a un pénis ». Dans son article sur le clivage du moi en 1938, juste avant sa mort, Freud ne sait pas s'il répète ce qu'il a déjà élaboré… ou si, du côté du clivage du moi et du rapport à la perversion, il a trouvé quelque chose de radicalement nouveau. Toute la question de la *Verleugnung* se joue du côté de la castration de la mère, à partir du mémorial (ça, c'est l'article de Freud) posé comme trace, de l'objet à la fois manquant et toujours remplacé pour le pervers.

Or ma théorie, c'est que le déni et le désaveu du pervers n'ont rien à voir avec le « fait pipi » de la maman. Nombreux sont les pervers qui n'adorent qu'une chose, c'est que les filles manquent de pénis Là-dessus, on est tous d'accord : femme et homme, on adore la différence des sexes.

Ça se joue ailleurs. Le déni et le désaveu ne sont pas du côté de l'objet partiel anatomique comme un destin, ni du côté du subjectif, terme putassier et usé par la philosophie et la psychologie, mais du côté de ce que j'ai appelé le subjectal, pour parler de trans-subjectal après Monsieur Jacquey. Il lui a consacré une thèse qu'il m'a envoyée. En mettant tal au lieu de tif, il m'a donné une autre idée des phanères brillants comme un *agalma*, un objet partiel, un « piège à dieu » dirait Lacan, ou un fétiche. Je n'ai pas lu sa thèse bien sûr, elle a trois cent cinquante pages, mais je l'ai feuilletée : il y avait le tal comme suffixe et non pas préfixe, par rapport au tif. J'ai donc dit qu'il n'y avait rien à voir du côté de l'intersubjectivité ou de l'intersubjectif entre analysants, c'est-à-dire analyste et analysé, alors que, du côté du trans-subjectal, on pouvait peut-être inventer quelque chose qui, pendant un an ou deux, donnerait mesure et idée des différences entre l'inconscient et le ça freudien. Comme disait M. Groddeck : « Au fond de l'homme, ça. »

« Es », c'est le neutre en allemand, en fait je ne connais pas le neutre allemand, je ne suis pas germaniste. Certaines langues, comme le grec, le latin, l'allemand, parlent au neutre. Il y a du *« das »* par rapport au *« der »* ou au *« die »*. Et qui pourrait me dire ce soir, je n'ai pas eu le temps de le vérifier, comment se dit l'inconscient en langue allemande : *« das… »* ?

Das. Alors supposez que je fasse du franglo-franglais – germano-grec, je dirais « *das Glass* » ou « *das drink* », j'ai quand même appris l'anglais avant le bac. *Das*.

Alors, lorsqu'un névrosé fait une demande d'analyse, le symptôme freudien est-il un « *das* », un « *die* » ou un « *der* » ? Est-ce que, dans l'inconscient (ça, c'est du Lacan, il l'a très bien dit dans *Scilicet*, et j'adore citer mes auteurs), le masculin et le féminin ne sont pas inscrits en tant que tels ? La raison n'en serait-elle pas que, dans la langue allemande de Freud, à partir de son yiddish ou de son non-yiddish et de la dénégation de sa juiverie personnelle, qui constitue quand même le fond linguistique, au besoin kabbaliste ou kabbalistique de son propre génie, les juifs sont venus avant les chrétiens que je sache ! – dans son « *das* »...

Comment vous avez dit en allemand ? Inconscient, ça se dit ? Voilà, elle l'a bien dit ? Vous ne l'avez pas entendu mais... ça se dit ou ça ne se dit pas, l'inconscient ? Vous ne l'avez pas entendu, elle a eu un *fading* de la voix. Mais elle a raison d'avoir un *fading* de la voix parce qu'entre le discours, la parole, l'énonciation, l'énoncé, le langage, où est l'inconscient, dans la lettre ou dans le signifiant ? Et, par rapport à ce qu'il en est de l'inconscient, « *das* », comme elle dit, « *die* » parce que c'est une femme, ça c'est diagnostiquable immédiatement ! Et je ne suis pas contre ou alors « tout contre », comme dirait Sacha Guitry.

Entre ce « *das* » et ce « *die* », où est le ça freudien de la deuxième topique, le « *Es* » ? Le ça, c'est le « *Es* », comme on dit « il » pleut, ou « on » respire mal ici parce que les fenêtres ne sont pas ouvertes, mais le neutre n'est pas du côté du pronom impersonnel de la grammaire. Quand on dit « il pleut » ou « on s'amuse » ou « on s'embête », c'est du français, ça.

La névrose de destinée de Freud, vous la connaissez ! Son Œdipe à lui, l'inceste, le livre du père Jacob, les hystériques viennoises, sa fille Anna, non pas Anna-lise, mais Anna Freud, l'IPA, le cancer de la mâchoire, la deuxième topique, la pulsion de mort, et, avant tout ça, la cocaïne.

Dans un article de *L'Information psychiatrique*, Philippe Rappard notait, à propos du « mana » et du totémisme, que, dans le cannibalisme, le glorieux guerrier mange le foie de son ennemi pour s'approprier ses vertus. Il a montré que le totémisme, le « mana » et l'objet partiel précèdent la religion et entretiennent la vie religieuse de l'humanité. Quand on dit « Dieu est mort » ou « Dieu, c'est l'opium du peuple », on peut se demander pourquoi on en est venu à parler d'opium au peuple. Que Dieu soit mort, on le sait, mais quel est le rapport du mysticisme et de la pulsion à l'objet partiel comme forme de dégradation de ce mysticisme ou au retour à une obturation première, à l'absorption du « mana », bon ou mauvais objet ? On peut le lire chez de nombreux auteurs, comme Georges Bataille dans *La Part maudite*, au-dessus du volcan des Aztèques, qui jettent leurs richesses pour la consumation des choses ou au-dessous de cet autre volcan, dont parle un fameux livre consacré à l'éthylisme.

On en était au neutre *« das »*. *« Das »*, *« die »*, *« der »*, *« der »*, *« die »*, *« das »*. Et pourquoi a-t-on parlé du neutre ? Parce qu'on en était à la *Verleugnung*. Je répète que j'ai traité ce mot à ma façon, sans connaître l'allemand, pour faire la différence entre le subjectif, le subjectal et le thème freudien de la castration de la mère dans les articles sur le fétichisme et le clivage du moi, vieux comme le dernier Freud et en même temps toujours récents au point de rendre impossible aujourd'hui une théorie de la perversion.

Or, si j'ai traduit *Verleugnung*, tant pis si ce n'est ni grammatical ni germaniste, par le déni de soi donné à soi-même, c'est que, entre le subjectal et le subjectif, je voulais montrer qu'il ne s'agissait pas du tout de savoir si maman avait ou non un pénis, ou un rapport au phallus, même si la mère reste toujours le voile pour le pervers, mais de savoir comment le pervers, en tant que *anonymus*, anonymisé, pur prénom d'une quelconque partouze – qu'il se fasse une partouze tout seul, au bois de Boulogne, à plusieurs, ou ailleurs –, reste toujours dans le déni de soi-même pour éviter l'angoisse de castration. Ça, c'est le propre du pervers. C'est une forme de déni donné à soi-même, un alibi, une précaution, un voile, une possibilité qu'a le pervers structuralement défini comme tel, en dehors de toute acception péjorative, une forme d'économie sexuelle comme une autre. L'économie sexuelle et érotique du pervers se définit comme mode d'abri d'une angoisse, qui concerne bien sûr la castration, celle de sa mère, celle de son père et la sienne, mais qui vise surtout une mise à l'abri de la question du sujet qu'il est. Car est-il sujet barré, sujet du savoir, sujet du désir, sujet désirant, sujet simplement assujetti à la permanence ou à la question de l'autre, que l'autre soit barré ou pas, c'est ce qui est en question. Et il y a une façon de se mettre sous cape en tant que pervers pour adopter le régime quotidien de la partouze érotique en tant que mise en scène, comme d'autres se mettraient au régime quotidien du steak-sans-sel-et-salade au nom de la diététique, ou iraient au cinéma parce qu'ils ne savent pas lire, ou encore liraient tout le temps par peur du cinéma, ou parce que ce n'est pas sexué pour l'instant tout ça. Eh bien, il y a une façon d'être à l'abri de quelque chose qui concerne, à travers la castration, la question de la subjectivation, de la subjectalité et de l'angoisse qui est le propre du pervers. Ça pose un problème à l'analyste et à l'analyse.

Le thanatolien dont j'ai parlé la semaine dernière en pose un autre, puisqu'il a suscité deux questions : qu'est-ce que vient faire la *Verleugnung* là-dedans ? Est-ce qu'il y a une structure spécifique du thanatolien, autrement dit : est-ce que l'alcoolique est pervers ?

La semaine dernière, je jouais avec les mots et présentais le Père Verre, absorbé par l'alcoolique comme identification à l'agresseur négativant de lui-même comme père qui n'avait pas reconnu son fils, c'est-à-dire ne l'avait ni appelé, ni interpellé, ni castré : ça ne veut pas dire que l'alcoolique est pervers. Il est même tout à fait évident que le drame de l'alcoolique, c'est de ne pas pouvoir se servir des structures, ouvertures, alibi ou grammaire de la perversion érotique, érogène, érotisante et jouissive – pour qui ? D'ailleurs, voyez Lacan qui en a très bien parlé à l'époque. L'alcoolique boit surtout parce qu'il n'arrive pas à être pervers.

Reprenons le pervers deux minutes. Il a une aptitude à ne se droguer que juste ce qu'il faut aphrodisiaquement pour les besoins de la cause. Sa cause n'est pas perdue, tandis que celle de l'éthylique l'est plus que la sienne, pour autant que le pervers n'a jamais rien perdu et, disait Deleuze dans son étude sur Sacher-Masoch, c'est le père qui est battu chez le masochiste. Il est battu comme on bat des œufs pour faire naître de la mayonnaise ou de la mousse, c'est-à-dire pour faire naître le père. Ce qui est de l'ordre du sadisme et du masochisme est toujours une tentative de naissance à la vérité, au réel et au symbolique. Seulement entre le pervers, le psychotique, le névrotique et le drogué – l'éthylique n'est pas un drogué, et le drogué n'est pas un éthylique, ce n'est pas du tout pareil –, le mode d'angoisse n'est pas le même ; l'économie libidinale, existentielle, subjectale et subjective est différente chez l'héroïnomane et chez l'alcoolique ; les confusions ne sont pas les mêmes entre le symbolique, l'imaginaire et le réel. Si je vous dis, par exemple, que ce bonhomme boit comme un trou : est-ce que ce trou est réel, imaginaire ou symbolique, selon la vieille trilogie lacanienne ? Ce n'est pas si facile de le repérer. Il y a des pervers qui boivent, des psychotiques qui boivent, des névrosés qui boivent et des gens qui boivent sans qu'on puisse les situer par rapport à la névrose, la perversion ou la psychose. Quelle est leur articulation avec l'imaginaire, le symbolique et le réel ? On ne le sait pas tellement. Pour l'instant, tout le monde se casse la gueule pour la bonne raison qu'on veut en faire des théories. Ce n'est pas si simple.

J'ai utilisé la *Verleugnung* la dernière fois pour parler du déni de soi donné à soi-même en citant trois cas : l'éthylique, le pervers et le psychanalyste. Il s'agit d'une autre partie chaque fois.

Mais je suis obligé d'y revenir brièvement ce soir pour qu'il n'y ait pas de contre-sens. J'en reparlerai plus tard dans un séminaire, une conférence ou, si cette chère Piera m'offre à nouveau l'hospitalité, un soir, pour que je puisse bavarder, dans l'impossibilité que je suis de ne pas désirer rester éloquent : c'est mon symptôme !

Pourquoi la *Verleugnung* et le neutre ? C'est à cause de l'exemple du thanatolien au troisième étage de la Tour Eiffel et de l'identification à l'agresseur négativeur qu'était le père, pour qu'il boive sa propre négativation dans l'alcool, afin de dire au psychiatre : « Je monte au troisième étage de la Tour Eiffel juste pour voir ou juste avant » (Fouquet). Avant la chute libre dans quoi ? Dans la Seine, la Seine qui est en bas de la Tour Eiffel.

« … Sous le pont Mirabeau coule la Seine… »

Apollinaire n'en a pas dit autant que je vous en dirai ce soir, quelle que soit l'adresse du Pont Mirabeau.

Alors la Seine, quelle scène ?

« Dans le mitant du lit la rivière est profonde… »

La Cène : le Christ

« Voici ma chair et mon sang
Le vin et la vigne… »

L'asséné du mauvais coup ? Le pot de fleurs qui vous assène quelque chose ?

La saine, de la santé mentale ?

Qu'est-ce que ça veut dire tout ça ? J'en ai parlé la dernière fois à propos de *Verleugnung* et de neutre. Qu'est-ce qui pose tellement question au psychanalyste dans la cure de l'alcoolisme ? C'est de se prendre au piège du neutre, c'est-à-dire de ne pas faire la différence entre l'inconscient de la première topique et le ça de la deuxième topique.

L'inconscient, ça parle comme un discours, comme une hystérique : ça peut être la trace mnésique ou le corps de l'hystérique pour autant qu'il n'est jamais sur scène sinon exhibé. Ça peut être l'entendement du psychanalyste, quand, comme l'a écrit Freud et repris Lacan, la moitié du symptôme de l'un est dans l'entendement de l'autre, autrement dit pour qu'un symptôme prenne son sens, il faut qu'il y ait un entendeur. Ça parle et nous savons tous que l'inconscient étant structuré comme un discours ou un langage, il est en même temps discours de l'autre, au génitif ou à l'ablatif. De : venant de l'autre, l'autre n'est évidemment pas l'analyste, mais l'Autre barré sur le mode lacanien. Le sujet est alors barré aussi, quelle que soit la vitesse ou la ceinture de sécurité, ce qui a déplu à beaucoup de monde *because* les différences de cylindrées par rapport aux autoroutes du samedi soir et du dimanche (la dernière fois, en tout cas, on me l'a dit).

Ce qui est à démystifier ici, et qui fait l'objet du livre de A. de Mijolla et S. Shentoub, c'est ce qui, du côté de l'analyste, reste à la fois partial, partiel, subjectif, subjectal et neutre. En d'autres termes, la neutralité bienveillante. Je ne sais pas comment ça se dit en allemand, mais ce n'est sûrement pas *« das »*, ça. Or, il y a du *« das »* qui passe entre l'alcoolique et le psychanalyste. Et ce *« das »* n'est pas un symptôme hystérique. Il est curieusement ce qui renvoie l'analyste à sa discipline et à son ascèse, sa neutralité, autrement dit qu'il ne soit pas sexué ni subjectivement, ni corporellement dans le temps de la séance. Et pourquoi ? Au nom du transfert.

Et voilà soulevé le problème de la mémoire et très exactement de ce qui fait « tilt ». Je suppose et j'espère que beaucoup d'entre vous ce soir ont acheté un fauteuil et un divan et tenté de se mettre dans la position subjectale ou non subjectale de l'analyste par rapport au miroir neutre, à l'ascèse freudienne, à la technique freudienne, au savoir lacanien, au désir de l'analyste, etc. Quel que soit le patient, la demande, le désir, le diagnostic psychiatrique ou autre, ou l'empathie ou tout ce que vous voudrez, ce n'est pas pour rien que quelqu'un vient sur votre divan et que vous écoutez ou tentez d'entendre. Pourquoi, à tel moment, à partir de frustration, régression, agressivité ou silence de l'analyste, ou « démasquer le réel », ou « vive le signifiant par rapport à la lettre », ou « vive le ça par rapport à l'inconscient », ou « vive la deuxième topique par rapport à la première », etc. ? Tout ça nous vient aux oreilles tout le temps. « Vive Melanie Klein par rapport à Anna Freud », si vous voulez. On a mille modèles théoriques, techniques, disciplinaires, épistémologiques, on s'y tient, mais comment soutenir sa partie avec sa mémoire ou sa non-mémoire ? Et pourquoi à tel moment quelque chose fait tilt, c'est-à-dire qu'on intervient ou qu'on n'intervient pas ? Quel est l'enjeu de l'autre, qu'est-ce qu'on en a diagnostiqué, qu'est-ce qu'on en a entendu ? Ce n'est pas facile de répondre. Tout ce qu'on sait, c'est qu'on ne le sait pas sur le moment.

La discipline du freudien, c'est quoi ? Ce n'est pas d'exprimer ce qu'il a à dire sur le mode : « J'interviens dans le transfert » ou « par rapport au transfert », ou encore « Je touche l'oralité, l'analité, la génitalité ou l'histoire » ; en d'autres termes, à un moment donné, il est commis dans le savoir, subjectalement et non pas subjectivement (c'est pourquoi je tiens aux différences de suffixe), à dire « hum » ou à ne rien dire, parce que ça concerne quelque chose qui est soit de l'ordre de l'inconscient en tant que discours, en tant qu'histoire ou encore retour du refoulé, soit de l'ordre de la répétition, pour autant qu'on peut célébrer les noces vides et taciturnes de l'impossible copulation freudienne entre la répétition et la remémoration, à travers la *Durcharbeitung*, qui est vraiment le camp de concentration freudien avec un faux mirador : c'est l'enfer freudien.

Qu'est-ce qui fait tilt ? C'est du niveau de l'inconscient structuré comme un langage ? Ou de la dynamique pulsionnelle du corps érogène de l'autre, par rapport au corps érogène de l'analyste, quelle que soit la différence des sexes ? C'est du niveau de la mémoire, ou de la non-mémoire ? Est-ce que l'analyste intervient parce qu'il a de la mémoire ou parce que brusquement il l'a perdue, à travers un neutre, un *« das »* ? Voilà une question vraie à la fois pour le névrosé, le psychotique et le pervers, lorsqu'ils sont sur le divan et que le psychanalyste essaie de soutenir son éthique analytique. Eh bien, je vous assure que plus on interroge ça, et moins on est sûr de pouvoir répondre, quels que soient les textes et les séminaires. On sait que l'inconscient est structuré comme un langage, qu'on pourrait établir une homologie, une égalité ou une équation entre la lettre et le signifiant et qu'en même temps la lettre et le signifiant, ce n'est pas du tout pareil. On peut proposer une lecture de l'inconscient, s'écrire à soi-même un rêve qu'on aurait fait, pour l'auto-analyser comme Freud, dans *La Science des rêves* : est-ce que Freud auto-analyse son écriture ou sa lecture lorsqu'il écrit son rêve à trois heures du matin à partir des souvenirs qu'il en a, afin de l'analyser pour étayer la théorie des rêves ? Qui fait un enfant imaginaire à l'autre, selon les mots de Conrad Stein ? Qu'est-ce que c'est que l'enfant imaginaire ? Est-ce que c'est la construction analytique, la reconstruction de l'histoire du patient au nom d'un discours et d'une histoire qui donnent une sorte de nouvelle architecture plaçant le subjectif à l'abri du trans-subjectal transférentiel et contre-transférentiel ?

Il y a mille façons de le dire et je ne critique personne. Chacun traque à sa façon cette partie difficile. Moi aussi, et ce soir en particulier, à travers la *Verleugnung* traduite par moi, qui ne connaît pas la langue allemande et à partir du neutre, certes, mais d'abord du thanatolien.

Reprenons une dernière fois le thanatolien, dans cette sorte d'impatience, d'extemporanéité de lui, lorsqu'il boit la vivacité de son dire pour échapper à l'attente interminable de l'autre dans la dure durée du désir, comme dirait Eluard. Il est impatient de sa propre naissance à lui, parce que l'autre lui dénie le droit de devenir extemporanément vivant, au nom du silence freudien ou femelle de l'être de nature qu'il y a en tout être humain, parce que l'utérus est d'abord un organe sourd et premier, voire ontologique, et pour l'homme et pour la femme.

Qu'est-ce que fait le thanatolien dans son impatience ? Il boit du temps pour rien, mais se trompe de partie et, entre le troisième étage de la Tour Eiffel et la chute libre dans le mitant du lit du fleuve, il essaie de retrouver sa scène primitive (ça, je l'ai dit la dernière fois). Autrement dit, il est parfaitement androgyne, à la fois identifié au père absent en tant qu'agresseur parce qu'absent, et à la jouissance femelle de la femme que n'a pas été sa mère pour son père. Alors il fait quoi dans son « chaud aux entrailles » grâce à l'alcool, eau de vie ou de mort ? Il fait le « one man chaud ». Ça n'est jamais qu'un jeu de mots de plus.

Il y a autre chose. C'est le problème de la réassurance de l'analyste. Selon Clavreul, « la parole de l'alcoolique » est parole qui ne dit rien, simplement parce qu'elle n'est pas adressée à un autre, puisque l'autre, en tant qu'altéré, altérant plutôt par rapport à un altéré, n'est jamais altérisant, car quoi qu'on lui réponde, l'alcoolique n'entend rien. C'est donc l'autre qui est barré par l'alcoolique, parce qu'il amène du *« das »*, il amène du neutre. Il est en quelque sorte dans sa désubjectalisation, celui qui propose un verre, qui offre du thanatol, de l'éthanol, à l'analyste pour dire : « Quoi que je dise, la parole parlera toute seule, mais ça ne viendra ni de moi ni de mon père ; je suis engendré par le vin doux de l'ivresse et en même temps désubjectivé et désidentifié par mon ivrognerie et, quoi qu'on me dise, je n'entendrai rien de la réponse. » On pourrait affirmer de quelques anorexiques qu'elles ou ils ont une faim de non-recevoir. L'éthylique, lui, a une soif de non-recevoir, c'est pourquoi on ne peut pas lui répondre.

Ainsi, A. de Mijolla et S. Shentoub disent avoir trouvé, à relire en notes griffonnées, bien au-delà des tentatives d'analyse de l'éthylique, des vérités éclatantes, c'est-à-dire des discours. Mais, comme ce n'était pas dans l'extemporanéité de l'impatience de l'éthylique, dans la temporalité de la chose par rapport à leur impossible relation à l'autre, c'était parce que ça redevenait un discours, à savoir de l'inconscient et pas du ça. C'est ce que j'ai appelé le *« das Glass »*, c'est du franglo-anglo-germano, tout ce ce que vous voudrez, c'est simplement pour la phonétique de la chose, de l'éthylique comme *glass*... vous connaissez l'interphone à la poste qu'on appelle l'hygiaphone. Pour acheter un timbre, il faut parler dans l'hygiaphone, dans les petits trous, simplement : c'est horrible. Il paraît que c'est hygiénique. Eh bien, le verre de l'éthylique est l'hygiaphone qui fait le contre-transfert inanalysable de l'analyste, parce que l'analyste est mis au neutre, au nom de la deuxième topique, alors qu'il essaie d'entendre le discours de l'inconscient comme celui de la première topique freudienne et des hystériques viennoises.

Alors pourquoi dire tout ça ? Parce que ça pose le problème de la différence entre l'inconscient freudien et le ça freudien. Selon Groddeck : « Au fond de l'homme, ça », c'est-à-dire *« Es »* en allemand, au neutre. Qu'est-ce que c'est que ce neutre, pour l'analyste, au-delà de cet alibi d'ailleurs parfaitement démystifié aujourd'hui de la neutralité bienveillante et par rapport à ce que je disais de mon tilt ? Et non pas de l'intersubjectivité dans je ne sais quel vase communiquant de transparence et d'empathie psychologique... tout ça, c'est bon pour l'Amérique d'il y a quinze ans, avant M. Nixon et le Watergate. Qu'est-ce que c'est que la trans-subjectalité une fois que ça fait tilt pour l'analyste avec la mémoire qu'il a d'un savoir sur l'histoire de l'autre, parce qu'il a besoin de s'y repérer et d'attendre le retour du refoulé, mais aussi son non-savoir de ce qu'il adviendra de son intervention ? Qu'est-ce qu'il pourra se dire ? Ça fait tilt par rapport à quel enjeu ? Le mien ou celui de l'autre ? Or, avec l'alcoolique, c'est très difficile de répondre, justement parce que l'alcoolique met le *« Glass »*, le *« das Glass »*, si j'ose dire, qui n'est pas le stade du miroir, entre lui et l'analyste pour en faire le non-répondant au nom de sa soif de non-recevoir. Il s'identifie en effet à l'agresseur négativant et, si l'autre existe, lui-même n'a alors plus de raison de soutenir sa question, ni de boire du poison, ni de boire du toxique.

Pourquoi en reparler ce soir ? Simplement pour vous montrer que les trois modes de déni au nom de la *Verleugnung*, celui du névrosé, du pervers et du psychotique, ne sont pas les mêmes. Plus exactement, le déni de l'alcoolique, en tant que déni donné à soi-même pour une désidentification au nom du père agresseur et négativeur, n'est pas le déni du pervers qui vit sa partouze dans un anonymat différent de celui des alcooliques anonymes. Il n'est pas celui du psychanalyste qui pense : ce qu'on me dit n'est pas adressé à moi, mais au transfert et à l'absent, à l'autre de l'histoire que je représente pour autant que, plus ou moins forclos, il a manqué ; quoi qu'on me dise à moi, ça n'est pas à moi que ça s'adresse, même si ça fait tilt en moi.

Or l'éthique de l'analyste, qu'est-ce que c'est ? C'est la différence entre : « Ce n'est pas moi, parce que je ne suis que l'écran de projection d'un processus transférentiel, c'est-à-dire qu'on s'adresse à papa, à maman, au grand-père, à qui vous voudrez » et le fait que l'envie d'intervenir, que l'analyste se taise ou parle, ne se produit jamais n'importe quand. Ça lui a fait tilt dans son inconscient à lui, structuré comme un discours ou discours de l'Autre, ça lui a fait tilt parce qu'il est causé par le signifiant de l'autre, ou ça lui a fait tilt dans son « ça », son *« Es »* à lui ? Autrement dit dans sa première ou dans sa deuxième topique ? Parce que l'analyste, lui aussi, comme Monsieur Freud, a une première et une deuxième topique. Voilà une question que je laisse ouverte, je voulais simplement montrer ce que j'entends par trans-subjectalité de l'inconscient, au travers de cet exemple électif que représentent l'alcool, le thanatolisme et le thanatolien comme modes de butée parmi d'autres (la perversion en est une autre, la psychose aussi) pour ce qu'on appelle la cure analytique et son efficacité, même si la guérison n'est jamais que bénéfice de surcroît.

Je parlerai pour terminer de ce que j'ai appelé la dernière fois le report, c'est-à-dire le contrôle.

Prenons l'exemple du joueur, mais celui de Longchamp ou d'Auteuil. Il y a des gens qui jouent au P.M.U. le samedi, au bistrot. Ils parient sur trois chevaux dans la même course. La télévision leur donne le résultat. C'est une loterie, de l'astrologie ou ce que vous voudrez. Pas la peine d'insister. Par contre, un vieux style persiste aux courses qui s'adresse aux joueurs d'autrefois : c'est le report. Quand je prétends que le contrôle n'est pas un rapport, ça veut dire que le rapport peut être tout aussi bien celui du rapporteur du budget de l'Assemblée nationale que celui du sale copain rapporteur qui cafte auprès du pion. Y a pas de rapport. Y a un report. Qu'est-ce que j'entends par report ? C'est le mode de jeu de celui qui s'adresse à un bookmaker en lui demandant de jouer le 7 dans la première, de reporter le tout sur le 13 dans la seconde et de tout rejouer sur l'as dans la dernière, avant clôture d'Auteuil ou de Longchamp, quels que soient le terrain, la météorologie et la nature de la course. Le gars va évidemment perdre ; c'est le thème du joueur, dont M. Dostoïevski parlerait mieux que moi.

Cette partie n'est pas perdue pour tout le monde. En tout cas, pas pour le ministre des finances, ni parfois pour le bookmaker. Or qu'est-ce que c'est qu'un bookmaker ? C'est le faux analyste, celui qui empoche, tout en pensant : « De toute façon, il va perdre, je garde ça dans ma poche et j'en ferai un séminaire ; c'est moi qui gagnerai. » Une partie à trois. Si le bookmaker est analyste, il devient bouc émissaire, c'est-à-dire que, de ce fait, il est fléché, chrétien ou pas, par les signifiants de l'autre qui le causent à lui-même pour que ça fasse tilt.

Mais prenez maintenant le cas de l'élève en psychanalyse, le candidat en psychanalyse dans une vraie société de psychanalyse structurée avec des murs, des portes, un comité de sélection, une hiérarchie, des feux verts, des feux rouges, enfin tout ce qu'il faut pour que les analystes soient de bons analystes. Qu'est-ce qu'il fait ? À son premier patient il prend des notes, il demande au papier de retenir à sa place. Le papier, c'est au neutre. Ça se dit comment, papier, en allemand ? Du coup, il n'a rien entendu, ça n'a pas fait tilt et quoi qu'il ait entendu, il demande d'abord au papier de lui servir d'écran ; le *« Das Glass »* est là. Alors il va voir son contrôleur et lui lit ce qu'il a écrit. Le contrôleur n'entend rien et suggère : « Laissez votre papier, dites-moi ce qui vous revient. Qu'est-ce que vous avez entendu ? » L'autre pourrait répondre : « Ça me concerne. » Eh bien, il rétorque : « Pourquoi pas ? Ça vous concerne et en même temps ça ne vous concerne pas. Vous êtes clivé, vous êtes analyste. Vous verrez bien, et puis je suis analyste moi-même. Et vous me payez pour ça. Autrement dit, ne soyez pas indemne, ne vous obligez pas à être indemne de ce que vous avez entendu, puisque vous m'indemnisez en me donnant des honoraires. »

C'est le problème de l'indemnité et de l'argent en psychanalyse, entre l'indemne et l'indemnisé. Or le contrôleur n'est pas plus indemne qu'un autre, puisque le candidat est en analyse sur un divan et prend un patient ; autrement dit, en même temps qu'il est concerné par ce qui lui vient d'un tiers, il est déjà dans la troisième course. Il est peut-être l'as de la dernière à Longchamp. S'il est bookmaker, il garde tout ça pour lui. S'il est honnête, qu'est-ce qu'il fait ? Il ne donne pas une recette technique pour le prochain tiercé, mais intervient au moment où ça lui fait tilt, en troisième position. Et si le tilt s'est produit pour lui, il s'est produit aussi chez son contrôlé, son élève. Ça peut faire tilt après coup et rétrospectivement du côté de l'élève ou du patient, le pauv'gars qui ne sait pas qu'il est en contrôle, alors qu'il se croit sur un divan et qu'il paye.

Et sur qui encore ça fait tilt ? En quatrième position, et j'adore l'analyse quatrième *(adheretus* au Quatrième Groupe), ça fait tilt sur l'analyste didacticien du cas de ce candidat en contrôle, dont c'est le premier patient. En d'autres termes, le vieux salaud, le vieux collègue, à qui ça a fait tilt parce qu'il est contrôleur diplômé, mais qui s'était fait suffisamment indemniser pour n'être pas indemne, c'est-à-dire garder une éthique analytique, renvoie, dans son borborygme personnel, à son candidat jeune collègue, qui fait sans le savoir une analyse sous contrôle, donc une analyse apparemment foutue, ce je ne sais quoi qui lui permettrait de sentir ce que c'est qu'un effet didactique. Il ne saura pas peut-être ce qu'il a entendu de son contrôleur, mais il ira le redire au didacticien sur le divan duquel il est encore si bien que celui-ci saura qu'il y a une mauvaise querelle entre le contrôleur et lui-même et que quelque chose chez le didacticien n'a jamais été psychanalysé.

C'est une histoire tellement dégueulasse que ça fait clôture, circuit fermé. Alors est-ce que c'est de l'inconscient structuré comme un langage, ou est-ce que ça vient du côté du « *Es* » en tant que neutre freudien, c'est-à-dire du mouvement pulsionnel des zones érogènes entre quatre personnes ?

Eh bien, mon idée, c'est qu'il en faut une cinquième immédiatement. Je ne sais pas ce que vient faire le chiffre 5 dans cette histoire, mais c'est ce que j'appelle la trans-subjectalité de l'inconscient. Pourquoi ?

Reprenons mon exemple du report, en sachant maintenant que tout contrôle, j'appelle ça un report. Je l'ai recourt-circuité sur l'analyste didacticien, en supposant le candidat en contrôle encore sur le divan de son analyste. Imaginez qu'il n'y soit plus depuis des années, voire que l'analyste soit mort (ça arrive, c'est la moindre des choses), il va reporter ça sur un autre virtuel, qui deviendra à la fois son moi idéal et son idéal du moi à travers un travail de deuil. Il y en a donc un cinquième là-dedans qui est le vrai analyste et qui n'est pas Freud à cause de sa névrose de destinée. Il n'est personne de nommable.

Je vous ai parlé ce soir de ce neutre et de la différence entre l'inconscient et le ça pour la trans-subjectalité de l'ascèse analytique et pourquoi pas pour l'éthique de l'analyste, partagé entre la première et la deuxième topique, au-delà de toute suture et clôture qu'on appellerait une formation didactique, un enseignement, je ne sais quelle cage d'écureuil où tout le monde travaillerait pour ramener à l'analyste le bookmaker qui garderait les mises en poche, en disant : « Comme de toute façon vous allez tous perdre, c'est pas la peine que j'aille au P.M.U. »

Y a pas de gagnant là-dedans, sinon le ministère des finances. D'où une théorie de l'argent parfaitement technocrato-capitalo-socialiste, qui est en même temps une démystification totale de ce hors de prix du désir, hors de prix du temps de l'analyste, hors de prix de la cage d'écureuil ou de l'Hitler de service ou du bookmaker malhonnête ou du bouc émissaire quotidien et répétitif à lui-même comme tout analyste ; toute une théorie qui reprend le problème de l'argent à un niveau où l'analyste et l'analysé restent strictement irréductibles aux modèles et schémas idéologiques actuels, auxquels on se réfère pour confondre en général le social, le politique et le collectif.

Du social et du collectif, je ne vous parlerai pas, je ne suis pas là pour ça. Mais ça existe, je le dis et le tiens comme tout autre homme. Le collectif, c'est autre chose puisque c'est toujours le fantasme. Toute théorie du fantasme met toujours du pronom impersonnel, du « on » ; ainsi « on bat un enfant », qui en allemand ne se dit pas « on bat un enfant », mais « un enfant est battu ». Il y a toujours du collectif dans le fantasme, c'est-à-dire la structure même de la pulsion érotique du côté du *« Es »* de la deuxième topique et de la dynamique pulsionnelle, et pas seulement de l'inconscient structuré comme un langage ou discours de l'Autre. Que Lacan finisse par écrire, dans un livre récent, parlant de ses deux bons élèves que sont Leclaire et Laplanche (Laplanche et Leclaire par ordre alphabétique), que ces deux L (ailes) ne battaient que d'une seule, c'est un très joli mot. Lisez donc le bouquin d'Anika Rifflet-Lemaire[1] ; ça n'est pas une mauvaise confidence, cet ouvrage rédigé par une belge montre comment Lacan essayait de se tirer de sa théorie de l'inconscient, après que Laplanche d'un côté et Leclaire de l'autre se sont divisés pour faire l'inconscient structuré comme un langage, ou le langage structuré comme un inconscient. Il y a aussi *Tel Quel* et les casseurs de lettres et de typographies pour le sandwich indigeste et strictement illisible de la seconde littérature dite moderne, au nom d'un terrorisme qui fait que c'est finalement une apologie de la subjectivité de celui qui, dans ses non-droits de non-auteur d'un texte qui est une sorte d'asservissement à la lettre de la chose, se fait quand même entendre comme le militant de la porcherie de la lettre. Éden, Éden, Éden[2].

1. A. Riflet-Lemaire, *Jacques Lacan*, Dessart, Bruxelles, 1970, préfacé par Jacques Lacan.
2. P. Guyotat, *Éden, Éden, Éden*, Gallimard, 1970.

Ça donne envie de boire ou de respirer. Ça donne soif tout ça. Ça donne envie de subjectivité, de libido et d'amour et de vérité. Y a bien d'autres choses encore.

Si j'ai tenté ce soir d'en venir, par le biais du report analytique, à la différence entre l'inconscient et le ça, à partir du neutre, c'est parce que la question est maintenant ouverte à travers le collectif, le social et le politique, de la place de la psychanalyse dans le malaise de notre civilisation et bien au-delà des honoraires de chaque analyste par rapport à son fisc, à son percepteur ou n'importe quoi d'autre. Il faut qu'il y ait là une sorte d'indigence théorique, de couardisme lettré, signifiant, idéologisé, bien installé à gauche, à droite ou au centre, autrement dit en politique, pour méconnaître cette question fondamentale dont l'analyse reste dépositaire, quels que soient les énoncés des discours de l'inconscient ou le mouvement pulsionnel silencieux des corps et du ça freudien comme réservoir des sens, d'essence (comme moteur Total ou Esso ou BP) ou d'essentialité ou de tout ce que vous voudrez d'autre. C'est simplement un effet de dénonciation, pour vous faire entendre la nécessité d'une autre ouverture, vis-à-vis de tout ce qui se rassemble à l'heure actuelle, y compris pour méconnaître totalement la différence de structure entre le thanatolisme et la toxicomanie. Ainsi J.-P. Descombey écrivait dans un article récent : addiction ou addition ; il a dû le faire exprès, il y a un « c » de plus en anglais.

Ça existe et il a parlé du travail, très joliment. C'est ça le travail de l'analyste, le travail du prolo et vous relirez ce qu'en a dit Melman à propos de la sociogenèse de l'alcoolisme, ce vieux thème du XIXe siècle, parfaitement capitaliste. Magnan parlait des « dégénérés ». Il y a du Zola dans tout ça. L'autre absolu jouissif, le prolo aliéné dans son travail, il y a une sorte d'économie et d'économie de l'idéologie de l'alcoolisme actuel ou idéologie actuelle de l'alcoolisme, qui, ayant perdu ce qu'est le message du vin doux des apôtres ou de l'Ancien Testament comme différence entre ivresse et ivrognerie et comme mode de rapport au totem, au mana, à l'objet partiel par rapport à l'absence de Dieu, est complètement scotomisé au nom d'un certain culturalisme, qui fait maintenant de l'inconscient l'objet d'un négoce. C'est toujours capitalisé par des bookmakers qui ne vont pas au PMU, mais empochent ce qui n'est ni dans l'un ni dans l'autre, mais toujours dans le trans-subjectal. Il ne faut pas oublier que le fils naît avant le père, la mère avant l'homme, et, disait Granoff dans un article que nous avons publié ensemble sur la sexualité féminine en citant un texte juif que je n'ai plus en mémoire, c'est le Bêt qui, dans l'alphabet, se présente avant l'Aleph et pourtant on dit à l'Aleph : « Tu seras la première lettre. » Or, c'est le Bêt qui s'est présenté avant. La femme se présente avant l'homme, le fils avant le père et c'est toujours le fils qui est le sauveur du père.

Seulement, le thanatolien tout autant père qu'un autre, même beaucoup plus père que d'autres, qui baise sa femme, qui travaille, qui sublime dans le travail ou dans l'activité, selon les mots de Monsieur Tausk, son délire d'activité travailleuse et sublimatoire, sa tentative d'espoir de vérité et d'amour au nom de sa délibidinisation et de sa désubjectivation, eh bien, il n'en est là pas moins père qu'il n'est à tomber dans la méprise, ce qui fait que le père est celui qui vient comme déduction tierce des autres.

C'est aussi la position de l'analyste qui n'est jamais le père. C'est pourquoi on a tort de parler de filiations analytiques. L'analyste vient toujours comme tiers dans le déni de soi donné à soi-même : « Je ne suis pas le père ». Mais il a à entendre, à mémoriser, à intervenir, à ne pas savoir pourquoi il est intervenu mais à entendre l'après-coup de la chose et quelquefois au-delà de ce qui lui est venu dans son interprétation ou sa technique, à être quand même celui qui interpelle, reconnaît, appelle, critique l'autre au-delà du transfert, pour qu'on ne soit pas simplement barré comme tous les sujets ou comme tous les autres. Voilà une question d'actualité, car elle est une façon pour moi d'évoquer ce soir, version partielle et momentanée, le malaise et la morosité de notre civilisation et nos points d'interrogation.

1973

III

CORRESPONDANCE PERRIER-LACAN

François Perrier avait souhaité que, dans une édition posthume de La Chaussée d'Antin, *soit publié l'échange de lettres qu'il avait eu avec Lacan pendant la durée de sa présence à l'École freudienne, soit jusqu'à sa démission par lettre collective avec Piera Aulagnier et Jean-Paul Valabrega, le 26 janvier 1969. Il m'avait, à cet effet, confié cette correspondance, ce qui ne préjuge en rien de l'existence d'autres lettres. Cette correspondance inédite a été citée pour la première fois par Élisabeth Roudinesco dans* Jacques Lacan, *Fayard, 1993, pp. 414-415.*

Pour Perrier, cet échange témoignait de son souci de promouvoir au sein de l'École un collège d'analystes qui se réserve la « clinique comme vocation et comme visée » dans la mesure où « la vérification clinique est le vrai texte du progrès théorique » (« Adresse aux analystes de l'École du 31 mars 1967 »). Toutes ses réflexions de l'époque anticipent son grand texte sur l'analyse didactique de 1969, repris au début de ce volume.

J.S.

Samedi 26 décembre 1964

Mon cher Maître,

La fin de l'année verra le terme de ma collaboration en votre service. Cette décision ne vous surprendra sans doute pas : voilà un temps déjà que je laisse mourir ma consultation, faute de pouvoir lui garder sa fonction première, ses visées et son style.

À prolonger les choses, j'abuserais peut-être de mes titres en votre École, et tout autant réduirais-je ceux que j'ai acquis en une autre discipline qui me sollicite toujours plus.

Que cette lettre soit donc d'abord celle des remerciements et des vœux renouvelés pour le maître amical que vous fûtes pour moi depuis presque vingt ans. Qu'elle soit aussi celle de mes regrets dans leur double versant : j'aurais souhaité que mes orientations servissent mieux et plus les desseins de votre enseignement ; j'aurais souhaité aussi que la place et les tribunes du freudisme à la clinique n'eussent pas à pâtir des vicissitudes de la psychanalyse en France.

Que cette lettre soit en définitive celle d'une expérience que je nourris en me vouant aux difficiles destins d'un renouveau psychanalytique de langue française. Que les progrès à mieux organiser donnent pleine et rétroactive valeur à l'appui premier que vous avez réservé à vos élèves freudiens.

Je vous prie d'agréer, mon cher Maître, l'expression de mes sentiments respectueux et fidèlement amicaux.

F.P.

Jeudi après-midi, 7 janvier 1965

Mon cher Lacan,

Quelques réflexions préalables à notre entretien de ce soir, pour vous dire mon embarras et ma perplexité quant à mes possibilités actuelles de travail avec vous.

J'admets volontiers, en cette période initiale, votre souci que tout de l'École en passe par vous ; qu'aucune initiative de l'un ou l'autre ne vienne réduire ou faire dévier un projet bien vôtre ; qu'enfin rien dans l'organisation des appareils et le choix des collaborations n'anticipe sur le possible et le probant.

Et je crois pouvoir repérer les difficultés que vous rencontrez dans votre entreprise.

Ce que je ne m'explique pas, c'est un style de réserve et de réticences – systématique – et cette tactique de cloisons étanches à tous les niveaux, laquelle n'a d'autre effet que de perturber régulièrement les relations de vos collaborateurs entre eux et avec vous. On dirait parfois la transposition de la relation, et de ses suspens et de son secret, sur le plan des relations pour un travail commun. Cela ne débouche pas sur une plus grande efficacité.

Sans doute organisez-vous l'École avec des gens analysés par vous. Pour vous dire le fond de ma pensée (et parce que c'est un sujet d'étude à aborder dans le problème des structures de sociétés *[mots manquants]*), je me demande si cela n'est pas plus gênant pour l'analyste que pour les analysés, que cette connaissance privilégiée partielle et orientée qui est sienne ; du jour où doivent s'instaurer des rapports extra-analytiques. Après tout, il est des modes de connaissance qui font écran. Il est peut-être difficile à un analyste de faire connaissance de ses ex-analysés dans la mesure où, en sachant plus sur eux que quiconque, il n'a jamais à leur égard l'œil et l'oreille des vraies rencontres.

Mais ceci ne me semble pas me concerner spécialement. Bien au contraire, j'ai le sentiment ces temps-ci (et plusieurs ont confirmé mon impression) que vous êtes assez libre avec moi pour ne plus moucheter vos pointes, vos irritations et vos impatiences à mon endroit. Vous ne vous sentez plus obligé à des prudences professionnelles en ce qui me concerne. Mais n'y a-t-il pas autre chose ?

Le seul niveau où je peux m'autoriser à chercher réponse à la question concerne la structure de l'École au niveau des didacticiens. Cette position et la maturité qu'elle réclame sont inséparables d'une exigence d'autonomie et d'un accès aux responsabilités.

F.P.

Vendredi soir, 8 janvier 1965

Cher Maître, cher Monsieur, cher Lacan,

Après notre vraie rencontre d'avant Noël, et parce que ça ne se fait pas entre analystes labélisés, et parce que vous m'avez appris à situer plus loin que dans les exercices de style mes ambitions, cette lettre, telle qu'elle me viendra, pour l'hommage que vous saurez y trouver ; hommage qui est *satisfecit* personnel quand je mesure combien, au travers des téléphones arabes et des politesses chinoises et des Cracovie-Varsovie du poker intersubjectif, il faut de la naïveté courageuse et du défi altier de la foi pour parler vrai à un collègue analyste sans craindre plus les pièges de la sincérité que ceux de l'intelligence.

À partir de ce prologue, les réflexions qui me sont venues en montagne sur le destin de l'École.

– Des relations entre analystes :

a) le *conjugo*. Il est connu qu'un mariage entre analystes est entreprise intrépide, pour autant qu'il suffit que la troisième oreille se mette à fonctionner entre un homme et une femme, tous deux labélisés, pour que se crée la plus exemplaire des paranoïas induites.

b) les amitiés. Dans les amitiés homosexuées, c'est bien sûr la même chose en plus grave puisque la troisième oreille n'a point le recours de l'oreiller pour s'assourdir. Sur ce plan, l'intelligence, la loyauté, la gentillesse et la fraternité sont des vaccins trop souvent périmés contre la « peste » freudienne.

c) les filiations. J'ai noté il y a quelques mois que la relation entre ex-élève et didacticien se heurtait à un phénomène inexploré ; il est trop facile de dire que l'ex-analysé garde ambiguïté, défense transférentielle envers le psy, lorsque se justifient entre eux des relations post-analytiques. Quoi de plus facile après tout que de découvrir que son analyste est un homme comme les autres ?

À l'inverse, le post-contre-transfert du didacticien est totalement méconnu. À avoir pris envers quelqu'un l'habitude des lectures en filigrane, à s'être donné devoir de retourner les étoffes pour en percevoir la trame, est-il si facile, est-il possible de retrouver quand l'ex-élève est devenu confrère cet œil neuf qui fait les rencontres ? L'infirmité de l'analyste c'est qu'il manque de ces intuitions aveugles qui sont respect de l'opacité de l'autre qu'on cherche à connaître. Cette aptitude à l'aveuglement fait le chef d'entreprise et les grands capitaines. Quand je lisais il y a quelques années *Les Aventures de la dialectique* de notre cher Merleau-Ponty, j'avais fantasmé très loin sur le thème d'un gouvernement politique fondé sur la science et le non-pouvoir des analystes. Il n'était jamais question d'argument *ad hominem* mais de structures, et cela finissait quand même sur un borborygme.

– Des sociétés d'analyse.

Tout ceci est assez implicitement connu pour justifier la convention théâtrale de ces huis clos sartriens que constituent les sociétés d'analyse. Quand des acteurs veulent montrer qu'un salon 1900 est mise en scène de l'enfer, ils prennent cette gueule de l'emploi qui suggère aux spectateurs, à bon voyeur *[mot illisible]* de salut. C'est la morale des analystes que le sans-visage des neutralités bienveillantes. Si Bouvet n'avait pas inventé la pseudo-dépersonnalisation dont il parle, ce serait à faire à ce niveau (cf. la bouille de Gittelson ; avec lui le Ratman devient un nom commun).

– *Le salut* (disait mon grand-père), c'est le travail.

Moi, je ne suis pas contre, sinon à renier l'une de mes sublimations parmi d'autres. Mais c'est là que le problème se complique : du travail du transfert au transfert de travail.

Un brouillon m'est précieux, celui de la lettre écrite à Lagache en 1959 pour analyser les dangers de la demande de reconnaissance à l'I.P.A. (je tiens ce brouillon à votre disposition). Il s'en dégageait ceci que j'étais bien placé pour savourer après les stérilisations et les cornues de ce « meilleur des mondes » à la Huxley que Bouvet avait sécrété pour moi comme la glande endocrine de l'*ego-psychology*, que j'étais bien placé dis-je, pour mesurer les périls des réconciliations réglementées à l'heure même où toute la verve et la sève de notre inspiration analytique s'appuyait sur cette vocation vôtre de la transgression à partir de sa problématique assumée.

Rien des termes de cette lettre qui m'a fâché avec l'oncle Dany[1] pendant deux ans n'est actuellement démenti par les événements.

1. Surnom de Daniel Lagache.

Rappelez-vous que, parmi tous vos élèves, je suis probablement le seul à avoir trouvé dans les impératifs de mon malaise assez de vitalité et de talent pour passer du narcissisme de patronage laïque à l'hypocondrie incipiens, comme des prix d'excellence aux saveurs nouvelles des échecs et des phobies inaugurales, avant de me rétablir (dans l'arrivisme retrouvé grâce à vous, et les rivalités fraternelles enfin assumées), non pas dans les entresols du vieux stagiaire consolidé mais sur les paliers à la Walt Disney de cet Himalaya un peu tibétain de la commission des études de la S.F.P.

Un didacticien vous parle... (saluez confraternellement). Comment allez-vous l'entendre ? Comme un collègue non analysé par vous qui va s'exposer à votre lucidité pour vous donner inspiration ou comme un ex-patient ? De ce qu'il dira dans ce dernier cas, vous qui êtes analyste jusqu'au bout, allez-vous choisir le nouveau pour votre pensée ou la réminiscence des échos du divan d'autrefois ?

Pour avoir été, une seule fois encore, à la place que je vous attribue dans cette interrogation, j'ai appris qu'il était infiniment difficile pour un didacticien d'écouter le texte d'un ancien élève comme on lirait le texte d'un normalien portugais analysé au Japon par Harteman au lendemain de Pearl Harbour.

Ce petit apologue, parfaitement confidentiel, n'a d'autre but que de poser les problèmes de l'École.

– Du tiers institutionnel

Si un sorbonnard en analyse avec vous vous soumet le texte qu'il destine à ses examinateurs, votre zèle et votre concours seront sans restriction pour la défense de votre candidat.

Que ce même auteur, dégagé de ses ambitions universitaires, vous soumette quelques années après le texte qu'il dédie aux découvertes qu'il vous doit – transfert de travail et non plus travail de transfert – et vous le lirez silencieusement pour priver ce nouveau collègue de la critique ou du *satisfecit* qu'il n'attend plus que de vous, pour avoir démystifié la valeur des pseudo tiers auxquels il s'adressait.

Ce schéma a joué pour beaucoup pour compliquer vos rapports avec vos élèves.

Mais jusqu'à l'année dernière, au sein de la S.F.P., pour autant que celle-ci présentifiait vos ennemis, vos détracteurs et vos méconnaisseurs, tout disciple de vous, même privé d'un signe du Maître, savait quelle cause il défendait dans l'actualité des conflits. C'est ainsi que jusqu'en juin 1964, pour les solitaires comme pour les bandes à Mœbius, le lacanisme était une cause féconde, était une cause à défendre d'autant plus qu'elle était prise de position envers des pouvoirs démontrés jusqu'à l'indécence.

Ce principe de transgression des habitudes de pensée qui anime votre œuvre depuis le temps qu'elle se fait connaître, qui imprime à votre style ses défis, ses défilés, ses apories, ses séductions, a toujours eu à se référer à l'institutionnalisation des adversités collégiales. C'est à ce titre que « les particularités de votre technique » pour ceux qui savaient penser analytiquement sont apparues au-delà de leurs contingences primitives, comme les clochers stratégiques d'une guerre dont vous ne pouviez dévoiler les mobiles à la piétaille. Sans doute auriez-vous choisi d'autres lieux-dits si les imbéciles ne vous avaient pas tactiquement assiégé dans ces étapes départementales.

Nous n'en sommes plus là car, les adversités s'étant cristallisées en divorce, nous n'avons plus parmi nous nos chers ennemis de toujours. C'est dommage, ils étaient bien pratiques. Comment s'en passer ? Impossible. Pour que la dynamique du jeu soit respectée, chacun de nous jouera à son tour l'ennemi, même sans le savoir.

Laissons de côté pour l'instant cette fonction irremplaçable de l'adversaire.

F.P.

Mardi 12 janvier 1965

Cher Lacan,

Vous êtes en train de détruire ce que vous prétendez fonder : que ce soit une École ou un pacte de confiance avec vos amis. Je ne peux pas, à votre place, chercher la cause et la fonction de cette démarche qui semble en vous difficilement répressible.

Tout de votre École peut et doit marcher, mais au prix et à la condition d'une analyse des prémisses de votre projet. À mon sens, le meilleur de ce que vous avez voulu s'appuie sur une vue inexacte de la situation antérieure, c'est-à-dire sur une projection.

C'est ce qui se répercute, en chacun, de l'analyse erronée de l'histoire, qui vous expliquera les réticences et les inquiétudes de vos amis, là où vous tenez à voir des inintelligences, des hostilités ou des ambitions mortifères.

En croyant faire le procès des sociétés d'analystes et de leur « structure », vous ne dessinez en fait que votre relation de singularité-de-principe, d'auto-exclusion et de rejet à l'égard de toute institution collégiale.

L'impudent complot de l'I.P.A. contre vous et la S.F.P. ne vous autorise pas à oublier la vitalité de *votre* société avant la peste politique de 60 et la fertilité des travaux et des didactiques – dans la banalité même des statuts.

Vous confondez dans vos réquisitoires structures et institutions. La seule structure dont il soit question dans votre acte de fondation, c'est celle, complexe, efficace, originalement féconde de : vous + le divan + le séminaire. Mais un x, une quarte composante fondamentale s'en trouve curieusement exclue : la référence au stimulant de l'*adversité* (pourtant bien efficiente pour vous et vos élèves depuis 1953). Ici on ne trouve qu'un principe de hors-la-loi des groupes, un parti pris d'ignorance.

Ce qui cloche ainsi, c'est qu'en *écrivant* l'acte de juin vous avez, vous vous êtes institutionnalisé au niveau de ladite structure en laprivant de ses insertions nécessaires et de ses repoussoirs traditionnels.

En légiférant sur le transfert de travail, vous en avez figé les ressorts et peut-être inversé les effets.

Quant à vos relations avec vos amis, à travers vos exigences anxieuses et vos demandes de gages, votre façon de saper toute initiative de collaboration responsable, en étant de tous les niveaux de travail pour tout coiffer, en anticipant toujours comme « plus un » dans le tracé de chaque itinéraire personnel, paralyse toute organisation possible.

Vous qui avez inventé le cartel, vous substituez toujours à votre relation à chaque petit groupe, le style de relation personnelle, privilégiée, confidentielle, pour multiplier des pactes à deux fondés sur l'intelligence complice envers tout troisième. C'est ainsi que vous divisez systématiquement pour ne jamais régner.

Votre difficulté à vous assumer comme reconnu, notoire et irrécusable (jusque dans votre théorie fondamentale de la transgression) vous ramène à répéter les opérations de commando sur les terrains mêmes d'une vieille guerre gagnée sur le fond.

Sachez que vous et quelques-uns, nous sommes connus, reconnus… et reconnaissables à cent pas dans notre lacanisme assumé. On nous attend dans l'exercice d'une maîtrise à partir d'une théorie déjà largement articulée et applicable, et non dans les exercices téméraires d'anciens maquisards à vocation de desperados.

Toute cette argumentation, à la liberté de laquelle je me résigne vu l'urgence, n'a d'autre intention que de justifier des suggestions concrètes ; les voici :

1) que les secrétariats fonctionnent comme vous l'avez proposé, quant aux départements et à leurs titulaires.

2) que la trésorerie soit réduite au paiement partagé des notes de frais jusqu'à une *organisation de plus* nécessaire à créer.

Je vous l'ai déjà dit, et si j'y reviens, après un très profond travail de réflexion : *il faut une institution extra-École, un collèges d'analystes*, fondé pour financer l'École, pour vous y élire comme directeur, pour vous demander d'organiser la section I de telle sorte qu'elle fonctionne comme institut de formations pour ce collège.

Cette organisation sociétaire est exigible, nécessaire pour la réanimation du travail, l'authentification des didactiques de par l'accès possible des didactisés à une assemblée de pairs, à partir du principe de la pluralité des tuteurs.

Accusez-moi de sclérose, de prudence régressivante ou de tout ce qui rendra à vos yeux suspecte ma proposition, je la crois très profondément justifiée.

C'est ce projet que vous devez reprendre et annoncer aux seize, mercredi soir chez vous, à partir de quoi, l'opération retardement quant à la dissolution de la S.F.P. sera acceptée et acceptable, que F. Dolto soit par exemple présidente de ce collège, ou quelqu'un d'autre, *mais ni moi ni Serge*.

Une telle initiative patronnée par vous, une fois démystifiées vos craintes qu'on vous accuse d'un retour en arrière, peut seule à mon sens éviter les faillites et les drames qui nous menacent.

Puissiez-vous accepter et apprécier, cher Lacan, la vigueur sans diplomatie de mes assertions, pour y voir le prix que j'attache à notre réussite et la qualité de cette amitié très fidèle et très profonde que j'ai pour vous.

Vôtre

F.P.

P.S. Les publications sont pour l'École – beaucoup plus qu'un local qui viendra avec notre opulence, c'est-à-dire notre recrutement – le seul *topos* nécessaire avec le « collège » (trouvez-lui un autre nom).

Ce mardi 12 janvier 1965

Mon cher Perrier,

Je ne ferai pas au Directoire au sens restreint la trahison de demander conseil à quelqu'un d'autre sur la lettre que je reçois de vous.

Pour que vous puissiez en limiter le dommage même là, je ne la communique qu'à Serge Leclaire, Jean Clavreul et Piera Aulagnier – qui peuvent entendre ce qui va suivre, si vous le jugez bon.

Personne d'autre ne la connaîtra par moi.

Après m'avoir contraint à fonder seul l'École parce que vous m'avez tous laissé seul à ce moment, vous voulez m'en faire abandonner l'essentiel.

Mon effort toujours plus haut et sans relâche ne peut résoudre votre sécheresse.

J'avais besoin que votre collège fonctionne en fait dans l'École, c'est-à-dire qu'il s'y dévoue le temps qu'il faut pour découvrir les articulations à formuler dans l'École.

Pour repousser certaines de vos allégations, je vous rappelle qu'on m'a déjà « élu » une fois mémorable pour que puisse s'accomplir un travail qui a détaché de moi des gens qui me doivent tout. Or je n'ai jamais rien fait pour que ces gens en viennent à se dresser contre le meneur de jeu, infortuné.

C'est-à-dire que je ne divise pas ni n'aspire à régner.

Demain, si je donne congé à ceux qui viennent m'entendre, ma peine cette fois sera monstrueuse des répercussions que j'en trouverai chez ceux qui me sont les plus proches.

Vous avez encore ce soir.

S'il vous reste quelque mesure, ou vous serez *tous avec moi*[1] – ou bien restez ensemble : *tous je le souhaite*[1], mais tous sans moi.

Si vous maintenez votre lettre, je vous charge de communiquer celle-ci soit aux trois qui ont lu la vôtre, soit à l'ensemble de la réunion à votre jugement.

Vôtre

J.L.

---

1. Souligné dans le texte.

à P. Aulagnier
L. Beirnaert
J. Clavreul
J. Lacan
S. Leclaire
G. Rosolato
J.-P. Valabrega

Mes chers amis,

Deux mois après ma tentative d'amorce d'un dialogue entre analystes de l'École, et au moment où Lacan va sans doute avec ses collaborateurs tirer conclusion de ses consultations récentes, je tiens à ce que chacun de vous connaisse ma position.

I. On sait déjà, qu'à mon sens, rien de spécifiquement analytique des impasses de l'E.F.P. ne se résoudra dans le « tout en un ». Un organisme autonome fondé par ceux qui prennent intérêt aux problèmes de formation à partir d'un principe de responsabilité déjà assuré sur ce plan, doit venir équilibrer de l'extérieur la formule de l'École et sa structure.

II. Un tel projet n'est concevable qu'avec Lacan, et non sans lui ou contre lui. Ce qui ne veut pas dire que la décision de sa fondation doit rester subordonnée à la somme des + et des – dans la relation de chacun à Lacan et de Lacan à chacun.

III. La visée essentielle de ce projet de société analytique est la suivante : que les didacticiens, les contrôleurs et les élèves sachent que les règlements, institutions, jurys, etc., qui jalonnent l'itinéraire singulier de toute formation, n'ont d'importance que relative. D'une étape à la suivante, en fonction de la structure clinique de l'analyste et des principes de son éthique, en fonction de la structure clinique de l'analyse et son anamnèse, en fonction des stratégies de la demande et du poids du savoir de chacun, toute règle, appareil ou protocole peut être pris à son envers ou à son endroit.

Il s'agit donc que didacticiens, contrôleurs et analysés sachent que c'est au terme du parcours que des exigences sont articulables.

Que celui qui pratique l'analyse à son tour, fasse reconnaître sa triple compétence clinique, technique et théorique en des travaux aux fins de se faire élire comme membre associé, puis membre titulaire d'une société d'analystes proprement dits.

F.P.

Jeudi 1er décembre 1966

à Monsieur Jacques Lacan
Directeur de l'École freudienne de Paris

Cher Maître et honoré Collègue,

Je prends le parti de me retirer du Directoire, et vous prie de bien vouloir ne plus me faire figurer parmi ses membres.

Les tâches administratives étant assumées par ceux de nos collègues que vous avez nommés à des fonctions, le temps me semble dépassé d'une association de fait que justifiait, au départ, la nécessité des aménagements empiriques pour la mise en train de votre entreprise.

Au jour où la vitalité et la vogue de l'École me laissent, en tant que compagnon de la première heure, sans crainte pour notre groupe, il m'apparaît opportun de laisser vacante toute place de « tenant lieu » éventuel, pour ne devoir désormais ma position qu'à ce que mon expérience et ma responsabilité d'analyste didacticien – parmi d'autres – m'en font connaître.

Cette décision, dont je sais ce qu'elle doit à un mien souci d'intelligence du discours de votre théorie, favorisera, je pense, ma contribution à l'étude toujours plus exigible de certains points d'achoppement ; notamment ceux qui ont trait aux critères de formation et de qualification de l'analyste, et à la problématique de leur maniement, entre analystes.

Je souhaite qu'en ce domaine, nous trouvions à l'avenir le climat, le style, la règle, voire la logique d'un statut, pour une collaboration collégiale possible ; et, dans cet espoir, je vous prie d'agréer, cher Maître et honoré Collègue, l'expression de mes sentiments dévoués.

F.P.

P.S. J'adresse copie de cette lettre aux membres du Directoire (et à eux seuls).

Jeudi 1er décembre 1966

à Madame Piera Aulagnier-Spairani
à Messieurs Jean Clavreul, Serge Leclaire,
Guy Rosolato, Jean-Paul Valabrega,
Membres du Directoire de l'EFP

Mes chers amis,

Vous trouverez ci-joint copie d'une lettre à Lacan.

La discipline de la décision étant toujours solitaire, vous me pardonnerez, sans doute, de n'avoir pas sollicité votre conseil avant cet envoi.

À en recevoir le fac-similé, vous me pardonnerez peut-être moins bien de n'avoir pas laissé à son destinataire soin et façon de vous répercuter la question, à lui lancée, de la constitution du Directoire (et non de sa composition).

Mais d'apprendre que Lacan ne lira ce texte qu'à l'heure même où vous le recevrez, vous déduirez, je le souhaite, mon souci premier de vous appeler, solidairement, à l'au-delà d'un niveau de stratégie auquel vos réflexes professionnels pourraient d'abord réduire mon propos.

Stratégie : non pas celle à laquelle chacun de nous se voue en se mesurant d'abord à un modèle (cet exercice de maîtrise pour l'analyste, tôt ou tard asservi à l'intelligence du non-déchiffré, à partir du défi, non récusable, de l'autre) ; mais celle qui réassure le maître, pris à son mythe, pour un privilège exigible – en lui comme un besoin…

Cette stratégie du maître, je n'en ai que ma version ; et vous n'en avez, chacun, que la vôtre. N'en passe-t-elle pas par les esclaves ? C'est-à-dire par ces hommes qui en référence à une manquante mais parlante carotte, font les Ânes, comme duellistes de leur honneur freudien ?… À partir de quoi il suffit au maître de jouer les uns contre les autres (et vice versa) pour être toujours gagnant et seul.

Pour Lacan – en confidence – il n'est, à mon sens, de tiercé que dans le désordre d'un des deux autres (exclusion interne ou externe du sujet, selon Miller, pour la suture ou la forclusion).

… À qui le tour ?

C'est à nous analystes – qui d'autres s'en chargerait ? – de ne pas aujourd'hui confondre en français : scission, division, duplication, duplicité, clivage, refente… etc.

Au niveau de cet etc., de cet *« et cætera »* toujours abrégé et suspensif, je situe pour ma part, *out of nowhere*, une amitié entre analystes –

amitié qui ne sait plus, quand je l'interroge au-delà du concret des bons moments, ce qu'elle a de candide en dehors d'une foi en la vertu des interrogations partagées…

C'est aussi dans le suspens de perdition de cet *« et cætera »* que je postule l'impossibilité des ficelles dernières quand il s'agit de solidarité de cause – au sens du désir.

C'est dans la certitude de cette impossibilité-là, que je m'adresse à vous, pour vous dédier finalement tout le reste de cet *« et cætera »*, comme ce que je ne dirai pas ; bavard dénoncé depuis longtemps comme causeur d'ennuis, je me tais trop tard…

Mais en toute camaraderie

F.P.

Paris, le 2 décembre 1966

Mon cher Perrier,

J'ai donc reçu hier soir votre lettre de démission et l'ai lue à la réunion du Directoire – dont aussi bien le « prendre acte » était déjà par vos soins établi. Je pouvais néanmoins y mettre en valeur la contribution positive qu'elle apportait au problème des fonctions, aussi bien que des fonctionnements du Directoire.

Il est très souhaitable qu'un organisme différencié puisse répondre à ce que vous cernez si pertinemment de votre intérêt premier – et votre place y est d'avance désignée.

Venez donc m'en parler – si vous avez là-dessus quelque idée de structure.

Bien vôtre, croyez-moi, en ce moment de redépart.

J.L.

J'envoie copie de cette lettre à notre secrétaire.

Mardi 6 décembre 1966

Je vous remercie, cher Monsieur, de votre réponse. Ce moment de redépart, sachez-moi sensible au fait que vous m'en adressez l'expression.

Vous dirai-je pourtant que son évocation m'incite moins, dans l'immédiat, à un projet qu'à un bilan ?

D'une comparaison entre ce que dénonçaient puis préconisaient les textes de fondation et ce qui s'est institué, on peut sans doute conclure à l'opportunité d'une réorganisation, prévue d'ailleurs par ces textes.

Mais d'un autre mode d'appréhension de ce qui se manifeste depuis 1963, au-delà des habitudes de pensée, on peut justifier un intérêt premier pour le repérage de ce que n'articulent pas ces écrits ; et déduire peut-être ainsi le champ des élaborations souhaitables.

Quelque idée de structure qui me vienne alors, je ne tiens pas à en aventurer la formulation avant vérification avec vous de la rigueur de mes prémisses.

Songeant à la qualité des réflexions qui, sur ce problème, doivent vous être actuellement dédiées par mes plus proches camarades d'École, et au temps que vous consacrez à leur écoute, je ne saurais vous proposer rien d'autre que de me faire signe au jour où il vous semblera utile et possible de m'entendre.

Je vous prie de me croire, Monsieur,

Bien freudiennement vôtre

F.P.

École freudienne de Paris
5, rue de Lille – Paris VII

du Directeur au docteur François Perrier

Paris, le 23 janvier 1967

Mon cher Collègue,

Une lettre adressée selon sa propre suscription au titre de l'« ancien Directoire », donc sans portée administrative, vous est parvenue concernant le secteur réservé à nos fonctions de formation.

Ce n'est pas seulement de ce qu'elle soit signée de notre ami Jean-Paul Valabrega qu'elle est digne de retenir notre intérêt.

Il se peut bien en effet qu'elle anticipe sur ce qui sera le résultat de nos travaux en ce secteur.

Néanmoins ce ne saurait au mieux être là qu'anticipation – de décisions qui supposent étude engendrant un accord.

Je rappelle à ce propos ce que j'ai fait entendre à une assemblée, dont nous ne pouvons que déplorer que Jean-Paul Valabrega y ait fait défaut.

À savoir que je n'y ai rien apporté qui ne provînt des responsables antérieurs, que je me suis gardé d'y rien adjoindre, non plus que d'en rien écarter.

Ceci impliquant, à partir de là, la voie ouverte à toute contribution qui saurait se faire valoir.

C'est là méthode progressive, destinée à parer au désordre. Elle n'est pas propice au regret d'en avoir laissé passer un temps.

Mon intention était d'appliquer la même au secteur intéressé, mais si elle vous paraissait contestable, je serais disposé bien sûr à en changer.

Veuillez croire, mon cher collègue, à mon attention la plus vive.

J. Lacan

Ce 10.X.67

Bien cher,

Je tiens ma parole

Voici ce résumé algorithmique. Dont je donnerai un développement.

Vous y trouverez la place qu'a tenue dans ce séminaire le masochisme.

Elle est radicalement clinique. Cf. le masochisme de Reik – et… la présentation de Sacher-Masoch par de Louse[1].

Vous avez eu grand tort de ne pas y assister – si vous vous intéressez au « problème économique », au point où Freud le présente.

Et n'hésitez pas, si vous le jugez bon, à venir me voir sur le sujet de ma proposition ces jours-ci[2].

Vôtre J.L.

1. Graphie erronée pour Deleuze.
2. Allusion à la Proposition du 9 octobre 1967 sur la passe.

Mon cher Perrier,

Merci de votre hommage[1] – généreux.
Un instant néanmoins : pour qui fais-je cet effort ? Oui pour qui, croyez-vous.
Puisqu'enfin je sais que je n'attendais pas moins de vous. Pourquoi voulez-vous que je n'attende pas – plus.

Vous avez, je pense, entendu mon accueil…

Vôtre

Lacan

ce 29 (!) II 68

Merci de l'envoi du bissexte
S'y pointe en une exclamation
– hors texte –
le point d'orgue en nos relations
qui nous permet de prendre date.
Psychanalyste Point de Hâte !
Que l'on s'attende ou qu'on s'entende
Que l'on s'aime ou qu'on en découse
Pour les Ides ou les Calendes
Rendez-vous en soixante-douze.

Ce trente février 68

Vôtre

F.P.

1. Fait référence à une lettre dont on n'a pas la trace.

Serge Leclaire

Demeures de l'ailleurs*

Il était dans notre manière de faire de parler au plus vif de ce qui nous occupait : adolescents impénitents, notre passion commune était de réinventer, sinon le monde, tout au moins la psychanalyse. Ainsi lui disais-je au cours d'un débat public, il y a quelque dix ans, que la psychanalyse est l'endroit du tragique : non point qu'elle en soit le lieu, mais bien au contraire en ce qu'elle est l'envers de la malédiction qui constitue le tragique et en ce qu'elle a pour tâche de remettre à l'endroit la figure du destin.

Mais François, campé dans son génie de rendre le dire aux autres semblait s'être acharné à en pâtir. Prisonnier de la liberté dont sont pétris les analystes de première souche, il pressentait que, dans l'excès magnifique, une force obscure lui imposait d'en payer le prix. Et moi, comme beaucoup d'autres, je me sentais impuissant – car il était impérieux – à forcer ses retranchements, à lui faire retour des affranchissements auxquels il nous poussait. Au modèle de quelques analystes de haut lignage, François s'est affirmé comme un personnage tragique.

Sans doute est-ce là une façon forte, encore que contestable, d'incarner irrécusablement la fonction du tiers hors laquelle il n'est pas de psychanalyse possible : nul ne peut parler en vérité si n'est point assumée de quelque façon une altérité radicale.

Rendre la parole au sujet, lever le poids de la névrose, est notre affaire de psychanalyste ; mais c'est une tâche impossible si la bouche

* Texte publié dans le numéro hors série de *Topique* (éd. Dunod) sur François Perrier en 1994.

du destin est réduite à se taire. Ainsi pèse-t-il encore quelque aura de sacrilège sur qui ose parler en première personne et surtout sur le provocateur qui l'y pousse.

Faire œuvre de psychanalyste, c'est pourtant, à la fois laisser résonner la voix de l'Autre et, du même coup redonner langue au sujet qui nous habite à notre insu : lever le poids de silence, d'oubli et de méconnaissance qui font le mal-être de ce que l'on nomme maintenant *névrose* en passe par là.

Remettre en question ce que ce mot dit et voile est mon affaire du moment.

Si le terme de névrose me paraît aujourd'hui tout à fait naturalisé dans le langage commun et qu'il n'est plus nécessaire d'être docte pour épingler son prochain comme un *névrosé*, il me semble que dans le registre conceptuel le mot est devenu quelque peu obsolète.

Apparu vraisemblablement à la fin du siècle des Lumières, il doit sa juste fortune au mouvement qui l'a porté, mais on peut se demander si, après deux siècles d'usage, il ne porte pas maintenant le poids de la gloire et des vicissitudes de son long cheminement. Aujourd'hui, pour la plupart des psychanalystes, il reste le *schibboleth* qui nous garde du spectre de la psychose. Mais on ne prend pas suffisamment garde au fait qu'il recèle ainsi en lui, de par son couplage avec le terme de psychose, une référence au concept de « maladie mentale », et, par voie d'ascendance, avec toutes les figures de la folie.

Bref, la critique majeure que je ferais à l'usage conceptuel du terme de névrose est que, de par son histoire, il véhicule avec lui les représentations traditionnelles et profondément ancrées d'une certaine image de l'humain conforme à un *bon ordre* et à un idéal de bon fonctionnement possible dont l'état névrotique stigmatiserait l'altération. Or tout le champ découvert par la psychanalyse s'inscrit en faux contre une telle conception : l'hypothèse de l'inconscient ne saurait, d'une part, ni s'inscrire dans le registre d'un système d'ordre, ni, d'autre part, être reléguée dans un camp retranché d'où il n'affecterait pas le bon fonctionnement des ordres établis.

À tout prendre, si le terme de névrose maintient et reconduit si insidieusement et paradoxalement la représentation d'une image idéale d'une nature humaine conforme à un « bon ordre », je préférerais encore en rapatrier le concept vers des modèles mythologiques qui, dans les histoires qu'ils nous content, de la création de la femme au péché originel, de la figure de l'androgyne au combat des Titans contre les Olympiens, disent superbement l'enracinement de l'humain dans l'incomplétude, la division, le sexe et le conflit. Et j'en profiterais pour rappeler ma dilection particulière pour la figure de Prométhée qui déroba le feu du ciel pour le rendre aux humains, car j'en ferais la figure emblématique du psychanalyste rendant aux hommes la disposition du Verbe recelé dans autant d'Olympes... par eux forgés. Il fallait bien un Titan pour affronter la férocité des dieux jaloux de leur bien, mais surtout pour surmonter la terreur sacrée des humains à s'emparer du feu.

C'est que disposer de la parole et du langage est un incomparable et redoutable privilège : *il fait demeure à l'humain* d'un monde de différences et de partages, d'inépuisables ressources et d'irrémédiable incomplétude ; demeure qu'il sera à jamais impossible de mettre en bon ordre.

C'est de ne pas pouvoir l'habiter en vérité qui engendre le mal-être, la souffrance psychique en quoi consiste ce qu'on appelle aujourd'hui névrose.

Plus justement qu'en toute autre référence, qu'elle soit médicale, psychologique ou philosophique, je l'inscrirais sans hésiter dans une nosographie qui relèverait du « Malaise dans la civilisation ».

L'affaire n'est pas neuve, et je pense qu'aucune civilisation n'a jamais pu ni ne pourra réaliser le fantasme de bonheur. Toute civilisation a pour charge de traiter, ou simplement de gérer les apories de la condition humaine : prétendre les résoudre participe inéluctablement de la sinistre « solution finale ».

Aujourd'hui, qui dit névrose se réfère implicitement à la psychanalyse, elle-même fait majeur de la culture contemporaine. Donner consistance au terme de névrose participe éminemment du travail de mutation culturelle, scientifique et technologique qui marque notre siècle ; culture qui, bon an mal an, nous ouvre à une autre vision de l'humain.

Ce regard nous confronte aux indéfinies possibilités de ses déterminations, nous situe comme enjeu, objet mais surtout agent des conflits qui nous traversent, nous pousse vers un affranchissement des figures d'unités totalisantes et dégage de nouveaux moyens d'avoir prise sur les contraintes conjuguées de la nature et de la culture.

À ce travail de la civilisation d'aujourd'hui la psychanalyse participe aussi modestement qu'éminemment.

Éminemment en ce qu'elle s'attaque aux questions fondamentales dites éthiques : « d'où viens-je, qui suis-je, où vais-je ? », autrement dit aux sources mêmes de l'angoisse, cette *stupor* que confesse saint Augustin, et qui s'ouvre sur l'impossibilité d'y apporter réponse *a priori*. Impossibilité que la psychanalyse se doit de soutenir, non seulement à l'encontre de traditions séculaires, religieuses, mythiques ou philosophique, débordantes de réponses impératives, mais aussi, en notre temps, contre le pouvoir de fascination des fabuleuses avancées de la science dont chacun peut constater qu'elle est en voie d'imposer, par la mise en œuvre d'une technologie superlative, une image de maîtrise sur la vie (procréation artificielle), sur la mort (réanimation et survie artificielle), et même une spectrographie d'identité (carte du génome), et, partant, des simulacres de réponses à nos questions vitales.

Modestement en ce qu'elle procède par la mise en œuvre d'une méthode, ce que la psychanalyse est en son principe : c'est par le travail produit en chaque cure singulière qu'elle assure le caractère décisif du nouveau regard qu'elle dessille, et qu'elle légitime pas à pas la mutation dont nous sommes les acteurs et les témoins. C'est par l'histoire personnelle et les récits de son oublieuse mémoire que se découvre pour nous l'empire archaïque des héros des fées et des démons qui la régissent au présent : tout donne à penser qu'elle est une fidèle réplique de l'Histoire du monde et qu'elle ne prend consistance qu'à ce titre.

Mais plus littéralement encore, c'est avec le corps du récit, les mots, la parole et le langage que la *talking cure* travaille ; elle opère au plus vif du présent *avec le matériau même qui fait demeure à l'humain.*

C'est le génie de Freud et le miracle de la psychanalyse que d'avoir osé et réussi une mise en scène intime de ce champ du monde dans le cadre du dispositif de la cure et d'avoir ainsi fait résonner les plus riches harmoniques qui se puissent entendre du chant du monde : en un lieu-dit, le cabinet analytique, la demeure mythique prend corps, s'enracinant *hic et nunc* dans le présent où se fomentent tous les temps.

L'extraordinaire de la situation psychanalytique est d'avoir à nouveau, en notre siècle, proposé un lieu d'asile à la « parole vraie » : j'entends par là, tout prosaïquement une parole qui se déploie dans sa pleine dimension, *qui se conjugue à trois personnes : je, tu, il.* Ternarité irréductible, ou mieux « trinité naturelle[1] » coextensive de la parole et du langage qui dit spontanément en toutes langues qu'aucune des trois personnes, ni toi, ni moi, ni lui, ne peut se concevoir sans les deux autres.

La psychanalyse s'inscrit ainsi dans l'immémoriale histoire des vicissitudes de la ternarité aujourd'hui bien fragilisée face à l'hégémo-

1. D. Dufour *Les Mystères de la trinité,* Paris, Gallimard, 1990.

nie croissante de l'empire de la binarité ; elle se spécifie de ce qu'elle met en place un dispositif qui en assure le fonctionnement afin que puisse s'accomplir le devoir de tout devenir.

Wo Es war soll Ich werden.

Mais on sait que rien n'est plus difficile en notre temps que de soutenir en vérité *une parole en première personne.* Je tiens cette difficulté pour cruciale dans la souffrance psychique en quoi consiste la névrose.

Bien que rien ne soit plus commun que les énoncés, affirmations, déclarations, protestations proférées en première personne, il en est peu qui sonnent juste, sauf ceux qui disent le mal-être.

C'est la vertu du dispositif psychanalytique que de permettre le déploiement des différentes figures de miroirs, d'aliénations, de réclusions dans lesquelles se perd, s'égare ou s'efface la singularité de la première personne et la laisse en souffrance, car il assure, à sa façon, la permanence de la deuxième et de la troisième personne, maintenant ouvert l'espace de la ternarité nécessaire à la consistance de chacune de ces trois personnes et, partant, la possibilité de toute parole vraie en première personne.

C'est par la mise en jeu du *transfert*, pièce maîtresse du dispositif, que le psychanalyste s'engage dans le pari de rendre la parole à la première personne, de donner temps et lieu à la fonction du sujet.

Mais il faut, pour avoir quelque chance de gagner le pari engagé dans ce « métier impossible » – et c'est toute la difficulté de notre art –, n'occuper la place d'aucune des trois personnes et cependant se tenir fermement à la structure de cet espace ternaire : jouer à la fois le rôle des trois personnes sans jamais s'identifier à aucune. Il nous faut, à la fois, assumer notre rôle de première personne, de sujet divisé, sans pourtant ni exhiber notre faille ni surtout la dénier ; à la fois tenir le rôle de la deuxième personne, de l'interlocuteur à travers lequel la parole se diffracte et s'ouvre à d'autres sens comme au non-sens, mais se garder de toute complicité imaginaire, de se laisser engager dans une relation de « toi à moi », bref de se laisser réduire à la fonction d'un miroir qui ne renverrait que des images au lieu de les diffracter en leurs composantes symboliques. Il nous faut surtout, et c'est le plus difficile, à travers notre présence de deuxième personne, jouer le rôle de la troisième et soutenir l'absence qui la fait tierce, radicalement autre et toujours ailleurs ; troisième personne à laquelle, en fin de compte, toute parole s'adresse et du cortège de laquelle, multiple et une, elle procède. Pas question, pour autant, que le psychanalyste s'identifie à ce tiers absent, mais indispensable, par contre, qu'il sache à tout instant qu'il en est habité et que ce sont ces demeures de l'ailleurs où, en nomade, il campe.

C'est un étrange commerce que de tenir boutique de transfert : trois personnes au moins, que l'on peut selon le moment nommer de trois pronoms permutables, je, tu, il, s'affairent à y faire transiter des biens immatériels : ce sont des produits hétéroclites : représentations de rêves, fragments de mémoires et d'oublis, gadgets fantasmatiques, et tout le trafic consiste en une sorte d'alchimie visant à en dégager des valeurs symboliques que nul ne peut s'approprier. Il s'opère par une série de transactions, d'allers et retours et de détours, de chiasmes et de renversements, de déplacements et de condensations. La raison sociale de l'entreprise est de produire une parole en première personne, bref, que du sujet advienne. L'enseigne « *Wo Es war...* » indique qu'elle est de psychanalyse.

Cet étrange commerce est sans doute aussi vieux que le monde mais son institution, de par l'invention de Freud, est née avec le siècle qui a vu s'effondrer toutes les figures dont le tiers tenait sa prestance. Après que Dieu a pu être dit mort, c'est une kyrielle de désillusions qui se sont enchaînées, basculant irréversiblement autour de l'horreur de l'holocauste, pour ruiner enfin tout mausolée possible d'un tiers institué, d'un corpus symbolique où se garderait en réserve l'esprit de la loi. Il n'y a plus de lieu mythique où peuvent s'assembler les pères morts, les maîtres disparus, les voix des prophètes ni les tonnerres des dieux. *Chacun se trouve en charge de retrouver et reconnaître les voix tierces avec lesquelles il ne cesse de converser.*

De ce fait il se sent convié plus que jamais à fonctionner en première personne, comme sujet traversé de paroles et habité d'inconscient.

Mais le mal qui a gagné le siècle et qui laisse la première personne en souffrance tient à ce que la place nécessairement vide d'où procède la fonction symbolique de la troisième personne a été largement investie par de multiples personnes secondes qui se plaisent ou jouissent à l'occuper.

Chacune y produit un discours de savoir et de maîtrise, usurpant l'exercice d'un pouvoir qui n'a de place légitime que sous le chef du tiers absent : espace libre de toute occupation possible d'où se tient un discours qui n'est pas du semblant[1], la langue originelle de l'ordre symbolique dont l'inconscient, pour chacun, est le lieu d'élection.

1. J. Lacan, *Un discours qui ne serait pas du semblant*, *Le Séminaire XVIII*, Le Seuil, 2006.

Il convient de remarquer que l'espace psychanalytique a été inventé, s'est ouvert puis propagé, précisément en cette période de la civilisation où les figures traditionnelles de la fonction du tiers se sont décomposées, laissant place à autant de secondes bouches et de discours de semblant simulant à l'envi la fonction du tiers, comblant soigneusement les silences et les vides vitalement nécessaires à la respiration de la psyché (de l'âme) et s'appropriant les mystères du pouvoir. Temps nécessaire sans doute du devenir humain qui s'illustre par les productions merveilleuses des sciences et des technologies accomplissant de fascinantes réalisations de fantasmes originels : communication universelle et en temps réel par les outils informatiques et les moyens médiatiques, accomplissements d'opérations mentales superlatives par l'intelligence artificielle, extension de nos sens par les prothèses sensorielles, simulation du réel par les techniques de réalité virtuelle, accroissement de la maîtrise sur les limites de la vie et de la mort par le génie génétique et les pratiques de réanimation.

Accomplissements prodigieux qui ne posent question au psychanalyste qu'en ce qu'ils semblent réaliser des fantasmes ancestraux, mais surtout en ce qu'ils simulent et dissimulent derrière un formidable écran d'altérité imaginaire l'ailleurs et l'autre où la fonction du tiers se tient en vérité. Il n'est pas nécessaire d'être prophète pour pouvoir prédire que cet effacement si spectaculaire de l'espace tiers dans nos civilisations qui jouissent aveuglément des bienfaits de la logique binaire, ne peut que produire un retour en force des formes les plus anciennes de représentation du tiers, à savoir toutes les figures de transcendance qui renvoient hors champ de l'humain, sous quelque espèce divine, la fonction tierce qui, pourtant, la constitue « par nature ». « Le XXIe siècle sera religieux ou ne sera pas », prophétisait André Malraux.

Si l'on veut bien reconnaître quelque pertinence au tableau que je viens de brosser de l'état de notre civilisation, il faut bien reconnaître du même coup que l'espace psychanalytique, ouvert au travail de transfert, jouit en notre temps d'un remarquable privilège : celui d'être sans doute le seul lieu où *trois personnes peuvent de plein droit se tenir ensemble*, le seul où du sujet a vraiment chance d'advenir.

Cela mériterait que nous fassions quelques efforts pour le maintenir vivant. Je ne doute pas que chaque analyste, en son for intérieur, se consacre valeureusement à cet effort. Mais il nous faut bien prendre en considération que la psychanalyse étant aussi devenue fait institutionnel, nous nous trouvons particulièrement exposés à nous laisser entraîner par les formidables forces d'attraction des fallacieux prestiges de l'ordre binaire. Bien des acquis de notre discipline se conjuguent pour nous y pousser : la dignité scientifique que la psychanalyse a acquise, et que Freud souhaitait tant, le corpus théorique qu'elle a élaboré, sa place dans la vie culturelle et intellectuelle, le nombre croissant de praticiens qui l'exercent concourent à nous donner place dans l'ordre social. Ainsi sommes-nous appelés en qualité d'experts ou de conseils au titre de notre supposé savoir, requis ou exploités au nom d'un pouvoir que nous ne saurions en aucune façon exercer : éduquer, guérir en particulier. Or la psychanalyse n'a ni droit, ni qualité pour *occuper* la place de cette fonction tierce : ce serait perversion majeure et forfaiture. Par contre, le psychanalyste, par la méthode qu'il met en œuvre, se doit de tenir fermement ouverte, pour chacun qui s'adresse à lui, la possibilité de reconnaître et identifier les voix tierces et secondes dont la distinction est la première condition nécessaire à ce qu'il parle véritablement en première personne.

Mais accéder à la pleine dignité de sujet implique pour l'analysant, comme pour l'analyste, de réaliser enfin sa castration, autrement dit de *ne pas se prendre pour un UN* quel qu'il soit, ni assigné, ni maître, ni assujetti.

C'est dire, du même coup, la vigilance extrême à laquelle nous sommes tenus pour garder nos institutions analytiques de tomber dans le travers mortel de se prendre pour des assemblées de gardiens de savoir ou pour des lieux de pouvoir. Je ne suis, pour l'heure, pas vraiment assuré qu'elles y réussissent ni même qu'elles aient véritablement le souci de s'en donner les moyens.

Mais, quelles que soient les vicissitudes du mouvement psychanalytique, qui me semble aujourd'hui quelque peu déphasé par rapport aux formidables enjeux de notre civilisation, j'ai la conviction que les signifiants nouveaux qu'elle a produits gardent intactes les potentialités des forces d'énergie qu'elle a découvertes et libérées. Malgré leurs détournements en concepts savants ou leurs réductions à de pauvres modèles imaginaires, la catégorie des « concepts inconscients », dont la castration est le paradigme, reste la source d'une richesse encore quasiment inexploitée. C'est que chacun de ces concepts s'articule fondamentalement en séquences ternaires et en structures trinitaires, rétives à toute binarisation dialectique : la ternarité de l'Œdipe ne saurait se réduire à quelque binarité, sauf à reconduire... la névrose !

Faire échapper le concept de névrose à son couplage dialectique avec celui de psychose implique de lever dans le même mouvement l'opposition, non moins binaire et solidement ancrée, entre santé psychique et maladie mentale, entre raison et folie : l'hypothèse de l'inconscient, en tout état de cause, s'inscrit en faux contre cette dichotomie.

Avec la psychanalyse, le temps est sans doute venu de réapprendre à *penser* : à penser autrement qu'en professionnels des idées – le psychanalyste est fondamentalement laïc –, à penser autrement que ne peut le simuler si infailliblement une machine d'intelligence artificielle. Penser, aujourd'hui, c'est prendre en compte la folie de la raison, la démesure de l'économie des pulsions et l'aliénation originelle du désir qui anime l'incomparable « détour »[1] qu'est la vie humaine.

Faire œuvre de psychanalyste aujourd'hui ne peut se soutenir que de reconnaître la distorsion des forces conjuguées qui font de la souffrance psychique un signe de santé et du sourire une ironie de l'humain aspirant à le devenir de plein droit.

Resterait maintenant, à partir de ce que j'avance comme mon regard d'aujourd'hui sur la névrose, à considérer ce que l'on pourrait dire en contrepoint sur le concept de psychose. Je suis sûr qu'en ce point notre débat deviendrait vif et que François, balayant d'une boutade ironique ma laborieuse argumentation, ferait valoir à juste titre qu'*il* l'a déjà dit.

1. S. Freud, *Jenseits des Lustprinzips*, G.W. XIII, p. 41.

Bibliographie de François Perrier

Ouvrages

Questions et schémas d'anatomie du système nerveux central, 2 tomes, Éd. Foucher, 1948, épuisé.

Thèse de doctorat en médecine (président, Pr Jean Delay) : « Les données apportées par la spectographie dans l'étude du syndrome humoral de l'électrochoc », 1951.

La Chaussée d'Antin, 10/18, Christian Bourgois éditeur, 2 volumes, 1978, épuisé.

Le Désir et le Féminin, avec Wladimir Granoff, Aubier, 1979, 2e éd. 1991, avec préface de René Major et postface de Wladimir Granoff, Champs Flammarion, 2002.

L'Alcool au singulier, l'eau-de-feu et la libido, InterÉditions, 1982, épuisé.

Les Corps malades du signifiant, le corporel et l'analytique, Séminaire 1971-1972, InterÉditions, 1984, épuisé.

Double lecture, le trans-subjectal, Séminaire 1973-1974, InterÉditions, 1985, épuisé.

Voyages extraordinaires en Translacanie, Lieu commun, 1985, épuisé.

Le Mont Saint-Michel, naissance d'une perversion, Arcanes, 1994. (Conférences et articles inédits, édités par Jacques Sédat.)

La Chaussée d'Antin, édition revue et augmentée par Jacques Sédat, avec la correspondance inédite Jacques Lacan-François Perrier, Albin Michel, 1994, épuisé.

L'Amour, Séminaire 1970-1971, édition révisée et présentation inédite de Jacques Sédat, *Pour introduire l'amour en psychanalyse*, collection Pluriel, Hachette Littératures, 1999.

Articles

1951 : « Hallucinations », in *Fiches de pratique médicale*, janvier, repris in *La Chaussée d'Antin*, 2008.

1951 : « Récentes acquisitions thérapeutiques en psychiatrie », in *Revue de thérapeutique et de documentation pratique*, janvier, n° 153.

1951 : « De l'utilisation diagnostique et thérapeutique de la narco-analyse », in *Gazette médicale de France*, février, n° 4.

1952 : « Paranoïa », in *Fiches de pratique médicale*, repris in *La Chaussée d'Antin*, 2008.

1954 : « Les troubles psychiques de la ménopause », in *La Vie médicale*, février.

1954 : « À propos de la psychothérapie des schizophrènes » (Archives polycopiées de la Société française de psychanalyse), repris in *La Chaussée d'Antin*, 2008.

1955 : « Sens du transfert dans les psychothérapies des schizophrènes », Congrès de Zurich de juillet 1954, in *Acta psychotherapeutica, psychosomatica et orthopedagogica.*

1956 : « Les céphalées psychogènes », in *La Vie médicale*, janvier.

1956 : « Voyage à Rome », in *La Psychanalyse*, n° I, P.U.F., repris in *La Chaussée d'Antin.*

1956 : « Phobies et hystérie d'angoisse » in *La Psychanalyse*, n° 2, P.U.F., repris in *La Chaussée d'Antin*, 2008.

1958 · « Fondements théoriques d'une psychothérapie de la schizophrénie », in *L'Évolution psychiatrique*, n° 2, repris in *La Chaussée d'Antin*, 2008.

1959 : « Psychanalyse de l'hypocondriaque », in *L'Évolution psychiatrique*, n° 3, repris in *La Chaussée d'Antin.* Texte republié de façon fragmentaire dans *Topique*, « Hommage à François Perrier », 1993.

1959 : « L'homosexualité », in *Revue neuropsychiatrique infantile et hygiène mentale de l'enfance*, janvier-février, n° 1 et n° 2.

1960 : « L'anxiété du siècle et la psychanalyse », in *La Clinique*, novembre, n° 552.

1960 : « Déterminisme psychosomatique ou sens du symptôme » (avec Serge Leclaire et Guy Rosolato), in *Revue française de psychosomatique.*

1961 : « Le problème de la perversion chez la femme et les idéaux féminins » (avec W. Granoff), in *La Psychanalyse*, n° VII, repris in *Le Désir et le Féminin*, Aubier, 1979.

1964 : « La névrose phobique » avec C. Conté, in *Encyclopédie médico-chirurgicale*, Psychiatrie, fasc. 10664.

1965 : « La psychanalyse entre le psychotique et son thérapeute », conférence du 23 novembre 1965 à l'Évolution psychiatrique, reprise in *Le Mont Saint-Michel*, Arcanes, 1994 (transcription de la version orale) et in *La Chaussée d'Antin*, 2008.

1966 : « Les pulsions de l'inconscient », in *L'Inconscient*, VIe colloque de Bonneval, 1960, Desclée de Brouwer.

1966 : « L'Érotomanie », in *Le Désir et la Perversion*, avec P. Aulagnier, J. Clavreul, G. Rosolato, J.-P. Valabrega, Le Seuil.

1968 : « Ruer des quatre "*ver*" ou les fonctions de méconnaissance du sujet », conférence du 11 novembre 1968, reprise in *Le Mont Saint-Michel*, Arcanes, 1994, reprise in *La Chaussée d'Antin*, 2008.

1968 : « Et Adam connut Ève, savoir et connaissance en psychanalyse », conférence prononcée fin 1968, reprise in *Le Mont Saint-Michel*, Arcanes, 1994, reprise in *La Chaussée d'Antin*, 2008.

1968 : « Sur la clinique, le transfert et le temps », in *L'Inconscient*, n°6, P.U.F., repris in *La Chaussée d'Antin*, 2008.

1968 : « Structure hystérique et dialogue analytique », in *Confrontations psychiatriques*, repris in *La Chaussée d'Antin*, 2008.

1969 : « Le réel fait signe au pervers », conférence du 25 novembre 1969 à l'Évolution psychiatrique, reprise in *Le Mont Saint-Michel*, Arcanes, 1994, reprise in *La Chaussée d'Antin*, 2008.

1969 : « Sur la psychanalyse didactique », in *Topique*, n° 1 et n° 2, P.U.F., repris in *La Chaussée d'Antin*, 2008.

1969 : « Savoir freudien et praxis analytique », conférence à Lille, janvier, reprise in *La Chaussée d'Antin*, 2008.

1970 : « La cause narcissique », conférence prononcée à Strasbourg à l'invitation du Pr Lucien Israël, reprise in *Le Mont Saint-Michel*, Arcanes, 1994, reprise in *La Chaussée d'Antin*, 2008.

1970 : « Sur Charles Fourier (En guise d'extroduction) », in *Topique*, n°s 4/5, P.U.F., repris in *La Chaussée d'Antin*, 2008.

1970 : « Savoir freudien et clinique psychiatrique », in *L'Information psychiatrique*, n° 6.

1971 : « Sur l'effet didactique », in *Topique*, n° 6, P.U.F., p. 130-136 (rapport de sa présidence au IVe groupe, 7 décembre 1970), repris in *La Chaussée d'Antin*, 2008.

1972 : « Discussion du rapport sur le libre choix et sa dimension psychanalytique », modérateur F. Perrier, in *Psychiatries*, n° 2, avril-mai.

1972 : « Musique déjouée ? », in *Musique en jeu*, Le Seuil, novembre, repris in *La Chaussée d'Antin*, 2008.

1972 : « Phobies », in *Encyclopaedia universalis*, vol. 18, p. 89.

1973 : « Thanatol », conférence du 7 mai 1973 au séminaire de Piera Aulagnier à Sainte-Anne, reprise in *Le Mont Saint-Michel*, Arcanes, 1994, reprise in *La Chaussée d'Antin*, 2008.

1973 : « Thanatol (suite) – Un déni de soi donné à soi-même », conférence du 14 mai 1973 au séminaire de Piera Aulagnier à Sainte-Anne, reprise in *Le Mont Saint-Michel*, Arcanes, 1994, reprise in *La Chaussée d'Antin*, 2008.

1974 : « La psychanalyse : femme ou in-fâme – Pour une éthique du pouvoir et de la séduction », conférence prononcée à Nancy le 30 janvier 1974 à l'invitation du Pr Michel Laxenaire, reprise in *Le Mont Saint-Michel*, Arcanes, 1994, reprise in *La Chaussée d'Antin*, 2008.

1975 : « Thanatol, ou des amours, des morts et des corps, de qui l'on n'est pas », *Études freudiennes*, avril 75, n°s 9/10, repris in *La Chaussée d'Antin*, 2008.

1976 : « L'interprétation, la *Deutung* », in *Comment l'interprétation vient au psychanalyste*, Aubier, 1977, repris in *La Chaussée d'Antin*, 2008.

1976 : « Une esthétique trans-subjectale, essai sur la psychanalyse d'aujourd'hui », in *Les Limites de la raison*, Publications universitaires Saint-Louis, Bruxelles.

1979 : « Interventions », in *Le Corps et le Politique*, colloque, Éd. Confrontation.

1980 : « Le métronome », in *Confrontation*, n° 3, « Les machines analytiques ».

1981 : « Locations d'habits », in *Traverse*, n°s 21/22, « La Cérémonie ».

1981 : « L'analyste souffre de réminiscences », interview de A. Hess, in *Les analystes parlent*, Belfond.

1981 : « Entre le sexuel et le sacré », in *Spirales*, n° 1, février.

1983 : « La prostate libertine ou le trou innominé d'Arnold », in *La Quinzaine littéraire*, septembre.

1985 : Questions à François Perrier à propos de *Le Corporel et l'Analytique*, in *Poinçon* n° 7, Strasbourg, janvier.

1985 : « Du corps de l'autre ou de l'autre du corps » (et débat), in *Architecture et Psychanalyse – Espace et inconscient*, colloque de Montpellier du 27-28 avril, par l'A.T.R.E. éditeur (Atelier de travail et de recherche sur l'espace).

1988 : « L'amour pathologique ou l'anxiété du psychanalyste », éditorial, in *Nervure*, n° 4, mai.

1993 : Hors série François Perrier, in *Topique*, Dunod.

Remerciements

Pour cette nouvelle édition de La Chaussée d'Antin, *je tiens à remercier :*

Christian Bourgois qui a donné l'autorisation gracieuse de republier La Chaussée d'Antin *parue initialement en 10/18 en 1978 et épuisée depuis longtemps ;*

Jacques-Alain Miller qui m'a accordé l'autorisation gracieuse de publier dans l'édition française la transcription des lettres de Jacques Lacan à François Perrier ;

Colette Deiber, avec qui j'avais mis en ordre les manuscrits de François Perrier ;

le Dr Frédéric Perrier, vice-président de l'Association des amis de François Perrier, et Alexis Perrier pour leur amicale confiance dans l'édition de l'œuvre de leur père ;

Mathilde-Mahaut Nobécourt avec qui, après La Chaussée d'Antin, *j'ai toujours travaillé pour l'édition de l'œuvre de François Perrier.*

Jacques Sédat
Président de l'Association des amis de François Perrier

Table

Composition Nord Compo
Impression Bussière, avril 2008
Éditions Albin Michel
22, rue Huyghens, 75014 Paris
www.albin-michel.fr
ISBN 978-2-226-17916-6
ISSN 1158-4572
N° d'édition : 25880. N° d'impression : 081259/4.
Dépôt légal : mai 2008.
Imprimé en France